COMMENTARIA
IN ARISTOTELEM
GRAECA

EDITA CONSILIO ET AUCTORITATE

ACADEMIAE LITTERARUM REGIAE BORUSSICAE

VOLUMINIS III

PARS II ALEXANDRI IN METEOROLOGICA

BEROLINI
TYPIS ET IMPENSIS GEORGII REIMERI
MDCCCIC

ALEXANDRI
IN ARISTOTELIS
METEOROLOGICORUM LIBROS
COMMENTARIA

CONSILIO ET AUCTORITATE

ACADEMIAE LITTERARUM REGIAE BORUSSICAE

EDIDIT

MICHAEL HAYDUCK

BEROLINI
TYPIS ET IMPENSIS GEORGII REIMERI
MDCCCIC

PRAEFATIO

Alexandri Aphrodisiensis, quae feruntur, in Aristotelis Meteorologicorum libros commentaria quamquam interpretandi diligentia et subtilitate aliis eiusdem interpretis commentariis aliquanto inferiora sunt, non tamen ingenio eius et doctrina tam indigna esse videntur, ut falso celebre illud nomen prae se ferre putanda sint. neque aliud esse quidquam video, quod librorum manu scriptorum memoriae diffidere nos cogat; nam Sosigenes ille, quem interpres p. 143,13 praeceptorem suum appellat[1]), non est videlicet idem, quo adiutore usus Caesar dictator annos ad solis cursum redegit singulos[2]), sed philosophus aetate inferior, qui idem a Themistio de anima II p. 112,19 sqq. Spengel citatur et Alexandri praeceptor dicitur: δι' ἣν μὲν οὖν αἰτίαν ταῦτα [scil. τὰ πυρώδη φαινόμενα καὶ ἐν νυκτὶ λάμποντα] ὁρᾶται, ἄλλον εἶναί φησι λόγον καὶ προσήκοντα μᾶλλον τοῖς περὶ αἰσθήσεως καὶ αἰσθητῶν· λέγει δὲ αὐτὸν Σωσιγένης ὁ Ἀλεξάνδρου διδάσκαλος ἐν τῷ τρίτῳ Περὶ ὄψεως, εἴ τῳ πιθανὸς ὁ Σωσιγένης, μετέχειν καὶ ταῦτα φάσκων φύσεώς τινος ἐπ' ὀλίγον τοιαύτης, οἵας καὶ τὸ πέμπτον σῶμα καὶ τὸ πῦρ· αὕτη δέ ἐστι τὸ δύνασθαι λάμπειν τε καὶ

---

1) ἀλλ' ὅτι μὲν αἱ τοιαῦται δόξαι περὶ τῆς ἅλω ψευδεῖς, ἱκανῶς ὁ διδάσκαλος ἡμῶν Σωσιγένης ἐν τῷ ὀγδόῳ Περὶ ὄψεως ἔδειξεν.

2) Plinius n. h. XVIII 211. de Sosigene astrologo cf. etiam Plin. n. h. II 39, Simpl. in Arist. de caelo p. 488,22. 498,2 sqq., [Alex.] in Arist. Metaph. 706,13. titulus libri eius, unde Simplicius egregia quaedam servavit, extat apud Procl. hypotyp. astron. posit. ed. Basileensis 1540 f. 45 Σωσιγένης ὁ Περιπατητικὸς ἐν τοῖς Περὶ τῶν ἀνελιττουσῶν τὸ τὸν ἥλιον ἐν ταῖς περιγείοις ἐκλείψεσιν ὁρᾶσθαι μὴ ὅλον ἐπιπροσθούμενον, ἀλλὰ τοῖς ἄκροις τῆς ἑαυτοῦ περιφερείας ὑπερβάλλειν τὸν κύκλον τῆς σελήνης καὶ φωτίζειν οὐκ ἐμποδιζόμενον. quamquam nonnullam dubitationem affert illa appellatio, ὁ Περιπατητικός, quae, si quid ex iis, quos infra dixi, locis colligi licet, non ad astrologum, sed ad alterum Sosigenem pertinere videtur. quod si verum est, aut Proclus errasse putandus est aut quae apud Simplicium de caelo leguntur, ad posteriorem aetate Sosigenem revocanda sunt.

φωτίζειν τὸν παρακείμενον ἀέρα ἢ τὸ σῶμα τὸ διαφανές. eundem commemorant Dexippus comm. in Arist. Categ. ed. Busse p. 7,4 sqq. καὶ γὰρ Σωσιγένης ὁ Περιπατητικὸς παραλλήλους ἐπιχειρήσεις περὶ τῶν λεγομένων ἀντεξήτασεν, οὐ μὴν περὶ μιᾶς γε αὐτοτελῶς ἀπεφήνατο (cf. p. 7,28 sqq.) et [Ammonius] in Anal. pr. A 9 p. $30^{a}15$ ed. Wallies p. 39,24 sqq. Σ. δὲ ὁ τοῦ Ἀλεξάνδρου διδάσκαλος ἀναγκαῖον ἔφη συνάγεσθαι τὸ κατὰ τὸν διορισμόν· ἔστ' ἂν γὰρ ὁ μέσος τῷ ἐσχάτῳ ὑπάρχῃ, ἀνάγκη καὶ τὸν μείζονα τῷ ἐλάττονι ὑπάρχειν κτλ., cf. etiam Philoponus in Anal. pr. l. l. (Brandis Scholia in Arist. p. $158^{b}29$ sqq.) et Alexander in Metaph. p. 466,17 Hayd. hunc Sosigenem primus — id, quod I. L. Heiberg me docuit — ab astrologo illo recte seiunxit H. Martin, *Annales de la Faculté des lettres de Bordeaux* I (1879) p. 174 sqq.

Fuit igitur, quoad ex his concludi licet, Peripateticus saeculi alterius p. Chr. philosophus, qui et librum de visu et commentaria in Aristotelis Categorias et Analytica priora scripsit.

Ad Alexandri commentaria edenda quattuor codices adhibui, qui sunt:

I I. Parisinus 1881, bombycinus, forma minore, saeculi XIII, 95 foliorum, (cf. H. Omont, *Inv. somm. des manuscrits grecs de la bibliothèque nationale*). contulit Ricardus Böhme.

W II. Parisinus Suppl. Gr. 314, bombycinus, forma minore, saeculi XIV, 292 foliorum (Omont, l. l. III p. 248). Alexandri commentaria, quae f. 173 incipiunt, integra habet praeter exitum libri IV inde a verbis αἰτία· ἄνθρωπος γὰρ (p. 226,23). contulit Carolus Kalbfleisch.

A III. Ambrosianus E 93 sup., membraneus, forma quadrata, saeculi XII. priorem tantummodo partem commentariorum (libr. I II) continet, quorum initium usque ad p. 7,31 desideratur. contulit Ioannes Tschiedel.

B IV. Parisinus 1880, membraneus, forma quadrata, saeculi XII, 253 foliorum (Omont, l. l. II p. 157); commentaria in libros III et IV exhibet. collatus est ab Ernesto Richter.

a Ad hos codices accedit editio Aldina, cuius est titulus:

Ioannes Grammaticus (Philoponus) in libros de Generatione et Interitu. Alexander Aphrodisiensis in Meteorologica. idem de mixtione. graece. Venetiis etc. anno MDXXVII. mense Septembri. praemissa est epistula Francisci Asulani ad Iacobum Sadoletum episcopum.

Ex his libris W et a inter se ipsi iidemque cum A et B ita concinunt, ut ab uno omnes vetustiore exemplo pendere appareat; discrepat autem aliquantum a ceteris codex I, qui ex multo meliore exemplo descriptus, quamquam non pauca scripturae menda habet, multis tamen locis veram lectionem unus servavit. quamobrem huius libri auctoritatem quam maxime secutus sum. lemmata quoque exhibui, qualia in I leguntur; nam in his libri multum inter se differunt, cum A et B Aristotelis verba integra carptim commentariis interposita, I et W brevia tantum lemmata singulis commentariorum capitibus praescripta habeant.

Errores typographicos correxit Eduardus Seidenstücker, vir doctissimus, cui pro eo auxilio hic quoque gratias ago.

Scr. Berolini
mense Quintili MDCCCIC

M. Hayduck.

SUPPLEMENTUM PRAEFATIONIS

CONSPECTUS CODICUM AD RECENSIONEM NON ADHIBITORUM

Urbinas 53, chartaceus, saec. XVI et XVII, foliorum 251. fol. 1 ΑΛΕΞΑΝΔΡΟΥ ΑΦΡΟΔΙΣΙΕΩΣ ὑπόμνημα εἰς τὰ μετεωρολογικά, εἰς τὸ πρῶτον. verba Aristotelis inc. Περὶ μὲν οὖν τῶν πρώτων αἰτίων. comm. inc. fol. 1ᵛ Ἀρχόμενος τῶν μετεωρολογικῶν, πρῶτον ἡμᾶς ὑπομιμνήσκει. commentaria integra continet. (cf. Cos. Stornajolo, *Codices Urb. Gr. Bibl. Vatic. descripti,* Romae 1895 p. 56).

Vaticanus 2168, chartaceus, forma maxima, saec. *XV*.

Laurentianus 87,9, chartaceus, in fol. minore, saec. XV; constat foliis scriptis 111 (Bandini *Catal. Bibl. Mediceo-Laur.* III 388).

p. 1,5 ὑπομιμνήσκει περὶ τῶν || 6 ἐν τῇ φυσικῇ πραγματεία || 8 μετ' ἐκείνης || 9 πρώτης οὔσης ἐκείνης πραγματείας τῆς φυσικῆς πάσης (10) || 16 ἄστρων] ἄκρων || **5,**27 πάντως || **6,**2 δεδεγμένου || 3 διὰ τούτων τὸ ἐξ || 5 δὲ om.

Estensis Mutinensis II G 5, chartaceus, forma maiore, saec. XVI. f. 2—57 Alexandri Aphrod. in Aristotelis Meteora librum III (cf. Vittorio Puntoni *Indice de' codici greci della bibliot. Estense* in *Studi italiani* IV 1896 p. 504).

Marcianus 233, chartaceus, forma quadrata, saec. circiter XV, foliorum 319: insunt Io. Philoponi in libros Aristotelis de generatione et corruptione, Alexandri Aphrodisiensis in meteora Aristotelis, Theophylacti Simocattae Dialogus, problemata physica eorumque solutiones complexus. subsequuntur nonnulla ex Alexandri Aphrod. problematibus (cf. Zanetti *Graeca D. Marci bibl.* p. 119).

Ambrosianus E 88 sup., forma maxima, chartaceus, saec. XV.

Parisinus 2034, forma minore, bombycinus, saec. XIII, foliorum 228. Aristotelis de Meteoris libri IV (1) — de anima libri tres (111) — de sensu et sensibili libri II, omnia cum scholiis (203); cf. Omont, *Inv. somm.* II p. 182. specimen lectionis dedit C. Kalbfleisch, qui hunc librum siglo K distinxit.

p. 66,8 τε om. || 11 πεποίηκε—τὰς] ἐξετάζει || post αὐτοῦ add. τὰς || 20 δ' ἡγοῦντο **67,5** κἄπειτα—τι] τὰ πρῶτα || 8 τὸ δ' ἔτι αὐτῆς || 9 ὑποληφθὲν || 10 καὶ τέλος in lit. || 12 αἰτίαν εἶναι λέγει || 21 πολλαχῇ || πάλιν] δὲ || ἐγένετο om. || **68,5** εἴρηται om. || 8 γινομένων || 12 φασιν || 13 καὶ φησὶ om. || post ταῦτα add. δὲ πάντα || 17 τὸ δὲ πάντων—ἐπανεγκὼν (18. 19) om. || 19 εἰπὼν δὲ || νῦν om. || 19. 20 ἀπέδωκεν αὐτοῦ τὴν αἰτίαν coll. || 24 πηγαίων] πηγῶν || εἶναι om. || εἰπὼν δὲ καὶ om. || 25 διὰ τοῦτο om. || 28 ταῦτα om. || 33 οὔτε ἀπόρρυτος—χειροποίητος] οὐδὲν τούτων || **69,28** καθ' ὃ δὲ—φαίνεται (30) om.

p. 133,9 γίνεται] ἐκκρίνεται || 11 ὥσπερ πυρρηνιζόντων || post τούτῳ add. προτίθεται εἰπεῖν || 12. 13 τῆς ἐκκρίσεως—προτίθεται] ἃ ποιεῖ ἡ ἔκκρισις αὕτη || 15. 16 τὸν δὲ ἤδη—προειρημένων] ὑφηγεῖται δὲ κατὰ τὸν πρότερον εἰρημένον τρόπον || 17 γενέσθαι || 18 οὕτω δὴ—λέγεσθαι om.

p. 226,27 τίνα ἕκαστα αὐτῶν γέννα ἐστίν || 29 ἐξ] καὶ || 32 προτιθέντας || ὁποῖον καὶ τί || **227,2** εἰδῶμεν] ἴδωμεν || 4 ἐπὶ τοῦ εἴδους || post τελικὴν add. καὶ ὑλικὴν || 11 ὥστε ἅπαντα] ἃ πάντα || 19 ζῴων prius om. || 20 ἔφη—εἶπε] εἰδεῖν ποιεῖν ποιεῖ

Parisinus 2046, chartaceus, forma minore, saec. XIV aut XV, foliorum 173. (Omont l. l. II p. 183). specimen lectionis siglo N adhibito (cf. p. 226 n. 3) dedit C. Kalbfleisch.

p. 1,1 inscr. ἀριστοτέλους μετέωρα et a m. rec. ἀλεξάνδρου ἀφροδισιέως ὑπόμνημα εἰς τὸ α τῶν Ἀριστοτέλους μετεωρολογικῶν || 5 ὑπομιμνήσκει περὶ τῶν || 6 ἐν τῇ φυσικῇ πρ. || 8 μετ' ἐκείνης || **2,5** τῆς om. || 6 τε ante καὶ om. || 7 τούτου || 12 πάντων || 18 οὐ γὰρ—ἐστι om. || 20 ἀτακτοτέρω || γινομένων || 24 διαίσσοντας || 26 ἔχειν || 27 διαθέσεις || 29 καλουμένοις || 35 ἐπ' αὐτῆς || **3,16** καὶ om. || 21 εἰς supr. vers. || 30 post σώματα add. εἴτε

p. 66,20 δ' ἡγοῦντο || 23 περὶ αὐτοῦ, sed in marg. αὐτῆς || ἀντιτίθησι || 24 δὲ om. || **67,1** δὲ post οὗτοι om. || 6 τὰ πνεύματα || 8 τὸ δ' ἔτι αὐτῆς || 26 ἀγέννητος N[1], sed alterum ν eras. || **68,1** στάσιμα] σταδαῖα || 6 τῶν δὲ—ὑποστάσεις om. || 12 ταῦτα γὰρ—φρέατα (14) om. || 15 τῇ γῇ || **226,2**. 3 τὸν λόγον] τὴν οὐσίαν || 4 δὴ] δὲ || 6 λαμβάνειν || 12 post λέγει δὲ add. τὰ ἐκ || 16 τούτων τινὶ] ὡς μὴ κατὰ τοῦτο || 18 δὲ in marg. add. || 22 post τούτων add. μερῶν || 24 ἐπὶ τῶν || 29 εἴρηται] ἔστι || 33 ἀποδιδόαμεν || **227,2** ἀκολουθεῖ || post πρώτῳ add. τῶν || 11 ὥστε ἅπαντα] ἃ πάντα || 13 ὅπερ ἐστι || 19. 20 ζῴων μορίων περὶ om. || 20 ποιεῖν εἶπε.

Parisinus 2202, chartaceus, saec. XVI, foliorum 270. (Omont l. l. II p. 213): f. 224 Alexandri commentarius in Aristotelis meteorologicorum librum III. specimen dedit E. Richter.

p. 133,10 αὐτῶν om. || 13 πρηστήρ || 18 post πρῶτον add. γε || 19 ἐκνεφίου om. || τῶν om. || **134,1** κατὰ μικρὸν || 2 καὶ ante ἔκκρισιν om. || 11 ὥσπερ] ὡς || 12 ἄγαν] τότε || 15 ταῦτα] ταυτὰ || 16 τε om. || 17 τοιαῦτα] ταῦτα || 18 ὁποτερονοῦν || 33 ἔχον || **135,1** πνέοντος] πνεύματος || 4 post κωλύει add. τὸ ἐπιρρέον, sed rursus exp. || ἐπὶ τούτω || 19 σὺν αὐτῶ || 21 καὶ om. || 22 πυκνοῦται || 23 τετραμένα || γίνηται || 26 τὰ νέφη—ἐκκρίνεται (27) om. || 30 ἐν om. || **136,8** μηδέποτε || 16 γενόμενος || 22 ἔστιν] ἔστι δὲ || 25 ὥστε om. || 26 ταύτῃ] ταῦτα || πάντα] ταῦτα || 27 ὑφ' αὐτοῦ (sic) || 28 ἐπὶ τῆς γῆς ἢ τῆς θαλάσσης || 30 μεταλαβὼν || **137,3** κατασπώμενος || 10 ἐκληφθῇ || 14 καὶ ταύτης] κατ' αὐτῆς || 15 ἐν] μὲν || ἐκληφθῇ || 16 ταχυτέραν || 25 καὶ ante τὸν om. || 33 καίεται **138,2** τρίχινα || 2. 3 ἐμπεσὸν τρίχινα—αὐτὰ δὲ repetit || 5 δὲ om. || 6. 7 ὡς ἐπ'] ὡς ἔφη || 8 κατ' αὐτὰς || 12 post αὐτὸς add. τί || 16 ἀπ' αὐτῶν || ἀλλὰ τῶ || 17 τὸν ψόφον om. || 20 γὰρ om. || **179,1** titulum om. || 3 ἐπιγραφόμενος [ον] || Ἀριστοτέλους om. || 6 ἑπομένη || τοῖς] τῆς || ἐκείνω || 7 ἁπτῶν] αὐτῶν || 12 διώρισται τὰ αἴτια coll. || 18 τῇ γὰρ || **180,15**. 16 οἰκεῖον—δὲ τὰ (16) om.

Parisinus Suppl. gr. 642, bombycinus, forma minore, saec. XIV, foliorum 318 (Omont l. l. III p. 289): fol. 74 Alex. Aphrod. comm. in Arist. meteorol. libros II—IV.

Coislinianus 166, bombycinus, saec. XV, foliorum 492 (*Bibl. Coisl. Paris.* 1715 p. 223 sqq.): fol. 349v Alexandri Aphrod. comm. in meteora. specimen lectionis siglo usus V dedit E. Richter.

p. 1,6. 7 ὑπογράφει ἡμῖν || 10 εἴρηται || 12 ὧν – μνημονεύει om. || 13 ἐν ἐκείνῃ — ποῖα (15) om. || 17 post ἄλλο add. φησί || 17. 18 τε καὶ στοιχείων om. || 19 εἴρηκε — πραγματείᾳ (20) om. || 20. 21 καὶ τίνα om. || **2**,4 καὶ — ὑποκείμενον om. || 11 ἐπειδὴ ὡς] καθὼς || 13 εἶναι δέ φησι om. || 14 κατὰ φύσιν — μάλιστα (20) om. || 21 τίνα συμβαίνοντα καὶ γινόμενα μάλιστα εἰσὶ ἀτακτότερα ὅτι πρὸς τὸ κυκλοφορητικὸν καὶ θεῖον σῶμα, ὅπερ πρῶτον καλεῖ, καὶ αὐτὰ τὰ ἄστρα. τὰ μέντοι ἀτακτότερα εἰ καὶ κατὰ φύσιν ῥηθέντα γίνεσθαι, λέγει τοὺς κομήτας, τὸν γαλαξίαν καὶ τοὺς διάττοντας ἀστέρας, οὓς ἐκπυρούμενα καὶ κινούμενα φάσματα ἐκάλεσεν. ἰστέον δὲ ὅτι τὸ κατὰ φύσιν οὐχ ὁμοίως ἐστὶν εὔτακτον ἔν τε τῷ θείῳ σώματα καὶ ἐν τοῖς μετ' αὐτό. μετὰ μέντοι τοὺς κομήτας καὶ τὰ ὅμοια τάξιν ἔχει τὰ ὅσα κοινὰ πάθη (26) || **3**,3 πνευμάτων ἀναφορᾶς || 6 κατὰ — εἴρηκεν om. || 9 εἶπεν τὰς τούτων coll. || 11. 12 νηνεμίαν προσγενέσθαι || 13 τὰ ἐνταῦθα νέφη coll. || 14 ἂν om. || 15 τὰς om. || 17 καὶ post κομητῶν om. || 19 τὰ μὲν post οἷον coll. || 20. 21 τινα τρόπον] πως || 22 εἰ καὶ μὴ || post πάντῃ add. γε || 23. 24 πτώσεως — πάθη (25) om. || 26 εἶπεν om. || 28 post πάθη add. οἷον χιὼν χάλαζα πάθος || 29 γίνεται — πάχνη om. || 30 ἐπεὶ || 34 καθόλου — χωρὶς om. || **4**,1 τὴν διαφορὰν || 2 τῶν om. || 9 ἕκαστα || 10 ζητεῖν] πιστοῦσθαι || 11 λεχθησομένων || 13 ἐνεστῶσαν] ἑαυτοῦ || 14 φησιν post πρῶτον (13) exh. || 15 τὸ πρῶτον — εἰρημένα (17) om. || 17 ἐν τοῖς om. || 18 post φθορᾶς add. εἴρηται || ἔστι δὲ ταῦτα om. || 18 ἐξ ὧν — σωμάτων εἰπών (19) om. || 20 ἢ — σωμάτων (21) om. || 22 ἡ τῶν — φύσις om. || 23 ταῦτα] αὐτῶν || 25 σώματα — ἀρχάς om. || μὲν om. || 26 ante πῦρ add σῶμα || 26. 27 διὰ δὲ — λαβὼν ὅτι] ἐπειδὴ γὰρ ἐν τῷ περὶ γενέσεως καὶ φθορᾶς δευτέρῳ· λαβὼν ὅτι || 29 λέγων] ἐποίει γὰρ || τούτον om. || 30 ἔλαβεν — εἰ τὸ] τὸ δὲ τριχῇ διαστατὸν || 31 ἐναντιότησιν || μεθ' ἃ] καὶ || 35 γὰρ] φησὶν || **5**,1 τὰ μετὰ — ἐν τοῖς (2)] τούτων δὲ τῶν τεσσάρων τὴν κίνησιν διπλῆν φησὶν καθὼς ἐν τῷ || 2. 3 δεδειγμένῳ χρῆται] ἀπέδειξε || 3 ἐκεῖ — κινεῖται] τὰ μὲν γὰρ αὐτῶν ἐκεῖ φησὶν κινεῖσθαι || 5 ἀλλὰ om. || 9 post τὸ μὲν add. πῦρ || τοιοῦτον] τοῦτο || 10 τὸ δὲ] ἡ δὲ γῆ || τὸ γὰρ] τοῦτο γὰρ || ἢν τὸ || τοιοῦτον om. || 11. 12 τὸ δὲ ὕδωρ — τῇ γῇ (13)] διὸ καὶ τῷ πυρὶ ἐγγύτατα τῶν ἄλλων ἐστίν, τὸ δὲ ὕδωρ πρὸς τὸν ἀέρα βαρὺ καὶ ὑφιστᾶ αὐτῷ. διὸ καὶ·τῇ γῇ ἐγγίζει || 15 λαβὼν] ἐπειδὴ φησὶν ἐλάβομεν || 16 τούτοις — περὶ τὴν γῆν κόσμον (17. 18) om. || post πάντα add. τὸν || λέγων om. || σωμάτων συνεστάναι coll. || post συνεστάναι add. λέγομεν || post περὶ οὗ add. κόσμου (?) || 20. 21 λέγων — κόσμου om. || 24 περὶ οὗ — τουτέστι (25) om. || 26 ὑπὲρ τούτου — δύναμιν (28) om. || 29 διὸ — τὸ δὲ (p. 6,1) om. || **6**,2 πρόσκειται — μηδὲν εἶναι] ἐπειδὴ δέδεικται ὅτι οὐδέν ἐστι || κενὸν ἀλλ' ἐξ ἀνάγκης || 3 ἔτι διὰ τοῦτο] ἔστιν || 3. 4 ὅτι — ἐδύνατο] συνεχὴς οὗτος ὁ κόσμος τῷ θείῳ ἐκείνῳ σώματι. ἐπειδὴ γὰρ || 4 εἶναί τε καὶ om. || post σώζεσθαι add. ἢν τοῦτον || κυβερνώμενον || ὑπὸ τοῦ — κινήσεως αἴτιον (11)] ἐκείνῳ τῷ κυκλοφορικῷ || 14 τὰ μετὰ ταῦτα 15 καὶ αἰτιόν ἐστι] τὸ γὰρ πᾶσαν αὐτοῦ τὴν δύναμιν ἀντὶ τοῦ πάντα αὐτὸν εἶπεν ἐκεῖθεν κυβερνᾶσθαι· διὸ πρῶτον αἴτιον ποιητικὸν τῶν γινομένων ἁπάντων τὸ ὅθεν αὐτοῖς πρῶτον ἡ τῆς κινήσεως ἀρχή. αἴτιος οὖν ὁ οὐρανὸς φησὶν καὶ πᾶν τὸ θεῖον σῶμα || 17 post συνέστηκεν add. πρὸς δὲ τούτοις ἡ μὲν ἀΐδιος || 21 τις om. || ἐλθὸν] ἐλθοῦσα || 22 εἰπὼν δὲ — κινήσεως (23)] διὸ καί φησιν ἀλλ' ἀεὶ ἐν τέλει ἢ ὡς ἐν τῇ τελείᾳ κινήσει. τοῦτο δὲ εἶπεν || 23 λέγειν αὐτὸν — ἐν τέλει (25)] αὐτὴν ἀτελῆ κίνησιν ἔχειν διὰ τὸ εἰπεῖν τὸν ἀριστοτέλην καὶ τέλος οὐκ ἔχουσα τῷ τόπῳ || 26 καθ' ἣν τὸ — κινήσει (26. 27) om. || 28 ἵστανται || 29 ἀρχὴν κινήσεως ἔχει || 30 τῆς κινήσεως om. || 33 περὶ αὐτὸν οὐ μόνον λέγοι ἂν || 34 post γινομένων add. αἴτιον ὑλικὸν νομιστέον || **7**,1 μὲν om. || καὶ γῆν καὶ τὰ συγγενῆ τούτοις ἀέρα λέγω καὶ ὕδωρ || ταῦτα γὰρ — προσέθηκε (9) om. || 10 αὐτῶν om. || καὶ τὸ ὡς om. || ὅθεν καὶ ἡ ἀρχὴ || ὅθεν — κινήσεως post κίνησις (11) coll. || 11 καὶ ἡ δύναμις — αἰτία (13)] προσέθηκε δὲ τὸ ὑποκείμενον καὶ πάσχον ὕλην λέγειν διὰ τὸ μὴ πάνυ καθωμιλημένον εἶναι τὸ τῆς ὕλης ὄνομα. ἡ τοίνυν ἀΐδιος τῶν θείων σωμάτων κίνησις καὶ ἡ δύναμις ἡ ἀπὸ τῆς γειτνιάσεως ἀπ' ἐκείνων ἐπιγινομένη τοῖσδε τοῖς σώμασιν, ἣν καὶ φύσιν ἄν τις εὐλόγως ὀνομάζοι αἴτιον· ἡ μὲν ποιητικὸν αἴτιον· ἡ δὲ δύναμις φυσικὸν αἴτιον || 15 ταῦτα εἰπὼν || ἀναλαβόντας—κείμενα] ἀναλαμβάνει τὰ προτεθέντα || 16 ὁμολογούμενα || 17 τούτοις—ἀκολουθίαν om. || 18 ἐστιν—κειμένων (19. 20)] ταῦτα || 21 παθητικὰ || ὑπ' ἐκείνου om. || 23 τὸ om. || φημὶ || 24 ἐν ἑκάστῳ ἕκαστον coll. || εἰπὼν—ἅμα (25) om. || 25 ante καὶ add. δὲ || 26 γὰρ] δὲ || 31 τὸ] τὸν κηρὸν || 32. 33 χρήσιμον—αὐτῷ (33) om. || 33 προσαπορεῖ || 37 ἁπλᾶ || **8**,1 συνθέτων om. || 2 ζητεῖν] εἰπεῖν || περὶ τοῦ ἀέρος] χρήσιμα ὄντα πρὸς τὰ προκείμενα || 3 ὃ—ὁρισθὲν] χρησίμου ὄντος καὶ αὐτοῦ || τὴν—θεωρίαν (4)] ὑπόθεσιν ταύτην || 5 ὡς post ἐστιν om. || ὡς γὰρ—μεγέθη τὰς (6)] τουτέστι τὴν || 7 σφαῖραν || post ἄστρα add. ὡς οὐ μέγα || 8 διὰ τῶν—θεωρημάτων (8. 9) om. || 10 post τι add. ἐστι || ἀφωρισμένον αὐτὸ καθ' αὐτὸ ὕδωρ || 13 αὐτῶν] αὐτοὺς || 15 post αὐτῶν add. τὸ δὲ δὴ μεταξὺ τῆς γῆς || 16 μόνον om. || 19 παρὰ] πρός τε || παθητὰ] παθη (sic) || 19. 20 καὶ τὰ ἐν || 20 χρῆται δὲ καὶ μαρτυρίαις ταῖς || 21 οὕτως—οὐρανὸν ἀλλ' (22) om. || 22 post ὀνομασάντων add. ἀλλ' αἰθέρα || δὲ τὸ μὲν om. || 23 τὸ σῶμα om. || ὀνομάζειν] ὀνομάσαντα || ὅτι δ' αὐτὸ—αἰτιᾶται (25)] αἰτιᾶται δὲ ὡς ὑπολαμβάνοντα διὰ τὸ αἴθειν αἰθέρα καλεῖσθαι τὸ θεῖον ἐκεῖνο σῶμα, ἀλλ' οὐ διὰ τὸ ἀεὶ θεῖν: ὅσοι δὲ πῦρ καθαρὸν εἶναι || 27 τουτέστι τὰ om. || θεωρήσαντες (p. 8,32. 9,1)—ἐπιφέρει (9,5)] θεωρήσαντες ἱκανῶς ἀντὶ τοῦ μὴ παρέργως τὰ δεικνύμενα διὰ τῶν μαθημάτων ἢ τὰ ἱκανῶς δεικνύμενα ἐν τοῖς μαθήμασιν || **9**,8 φησὶ—πρότερον om. || τὸν ἄνω—οὐ μὴν (10)] οὐρανοῦ φησιν || 12 ἔφθαρται || 13 ἀπ' ἐκείνου || 14 οὐδὲ ἀέρος γε μόνου εὔλογον εἶναι || 16 τοῦ μηδ' αἰθέρα || 18 αἰτία δὲ τοῦ || 20 πολὺ—τῆς γῆς (23) om. || 23 post ἑξῆς add. δὲ || ἐκ τῶν δύο || 26 τῆς ἀπωτάτω περιφορᾶς καὶ τῆς γῆς. οὐρανὸν γὰρ || 27 πυρί. αἰτία δὲ τοῦ μηδὲ δύο σώματα δύνασθαι εἶναι μόνα || 29 αἰτίαν—ἀπέδωκε om. || 31 περιφερομένων || πενταπλάσιον || 32 ὑπερβολῇ.

p. 10,5 ἐν τῇ περὶ τῶν || μεταβαλλόντων om. || 6 διαιρεθέντος || 7 γινόμενον || 8 τῶν ὅλων om. || post τοσοῦτον add. τῶν ἄλλων || 9 ἀνάγκη—ὕδωρ (11) om. || 15 αὐτῶν om. || 17 καὶ om. || δευτέρῳ τῶν περὶ || 18 καὶ ἐπεσημήνατο || 25 τὸ om. || 26 οὔτε ἀὴρ—ἐστιν (28) om. || 29 post τόπον add. τὸν μεταξὺ τούτων καὶ τῆς ἀπλανοῦς σφαίρας || post καὶ add. τὰ || τὰ—λεγόμενα om. || 31 πιστωσάμενος post τούτων coll. || κυκλοφορητικὸν || **11**,2 ὃ om. || post πρῶτον add. εἰ || σωμάτων θέσις || 4. 5 ὡς ἔδειξεν om. || 7 ἥτις ἀπορία—ἀπορεῖ (10) om. || 10 ὡς] πῶς || 11 τὸ δὲ ἀπορούμενον—δέδεικται γὰρ (15)] τὰ περὶ τὴν γῆν θερμαίνεται. συντελέσει μέντοι αὐτῷ ἡ ἀπορία αὕτη εἰς τὸν τῆς τάξεως τοῦ τε ἀέρος καὶ τοῦ πυρὸς λόγον. καὶ βεβαιώσει πάλιν καὶ αὐτὴ τὰ μὴ μόνον εἶναι τὰ μετὰ τὴν γῆν σώματα δύο ἀέρα τὲ καὶ πῦρ· καὶ ἀπορεῖ εἰ δέδεικται || 15. 16 μεταβάλλει εἰς ἄλληλα || 16 εἰ δὴ—μεταβάλλει om. || 21 πορρώτερα || 24 post θερμαίνεσθαι add. αὐτὸ || post εἶναι add. αὖ || τῆς om. || **12**,7 post ὕδατος add. ἢ εἰ ὁμοίως ἐξ ἅπαντος || 8 διὰ τοῦ—οὗτος μὲν (12)] εἰ δὴ ὁ περὶ τὴν γῆν ἀήρ· ἐλλείπει δὲ τῇ λέξει ὁ περὶ τὴν γῆν || 12 ὑπὲρ γῆν || ἀὴρ δὲ] γὰρ || 14 τὰ—σώματα om. || 15 ὡς—προείρηται om. || 17 ἃ] ἅπερ || λέγουσιν πῦρ coll. || 19 τε] τις || 19. 20 πολὺ πλεονεκτῇ πάλιν τὴν γῆν τὸ ὕδωρ || 21 εἰρημένην || 25 ἡμεῖς—περὶ ὧν (27)] καὶ φησὶν ἡμεῖς δὲ ὧδε || 30 ὑπομιμνήσκει—οὐσῶν ἐν αὐτῷ (p. 13,2)] θεῖον τε καὶ κυκλοφορικὸν σῶμα καὶ τὸ ὅλον ἄφθαρτόν τε καὶ ἀκήρατον κἂν ὦσί τινες ἐν αὐτῷ διαφοραὶ || **13**,3 τοιόν αὐτῶν τὸ δὲ τοιόν || ἐστι om. || 4 ὥσπερ γὰρ || 9 τὸ ὕδωρ om. || 12 φερομένου δὲ—ἀλλήλων (16) om. || 16 ἐκείνου om. || 16. 17 post περιφερομένου add. τοῦ αἰθέρος || 17 τὸ προσεχὲς—κόσμον (18)] τὸ ἀστρῷον καλεῖ σῶμα· καὶ τῶν ἐν αὐτῷ σωμάτων ἕως τῶν ἄστρων, ἃ καὶ αὐτὰ τῆς μὲν αὐτῆς οὐσίας ἐστὶν ἐκείνῳ διαφοραῖς δέ τισι διαφέρει ἐκείνου τὲ καὶ ἀλλήλων || post σῶμα add. πρὸς || 23 θερμότητα καὶ ἔμφυτον coll. || 24 καὶ φησὶν] δεῖ δὲ νοεῖν οὕτως || 25 κυκλοφορητικὸν ex corr. || παθητὸν || 27 εἰπὼν δὲ οἷον ὕλη om. || post τί add. δὲ || **14**,1 λεπτότητες παχύτητες om. (ut l) || 2 ἐστὶν] δὲ || 4 post αὐτῶν add. γίνεται || ἃ δὲ δύναται ἕκαστον αὐτῶν || 7 κυκλοφορητικοῦ || 8 ἤδη φθάσαντες om. || 9 λέγει μὲν om. || 10 ἐπὶ τοῦ—τὸ καὶ (10. 11) ᾧ βαρεῖ τὸ ψυχρὸν ἕπεται ἐπὶ τοῦ μέσου τοῦ κόσμου ἀποκρινομένων καὶ (?) τὴν γῆν καὶ || 11 ἵνα om. || τις om. || οἰηθῇς δὲ || λέγειν αὐτὸν om. || 12 τόπος] κόσμος || 13 τὸ] τοῦτο || ἀλλ'] οὐχ ||

14 τὸ γὰρ — εἶπε (16) om. || 16 post μέσον add. οὖν || λέγει || 17 τοῦτο γὰρ — ταῦτα καὶ (19)] περὶ δὲ τὴν γῆν καὶ τὸ ὕδωρ αὐτίκα || 19 ὃ διὰ — καλοῦμεν (20)] τὸ καλούμενον || 20 οὐκ ἔστι δὲ] οὐδέπω ὂν || τοῦτο γὰρ — πῦρ (25) om. || 25 εἶπε καὶ] γὰρ || 26 post γενέσεως add. εἶπεν || εἰπὼν — αὐτὸ] ἔχειν αὐτὸ ἐπίσταται || 27 post οὕτω add. καὶ || 30 σῶμα — στοιχείων] τῶν στοιχείων τὸ πῦρ.

p. **179,6** ἐκείνῳ **180,15**. 16 οἰκεῖον — ἔχοντα σχῆμα (16) om. || 20. 21 μη (om. κέτι τῷ περι) ἔχοντι || 27 πάντα] πάν ex corr. || 31 δηλονότι πρὸς τὸ πῦρ coll. || 32 ψυχρὸν καὶ τὸ θερμὸν || **181,8** τε om. || 10 καὶ διακρίνειν et ἐστιν om. || 12 ὁρίζομεν || 14 γὰρ ante θερμὸν om. || 19 καὶ ἡ φυσικὴ — ἔργον (20) om. || 29 πάντων τῶν γινομένων || τὸ φθαρῆναι || **182,1** μόνον || 2. 3 ἁπλῆ τε γένεσις καὶ ἡ φυσικὴ || 5 post ἃ add. καὶ ποιὰ || 8. 9 θερμὸν ὑγρὸν ὁποσονοῦν ἢ ξηρὸν ἢ ὑγραίνει coll. || 15 φησί om. || 18. 19 ἢ ἐκείνας ἰσχυροτέρας καὶ πλείους εἶναι || 22 τῆς om. || 24 ὡς om. || **183,4** ἂν μή τι βίᾳ φθαρῇ || 10 λαβόντος corr. m. rc. ex λαβόντες || 16 συμμένον || 18 post περιέχον add. φθορὰ γίνεται || 33 τοῦ om. || **184,8** ἐστιν om. || 11 ἂν εἴη αἴτια coll. || 20 τὸ ἐν || 22 τὸ θερμὸν — πεπηγὸς (22. 23) om. || 26 τε om. || 27. 28 τοῦ ἐλάττονος θερμὸν || 30 εὐσηπότερα || 34 ἔχον || τῷ ante μᾶλλον om. || **185,1** θερμότητος om. || πλεῖον φησὶ || 4 ψυχρότητος ex πικρότητος corr. m. rc. || 6 λαμβανόμεναι || 7 ὁμοίως δὲ καὶ || 9 ἀποκριναμένην || 15 post ποιοῦντα spatium vacuum V litt. || 17 ἐκ τοῦ in ras. || 23 ἐγγίνεται || 29 ὧν ποιοῦσι om.

186,15 ἐπί τι γὰρ || 17 πέψιν || 18 τελειουμένη, ut vid. || 19 ἐκ τῆς ex ἐκτὸς corr. m. poster. || 32 ἐστὶ φησὶν coll. || **187,2** προηγουμένῳ] τῷ προειρημένῳ || 3 ἐπιτελεσθῇ || 4 ὡς ante τῇ coll. || post λουτρὰ add. ὡραῖα || 7 τίς τε ἐστὶ τελείωσις 11 ἡ ἑκάστου γὰρ οὐσία κατὰ τὸ εἶδος coll. || 16 πέσσεσθαι — γλεῦκος om. || 22 τότε] τὸ || 26 λεγομένη in γενομένη corr. || συμβαίνει — πάσχειν iterat || **188,7**. 8 θερμότερόν τε καὶ ξηρότερον ποιεῖ καὶ εὐογκότερον καὶ παχύτερον || 11. 12 ψυχρότης in ras. || 15 τινων τίνων] πάλιν || 18 τε om. || αὐτῶν ἑκάτερον coll. || 19 ὑφ' ἑκάστην || 23 πέψις] σῆψις || 33 τοῖς om. || **189,1** τῶν τοιούτων et τῶν ὑπὸ om. || 2 ὀνομαζομένων || 4 οἰκεῖον ὄνομα || 5 καὶ om. || περὶ om. || 6 ante καὶ add. τε || 13 ἡ om. || 16 post οὖν add. τῶν || 20 post τε add. τὰ || 23 εἶδος ex ἦθος corr. m. rec. || 25 λήμμη 29 ἡ post ἐστὶν om. || 33 ὀφεῖλον] οφει ὅλον (sic) || **190,5** θερμαινόμενα] πεπαινόμενα || 11 καὶ post οὐσία om. || τι om. || 17 καὶ post πεσσόμενον om. || εἶναι om. || 21 post κύριον spatium vacuum, deinde add. ἐν.

initium commentariorum in hoc libro a ceteris omnibus, quos novimus, codicibus valde discrepat.

Oxoniensis Colleg. Nov. 230, chartaceus, forma maxima, foliorum 224, saec. XV (H. O. Coxe, *Catalog. codicum mss. Oxon.* I p. 84 sqq.): f. 138 Alex. Aphr. in Meteor. tit. Ἀλεξάνδρου Ἀφροδισιέως τῶν Ἀριστοτέλους μετεωρολογικῶν ὑπόμνημα πρῶτον.

Colleg. Nov. 237, chartaceus, forma maxima, foliorum 291, saec. XV ineuntis (Coxe l. l. I 86): fol. 159 Alex. Aphr. in Meteora. tit. Ἀλεξάνδρου Ἀφροδισιέως εἰς τὰ μετεωρολογικὰ ὑπόμνημα πρῶτον.

p. **1,5** ὑπομιμνήσκει περὶ τῶν || 6 ἐν τῇ περὶ τῶν ἐν τῇ φυσικῇ πραγματείᾳ || ἐν τῇ φυσικῇ πρ. || 6. 7 ὑπογράφει ἡμῖν || 11 πάντων κοινῶς τῶν || 12 πρῶτον || 14 κεκοσμημένων || 17 ἄλλη || 20 καὶ τίνα om. || **6,1** ὅτι γε μὴ || 3 post τοῦτο add. τὸ || 3. 4 ἐδύνατο] δυνατὸν || 6 δέοντος || 8. 9 ἐκείνην νομιστέον αἰτίαν εἶναι πρώτην || 10. 11 τῆς κινήσεως om. || 13 καὶ post κινεῖ om. || 14 καὶ post αὐτοῦ om. || **7,20** τῷ om. || ὂν om. || καὶ alterum om. || **8,17** τῷ δειχθῆναι || 20 μαρτυρία || 21 περὶ αὐτὸ || 22 τῷ μὲν || 25 τὸν οὐρανὸν om. || **9,3** πρὸς om. || ἢ οὕτω || 5 γάρ] δὲ || 9 λέγων om. || 9. 10 ἐν γὰρ τοῖς περὶ || 11 τοὺς μεταξὺ || 17 ἂν om. || 19 συμμένειν] σημαίνειν || 20 πολὺ om. || 21 δὴ || 27 δῆλον ὅτι || 32 ἐκεῖνοι || 33 αὐτὰ corr. || 35 ἀπὸ] ὑπὸ || **10,1** λόγον ἔχει coll. || 4 αὐτὴν om.

p. **226**,25 αὐτῷ] αὐτῶν || 32 προτιθέντας || 33 ἕκαστον || **227**,9 εἰδικὴν] ὑλικὴν || 16 δεῖ || 19 δοκεῖ ἕπεσθαι || 20 εἰπεῖν εἶπε] ποιεῖν ποιεῖ.

Laudianus 47, chartaceus, forma maxima, foliorum 115, saec. XV (Coxe, *Catalog. codicum mss. Bodl.* I 534). desinit abrupte in verbis αἰτία ψυχρότης ἢ θερμότης, καὶ ἡ ἀπό τινος τούτων κίνησις τοῦ δὲ τὰ Ald. ed. f. 140^{v}45 (p. 226,18 h. ed.)

Matritenses duo, qui insunt in *Biblioteca particular de Su Magestad el Rey*, 35 et VII E 5, membranei, forma quadrata, saec. XII (cf. Chr. Graux, *Essai sur les origines du fonds grec de l'Escurial* Paris 1880 p. 148 sqq., R. Beer, *Handschriftenschätze Spaniens*, Wien 1894 p. 278 sqq.); non ipsa commentaria sed excerpta ex his aliisque commentariis continent.

Vindobonensis phil. gr. 57 „chartaceus, in folio, constat foliis centum viginti septem" (Nessel, Catalogus IV 36), est s. XVI, ultima folia lacunosa. titulus est f. 1^r ἀλεξάνδρου ἀφροδισιέως τῶν ἀριστοτέλους μετεωρολογικῶν ὑπόμνημα πρῶτον: περὶ μὲν τῶν πρώτων αἰτίων τῆς φύσεως καὶ περὶ πάσης κινήσεως φυσικῆς: — rubr., tum incipit

Ἀρχόμενος τῶν μετεωρολογικῶν, πρῶτον ἡμᾶς ὑπομιμνήσκων τῶν εἰρημένων ἤδη περὶ τῶν ἐν τῇ φυσικῇ πραγματείᾳ, ἅμα καὶ τὴν τάξιν ἡμῖν προϋπογράφει πάσης τῆς φυσικῆς θεωρίας τῆς τε φθανούσης ἤδη διηνύσθαι καὶ τῆς μετ' ἐκείνης ῥηθησομένης. καὶ πρῶτον μὲν μνημονεύει τῆς ἐπιγραφομένης φυσικῆς ἀκροάσεως. πρώτης οὔσης ἐκείνης πραγματείας τῆς φυσικῆς ἁπάσης θεωρίας. ἐν ἐκείνῃ γὰρ εἴρηκε περὶ τῶν πρώτων ἀρχῶν τὲ καὶ αἰτίων τῆς φύσεως. καὶ περὶ πάντων τῶν κοινῶς εἰς τὰ περὶ τῆς φυσικῆς κινήσεως συντελούντων ὧν πρώτων ἐνταῦθα μνημονεύει. δευτέρας δὲ τῆς περὶ οὐρανοῦ. ἐν ἐκείνῃ γὰρ εἴρηκε περί τε τῶν κατὰ τὴν ἀναφορὰν διακεκοσμημένων ἄστρων. καὶ περὶ τῶν στοιχείων τῶν σωματικῶν, πόσα καὶ ποῖα. λέγοι δ' ἂν τὴν ἄνω φορὰν ἀντὶ τοῦ τὴν ἐξωτάτω τε καὶ κυκλωποριφορὰν ἐν γὰρ ταύτῃ ἡ τῶν ἄκρων (in mrg. m² ἄστρων) διακόσμησις κτλ.

Latine haec commentaria in lucem prodierunt Venetiis a. 1556 Ioanne Baptista Camotio interprete.

ALEXANDRI

IN METEOROLOGICORUM LIBROS

COMMENTARIA

ΑΛΕΞΑΝΔΡΟΥ ΑΦΡΟΔΙΣΙΕΩΣ ΕΙΣ ΤΟ ΠΡΩΤΟΝ ΤΩΝ ΑΡΙΣΤΟΤΕΛΟΥΣ ΜΕΤΕΩΡΟΛΟΓΙΚΩΝ 71r

p. 338a20 Περὶ μὲν οὖν τῶν πρώτων αἰτίων τῆς φύσεως καὶ περὶ πάσης κινήσεως φυσικῆς.

Ἀρχόμενος τῶν Μετεωρολογικῶν πρῶτον ἡμᾶς ὑπομιμνήσκει τῶν εἰρημένων ἐν τῇ περὶ φύσεως πραγματείᾳ, ἅμα δὲ καὶ τὴν τάξιν ἡμῖν ὑπογράφει πάσης τῆς φυσικῆς θεωρίας, τῆς τε φθανούσης ἤδη διηνύσθαι καὶ τῆς μετ᾽ ἐκείνην ῥηθησομένης. καὶ πρῶτον μὲν μνημονεύει τῆς ἐπιγραφομένης Φυσικῆς ἀκροάσεως, πρώτης οὔσης πραγματείας καὶ δι᾽ ἐκείνης πάσης τῆς φυσικῆς θεωρίας· ἐν ἐκείνῃ γὰρ εἴρηκε περὶ τῶν πρώτων ἀρχῶν τε καὶ αἰτίων τῆς φύσεως καὶ περὶ πάντων τῶν εἰς τὰ περὶ τῆς φυσικῆς κινήσεως συντελούντων, ὧν πρώτων κοινῶς ἐνταῦθα μνημονεύει. δευτέρας δὲ τῆς Περὶ οὐρανοῦ· ἐν ἐκείνῃ γὰρ εἴρηκε περί τε τῶν κατὰ τὴν ἄνω φορὰν διακεκοσμημένων ἄστρων καὶ περὶ τῶν στοιχείων τῶν σωματικῶν, πόσα τε καὶ ποῖα. λέγοι δ᾽ ἂν τὴν ἄνω φορὰν ἀντὶ τοῦ τὴν ἐξωτάτω τε καὶ κύκλῳ περιφοράν· ἐν γὰρ ταύτῃ ἡ τῶν ἄστρων διακόσμησις. περὶ οὗ σώματος ὅτι τε ἄλλο ἐστὶ τῶν τεσσάρων ἁπλῶν σωμάτων τε καὶ στοιχείων καὶ ὅτι ἀγένητόν τε καὶ ἄφθαρτον καὶ ὅτι ἀναυξές τε καὶ ἀναλλοίωτον, εἴρηκεν ἐν τῷ πρώτῳ τῆς πραγματείας ἐκείνης. εἴρηκε δὲ καὶ περὶ τῶν στοιχείων τῶν σωματικῶν ἐν ἐκείνῃ τῇ πραγματείᾳ, πόσα τε, [καὶ ποῖα καὶ τίνα] ὅτι πέντε τὰ πάντα, καὶ τίνα, ὅτι τὰ τέσσαρα μετὰ τοῦ κυκλοφορικοῦ

Adhibiti codices A (in quo initium comm. usque ad fol. 72v25 Aldinae desideratur) I W et Aldina (a) 1. 2 ἀλεξάνδρου ἀφροδισιέως εἰς τὸ πρῶτον τῶν μετεωρολογικῶν I, sed idem in exitu librorum II et III τῶν ἀριστοτέλους μετεωρολογικῶν: Ἀλεξάνδρου ἀφροδισιέως τῶν ἀριστοτέλους μετεωρολογικῶν ὑπόμνημα W: Ἀλεξάνδρου Ἀφροδισιέως ὑπόμνημα εἰς τὰ μετεωρολογικά, εἰς τὸ πρῶτον a 6 περὶ φυσεως] φυσικῇ W δὲ om. W 7 προϋπογράφει Wa 8 ἐκείνης W 9 καὶ δι᾽ om. Wa 10 τῆς φυσικῆς πάσης W 11 post τῶν add. κοινῶς Wa 12 κοινῶς om. Wa 12. 13 δευτέραι a 13 ἐν ἐκείνῃ — ἀντὶ τοῦ (15) om. I 18 ἀγέννητόν τε W: ἀγρύνητόν τε a 19 ἐν τῷ πρώτῳ — ἐκείνης] de caelo A 2. 3 20 καὶ ποῖα καὶ τίνα delevi: καὶ ποῖα om. Wa 21 post ὅτι add. γὰρ I

σώματος πέμπτου· ταῦτα γὰρ στοιχεῖα τοῦ κόσμου. τὸ γὰρ ποῖα δηλωτικὸν ἂν εἴη τοῦ τίνα. τὸ δὲ τῶν σωματικῶν τοῖς στοιχείοις προσέθηκε δηλωτικὸν ὂν τοῦ τῶν ὡς σωματικῶν στοιχείων, ἐπεὶ πρότερόν γε καὶ ἁπλῶς στοιχεῖα ἥ τε ὕλη καὶ ὅλως τὸ ὑποκείμενον καὶ τὸ εἶδος· ταῦτα γὰρ στοιχεῖα καὶ τῶν ἁπλῶν τε καὶ πρώτων σωμάτων. τρίτης δὲ τῆς Περὶ γενέσεώς τε καὶ φθορᾶς· ἐν ταύτῃ γὰρ εἴρηκε περί τε τῆς τῶν πρώτων σωμάτων εἰς ἄλληλα μεταβολῆς, ζητήσας μὲν περὶ τούτων καὶ ἐν τῷ τρίτῳ τῶν Περὶ οὐρανοῦ, ἐν τούτοις δὲ τελειώσας τὸν περὶ αὐτῆς λόγον, ἀλλὰ καὶ περὶ τῆς κοινῆς γενέσεώς τε καὶ φθορᾶς, δείξας ὅτι τέ ἐστι καὶ τί ἐστι καὶ τίνι τῶν ἄλλων μεταβολῶν διαφέρει. τετάρτην δὲ τάσσει τὴν ἐνεστῶσαν πραγματείαν, ἣν καὶ Μετεωρολογικὴν ἐπιγράφει, ἐπειδὴ ὥς φησι καὶ οἱ πρὸ αὐτοῦ πάντες ἐκάλουν αὐτὴν μετεωρολογίαν. μέθοδον δὲ εἶπε τὴν φυσικὴν πραγματείαν τε καὶ ἐπιστήμην· εἶναι δέ φησι ταύτης τῆς πραγματείας τὸ θεωρῆσαι περὶ τῶν συμβαινόντων τε καὶ γινομένων κατὰ φύσιν μέν, ἀτακτοτέραν μέντοι τῆς τοῦ πρώτου στοιχείου τῶν σωμάτων, πρῶτον μὲν στοιχεῖον λέγων τῶν σωμάτων τὸ κυκλοφορικόν τε καὶ αἰθέριον σῶμα, ἀτακτοτέραν δὲ τῆς τούτου φορᾶς ἀντὶ τοῦ οὐχ ὁμοίως εὔτακτον· οὐ γὰρ ὁμοίως εὔτακτόν ἐστι τὸ κατὰ φύσιν ἔν τε τῷ θείῳ σώματι καὶ ἐν τοῖς μετ' αὐτό. τὸ δὲ περὶ τὸν γειτνιῶντα μάλιστα τόπον ἴσον ἂν εἴη τῷ ἀτακτοτέραν καὶ γινομένην μάλιστα περὶ τὸν γειτνιῶντα τῇ φορᾷ τῶν ἄστρων. τίς δέ ἐστιν οὗτος ὁ τόπος, καὶ τίνα τὰ μάλιστα ἀτακτότερον γινόμενα τῶν γινομένων κατὰ φύσιν, ἐδήλωσε διὰ τοῦ οἷον περί τε γάλακτος καὶ κομητῶν καὶ τῶν ἐκπυρουμένων καὶ κινουμένων φασμάτων, ὁποῖά ἐστιν οὓς καλοῦμεν διᾴσσοντας ἀστέρας· ταῦτα γὰρ γίνεται μὲν ἐν τῷ γειτνιῶντι τῷ θείῳ τόπῳ τε καὶ σώματι, ἀτάκτως δὲ γίνεται. μεθ' ἃ τάξιν ἔχει τὰ ὅσα κοινὰ πάθη εἶναι δοκεῖ ἀέρος τε καὶ ὕδατος, ταῦτα δέ ἐστιν ἐμφάσεις τε καὶ διαφάσεις· τούτων γὰρ ἑκάτερον ἐν ὕδατι καὶ ἀέρι. δι' ὧν γίνεται δῆλα τά τε περὶ τῶν ῥάβδων καλουμένων καὶ παρηλίων, περί τε ἅλω καὶ περὶ ἴριδος καὶ εἴ τινα τούτοις ὅμοιά ἐστιν. ἔτι δὲ γῆς, φησίν, ὅσα μέρη καὶ εἴδη καὶ πάθη τῶν μερῶν, μέρη μὲν γῆς ἴσως λέγων τὰ πρὸς ἕω καὶ δύσιν ἄρκτον τε καὶ με|σημβρίαν, εἴδη δὲ τὸ τὴν μὲν αὐτῆς εἶναι ὕπαντρόν 71v
τε καὶ χαύνην, τὴν δὲ στερεάν τε καὶ πεπιλημένην, καὶ εἴ τινες ἄλλαι ταύταις παραπλήσιαι γῆς διαφοραί. πάθη δὲ λέγοι ἂν τὰς ἀναθυμιάσεις τὰς γινομένας ἀπ' αὐτῆς καὶ τὰς ἐναπολήψεις ὕδατός τε καὶ πνεύματος,

2 τὸ τῶν δὲ I: τῶν δὲ a   3 ὂν om. Wa   πρότερον] πρὸ τούτων rubro superscr. W   post πρότερόν γε add. κυρίως τε a   4 ὕλη καὶ τὸ ὑποκείμενον εἶδος ὅλως I   7 ζητήσας μὲν] ζητήσωμεν I   7. 8 ἐν τῷ τρίτῳ τῶν Περὶ οὐρανοῦ] c. 6. 7   8 τελειώσας] τελείως W   10 διαφέρει μεταβολῶν a   12 μετεωρολογίαν αὐτὴν ἐκάλουν Wa   16 τῶν σωμάτων λέγων Wa   18 οὐ γὰρ — ἐστι om. W   20 ἀτακτοτέρῳ καὶ γινομένῳ W   21 ὁ τόπος οὗτος Wa   23 τῶν om. a   24 διαίσσοντας W   26 ἔχειν W   29 καλουμένοις W   30 ἔτι] ἔστι a   33 ἄλλα a

ὧν αἱ μὲν ἀναθυμιάσεις νεφῶν τε καὶ ὑετῶν ἀρχαί, ἔτι δὲ χαλάζης τε καὶ χιόνος πάχνης τε καὶ δρόσου βροντῶν τε καὶ ἀστραπῶν ἀνέμων τε καὶ τῆς τῶν ἀνέμων τε καὶ πνευμάτων διαφορᾶς· κατὰ γὰρ τὰς τῶν μερῶν τῆς γῆς διαφορὰς καὶ αἱ τῶν ἀνέμων διαφοραί. αἱ δὲ ἐναπολήψεις αἱ μὲν τοῦ ὕδατος πηγῶν αἰτίαι, αἱ δὲ τοῦ πνεύματος σεισμῶν. τὸ δὲ καὶ περὶ πάντων τῶν γινομένων κατὰ τὰς κινήσεις τὰς τούτων εἴρηκεν ἀντὶ τοῦ καὶ περὶ τῶν ἄλλων τῶν γινομένων κατὰ τὰ πάθη τῶν τε μερῶν τῆς γῆς καὶ τῶν εἰδῶν· οὐ γὰρ μόνον πνεύματα καὶ σεισμοί, ὧν ἐμνημόνευσεν. ἢ τὰς κινήσεις τὰς τούτων εἶπεν ἐπί τε τῶν πνευμάτων καὶ τῶν σεισμῶν· συμπτώματα γάρ τινα οἰκεῖα καὶ ἐπὶ τῶν ἀνέμων καὶ ἐπὶ τῶν σεισμῶν γίνεται, οἷον τὸ διίστασθαι τὴν γῆν, τὸ ἦχον γίνεσθαι, τὸ νηνεμίαν πρώην γενέσθαι, ταῦτα μὲν ἐπὶ τῶν σεισμῶν, ἐπὶ δὲ τῶν ἀνέμων τὸ φέρε εἰπεῖν τὸν καικίαν, ὅθεν πνεῖ, ἐνταῦθα τὰ νέφη συνωθεῖν, τῶν ἄλλων, ἀφ' ὧν ἂν πνέωσι μερῶν, ἀπ' ἐκείνων ἀπωθούντων τὰ νέφη. ἢ κατὰ τὰς κινήσεις τὰς τούτων εἶπεν οὐ μόνον περὶ τῶν τῆς γῆς μερῶν τε καὶ εἰδῶν, ἀλλὰ καὶ περὶ πάντων τῶν σωμάτων τῶν μετὰ τὸ θεῖον σῶμα τεταγμένων· καὶ γὰρ ἐπὶ τῶν κομητῶν καὶ τῶν διᾳσσόντων, ῥάβδων τε καὶ παρηλίων ἔστιν ὁρᾶν τινα συμπτώματα ταῖς κινήσεσιν αὐτῶν ἑπόμενα. περὶ γὰρ τῶν ἐν τούτοις γινομένων τὰ μὲν ἀποροῦμεν, οἷον περὶ τοῦ πῶς ἶρις γίνεται, διὰ τί τὸ τῆς θαλάττης ὕδωρ ἁλμυρόν, τῶν δὲ ἐφαπτόμεθά τινα τρόπον, οἷον περὶ τῆς τῶν νεφῶν συστάσεως καὶ περὶ τῆς εἰς ὕδωρ αὐτῶν μεταβολῆς· καὶ γὰρ εἰ μὴ τὸ ἀκριβὲς εἰπεῖν περὶ τῶν τοιούτων ἔχομεν, ἀλλ' οὐ πάντῃ ἀνεννόητοι τῆς γενέσεως αὐτῶν ἐσμεν. ἔτι δὲ περὶ κεραυνῶν πτώσεως καὶ τυφώνων καὶ πρηστήρων καὶ τῶν ἄλλων τῶν ἐγκυκλίων, ὅσα διὰ πῆξιν συμβαίνει πάθη. οὐχ ὡς καὶ τῶν κεραυνῶν καὶ τῶν τυφώνων καὶ τῶν πρηστήρων διὰ πῆξιν γινομένων εἶπεν, ἀλλ' εἰπὼν περὶ τούτων ὅσα διὰ κίνησιν συμβαίνει τῶν παθητῶν σωμάτων γίνεσθαι, ἐπεὶ γίνεταί τινα καὶ διὰ πῆξιν πάθη, καὶ περὶ τούτων φησὶ δεῖν εἰπεῖν, ὥσπερ καὶ περὶ ἐκείνων. γίνεται δὲ κατὰ πῆξιν χιών, χάλαζα, πάχνη. ἐγκύκλια δὲ εἶπεν ἤτοι αὐτὰ τὰ τέσσαρα σώματα, ἐπειδὴ κύκλῳ καὶ ἐξ ἀλλήλων ἡ γένεσις αὐτοῖς, ἢ καὶ αὐτὰ τὰ πάθη ἐγκύκλια, ὅτι ἀνακυκλεῖται καὶ ταῦτα καθ' ἕκαστον ἔτος γινόμενα. διελθόντες δὲ περὶ τούτων. τίνα πάλιν μετὰ τὴν μετεωρολογικὴν πραγματείαν ἐστὶ τῆς φυσικῆς πραγματείας, προστίθησι· περὶ γὰρ ζῴων, φησί, καὶ φυτῶν, καθόλου τε καὶ χωρίς. τάσσοι δ' ἂν ἐν τῇ περὶ ζῴων θεωρίᾳ καὶ τὴν Περὶ ψυχῆς, ἔτι τε τὴν Περὶ αἰσθήσεώς τε καὶ αἰσθητῶν, ἔτι τὴν Περὶ μνήμης καὶ ὕπνου καὶ τῆς καθ' ὕπνον μαντικῆς, ἔτι τὸ Περὶ γήρως καὶ νεότητος, μακροβιότητός τε καὶ

---

3 πνευμάτων τε καὶ I 6 post κινήσεις add. δὴ I τὰς (post κινήσεις) om. W 7 τὰ om. W 8 ἢ κατὰ τὰς a 13 χαλκίαν a 23 ἀνεννόητοι] ἐν ἀγνοίᾳ a 30 τέταρτα a post σώματα add. εἴτε W ἐπειδὴ] ὅτι Wa 31 ἀνακυκλᾶται a 32 τινὰ Wa 33 ante ἐστὶ add. ἃ Wa 34 post χωρὶς add. θεωρήσομεν a τάσσει I 35 ἔτι δὲ 36 post ἔτι add. δὲ Wa 37 ἔτι τε τὸ W: ἔτι τὴν a

βραχυβιότητος, καὶ ὅσα ἄλλα αὐτῷ γέγραπται ἔχοντα τὴν ἀναφορὰν ἐπὶ τὰ ζῷα· ὧν τὰ μὲν κοινὴν περὶ πάντων τῶν ζῴων τὴν θεωρίαν ἔχει, ὥσπερ ἥ τε Περὶ ζῴων ἱστορία, καὶ τὰ Περὶ ζῴων γενέσεώς τε καὶ μορίων, ἔτι δὲ τὰ Περὶ ζῴων πορείας τε καὶ κινήσεως, τὰ δὲ ἴδια, ὡς τὰ Περὶ μνήμης καὶ ὕπνου καὶ τῆς καθ' ὕπνον μαντικῆς· τῶν γὰρ ἐν τούτοις λεγομένων τὰ πλεῖστα ἀνθρώπῳ μόνῳ ὑπάρχει. τὴν δὲ ἐξ ἀρχῆς προαίρεσιν λέγει τὸ τὴν φυσικὴν θεωρίαν πᾶσαν ἐπεξελθεῖν· τοῦτο γὰρ ἦν τὸ προκείμενον. κατὰ δὲ τὸν ὑφηγημένον τρόπον εἶπεν, ὅτι μὴ ἱστορίαν τινὰ παρέδωκεν ἐν τοῖς πρὸ τούτων ψιλήν, ἀλλὰ μετὰ τοῦ τὰς οἰκείας αἰτίας ἑκάστου τῶν λεγομένων ζητεῖν τε καὶ ἀποδιδόναι καὶ μετὰ ἀποδείξεως τὴν περὶ αὐτῶν ποιεῖσθαι θεωρίαν. οὕτως οὖν ἀξιοῖ καὶ τὸν περὶ τῶν ῥηθησομένων γενέσθαι λόγον.

p. 339a 9 Ὧδε οὖν ἀρξάμενοι λέγωμεν περὶ αὐτῶν πρῶτον.

Εἰπὼν τὴν κατὰ τὴν ἐνεστῶσαν πραγματείαν πρόθεσιν πρῶτον περὶ τῶν προκειμένων, φησίν, ἡμῖν τήνδε τὴν ἀρχὴν ποιησάμενοι λέγωμεν, τὸ πρῶτον προσθείς, ἐπεὶ ὑπομιμνήσκει ἡμᾶς τῶν πρότερον εἰρημένων, ἃ καὶ ἀρχὰς ὄντα δείξει τῶν μελλόντων λέγεσθαι. ὧν δὲ ὑπομιμνήσκει, ἔστιν εἰρημένα ἔν τε τοῖς Περὶ οὐρανοῦ καὶ ἐν τοῖς Περὶ γενέσεως καὶ φθορᾶς· ἔστι δὲ ταῦτα ὅτι μία μὲν ἀρχὴ τῶν σωμάτων, ἐξ ὧν συνέστηκεν ἡ τῶν ἐγκυκλίων φερομένων σωμάτων φύσις, ἀρχὴν μὲν σωμάτων εἰπὼν ἀντὶ τοῦ ἁπλοῦν σῶμα καὶ στοιχεῖον καὶ ἀρχὴ τῶν ἄλλων σωμάτων, ἢ μία ἀρχὴ τῶν σωμάτων ἀντὶ τοῦ μία ἀρχὴ σωματική. τὸ δὲ ἐξ ὧν συνέστηκεν ἡ τῶν ἐν κύκλῳ φερομένων σωμάτων φύσις ἴσον ἐστὶ τῷ τὰ σώματα ταῦτα ἐξ ὧν συνέστηκε πᾶν τὸ κυκλοφορικὸν σῶμα καὶ ἡ θεία φύσις· ἔστι δὲ ταῦτα αἱ ὀκτὼ σφαῖραι καὶ οἱ ἐν αὐταῖς ἀστέρες. ἄλλα δὲ τέτταρα σώματα διὰ τὰς τέτταρας ἀρχάς. λέγει μὲν τέτταρα ἄλλα σώματα παρὰ τὸ κυκλοφορητικὸν πῦρ ἀέρα, ὕδωρ γῆν. διὰ δὲ τὰς τέτταρας ἀρχὰς προσέθηκεν ὑπομιμνή|σκων ἡμᾶς τῶν ἐν τῷ δευ- 72r τέρῳ Περὶ γενέσεως εἰρημένων· ἐκεῖ γὰρ λαβὼν ὅτι σῶμά ἐστι τὸ τριχῇ διαστατὸν ἁπτόν, λέγων τὸν λόγον τοῦτον περὶ τῶν ἐν γενέσει σωμάτων, ἔλαβεν ὅτι εἰ τὸ σῶμα τὸ εἶναι ἔχει ἐν τῷ ἁπτὸν εἶναι, εἴη ἂν ἐν ἁπταῖς τισιν ἐναντιώσεσιν εἰδοπεποιημένον. μεθ' ἃ τὰς πρώτας ζητήσας τῶν ἁπτῶν ἐναντιώσεων καὶ εὑρὼν οὔσας δύο, θερμότητα καὶ ψυχρότητα, καὶ ξηρότητα καὶ ὑγρότητα, ἔδειξεν ἐκ τῆς τούτων συνθέσεως πρὸς ἄλληλα τέσσαρα σωμάτων εἴδη γινόμενα, ἃ νῦν εἶπε διὰ τὰς τέσσαρας ἀρχάς. διότι γὰρ τὰ εἴδη τῶν ἁπλῶν τε καὶ ἁπτῶν σωμάτων τέσσαρα, διὰ τοῦτο

---

6. 7 λέγει τοῦ τὴν W 11 γίνεσθαι Wa 12 et 14 λέγομεν I 17. 18 ἔν τε τοῖς Περὶ οὐρανοῦ — φθορᾶς] de caelo ΑΓ, de gener. et corr. Β 20. 21 ἀρχὴ τῶν ἄλλων ἢ μία ἀρχὴ τῶν ἄλλων σωμάτων Wa 25 ante λέγει add. καὶ a 26 σώματα ἄλλα Wa παρὰ] περὶ Wa κυκλοφορικὸν Wa γῆς a 27. 28 ἐν τῷ δευτέρῳ Περὶ γενέσεως] c. 2 28 τριχῶς W 30 εἰ om. W 31 ζητήσεις W 35 ἁπλῶν] ἁπτῶν a ἁπτῶν] ἐν γενέσει W

τέσσαρα καὶ τὰ ἁπλᾶ σώματα τὰ μετὰ τὸ θεῖον. ὅτι δὲ τῶν τεσσάρων σωμάτων τούτων ἡ κίνησις διπλῆ, ὡς καὶ αὐτῷ ἐν τοῖς Περὶ οὐρανοῦ δεδειγμένῳ χρῆται· ἐκεῖ γὰρ εἴρηται ὅτι τὰ μὲν αὐτῶν ἀπὸ τοῦ μέσου κινεῖται κατὰ φύσιν, τουτέστιν ἄνω, ταῦτα δ' ἐστὶ πῦρ τε καὶ ἀήρ, τὰ δὲ ἐπὶ τὸ μέσον, τουτέστι κάτω, ἅ ἐστι γῆ τε καὶ ὕδωρ. ἀλλὰ καὶ ὅτι κουφότατον μὲν τὸ πῦρ καὶ πᾶσιν ἐπιπολάζον τοῖς ἐπ' εὐθείας κινουμένοις, βαρύτατον δὲ ἡ γῆ καὶ πᾶσιν ὑφιστάμενον τοῖς ἄλλοις, τὰ δὲ μεταξὺ τούτων, ἀήρ τε καὶ ὕδωρ, πρὸς ἄλληλα ἀνάλογον ἔχει, ὡς ἐκεῖνα ἁπλῶς. ἐπ' ἐκείνων μὲν γὰρ τὸ μὲν ἦν ἁπλῶς κοῦφον (τοιοῦτον γὰρ ἦν τὸ πᾶσιν ἐπιπολάζον) τὸ δὲ ἁπλῶς βαρύ (τὸ γὰρ πᾶσιν ὑφιστάμενον τοιοῦτον), τούτων δὲ ὁ μὲν ἀὴρ ὡς πρὸς τὸ ὕδωρ κοῦφός ἐστι· τούτῳ γὰρ ἐπιπολάζει· τὸ δὲ ὕδωρ ὡς πρὸς τὸν ἀέρα βαρύ· ὑφίσταται γὰρ αὐτῷ. διὸ ὁ ἀὴρ μὲν τῷ πυρὶ ἐγγύτατα τῶν ἄλλων ἐστίν, ὕδωρ δὲ τῇ γῇ.

p. 339a19 Ὁ δὴ περὶ τὴν γῆν τὴν ὅλην κόσμος.

Λαβὼν τέσσαρα εἶναι σώματα ἁπλᾶ τε καὶ ἐπ' εὐθείας κινούμενα, εἶναι δὲ καὶ πέμπτον τὸ αἰθέριόν τε καὶ κυκλοφορητικόν, τούτοις χρῆται πρὸς τὴν τῶν προκειμένων θεωρίαν. καὶ λέγει τὸν περὶ τὴν γῆν κόσμον πάντα, περὶ γῆν κόσμον λέγων ἐν ᾧ γένεσις καὶ φθορά, ἐκ τῶν τεσσάρων συνεστάναι σωμάτων, γῆς λέγων καὶ ὕδατος ἀέρος τε καὶ πυρός. τὸ δὲ περὶ τοῦ κύκλῳ ἂν εἴη δηλωτικόν. περὶ οὗ δεῖν φησι, λέγων τοῦ περὶ τὴν γῆν κόσμου, τὰ συμβαίνοντα αὐτῷ πάθη θεωρῆσαί τε καὶ λαβεῖν, τίνα τέ ἐστι, καὶ διὰ τίνας, φησίν, αἰτίας γίνεται.

p. 339a21 Ἔστι δὲ ἐξ ἀνάγκης συνεχὴς οὗτος ταῖς ἄνωθεν φοραῖς.

Συνεχῆ φησι τὸν κόσμον τὸν περὶ τὴν γῆν εἶναι, περὶ οὗ τῶν γινομένων ἐν αὐτῷ παθῶν ζητοῦμεν, ταῖς ἄνωθεν φοραῖς, τουτέστι τῷ θείῳ τε καὶ κυκλοφορητικῷ σώματι. ὑπὲρ τούτου δέ φησι συνεχῆ εἶναι τὸν περὶ τὴν γῆν κόσμον ἐκείνῳ τῷ σώματι, ὑπὲρ τοῦ πάντα αὐτὸν ἐξ ἐκείνου κυβερνᾶσθαι· τοῦτο γάρ ἐστι τὸ πᾶσαν αὐτοῦ τὴν δύναμιν. συνεχῆ δὲ τῇ ἀφῇ· λέγει γὰρ συνεχῆ καὶ τὰ ἁπτόμενα. διὸ καὶ ἔν τισιν ἀντιγράφοις

---

1 τὰ ante μετὰ om. I 2 ὡς scripsi: ὧ I: om. Wa 3 χρήσεται W ἐκεῖ] de caelo A 2 4 τε om. a 8 ἔχοι I 9 ἦν post γὰρ om. Wa 11 ὡς om. I τὸ ante ὕδωρ om. Wa 12 ὁ om. Wa 14 τὴν ὅλην I: ὅλην W Arist. E: ὅλος a Arist. vulg. 15 τε καὶ] τὰ Wa 16 κυκλοφορικόν Wa 19 τεσσάρων] δευτέρων a λέγων] λέγω Ia 20 δὲ περὶ] δὲ πᾶν Wa κύκλου Wa 22 post γίνεται add. ἐπεὶ δὲ τοῦ κόσμου τὸ μὲν ὡς ὅλον τι, τὸ δὲ ὡς μέρος, βουλόμενος δεῖξαι ὅτι οὐ περὶ τοῦ κόσμου ὅλου λέγει, ἀλλὰ περὶ τοῦ μέρους, ἐπάγει τὸ περὶ τὴν γῆν, ὑποδεικνὺς ἡμῖν ὡς περὶ τοῦ ἐν γενέσει καὶ φθορᾷ κόσμου λέγει, ἀλλ' οὐ περὶ τοῦ ὅλου a 23 συνεχής πως οὗτος a Arist. ἄνωθεν Ia Arist. E: ἄνω W Arist. vulg.

γράφεται συνεχής πως οὗτος· ὅτι γὰρ μὴ ἁπλῶς συνεχής. τὸ δὲ ἐξ ἀνάγκης πρόσκειται, ὅτι δεδειγμένου τοῦ μηδὲν εἶναι κενὸν ἀνάγκη τὰ σώματα ἀλλήλων ἅπτεσθαι· καὶ ἔτι διὰ τοῦτο ἐξ ἀνάγκης, ὅτι μὴ ἐδύνατο ἄλλως εἶναί τε καὶ σώζεσθαι, μὴ κυβερνώμενος ὑπὸ τοῦ θείου σώματος. ὅτι δὲ προνοεῖται κατ' αὐτὸν ὑπὸ τῶν θείων τὰ ἐν γενέσει καὶ φθορᾷ, φανερῶς ἄν τις καὶ ἐντεῦθεν λάβοι. αἰτίαν δὲ τοῦ δεόντως λέγεσθαι τὸν θνητὸν κόσμον ὑπὸ τοῦ θείου κυβερνᾶσθαι ἀπέδωκε ταύτην· ὅθεν γὰρ ἡ τῆς κινήσεως ἀρχὴ πᾶσιν, ἐκείνην αἰτίαν νομιστέον πρώτην. πρῶτον γὰρ αἴτιον ποιητικὸν τῶν γινομένων ἁπάντων τὸ ὅθεν αὐτοῖς πρῶτον ἡ τῆς κινήσεως ἀρχή, τουτέστι τὸ πρῶτον αὐτοῖς τῆς κινήσεως αἴτιον. αἴτιον δὲ πρῶτον τῆς κινήσεως τῷ περιγείῳ κόσμῳ τὸ θεῖόν τε καὶ κυκλοφορητικὸν σῶμα· ὥστε ἐκεῖνο αὐτοῦ καὶ ποιητικὸν αἴτιον. κινούμενος γὰρ ὁ οὐρανὸς καὶ πᾶν τὸ θεῖον σῶμα κινεῖ καὶ τὰ πλησίον αὐτοῦ καὶ γειτνιῶντα αὐτῷ σώματα, δι' ὧν καὶ τὰ μετ' αὐτὰ κινεῖται καὶ κυβερνᾶται, καὶ αἴτιόν ἐστι τῷδε τῷ κόσμῳ τοῦ τε εἶναι καὶ τῆς ἀιδίου διαμονῆς αὐτοῦ, ἥτις αὐτῷ περιγίνεται διὰ τῆς εἰς ἄλληλα τεταγμένης μεταβολῆς τῶν τεσσάρων σωμάτων ἐξ ὧν συνέστηκεν. ὅτι δὲ εὐλόγως ἡ τοῦ θείου σώματος κίνησις αἰτία τῆς τῶν ἄλλων σωμάτων κινήσεώς τε καὶ μεταβολῆς, συνέστησε διὰ τοῦ τὴν μὲν ἀίδιόν τε εἶναι καὶ ἄπαυστον, τέλος οὐκ ἔχουσαν τῷ τόπῳ τῆς κινήσεως, τουτέστι τῆς κατὰ τόπον κινήσεως· οὐ γάρ ἐστί τις τόπος, ἐφ' ὃν ἐλθὸν στήσεται, ὥσπερ ἐπὶ τῶν ἐπ' εὐθείας κινουμένων ἢ κατά τινα κίνησιν ἄλλην. εἰπὼν δὲ καὶ τέλος οὐκ ἔχουσα τῷ τόπῳ τῆς κινήσεως, ἵνα μή τις ὑπολάβῃ λέγειν αὐτὸν διὰ τοῦ τέλος οὐκ ἔχουσα ὅτι ἀτελὴς ἡ κίνησις ἡ ἐκείνου τοῦ σώματος, ἐπήνεγκε τὸ ἀλλ' ἀεὶ ἐν τέλει. δέδεικται γὰρ ὅτι μόνη τέλειος τῶν κινήσεων ἡ κύκλῳ, καθ' ἣν τὸ κινούμενον ἀεί ἐστιν ἐν τῷ τέλει τε καὶ τῇ τελείᾳ κινήσει· τὰ δ' ἐπ' εὐθείας κινούμενα σώματα τῷ πεπερασμένους ἀπ' ἀλλήλων ἀφεστάναι τόπους ἐπὶ τὸ πέρας ἐλθόντα τῶν ἐφ' οὓς κινεῖται τόπων ἵσταται· ὁμοίως δὲ ὥςπερ πέρας, οὕτω δὴ καὶ ἀρχὴν ἔχει τῆς κινήσεως. ἡ δὲ ἀίδιός τε καὶ ἄπαυστος κίνησις πρώτη τε τῆς κινήσεως τῆς τοιαύτης καὶ αἰτία.

p. 339a27 Ὥστε τῶν συμβαινόντων περὶ αὐτὸν πῦρ μὲν καὶ γῆν καὶ τὰ συγγενῆ τούτοις.

Περὶ αὐτὸν οὐκέτ' ἂν λέγοι τὸν περίγειον κόσμον, ἀλλὰ τὸν σύμπαντα. τῶν γὰρ ἐν τῷ σύμπαντι κόσμῳ | συμβαινόντων τε καὶ γινομένων, 72v

---

1 ὅτι γὰρ μὴ] ὅτι om. W: οὐ γὰρ εἴη ἂν a 2 καινὸν W 3. 4 ἐδύνατο] δυνατὸν I 7 ταύτην] τὴν Wa 10 αὐτοῖς (post πρῶτον) ex αὐτῆς corr. W 11. 12 αἴτιον δὲ — ποιητικὸν αἴτιον om. a 12 κυκλοφορικὸν W 14 καὶ post αὐτοῦ om. I κινεῖταί τε καὶ Wa 19 τε om. a 21 ἐλθὸν scripsi: ἐλθὼν libri συστήσεται I 23 et 24 ἔχουσαν IW 23 ὑπολάβει a 24 τοῦ τέλους W ἡ post κίνησις om. a 26 καθ' ἣν τὸ κινούμενον ἀεί a: καθ' om. W: ἣν τῶν κινουμένων· ἀεὶ γὰρ I καὶ ἐν τῇ Wa 28 ante τόπους add. τοὺς a ἐλθόντας I τοῦ ἐφ' ὃν Wa κινοῦνται a τόπου Wa

φησί, πῦρ μὲν καὶ γῆν καὶ ἀέρα καὶ ὕδωρ (ταῦτα γὰρ τὰ συγγενῆ τοῖς προειρημένοις) ὡς ὕλην αἴτια χρὴ νομίζειν· ταῦτα γὰρ τὰ πάσχοντά τε καὶ μεταβάλλοντα, καὶ ἐκ τούτων ὡς ἐξ ὕλης γίνεται ταῦτα, περὶ ὧν ζητοῦμεν τὰς αἰτίας. ἢ δύναται καὶ τοῦτο περὶ τοῦ περιγείου κόσμου λέγειν· ἐν τούτῳ γὰρ τὰ συμβαίνοντα, περὶ ὧν ὁ λόγος. εἰπὼν δὲ ὡς ἐν ὕλης εἴδει τῶν γινομένων αἴτια χρὴ νομίζειν, διὰ τί ὡς ἐν ὕλης εἴδει εἶπεν ἐδήλωσεν ἐπενεγκὼν τὸ γὰρ ὑποκείμενον καὶ πάσχον τοῦτον προσαγορεύομεν τὸν τρόπον· ὕλην γὰρ τὸ τοιοῦτον καλοῦμεν, ὡς οὐ πάνυ δὲ τοῦ τῆς ὕλης ὀνόματος καθωμιλημένου τοῦτο προσέθηκε. ποιητικὸν δὲ αἴτιον αὐτῶν καὶ τὸ ὡς ὅθεν ἡ ἀρχὴ τῆς κινήσεως ἡ τῶν θείων σωμάτων ἀίδιος κίνησις καὶ ἡ δύναμις ἡ ἀπὸ τῆς γειτνιάσεως ἀπ' ἐκείνων ἐπιγινομένη τοῖσδε τοῖς σώμασιν, ἣν καὶ φύσιν ἄν τις εὐλόγως ὀνομάζοι· αὕτη γὰρ ἡ δύναμις αἰτία πάντων τῶν φύσει τε καὶ κατὰ φύσιν γίνεσθαι πεπιστευμένων.

Εἰπὼν δὲ ταῦτα ἀναλαβόντας φησὶ δεῖν τὰς ἐξ ἀρχῆς θέσεις, τουτέστι τὰ κείμενα ὡς ἀρχὰς καὶ ὡμολογημένα, καὶ τοὺς εἰρημένους περὶ αὐτῶν ἐν τοῖς πρώτοις διορισμούς, τούτοις ἑπομένως λέγειν τὰς τῶν προκειμένων αἰτίας κατὰ τὴν πρὸς ἐκείνας ἀκολουθίαν. τίνα δέ ἐστιν ἃ ἀναλαμβάνει καὶ οἷς χρήσεται, προείρηκε. τούτοις γὰρ χρήσεται τῶν κειμένων, τῷ τὸ μὲν θεῖον εἶναι σῶμα ἀπαθές τε ὂν καὶ ἀναλλοίωτον καὶ ἀίδιόν τε καὶ συνεχῆ κίνησιν κινούμενον, τὰ δὲ παθητά τε ὑπ' ἐκείνου καὶ τρεπτὰ καὶ εἰς ἄλληλα μεταβάλλοντα, ὃ καὶ αὐτὸς ἐδήλωσεν ἐπενεγκὼν τὸ φαμὲν δὲ πῦρ καὶ ἀέρα καὶ ὕδωρ καὶ γῆν γίνεσθαι ἐξ ἀλλήλων καὶ ἕκαστον ἐν ἑκάστῳ ὑπάρχειν τούτων δυνάμει. εἰπὼν δὲ τοῦτο ἅμα προσέθηκε καὶ τὴν αἰτίαν τῆς εἰς ἄλληλα τῶν σωμάτων τούτων μεταβολῆς· ὅτι γὰρ ἐκ κοινῆς τινος ὑποκειμένης ὕλης ἡ γένεσις αὐτοῖς. πᾶσι γὰρ καὶ τοῖς οὐ φυσικοῖς ἡ εἰς ἄλληλα γίνεται μεταβολή, οἷς ἕν τι καὶ τὸ αὐτὸ ὑπόκειται, εἰς ὃ ἔσχατον ἀναλύονται. τά τε γὰρ ἐκ κηροῦ γινόμενα σχήματα εἰς ἄλληλα μεταβάλλει τῷ κοινὸν αὐτοῖς τὸν κηρὸν ὑποκεῖσθαι, ὁμοίως δὲ καὶ τὰ ἐκ χαλκοῦ, καὶ καθόλου ἡ τῶν ἐναντίων εἰς τὰ ἐναντία γίνεται μεταβολὴ τῷ κοινὸν αὐτοῖς εἶναι τὸ ὑποκείμενον.

Ὑπομνήσας δὲ τοῦ ὅτι τὰ στοιχεῖα εἰς ἄλληλα μεταβάλλει, χρήσιμον πρὸς τὰ προκείμενα ἐσομένην αὐτῷ προαπορεῖ τινα ἀπορίαν. ἔστι δὲ αὕτη, τίς ἡ τοῦ ἀέρος φύσις καὶ τίνι τῶν ἄλλων σωμάτων διαφέρει, ἐξ ὧν ὁ περίγειος κόσμος ἐστίν· ἔτι τε τίνα τάξιν τέτακται πρὸς τὰ ἄλλα τὰ καὶ αὐτὰ καλούμενα στοιχεῖα τῶν σωμάτων. τῶν γὰρ σωμάτων τὰ μὲν στοιχεῖα καλεῖται, ὡς πῦρ ἀήρ, ὕδωρ γῆ, οὐκ ὄντα μὲν ἁπλῶς στοιχεῖα, τῶν

1 φησί] φύσει I 2 ὕλη καὶ αἴτια I 7 ἐπενεγκὼν] εἰπὼν a 10 ὡς om. a 12 ἐγγινομένη Wa 15 δὲ om. a ἀναλαμβάνοντας W 17 διορισμοῖς I ἑπομένους Wa 23 δὲ om. I: δὴ a καὶ γῆν καὶ ὕδωρ Wa 27 φυσικῆς a 28 μηροῦ a γενόμενα W 30. 31 ὁμοίως — ὑποκείμενον om. I 32 δὲ om. a 33 προσαπορεῖ I 35 post τέτακται add. καὶ Wa 35. 36 τὰ ἄλλα καὶ πρὸς αὐτὰ τὰ καλούμενα a

μέντοι συνθέτων σωμάτων ὄντα στοιχεῖα, τὰ δέ τινά ἐστιν, ἃ ἤδη ἐκ τούτων γίνεται. ἐν δὲ τῷ ζητεῖν ταῦτα περὶ τοῦ ἀέρος ζητήσει καὶ περὶ τοῦ μεγέθους αὐτοῦ, ὃ χρησιμώτατον ἔσται αὐτῷ ὁρισθὲν πρὸς τὴν τῶν προκειμένων θεωρίαν. ὄντος γὰρ δήλου τοῦ τῆς γῆς ὄγκου τε καὶ μεγέθους, πηλίκον τί ἐστιν ὡς πρὸς τὰ περιέχοντα αὐτὴν σώματα (ὡς γὰρ πρὸς ταῦτα συγκρινομένη οὐ μέγα· λέγοι δ' ἂν περιέχοντα τὴν γῆν μεγέθη τάς τε τοῦ κυκλοφορητικοῦ σώματος σφαίρας καὶ τὰ ἐν αὐταῖς ἄστρα· καὶ γὰρ ἄστρων τινῶν πολὺ ἐλάττων οὖσα ὦπται διὰ τῶν ἀστρολογικῶν θεωρημάτων· δείκνυται γὰρ ὁ ἥλιος αὐτῆς ἑκκαιδεκαπλάσιος ὤν) πρόδηλον δὲ καὶ | τὸ τοῦ ὕδατος μέγεθος ὅσον τι· οὐ γάρ ἐστιν ἀφωρισμένον τὸ ὕδωρ αὐτὸ 73r
καθ' αὑτὸ οὐδὲ ἐνδέχεται εἶναι, ἀλλ' ἔστιν ἐν ταύτῃ καὶ ταύτῃ περικέχυται. ὄντων δὲ τούτων οὐκ ἀφανῶν, μετὰ ταῦτα ζητεῖ τί τὸ μεταξὺ τούτων τε καὶ τῶν ἐσχάτων ἄστρων, ἔσχατα λέγων τὰ πρὸς ἡμᾶς αὐτῶν, οἷον τὴν σελήνην, πότερον οὖν τοῦτο τὸ μεταξὺ ἕν τί ἐστι σῶμα ἢ πλείω, καὶ εἰ πλείω, πόσα· καὶ μέχρι ποῦ διώρισται τοῖς τόποις, τουτέστιν τίς ἑκάστου τόπος αὐτῶν. ἐπεὶ δὲ χρήσιμον αὐτῷ πρὸς τὴν δεῖξιν τοῦ ὅτι μὴ ἔστιν ἓν σῶμα μόνον τὸ μεταξύ, ἀλλ' ἔνεστιν ἐν τῷ μεταξὺ τούτῳ καὶ τὸ πῦρ τὸ δειχθῆναι τὸ κυκλοφορητικὸν σῶμα μὴ ὂν πῦρ, ὑπομιμνήσκει ἡμᾶς πρῶτον τῶν περὶ ἐκείνου ἐν τοῖς Περὶ οὐρανοῦ δεδειγμένων, ὅτι ἄλλο τι σῶμα ἐκεῖνο παρὰ τὰ παθητά τε καὶ ἐν γενέσει σώματα. χρῆται δὲ πρὸς τοῦτο μαρτυρίῳ καὶ ταῖς τῶν παλαιοτέρων δόξαις ὡς οὕτως ὑπολαμβανόντων περὶ αὐτοῦ καὶ διὰ τοῦτο αἰθέρα τὸν οὐρανὸν ἀλλ' οὐ πῦρ ὀνομασάντων. καὶ Ἀναξαγόρου δὲ τὸ μὲν αἰθέρα ἐκεῖνο τὸ σῶμα ὀνομάζειν ἀποδέχεται· ὅτι δ' αὐτὸ οὕτως ὀνομάζεσθαι ὑπελάμβανεν οὐ διὰ τὸ αἰεὶ θεῖν, τουτέστι συνεχῶς κινεῖσθαι, ἀλλ' ἀπὸ τοῦ αἴθειν τε καὶ καίειν, ὡς πῦρ ὂν τὸν οὐρανόν, αἰτιᾶται. ἑξῆς δὲ πρὸς τοὺς πῦρ ἐκεῖνο τὸ σῶμα πᾶν λέγοντας εἶναι, καὶ μὴ μόνα τὰ ἐν αὐτῷ φερόμενα σώματα, τουτέστι τὰ ἄστρα, ἵσταται δεικνὺς ὅτι μὴ ἔστι πῦρ. ἀκολουθεῖ γὰρ τοῖς ἐκεῖνο πῦρ λέγουσι τὸ πᾶν τὸ μεταξὺ τῆς γῆς τε καὶ τοῦ ὕδατος καὶ τῆς σφαίρας τῆς σελήνης ἀέρα λέγειν, περὶ οὗ ἦν ἡ ζήτησις. ὅτι οὖν μὴ οὕτως ἔχει, δείκνυσιν· οὐχ ὡς συγχωρῶν δὲ τὰ ἄστρα ἐκ πυρὸς εἶναι τοῦτο εἶπεν οὕτως, ἀλλ' ὡς τῶν λεγόντων περὶ ἐκείνου οὕτως λεγόντων· οἱ δὴ οὕτως λέγοντές τε καὶ ὑπολαμβάνοντες, φησί, θεω-

---

6 συγκρινομένους Ia λέγει I 7 κυκλοφορικοῦ Wa 9 ὢν om. Wa 10 ὅσον] πόσον Wa τὸ ante ὕδωρ om. a 12 τί om. AWa μεταξὺ om. W τούτων] τῆς γῆς Aa 14 πρότερον a οὖν τοῦτο τὸ μεταξὺ om. Aa ἐστι om. Aa 15 τοῖς τόποις διώρισται I 16 μὴ ἕν ἐστιν Wa 17 ἔνεστιν] ἔστιν a 17. 18 κυκλοφορικὸν Wa 18 πρῶτον ἡμᾶς Wa 18. 19 ἐν τοῖς Περὶ οὐρανοῦ] A 2 20 πρὸς τούτω I μαρτυρίᾳ a 20. 21 παλαιοτέρων] ἀρχαίων a 22 τὸν οὐρανὸν] αὐτὸν I Ἀναξαγόραν δὲ τῶ μὲν I 25 ὂν] ὄντα a τὸν — αἰτιᾶται om. I 26 ἅπαν a: ἅπαντας A μόνον a ἐν αὐτῷ om. a: ἐπ' αὐτῷ I 27 ἵσταται] ἐνίσταται a, fort. recte 28 γὰρ] δὲ AWa τὸ μεταξὺ] μεταξὺ δὲ I 29 λέγει pr. I 30 οὖν] δὲ a 32 ὑπολαμβάνοντές τε φησὶν καὶ λέγοντες A 32. p. 9, 1 θεωρήσαντες ἂν] ὅτι εἰ ἱκανῶς ἐθεώρησαν Wa θεωρήσαντες — μαθημάτων om. A

ρήσαντες ἂν τὰ νῦν δεικνύμενα διὰ τῶν μαθημάτων, ἐπαύσαντο ἂν τῆς παιδικῆς τε καὶ ἀνεπιστάτου δόξης. καὶ τὸ ἱκανῶς δὲ θεωρήσαντες εἶπεν ἀντιδιαστέλλων πρὸς τὸ καὶ μὴ παρέργως. ἢ οὐ τῷ θεωρήσαντες τὸ ἱκανῶς συνέταξεν, ἀλλὰ τῷ δεικνύμενα, ὡς ἱκανῶς δεικνυμένων ἐν τοῖς μαθήμασι. περὶ ὧν ἐπιφέρει· λίαν γάρ φησιν ἁπλῆς καὶ ἀνεξετάστου διανοίας εἶναι τὸ ὑπολαμβάνειν ἕκαστον τῶν ἄστρων μικρὸν εἶναι τὸν ὄγκον, ἐπειδὴ ἐντεῦθεν ἡμῖν θεωμένοις αὐτὰ τοιαῦτα φαίνεται.

Εἰρῆσθαι μὲν οὖν περὶ τούτων φησὶ καὶ πρότερον ἐν τοῖς περὶ τὸν ἄνω τόπον θεωρήμασιν, οὕτως λέγων τὰ Περὶ οὐρανοῦ. ἐν γὰρ τῷ δευτέρῳ Περὶ οὐρανοῦ τὸν περὶ τούτων πεποίηται λόγον· οὐ μὴν ἀλλὰ καὶ νῦν πάλιν λέγει. εἰ γάρ τά τε ἄστρα ταῦτα πυρὸς ἦν καὶ τὰ μεταξὺ τῶν ἄστρων διαστήματα, ὡς πᾶν τὸ σῶμα ἐκεῖνο πυρὸς εἶναι, πάλαι ἂν ἔφθαρτο τὰ ἄλλα σώματα, τοσοῦτον ὑπ' ἐκείνου πλεονεκτούμενα. εἰπὼν δὲ περὶ τοῦ πυρὸς ἑξῆς καὶ περὶ τοῦ ἀέρος λέγει ὅτι μηδὲ ἀέρος εὔλογον εἶναι μόνου πλήρη τὸν μετὰ τὴν γῆν τε καὶ τὸ ὕδωρ τόπον πάντα συναριθμουμένου καὶ τοῦ μεταξὺ τῶν ἄστρων. αἰτία δὲ τοῦ μηδὲ ἀέρα μόνον εἶναι δύνασθαι τὸ ὑπερβάλλειν ἂν τὴν κατ' ἀναλογίαν ἰσότητα, ἣν ἔχει πρὸς ἄλληλα τὰ στοιχεῖα, τὸν ἀέρα, εἰ τοσοῦτος ἦν. αἰτία μὲν γὰρ τοῦ σῴζεσθαί τε καὶ συμμένειν ταῦτα καὶ μὴ φθείρεσθαι ὑπ' ἀλλήλων ἡ τῶν δυνάμεων αὐτῶν ἰσότης· πολὺ δ' ὑπερβάλλοι ἂν τὰ ἄλλα ὁ ἀήρ, εἰ τοσοῦτος εἴη. εἰπὼν δὲ ὅτι μήτε ἐκ πυρὸς εὔλογον εἶναι τὸ σῶμα πᾶν τὸ πέριξ κινούμενον, ἀλλὰ μηδὲ ἀέρος μόνου ἐκεῖνό τε καὶ τὸ μέχρι τοῦ ὕδατός τε καὶ τῆς γῆς, ἑξῆς προστίθησιν ὅτι μηδὲ ἐκ δύο στοιχείων εὔλογον εἶναι λέγειν πᾶν τὸ μετὰ τὴν γῆν τε καὶ τὸ ὕδωρ σῶμα, ὡς εἶναι πυρὸς μὲν τὰ κύκλῳ κινούμενα, ἀέρος δὲ τὰ μετ' ἐκεῖνα. μεταξὺ δὲ γῆς καὶ οὐρανοῦ εἶπε τόπον τὸν μεταξὺ τῆς ἐξωτάτω περιφορᾶς· οὐρανὸν γὰρ ὠνόμασε νῦν τὴν ἀπλανῆ σφαῖραν, ἣν δηλονότι προσνέμοι ἂν τῷ πυρί. τοῦ δὲ μηδὲ δύο μόνα δύνασθαι σώματα εἶναι, πῦρ τε καὶ ἀέρα, μετὰ τὴν γῆν τε καὶ τὸ ὕδωρ, αἰτίαν πάλιν ἀπέδωκε τὸ μηδὲν ὡς εἰπεῖν μόριον εἶναι τὴν γῆν σὺν τῷ ὕδατι λαμβανομένην τοῦ περιέχοντος αὐτὰ μεγέθους. εἰ γὰρ ἓν ἄστρον τῶν πέριξ φερομένων πολλαπλάσιόν ἐστι τῆς γῆς, ἀπεριλήπτῳ ἂν ὑπεροχῇ τὸ σῶμα ἐκεῖνο τῆς γῆς ὑπερέχοι, ὑπερέχον δὲ τοσούτῳ ἔφθειρεν ἂν τἄλλα ταῖς ἐναντιώσεσι καὶ μετέβαλεν εἰς αὐτά, τὸ μὲν πῦρ τὸ ὕδωρ, ὁ δὲ ἀὴρ τὴν γῆν. ὅτι δὲ μὴ ἐν τοσαύτῃ ὑπεροχῇ οἷόν τε ἐκεῖνα τὰ σώματα τούτων εἶναι, ἔδειξεν ἀπὸ τῆς κατὰ μόρια αὐτῶν γινο-

2 ἂν om. I τε om. Wa καὶ τὸ — θεωρήσαντες] τὸ δὲ εἰ ἱκανῶς ἐθεώρησαν W et omisso εἰ Aa 3 πρὸς τὸ] τῷ I μὴ οὐ παρέργως I ἐθεώρησαν AWa 7 ἐπεὶ AW: ἐπὶ a post ἐντεῦθεν add. εἶναι AW 9 λέγων om. I post οὐρανοῦ add. εἰπὼν I 9. 10 ἐν γὰρ τοῖς περὶ I ἐν τῷ δευτέρῳ Περὶ οὐρανοῦ] B 7 10 τὸν] ὃν a 13 post ἐκείνου add. πυρὸς ὄντος AWa 15 τὸ μετὰ a τὴν om. AWa τὸ om. a 15. 16 συναριθμουμένου — ἄστρων om. I 20 ὑπερβάλοι W 21 ὅτι om. I 23 λέγειν εἶναι Wa 24 σῶμα post γῆν a 26 νῦν om. I 27 δηλονότι] δῆλον a 32 ὑπερέχει I τοσοῦτον a 33 εἰς αὐτά corr. I 35 κατὰ τὰ μόρια a

μένης εἰς ἄλληλα μεταβολῆς. εὔλογον γὰρ ὃν ἔχει λόγον τὸ ὀλίγον ὕδωρ πρὸς τὸν ἐξ αὐτοῦ γινόμενον ἀέρα, τοῦτον ἔχειν καὶ τὸ ὅλον ὕδωρ πρὸς τὸν ὅλον ἀέρα. ὁ αὐτὸς δὲ λόγος καὶ περὶ ἀέρος καὶ πυρὸς καὶ τῶν ἄλλων ἁπάντων· τὴν γὰρ αὐτὴν ἐν τοῖς ὅλοις εὔλογον ὑπε|ροχὴν εἶναι, 73v ἥτις ἐστὶ καὶ ἐν τῇ τῶν μορίων τῶν εἰς ἄλληλα μεταβαλλόντων μεταβολῇ. ἀλλὰ μὴν ὅταν ἐξ ὕδατος διακριθέντος τε καὶ λεπτυνθέντος ἀὴρ γένηται, ἢ πάλιν ἐξ ἀέρος πῦρ, οὐ τοσοῦτον ὑπερέχει τὸ γενόμενον ἐκ τῆς διακρίσεως τοῦ ἐξ οὗ μεταβάλλοντος ἐγένετο· οὐδὲ τὰ ὅλα ἄρα τῶν ὅλων τοσοῦτον ὑπερέχειν οἷόν τε. ἀνάγκη γάρ, ὡς εἶπε, τὸν αὐτὸν ἔχειν λόγον, ὃν ἔχει τὸ τοσόνδε καὶ μικρὸν ὕδωρ πρὸς τὸν ἐξ αὐτοῦ γινόμενον ἀέρα, καὶ τὸν πάντα πρὸς τὸ πᾶν ὕδωρ.

p. 340a13 Διαφέρει δ' οὐδὲν οὐδ' εἴ τις φησὶ μὲν μὴ γίγνεσθαι ταῦτα ἐξ ἀλλήλων.

Ἐπεὶ ἔλαβε τῶν στοιχείων τὴν κατὰ μέγεθος ὑπεροχὴν πρὸς ἄλληλα εἶναι ὅση γίνεται καὶ ἐν τῇ τῶν μορίων αὐτῶν εἰς ἄλληλα μεταβολῇ, Ἐμπεδοκλῆς δὲ ἀμετάβλητα μὲν ἔλεγεν εἶναι αὐτὰ εἰς ἄλληλα, ἴσα μέντοι κατὰ τὰς δυνάμεις πάντα ἀλλήλοις εἶναι, ὡς καὶ ἐν τῷ δευτέρῳ Περὶ γενέσεως καὶ φθορᾶς εὐθύνων αὐτοῦ τὴν δόξαν εἶπεν καὶ ἐπεσημήνατο, τοῦτο καὶ νῦν φησι μηδὲν διαφέρειν τοῦ γίνεσθαι αὐτὰ ἐξ ἀλλήλων λέγειν τὸ τὰς δυνάμεις αὐτῶν ἴσας ὑποθέσθαι. ἡ γὰρ ἰσότης τῶν δυνάμεων αὐτοῖς οὕτως ὑπάρξει, ὡς ἂν εἰ καὶ ἐγίνετο ἐξ ἀλλήλων· αἱ γὰρ ἐν τῷ τοσῷδε ἀέρι δυνάμεις ἴσαι ἔσονται ταῖς ἐν τῷ τοσούτῳ ὕδατι, ἐξ ὅσου ὕδατος, εἰ καὶ μετεβάλλετο εἰς ἄλληλα τὰ στοιχεῖα, ὁ τοσοῦτος ἀὴρ ἐγένετο ἄν. οὐ γὰρ οἷόν τε τὴν ἰσότητα αὐτοῖς τῆς δυνάμεως σώζεσθαι ἐν τῇ τοσαύτῃ κατὰ τὸ μέγεθος ὑπεροχῇ.

p. 340a17 Ὅτι μὲν οὖν οὔτε ἀὴρ οὔτε πῦρ συμπεπλήρωκε μόνον τὸν μεταξὺ τόπον, φανερόν ἐστι.

Τὸ λεγόμενόν ἐστιν ὅτι μήτε ἑκάτερον αὐτῶν μόνον μήτε τὰ δύο μόνα συμπεπλήρωκε πάντα τὸν μετὰ τὴν γῆν τε καὶ τὸ ὕδωρ τόπον· ταῦτά τε γὰρ τὰ δεδειγμένα καὶ τούτοις ἀκόλουθα τὰ ἑξῆς λεγόμενα.

Πιστωσάμενος δὲ καὶ διὰ τούτων τὸ εἶναι τὸ κυκλοφορικὸν σῶμα ἄλλης τινὸς φύσεως καὶ μηδενὶ τῶν τεσσάρων τὸ αὐτό, ἐφεξῆς ζητεῖ, τίς

3 περὶ] ἐπὶ AWa 5 μεταβολῇ om. AWa 6 ἀλλὰ — ὅταν] ἀλλὰ μὴ εἴ ποτ' ἂν I: ἀλλὰ μὴ ὅταν eadem m. mrg. I τε om. A 8 μεταβαλλόντος (sic) W 9 ὃν ἔχει om. I 12 φησὶ Ia Arist. EF: φήσει AW Arist. vulg. μέν φησι coll. I 15 ἐν] ἐπὶ AWa 16 μὲν om. I 17. 18 ἐν τῷ δευτέρῳ Περὶ γενέσεως καὶ φθ.] c. 6 18 καὶ post εἶπεν om. AW 19 νῦν om. AWa αὐτὰ] ταῦτα AWa 21 ἐγένετο AWa τῷ om. I 22 ταῖς] τῶν I τῷ om. AWa 23 μετέβαλλεν Aa: μετέβαλεν W πρὸς ἄλληλα I 24. 25 οὐ γὰρ — ὑπεροχῇ om I 24 αὐτῆς A 29 τε post ταῦτα om. I 30 τε ἑξῆς a 31 δὲ om. a 32 μηδὲν AI

τε ἡ τάξις τῶν δύο σωμάτων, πυρός τε καὶ ἀέρος, πρὸς τὴν τοῦ αἰθέρος, τουτέστι τοῦ οὐρανοῦ, ὃ καὶ πρῶτόν ἐστι τῶν σωμάτων τὴν θέσιν, καὶ τίς αἰτία τοῦ τὴν θερμότητα ἀπὸ τῶν ἄστρων τε καὶ τοῦ θείου σώματος ἐν τοῖς περὶ τὴν γῆν γίνεσθαι τόποις, οὐκ ὄντων ἐκ πυρὸς ἐκείνων, ὡς 40 ἔδειξεν. εἰπὼν δὲ δεῖν περὶ τούτων εἰπεῖν πρῶτον διαπορήσαντας τὰς οἰκείας δηλονότι τοῖς προκειμένοις ἀπορίας, πρῶτον περὶ τοῦ ἀέρος ἀπορεῖ, ἥτις ἀπορία εἴς τε τὸν περὶ τῆς τάξεως τοῦ τε ἀέρος καὶ τοῦ πυρὸς αὐτῷ συντελέσει λόγον, καὶ βεβαιώσει πάλιν καὶ αὐτὴ τὸ μὴ μόνα εἶναι τὰ μετὰ τὴν γῆν σώματα δύο, ἀέρα τε καὶ πῦρ. ἣν δὲ ἀπορεῖ ἀπορίαν περὶ τοῦ ἀέρος ἀπορεῖ ὡς ὄντος ψυχροῦ τῇ αὐτοῦ φύσει· αὕτη γὰρ ἡ τῶν πολλῶν δόξα, ἐπεὶ αὐτῷ γε οὐχ οὕτως δοκεῖ. τὸ δὲ ἀπορούμενόν ἐστιν, εἰ δὴ 45 γίνεται ὕδωρ ἐξ ἀέρος καὶ ἀὴ'ρ ἐξ ὕδατος, διὰ τίνα ποτὲ αἰτίαν οὐ συνίσταται νέφη κατὰ τὸν ἄνω τόπον; προσῆκε γὰρ μᾶλλον, ὅσῳ πορρώτερόν ἐστιν. εἰ μεταβάλλει εἰς ἄλληλα ὅ τε ἀὴρ καὶ τὸ ὕδωρ, ὥσπερ οὖν δέδεικται (δέδεικται γὰρ ὅτι τὰ τέσσαρα εἰς ἄλληλα μεταβάλλει) εἰ δὴ καὶ ὁ ἀὴρ καὶ τὸ ὕδωρ εἰς ἄλληλα μεταβάλλει καὶ γίνεται ἡ ἐκ τοῦ ἀέρος εἰς ὕδωρ μεταβολὴ διὰ τῆς συστάσεως τῶν νεφῶν, διὰ τί δὴ τὰ νέφη οὐ συνίσταται ἐν τῷ ἀνωτέρω μέρει τοῦ ἀέρος, ἀλλὰ ὀλίγον 50 ὑπὲρ τὴν γῆν; καίτοι εὐλογώτερον ἦν ἀνωτέρω μᾶλλον αὐτὰ συνίστασθαι καὶ πορρωτέρω τῆς γῆς. συνίστασθαι μὲν γὰρ ἐν τοῖς ψυχροτέροις μέρεσιν εὐλογώτερον αὐτά, ψυχρότερα δὲ τὰ πορρωτέρω τῆς γῆς αὐτοῦ μέρη τῶν σύνεγγυς, διὰ τὸ μήτε ἤδη τῶν ἄστρων ἐγγὺς ὄντα θερμῶν ὄντων, καθὰ δοκεῖ τοῖς πλείστοις (τοιαύτη γὰρ ἡ τῶν ἄστρων φύσις εἶναι δοκεῖ) θερμαίνεσθαι ὑπ' αὐτῶν μήτε πλησίον εἶναι τῶν ἀπὸ τῆς γῆς ἀνακλωμένων ἀκτίνων τοῦ | ἡλίου, ὑφ' ὧν ὁ περὶ τὴν γῆν ἀὴρ θερμαίνεται, τῶν ἀκτίνων 74r τῶν ἀπὸ τοῦ ἡλίου προσπιπτουσῶν τῇ γῇ, πάλιν δ' ἀπὸ ταύτης ἀνακλωμένων καὶ τῇ διπλῇ παρόδῳ θερμαινουσῶν τὸν περὶ αὐτὴν ἀέρα καὶ διὰ τοῦτο κωλυουσῶν τὴν πῆξιν αὐτόθι καὶ τὴν τῶν νεφῶν γίνεσθαι σύστασιν. κατὰ τοῦτο γὰρ τοῦ ἀέρος αἱ τῶν νεφῶν συστάσεις τε καὶ ἀθροίσεις γίνονται, ἔνθα ἡ ἀνάκλασις ἡ τῶν ἀκτίνων ἐξασθενεῖ λοιπόν, εἰς ἀχανῆ τὸν 5 ἀέρα χεομένων αὐτῶν καὶ σκιδναμένων· τοιοῦτος δέ ἐστιν ὁ ὑπὲρ τὴν γῆν. εἰ δὲ εὔλογον μὲν ἦν ἐν ἐκείνῳ τῷ ὑψηλοτέρῳ γίνεσθαι τὰς τῶν νεφῶν

---

2 τουτέστι — 8 om. I πρῶτον τίς ἐστι τῶν σωμάτων ἡ θέσις καὶ I 2. 3 τίς ἡ αἰτία AWa 4 περὶ γῆν Wa 6 δηλονότι] δῆλον a τῆς προκειμένης A 7 τε (post εἴς) scripsi: γε AWa: om. I 8 αὐτὴ] αὖθις AWa post εἶναι add. καὶ AWa 9 ἀπορεῖ om. I 11 γε om. I 13 προσήκει IWa 14 ὅσα a post εἰ add. δὴ a 15 τέσσαρα] δεύτερα a 16 εἰ δὴ — μεταβάλλει om. A εἰ δὴ] εἴδη IW καὶ post δὴ om. a 17 ἡ om. I 18 δὴ om. AWa συνίστανται I[2] 19 ante μᾶλλον add. ἢ AW 21 πορρώτερα I 21. 22 τοῦ σύνεγγυς a 22 ἤδη] διὰ I ὄντα] ὄντων A 23 εἶναι om. a post δοκεῖ add. καὶ I 24 post θερμαίνεσθαι add. αὐτὰ I εἶναι αὐτῶν τῶν I 25 ante ἀκτίνων τοῦ add. τῶν I 26 πάλιν ἀπ' αὐτῆς AWa 27 τῶν περὶ a καὶ διὰ om. I 29 κατὰ τοῦτο γάρ] ἐκεῖ γὰρ κατὰ τοῦτο Ia 30. 31 τῶν ἀέρα a 32 τῷ ὑψηλοτέρῳ om. I

συστάσεις, οὐ γίνονται δέ, ἢ οὐκ ἐξ ἅπαντος τοῦ ἀέρος ὕδωρ πέφυκε γίνεσθαι, ἢ ἐξ ἅπαντος· καὶ εἰ ὁμοίως μὲν ἐξ ἅπαντος, ὅπερ εὔλογον εἶναι δοκεῖ, μᾶλλον δὲ ἐκ τοῦ περὶ τὴν γῆν μεταβάλλει, οὐκ ἂν εἴη ὁ περὶ τὴν γῆν ἀὴρ καθαρός, ἀλλ' ἀτμίς, τουτέστι παχύτερος ἀὴρ καὶ ἔχων τι ὕδατος. ἐκ γὰρ ἀτμίδος ἐγγυτέρα ἡ εἰς ὕδωρ μεταβολὴ ἢ ἐξ ἀέρος· ἡ γὰρ ἀτμὶς οὐδέτερόν ἐστιν αὐτῶν εἰλικρινῶς, ἀλλ' ἀμφοῖν μεταξύ, ἀέρος καὶ ὕδατος. εἰπὼν δὲ τοῦτο, ὅτι μηδὲ ἀτμίδα εὔλογον λέγειν τὸν περὶ τὴν γῆν ἀέρα ἠπόρησε διὰ τοῦ ἀλλὰ μὴν εἰ τοσοῦτος ὢν ὁ ἀὴρ ἅπας ἀτμίς ἐστιν. ἐλλείπει δὲ τῇ λέξει τὸ ὁ περὶ τὴν γῆν· περὶ γὰρ τούτου εἶπεν ὅτι ἀτμίς, ἀλλ' οὐ περὶ παντὸς τοῦ ἀέρος· διὰ τοῦτο γὰρ οὐχ ὁμοίως ἔκ τε τοῦ λοιποῦ καὶ ἐκ τοῦ περὶ τὴν γῆν ἐδόκει γίνεσθαι τὸ ὕδωρ. εἰ δὴ οὗτος μὲν ἀτμὶς ἅπας, ὁ δὲ ὑπὲρ τὴν γῆν ἀὴρ ἤδη, ἀὴρ δὲ καὶ τὸ μεταξὺ τῶν ἄστρων σῶμα (εἰ γὰρ ἦν κἀκεῖνο πῦρ, ὥσπερ καὶ τὰ ἄστρα τισὶ δοκεῖ, πάλαι ἂν πάντα τὰ ἄλλα σώματα κατεξήραντό τε καὶ ἔφθαρτο, ὡς ἤδη προείρηται), πολὺ ἂν ὑπερβάλλοι τὴν συμμετρίαν ἥ τε τοῦ ὕδατος καὶ ἡ τοῦ ἀέρος φύσις τὰ ἄλλα, τήν τε γῆν καὶ τὸ πῦρ. τά τε γὰρ ἄστρα, ἃ πῦρ λέγουσιν εἶναι, πολὺ ἐλάττω ἐστὶ τῶν μεταξὺ διαστημάτων, ὅ τε τῇ γῇ περικεχυμένος ἀὴρ εἰ ἔστιν ἀτμίς, τουτέστιν ὕδατος διάκρισις καὶ ὑδατώδης σύστασίς τε καὶ φύσις, πολὺ ἂν τὸ ὕδωρ πάλιν πλεονεκτοίη τὴν γῆν.

Ἀπορήσας δὲ περὶ τοῦ ἀέρος τὴν προειρημένην ἀπορίαν ἐπὶ τούτοις τὴν αὑτοῦ δόξαν λέγει, δι' ἧς τά τε ἠπορημένα λυθήσεται καὶ ἡ τάξις καὶ ἡ θέσις τῶν σωμάτων ἔσται φανερὰ καὶ ἡ αἰτία ἀποδοθήσεται τῆς ἐπὶ τῆς γῆς γινομένης ἀπὸ τῶν ἄστρων τε καὶ τοῦ ἡλίου θερμότητος, οὐκ ὄντων ἐκ πυρὸς οὐδὲ θερμῶν τῇ οἰκείᾳ φύσει. ἡμεῖς δὲ λέγωμεν ἅμα πρός τε τὰ λεχθησόμενα διορίζοντες, τουτέστιν ὧδε λέγωμεν διορίζοντες τὰ περὶ ὧν λέγομεν ἅμα μὲν πρὸς τὸ χρήσιμον τῶν μελλόντων λέγεσθαι, ἅμα δὲ καὶ πρὸς τὰ νῦν εἰρημένα τε καὶ ἠπορημένα.

p. 340b6 Τὸ μὲν γὰρ ἄνω καὶ μέχρι σελήνης.

Ὑπομιμνήσκει ἡμᾶς τῶν δεδειγμένων τε καὶ εἰρημένων αὐτῷ περὶ τοῦ θείου τε καὶ κυκλοφορικοῦ σώματος. τὸ δὲ προσκείμενον τὸ οὐ μὴν ἀλλ' ἐν αὐτῷ γε τὸ μὲν καθαρώτερον εἶναι τὸ δ' ἧττον εἶναι εἰλικρινὲς καὶ διαφορὰς ἔχειν οὐ τοῦ μεμῖχθαί τι τῷ θείῳ σώματι

1 οὐκ om. I post ὕδωρ add. ἂν I 2 ἢ ἐξ ἅπαντος om. I ὅπερ supra versum I 3 μεταβάλλειν ὥστε οὐκ ἂν AWa 6 ἢ γὰρ a 9 ἅπαξ a ἐλλείπει] ἐνδεῖ AWa τὸ om. I 14 ἄλλα om. I μεταξήραντο Aa 15 ὑπερβάλοι AW 16 ἡ om. I τὰ ἄλλα] ἀλλὰ AW: om. a 18 περικεχυμένως a 21 δὲ om. a post ἀέρος add. πρὸς I 22 αὐτοῦ AIW 25. 26 ἡμεῖς — λεχθησόμενα διορίζοντες] ἡμεῖς δὴ οὖν φησι λέγωμεν a: post διορίζοντες add. καὶ πρὸς τὰ νῦν εἰρημένα A 26. 27 τουτέστιν — διορίζοντες om. I 26 λέγομεν AW 27 post μὲν add. καὶ AWa 31 τε om. a 32 τὸ μὲν — ἔχειν (33) om. A post μὲν add. γὰρ W

καὶ θνητοῦ τινος σώματός ἐστι δηλωτικόν, ἀλλ' ὡς παντὸς μὲν ὄντος ἀφθάρτου τε καὶ θείου, διαφορῶν δέ τινων οὐσῶν ἐν αὐτῷ, καθ' ἃς τὸ μὲν τοιόνδε αὐτῶν τὸ δὲ τοιόνδε ἐστίν, οἷον τὸ μὲν λαμπρὸν τὸ δ' ἧττον τοιοῦτον. ὡς γὰρ ἐπὶ τῶν σωμάτων τῶν τεσσάρων μᾶλλον μὲν τοῦ ὕδατος τὸ ψυχρὸν ἢ τῆς γῆς, ἀλλ' οὐ μίξει θερμότητος ἡ γῆ ἔλαττον ψυχρὰ τοῦ ὕδατος, καὶ μᾶλλον μὲν ξηρὰ ἡ γῆ τοῦ πυρός, ἀλλ' οὐ τὸ πῦρ ὑγρότητος μίξει ἧττον ξηρόν, καὶ μᾶλλον μὲν θερμὸν τὸ πῦρ τοῦ ἀέρος, ἀλλ' οὐ μίξει ψυχροῦ ὁ ἀὴρ ἧττον θερμὸς τοῦ πυρός, καὶ μᾶλλον μὲν ὑγρὸς ὁ ἀὴρ τοῦ ὕδατος, ἀλλ' οὐ στερεοῦ τινος μίξει τὸ ὕδωρ ἧττον ὑγρὸν τοῦ ἀέρος (οὐ γὰρ ἂν ἔτι ἁπλοῦν τι τῶν σωμάτων ἦν), οὕτως δεῖ καὶ ἐπὶ τῶν τοῦ θείου σώματος ἀκούειν διαφορῶν.

p. 340b10 Φερομένου δὲ τοῦ πρώτου στοιχείου κύκλῳ καὶ τῶν ἐν αὐτῷ σωμάτων. |

Πρῶτον στοιχεῖον τὸν αἰθέρα λέγει, ἐν αὐτῷ δὲ σώματα τὰ ἄστρα, 74v ἃ καὶ αὐτὰ τῆς μὲν αὐτῆς οὐσίας ἐστὶν ἐκείνῳ, διαφοραῖς δέ τισι διαφέρει ἐκείνου τε καὶ ἀλλήλων. φερομένου δὲ συνεχῶς ἐκείνου καὶ περιφερομένου τὸ προσεχὲς ἀεὶ τοῦ κάτω κόσμου (κάτω κόσμον λέγων ὃν εἶπεν ἐν τοῖς πρώτοις περὶ τὴν γῆν κόσμον) τὸ δὴ τοῦ περὶ τὴν γῆν κόσμου σῶμα τὸ προσεχὲς τῷ θείῳ σώματι καὶ τὸ ἁπτόμενον ἑκάστοτε αὐτοῦ ὑπὸ τῆς κινήσεως τῆς ἐκείνου διακρινόμενόν τε καὶ λεπτυνόμενον ἐκπυροῦται καὶ αἴτιον γίνεται τῆς ἐν τοῖς μετ' αὐτὸ κειμένοις σώμασι θερμότητος, τῶν μὲν συναῦξόν τε καὶ ἐπιτεῖνον τὴν φυσικήν τε καὶ ἔμφυτον θερμότητα, τὰ δὲ καὶ ὅλως θερμαῖνον. ὅπως δὲ γίνεται τοῦτο, ἀναλαβὼν ἄνωθεν λέγει καὶ φησὶν ὅτι τὸ ὑπὸ τὸ θεῖον σῶμα καὶ κυκλοφορικόν (τοῦτο γὰρ λέγει τὴν ἄνω περιφοράν) τὸ δὴ ὑπὸ τοῦτο καὶ μετὰ τοῦτο σῶμα τῷ παθητικὸν εἶναι οἷον ὕλη τις ὑπόκειται ἐκείνῳ τῷ σώματι. εἰπὼν δὲ οἷον ὕλη, κατὰ τί οἷον ὕλη ἐδήλωσεν ἐπενεγκὼν δυνάμει θερμὴ καὶ ψυχρὰ καὶ ξηρὰ καὶ ὑγρὰ καὶ ὅσα ἄλλα τούτοις ἀκολουθεῖ, ἃ δέδεικται πάθη ἐν τῷ δευτέρῳ Περὶ γενέσεως· ταῦτα δέ ἐστι μανότητες, πυκνότητες, μαλακότητες, σκληρότητες, λειότητες,

1 σώματός τινος a 3 τοιόν ἐστίν I 4 τῶν τεσσάρων] τῷ δευτέρων a 6 μὲν om. AWa 7 μὲν om. a 10 ἔτι] τι AWa τι om. AWa δεῖν I 14 post δὲ add. τὰ A 15. 16 διαφέρειν AW 16. 17 φερομένου πρὸς τὸ συνεχὲς ἀεὶ τοῦ κάτω κόσμου I 17 συνεχὲς AW post προσεχὲς add. τῶν ἐν αὐτῷ φησιν ,AW 18 κόσμον] τόπον AW 18. 19 δὴ — κόσμου om. I 18 δὴ] δὲ AW 21 λεπτυνόμενον ex corr. I[2] 21. 22 κειμένοις] κινουμένοις A 22 τὸ μὲν I τε om. a 23 τὸ δὲ I καὶ ὅλως om. I γίνονται Aa 25 φοράν a 26 post σῶμα add. ἅπαν AWa παθητὸν AWa 27 κατὰ τί οἷον ὕλη om. A 28 δυνάμει — ἄλλα om. A καὶ ψυχρὰ V (v. Praef.): om. AIWa 29 τούτοις] τὰ αὐτὰ AW ἀκολουθεῖν AWa ἃ om. AWa δευτέρῳ om. a Περὶ γενέσεως] B 2

τραχύτητες, λεπτότητες, παχύτητες, καὶ εἴ τινες ἄλλαι ποιότητες. τὰ μὲν γὰρ αὐτῶν ἐνεργείᾳ θερμὰ καὶ ξηρὰ δυνάμει ἐστὶν ὑγρὰ καὶ ψυχρά, τὰ δὲ ἐνεργείᾳ ὑγρὰ καὶ ψυχρὰ πάλιν ἐστὶ δυνάμει τὰ τούτοις ἐναντία· ὁμοίως δὲ καὶ ἐπὶ τῶν ἄλλων. ταῦτα δὴ ἃ δύναται ἕκαστον αὐτῶν, ἐνεργείᾳ γίνεται ὑπὸ κινήσεώς τε καὶ ἀκινησίας· μεταβάλλοντα μὲν γὰρ εἰς ἄλληλα κινεῖται, μὴ κινούμενα δὲ ἐν τῷ αὐτῷ εἴδει μένει. τῆς δὲ κινήσεως αὐτοῖς ἀρχὴ καὶ αἰτία ἡ τοῦ θείου τε καὶ κυκλοφορικοῦ σώματος περιφορά, ὡς καὶ πρότερον ἤδη φθάσαντες εἰρήκαμεν. εἰπὼν δὲ τοῦτο ἑξῆς περὶ τῆς θέσεώς τε καὶ τάξεως αὐτῶν λέγων τὸ μὲν βαρύτατον τῶν τεσσάρων σωμάτων ἐπὶ τοῦ μέσου τε καὶ περὶ τὸ μέσον φησὶν εἶναι, ἀσφαλῶς προσθεὶς τὸ καὶ περὶ τὸ μέσον, ἵνα μή τις οἴηται λέγειν αὐτὸν τὸ μέσον τε καὶ κέντρον τοῦ κόσμου τὸν κάτω τόπον εἶναι. οὐ γὰρ ὁ κάτω τόπος τοῦτο, ὅτι μηδὲ τὴν ἀρχὴν τόπος εἶναι δύναται τὸ ἀδιάστατον, σημεῖον ὄν, ἀλλ' ἔστιν ὁ κάτω τόπος περὶ τοῦτο· τὸ γὰρ αὐτὸ κέντρον τοῦ τε κόσμου καὶ τοῦ βάρους τοῦ κατὰ φύσιν ὄντος ἐν τῷ κάτω τόπῳ σώματος διὰ βάρος. ἢ ἐν μὲν τῷ μέσῳ τὴν γῆν εἶπε μέσον τόπον οὐ τὸ κέντρον λέγων, ἀλλὰ τὸ περὶ τὸ κέντρον, περὶ δὲ τὸ μέσον τὸ ὕδωρ· τοῦτο γὰρ περικέχυται τῇ γῇ. ὡς δὲ ἑπομένου τῷ ψυχρῷ τοῦ βαρέος εἶπε τὸ βαρύτατον καὶ ψυχρότατον. περὶ δὲ ταῦτα καὶ ἐχόμενα τούτων ὅτι ὁ ἀήρ τε καὶ ὃ διὰ συνήθειαν καλοῦμεν πῦρ, οὐκ ἔστι δὲ πῦρ. τοῦτο γὰρ εἶπε διὰ τοῦ περὶ δὲ ταῦτα καὶ τὰ ἐχόμενα τούτων· οὐ γὰρ ὡς ἄλλων τινῶν πρὸ τοῦ ἀέρος ἐχομένων τῆς τε γῆς καὶ τοῦ ὕδατος εἶπεν, ἀλλ' ὡς τούτου μετ' ἐκεῖνά τε ὄντος καὶ ἐχομένου ἐκείνων φησὶ δὴ εἶναι περὶ ἐκεῖνα καὶ μετ' ἐκεῖνα ἀέρα τε καὶ τὸ διὰ συνήθειαν καλούμενον πῦρ, οὐδέπω δὲ ὂν πῦρ. ὑπερβολὴ γὰρ θερμοῦ καὶ ζέσις τὸ πῦρ, ὡς εἶπε καὶ ἐν τῷ δευτέρῳ Περὶ γενέσεως, ἀναλόγως εἰπὼν ἔχειν αὐτὸ τῷ κρυστάλλῳ· ὡς γὰρ ἐκεῖνος πῆξις ὑγροῦ δι' ὑπερβολὴν ψυχρότητος, οὕτω τὸ πῦρ ζέσις θερμοῦ καὶ ὑπερβολή· διὸ καὶ εἶπε μήτε ἐκ κρυστάλλου τι μήτε ἐκ πυρὸς γίνεσθαι. εἰπὼν δὲ καλεῖσθαι μὲν αὐτὸ πῦρ, μὴ εἶναι δέ, καὶ τὴν αἰτίαν προσθεὶς μετὰ ταῦτα ὁποῖόν ἐστι σῶμα τὸ πῦρ τῶν στοιχείων καλούμενον λέγει. δεῖ γάρ, φησί, νοῆσαι τὸ μὲν περί τε τὴν γῆν καὶ τὸ ὕδωρ περικεχυμένον μέρος τοῦ ὑφ' ἡμῶν ἀέρος καλουμένου ὑγρόν τε καὶ θερμὸν εἶναι. καὶ δι' ὃ τοιοῦτον δεῖ νομίζειν αὐτό, προσέθηκε· διὰ γὰρ τὸ ἀτμίζειν τε καὶ ἀναθυμίασιν ἔχειν γῆς. ὑγρὸν μὲν γάρ ἐστι διὰ τὸ ἀτμὶς εἶναι, ἥτις

2 et 3 ὑγρά τε καὶ AWa 4 post ἃ add. δὴ W post αὐτῶν add. γίνεται ἃ δὲ δύναται ἕκαστον αὐτῶν I 6. 7 ἀρχή τε καὶ AW 8 φθάσαν εἴρηται I: φθάσαντες εἴρηται W 9 λέγων] λέγει ὅτι I 12 τόπον] κόσμον AWa 14 τοῦ τε] τοῦτο Aa 16 μὲν om. I μέσον δὲ τόπον I 17 τὸν περὶ AWa 18 ἑπομένω W βαρέως a 18. 19 ψυχρότατον καὶ βαρύτατον AWa 19 καὶ τὰ ἐχόμενα W ὅτι ὁ om. AWa 20 οὐκ — πῦρ om. I 21 τὰ om. Aa 23 φησὶ δεῖ AW: φησὶν a 23. 24 καὶ μετ' ἐκεῖνα om. I 25 γὰρ] δὲ I 25. 26 ἐν τῷ δευτέρῳ Περὶ γενέσεως] c. 3 p. 330b25 26 αὐτὸ εἰπὼν ἔχειν AWa ἐκεῖνος V: ἐκεῖνο AIWa 27 ζώσις a 28 εἶπε] ibid. p. 330b29 29 αὐτὸ τὸ πῦρ AI 30 τὸ στοιχεῖον Wa 33 διὰ γὰρ τοῦ AW 34 ἔχειν ἀπὸ τῆς γῆς a

ἀπὸ τῶν ὑγρῶν γίνεται, θερμὸν δὲ διὰ τὸ καὶ ἀναθυμιάσεώς τι ἔχειν ἀπὸ τῆς γῆς ξηρᾶς οὔσης· τίνι δὲ διαφέρει ἀτμὶς ἀναθυμιάσεως, μετ' ὀλίγον λέγει. νῦν δὲ τοσοῦτον εἰπὼν ὅτι ἄμφω ἐστὶν ἐν τῷ ἀέρι μεμιγμένα [ἡ μὲν ἀτμὶς οὐ μόνον ὑγρόν ἐστιν ἀλλὰ καὶ θερμόν, ὡς ἐρεῖ, καὶ οἱ ἀτμοὶ ἀπὸ τῶν ὑγρῶν γίνονται διὰ θερμότητα] τὸ δὲ ὑπὲρ τοῦτό φησι μέρος τοῦ ἀέρος θερμὸν ἤδη καὶ ξηρὸν εἶναι ὡς ἐκ τῆς ἀναθυμιάσεως τῆς σὺν τῇ ἀτμίδι ἀναφερομένης χωριζομένης τε καὶ ἀνωτέρω φερομένης· εἶναι γὰρ τὸ σῶμα τοῦτο τὸ καλούμενον πῦρ ἀναθυμίασιν. τί δέ ἐστιν ἀτμὶς καὶ τί ἀναθυμίασις, καὶ τίνι ἀλλήλων διαφέρουσιν, ἑξῆς λέγει· ἡ μὲν γὰρ ἀτμίς ἐστιν ὑγρόν τε καὶ θερμόν, ἡ δὲ ἀναθυμίασις ξηρόν τε καὶ θερμόν. ἀμφότεραι μὲν οὖν εἰσιν ἀναθυμιάσεις, ὡς προελθὼν ἐρεῖ· διὸ καὶ εἶπε πρὸ ὀλίγου ἐπὶ τῆς ἀτμίδος τὸ ἀναθυμίασιν ἔχειν γῆς. διὸ καὶ ἀμφότεραι θερμαί· τοιοῦτον γὰρ ἡ ἀναθυμίασις· ἀλλ' ἡ μὲν αὐτῶν ἀτμιδώδης, τουτέστιν δίυγρος, ἡ δὲ καπνώδης τε καὶ ξηρά, | ἣν νῦν 75r
ἰδίως ἀναθυμίασιν λέγει. λέγει δὲ νῦν καὶ τὴν μὲν ἀτμίδα δυνάμει οἷον ὕδωρ, τὴν δὲ ἀναθυμίασιν δυνάμει οἷον πῦρ. οὕτω δ' ἐχόντων, ἐπειδὴ τοῦ μὲν ἀέρος τὸ περὶ τὴν γῆν μέρος ἀτμίς ἐστι, τοῦτο δ' ἐστὶν ὕδατος, εἰκότως ἐνταῦθα τὰ νέφη συνίσταται, καὶ ἡ εἰς ὕδωρ ἐξ ἀέρος γίνεται μεταβολή. τὸ δὲ ὑπὲρ τοῦτο μέρος αὐτοῦ ἐπεὶ ἀναθυμίασίς ἐστιν ἤδη καὶ ὕλη πυρός (ξηρὸν γὰρ καὶ θερμὸν ἡ ἀναθυμίασις), νέφη μὲν οὐ συνίσταται ἐν τούτῳ, αἱ δὲ ἐξάψεις τοῦ πυρὸς ἐν τούτῳ γίνονται, ὡς προελθὼν ἐρεῖ.

p. 340b29 Τοῦ μὲν οὖν ἐν τῷ ἄνω τόπῳ μὴ συνίστασθαι νέφη.

Ἦν τοῦτο περὶ τοῦ ἀέρος ἠπορημένον, διὰ τί, εἰ ἐκ παντὸς αὐτοῦ ὁμοίως ὕδωρ γίνεται, πρὸς μὲν τῇ γῇ γίνεται ἡ τῶν νεφῶν πῆξίς τε καὶ σύστασις καὶ ἡ εἰς ὕδωρ μεταβολή, οὐκέτι δὲ καὶ ἀνωτέρω. οὗ αἰτία ἡ ἀποδεδομένη· ὅτι γὰρ τὸ μὲν πρὸς τῇ γῇ τοῦ ἀέρος μέρος ἀτμίς ἐστι καὶ ὕδατος ὕλη, τὸ δὲ πορρωτέρω ἀναθυμίασίς τε καὶ ὕλη πυρός. ἀποδοὺς δὲ πρώτην ταύτην αἰτίαν τοῦ μὴ συνίστασθαι νέφη ἐν τῷ πλέον ἀπέχοντι τῆς γῆς ἀέρι, δευτέραν αἰτίαν ἀποδίδωσι καὶ ταύτην· οὐδὲν γάρ, φησί, κωλύει καὶ διὰ τὸ τὸν ὑπὲρ τὴν γῆν ἀέρα κύκλῳ περιφέρεσθαί τε καὶ περιάγεσθαι μὴ συνίστασθαι ἐν αὐτῷ νέφη. ἀνάγκη γὰρ πάντα τὸν ἀέρα, ὅσος μὴ ἔστιν ἐντὸς τῶν τῆς γῆς ἐξοχῶν, ὃς ἀπαρτίζει καὶ ἀναπληροῖ

3—5 ἡ μὲν ἀτμὶς — θερμότητα falso huc illata videntur; v. quae proxime sequuntur 6 ἐκ] καὶ ἐκ I: om. a 11 εἰσιν om. I 14 δίυγρος] ὑγρὰ AWa 15 ἰδίως om. AWa 16 τὴν om. A ἀναθυμίασιν δὲ coll. AWa δὲ τούτων ἐχόντων a 18 συνίστασθαι A ἡ εἰς] ἡ om. Wa: εἲς A[1]: ἧς corr. A[2] 19 γίνονται AWa μεταβολῆς AWa τοῦτο τὸ μέρος AWa ἐπεὶ] ἐπὶ a: ὅπερ I 20 ἤδη] ἢ I ante νέφη add. ὥστε I 23 ἄνω AW Arist.: ἀνωτάτω Ia 24 εἰ μὴ ἐκ AW 25 πῆξις] τῆξις Wa: τάξις A 26 ἡ ante εἰς om. Wa οὗ ἡ αἰτία AWa 30 οὐδὲ AI

τὰς τῆς γῆς ἀνωμαλίας, ὡς εἶναι σὺν τούτῳ αὐτὴν σφαιροειδῆ, ῥεῖν ἀεὶ καὶ συμπεριφέρεσθαι τῷ κύκλῳ κινουμένῳ σώματι. νοεῖν δὲ δεῖ τὴν ἐπιφάνειαν τῆς γῆς ταύτην κατὰ τὰ ἄκρα τῶν ὑψηλοτάτων ὀρῶν, ὑφ' ἣν ὁ ἀὴρ ὢν οὐκέτι κύκλῳ συμπεριάγεται, τῶν ἐξοχῶν τῶν κατὰ τὰ ὄρη ἐμποδιζόντων τὴν μετάστασιν αὐτοῦ. φαίνεται γὰρ καὶ νῦν ἡ τῶν ἀνέμων γένεσις. τοῦ δὲ διὰ τὴν ῥύσιν τε καὶ κίνησιν μὴ συνίστασθαι ἐν τῷ ὑπὲρ τὴν γῆν τόπῳ νέφη σημεῖον παρέθετο τὸ μηδὲ τοὺς ἀνέμους συνίστασθαι ὑπὲρ τὴν γῆν, ἀλλ' ἐν τοῖς κοίλοις αὐτῆς καὶ λιμνάζουσι τόποις· ἐν γὰρ τῷ οὐχ ἐπισυρομένῳ ἀέρι ἀλλ' ἠρεμοῦντι καὶ ἡ τῶν ἀνέμων σύστασις. εἰ γὰρ ἐν ἐκείνῳ ἐγίνοντο, πάντες ἂν ἐπὶ ταὐτὸν περιήγοντο· νῦν δὲ ἀντιπνέουσιν ἀλλήλοις καὶ ἀπὸ τῶν ἐναντίων ῥέουσιν. εἰ δὲ ἦν καὶ ὁ ἐκτὸς ἠρεμῶν, ἐγίνοντο ἂν ἄνεμοι καὶ ἐν ἐκείνῳ. ὡμολόγηται δὲ ὄρη τινὰ καὶ ὑπερνέφελα καὶ ὑπερήνεμα εἶναι· θυσιῶν οὖν ἐπ' αὐτῶν γινομένων εὑρίσκεται μετ' ἐνιαυτὸν ἡ ἀπὸ τοῦ πυρὸς τέφρα ἔτι σωζομένη τε καὶ ἐν τῇ αὐτῇ χώρᾳ μένουσα. ῥεῖν δέ φησι τὸν ὑπὲρ τὴν γῆν ἀέρα κύκλῳ διὰ τὸ συνεφέλκεσθαι τῇ τοῦ ὅλου περιφορᾷ. τὸ μὲν γὰρ πῦρ τῷ ἄνω στοιχείῳ· πῦρ γὰρ λέγει νῦν ὃ μέρος εἶπεν ἀέρος εἶναι καὶ ὠνόμασεν αὐτὸ ἀναθυμίασιν καὶ δυνάμει πῦρ, ἄνω δὲ στοιχεῖον τὸ κυκλοφορικόν· τὸ γὰρ πάντα περιέχον καὶ ἐξωτάτω ὂν καὶ ἄνω ἐστί. συνεχῆ δὲ πάλιν εἶπε τῷ μὲν αἰθέρι, τουτέστι τῷ οὐρανῷ, τὸ πῦρ, τῷ δὲ πυρὶ τὸν ἀέρα, ἀντὶ τῆς ἀφῆς τῇ συνεχείᾳ χρώμενος. καίτοι εἰ τῇ προειρημένῃ διαφορᾷ πῦρ καὶ ἀὴρ ἀλλήλων διαφέρουσιν, ἴσως καὶ κυρίως ἂν εἴη ταῦτα τὰ σώματα ἀλλήλοις συνεχῆ, ἀλλ' οὐχὶ καὶ τῷ αἰθέρι. ἐκεῖ μὲν οὖν, τουτέστιν ὑπὲρ τὴν γῆν, διὰ τὴν κίνησίν φησι μὴ δύνασθαι νέφη συνίστασθαι καὶ ὕδωρ γίνεσθαι. ὅτι δ' ἂν ἐν αὐτῷ ὑγρότερόν τε καὶ βαρύτερον μόριον ᾖ γένηται ἢ ἀνενεχθῇ, τοῦτο κάτω φέρεται ἐκθλιβομένου ἐν τῇ κινήσει τε καὶ περιφορᾷ τοῦ ἀναφέροντος αὐτὸ θερμοῦ εἰς τὸ ἄνω. κάτω δὲ εἰς τὸν περὶ τὴν γῆν ἀέρα εἶπεν, ἔνθα οὐ κωλύεται ἔτι ὑπὸ τῆς κινήσεως ἡ τῶν νεφῶν γίνεσθαι σύστασις. |

p. 341a9 Περὶ μὲν οὖν τοῦ μὴ γίγνεσθαι νέφη. 75v

Διὰ τούτων ὑπομιμνήσκει τῶν δεδειγμένων ἡμᾶς· μεθ' ἃ ζητεῖ περὶ τῆς ἀπὸ τοῦ ἡλίου γινομένης ἐνταῦθα θερμότητος, ζητήσας μὲν καὶ εἰπὼν περὶ τούτου καὶ ἐν τῷ δευτέρῳ Περὶ οὐρανοῦ, καὶ ἐνταῦθα δὲ τὰ αὐτὰ

---

1 αὐτὴν σὺν τούτῳ coll. AWa 3 κατὰ ἄκραν AWa 5. 6 φαίνεται — γένεσις om. a 5 καὶ om. A 6 γένεσις] κίνησις I καὶ τὴν κίνησιν AWa 7 τὴν om. AWa 10 ἐγίνετο AWa περιῆγον I 11 εἰ] ἐκ a 12 ὁμολογεῖται AW: ὁμολογῆται a 13 ὑπὲρ νεφέλας I καὶ om. I 14 ἀπὸ om. AWa 15 δὲ] δεῖ W 16. 17 τὸ ἄνω στοιχεῖον AIW 17 γὰρ λέγει] λέγων AWa αὐτὸν AWa 23 οὐχὶ καὶ] οὐ AWa 24 νέφη συνίστασθαι om. I γενέσθαι I 25 βαρύτερον scripsi: βραδύτερον libri 30. 31 Περὶ μὲν — ζητεῖ] Ὑπομνήσας τῶν δεδειγμένων ἡμᾶς μετὰ ταῦτα ζητεῖ a 32 γενομένης AW 33 ἐν τῷ δευτέρῳ Περὶ οὐρανοῦ] B 7 p. 289a19 sqq.

πάλιν ζητῶν τε καὶ λέγων. λέγει δὲ τὸν περὶ θερμότητος λόγον οἰκειότερον εἶναι τῷ περὶ αἰσθήσεων, ἐπειδὴ αἰσθητὸν μὲν ἡ θερμότης, πρὸς ἄλληλα δὲ τὸ εἶναι ἔχει ἥ τε αἴσθησις καὶ τὸ αἰσθητόν, ἡ δὲ τῶν πρὸς ἄλληλα τὸ εἶναι ἐχόντων θεωρία συνέζευκται. ζητεῖ δέ, διὰ τίνα αἰτίαν μὴ ὄντος τοῦ ἡλίου πυρός, ὅτι μηδὲ τῶν ἄλλων ἄστρων τι τοιοῦτον ὂν δέδεικται, θερμαίνεται τὰ ἐνταῦθα ὑπ' αὐτοῦ. καί φησι τῇ κινήσει αὐτὸν θερμαίνειν τε καὶ διακρίνειν τὸν ἀέρα τὸν ὑποκείμενον, ὄντα πρὸς τοῦτο εὐπαθῆ. ὅτι δὲ ὑπὸ τῶν ἐν τῷ ἀέρι στερεῶν κινουμένων συντόμως τε καὶ σφοδρῶς σωμάτων πέφυκεν ὁ ἀὴρ θερμαίνεσθαί τε καὶ ἐκπυροῦσθαι, σημείῳ ἐχρήσατο τῷ πολλάκις τὰς μολιβδίδας τὰς ἐπὶ τῶν τοξευμάτων, ὅταν μετὰ σφοδρότητος τὸ βέλος πεμφθῇ, τήκεσθαι ὑπὸ τοῦ ἀέρος ἐκπυρουμένου ὑπὸ τῆς σφοδρᾶς κινήσεως. ὑπὸ δὲ τοῦ ἡλίου καὶ τῆς τούτου κινήσεως μάλιστά φησι θερμαίνεσθαι τὸν ἀέρα, ὅτι ταχεῖά τέ ἐστι καὶ οὐ πόρρω τῶν ἐνταῦθα σωμάτων, ὃ οὐδεμιᾷ τῶν ἄλλων κινήσεων ὑπάρχει. τὰ μὲν γὰρ ὑπὲρ τὸν ἥλιον ἄστρα ταχέα μέν, ἀλλὰ πολὺ τῶν ἐνταῦθα ἀφεστῶτα· ἡ δὲ σελήνη οὖσα μετὰ τὸν ἥλιον καὶ ἐγγυτέρω τῶν ἐνταῦθα βραδύτερον κινεῖται ἢ ὥστε διακρίνειν τε καὶ ἐκπυροῦν τὸν ὑποκείμενον ἀέρα· ἀέρα δὲ λέγειν ἔθος αὐτῷ καὶ τὸ ὑπέκκαυμα. ἡ δὲ τοῦ ἡλίου κίνησις ἄμφω ταῦτα ἔχει· διὸ ὁ κατ' αὐτόν τε καὶ ὑπ' αὐτὸν ἀὴρ ἀεὶ θερμαίνεταί τε ἔτι μᾶλλον καὶ διακρίνεται· τῆς δὲ θερμότητος διαδιδομένης πάλιν εἰς τὸν μετ' αὐτὸν τὰ τῇδε θερμαίνεται. διὰ δὲ τοῦ εἰπεῖν μάλιστα γὰρ ἡ τοῦ στερεοῦ διακρίνει κίνησις αὐτὸν ἔοικε καὶ τὸ τοῦ ἡλίου σῶμα καὶ τὸ τῶν ἄλλων ἄστρων στερεὸν λέγειν καὶ διαφανὲς ὡς τὸν αἰθέρα καὶ τὰς σφαίρας· καὶ γὰρ διὰ τῆς σελήνης ὁρῶμεν τὸν ἥλιον. μίαν μὲν οὖν ταύτην ἀποδίδωσιν αἰτίαν τῆς ἀπὸ τοῦ ἡλίου θερμότητος, δευτέραν δὲ τὴν ὅτι τὸ περιέχον πῦρ τὸν ἀέρα (ἔστι γὰρ μετὰ τὸν ἀέρα ἡ τοῦ πυρὸς σφαῖρα, περικεχυμένου τοῦ πυρὸς τῷ ἀέρι, ὃ ὑπέκκαυμα ἔθος λέγειν αὐτῷ) τοῦτο δὴ ὑπὸ τῆς ἐγκυκλίου τῶν ἄστρων κινήσεως πολλάκις διακρίνεταί τε καὶ φέρεται βίᾳ κάτω, ἔνθα ὁ ἀήρ, καὶ φερόμενον θερμότητος αἴτιον αὐτῷ γίνεται. ὅτι δὲ τὸ κυκλοφορικὸν σῶμα οὐκ ἔστι πῦρ, ἀπέδειξε μὲν ἐν τοῖς Περὶ οὐρανοῦ, καὶ νῦν δὲ σημεῖον τοῦ μὴ εἶναι ἐκ πυρὸς αὐτὸ παρέχεται τὸ τὰς δοκούσας τῶν ἄστρων διαδρομὰς ἐκεῖ μὲν μὴ γίνεσθαι, ὡς ἂν ἐκείνου τοῦ σώματος ἀπαθοῦς ὄντος καὶ μὴ δυναμένου ὑπὸ τῆς κινήσεως ἐκπυροῦσθαι, ἐν δὲ τῷ ὑπ' αὐτὸ σώματι, τῷ τοιαύτης ἤδη εἶναι φύσεως

1 τε om. a 3 δὲ] δὴ a αἰσθητικὸν I ἡ δὲ] τῇ δὲ Ia 4 τὸ εἶναι ἐχόντων om. a 5 ὂν τοιοῦτόν τι coll. I 6 ὑπ' αὐτοῦ om. I 7 πρὸς τοῦτον I ἐμπαθῆ Aa 8 κινουμένων ex γινομένων corr. W[1] 11 βέλους a 12 δὲ om. I 14 οὐδεμία I 16 ἀφεστώτων AW, sed corr. A[1] 18 καὶ om. a 19 ἔχει] ποιεῖ I ὁ et ἀεὶ om. A 20 δὲ om. AWa 21 τὰ τῇδε] ταύτῃ δὲ AWa 23 τῶν ἄστρων τῶν ἄλλων I 24 αἰθέρα — ἥλιον] ἀέρα AWa μίαν ex μία corr. A 25. 26 δευτέραν αἰτίαν ἀποδίδωσι τὴν a 27 λέγειν ἔθος coll. AW: λέγει ἔθος a 29 βίᾳ ἐπὶ τὰ κάτω AWa 29. 30 ἔνθα — γίνεται] καὶ κατὰ τὴν συνέχειαν τοῦ ἀέρος θερμαίνει AW eademque praeterquam quod τὸν ἀέρα habet a 30. 31 ἐν τοῖς Περὶ οὐρανοῦ] A2 31 δὲ] μὲν AW τὸ μὴ I 34 ὑπ' αὐτὸν I τῷ] καὶ I ἤδη om. AW φύσεως εἶναι coll. a

τοῦτο, ὡς ἐξάπτεσθαί τινα δύνασθαι ἐν αὐτῷ καὶ ἐκπυροῦσθαι. αἱ γὰρ φαινόμεναι τῶν ἄστρων διαδρομαὶ διὰ τοιοῦτον πάθος γίνονται, ὡς ὀλίγον προελθὼν ἐρεῖ. τοῦ δὲ μὴ εἶναι ἐκ πυρὸς ἐκεῖνα τὰ σώματα σημεῖον παρέχεται καὶ τὸ τὸν ἥλιον, ὃς μάλιστα δοκεῖ θερμὸς εἶναι, λευκὸν ἀλλὰ μὴ πυρώδη φαίνεσθαι· μόνον γὰρ πυρώδης φαίνεται δυόμενός τε καὶ ἀνατέλλων, ὅτι τότε διὰ τῆς περὶ τὴν γῆν παχείας ἀναθυμιάσεως ὁρᾶται, διαρθεὶς δὲ εἰς ὕψος καὶ διὰ καθαρωτέρου τοῦ ἀέρος ὁρώμενος λευκὸς ἤδη φαίνεται. ἄνω δὲ τόπον εἶπεν ἀντὶ τοῦ τὸ ἄνω σῶμα. τὸ δὲ ἀπορούμενον, πῶς τοῦ ἡλίου ἡ κίνησις ἐκπυροῖ τε καὶ θερμαίνει τὸν ἀέρα τὸν οὐχ ἁπτόμενον αὐτοῦ, εἴ γε ἡ σφαῖρα, ἐν ᾗ ἡ σελήνη, ὑπὸ τὴν τοῦ ἡλίου σφαῖράν ἐστι, μέση τὴν θέσιν οὖσα τῆς ἡλιακῆς σφαίρας καὶ τοῦ παθητοῦ σώματος, οὖσα καὶ αὐτὴ ἀπαθής (γίνεται γὰρ ὁ ἥλιος καὶ ἡ τοῦδε κίνησις οὐ τοῦ ὑπὸ τὴν σελήνην ἁπτομένη σώματος, ἀλλὰ τοῦ ἀπαθοῦς) τοῦτο δὴ παραμυθίας τυγχάνοι ἂν τῇσδε, ὅτι πολλὰ καὶ τῶν παθητῶν σωμάτων πολλάκις οὐδὲν αὐτὰ πάσχοντα μηδὲν ἐμποδίζει [τοῦ] ἄλλοις τισὶ πάσχειν δι' αὐτῶν. οὐ γὰρ πᾶν τὸ παθητὸν ὑπὸ παντὸς ποιητικοῦ πα|θητόν· ἀλλα γὰρ ὑπ' ἄλλων 76r
πάσχειν πέφυκε. τὰ γοῦν ὑπὸ τῆς ἀπὸ τοῦ ἡλίου θερμότητος ἐξαπτόμενα διὰ τῶν ὑελίνων ἀγγείων ὕδατος ψυχροῦ πεπληρωμένων αὐτὰ μὲν πάσχει, εἴ γε ἐξάπτεται, καὶ πάσχει δι' ἐκείνων· εἰ γοῦν ἐκποδὼν γένοιτο τὸ ἀγγεῖον, οὐκέτ' ἐκεῖνα ἐξάπτεται· οὐ μὴν πάσχει τι καὶ θερμαίνεται καὶ τὸ ἐν τῷ ἀγγείῳ ὕδωρ. εἰ δὲ καὶ πάσχει, ἀλλ' οὐχ ὥστε καὶ ἐξάπτεσθαι. ἀλλὰ καὶ οἱ σαγηνευταὶ γνωρίζειν φασίν, ὅταν ἔχωσιν ἐν τῇ σαγήνῃ νάρκην, τῶν ναρκῶν αὐτῶν τὰς χεῖρας, αἷς σύρουσι τὰ καλώδια, οὐ δήπου καὶ τῶν καλωδίων τοῦτο τὸ πάθος ὑπὸ τῆς νάρκης προπασχόντων. εἰ δὲ ταῦτα τὰ σώματα ὧν μὴ πάσχει παθῶν, τούτων τοῖς μετ' αὐτὰ διάκονα γίνεται, τί θαυμαστόν, εἰ καὶ τὸ τῆς σεληνιακῆς σφαίρας σῶμα μηδὲν ὑπὸ τῆς ἡλίου πάσχον κινήσεως τῷ πάσχειν ὑπ' αὐτῆς πεφυκότι σώματι διαδίδωσι τὸ ἀπ' αὐτῆς ἐν αὐτῷ γίνεσθαι πεφυκὸς πάθος; ἴσως δὲ οὐδὲ πάντῃ ἀπαθὲς τὸ θεῖον σῶμα· οὔτε γὰρ ἐν τῷ πρώτῳ Περὶ οὐρανοῦ ἀπέδειξεν αὐτὸ ἀναλλοίωτον, καίτοι προθέμενος, ἀλλ' ἀγένητον μὲν αὐτὸ καὶ ἄφθαρτον ἔδειξεν, ὁμοίως καὶ ἀναυξές, ἀναλλοίωτον δὲ οὐκέθ' ὁμοίως ἀπέδειξεν, ὡς καὶ ἐν τῷ εἰς αὐτὸ ὑπομνήματι ἐπεσημηνάμεθα, ἔθος τε αὐτῷ λέγειν τὸ θεῖον σῶμα οὐχ ἁπλῶς ἀπαθές, ἀλλὰ προστιθέναι τὸ πάσης θνητῆς δυσχερείας· τῶν γὰρ τοιούτων παθῶν ἀπαθές. ἔστι δὲ ταῦτα τὰ πάθη κατὰ τὴν κατ' εἶδος μεταβολὴν γινόμενα, ἧς μεταβολῆς καὶ πάθους

2 τοιοῦτον] τοῦτο τὸ a 6 post ἀναθυμιάσεως add. οὕτως AWa διαρθεὶς] ἀρθεὶς AWa 7 καθαρωτάτου ἀέρος I 8. 9 πῶς ἡ τοῦ αἰθερίου κίνησις I 10 εἴ τε I 11 post τῆς add. τε AWa 12 οὐ] ἡ A 15 οὐδὲν a ἐμποδίζῃ AW τοῦ delevi ἄλλα τινὰ a δι' αὐτόν W 17 ἀπὸ om. AWa τοῦ om. AW 18 ὑελίνων scripsi: ὑελίων I: ὑάλων AWa 19. 20 καὶ — ἐξάπτεται om. a: καὶ — ἐκείνων om. A 19 τὸ ἀγγεῖον] αἴτιον post lac. VIII litt. I 23 οὐ δήποτε A 25 πάσχῃ A μετὰ ταῦτα AW 27 κινήσεως πάσχον a 29 ἐν τῷ πρώτῳ Περὶ οὐρανοῦ — προθέμενος] A 3 p. 270a14. 25sqq. 30 ἀγέννητον I 32—34 ἔθος τε — δυσχερείας] cf. de caelo B 1 p. 284a14

ἀνεπίδεκτα τὰ θεῖα, οὐ μὴν διὰ τοῦτο καὶ ἅπαντος πάθους. ἥ τε γὰρ κίνησις πάθος τι, ἧς οὐκ ἀνεπίδεκτα· ἀλλὰ καὶ εἰ τὸ φῶς ἀλλότριον λαμβάνειν πάσχειν τί ἐστιν, ἡ σελήνη εἴη ἂν πάσχουσά τι ἀπὸ τοῦ ἡλίου, εἴ γε παρ' ἐκείνου τὸ φῶς αὐτῇ. οὐδὲν οὖν ἄτοπον καὶ ὑπὸ τῆς τοῦ ἡλίου κινήσεως πάσχειν τι τὸ γειτνιῶν αὐτῇ τοῦ θείου σώματος, οὐ μὴν οὕτως πάσχειν ὥστε ἐκπυροῦσθαι, ἀλλὰ διακονεῖσθαι διὰ τούτου τοῦ πάθους τῷ ὑπ' αὐτὸ σώματι, ὡς θερμαίνεσθαί τε αὐτὸ ὑπ' αὐτῆς καὶ ἐκπυροῦσθαι· ἄλλως τε ἐπεὶ καὶ ἧττον ἤδη τὸ σῶμα τοῦτο εἰλικρινές τε καὶ καθαρόν, ὡς πρὸ ὀλίγου εἴρηκε δι' ὧν εἶπεν "τὸ μὲν γὰρ ἄνω καὶ μέχρι σελήνης ἕτερον εἶναι σῶμά φαμεν πυρός τε καὶ ἀέρος, οὐ μὴν ἀλλ' ἐν αὐτῷ γε τὸ μὲν καθαρώτερον εἶναι, τὸ δ' ἧττον εἰλικρινές, καὶ διαφορὰς ἔχειν, καὶ μάλιστα ᾗ καταλήγει πρὸς τὸν ἀέρα καὶ πρὸς τὸν περὶ τὴν γῆν κόσμον." ἐπεζήτησα, πῶς εἰ ἀπὸ τῆς τοῦ ἡλίου κινήσεως ἡ θερμότης ἐνταῦθα, ἀπ' αὐτοῦ ἐν ταῖς σκιαῖς ἡ θερμότης οὐκέτι ὁμοία, καίτοι καὶ τοῦ ἐν ταῖς τοιαύταις σκιαῖς ἀέρος ὁμοίως τῷ ἀνεπισκιάστῳ ὑπὸ τὴν τοῦ ἡλίου κίνησιν ὄντος. ἢ ἐπεὶ ἄλλος ἐξ ἄλλου θερμαίνεται τῇ συνεχείᾳ τε καὶ ἁφῇ, τὸ ἐπισκοτῆσαν ἅμα καὶ τὴν συνέχειάν τε καὶ ἁφὴν ἐνεπόδισε τὴν κατὰ τοῦτο τοῦ θερμαίνοντος ἀέρος· οὐκέτι γὰρ ὡς ἐπεσκοτισμένος ὁμοίως ἅπτεται, μὴ ἁπτόμενος δὲ οὐκέτ' οὐδὲ ὁμοίως θερμός ἐστι.

p. 341b1 Τούτων δὲ διωρισμένων λέγωμεν διὰ τίνα αἰτίαν αἵ τε φλόγες αἱ καιόμεναι φαίνονται.

Εἰπὼν περί τε τοῦ μεταξὺ σώματος, ὃν ἀέρα καλοῦμεν, ὁποῖόν τι τὴν φύσιν ἐστίν, εἰπὼν δὲ καὶ περὶ τῆς ἀπὸ τῶν οὐρανίων καὶ τῆς ἐκείνων κινήσεως γινομένης ἐν τοῖς ἐνταῦθα θερμότητος (χρήσιμα γὰρ ἦν ταῦτα διορισθέντα αὐτῷ πρὸς τὴν τῶν προκειμένων ζήτησιν, ἦν δὲ ἡ πρόθεσις αὐτῷ τὰς αἰτίας ἀποδοῦναι τῶν ἐν τοῖς μετεώροις συνισταμένων), ἐπὶ τὸν περὶ τούτων λόγον μέτεισι, καὶ ζητεῖ περὶ πρώτων τῶν συνισταμένων φασμάτων ἐν τῷ μετὰ σελήνην σώματι, ὅπερ ἐστὶ τὸ καλούμενον ὑπέκκαυμα. πάντα μὲν οὖν τὰ ἐν ἐκείνῳ συνιστάμενα, περὶ ὧν προτίθεται, τὰ αὐτὰ κατά τε τὸ ὑποκείμενόν ἐστι καὶ κατὰ τὴν ποιητικὴν αἰτίαν, ἡ δὲ διαφορὰ αὐτῶν κατὰ τὸ μᾶλλον καὶ ἧττον, ὡς καὶ αὐτὸς λέγει, καὶ κατὰ τὰ σχήματά τε καὶ τὰς κινήσεις, ἀφ' ὧν αὐτοῖς καὶ τὰ ὀνόματα. ἀρχὴν δὲ καὶ αἰτίαν τούτων ὧν κατηριθμήσατο καὶ πάντων τῶν τοιούτων ἀποδίδωσι ταύτην· ὥσπερ ἀπὸ τῶν ἄλλων σωμάτων τῶν θερμαινομένων ἀτμοί τινες καὶ ἀναθυμιάσεις γίνονται, οὕτω δὲ καὶ ἀπὸ τῆς γῆς ὑπὸ τοῦ ἡλίου

1 ἀνένδεκτα I   παντὸς AWa   2 λαμβάνειν ἀλλότριον coll. AWa   5 πάσχον bis AWa   αὐτῇ] αὐτῷ AWa   6 ἀλλὰ om. AWa   τὸ πάθος a   9 ὀλίγου] 340b6   13 post θερμότης add. ἡ AWa   14. 15 ἀπ' αὐτοῦ — τοιαύταις] γίνεται ἡ (ἢ A) ἀπὸ τοῦ ἐν ταῖς τοιαύταις AW: γίνεται, οὐχ ὁμοίως ἐστὶν ἡ θερμότης τοῦ ἐν ταῖς a   18 οὐκέτι δὲ ὁ ἐπεσκοτημένος AWa   24 κινήσεως om. I   ἐν τοῖς] τῆς A θερμότης a   27 ζητεῖ πρῶτον περὶ πρώτων τῶν AW: ζητεῖ πρῶτον περὶ τῶν a   28 post μετὰ add. τὴν AWa   31 κατά τε τὸ AWa   32 τε om AWa   post ὀνόματα ex Arist. add. ἀρχὴ δὲ ἐστι καὶ τούτων καὶ πολλῶν ἄλλων ἥδε Wa

θερμαινομένης (ὅπως δὲ θερμαίνεται, προείρηται) ἀναθυμίασίς τις γίνεται. ἀλλὰ αὕτη ἡ ἀναθυμίασις οὐχ ἁπλῆ ἐστιν, ὡς φαίνεται, ἀλλ᾽ ἐπειδὴ ἀπὸ δύο φύσεων καὶ διαφόρων γίνεται, διττὴ καὶ αὐτὴ καὶ διάφορος. γίνεται δὲ ἔκ τε τοῦ περὶ τὴν γῆν ὑγροῦ καὶ ἀπ᾽ αὐτῆς τῆς γῆς οὔσης ξηρᾶς. τὴν μὲν οὖν ἀπὸ τοῦ ὑγροῦ γινομένην ἀναθυμίασιν ἀνάγκη ὑγροτέραν εἶναι, τὴν δ᾽ ἀπὸ τοῦ ξηροῦ ξηροτέραν. καλεῖται δὲ ἡ μὲν ὑγρὰ ἀτμίς, ἡ δὲ ξηροτέρα καπνώδης τε καὶ | μᾶλλον πνευματώδης, ἄμφω δὲ θερμότητος 76v μετέχουσαι, τῷ διὰ θερμότητα γίνεσθαι. τούτων δὲ τὴν μὲν ξηροτέραν τε καὶ καπνώδη ἐπιπολάζειν διὰ κουφότητά τε καὶ θερμότητα· τὸ γὰρ ξηρὸν θερμότητα προσλαβὸν κοῦφον· τοιαύτη γὰρ ἡ τοῦ πυρὸς φύσις· τὴν δὲ ὑγροτέραν τε καὶ ὑδατώδη ὑφίστασθαι διὰ βαρύτητα. γίνεται μὲν γὰρ τὸ ὑγρὸν θερμότητα προσλαβὸν ἀήρ, ἔχει δέ τι καὶ βάρος ὁ ἀήρ. διὰ δὲ τὴν διττὴν ταύτην ἀναθυμίασιν καὶ τὴν προειρημένην τάξιν αὐτῆς φησιν οὕτως διακεκοσμῆσθαί τε καὶ τετάχθαι τὸ πέριξ, τουτέστι τὸ περὶ τὴν γῆν σῶμα τὸ γενητὸν δηλονότι. καὶ λέγει τὴν τάξιν αὐτοῦ· *πρῶτον μὲν γὰρ ὑπὸ τὴν ἐγκύκλιον φοράν*, τουτέστι τὸ κυκλοφορικόν τε καὶ θεῖον σῶμα, ἔστι σῶμα τὸ ξηρόν τε καὶ θερμόν, οἵα ἦν ἡ ἑτέρα τῶν ἀπὸ γῆς αἰρομένων ἀναθυμιάσεων διὰ τὴν ἀπὸ τοῦ ἡλίου θερμότητα, ἡ ἐπιπολάζουσα, ὃ κοινῶς, φησίν, ὀνομάζομεν πῦρ, καὶ ἀπό τινος ἑνὸς τῶν ὑπὸ ταύτην τὴν ἀναθυμίασιν πᾶσαν τὴν τοιαύτην ἀναθυμίασιν ὀνομάζοντες οὕτως· οὐ γὰρ πᾶσα ἡ καπνώδης ἀναθυμίασις πῦρ· αὐτὸς μέντοι ὄνομα αὐτῇ τίθεται καὶ λέγει αὐτὴν ὑπέκκαυμα. καὶ τὴν αἰτίαν τοῦ ὀνόματος ἀπέδωκεν, ὅτι μάλιστα τῶν ἄλλων σωμάτων τὸ τοιοῦτον ἐκκαίεσθαι πέφυκε καὶ πῦρ τε καὶ φλὸξ γίνεται. [*τὸ ἀνώνυμον γὰρ τὸ κοινὸν τὸ ἐπὶ πάσης τῆς καπνώδους διακρίσεως* εἶπε διὰ τὸν καπνόν· οὐ πᾶσα μὲν γὰρ ἡ τοιαύτη διάκρισις καπνός, ἡμεῖς δὲ διὰ τὸ μὴ κεῖσθαι ὄνομα κοινὸν τῇ τοιαύτῃ ἀναθυμιάσει καπνώδη καλοῦμεν αὐτήν.] μετὰ δὲ τοῦτο τὸ σῶμα καὶ ὑπὸ τοῦτό φησιν εἶναι τὸν ἀέρα, ἥτις ἐστὶν ὑγρά τε καὶ θερμὴ φύσις ἡ ἑτέρα τῶν ἀναθυμιάσεων. δεῖ δέ, φησί, νοῆσαι τὴν καπνώδη ἀναθυμίασιν, ἣν ὑπέκκαυμα λέγομεν, τὴν ξηράν τε καὶ θερμὴν ἐσχάτην περικεῖσθαί τε καὶ περιτετάσθαι τῇ σφαίρᾳ τῇ περὶ τὴν γῆν, ἥτις ἐστὶ τὸ ἐν γενέσει τε καὶ φθορᾷ σῶμα πᾶν, ὥστε μικρᾶς κινήσεως τυχὸν ἐκκαίεσθαι πολλάκις, ὅπερ ὁρῶμεν καὶ τὸν καπνὸν πάσχοντα. *ἔστι γὰρ ἡ φλὸξ*

1 post προείρηται add. ἐκ θερμότητος δὲ I 3 διαφόρων γίνονται I καὶ αὕτη AWa γίνεται (post διάφορος) corr. ex γίνονται I 4 ἔκ] ἀπό AWa τε om. A 7 δὲ post ἄμφω om. AWa 10 ξηρὸν θερμότητα scripsi coll. v. 12: ξηρὸν θερμὸν AWa: θερμὸν ξηρὰν θερμότητα I 12 προσλαβὸν ex corr. A βάρους AWa 15 δῆλον a 17 θερμόν τε καὶ ξηρόν AWa 19 πῦρ] ὑπέκκαυμα I[2] ὑπ᾽ αὐτὴν I 21 αὐτῆς ἐκτίθεται a 22 post ὅτι add. γὰρ AW 23 τῶν ἄλλων σωμάτων μάλιστα coll. AWa 24 τὸ ἀνώνυμον — αὐτήν (27) non videntur Alexandri esse: om. I: ante τὸ add. ἢ a 25 διακρίσεως] διαφορᾶς A 26 ἡμᾶς a 29 ἡ om. I νοῆσαι om. I 30 ὑπέκκαυμα] καπνώδη I 32 ὥστε] ὡς IW 33 ὅπερ] ὥσπερ AWa ἡ γὰρ φλόξ ἐστι coll. IW post φλὸξ add. ἡ W

πνεύματος ξηροῦ ζέσις, ὡς ἂν εἰ εἶπεν ἡ γὰρ φλόξ ἐστι καπνὸς καιόμενος. πρότερον μὲν οὖν εἶπε τὴν φλόγα εἶναι ζέσιν πυρός, κοινῶς ὀνομάζων τὴν ξηράν τε καὶ θερμὴν ἀναθυμίασιν πῦρ, νῦν δὲ πνεύματος αὐτὴν ξηροῦ ζέσιν λέγει, ὡς ἂν εἰ ἔλεγεν ὑπεκκαύματος· ὑπέκκαυμα γὰρ ἡ τοιαύτη φύσις.

Τὸ τοίνυν τοιοῦτον σῶμα τὸ μετὰ σελήνην μὲν τεταγμένον, ἔσχατον δὲ τῇ σφαίρᾳ τῇ περὶ τὴν γῆν περιτεταμένον, καθ' ὃ ἂν μάλιστα τὴν πρὸς τὸ ἐξαφθῆναι ἐπιτηδειότητά τε καὶ σύστασιν ἔχῃ, κατὰ τοῦτο ὑπὸ τῆς τοῦ κυκλοφορικοῦ κινήσεως ἐξάπτεται κινούμενον. καὶ ἡ μὲν φύσις καὶ αἰτία αὕτη τῶν ἐν ἐκείνῳ τῷ σώματι συνισταμένων φασμάτων, ἡ δὲ διαφορὰ αὐτῶν, καθ' ἣν ἀλλήλων διαφέροντα διαφέρουσιν ὀνόμασι καλεῖται, γίνεται παρὰ τὴν τοῦ πρὸς ἔξαψιν ἐπιτηδείως ἔχοντος σώματος ἢ θέσιν ἢ πλῆθος. ἂν μὲν γὰρ τὸ ὑπέκκαυμα τοῦτο καὶ πλάτος καὶ μῆκος ἔχῃ ἐξαφθέν, φαίνεται καιομένη φλὸξ παραπλησίως γινομένη ταῖς ἐν ταῖς ἀρούραις ἐξαπτομέναις καλάμαις· ἂν δὲ τὸ ἐξαπτόμενον τοῦτο ὑπέκκαυμα μῆκος μὲν ἔχῃ, μηκέτι δὲ καὶ πλάτος ἴσον, τότε τὰ ἐξαπτόμενα ἐκ τούτου καλεῖται ἢ δαλοὶ ἢ αἶγες ἢ ἀστέρες οἱ καλούμενοι διᾴσσοντες. ὧν λέγει τὴν διαφοράν· ὅταν γὰρ πλέον μὲν ᾖ τὸ ὑπέκκαυμα κατὰ τὸ μῆκος, ἔλαττον δὲ κατὰ τὸ πλάτος, καιόμενον δὲ κατὰ τὰ πλάγια ἐκπυρώσεις τινὰς καὶ ἐκδρομὰς τῆς ἐξάψεως ποιῆται μὴ καθ' αὑτάς, ἀλλὰ συνημμένας τῷ ὅλῳ τῷ καιομένῳ σώματι, ὡς δοκεῖν ἐκεῖνο ἀποσπινθηρίζειν, αἲξ τὸ τοιοῦτον καλεῖται· ὅταν δὲ μόνον ἐπὶ τὸ μῆκος ᾖ ἐξημμένον, μηκέτι δὲ καὶ ἀποσπινθηρίζον, δαλός. ἐὰν δὲ μὴ ἓν καὶ συνεχὲς τὸ μῆκος τοῦ ὑπεκκαύματος ᾖ, ἀλλὰ διαστήματα ἔχον, ἃ διαστήματα ἔχει λεπτήν τινα ἀναθυμίασιν ἐπιτήδειον πρὸς τὸ ἐκκαυθῆναι καὶ αὐτήν, ἔχῃ δὲ καὶ τὰ ὑπεκκαύματα τὰ προειρημένα ἀφεστῶτα ἀπ' ἀλλήλων καὶ βάθος καὶ πλάτος ἴσον τῷ μήκει, τότε γίνονται οἱ δοκοῦντες ἀστέρες διᾴσσειν. ὅταν γὰρ ἡ πρώτη κειμένη τῶν τοιούτων συστάσεων ὑπὸ τῆς κινήσεως ἐκκαυθῇ, ταχέως τὸ πῦρ διὰ τῆς μεταξὺ τῆς λεπτῆς ἀναθυμιάσεως ἐπὶ τὸ ἐφεξῆς κείμενον ὑπέκκαυμα διαδίδοται καὶ ἀπὸ τούτου πάλιν ὁμοίως ἐπὶ τὸ μετ' αὐτό· καὶ τοῦτο ποιεῖ, ἕως ἂν ἐπέλθῃ πάντα τὰ κατὰ τὸν προειρημένον τρόπον ἐφεξῆς ἀλλήλοις συνεστῶτα ὑπεκκαύματα. καὶ φαίνεται τὸ πῦρ τὸ αὐτὸ τὴν ἀρχὴν ἄνωθεν φερόμενον ἢ ῥιπτούμενον διὰ τὴν ταχεῖαν διάδοσιν.

---

2 εἶπε — εἶναι] τὴν φλόγα εἶπε AWa 4 ὡς ἂν εἰ et ὑπεκκαύματος om. I 6 Τὸ] ὃν AWa μὲν om. I 7 τῆς σφαίρας τῆς περὶ τὴν γῆν I τεταμένον I (γ supra vers. I²) 8 τε om. I ἔχει AWa 9 post κινούμενον add. ex Arist. διαφέρει δὲ ἤδη κατὰ τὴν τοῦ ὑπεκκαύματος θέσιν ἢ τὸ πλῆθος AWa 10 φαντασμάτων AWa 12 πρὸς] πυρὸς AWa ante σώματος add. τοῦ a ἢ κατὰ θέσιν a 14 γινόμενον AWa 16 ἔχει I 19 καιόμενοι A 20 τινὰς] τε AWa, sed post ἐκδρομὰς add. τινας ποιεῖται a 22 ᾖ] τί I 23 δὲ post μηκέτι om. A ἀποσπινθηρίζῃ AWa 25 τινα] τὴν AWa καὶ ante αὐτὴν om. I ἔχει I καὶ ante τὰ om. AWa 26 post προειρημένα add. τὰ AWa 29 τῆς post μεταξὺ om. a 30 καὶ om. A 31 τὸν] ὃν a εἰρημένον I 33 post αὐτὸ add. τὸ AWa

ὡς γὰρ ἐπὶ τῶν λύχνων, ὅταν ὁ μὲν καίηται, ἄλλος δὲ ἀποσβεσθεὶς εὐθὺς ὑποτεθῇ αὐτῷ, ἡ ἀπὸ τοῦ ἐσβεσμένου νεωστὶ ἀναφερομένη ἀναθυμίασις ἐπὶ τὴν τοῦ καιομένου φλόγα ἀφθεῖσα καθ' ὃ ἐπλησίασεν αὐτῇ. ἐξάπτει τὸν ὑποκείμε|νον λύχνον, ἐξαπτομένης τῆς ἐφεξῆς ἀναθυμιάσεως τῇ πρώτῃ 77r ἀφθείσῃ ὑπὸ τῆς τοῦ καιομένου λύχνου φλογὸς ἕως τῆς τοῦ λύχνου θρυαλλίδος, ἀφ' ἧς ἡ ἀναθυμίασις, φαίνεται δὲ οὐ διαδιδόμενον τὸ πῦρ ἄλλου ἐξ ἄλλου ἁπτομένου, ἀλλὰ τὸ πρῶτον ἀφθὲν φερόμενον, οὕτως ὑπολαμβάνειν χρὴ καὶ ἐπὶ τῶν διᾴσσειν καὶ φέρεσθαι δοκούντων ἀστέρων γίνεσθαι, ἄλλου ἐξ ἄλλου ἤτοι μετ' ἄλλο ταχέως ἐξαπτομένου διὰ τὴν πρὸς τοῦτο ἐπιτηδειότητα τῆς ὑποκειμένης ὕλης.

Ὁτὲ μὲν οὖν οὕτως φησὶ γίνεσθαι τοὺς καλουμένους διᾴσσοντας ἀστέρας, ὑπὸ τῆς κινήσεως τῶν οὐρανίων σωμάτων ἐξαπτομένου τοῦ ὑποκειμένου αὐτοῖς ὑπεκκαύματος καὶ τὸ ἐφεξῆς ἐξάπτοντος, ὁτὲ δὲ ἐκ τοῦ συνισταμένου ἀέρος διὰ ψῦξιν, ὃς ὑπὸ τὸ ὑπέκκαυμα τὴν θέσιν ἔχει, τὸ ἐναπειλημμένον ἐν αὐτῷ θερμὸν περιστελλόμενον ὑπὸ τοῦ περιέχοντος αὐτὸ ἀέρος ψυχομένου καὶ εἰς ἓν ἀθροιζόμενον ἐξαφθὲν ἐξεθλίβη μετὰ βίας καὶ φέρεται ὥσπερ τὰ ἐκπυρηνιζόμενα ῥιπτούμενον, τὸ αὐτὸ μένον πῦρ ἀλλ' οὐ τὸ ἐφεξῆς ἐξάπτον· ἀμφοτέρως γὰρ αὐτῷ δοκοῦσιν οἱ διᾴσσειν δοκοῦντες ἀστέρες γίνεθαι. τοῦτο μέντοι τὸ ἐκκρίσει γινόμενον πῦρ πολλάκις εἰς τὸ κάτω μέρος θλιβὲν καὶ εἰς γῆν καὶ εἰς θάλασσαν καταφέρεται αἰθρίας οὔσης καὶ νύκτωρ καὶ μετ' ἡμέραν. τότε δὲ φέρεται κάτω, ὅταν ἀπὸ τοῦ ἄνωθεν μέρους ἡ τοῦ ἀέρος πύκνωσίς τε καὶ ψῦξις ἀρξαμένη τὸ ἐναπειλημμένον ἐν αὐτῷ θερμὸν εἰς τὸ κάτω μέρος ἀπώσηται. διὰ τοῦτο γὰρ καὶ ὁ κεραυνὸς πῦρ ὢν εἰς τὸ κάτω φέρεται, διὰ τὴν βίαιον ἔκθλιψιν, ἐπεὶ τῷ γε πυρὶ κατὰ φύσιν ἡ εἰς τὸ ἄνω φορά. ὅσα μὲν οὖν ἐν τῷ ἀνωτέρω σώματι, ἐν ᾧ τὸ ὑπέκκαυμα, φάσματα διᾳσσόντων γίνεται, τῷ ἐξάπτεσθαι γίνεται, ἐκκαιομένης τῆς ἀναθυμιάσεως καὶ κατὰ τὸ ἑξῆς διαδιδομένης, ὡς εἴρηται· ὅσα δὲ ἐν τῷ κατωτέρω, ἔνθα ὁ ἀήρ, τῇ ἐκκρίσει, τῷ ψυχομένης τῆς ὑγρᾶς ἀναθυμιάσεως, ἐξ αὐτῆς γίνεσθαι τὴν ἔκκρισιν. ὡς δ' ἂν ἔχῃ θέσεως ἡ πυκνουμένη τε καὶ ψυχομένη ἀναθυμίασις καὶ ἐφ' ἃ τετραμμένη ᾖ, ἐπὶ ταῦτα καὶ φέρεται τὸ ἐκκρινόμενον ἐξ αὐτῆς πῦρ. ἢ γὰρ εἰς τὸ ἄνω ἡ ἔκκρισις αὐτοῦ γίνεται, ἂν κάτωθεν ἡ πύκνωσις, ἢ εἰς τὰ πλάγια, ἂν ἐπὶ ταῦτα συννεύῃ, ἢ κάτω, ἂν ἄνωθεν ἡ ἀρχὴ γίνηται τῆς πυκνώσεως. τὰ

3 αὐτὴ W 5 φλογὸς ἕως] φλογώσεως I 6 διαδόμενον I 6. 7 ἄλλο ἐξ ἄλλου a 7 ἐξαπτόμενον Wa τὸ om. I 8 ἀστέρων om. A 9 ἐξ ἄλλου ἤτοι om. AW μετ' ἄλλου I 11 τότε μὲν οὕτως I 13 αὐτῆς I ὅτε IW 13. 14 ἀνισταμένου A 14. 15 et 22 ἐναπηλειμμένον I 15 περιστελλόμενον θερμὸν I[1] αὐτῷ Wa 16 ψυχόμενον AWa 17 τά—πῦρ] τὸ ἐκπυρηνιζόμενον ῥιπτούμενον δὲ γίνεται τὸ πῦρ I 18 δοκοῦντας AWa 19 τὸ τῇ ἐκκρίσει γεννώμενον AWa 20 καὶ εἰς γῆν om. I γῆς a εἰς τὴν θάλατταν I καταφέρεσθαι AW 21 ὑπὸ AW 22 ἀρξάμενον I 23 γὰρ] δὲ I 25 ἀνωτάτω a 26 τῷ ἐξάπτεσθαι γίνεται om. I 28 ἐκκρίσει τὸ I 29 ἔχει a 30 τε om. I ψυχωμένη W 31 γὰρ ἐπὶ τὸ a 32 ἡ post ἄνω om. I ante ἢ add. ᾗ a 33 γίνηται scripsi: γίνεται libri

πλεῖστα δὲ εἰς τὸ πλάγιόν φησι φέρεσθαι τῶν εἰς τὸ κάτω ῥιπτουμένων, διὰ τὸ δύο ἅμα αὐτὰ φέρεσθαι φοράς, τὴν μὲν εἰς τὸ ἄνω, ἥτις αὐτοῖς ἐστι κατὰ φύσιν, τὴν δὲ εἰς τὸ κάτω, ἣν βίᾳ διὰ τὴν ἔκθλιψιν τὴν ἐπὶ τοῦτο φέρεται. ἔστι δὲ ἡ εἰς τὸ πλάγιον ἔκ τε τῆς ἄνω καὶ τῆς κάτω μεμιγμένη· τοῦτο δὲ γίνεται, ὅταν μηδετέρα πάντη ἐπικρατῇ· οὕτω γὰρ καὶ 45 ἡ μῖξίς τε καὶ ἡ κρᾶσις τῶν σωμάτων γίνεται. ἀπείκασε δὲ τὴν εἰς τὸ πλάγιον φορὰν διαμέτρῳ· πλάγιαι γὰρ αἱ ἐν τοῖς τετραγώνοις χωρίοις διάμετροι. ταύτην αἰτίαν φησὶν εἶναι τοῦ καὶ τῶν διαθεόντων ἀστέρων τοὺς πλείστους πλαγίαν φαίνεσθαι κινουμένους. πάντων δὲ τῶν τοιούτων αἰτίαν φησὶν εἶναι ὡς μὲν ὕλην τὴν ἀναθυμίασιν (αὕτη γὰρ ἡ ἐξαπτομένη) ὡς δὲ κινοῦν τε καὶ ποιοῦν ὁτὲ μὲν τὴν κίνησιν τῶν ἐγκυκλίων σωμάτων (ὑπὸ ταύτης γὰρ τὰ ἐν τῷ ὑπεκκαύματι ἐξάπτεται) ὁτὲ δὲ τὴν τοῦ ἀέρος 50 ψῦξιν. τοῦ δὲ κάτω σελήνης γίνεσθαι τὰς τοιαύτας συστάσεις τε καὶ διαδρομὰς σημείῳ ἐχρήσατο τῇ φαινομένῃ αὐτῶν ταχυτῆτι ἐν τῇ διαδρομῇ· ὡς γὰρ τὰ ὑφ' ἡμῶν ῥιπτούμενα διὰ τὴν ἐγγύτητα θᾶττον ἡμῖν δοκεῖ κινεῖσθαι τῶν ἄστρων, οὐδ' ἐγγὺς ἐκείνοις ὁμοίῳ χρώμενα τάχει, οὕτως καὶ οἱ διᾴττειν λεγόμενοι θᾶττον ἡμῖν φαίνονται τῶν ἄστρων κινούμενοι διὰ τὴν ἐγγύτητα.

p. 342a34 Φαίνεται δέ ποτε συνιστάμενα νύκτωρ αἰθρίας οὔσης πολλὰ φάσματα ἐν τῷ οὐρανῷ, οἷον χάσματά τε καὶ βόθυνοι. |

Φάσματά φησι φαίνεσθαι πολλάκις νύκτωρ πολλὰ καὶ ἄλλοτε ἀλλοῖα 77v ἐν τῷ οὐρανῷ συνιστάμενα, ἅ τίνα τέ ἐστι λέγει καὶ τὴν αἰτίαν τῆς φαντασίας αὐτῶν ἀποδίδωσι. τὰ μὲν οὖν πρῶτα, περὶ ὧν τὸν λόγον πεποίηται, 10 οὐκ ἦν φάσματα· ὁποῖα γὰρ ἦν, ἑωρᾶτο· περὶ δὲ ὧν νῦν λέγει, ταῦτα φάσματα· ἀλλοῖα γὰρ ὄντα τὴν σύστασιν ἀλλοίαν ἡμῖν φαντασίαν ἀποτελεῖ κατά τε τὰ χρώματα καὶ τὰ σχήματα. ἢ κἀκεῖνα φάσματα· οὐδὲ γὰρ αὐτὰ ὁποῖά ἐστι καὶ φαίνεται πάντη. φησὶ δὴ καὶ τούτων, τῶν τε χασμάτων καὶ βοθύνων καὶ ἄλλοτε ἀλλοίων ἐν τῷ οὐρανῷ φαινομένων, τὴν αὐτὴν αἰτίαν εἶναι. κειμένου γὰρ τοῦ τὸν ἄνω ἀέρα, τουτέστι τὸ ὑπέκκαυμα ἐκπυροῦσθαι, καὶ τὴν ἐκπύρωσιν αὐτοῦ ποτὲ μὲν φλογὶ ἐοικέναι καιομένῃ,

---

2 φέρεσθαι αὐτὰ coll. AWa τὰ ἄνω AWa αὐτῆς I 3 τούτῳ AIW 4 fort. ἔστι γὰρ 5 μηδέτερα AI πάντῃ] πάντα a 6 ἡ ante κρᾶσις om. AWa 7 φορὰν] φοβερὰν W 8 διαττόντων I 9 δὲ] δὴ AW 11 κινοῦντας καὶ ποιοῦντας I 13 post ψῦξιν add. ex Arist. πάντα δὲ ταῦτα κάτω σελήνης γίνεται AW τοῦ δὲ] πάντα δὲ ταῦτα a δὲ om. I post γίνεσθαι add. ἤτοι a 16 ante τάχει add. τῷ a 17 φαίνεται Aa 19 post νύκτωρ add. καὶ W οὔσης om. W Arist. F 20 καὶ om. a 22 ἅ τίνα τέ ἐστι scripsi: ἅτινα τί τέ ἐστι AWa: ἅτιν' ἄττα I 24 ὧν δὲ coll. AWa νῦν om. I 25 τὴν om. A ἀλλοίων φαντασίαν ἡμῖν ἀποστέλλει AWa 26 αὐτὰ] ταῦτα AWa 27. 28 τῶν τε — φαινομένων om. I 28 καὶ ἄλλοτε] exspectas τῶν ἄλλοτε post ἀλλοίων add. τῶν a 29 κειμένου — τὸν ἄνω] κινούμενον γὰρ τὸν ἄνω I ἀέρει a

ποτὲ δὲ δαλοῖς φερομένοις ἢ ἄστροις, καθὰ προείρηται, οὐδὲν ἄτοπον τοιούτων ἐξάψεων ἐν αὐτῷ γινομένων καὶ φαίνεσθαι χρωματιζόμενον αὐτὸν παντοδαπὰ χρώματα. καὶ λέγει, πῶς· διά τε γὰρ πυκνοτέρου ἀέρος διαφαινόμενον φῶς τὸ ἐκ τοῦ πυρὸς παντοδαπῶν χρωμάτων φαντασίαν ποιεῖ. ἢ γὰρ διὰ μᾶλλον πεπυκνωμένου ὀλίγον φῶς ὑποφαινόμενον ἢ δι' ἔλαττον πυκνοῦ πλέον διαφορὰς χρωμάτων καὶ ὥσπερ μῖξιν ποιεῖ. ἀλλὰ καὶ ἀνακλάσεις ὁ ἀὴρ δεχόμενος παντοδαπὰς χρωμάτων φαντασίας παρέχεται. ἀπὸ γὰρ τοῦ παχυτέρου καὶ σύστασιν ἔχοντος ἀέρος ἐπί τι τῶν φωτίζειν πεφυκότων ἡ ὄψις ἀνακλωμένη κατὰ τὴν ποιὰν τούτων ἢ σύστασιν ἢ σχέσιν διαφόρων ποιεῖ φαντασίαν χρωμάτων. μάλιστα δὲ λέγει φοινικοῦ καὶ πορφυροῦ χρώματος φαντασίας γίνεσθαι ἔκ τε τῶν ἐπιπροσθήσεων τῶν ἐν τῷ ἀέρι γινομένων καὶ ἐκ τῶν ἀνακλάσεων· ταῦτα γὰρ τὰ χρώματα μάλιστα ἐκ τοῦ πυρώδους καὶ τοῦ λευκοῦ τῷ μέλανι μιγνυμένων φαίνεται γινόμενα. εἰπὼν δὲ μιγνυμένων, πῶς μιγνυμένων προσέθηκε· κατὰ γὰρ τὰς ἐπιπροσθήσεις ἡ μῖξις αὐτῶν γίνεται, ἀλλ' οὐχ ὡς τῶν μιγνυμένων φαρμάκων. ἀνίσχοντα γοῦν τὰ ἄστρα καὶ πάλιν δυόμενα, ἂν ᾖ καῦμα, φοινικᾶ φαίνεται· διὰ γὰρ τοῦ ἀέρος πεπυκνωμένου καὶ οὐχ ὁμοίως ὄντος διαφανοῦς τὰ ἄστρα λευκὰ ὄντα φοινικᾶ φαίνεται, μιγνυμένου τοῦ περὶ τὸν ἀέρα μέλανος τῇ τῶν ἄστρων λευκότητι· ὁμοίως κἂν διὰ καπνοῦ βλέπηται. καὶ οὕτως μὲν γίνεται τῇ ἐπιπροσθήσει ἡ μῖξις αὐτῶν. ὁμοίως δέ φησι καὶ τῇ ἀνακλάσει τῇ ἀπὸ τοῦ ἀέρος γίνεσθαι φαντασίας ποικίλων χρωμάτων· ὅταν γὰρ τὸ ἔνοπτρον ᾖ τοιοῦτον, ὥστε μὴ τὸ σχῆμα τοῦ δι' αὐτοῦ ὁρωμένου, ἀλλὰ τὸ χρῶμα μόνον δέχεσθαι, ὡς γίνεται ἐπὶ τῶν λεπτῶν ψεκάδων, ὅταν δι' αὐτῶν φαίνηται τὸ ἀπὸ τοῦ ἡλίου φῶς. οὕτως δὲ καὶ ἶρις καὶ ἅλως γίνονται, ὡς προϊὼν ἐρεῖ· ἐν γὰρ τῷ τρίτῳ περὶ τούτων ποιεῖται τὸν λόγον. τοῦ δὲ μὴ μένειν ἐπὶ πολὺν χρόνον τὴν τοιαύτην φαντασίαν τῶν χρωμάτων ἡ σύστασις αἰτία ταχεῖα καὶ εὐμετάβολος καὶ εὔτρεπτος οὖσα· οὐ γὰρ μένει ἐπὶ πολὺ ὅμοιος ὁ ἀήρ, δι' οὗ ταῦτα ὁρᾶται, ἀλλὰ ποτὲ μὲν παχύνεταί τε καὶ μελαίνεται, ποτὲ δὲ λεπτύνεται καὶ διαφανὴς γίνεται, ὡς μὴ ἐπιθολοῦν οἰκείῳ τινὶ χρώματι τὸ χρῶμα τοῦ διορωμένου δι' αὐτοῦ.

---

1 ante οὐδὲν add. καὶ I 6 post χρωμάτων add. φαντασίας παρέχεται a μίξεις W 6. 7 ἀνάκλασιν AW 11 ἐπιπροσθέσεων libri 12 καὶ ἐκ τῶν om. I ante ταῦτα γὰρ ex Arist add. διὰ τὸ ταῦτα μάλιστα ἐκ τοῦ πυρώδους καὶ τοῦ λευκοῦ φαίνεσθαι AW ταῦτα — χρώματα] διὰ τὸ ταῦτα a 13 ἔκ τε τοῦ I τοῦ post καὶ om. I μιγνυμένων τῷ μέλανι coll. AWa 13 et 14 μιγνυμένου I 13 φαίνεσθαι a 14. 15 ἐπιπροσθέσεις AWa 15 ἡ μῖξις] ἢ μίξεις I 16 et 18 φοινικὰ libri 19 post βλέπηται add. φαίνεται AWa 20 γίνεται om. AWa ἐπιπροσθέσει Wa 21 τῇ ἀπὸ om. Wa γὰρ om. a 23 ὡς om. A ἐπί τε τῶν AI ψεκάδων om. A 24. 25 καὶ αἱ ἶρις καὶ αἱ ἅλω AWa 25 post τρίτῳ add. τὸν a 26 μὴ μένειν] μήτε AW: μὴ a 27 post χρωμάτων add. ὁρᾶσθαι AWa 28 ὅμοιος] ὁμοίως Ia 29 τε καὶ — λεπτύνεται] ὁτὲ δὲ I

p. 342b14 Τὰ δὲ χάσματα ἀναρρηγνυμένου τοῦ φωτός.

Εἰπὼν γίνεσθαί τινα μῖξιν χρωμάτων διὰ τοῦ μέλανος ὁρωμένου τοῦ λευκοῦ τε καὶ πυρώδους, τὰ χάσματά φησιν (ἔστι δέ τινα καὶ τοιαῦτα ἐν τῷ οὐρανῷ ὁρώμενα) μίξει μὲν καὶ αὐτὰ μέλανός τε καὶ λευκοῦ γίνεσθαι, ἀλλ' ἔμπαλιν ἐχόντων· οὐ γὰρ διὰ τοῦ μέλανος ὁρωμένου τοῦ λευκοῦ ἀφεστῶτος ἀπ' αὐτοῦ, ἀλλ' ἐν τῷ λευκῷ τοῦ μέλανος, διακοπτομένης τῆς τοῦ φωτὸς συνεχείας ὑπὸ μέλανός τινος ἢ κυανοῦ· τοῦτο γάρ ἐστι τὸ ἀναρρηγνυμένου τοῦ φωτός. ὅταν γὰρ διακόπτηται τὸ φῶς ὑπό τινος ἢ μέλανος ἢ κυανοῦ, ὡς κατὰ τὸ μέρος τοῦ φωτὸς ἐκεῖνα φαίνεσθαι, τότε βάθος τι δοκεῖ γίνεσθαι, ὄντων μὲν ἐν τῷ αὐτῷ ἐπιπέδῳ, ἐγγυτέρω δὲ δοκοῦντος εἶναι τοῦ φωτός, καὶ ἐν βάθει καὶ πλέον ἀφεστάναι τοῦ μέλανος ἢ κυανοῦ, διὰ τὸ τὸ μὲν φῶς καὶ τὸ λευκὸν μᾶλλον κινοῦν τὴν ὄψιν ἐγγυτέρω δοκεῖν αὐτῆς εἶναι, τὸ δὲ μέλαν μὴ ὁμοίως αὐτὴν κινοῦν δοκεῖν πλέον ἀφεστάναι. πολλάκις δέ φησιν ἐκ τῶν τοιούτων τοῦ ἀέρος συστάσεων καὶ δαλοὺς ἐκπίπτειν, ὅταν συγκριθῇ ὁ μελαινόμενος ἀὴρ μᾶλλον. τότε γὰρ τὸ ἐναπολαμβανόμενον ἐν αὐτῷ θερμὸν διὰ τὴν εἰς ὀλίγον συστολήν τε καὶ κίνησιν πῦρ γενόμενον μετὰ βίας ἐξέπεσεν· ὅταν μὲν οὖν μᾶλλον συγκριθῇ, ἐκπίπτει τι ἐξ αὐτοῦ καὶ τοιοῦτον, συνιὸν δὲ καὶ πυκνούμενον καὶ διὰ τοῦτο μελαινόμενον χάσματος φαντασίαν παρέχεται. βόθυνον δὲ καὶ χάσμα ἢ ταὐτὸν λέγει ἢ βόθυνον μέν, ὅταν ἐν βάθει μᾶλλον φαίνεται τῷ τὸ μέλαν εἶναι πλέον τοῦ λευκοῦ, χάσμα δέ, ὅταν ἠνεῳγμένον φαί|νηται διὰ τὸ 78r εἶναι πλέον τὸ φῶς. καθόλου γὰρ ἐν τῷ μέλανι τὸ λευκὸν πολλὰς χρωμάτων διαφορὰς ποιεῖ κατὰ τὴν ποιὰν μῖξιν αὐτῶν, καὶ τούτου σημεῖον ἡ φλὸξ ἡ ἐν τῷ καπνῷ· ἄλλοτε γὰρ ἀλλοῖον τὸ χρῶμα φαίνεται τῆς φλογὸς διὰ τοῦ καπνοῦ κατὰ τὴν ἑκατέρου αὐτῶν ἀνὰ μέρος ἄνεσίν τε καὶ ἐπίτασιν. ὑγροῦ μὲν γὰρ ὄντος τοῦ καπνοῦ, ἁλουργὸν τὸ χρῶμα τῆς φλογὸς φαίνεται, φοινικοῦν δὲ ἂν ἧττον ὁ καπνὸς τοιοῦτος ᾖ. εἰπὼν δὲ ποικίλα χρώματα γίνεσθαι ἐκ λευκοῦ τε καὶ μέλανος μιγνυμένων πως, ἡμέρας μὲν οὐδὲν τῶν τοιούτων φασμάτων φαίνεσθαι λέγει, διὰ τὸ τὸν ἥλιον τάς τε συστάσεις τὰς τοιαύτας λύειν καὶ τὰς φαντασίας ποιεῖν ἀφανεῖς διὰ τοῦ καταλάμπειν αὐτάς· νύκτωρ δὲ γίνεσθαι μὲν πλείους μίξεις, μόνην δὲ ὁρᾶσθαι τὴν φοινικῆν, τῷ τὰς ἄλλας διὰ τὴν πρὸς τὸ σκότος ὁμοιότητα μὴ φαίνεσθαι· καὶ γὰρ τὸ ἁλουργὸν καὶ τὸ πράσινον ὁμόχροά πως τῷ μέλανι.

---

2 εἶπε I τοῦ post διὰ om. a 3 post τὰ add. δὲ I 4 post οὐρανῷ add. φαινόμενα καὶ a 5 τοῦ post διὰ om. I 6 ἀπ' αὐτοῦ om. I: ἀφ' αὐτοῦ (sic) W: ἀφ' αὑτοῦ A² 8 ἀπὸ I 9 ὡς κατὰ — φαίνεσθαι om. I κατὰ τὸ] fort. κατά τι 10 γίνεσθαι] φαίνεσθαι AWa 11 ἢ κυανοῦ om. I 13 πλοκεῖν a ἐφεστάναι a 18 τι om. I 21 εἶναι πλέον — φαίνηται om. I 23 ποιὰν] ποικίλην AWa 24 ἀλλοῖον] ἄλογον I 26 ἁλουργοῦν AW 28 πως scripsi: πῶς libri 29 φαντασμάτων I post διὰ add. γὰρ AWa 30 ἀφανεῖς ποιεῖν coll. AWa διὰ τὸ AWa 31 μόνον A 32 οἰκειότητα AWa

περὶ μὲν οὖν τῶν διαθεόντων ἀστέρων, καὶ περὶ τῶν ταχείας ποιουμένων μεταβολὰς ταύτας φησὶ δεῖν νομίζειν τὰς αἰτίας, ταχείας λέγων τὰς μὴ ἐπὶ πολὺ μενούσας ἀλλὰ διαλυομένας ταχύ· τοιαῦτα γὰρ περὶ ὧν προείρηκε. διὰ δὲ τοῦ κοινῶς εἰπεῖν ὅσα ταχείας ποιεῖται τὰς φαντασίας ἔοικε φάσματα οὐκ ἰδίως τὰ χάσματα καὶ τοὺς βοθύνους λέγειν καὶ τὰ τοιαῦτα, ἀλλὰ καὶ τοὺς διᾴσσοντάς τε καὶ δαλοὺς καὶ αἶγας καὶ φλόγας, περὶ ὧν εἶπε πρῶτον.

p. 342b25 Περὶ δὲ τῶν κομητῶν καὶ τοῦ καλουμένου γάλακτος.

Προτίθεται μὲν εἰπεῖν περί τε τῶν καλουμένων ἀστέρων κομητῶν καὶ πωγωνιῶν καὶ τοῦ κύκλου τοῦ γαλαξίου λεγομένου. πρῶτον δὲ ἀπορεῖ πρὸς τὰ ὑπὸ τῶν πρὸ αὐτοῦ περὶ τούτων εἰρημένα. περὶ δὲ τῶν κομητῶν Ἀναξαγόρας μὲν καὶ Δημόκριτος λέγουσι τὸν κομήτην λεγόμενον ἀστέρα σύμφασιν εἶναι τῶν πλανήτων ἀστέρων· οὗτοι δέ εἰσιν ὅ τε τοῦ Κρόνου καὶ ὁ τοῦ Διὸς καὶ ὁ τῆς Ἀφροδίτης καὶ ὁ τοῦ Ἄρεος καὶ ὁ τοῦ Ἑρμοῦ. τούτους γάρ, ὅταν ἐγγὺς ἀλλήλων γένωνται, φαντασίαν ἀποτελεῖν ὡς ἄρα ἅπτονται ἀλλήλων καὶ ἔστιν εἷς ἀστήρ, ὁ καλούμενος κομήτης. σύμφασιν γὰρ λέγει τὴν ἐκ πάντων τῶν συνελθόντων ὡς ἐξ ἑνός φαντασίαν γενομένην. τῶν δὲ Πυθαγορικῶν τινάς φησι λέγειν τὸν κομήτην ἕνα καὶ αὐτὸν εἶναι τῶν πλανήτων ἄλλον παρὰ τοὺς προειρημένους πέντε· φαίνεσθαι δὲ αὐτὸν διὰ πολλοῦ τε χρόνου καὶ ἐπ' ὀλίγον διὰ τὸ διά τε πλείονος χρόνου καὶ ἐπ' ὀλίγον ὑπερβάλλειν αὐτὸν τὰς τοῦ ἡλίου αὐγάς, τουτέστιν ἐξωτέρω αὐτῶν γίνεσθαι αὐτόν, ὡς δύνασθαι καὶ καθ' αὑτὸν ὁρᾶσθαι, καὶ μὴ κρύπτεσθαι καὶ ἀφανίζεσθαι ὑπὸ τοῦ ἡλιακοῦ φωτός, ὃ συμβαίνει καὶ περὶ τὸν τοῦ Ἑρμοῦ ἀστέρα· καὶ γὰρ ἐκεῖνος πολλάκις οὐχ ὁρᾶται διὰ τὸ ὑπὸ ταῖς αὐγαῖς τὰ πολλὰ εἶναι τοῦ ἡλίου. τούτοις δὲ ὁμοίως φησὶν ἀποφήνασθαι περὶ τοῦ κομήτου καὶ Ἱπποκράτην τὸν Χῖον καὶ τὸν μαθητὴν αὐτοῦ Αἰσχύλον· ἔστι δὲ οὗτος ὁ Ἱπποκράτης εἷς καὶ αὐτὸς τῶν μαθηματικῶν οὗ ὁ τετραγωνισμὸς ὁ διὰ τῶν μηνίσκων· καὶ γὰρ οὗτοι ἕνα τῶν πλανή-

1 περὶ μὲν — αἰτίας (2) om. A καὶ περὶ om. I 2 δεῖ AWa post αἰτίας add. περὶ ὧν εἴρηκε a 5 οὐχ W 9 τε] γε W post κομητῶν add. τὲ I 9. 10 καὶ πωγωνιῶν om. AW: post καὶ add. τῶν a 10 λεγομένου] καλουμένου AWa post λεγομένου add. ἃ οὐκέτι ταχείας ποιεῖται τὰς μεταβολὰς οὐδ' ἔστι φάσματα AWa 11 περὶ — κομητῶν om. a 12 post μὲν add. οὖν a post σύμφασιν add. καὶ συναφὴν AWa 13 πλανητῶν AW: πλανωμένων a 14 τούτους] οὗτοι AWa 15 ἀποτελεῖν] ἀποστέλλουσιν AW post ἅπτονται add. τε AWa 17 τῶν post πάντων om. I 18 εἶναι om. I 20 τε τοῦ χρόνου AWa 20. 21 διὰ τὸ — ὀλίγον] καὶ κατ' αὐτὸν ὁρᾶσθαι a 20 τε post διά om. AW post πλείονος add. γε AW 20. 21 πρὸς ὀλίγον AW 21 αὐγάς] αὐτάς AWa 22 καθ' αὑτὸν — ἀφανίζεσθαι (23) scripsi: κατ' αὐτὸν ὁρᾶσθαι καὶ κρύπτεσθαι καὶ μὴ ἀφίκεσθαι I: μὴ ἀφανίζεσθαι AWa 24 ἐκεῖνοι (sic) a 25 αὐταῖς a τὰ corr. ex καὶ I 26 Ἱπποκράτη Wa 28 οὗ ὁ] τούτου λέγεται εἶναι καὶ ὁ τοῦ κύκλου AWa

των ὑπολαμβάνουσιν εἶναι τὸν κομήτην. διαφέρει δὲ ἡ τούτων δόξα τῆς τῶν Πυθαγορικῶν, ὅτι ἐκεῖνοι μὲν καὶ τὴν φαινομένην ὑπὸ τὸν ἀστέρα κόμην μέρος ὑπελάμβανον τοῦ ἀστέρος ὡς ὄντος τοιούτου, οἱ δὲ περὶ Ἱπποκράτην τὴν κόμην οὐκ ἐξ αὑτοῦ φασιν ἔχειν αὐτόν, ἀλλὰ τῷ πλανᾶσθαι καὶ ἄλλοτε κατ' ἄλλους τόπους φέρεσθαι διὰ τὸν τόπον ἐνίοτε γίνεσθαι τὴν φαντασίαν τῆς περὶ αὐτὸν κόμης. ὅταν γὰρ γένηται κατά τινα χώραν νοτίδα πολλὴν ἔχουσαν, ἕλκειν φασὶν αὐτὸν πρὸς αὑτὸν τὴν ὑγρότητα καὶ συνιστᾶν. πρὸς τὴν σύστασιν οὖν τοῦ ὑγροῦ ἡ ὄψις προσπίπτουσα ὡς ἀπὸ κατόπτρου ἀνακλᾶται πρὸς τὸν ἥλιον, καὶ διὰ τοῦτο ὁρᾶται πυρῶδες τὸ ἔνοπτρον, τοῦ ἡλίου, ἐφ' ὃν ἡ ἀνάκλασις ἀπ' | αὐτοῦ γίνεται, ταύτην παρέχοντος τὴν 78v φαντασίαν· ὁμολογοῦσι δὲ καὶ οὗτοι διὰ πολλοῦ χρόνου ὁρᾶσθαι αὐτόν, ὅτι βραδύτατα τῷ χρόνῳ ὑπολείπεται, τουτέστι τὸν αὑτοῦ περίεισι κύκλον. ὑπολείπεσθαι γὰρ οἱ πλάνητες λέγονται ἣν αὐτοὶ καθ' αὑτοὺς κινοῦνται κίνησιν, ἀνάπαλιν οὖσαν ᾗ ὑπὸ τῆς ἀπλανοῦς περιφέρονται· λέγονται δὲ ὑπολείπεσθαι, ὅτι διὰ ταύτην τὴν κίνησιν ὑστερίζοντες φαίνονται. διὰ δὲ τὸ ὑπολείπεσθαι βραδύτατα τῷ χρόνῳ διὰ πλείστου χρόνου φαίνεσθαι τῶν ἄλλων ἄστρων, ὡς ὅταν ἐκ ταὐτοῦ φανῇ ὑπολελειμμένον ὅλον τὸν ἑαυτοῦ κύκλον· τουτέστι διὰ δὲ τὸ τὸν αὑτοῦ κύκλον βραδύτατα περιιέναι διὰ πλείστου φαίνεσθαι χρόνου τῶν ἄλλων πλανήτων, τῷ ἐκείνους μὴ οὕτως βραδέως ὑπολείπεσθαί τε καὶ τὴν οἰκείαν κινεῖσθαι κίνησιν. τότε γὰρ ὅταν κατὰ τὸ αὐτὸ πάλιν φανῇ, ὑπολελεῖφθαι αὐτὸν ὅλον τὸν ἑαυτοῦ κύκλον, τουτέστι περιεληλυθέναι καὶ κεκινῆσθαι τὸν ἑαυτοῦ κύκλον ὅλον, διὰ πολλοῦ δὲ τοῦτο ποιεῖν. ὑπολείπεσθαι δ' αὐτὸν καὶ πρὸς ἄρκτον καὶ πρὸς νότον, τουτέστι κινεῖσθαι δ' αὐτὸν τὴν αὑτοῦ κίνησιν, καθ' ἣν ὑπολείπεται, καὶ πρὸς ἄρκτον καὶ πρὸς νότον, τοῦτο δὲ διὰ τὸ κατὰ πλάτος κινεῖσθαι. λέγει δὲ δι' ἣν αἰτίαν ὑπολειπόμενός τε ἐν πλείοσι τόποις καὶ γινόμενος ὁ ἀστὴρ οὗτος ἐν μόνοις τοῖς βορείοις κόμην ἔχων ὁρᾶται. ἐν μὲν γὰρ τῷ μεταξὺ τῶν τροπικῶν κινούμενος οὐχ ἕλκει ὕδωρ πρὸς αὑτόν, διὰ τὸ τὰ ὑποκείμενα τούτῳ μὴ ἔχειν πολλὴν νοτίδα τῷ ὑπὸ τῆς τοῦ ἡλίου κινήσεως ἀναξηραίνεσθαι αὐτήν· οὐχ ἕλκων μὲν οὖν αὐτὸς κατὰ τὸν τόπον τοῦτον ὑγρότητα οὐδὲ κομήτης φαίνεται, ἐπειδὴ ἡ κόμη αὐτῷ κατ' αὐτοὺς ἐκ τῆς ἀνακλάσεως τῆς πρὸς τὸν ἥλιον τῆς ὄψεως

1 τὴν κομήτην Aa post κομήτην ex Arist. add. πλήν γε κόμην οὐκ ἐξ αὑτοῦ (αὐτοῦ W) φασιν ἔχειν a, quibus porro add. ἀλλὰ πλανώμενον διὰ τὸν τόπον ἐνίοτε λαμβάνειν AW δὲ] γὰρ a 2 ὑπὸ] περὶ AWa 4 αὐτό I τῷ] τὸ I 5 ante διὰ add. καὶ I 6 γένεται AI: γίνεται a 7 αὐτὸν om. AWa αὑτὸν scripsi: αὐτὸν libri 8 τὴν] ἣν AWa οὖν om. AWa post ἀπὸ add. τοῦ AWa 12 βραδυτάτω χρόνω AW 13 post ἣν add. καὶ A 16 post ὑπολείπεσθαι add. φησὶ a βραδύτητα W 17 ἐκ τούτου W 17. 18 ὑπολελειμμένος I[3]a 18. 19 τουτέστι — κύκλον om. I 19 περιεῖναι I 20 ἐκείνους] ἐκεῖνα I οἰκίαν Aa 22 κινεῖσθαι AI 25 αὑτοῦ scripsi: αὐτοῦ I: αὐτὴν a: αὐτὴν αὐτοῖς A: αὐτὴν αὐτῆς W 26 κατὰ om. AW λέγει δὲ] λαμβάνει AWa 26. 27 ἐν πλείοσι τόποις ὑπολειπόμενός τε coll. AWa 27 γενόμενος AWa 28 τῷ] τοῖς AWa 30. 31 ἕλκων — αὐτὸς] ἕλκει μὲν οὖν ἐφ' αὑτὸν AWa 32 κατ' αὐτοὺς — ὄψεως om. a κατ' αὐτοὺς] κατὰ τοὺς AW

ἀπὸ τῆς τοῦ ἑλκομένου ὑγροῦ συστάσεως γίνεται. ὑπερβὰς δὲ τοὺς τροπικοὺς ἢ κατ' αὐτοὺς φερόμενος, ὧν μεταξὺ ἡ τοῦ ἡλίου κίνησις γίνεται, ἕλκει μὲν ἐν ἀμφοτέροις ὑγρότητα πρὸς αὑτὸν καὶ ἐν τοῖς νοτίοις ὁρώμενος καὶ ἐν τοῖς βορείοις· οὐ γὰρ ἔτι ταῦτα ὑπὸ τῆς τοῦ ἡλίου κινήσεως τὰ χωρία κατεξήρανται· ἀλλ' ὅταν μὲν πρὸς νότον φέρηται, δαψίλειαν μὲν ἔχειν αὐτὸν τῆς τοιαύτης νοτίδος, διὸ καὶ ἕλκειν πολλὴν πρὸς αὑτόν, οὐ μὴν φαίνεσθαι τότε αὐτὸν κομήτην διὰ τὸ μὴ δύνασθαι τὴν ὄψιν ἀπὸ τῆς διαναγομένης ὑπ' αὐτοῦ νοτίδος ἀνακλᾶσθαι πρὸς τὸν ἥλιον διὰ τὸ μῆκος τῆς ἀποστάσεως. αἴτιον δὲ τούτου τὸ τὸν νότιον πόλον ἀφανῆ εἶναι καὶ ὑπὸ γῆν ὡς πρὸς τὴν ἡμετέραν οἴκησιν· τοιαύτης δὲ οὔσης τῆς θέσεως αὐτοῦ τῶν περὶ αὐτὸν κύκλων ὀλίγον μὲν μέρος ἐστὶν ὑπὲρ τὴν γῆν, τὸ δὲ πλεῖστον ὑπὸ τὴν γῆν. αἱ δὴ συστάσεις αἱ τῆς ὑγρότητος αἱ κατὰ ταῦτα τὰ μέρη γινόμεναι ὑπὲρ τὸ κέντρον γίνονται τοῦ κύκλου, τῷ τὸ κέντρον μὲν τῶν κύκλων τούτων ὑπὸ γῆν εἶναι, τὰς δὲ συστάσεις τῆς ὑγρότητος ὑπὲρ τὴν γῆν γίνεσθαι. ἀδύνατον δ' εἶναι ἔλεγε Διόδοτος ὁ ἀστρολόγος, ἐν τούτοις ἀνὴρ οὐδενὸς δεύτερος τῶν καθ' ἡμᾶς, ἀνάκλασιν ὑπὸ γῆν γίνεσθαι τῆς ὄψεως ἀπὸ τῆς ἀναθυμιάσεως, ὅταν ὑπὲρ τὸ κέντρον ᾖ ἡ ἀναθυμίασις τοῦ κύκλου ἐν ᾧ πᾶσα ἀναθυμίασις συνίσταται. ἐπεὶ οὖν τοῦ τροπικοῦ τοῦ πρὸς τῷ νότῳ τὸ ἔλαττον ἡμικύκλιον ὑπὲρ γῆς ἐστι, δῆλον ὡς τὸ κέντρον αὐτοῦ ἐστιν ὑπὸ γῆν. ἐξ ἀνάγκης οὖν ἡ συνισταμένη ἀναθυμίασις ἐν αὐτῷ ὑπὲρ τὸ κέντρον αὐτοῦ συνίσταται· ὥστε οὐ γίνεται ἡ ἀνάκλασις ὑπὸ γῆν ἐν τούτῳ οὔσης τῆς ἀναθυμιάσεως, οὐδ' ἔστι πρὸς τὸν ἥλιον ὑπὸ γῆν ὄντα, οὔτ' ἂν πλησίον ᾖ τοῦ νοτίου μέρους οὔτ' ἂν πόρρω πρὸς ταῖς θεριναῖς τροπαῖς· καὶ γὰρ τότε ἐστὶν ὑπὸ γῆν, ὑφ' ἣν ἡ ἀνάκλασις οὐχ οἵα τε γενέσθαι τῆς ὄψεως, διά τε τὴν προειρημένην αἰτίαν καὶ τὴν τοσαύτην ἀπόστασιν. ἐπὶ δὲ τοῦ τροπικοῦ τοῦ βορείου γίνεται καὶ ὑπὸ γῆν ἀνάκλασις, ὅταν ἡ ἀναθυμίασις ὑποκάτω τοῦ κέντρου τοῦ κύκλου συστῇ. δύναται δὲ τοῦτο ἐν τούτῳ τῷ κύκλῳ γίνεσθαι διὰ τὸ τὸ κέντρον αὐτοῦ ἀεὶ ὑπὲρ γῆς εἶναι, τοῦ μείζονος ἡμικυκλίου ὄντος ὑπὲρ τὴν γῆν.

p. 343a20 Πᾶσι δὲ τούτοις τὰ μὲν κοινῇ συμπίπτει λέγειν ἀδύνατα, τὰ δὲ καὶ χωρίς.

Πᾶσι, φησί, τοῖς περὶ τῶν κομητῶν εἰρηκόσι τὰς προειρημένας αἰτίας τὰ μὲν κοινῶς ἀδύνατα ἀκολουθεῖ λέγειν, τὰ δὲ καὶ ἰδίᾳ ἑκάστῳ. καὶ λέγει

1 γίνεσθαι I 5 κατεξηράνθαι συμβαίνει· ὅτε οὖν ἐπὶ νότον φέρεται AWa μὲν ante ἔχειν om. I 7 ἀναγομένης AWa 7. 8 ἀπ' αὐτοῦ I 8 τὸ om. IW 9 πόλον om. I 10. 11 περὶ αὐτοῦ A 12 δὴ] δὲ a αἱ τῆς] αὐτῆς W: τῆς om. a 12. 13 γινόμενα a 14 τὴν om. a 17 ᾖ om. AWa 17. 18 τοῦ κύκλου ἡ ἀναθυμίασις coll. AWa 18 ἐν ᾧ πᾶσα ἀναθυμίασις om. AWa 19 τό τε ἔλαττον AW ἡμικυκλίου Aa ὑπὲρ γῆν a 20 ante ἐν add αὐτοῦ W 22 ἔστι] ἄρα τὸ AW: ἄρα a 25 γίνεσθαι Aa: γένεσθαι W post γενέσθαι add. διὰ I τε om. I 26 ὑπὸ τὴν γῆν (τὴν supr. vers.) I[2] 26 ὅταν ἡ] εἰ I 27 κύκλου τοῦ κέντρου coll. AWa 28 διὰ τὸ] τῷ AWa 28. 29 ὑπὲρ γῆν AWa 30 συμπίπτειν I (ut Arist. N) 32 κομήτων I 33 ἴδια AWa

τὰ ἀδύνατα, καὶ πρῶτόν γε τὰ πᾶσιν ἑπόμενα, τοῖς τε σύμφασιν λέγουσι τῶν πλανήτων εἶναι τὸν κομήτην καὶ τοῖς ἕνα τῶν πλανήτων καὶ τοῦτον εἶναι. ἔστι δὲ πρῶτον μὲν ὅτι οἱ μὲν πλάνητες φαίνονται ὑπολειπόμενοι, τουτέστι τοὺς οἰκείους κύκλους καὶ τὴν οἰκείαν κίνησιν κινούμενοι κατὰ τὸν ζῳδιακὸν κύκλον, ὥστε εἴτε σύμφασίς ἐστιν ἡ κόμη τῶν πλανήτων, ὡς Ἀναξαγόρᾳ τε καὶ Δημοκρίτῳ δοκεῖ, εἴτε καὶ εἷς ἐξ αὐτῶν, ὡς τοῖς Πυθαγορείοις καὶ Ἱπποκράτει καὶ Αἰσχύλῳ, ἔδει αὐτὸν φαίνεσθαι, ὅτε φαίνεται, κατὰ τὸν ζῳδιακὸν μόνον, καθ' ὃν καὶ ὑπολείπεται καὶ κινεῖται· νῦν δὲ πολλοὶ κομῆται καὶ ἔξω τούτου τοῦ κύκλου εἰσὶν ὠμμένοι. ἔτι κατὰ τὰς προειρημένας δόξας ἕνα αὐτὸν εἶναι δεῖ· κομῆται δὲ ἑνὸς πλείους ἅμα πολλάκις εἰσὶν ἑωραμένοι.

p. 343a26 Πρὸς δὲ τούτοις εἰ διὰ τὴν ἀνάκλασιν. | 79r

Τοῦτο τὸ ἀδύνατον οὐκέτι πάσαις ἕπεται ταῖς δόξαις, ἀλλὰ τῇ Ἱπποκράτους τε καὶ Αἰσχύλου, οἷς ἐδόκει ἡ κόμη φαίνεσθαι περὶ αὐτὸν διὰ τὴν ἀνάκλασιν. εἰ γὰρ ἡ ἀνάκλασις ἡ προειρημένη τῆς τοιαύτης φαντασίας αἰτία, ἔδει ποτὲ τὸν ἀστέρα τοῦτον φαίνεσθαι καὶ χωρὶς κόμης, εἴ γε κινεῖται μὲν κατὰ πλείονας τόπους ὑπολειπόμενος, ὥς φασιν, οὐ πανταχοῦ δὲ τὴν κόμην ἴσχει· νῦν δ' οὐδεὶς ὦπται ἄλλος ἐν τοῖς πλάνησι παρὰ τοὺς πέντε, οἵ εἰσιν ὀνομαζόμενοι Κρόνου, Διός, Ἀφροδίτης, Ἄρεος, Ἑρμοῦ, οἳ πολλάκις ἅμα πάντες ὑπὲρ τὸν ὁρίζοντα φαίνονται. καὶ φανερῶν δὲ ἅμα τῶν πάντων ὄντων καὶ τῶν μὲν φανερῶν τῶν δ' ἀφανῶν διὰ τὸ ἐγγὺς ὄντας τοῦ ἡλίου καταλάμπεσθαι ὑπ' αὐτοῦ πολλάκις φαίνονται κομῆται. τοῦτο δὲ ἁρμόζοι μὲν ἂν λέγειν καὶ πρὸς τοὺς περὶ Ἱπποκράτην· εἰ γὰρ καὶ φανερῶς κομῆται ὁρῶνται, ἔδει ποτὲ καὶ τὸν ἀστέρα τοῦτον καὶ χωρὶς κόμης ἢ πάντων φανερῶν ὄντων ἢ τῶν μὲν φανερῶν τῶν δὲ ἀφανῶν ὦφθαι· μάλιστα δ' ἂν ἁρμόζοι πρὸς τοὺς σύμφασιν λέγοντας αὐτὸν τῶν πλανωμένων· εἰ γὰρ πάντων φανερῶν ὄντων τῶν πλανήτων φαίνεταί ποτε κομήτης ἄλλος παρ' ἐκείνους, οὐκ ἂν εἴη γενόμενος ἐκ τῆς συμφάσεως τῆς ἐκείνων.

---

2 τῶν — κομήτην om. I 3 πλανῆται I 4 καὶ — κίνησιν om. I 5 πλανητῶν AW 9 τούτου om. I post ἔτι add. δὲ a 11 ὁρώμενοι I[1] 13 πάσας Aa 17 πλείονα Aa 18 ἴσχειν I 19 πέμπτους a ἄρεος ἀφροδίτης coll. a 20 φανερὸν AW ἅμα post δὲ om. a 23 ἁρμόζει μὲν λέγειν AWa λέγειν ex corr. A 24 φανερῶν Aa 25 post κόμης add. εἶναι I 26 ἂν om. I ἁρμόζει a αὐτὸν] αὐτῶν I 28 εἴη] ἦν I γινόμενος Aa

p. 343a35 Ἀλλὰ μὴν οὐδὲ τοῦτ᾽ ἀληθές, ὅτι ἐν τῷ πρὸς ἄρκτον τόπῳ γίνεται κομήτης μόνον, ἀλλὰ καὶ τοῦ ἡλίου ὄντος περὶ θερινὰς τροπάς.

Οὐδὲ τοῦτό φησιν ἀληθὲς εἶναι, ὃ ἔλεγον καὶ αὐτὸ οἱ περὶ Ἱπποκράτην· ἔλεγον δὲ ὅτι ἐν τῷ πρὸς ἄρκτον τόπῳ φαίνεται κομήτης μόνον, ἀλλὰ καὶ τοῦ ἡλίου ὄντος περὶ θερινὰς τροπάς· κατὰ γὰρ ταῦτα τὰ μέρη ἑωρᾶσθαι ὑπολειφθέντα τοῦ ἡλίου τὸν πλάνητα, περὶ ὃν ἡ κόμη, καὶ φανερὸν γενόμενον, ἀναθυμίασίν τε διὰ τὴν ἐπιτηδειότητα τὴν πρὸς τούτων τῶν τόπων ἀνάγειν πολλὴν καὶ δύνασθαι ἀπὸ ταύτης τῆς ἀναθυμιάσεως ἀνακλᾶσθαι τὴν ὄψιν πρὸς τὸν ἥλιον τῷ μὴ πόρρω αὐτὸν ἀφεστάναι ὄντα περὶ τὰς θερινὰς τροπάς, ὃ εἶναι τὴν κόμην· μήτε δὲ κατὰ τὰ νότια μέρη δύνασθαι ὑπολειφθέντα αὐτὸν τοῦ ἡλίου κομήτην φαίνεσθαι, διὰ τὸ μὴ δύνασθαι ἀπὸ τῆς ἀπ᾽ αὐτοῦ ἀναθυμιάσεως ἀνακλασθῆναι τὴν ὄψιν ἐπὶ τὸν ἥλιον πόρρω ὄντα, μήτε κατὰ τὸ μεταξὺ τῶν τροπικῶν, διὰ τὸ κατὰ τοῦτο ὑπολειπόμενον αὐτὸν μηδὲ τὴν ἀρχὴν ἔχειν τινὰ ἀναγομένην ἀναθυμίασιν διὰ τὴν τῶν τόπων ξηρότητα, τῷ ὑπὸ τοῦ ἡλίου ἀναλίσκεσθαι καὶ τὴν κατὰ ταῦτα ἀναθυμίασιν, ἥτις ἀναθυμίασις αἰτία τῆς φαντασίας τῆς κατὰ τὴν κόμην. οὐδὲ τοῦτο δέ φησιν ἀληθῶς ὑπ᾽ αὐτοῦ λέγεσθαι· ὦφθαι γὰρ κομήτας καὶ περὶ τούτους τοὺς τόπους, τὸν μὲν μέγαν τὸν ὀφθέντα ὅτε ἐγένετο ὁ σεισμὸς ὁ ἐν Ἀχαΐᾳ καὶ ἡ τοῦ κύματος ἔφοδος, ὑφ᾽ ὧν καὶ πόλεις τινὲς δοκοῦσιν ἀπολέσθαι τῶν ἐν Ἀχαΐᾳ· ὤφθη γὰρ ἀνατέλλων ἀπὸ δυσμῶν τῶν ἰσημερινῶν, καθ᾽ ἃ μέρη οὐκ ἔλεγον φαίνεσθαι κομήτην διὰ τὸ μηδὲ ἀναθυμίασιν εἶναι, τῷ ὑπὸ τοῦ ἡλίου προαναλίσκεσθαι τὴν ἀναθυμίασιν τὴν ἐν τῷ μεταξὺ τῶν τροπικῶν. ἀλλὰ καὶ κατὰ τὰ νότια μέρη πολλάκις ὦφθαι κομήτας. λέγει δὲ καὶ ἐπὶ ἄρχοντος Ἀθήνησιν Εὐκλέους τοῦ Μόλωνος μηνὸς γαμηλιῶνος ὀφθῆναι κομήτην πρὸς ἄρκτον μέν, οὐ μὴν τοῦ ἡλίου ὄντος περὶ θερινὰς τροπὰς οὐδὲ πλησίον, ἀλλὰ ὄντος αὐτοῦ περὶ χειμερινὰς τροπὰς καὶ πόρρω ἀφεστῶτος, ἀφ᾽ ὅσου γενέσθαι ἀνάκλασιν καὶ αὐτοὶ λέγουσιν εἶναι τῶν ἀδυνάτων.

---

1 τοῦτ᾽ ἐστὶν ἀληθὲς W   ὅτι] ὡς A   2 post γίνεται add. ὁ a   ἀλλὰ IW Arist. EF: ἅμα Aa Arist. vulg.   4 αὐτὸ] αὐτοὶ I   5 ἀλλὰ om. AWa   6 ὄντος τοῦ ἡλίου coll. AWa   γὰρ om. AIW   7 ἑωρᾶσθαι ὑπολειφθέντα om. AW: ἑωρᾶσθαι — ἡλίου om. a   post πλάνητα add. ὄντα AWa   8 τε om. a   8. 9 τοῦτον τὸν τόπον a   10 ἥλιόν τε καὶ μὴ AW   τῷ] διὰ τὸ a   11 ὃ] fort. ὅθεν   14 τροπικῶν] τροπῶν AWa   16 καὶ] διὰ I   18 δέ] δεῖ I   20 ὁ ante σεισμὸς om. AIW   ὑφ᾽ οὗ I   21 ἀπολεῖσθαι I   post Ἀχαΐᾳ add. ὀφθῆναι περὶ ταῦτα AW   22 ἐπὶ δυσμῶν AWa   ἰσαμερινῶν A   23 εἶναι supra vers. add. I[2]   24 τὰ om. A   25 πολλάκις] πολλοὺς AWa   post κομήτας add. περὶ ἃ καὶ αἱ θεριναὶ τροπαί AWa   26 εὐκλεοῦς AI: εὐκλεᾶς W: εὐκλέος a   τοῦ Μόλωνος Arist.: τοῦ σόλωνος AW: τοῦ μέλωνος παιδὸς I   28 post περὶ add. δὲ I   29 ὅσον a

p. 343b8 Κοινὸν δὲ καὶ τούτοις καὶ τοῖς τὴν σύναψιν λέγουσιν. | 79v

Εἰπὼν τὰ μὲν ἴδια ἑκατέρᾳ τῶν δοξῶν ἄτοπα ἕπεσθαι τὰ δὲ κοινά, εἰρηκὼς περὶ τῶν ἰδίων κοινόν φησιν ἀμφοτέραις ἕπεσθαι ταῖς δόξαις ἄτοπον, πρῶτον μὲν τὸ λέγεσθαι μὲν ὑπὸ τούτων τῶν μὲν σύναψιν εἶναι τῶν πλανήτων τὴν κόμην, τῶν δὲ ἕνα τῶν πλανήτων λαμβάνοντά ποτε τὴν φαντασίαν τῆς κόμης διὰ τὴν ἀναθυμίασιν, λαμβάνειν δέ τινας κόμην καὶ τῶν ἀπλανῶν ἀστέρων, ὃ λέγεσθαι μὲν καὶ ὑπὸ Αἰγυπτίων, ἱστορεῖσθαι δὲ γενόμενον καὶ ἐφ' ἑαυτοῦ· ὦφθαι γάρ τινα τῶν ἐν τῷ ἰσχίῳ τοῦ κυνὸς ἀστέρων κόμην ἔχοντα, ἀμυδρὰν μέντοι, ὡς ἀτενίζουσι μὲν εἰς τὸν ἀστέρα ἀμυδρὰν φαίνεσθαι τὴν κόμην καὶ τὸ φῶς τὸ ἀπ' αὐτῆς, παραβλέπουσι δὲ ἠρέμα καὶ μὴ ἀτενὲς ὁρῶσιν εἰς αὐτὸν πλεῖόν τε τὸ φῶς φαίνεσθαι καὶ φανερωτέραν γίνεσθαι τὴν κόμην. δεύτερον δὲ ἄτοπον προσάγει αὐτοῖς ἀναιρετικὸν καὶ αὐτὸ ὂν τῆς δόξης αὐτῶν, τὸ πάντας μὲν τοὺς κατ' αὐτὸν κομήτας φανέντας πρὸ τοῦ δῦναι ὑπὲρ γῆς ὄντας ἔτι καὶ ὑπὲρ τὸν ὁρίζοντα διαλελύσθαι τε καὶ ἠφανίσθαι κατ' ὀλίγον ἀπομαρανθέντας, ὡς μήτε ἑνὸς ἄστρου σῶμα μήτε πλειόνων ὑπολειφθῆναι. εἰ δ' ἦν τὰ ὑπ' ἐκείνων λεγόμενα ἀληθῆ, ἔδει ἢ ἕν τι ἄστρον μετὰ τὴν τῆς κόμης διάλυσιν φαίνεσθαι (εἵπετο γὰρ τοῦτο τοῖς περὶ Ἱπποκράτην λέγουσιν ἕνα τῶν πλανήτων εἶναι τὸν κομήτην) ἢ πλείω, ὃ πάλιν εἵπετο τοῖς σύμφασιν αὐτὸν ποιοῦσι τῶν πλανήτων· οὐ γὰρ δὴ τοὺς πλάνητας διαλύεσθαί τε καὶ φθείρεσθαι ἐροῦσι. καὶ ἱστορεῖ περὶ τοῦ μεγάλου κομήτου, οὗ ἐμνημόνευσε πρὸ ὀλίγου, ὃς ὤφθη ὅτε ὁ περὶ Ἀχαΐαν ἐγένετο σεισμὸς καὶ ἡ τοῦ κύματος ἔφοδος. τοῦτον δή φησι φανῆναι μὲν χειμῶνος ἑσπέρας καὶ αἰθρίας οὔσης, ἔπειτα δύντα τῇ μὲν ἑξῆς, ἣν πρώτην εἴρηκε (πρώτη γὰρ μετὰ τὸ ὀφθῆναι ἡ ἐφεξῆς αὐτῇ) ταύτῃ δὴ μὴ φανῆναι ὡς προκαταδύντα τοῦ ἡλίου, τῇ δὲ μετὰ ταύτην ὀφθῆναι μὲν αὐτόν, πρὸς ἐλάχιστον μέντοι τῷ ὀλίγον ὑπολειφθῆναι καὶ ἐφυστερῆσαι τοῦ ἡλίου καὶ τῆς σὺν αὐτῷ περιφορᾶς, καὶ εὐθὺς ἐπικαταδῦναι τῷ ἡλίῳ· τὸ μέντοι φῶς δυόμενον ἀποτεῖναι μέχρι τοῦ τρίτου μέρους τοῦ οὐρανοῦ, ὡς φωτίσαι τοσοῦτον· διὰ δὲ τὸ τάχος τοῦ ἀπ' αὐτοῦ γενομένου φωτὸς ἅλματι ἔδοξεν ἐοικέναι ἡ κίνησις αὐτοῦ, καὶ διὰ τοῦτο ἐκλήθη ὁδὸς τὸ ἀπ' αὐτοῦ γενόμενον φῶς ὡς ταχὺ διοδεῦσαν

2 post εἰπὼν add. δὲ AW ἑκατέραις I τὰ δὲ — ἕπεσθαι (3) om. A 3 εἴρηκεν a κοινῶς Wa ἀμφοτέραις ἕπεσθαι φησὶ coll. a 4 λέγεσθαι — ἀναθυμίασιν (6) om. a λέγεσθαι ὑπὸ τούτων μὲν σύναψιν AW 5 τὸν δὲ ἕνα A 6 δέ om. a τινὰ AW 7 ἱστορῆσθαι W 8 ἐπ' αὐτοῦ AWa γάρ] δέ I 9. 10 μέντοι — ἀμυδρὰν om. A 11 ἀτενῶς a 12 δὲ om. AWa 13 πάντας μὲν τοὺς] πάντα τοῖς a 14 ὑπὲρ γῆν AWa ὄντα A 17 δεῖ I ἢ ἕν scripsi: μὲν AIW: om. a διάχυσιν I 18 et 20 πλανητῶν AW 19 τῶν κομήτων I πλείονας I: πλείονες a 21 post ἱστορεῖ add. γε AWa 22 ὁ om. I 23 δή] δὲ I φασὶ AWa καὶ om. I 24 δύναντα I τῆς μὲν I: τὴν μὲν AW 25 ἐφεξῆς αὐτή I ταύτης AW 27 ἐφυστερίσαι a 28 ἀποτεῖναι] ἀποδύναι I

καὶ παυσάμενον. ὑπολειπόμενος δὲ ἐν ταῖς μετὰ ταῦτα καὶ ἐπὶ πλεῖον φαινόμενος ὑπελείφθη μέχρι τῆς τοῦ Ὠρίωνος ζώνης καὶ ἐνταῦθα ὅλος ὤφθη διαλυόμενος. Δημόκριτον δέ φησι σύμφασιν καὶ αὐτὸν λέγοντα τὸν κομήτην εἶναι τῶν πλανήτων κατὰ ταὐτὰ Ἀναξαγόρᾳ, προσπεφιλονεικηκέναι τῇ οἰκείᾳ δόξῃ βουλόμενον αὐτὴν ἀληθῆ δεικνύναι, καὶ εἰρηκέναι ὡς ἄρα διαλυομένης τῆς κόμης ὤφθησαν ἀστέρες τινές, ὧν ἅμα ὄντων ἡ σύμφασις κόμης φαντασίαν ἀπέστελλε. πρὸς ὃν ἀντιλέγων φησὶν ὅτι μὴ αὔταρκες πρὸς τὴν τοῦ λεγομένου πίστιν τὸ ποτὲ ἐν τόποις τισὶ τοιοῦτόν τι γινόμενον ὦφθαι· ἔδει γὰρ ἀεὶ τοῦτο γίνεσθαι καὶ ἀεὶ παυομένης τῆς κόμης ἀστέρα φαίνεσθαι, εἰ ἡ κόμη σύμφασις. ἐπὶ τούτῳ δείκνυσιν ὅτι μὴ οἷόν τε τὴν ἄστρων τινῶν σύνοδον κομήτην ποιεῖν. καὶ πρῶτον μὲν ἱστορίαν Αἰγυπτίων παρατίθεται, οἷς φησι τετηρῆσθαι συνόδους καὶ τῶν πλανήτων πρὸς αὐτοὺς καὶ πρὸς τῶν ἀπλανῶν τινας, ἐξ ὧν συνόδων μηδέποτε γεγονέναι κομήτην. ἀλλὰ καὶ αὐτὸς ἑωρακέναι τὸν τοῦ Διὸς ἀστέρα συνελθόντα τινὶ τῶν ἐν τοῖς διδύμοις ἀστέρων, τουτέστιν ὑπελθόντα καὶ ὑποδραμόντα καὶ κατ' αὐτὸν γενόμενον καὶ ἐπισκοτήσαντα αὐτῷ, ὡς ἀφανῆ αὐτὸν ποιῆσαι, ἀλλ' οὐ διὰ τὴν σύνοδον κομήτην ποιήσαντα. ἔκ τε δὴ τῆς ἱστορίας τοῦτό φησι δῆλον εἶναι, ὅτι μὴ σύνοδος ἄστρων ἐστὶν ὁ κομήτης, καὶ ἐκ τοῦ λόγου δέ· εἰ γὰρ καὶ συγκρινόμενοι ἀλλήλοις οἱ ἀστέρες οἱ μὲν μείζους οἱ δὲ ἐλάττους φαίνονται, ἀλλ' ἕκαστός γε αὐτῶν καθ' αὑτὸν ὁρώμενος ἀδιαίρετος φαίνεται, τουτέστιν ἀμερής, καὶ οὐ διορίζεσθαι καὶ διαλαμβάνεσθαι δυνάμενος εἰς μέρη. διὸ οὐδὲ ὑπελθὼν ἄλλος ἄλλῳ ἀστήρ ποτε μέρος μὲν αὐτοῦ ἀφανὲς ποιεῖ, μέρος δ' οὔ, ἀλλὰ πάντα ἀφανῆ ποιεῖ, τοῦτο δὲ ἄνευ ἡλίου τε καὶ σελήνης. ὡς οὖν τὰ ἀληθῶς ἀμερῆ ἁψάμενα ἀλλήλων οὐ ποιεῖ τὸ ὅλον μεῖζον, οὕτως καὶ τὰ φαινόμενα ἀμερῆ οὐδὲν ἂν συνελθόντα καὶ ἁψάμενα μεῖζον τὸ ὅλον φαίνεσθαι ποιεῖ· εἴη γὰρ ἂν οὕτως κατὰ μέρη αὐτῶν ἡ ἀφὴ φαινομένη γίνεσθαι, ἃ μέρη οὐ φαίνεται ἔχοντα. ὅτι μὲν οὖν ἃς ἀποδιδόασίν τινες αἰτίας τῶν κομητῶν ψευδεῖς εἰσι, καὶ διὰ τούτων ἱκανῶς ἐνδείκνυσθαί φησιν.

---

1 μετὰ ταύταις a   2 ὅλος] ὧν AWa   4 εἶναι om. I   ταὐτὰ] αὐτὰ δ' I   5 ante τῇ add. δὲ AW   αὐτὸν A   ὡς ἄρα — ἀστέρες τινές (6) etiam post προσπεφιλονεικηκέναι (4) posuit I, sed rursus delevit I[2]   7 ἀπέστελλε] fort. ἀπετέλεσε   πρὸς ὃ AWa   8 ἐν τόποις   τισὶ om. AW   10 ἐπὶ τούτοις AWa   12 φασὶ I   13 post ὧν add. τινων A   15 ὑπεξελθόντα I   16 κατὰ τοῦτον γινόμενον I   ἐπισκοτίσαντα I   αὐτῷ — ποιήσαντα (17) om., sed in marg. add. I   αὐτῷ ὡς] αὐτῶς marg. I   18 ἀστέρων a   19 οἱ γὰρ ἀστέρες εἰ καὶ συγκρινόμενοι ἀλλήλοις coll. AWa   20 αὐτῶν] αὐτὸν W: αὐτὸς a   21 ἀδιόριστος AW   ἀμερίς A[1]W[1]   διορίζεσθαι] διαιρεῖσθαι a   22 μέρους a   23 μὲν μέρος coll. I   πάντα — ποιεῖ] πᾶν τὸ ἀφανὲς ποιεῖ AW: πᾶν I   26 post συνελθόντα add. τε AWa   ποιεῖ] fort. ποιοῖ   εἴη scripsi: ἤ I: μὴ AWa   27 κατὰ] καὶ τὰ I   ἡ ἀφὴ] ἡ ἀμφοῖν I: τὴν ἀφὴν a   φαινομένην Ia   ἃ μέρη] ἀμερῆ I   φαίνηται A[2]I   ἐνδείκνυσθαι] ἂν δείκνυσθαι AWa

p. 344a 5 Ἐπεὶ δὲ περὶ τῶν ἀφανῶν τῇ αἰσθήσει. 80r

Ἐπὶ τὸ τὴν αἰτίαν αὐτὸς ἀποδιδόναι τῆς τῶν κομητῶν γενέσεως καὶ
τῶν τούτοις ὁμοίων μέτεισι, καὶ φησὶν ὅτι ἐπεὶ περὶ τῶν τῇ αἰσθήσει
ἀφανῶν τότε νομίζομεν ἱκανῶς ἀποδεικνύναι τῷ λόγῳ, ἐπειδὰν τοῖς δει-
χθεῖσι μηδὲν ἀδύνατον ἕπηται, ἄδηλον δὲ τῇ αἰσθήσει καὶ τὸ πῶς οἵ τε
κομῆται γίνονται καὶ τῶν ἄλλων ἕκαστον τῶν τοιούτων, ἐκ τῶν νῦν δο-
κούντων τε καὶ φαινομένων ἡμῖν οὕτως ἂν ὑπολάβοι τις ἔχειν τὰ κατ' 45
αὐτά, ἢ ἐκ τῶν φαινομένων τε καὶ ὁρωμένων περὶ αὐτὰ οὕτως ἂν ὑπολάβοι
τις γίνεσθαι τὰ κατ' αὐτά. ἐπὶ τούτοις ὑπομιμνήσκει πρῶτον ἡμᾶς τῶν
εἰρημένων ἐν τῷ περὶ τῶν διᾳσσόντων λόγῳ. ἦν δὲ ὅτι τοῦ κόσμου
τοῦ περὶ τὴν γῆν, τουτέστι τοῦ ἐν γενέσει τε καὶ φθορᾷ κόσμου, ὅσον
ἐστὶν ὑπὸ τὴν ἐγκύκλιον φοράν, τουτέστι μετὰ τὸ κυκλοφορικόν τε
καὶ θεῖον σῶμα, ἢ ὅσον ἐστὶν εἶπεν ἀντὶ τοῦ ὅσον ἐστὶ σῶμα καὶ ὅσος ὁ
κόσμος ἐστὶν ὑπὸ τὴν ἐγκύκλιον φορὰν καὶ τὸ κυκλοφορητικὸν σῶμα, τοῦ- 50
του δὴ τοῦ σώματος τὸ πρῶτον μέρος τὸ κείμενον μετὰ τὸ θεῖον κἀκείνῳ
συνάπτον ἀναθυμίασιν εἶναι ξηράν τε καὶ θερμήν, ἣν ὠνόμασε διὰ τῶν
πρώτων ἀναθυμίασιν καπνώδη, ἣν ὑπέκκαυμα εἶπεν εἶναι διὰ τὴν πρὸς
ὑπέκκαυσιν καὶ ἔξαψιν ἐπιτηδειότητα, ἥτις αὐτή τε καὶ πολὺ τοῦ συνεχοῦς
αὐτῇ καὶ μετ' αὐτὴν ὄντος ἀέρος συμπεριάγεται ὑπὸ τῆς τῶν θείων κυκλο-
φορίας περὶ τὴν γῆν. περιφερομένη δὲ τὸν τρόπον τοῦτον ἡ ἀναθυμίασις
ἡ προειρημένη, καθ' ὃ ἂν τύ|χῃ εὔκρατος οὖσα πρὸς τὸ ἐξαφθῆναι, ἐκπυ- 80v
ροῦται· δι' ἣν ἔξαψιν ἐρρέθησαν γίνεσθαι καὶ αἱ τῶν σποράδων τε καὶ
διᾳσσόντων λεγομένων ἀστέρων διαδρομαί. ὅταν δὴ εἰς τοιαύτην πύ-
κνωσιν, τουτέστιν ἐπιτήδειον πρὸς ἔξαψιν, ἐμπέσῃ διὰ τὴν τοῦ θείου σώματος
περιφορὰν πυρώδης ἀρχὴ μήτε οὕτως πολλὴ καὶ σφοδρά, ὡς ταχέως καὶ
ἐπὶ πολὺ ἐκκαῦσαι τὴν πυκνότητα ταύτην, μήτε πάλιν οὕτως ἀσθενής, ὡς 5
ἀποσβεσθῆναι ταχύ, ἀλλὰ ἰσχυροτέρα τῆς τοιαύτης καὶ ἐπὶ πλεῖον διαμένειν
δυναμένη, ἅμα δὲ συμπίπτῃ καὶ κάτωθεν ἄλλην ἀναφέρεσθαι κατὰ τοῦτο ἀνα-
θυμίασιν εὔκαιρον καὶ εὔκρατον καὶ ἐπιτήδειον πρὸς ἔξαψιν, γίνεται ἡ τοιαύτη
ἔξαψις ἀστὴρ κομήτης, ὃς ἀπὸ τοῦ σχήματος τοῦ ἀναθυμιωμένου τε καὶ

5 ἕπεται I τε οἱ coll. AWa 6 τῶν (post καὶ)] ὧν I[1] νῦν — ἐκ τῶν (8) om. I 6. 7 post δοκούντων add. τῶν A 7 post ἔχειν add. τί A 8 περὶ αὐτοὺς I 9 κατ' αὐτούς I 13 ὅσον] ὃ AWa 13. 14 ὅσος — ἐστὶν] ὁ κόσμος ὅς ἐστιν AWa 14 κυκλοφορικὸν AWa 15 τοῦ κυκλοφορικοῦ σώματος A κἀκεῖνο I 16 ἣν] ἦν Aa 17 post ἣν add. καὶ AWa πρὸς ante ἔξαψιν (18) coll. I 18 ὑπέκκαυσιν καὶ om. AW: ἔκκαυσιν καὶ a 19 μετὰ ταύτην AWa 22 ἐρρήθησαν a αἱ om. I 23 ἄστρων I δὴ] δὲ φησὶν A: δ' ἣν W: οὖν a εἰς τοιαύτην I Arist. EF: post εἰς add. τὴν AWa Arist. vulg. 24 ἐπιτηδειότητα AWa 25 πολλὰ a ὡς] ὥστε AWa 26 ἐκκαῦσαι] ἐξάψαι AWa 27 post ταχύ add. πρὶν ἐξάψαι AWa ἀλλὰ om. A τῆς] γῆς A 28 συμπίπτῃ a Arist. E: συμπίπτει AWI Arist. codd. plerique κατὰ τοῦτο om. AWa 29 πρὸς] εἰς I, sed eadem manu supra scr. πρὸς κομήτης ἀστὴρ coll. AWa

ἐξαπτομένου ἢ κομήτης ἢ πωγωνίας καλεῖται. ἐὰν μὲν γὰρ πάντῃ ὁμοία ἡ ἔξαψις ᾖ τῆς ἀναφερομένης ἀναθυμιάσεως καὶ οἷον σφαιροειδής, κομήτης καλεῖται, ἂν δ' ἐπιμήκης, πωγωνίας. γίνονται δὲ τὸν αὐτὸν τρόπον καὶ οἱ πίθοι καλούμενοι, παρὰ τὸ σχῆμα τῆς πυκνῆς τε καὶ ἐξαπτομένης ἀναθυμιάσεως τὴν διαφορὰν λαμβάνοντες, ὧν καὶ αὐτῶν προϊὼν μνημονεύσει. συντελεῖ δὲ ἡ κάτωθεν ἀναφερομένη ἀναθυμίασις εὔκρατος πρὸς ἔξαψιν εἴς τε διαμονὴν τοῖς κομήταις χορηγίαν παρέχουσα καὶ εἰς τὴν τῆς κόμης φαντασίαν. οὐ γὰρ περιωρισμένον καὶ ἀποτετορνευμένον τὸ καιόμενον, ἀλλ' ἔχον ἐκδρομάς τινας καὶ ἐξοχάς, δι' ἃς ἡ φαντασία τῆς κόμης γίνεται. ὥσπερ δὲ ἡ φορὰ τοῦ τοιούτου ὑπεκκαύματος ἀστέρος φορὰ δοκεῖ εἶναι, οὕτως καὶ ἡ μονὴ ἀστέρος μονὴ εἶναι φαίνεται. εἰκάζει δὲ τὴν τῆς τοιαύτης ἀναθυμιάσεως ἔξαψιν ἐξάψει ἀχύρων· ὡς γὰρ ἐπὶ τῶν ἀχύρων ἐξαφθείσης τινὸς ἀρχῆς ταχεῖα ἡ τοῦ πυρὸς διαδρομὴ γίνεται ἄλλου μετ' ἄλλο ἐξαπτομένου, ὡς δοκεῖν ῥύσιν γίνεσθαι τοῦ πρώτου ἐξαφθέντος, μάλιστα δὲ τοῦτο ἐπὶ τῆς καιομένης καλάμης γινόμενον ὁρᾶται (ἀεὶ γὰρ τοῦ πρώτου σβεννυμένου τὸ μετ' αὐτὸ καιόμενον, ἕως ἂν ἡ χορηγία τῆς καλάμης ᾖ, φαντασίαν παρέχει ῥύσεως πυρός) τοιοῦτον δή φησι γίνεσθαι καὶ περὶ τὴν τῶν ἀστέρων δοκοῦσαν διαδρομήν, τῆς ἐφεξῆς τῇ πρώτῃ ἐξαφθείσῃ ἀναθυμιάσει ἐξαπτομένης διὰ τὴν ὁμοίαν ἐπιτηδειότητα πρὸς τοῦτο. καὶ οἱ μὲν διάσσοντες οὕτως· ὅταν δὲ ἡ ἔξαψις ἡ τοιαύτη καὶ ἡ τοῦ πυρὸς νομὴ καταμείνῃ που, λαβομένη ἀναθυμιάσεως πεπυκνωμένης τε καὶ στέγειν πῦρ δυναμένης, καὶ μὴ λεπτῆς καὶ ἀχυρώδους καὶ ῥᾳδίως ἀναλισκομένης, γίνεται τοῦτο τελευτὴ μὲν τῆς δοκούσης τοῦ ἀστέρος διαδρομῆς (οὐκέτι γὰρ φέρεται), ἀρχὴ δὲ τῆς τοῦ κομήτου φορᾶς. μένουσα γὰρ ἡ τοιαύτη ἀναθυμίασις ἐν τῷ αὐτῷ καὶ καιομένη διά τε τὴν τοῦ προϋπάρχοντος ὑπεκκαύματος ἐπιτηδειότητα διὰ πυκνότητά τε καὶ πλῆθος καὶ διὰ τὴν ἀνερχομένην κατ' αὐτὴν κάτωθεν εὔκαιρόν τε καὶ εὔκρατον ἀναθυμίασιν καὶ χορηγίαν τῷ πυρί, περιφέρεται ὑπὸ τῆς τοῦ παντὸς περιφορᾶς, καὶ ἔστι τοῦτο ὁ κομήτης, στάσις καὶ μονὴ διαδρομῆς ἄστρου. ἣν στάσιν ἐδήλωσεν εἰπὼν ὥσπερ διαδρομὴ ἀστέρος, ἔχων ἐν ἑαυτῷ πέρας καὶ ἀρχήν. ἂν γὰρ ἐπινοήσῃ τις ἐν τῷ αὐτῷ καὶ τὴν ἀρχὴν τοῦ διάσσοντος καὶ τὰ μεταξὺ καὶ τὸ πέρας γινόμενα, οὐκέτι γίνεται διάσσων, ἀλλὰ μένοντος ἐν τῷ αὐτῷ φαντασίαν ἀποτελεῖ· τοιοῦτον δὲ ὁ κομήτης ἐν τῷ αὐτῷ μένων πυρὶ καὶ τὴν χορηγίαν τῆς προσεξάψεως ἐν τῷ αὐτῷ λαμβάνων. ὅταν μὲν οὖν ἡ τοιαύτη ἀρχὴ τῆς συστάσεώς τε καὶ ἐξάψεως ἐν τῷ κατωτέρω τόπῳ γένηται καὶ μὴ πλησίον τῶν ἄστρων, καθ' ἑαυτὸν ὁ κομήτης φαίνεται· ὅταν δὲ κατά τι πλησίον τῶν ἄστρων ἢ τῶν ἀπλανῶν ἢ τῶν πλανωμένων ἡ τοιαύτη ἀναθυμίασις συστῇ, ὑπὸ τῆς ἐκείνων κινή-

1 ἐὰν] εἰ I 3 ἐπιμήκης] ἐπὶ μῆκος AWa 4 καλούμενοι] λεγόμενοι A 5 αὐτὸς a 11 εἶναι μονὴ coll. Wa 12 ὡς] ὥσπερ AWa γὰρ om. W 15 ὁρᾶται γινόμενον AWa post γινόμενον add. οὕτως AWa 25 καὶ om. I 26 τε om. AWa 28 ἀναθυμίασίν τε καὶ AWa 30 σύστασιν A ἐν αὐτῷ A 33 ἀποστέλλει I 34 μένον Wa πυρὶ] πῦρ Aa post καὶ add. δὴ AW προεξάψεως I 35 λαμβάνον a post οὖν add. φησιν A 37 πλησίον om. AWa

σεως τῆς συστάσεως τὴν αἰτίαν ἔχουσα, τότε τῶν προϋπαρχόντων τις ἀστέρων κομήτης φαίνεται. οὐ γὰρ ἡ κόμη φαινομένη τῶν ἀστέρων πρὸς αὐτοῖς ἐστι τοῖς ἄστροις, ἀλλ' οὖσα ὑπ' αὐτοῖς πρὸς αὐτοῖς φαίνεται καὶ συμπεριάγεται αὐτοῖς, ὡς αἱ ἅλως αἱ γινόμεναι περί τε τὸν ἥλιον καὶ τὴν σελήνην. καὶ γὰρ αὗται οὐκ ἐγγὺς αὐτῶν γινόμεναι, ὑπ' αὐτοὺς δὲ καὶ 40 κατ' αὐτούς, ὅταν ᾖ ὁ ὑποκείμενος αὐτοῖς ἀὴρ οὕτως πεπυκνωμένος, ὥστε πάθος δέχεσθαι τοιοῦτον ὁποῖον ὕστερον ἐρεῖ, κινουμένοις αὐτοῖς συμπεριφέρονται. εἰκάσας δὲ τὴν κόμην τὴν γινομένην περί τινα τῶν ἄστρων τῇ ἅλῳ τῇ περί τε τὸν ἥλιον καὶ τὴν σελήνην γινομένῃ κατά τε τὸ μὴ περὶ αὐτοὺς γινομένην φαίνεσθαι συνημμένην αὐτοῖς καὶ κατὰ τὸ κινουμένοις αὐτοῖς συγκινεῖσθαι, εἶπεν αὐτῶν καὶ τὴν διαφοράν. τῆς μὲν γὰρ ἅλω τὸ χρῶμα τὸ φαινόμενον οὐκ ἐν τῷ ἀέρι οὐδ' ἐν τῷ νέφει ἐστὶν ἐν ᾧ φαίνε- 45 ται, ἀλλὰ γίνεται ἡ τοιαύτη φαντασία ἀνακλωμένης τῆς ὄψεως ἀπὸ τοῦ νέφους ἐπὶ τὸν ἥλιον καὶ τὴν σελήνην καὶ τὸ ἐπ' ἐκείνων χρῶμα ὡς ἐν τούτοις ὂν ὁρώσης· ἐπὶ δὲ τῶν κομητῶν ἐν αὐτῇ τῇ κόμῃ τὸ φαινόμενον ἐν αὐτῇ χρῶμά ἐστι· πῦρ γάρ ἐστιν αὕτη. ὅταν μὲν οὖν ἡ κόμη κατά τινα τῶν ἀστέρων γένηται, ἐκείνῳ συγκινεῖται, ὡς ἂν ἐκείνου τῇ τοιαύτῃ ἀναθυμιάσει τὴν αἰτίαν παρέχοντος· ὅταν δὲ ὑποκάτω τε καὶ καθ' αὑτὸν συστῇ, οὐκέτι ἄστρῳ τινὶ ἰσοδρομεῖ, ἀλλ' ἐφυστερίζων καὶ ὑπολειπόμενος 50 φαίνεται. τοιαύτη γὰρ ἡ κίνησίς τε καὶ ἡ περιφορὰ τοῦ κόσμου τοῦ περὶ τὴν γῆν, οὐκ ἰσοδρομοῦσα τοῖς οὐρανίοις οὐδὲ ὁμαλῶς αὐτοῖς ἑπομένη οὐδὲ ἀκριβῶς σφαιρική, ἅτε οὐ κατὰ φύσιν αὐτῶν οὕτω κινουμένων, ἀλλ' ὑποσυρομένων ὑπὸ τῆς τῶν θείων κινήσεως. τοῦτο δέ, φησί, τὸ ὑπολείπεσθαι τοὺς κομήτας καὶ καθ' αὑτοὺς συνισταμένους ποτὲ φαίνεσθαι καὶ μὴ ἀεὶ περί τινι ἄστρῳ, μηνύει ὅτι μὴ | ἀνάκλασίς ἐστιν ὁ κομήτης ἀπὸ τῆς 81r ἀναθυμιάσεως τῆς ὑπὸ τὸν ἀστέρα τὸν φαινόμενον κομήτην ἐπὶ τὸν ἥλιον γινομένη, ὡς ᾤοντο οἱ περὶ Ἱπποκράτην λέγοντες αὐτὸν ὁμοίως γίνεσθαι τῇ ἅλῳ. μνημονεύσας δὲ τῆς ἅλω περὶ μὲν ταύτης ὕστερον ἐρεῖν ἐπαγγέλλεται· τοῦ δὲ πυρώδη τὴν σύστασιν εἶναι τῶν τε κομητῶν καὶ τῶν ἄλλων τῶν τοιούτων σημεῖόν φησιν εἶναι τὸ ἐπὶ πλεῖον αὐτοὺς γινομένους σημαίνειν 5 αὐχμούς τε καὶ πνεύματα. ὅταν γὰρ ἡ θερμὴ καὶ πυρώδης ἀναθυμίασις πλεονάζῃ, οὗτοί τε γίνονται καὶ ὑπὸ τῆς τοιαύτης ἀναθυμιάσεως ξηρότερος ὁ ἀὴρ γίνεται, διακρινομένου καὶ διαλυομένου ὑπ' αὐτῶν τοῦ ἐξατμιζομένου κάτωθεν ἀπὸ γῆς καὶ ἀναφερομένου ὑγροῦ καὶ κωλυομένου συνίστασθαι

---

1 post κινήσεως add. ἡ AWa 2 οὐ γάρ—φαίνεται om. I 3 ὑπ' αὐτοὺς a 6 ὁ om. AWa ὥστε] ὡς τὸ AWa 7 ante τοιοῦτον add. τὸ AWa κινουμένης Aa 7. 8 συμπεριφέρεται I 8 ἀστέρων AWa 9 μὴ] μήτε I 9. 10 περὶ αὐτοῖς a 14 ἐπ' om. AWa 15 ὂν om. AWa post κομητῶν add. τῶν AW 17 ἄστρων AW ὡς—ἐκείνου] ὃς ἂν ἐκείνων συγκινῆται AW itemque a praeterquam quod συγκινεῖται habet 18 παρέχων AWa 22 σφαιρικὰ A 24 κατ' αὐτοὺς AW ποτὲ] ὁτὲ A: ὅτε W: om. a 25 περί τι τῶν ἄστρων a post ὅτι μὴ add. ὅτε περὶ ἀστέρα καὶ ὑπὸ ἀστέρα γίνεται ἡ AWa 27 γενομένη AW 30 ἐπὶ πλείους I γινομένης a 31 θερμή τε καὶ AWa 33 ὁ om. AW διακρινόμενος καὶ διαλυόμενος AWa 34 ἀπὸ τῆς γῆς AWa καὶ post ὑγροῦ om. a

καὶ μεταβάλλειν εἰς ὕδωρ. σαφέστερον δέ φησιν ἐρεῖν καὶ περὶ τοῦ τοιούτου πάθους τοῦ γινομένου ἐν τῷ ἀέρι διὰ τὸ πλεονάζειν τὴν θερμὴν ἀναθυμίασιν, ὅταν καιρὸς ἐνστῇ τοῦ περὶ τῶν πνευμάτων τε καὶ ἀνέμων λόγου. οἱ δὲ λέγοντες νέφος εἶναι ἐν τοῖς τοιούτοις τὸ εἰς τὴν ἄνω χώραν ἀνασπώμενον καὶ ἐξαπτόμενον οὐκ εὖ λέγουσι· τὸ γὰρ νέφος ὑγρὸν καὶ ἀνεπιτήδειον πρὸς ἔξαψιν. εἰ δὲ λέγουσιν αὐτὸ εἰς ξηρότητα μεταβάλλειν, πόσῳ μᾶλλον ἄμεινον μὴ νέφος λέγειν, ἀλλ' ἐξ ἀρχῆς πυκνὴν καὶ ξηρὰν ἀναθυμίασιν εἶναι τὴν τῶν τοιούτων ὕλην. ὅταν μὲν οὖν πυκνοί τε καὶ πλείους οἱ κομῆται συνιστῶνται, ξηροί τε καὶ πνευματώδεις οἱ ἐνιαυτοὶ διὰ τὴν εἰρημένην αἰτίαν· ὅταν δὲ ἐλάττους τε καὶ σπανιώτεροι καὶ ἀμαυρότεροι τὸ μέγεθος, ὁμοίως μὲν οὐ γίνονται οἱ ἐνιαυτοὶ ξηροί τε καὶ πνευματώδεις, οὐ μὴν ἀλλὰ γίνεταί τις ὡς ἐπὶ τὸ πολὺ ὑπερβολὴ πνεύματος ἢ κατὰ χρόνον, ὡς ἐπὶ πλεῖον παρατείνειν, ἢ κατὰ μέγεθος, ὡς σφοδρότητι διαφέρειν. πιστοῦται δὲ τὰ εἰρημένα διὰ τῆς ἱστορίας. καὶ γὰρ ὅτε ὁ ἐν Αἰγὸς ποταμοῖς λίθος ἀπὸ τοῦ ἀέρος κατηνέχθη ἡμέρας οὔσης, ὑπὸ πνεύματος ἀλλαχόθεν ἀρθεὶς βιαίου, ἔτυχε καὶ τότε κομήτης ἀστὴρ γεγονὼς ἀπὸ ἑσπέρας· ἀλλὰ καὶ ὅτε ὁ μέγας κομήτης ἐγένετο, οὗ καὶ πρὸ ὀλίγου ἐμνημόνευσεν ὡς γενομένου περὶ τὸν ἐν Ἀχαΐᾳ σεισμόν, ξηρὸς ἦν ὁ χειμὼν καὶ βόρειος. καὶ τὸ κῦμα τὸ ἐπικλύσαν τινὰς πόλεις τῶν ἐν Ἀχαΐᾳ, δι' ἐναντίωσιν πνευμάτων ἐγένετο· βορέου γὰρ ἐν τῷ κόλπῳ πνέοντος ἦν ἐν τῷ πελάγει νότος σφοδρός. καὶ τὸ περὶ Κόρινθον δὲ πνεῦμα ὅτε ἐγένετο, καὶ τότε φησὶ κομήτην πρὸς ὀλίγας ἡμέρας συστῆναι ἐπὶ ἄρχοντος Ἀθήνησι Νικομάχου περὶ τὸν ἰσημερινὸν κύκλον. προσέθηκε δὲ τὸ περὶ τὸν ἰσημερινὸν κύκλον, ὅτι κατὰ τὰ μέρη ταῦτα, ὡς ἐπιφέρει, σπανιώτεραι αἱ τοιαῦται συστάσεις. τοῦ δὲ μὴ γίνεσθαι πολλοὺς μηδὲ πολλάκις κομήτας, ὥσπερ τοὺς διᾴσσοντας, ἀλλὰ καὶ τοὺς γινομένους μᾶλλον γίνεσθαι ἐκτὸς τῶν τροπικῶν ἢ ἐντὸς αἰτίαν φησὶν εἶναι τήν τε τοῦ ἡλίου κίνησιν καὶ τὴν τῶν ἄλλων πλανητῶν ἀστέρων, οἳ μεταξὺ τῶν τροπικῶν κινούμενοι (τοιαύτη γὰρ ἡ τοῦ ζῳδιακοῦ θέσις, καθ' ἣν ἡ τῶνδε κίνησις) οὐ μόνον ἐκκρίνουσι πᾶν τὸ ἀναφερόμενον ὑγρὸν ἀναξηραίνοντες αὐτὸ τῇ κινήσει, ἀλλὰ καὶ διακρίνουσι καὶ λεπτύνουσι τὰς πυκνοτέρας τε καὶ πεπιλημένας ἀναθυμιάσεις, αἵτινές εἰσιν ὕλη τῶν κομητῶν. μάλιστα δὲ αἰτίαν φησὶν εἶναι τοῦ μὴ γίνεσθαι κατὰ ταῦτα τὰ μέρη κομήτας πολλάκις, ὅτι τὸ πλεῖστον τῆς τοιαύτης ἀναθυμιάσεως ἀθροίζεται εἰς τὴν χώραν τοῦ γάλακτος, τουτέστι τοῦ καλουμένου γαλαξίου κύκλου, περὶ οὗ τὸν λόγον ἐφεξῆς ποιεῖται.

---

3 post ὅταν add. ὁ AWa 8 τὴν om. Wa πυκνοί τε om. A 9 ξηρότεροί τε AWa 10 προειρημένην AWa δὲ om. A 12 post ἀλλὰ add. καὶ AWa 16 ἔτυχες a 18 ἐν om. A[1]W ἀχαΐαν W 22 ἡμέρας om. I ἐπεὶ a 25 post πολλοὺς add. φησὶ AWa 28 οἳ om. AWa κινούμενοι ex corr. I[1]: κινουμένων AWa 29 τῶνδε] αὖ supra scr. I[2] post μόνον add. γὰρ a 30 αὐτῶν A 31 πυκνωτέρας Aa τε om. AWa 32 ὕλαι AWa 33 post γίνεσθαι add. πολλοὺς a πολλάκις om. I 35 γαλαξίου καλουμένου coll. Aa γαλαζίου W

p. 345a11 Ὅπως δὲ καὶ διὰ τίνα αἰτίαν γίνεται καὶ τί ἐστι τὸ 35
γάλα, λέγωμεν ἤδη.

Προτίθεται μὲν περὶ τοῦ γαλαξίου κύκλου ποιήσασθαι τὸν λόγον,
καλεῖ δ' αὐτὸν γάλα. τίνα δ' ἐστὶν ἃ ζητήσει περὶ αὐτοῦ, προείρηκε· τί 45
γάρ ἐστι, καὶ πῶς γίνεται καὶ διὰ τίνα αἰτίαν. ὥσπερ δὲ καὶ περὶ τῶν
κομητῶν τὸν λόγον ποιούμενος πρῶτον τὰς προκαταβεβλημένας περὶ αὐτῶν
ὑπὸ τῶν πρὸ αὐτοῦ δόξας ἱστόρησέ τε καὶ ἐξήτασεν, οὕτως ποιεῖ καὶ περὶ
τούτου. ἱστορεῖ δὲ τῶν μὲν καλουμένων Πυθαγορείων τινὰς ὁδὸν λέγειν
εἶναι τὸν κύκλον τοῦτον τοὺς μὲν τῶν ἀστέρων τινὸς τῶν ἐκπεσόντων κατὰ τὴν
λεγομένην ἐπὶ Φαέθοντος γενέσθαι φθορὰν ἐκπυρώσεως γενομένης, οἱ δέ
τινές φασιν αὐτὸν τὸν ἥλιον πρότερον ταύτην φέρεσθαι· διὸ καὶ διακεκαῦ- 50
σθαι τὸν τόπον τοῦτον ὑπὸ τῆς φορᾶς αὐτοῦ. μνημονεύσας δὲ τῆς δόξης
ταύτης ἐπιφέρει τὸ ἀνακολούθως λεγόμενον ἐν αὐτῇ. εἰ γὰρ τοῦτο ἦν αἴτιον,
ἔδει καὶ τὸν τῶν ζῳδίων κύκλον, καθ' ὃν νῦν ὁ ἥλιος φέρεται, ταὐτὸν
πάθος ἐκείνῳ πεπονθέναι ἢ καὶ ἔτι μᾶλλον. ἐν γὰρ τούτῳ οὐχ ὁ ἥλιος
μόνον, ἀλλὰ καὶ οἱ ἄλλοι πλάνητες πάντες τὴν κίνησιν ποιοῦνται· ἀλλὰ 81v
μὴν οὐδὲν περὶ αὐτὸν τοιοῦτον ὁρᾶται ὂν πάθος. δῆλος γὰρ ἡμῖν καὶ
φανερὸς ἅπας ὁ κύκλος γίνεται· ἀεὶ γὰρ αὐτοῦ καὶ νυκτὸς ἑκάστης τὸ ἡμι-
κύκλιον φανερόν ἐστι, καὶ οὐδὲν φαίνεται τοιοῦτον περὶ αὐτὸν πάθος,
πλὴν καθ' ὃ μόριον δοκεῖ συνάπτειν πρὸς τὸν τοῦ γάλακτος κύκλον, οὐκ
αὐτοῦ φαινομένου τοιούτου, ἀλλὰ τοῦ κατ' αὐτὸν μορίου τοῦ γαλαξίου
ἐπισκοτοῦντος τῷ ἐκείνου καθαρῷ. 5

Ἀναξαγόρας δὲ καὶ Δημόκριτος φῶς εἶναι τὸ γάλα λέγουσιν ἄστρων
τινῶν. ὁ γὰρ ἥλιος νύκτωρ ὑπὸ γῆν ἰὼν ὅσα μὲν περιλάμπει τῶν ὑπὲρ 20
γῆς ὄντων ἄστρων, τούτων μὲν μὴ γίνεσθαί φασιν φανερὸν τὸ οἰκεῖον φῶς
ἐμποδιζόμενον ὑπὸ τῶν τοῦ ἡλίου ἀκτίνων· ὅσοις δὲ ἡ σκιὰ τῆς γῆς ἐπι-
προσθοῦσα ἐπισκοτεῖ, ὡς μὴ ἐπιλάμπεσθαι τῷ ἀπὸ τοῦ ἡλίου φωτί, τούτων
δὲ τὸ οἰκεῖον φῶς ὁρᾶσθαι, καὶ τοῦτο εἶναι τὸ γάλα. μνημονεύσας δὲ
καὶ ταύτης τῆς δόξης ὅτι ἀδύνατον τὸ λεγόμενον δείκνυσι. τὸ μὲν γὰρ
γάλα ἀεὶ κατὰ τὸ αὐτὸ ὁρᾶται, καὶ ὑπὸ τοὺς αὐτοὺς ὂν ἀστέρας, ὑπὸ δὲ
τοῦ ἡλίου ⟨οὐκ⟩ ἀεὶ τὰ αὐτὰ ἄστρα οὐχ ὁρᾶται, ἀλλὰ ἄλλοτε ἄλλα. οὐ γὰρ 25

---

2 λέγομεν I 5 γάρ] τέ AWa ὥσπερ — καὶ] ὡς I 6 καταβεβλημένας Wa: καταβεβλημένας αἰτίας A 8 δὲ] δὴ AWa 8. 9 εἶναι λέγειν coll. a 9 ἐμπεσόντων a 10 γίνεσθαι et γινομένης I 11 φασί τινες coll. I αὐτῶν A¹Wa 12 φορᾶς] σφαίρας W 13 τὸ] τὸν W ἀνακόλουθον a: ἀκολούθως A 14 καθ' οὗ AW 15 ἔτι] ἐπὶ I 17 περὶ αὐτῶν AW ὁρᾶται om. AW: ὁρᾶται ὂν om. a 18 αὐτοῦ om. AWa 22 ἐπισκοποῦντος W τὸ et καθαρόν AWa 24 νύκτα I ἰὼν] ὢν a ὑπερλάμπει AWa 24. 25 ὑπὲρ τῆς γῆς A 25 ἰόντων I φασιν om. AWa 26. 27 ἐπίπροσθεν οὖσα AW: ἐπίπροσθεν οὔσης a 28 εἶναι τὸ] γίνεται I 30 ὁρᾶται ante κατὰ ponunt AWa post αὐτὸ add. τοῦτο I δὲ om. I 31 οὐκ addidi

ἐν τῷ αὐτῷ μένων τόπῳ περιφέρεται, ὡς αἰεὶ τοῖς αὐτοῖς ἄστροις τῶν ἀπλανῶν εἶναι κατὰ διάμετρον, ἀλλὰ διὰ τὴν οἰκείαν κίνησιν, ἣν ἔμπαλιν κινεῖται τῇ ὑπὸ τῆς ἀπλανοῦς, ἀεὶ πρὸς ἄλλους τῶν ἀπλανῶν τὴν αὐτὴν σχέσιν λαμβάνει· ὥστε ἔδει καὶ τὸν γαλαξίαν ἀεὶ κατὰ ἄλλους ἀστέρας καὶ κατ' ἄλλα γίνεσθαι μέρη. εἰπὼν δὲ τοῦτο μετὰ ταῦτα δείκνυσιν ὅτι μηδὲ οἷόν τε ⟨εἶναί⟩ τινας τῶν ἀπλανῶν οἷς ἡ γῆ ἐπισκοτεῖ, ὡς μὴ ὁρᾶσθαι αὐτοὺς ὑπὸ τοῦ ἡλίου καὶ φωτίζεσθαι, ἀλλὰ πάντες ἀεὶ φωτίζονται. δείκνυται γὰρ ἐν τοῖς ἀστρολογικοῖς ὅ τε ἥλιος τῆς γῆς ὢν πολλαπλάσιος καὶ τὸ διάστημα, ὃ ἀφέστηκε τὰ ἄστρα ἀπὸ τῆς γῆς, μεῖζον ⟨ὂν⟩ τοῦ διαστήματος οὗ ὁ ἥλιος διέστηκε τῆς γῆς· οἱ ἀπλανεῖς γὰρ ἀπέχουσι τῆς γῆς πολλαπλάσιον τοῦ διαστήματος οὗ ὁ ἥλιος τῆς γῆς ἀφέστηκεν, ὥσπερ πάλιν καὶ τὸ τοῦ ἡλίου ἀπὸ τῆς γῆς ἀπόστημα πολλαπλάσιον τοῦ ἀποστήματος, ὃ ἀφέστηκεν αὐτῆς ἡ σελήνη. ὧν οὕτως ἐχόντων οὐ πόρρω οὐδὲ πολὺ ἀπὸ τῆς γῆς ὁ κῶνος ἂν ὁ ἀπὸ τῶν ἀκτίνων τῶν ἀπὸ τοῦ ἡλίου περιλαμπουσῶν τὴν γῆν καὶ συναπτουσῶν ἀλλήλαις γίνοιτο. οὕτως δ' ἔχοντος οὐχ οἷόν τε τὴν ἀπὸ τῆς γῆς σκιάν, ἥτις ἐστὶν ἡ νύξ, ἐπὶ τοσοῦτον ἐκτείνεσθαι, ὡς ἐπισκοτεῖν δύνασθαί τισι τῶν ἀπλανῶν. κῶνος μὲν γὰρ ἡ σκιὰ γίνεται, ὅταν μείζων ᾖ ἡ σφαῖρα ἡ φωτίζουσα τῆς φωτιζομένης· οὗτος δὲ ὁ κῶνος περιγράφεται ὑπὸ τοῦ ἀπὸ τῆς φωτιζούσης σφαίρας φωτός, ὥστε κἀκείνου αἱ ἀκτῖνες καὶ τὸ φῶς κατὰ κωνικήν τινα περιφέρειαν ἐμβάλλουσιν ἀλλήλοις· κατὰ γὰρ τὴν περιγράφουσαν τὸν τῆς σκιᾶς κῶνον. ὥστε τούτων οὕτως ἐχόντων ἀνάγκη τὸν ἥλιον ἀεὶ πᾶσι τοῖς ἀπλανέσιν ἐπιβάλλειν τὸ φῶς καὶ πάντας περιορᾶν. ἐμνημόνευσε δὲ καὶ τῆς σελήνης, ὅτι τὸ ταύτης διάστημα ἐπὶ τὴν γῆν ἔλαττον ἢ τὸ τοῦ ἡλίου, ὑπὲρ τοῦ ἐνδείξασθαι ὅτι ταύτην μὲν οὐδὲν ἄτοπον ἐμπίπτουσάν ποτε εἰς τὴν ἀπὸ τῆς γῆς σκιὰν μὴ ὁρᾶσθαι ὑπὸ τοῦ ἡλίου μηδὲ προσλάμπεσθαι, καὶ οὕτως ἐκλείπειν, τῶν δ' ἀπλανῶν τινας ἀδύνατον, μὴ δυναμένης τῆς γῆς τοσαύτην ποιεῖν σκιάν. |

Τρίτην δέ φησι δόξαν εἶναι περὶ τοῦ γάλακτος τὴν λέγουσαν ἀνάκλασιν 82r
εἶναι τὸ γάλα τῆς ἡμετέρας ὄψεως ἀπό τινος ἀναθυμιάσεως, ἥ τις εἶναι δοκεῖ τὸ γάλα, ἐπὶ τὸν ἥλιον, ἔνοπτρον γινόμενον τῇ ὄψει τῷ ἀπὸ τοῦ ἡλίου ὑπ' αὐτῆς ὁρωμένῳ φωτί, ὡς ἔλεγον οἱ περὶ Ἱπποκράτην καὶ τὸν κομήτην γίνεσθαι. τρίτην δὲ δόξαν εἴρηκε ταύτην εἶναι, καίτοι τετάρτης

1 τόπῳ om. a   3 πρὸς ἀλλήλους I   4 τὸν] τὴν a   ἄλλους] ἀγήλους A   καὶ om. I   6 εἶναι addidi   οἷς — ἐπισκοτεῖ] τὴν γῆν ἐπισκοτεῖν a   ὡς μὴ] μὴ δὲ AWa   7 φωτίζειν I   8 ὅ τε] ὅτι ὁ I: ὁ a   9 ὃ] ᾧ AWa   ὂν addidi   10 ὁ ἥλιος] ἡ σελήνη ὃ I   οἱ — γῆς om. A   οἱ] καὶ οἱ I   γὰρ om. I   11 post πολλαπλάσιον add. ὂν AW   12 τὸ] τοῦ I[1]   ἀπὸ τῆς γῆς iterat I[1]   ἀπόστημα — τοῦ om. I   ὃ] οὗ AWa   13 αὐτῆς] αὐτοῖς A[1]   14 ἂν] ἄνω I   15 ἀλλήλοις a   οὕτως δ'] οὐ οὕτως AWa   15. 16 οἷόν τε] οἴονται I   16 ἥτις — νύξ post ἐκτείνεσθαι ponit I   18 μεῖζον AW   ᾖ post φωτιζομένης ponunt AWa   τοῦ φωτιζομένου I   οὗτος] οὕτως AWa   19 ἀπὸ om. AWa   20 κωνικὴν] κοινὴν a   τινα om. AW   συμβάλλουσιν AW: συμβάλλειν a   ἀλλήλαις AWa   23 ὅτι καὶ τὸ I   24 ἢ] ἡ I   32 εἶναι ταύτην coll. AW   καίτοι om. AWa   post τετάρτης add. δὲ I: fort. γε

μνημονεύσας, ἤτοι εἰς μίαν συνάγων τὰς τῶν Πυθαγορικῶν, οἳ ὁδὸν μὲν ἔλεγον τὸ γάλα, ἀλλ' οἱ μὲν τοῦ ἡλίου οἱ δὲ ἄστρου τινὸς τῶν ἐκπεσόντων ἐκ τοῦ οὐρανοῦ κατὰ τὴν ἐπὶ Φαέθοντος φθοράν, ἢ ταύτην τὴν δόξαν ὡς τέλεον κενήν τε καὶ μυθώδη παραιτούμενος. διὰ τοῦτο γὰρ οὐδὲ εἶπέ τι πρὸς αὐτὴν πρὸς τὰς ἄλλας λέγων, ὅτι ἱκανὴ καὶ ῥηθεῖσα μόνον τὸ ἄτοπον τὸ αὐτῆς δεῖξαι. ὅτι δὲ καὶ ἡ τῆς ἀνακλάσεως δόξα ἀδύνατος, δείκνυσιν οὕτως. ἐν οἷς κατὰ ἀνάκλασιν ὁρᾶταί τινα, ἐν τούτοις ἐὰν πάντα ἠρεμῇ, τό τε ὁρῶν καὶ τὸ ἔνοπτρον καὶ τὸ ὁρώμενον (τὸ δὲ ἅπαν ἐπήνεγκε δηλωτικὸν τοῦ εἰ πᾶν καὶ ἕκαστον τῶν εἰρημένων ἠρεμοίη) ἀνάγκη ἐν τῷ αὐτῷ σημείῳ τε καὶ μέρει τοῦ ἐνόπτρου τὸ αὐτὸ μέρος τῆς ἐμφάσεως φαίνεσθαι. πάντων γάρ, δι' ὧν ἡ ἔμφασις καὶ οἷς καὶ ὧν, ἠρεμούντων ἀνάγκη καὶ τὴν ἔμφασιν ἠρεμεῖν καὶ ἐν τῷ αὐτῷ φαίνεσθαι. εἰ δὲ ἡ μὲν ὄψις μένοι, κινοῖτο δὲ καὶ τὸ ἔνοπτρον καὶ τὸ ὁρώμενον, προσέτι δὲ τὸ ὁρώμενον πρὸς μὲν τὸ ὁρῶν τὸ αὐτὸ διάστημα φυλάσσοι, πρὸς δὲ τὸ ἔνοπτρον μηκέτι, ἀλλὰ μὴ ἰσοταχῶς αὐτῷ κινοῖτο καὶ συμμεταβαίνοι, ἀδύνατον τὴν αὐτὴν ἔμφασιν κατὰ τὸ αὐτὸ μέρος γίνεσθαί τε καὶ ὁρᾶσθαι τοῦ κατόπτρου. τῷ μὲν γὰρ ἀνισοταχῶς κινεῖσθαι τό τε κάτοπτρον καὶ τὸ ὁρώμενον ἄλλοτε κατ' ἄλλο μέρος τοῦ κατόπτρου ἡ ἔμφασις ὁραθήσεται, ἄλλην σχέσιν αὐτῶν πρὸς ἄλληλα διὰ τὴν ἄνισον κίνησιν λαμβανόντων· τῷ δὲ μὴ τὸ αὐτὸ διάστημα φυλάσσειν αὐτὰ πρὸς ἄλληλα, ἀλλὰ ποτὲ μὲν πλεῖον ἀφίστασθαι, ποτὲ δ' ἐγγυτέρω γίνεσθαι μεταβάλλει καὶ ἡ ἔμφασις· πορρωτέρω μὲν γὰρ ἀφισταμένου τοῦ ὁρωμένου ἐν βάθει μᾶλλον τοῦ κατόπτρου τὸ ὁρώμενον ὁραθήσεται, εἰ δὲ ἐγγυτέρω προσίοι τῷ κατόπτρῳ, ἐγγυτέρω τῆς ἐπιφανείας τοῦ κατόπτρου καὶ ἡ ἔμφασις φανήσεται. ἢ τὸ πρὸς ἄλληλα δὲ μὴ ἰσοταχῶς μηδὲ ἐν τῷ αὐτῷ διαστήματι εἶπεν οὐ τὴν κατὰ βάθος αὐτῶν ἀπόστασιν λαμβάνων διαφέρουσαν γίνεσθαι, ἀλλὰ τὴν κατὰ τὴν ἄνισον κίνησιν· παραλλαγὴ γὰρ ἔσται τοῦ διαστήματος, εἰ μὴ ὁμοίως ἀλλήλοις ἀμφότερα συμπεριφέροιτο. οὕτω γὰρ δυνήσεται ἀμφότερα σώζειν πρὸς τὸ ὁρῶν τὸ ἴσον διάστημα, εἰ μὴ κατὰ βάθος μεθισταῖτο προσιόντα ἀλλήλοις καὶ πάλιν ἀφιστάμενα, ἀλλὰ κατὰ μόνην τὴν ἀνισοταχῆ μετάβασιν. τούτων δ' οὕτως ἐχόντων, κινουμένων ἐπὶ τῶν προκειμένων τοῦ τε λεγομένου κατόπτρου καὶ τοῦ ὁρωμένου, ἐφ' ὃ φασι γίνεσθαι τὴν ἀνάκλασιν, καὶ μενόντων τῶν ὁρώντων, εἰ κατὰ ταὐτὸν ὁρῷτο τὸ ὁρώμενον, οὐκ ἀνάκλασις εἴη ἂν τὸ γινόμενον. ἀλλὰ μὴν ἐπὶ τοῦ γάλακτος ἡμῶν μὲν τῶν ὁρώντων ἠρεμούντων καὶ ἴσον ἀφεστώτων ἑκατέρου, τοῦ τε

---

2 ἄλλοι μὲν I ἐμπεσόντων AW 4 τί AI 7 ἠρεμεῖ a 8 ἅπαν —εἰρημένων (9) om. I 9 εἰ πᾶν] εἰπεῖν a καὶ supra vers. add. A 10 post τε add. ὃν Wa 11 καὶ post οἷς om. a 13 μένοι om. I δὲ post κινοῖτο om. I 15 μὴ] μηδ' AWa κινῶτο I: κινεῖται a μεταβαίνοι A 16. 17 τοῦ κατόπτρου—καὶ τὸ om. I 17 ἰσοταχῶς Wa 26 ἀπόστασιν αὐτῶν coll. AWa 27 τὴν post ἀλλὰ scripsi: τῶν I: om. AWa παραλλαγὴ] παράλληλα I 29 ἄνισον AWa 30 μεθίστατο I: μεθίσταται τὸ W: μεθίσταται a 33 εἰ—ὁρῷτο] κατ' αὐτὸν ὁρώντων I κατὰ ταὐτόν] κατ' αὐτὸ Aa ὁρώμενον] φαινόμενον a 34 ἂν om. AWI 35 τῶν] τὸ A

δοκοῦντος κατόπτρου, καὶ τοῦ δι' αὐτοῦ ὁρωμένου (κέντρου γὰρ ἡ γῆ λόγον ἐπέχει, καὶ περὶ αὐτὴν κινεῖται τὰ κύκλῳ κινούμενα, ἴσον ἕκαστον αὐτῆς ὡσανεὶ κέντρου ἀπέχοντα) τὰ δὲ ἄστρα τὰ ἐν τῷ τοῦ γάλακτος κύκλῳ ὄντα κινεῖται, τουτέστι τὸ κάτοπτρον· εἰ γὰρ ὁ κύκλος περὶ ἐκεῖνα, ἐκεῖνα δὲ κινεῖται, ἀνάγκη καὶ τὸν κύκλον κινεῖσθαι, ὃν ὡς κάτοπτρον λαμβάνουσι· κινεῖται δὲ καὶ ὁ ἥλιος, ὃν ὁρᾶσθαι λέγουσιν ἐν τῷ τοῦ γάλακτος κύκλῳ ἐπ' αὐτὸν γινομένης τῆς ἀνακλάσεως. καὶ οὐχ ἰσοταχῶς κινεῖται, οὗ σημεῖον παρέθετο τὸ τὸν δελφῖνα, περὶ ὃν καὶ αὐτὸν ὄντα ἐν τοῖς ἀπλανέσιν ὁ τοῦ γάλακτος κύκλος ἐστί, ποτὲ μὲν ἕωθεν ἐπιτέλλειν, ποτὲ δὲ μέσων νυκτῶν. καίτοι εἰ ἰσοταχῶς ἐκινεῖτο τῷ ἡλίῳ, ἀεὶ ἂν ἕωθεν ἐπέτελλεν ἢ ἀεὶ μεσονυκτίου· οὕτως γὰρ ἂν καὶ τὴν αὐτὴν σχέσιν καὶ τὸ αὐτὸ διάστημα πρὸς τὸν ἥλιον ἔσωζε. κινουμένων δὲ τούτων οὕτως ὅμως οὐδὲν ἧττον τὸ γάλα ἀεὶ κατὰ τὰ αὐτὰ μέρη καὶ κατὰ τοὺς αὐτοὺς ἀστέρας ὁρᾶται. καίτοι εἰ ἦν ἔμφασις καὶ μὴ ἐν αὐτῷ τι τῷ ὁρωμένῳ ἴδιον ὃν ὑπῆρχε τὸ ὁρώμενον, οὐκ ἔδει τοῦτο γίνεσθαι. προστίθησι δέ τι τοῖς προειρημένοις καὶ ἄλλο, ἀναιρετικὸν ὂν τῆς προειρημένης δόξης, τὸ νύκτωρ ἐν ὕδατι καί τισι τοιούτοις ἐνόπτροις τὸ γάλα ἐμφαίνεσθαι· ἄτοπον δὲ εἶναι τὸ λέγειν καὶ τότε τὴν ὄψιν ἀνακλᾶσθαι ἀπὸ τοῦ ὕδατος ἐπὶ τὸν ἥλιον. εἰ γὰρ τοῦτο ἐγίνετο, οὐκ ἔδει τὸν κύκλον τὸν τοῦ γάλακτος εἶναι τὸν ἐμφαινόμενον, τὸν τὴν ἀρχὴν μηδὲ ὁρώμενον, ἢ ἀπὸ μὲν τοῦ ὕδατος λέγειν ἐπὶ τὸ γάλα γίνεθαι τὴν ἀνάκλασιν, ἀπὸ δὲ τούτου πάλιν ἐπὶ τὸν ἥλιον· λίαν γὰρ ἄτοπος ἡ διπλῆ ἀνάκλασις διὰ τὸ διάστημα. ὅτι μὲν οὖν οὔτε ὁδὸς τῶν πλανήτων οὐδενός. ἱστορήσας τὰς προκαταβεβλημένας δόξας καὶ δείξας πάσας ψευδεῖς τε καὶ ἀδυνάτους ὑπομιμνήσκει τῶν εἰρημένων τε καὶ δεδειγμένων.

p. 345b31 Ἡμεῖς δὲ λέγομεν ἀναλαβόντες τὴν ὑποκειμένην ἀρχὴν ἡμῖν. |

Τὴν αὑτοῦ δόξαν τίθησι διὰ τούτων, προσχρῆται δὲ τοῖς προειρημένοις. 82v ἔκειτο δὲ αὐτῷ τό τε ἔσχατον τοῦ ἀέρος καὶ ἐπιπολάζον αὐτῷ εἶναι δυνάμει πῦρ, τουτέστι θερμὴ καὶ ξηρὰ ἀναθυμίασις καὶ ἐπιτήδειος πρὸς ἔξαψιν. κινουμένου δὴ τοῦ ἀέρος καὶ διακρινομένου ὑπὸ τῆς τῶν οὐρανίων περιφορᾶς ἡ προειρημένη ἀναθυμίασις ἀποκρίνεται ἀπ' αὐτοῦ καὶ μετεωρίζεται. ἡ δὴ πυκνοτέρα τε καὶ παχυτέρα ἀναθυμίασις τοιαύτη ἐστὶν ὡς ἀπ' αὐτῆς

3. 4 τὰ δ' ἐν τῷ τοῦ γάλακτος κύκλῳ φερόμενα ἄστρα κινεῖται ex Arist. A   3 δὲ] γε a   5 ὃν ὡς scripsi: ὃν ὡς I: ἐν ᾧ τὸ AWa   6 κινεῖται δὲ — λέγουσιν om. I   7 ἀναθυμιάσεως A   8 τὸ om. AW   περὶ ὃν] περιὸν I   9 ἐπιτέλλοντα A: ἐπιτέλειν a   11 καὶ post ἂν om. AWa   14 μὴ ἐν] μηδὲν AWa   ὃν om. I   τὸ ὁρώμενον ex τῷ ὁρωμένῳ corr. I   15 ὂν om. I   18. 19 τὸν τοῦ γάλακτος κύκλον a   21 ἄτοπον A   21. 22 διὰ τὸ διάστημα in marg. add. I   22 ὅτι — οὐδενός om. a   οὔτε] οὐδὲ W   23 post ἱστορήσας add. δὲ a   25 λέγομεν I Arist. E: λέγωμεν AWa Arist. vulg.   27 αὐτοῦ W   τίθησι] προστίθησι AWa   28 δὲ] γὰρ a   αὐτῷ] αὐτὴν a   30 δὴ] δὲ AWa   32 δὴ om. AWa   τε] δὲ a

γίνεσθαι τοὺς κομήτας κατὰ τὸν ἀποδεδομένον τρόπον. ἐπεὶ δὲ τῶν κομητῶν οἱ μέν τινες καθ' αὑτοὺς συνίστανται, ὡς προείρηται, οἱ δὲ ὑπό τι ἄστρον ἢ τῶν ἀπλανῶν ἢ τῶν πλανωμένων, ᾧ κινουμένῳ καὶ συμπεριφέρονται, ὡς δοκεῖν τοῦ ἄστρου τὴν κόμην εἶναι, ἐπὶ τοσοῦτον διαμένοντες, ἐφ' ὅσον κάτωθέν τις αὐτοῖς ἀπὸ τοῦ ἀέρος χορηγία γίνεται ἀναφερομένης κατ' αὐτοὺς ἀπ' αὐτοῦ εὐκράτου τε πρὸς ἔξαψιν καὶ εὐκαίρου ἀναθυμιάσεως, δεῖ, φησί, καὶ ἐπὶ τοῦ γάλακτος τοιοῦτον τὸ γινόμενον ἐπινοῆσαι, ὁποῖον ἐπὶ τῶν κομητῶν, τῶν ὑπὸ | τῶν ἄστρων συνισταμένων. ὡς γὰρ τῷ 83r ἡλίῳ πολλάκις ἡ ὑπ' αὐτὸν γινομένη σύστασις, ἀφ' ἧς ἡ ἅλως κατὰ τὴν πρὸς τὸν ἥλιον ἀνάκλασιν γίνεται, κινουμένῳ συμπεριφέρεται ἐπὶ πολύ, ἀλλὰ καὶ τῇ σελήνῃ, οὕτως οἵ τε κομῆται τοῖς ἄστροις, ὑφ' ἃ συνίστανται, ταύτῃ διαφέροντες τῆς ἅλω, ὅτι ἐκείνη μὲν ἐξ ἀνακλάσεως φωτίζεται, οἱ δὲ κομῆται ἐν αὑτοῖς τὸ φῶς ἔχουσιν, ὡς προείρηκεν, ἐπεὶ ἄμφω γε ἀναθυμιάσεις πυκναί τε καὶ ξηραί· ἀλλὰ καὶ τὸ γάλα ὁμοία τις ἀναθυμίασις τῇ κόμῃ. ὃ γὰρ ἐπ' ἐκείνων ἡ περὶ ἓν ἄστρον ἀναθυμίασις τοιαύτη γενομένη κομήτην ποιεῖ, τοῦτο περὶ τοὺς ἀστέρας ἅμα γενόμενον τοὺς καθ' ὃ τὸ γάλα φαίνεται τὸν καλούμενον ποιεῖ γαλαξίαν κύκλον. ὃ γὰρ περὶ ἕνα ἀστέρα γίνεται, τοῦτο καὶ περὶ ὅλον τὸν οὐρανὸν ὑποληπτέον γίνεσθαι, τουτέστι τὸ κυκλοφορικὸν σῶμα· τοῦτο γὰρ ἐδήλωσεν εἰπὼν καὶ τὴν ἄνω φορὰν ἅπασαν. ἐπεὶ γὰρ οὐρανὸς καὶ ὁ σύμπας κόσμος καλεῖται, καλεῖται δὲ καὶ τὸ θεῖον σῶμα πᾶν, ἀλλὰ καὶ ἡ ἀπλανὴς σφαῖρα, ἐπὶ τίνος ἐχρήσατο τῷ τοῦ οὐρανοῦ ὀνόματι, ἐδήλωσε τῇ προσθήκῃ· ἐπὶ γὰρ τῆς ἀπλανοῦς. εἰπὼν δὲ ὃ καθ' ἕνα τῶν ἀστέρων συμβαίνει, ὡς παρὰ τὴν ἐκείνου κίνησιν τὴν ὑπ' αὐτὸν ἀναθυμίασιν, εἰ εὔκρατος εἴη καὶ πυκνὴ πρὸς ἔξαψιν, ἐξάπτεσθαι, τοῦτο δὲ εὔλογον καὶ ἐπὶ παντὸς τοῦ οὐρανοῦ γίνεσθαι, τουτέστι τῆς ἀπλανοῦς σφαίρας καὶ πάσης τῆς περιφορᾶς, ὅτι εὔλογον τὸ εἰρημένον παρέστησεν. εἰ γὰρ ἡ ἑνὸς ἄστρου κίνησις ποιεῖ τι τοιοῦτον, εὔλογον καὶ τὴν τῶν πάντων τοῦτο δύνασθαι ποιεῖν, ὡς ἐκριπίζειν τε καὶ ἐξάπτειν τὴν ὑπ' αὐτοὺς ἀναθυμίασιν καὶ συνεφέλκεσθαι. εὐλογώτερον δὲ μᾶλλον τὸ τοιοῦτον γίνεσθαι καθ' ὃ μέρος τοῦ οὐρανοῦ πλεῖστοι καὶ πυκνότατοι καὶ μέγιστοι ἀστέρες εἰσί. δείξας δ' ὅτι καθ' ὅλον τὸν οὐρανὸν εὔλογον τὸ προειρημένον γίνεσθαι, ἑξῆς τὴν αἰτίαν ἀποδίδωσι τοῦ κατὰ μέν τι

---

1 ἀποδεδομένον] εἰρημένον AWa 2 οἱ μέν om. I ὡς προείρηται om. I post οἱ δὲ add. καὶ AWa 3 ἢ prius om. AWa ᾧ om. I 4 διαμένοντος AI 5 κάτωθεν τῆς αὐτῆς I 6 εὐκράτου τε] εὐκρατοῦται I 7 δεῖ] διὸ AW καὶ om. AWa 8 ὑπό τε τῶν I 10 κινουμένων A[1] 11 οἵ τε] ἥ τε a ὑφ' ἃ om. AWa ὑφίστανται AWa 13 αὐτοῖς AIa 14 ἀναθυμιάσεις a 16 γινομένη A γινόμενον AWa 17 τὸ om. I ὃ γὰρ — γίνεσθαι (18)] ἀέρα τε καὶ διακρίνει διὰ τὸ τοῦ κύκλου μέγεθος A 20 καὶ γὰρ οὐρανὸς coll. I καλεῖται semel AWa 21 ἐπί τινος I 23 ὃ] ὅτι a: ὃ καὶ W: fort. ὅτι ὃ ἄστρων IW 25 τοῦτο δὲ] ταύτην AWa: fort. τοῦτο δὴ 26 post ὅτι add. δὲ AW 27 τι om. AW 28 ἐκρίπτειν I 29 αὐτοὺς] αὐτῆς I εὐλογώτερον — εἰσί (31) om. A 30 πυκνότεροι AWa 32 ἐξ ἧς W ἀποδίδωσι] προστίθησι AWa 32 τι μὲν coll. a

αὐτοῦ τὸ τοιοῦτον πάθος ὁρᾶσθαι καὶ μένειν, κατὰ δέ τι μή. κατὰ μὲν δὴ τὸν ζῳδιακόν φησι μὴ μένειν τὴν τοιαύτην ἀναθυμίασίν τε καὶ σύστασιν, καίτοι ὄντα ἐν τῇ ἀπλανεῖ· οὐχ ὅτι μὴ γίνεται, ἀλλ' ὅτι κατὰ τοῦτον ὅ τε ἥλιος καὶ οἱ ἄλλοι πλάνητες κινούμενοι διακρίνουσι καὶ λεπτύνουσι τὴν τοιαύτην σύστασιν. διὰ τοῦτο γάρ, ὡς προείρηται, καὶ οἱ πολλοὶ τῶν κομητῶν ἐκτὸς τῶν τροπικῶν συνίστανται, ὅτι, φησί, μηκέτι κατὰ τοῦτον οἱ πλάνητες φέρονται· οὐ γὰρ ἐκβαίνουσι τὸν ζῳδιακόν, ὃς τῶν τροπικῶν ἐφάπτεται μόνον. ὅτι δὲ εὐλόγως ὑφ' ὃν οἱ πλάνητες κινοῦνται, ὑπὸ τοῦτον οὐ γίνεται τὸ γάλα, σημεῖον παρέθετο τὸ μηδὲ ὑπὸ τὸν ἥλιόν ποτε μηδὲ ὑπὸ τὴν σελήνην κόμην συνίστασθαι, τῷ θᾶττον διακρίνεσθαι ὑπὸ τούτων τὰς τοιαύτας ἀναθυμιάσεις ὡς πάνυ θερμῶν, ὡς κωλύεσθαι τὴν σύστασιν αὐτῶν. εἰ δὲ ὑπὸ τούτους μὴ γίνεται τοιαύτη σύστασις, οὐδ' ἂν κατὰ τὸν κύκλον τοῦτον γίνοιτο, καθ' ὃν οὗτοι περιφέρονται, οὐχ εἷς ἀλλὰ πάντες. ὁ δὲ κύκλος οὗτος, καθ' ὃν φαίνεται τὸ γάλα, μέγιστός ἐστι, καθὼς καὶ ὁ ζῳδιακός· ἔτι δὲ καὶ τῇ θέσει τοὺς τροπικοὺς ὑπερβάλλει· ἔστι μὲν γὰρ λοξὸς καὶ αὐτός, καὶ οὐ διὰ τῶν πόλων, ὑπερβάλλει μέντοι τοὺς τροπικοὺς καὶ ἄλλων τινῶν κύκλων ἐφάπτεται οὐ πόρρω τῶν πόλων ὄντων καὶ κεῖται τοῦ ζῳδιακοῦ ἐκ πλαγίων, ὡς μὴ κατ' αὐτὸν κινεῖσθαι τοὺς πλάνητας· ἔτι τε πλείους ἀστέρας ἔχει· πλήρης γὰρ ὁ τόπος φαίνεται ὧν μεγίστων τε καὶ λαμπροτάτων ἄστρων, καὶ ἔτι τῶν σποράδων καλουμένων. εἴη δ' ἂν ἄστρα μὲν λέγων, ἃ δοκεῖ ἀναπληροῦν τι μέρος τῶν κατηστερίσθαι δοκούντων, οἷον τῆς ἄρκτου ἢ τοῦ 'Ωρίωνος ἢ τῆς παρθένου ἢ τοῦ στεφάνου ἢ τινος ἄλλου, ὧν καὶ Ἄρατος μνημονεύει, σποράδας δὲ τοὺς καθ' αὑτοὺς ὄντας, περὶ ὧν καὶ Ἄρατος οὕτως μνημονεύει λέγων "ἄλλοι δὲ σποράδην ὑποκείμενοι ὑδροχοῆϊ". διὰ ταῦτα δὴ εὔλογόν ἐστιν ἀεί τε καὶ συνεχῆ κατὰ τούτους τὴν τοιαύτην ἀναθυμίασιν ἀθροίζεσθαι. σημεῖον δέ· καὶ γὰρ αὐτοῦ τοῦ κύκλου. σημεῖον ποιεῖται τοῦ διὰ τὸ πλῆθος τῶν κατὰ τοῦτο ἄστρων συνισταμένην τὴν ἀναθυμίασιν καὶ ἀθροιζομένην τε καὶ ἐξαπτομένην ποιεῖν τὸν τοῦ γάλακτος κύκλον τὸ καὶ αὐτοῦ τοῦ κύκλου τούτου πλείω τὴν σύστασιν καὶ πλεῖον τὸ φῶς εἶναι ἐν τῷ ἑτέρῳ ἡμικυκλίῳ, καθ' ὃ καὶ διπλόην τινὰ ἔχων ὁ γαλαξίας ὁρᾶται, ἐν ᾧ καὶ

---

1 ὁρᾶσθαι τὲ καὶ AWa τι δὲ coll. a 2 φασὶ A καίτοι — σύστασιν (5) om. a 5 supra πολλοὶ scr. λοιποὶ I[1] 6 φησί om. AWa τούτων A 8 μόνων AI τούτων A[1] 9 τὸ ante γάλα om. a μηδὲ τὴν ὑπὸ τὴν W 10 τῷ] τὸ W τούτων] τῶν τοιούτων I 11 ὡς — θερμῶν om. I post αὐτῶν add. εἶναι AWa 13 γένοιτο AWa οὐχ — πάντες om. I 14 μέγιστός τέ ἐστι Wa post ἐστι add. τουτέστιν ὑπὸ τοὺς ἀπλανεῖς ἀστέρας καὶ ὑπό τινα κύκλον τῶν μεγίστων συνιστάμενον καὶ οὕτως ἔχοντα AWa καθὼς καὶ] ὥσπερ καὶ A: καὶ W: ὡς a 16 post πόλων add. ὧν Wa 18 ἔτι] ὅτι AW 19 τε] δὲ AWa 21 μέρος om. AWa κατηστερεῖσθαι I post κατηστερίσθαι add. τι A[1]Wa: eras. A[2] 23. 24 μνημονεύει — Ἄρατος om. I 24 μνημονεύει λέγων] λέγει I ἄλλοι δὲ κτλ.] Phaenom. 388 25 ὑδροχοῆϊ scripsi: ὑδροχοῆ A (qui porro scr. ἰδία): ὑδροχόοιο IWa ταῦτα om. AIW ἐστιν om. AWa 26 συνεχῶς a 27 καὶ γὰρ — σημεῖον om. Aa 31 καὶ post ᾧ om. I

πλείω καὶ πυκνότερα τὰ ἄστρα ὁρᾶται ὄντα. ἐν γὰρ τούτῳ πλείω ὁρᾶται ὄντα ἄστρα ἢ ἐν τῷ ἑτέρῳ ἡμικυκλίῳ, ὡς διὰ τὰ ἄστρα καὶ τὴν τούτων φορὰν τοῦ τὸν γαλαξίαν ποιοῦντος φέγγους γινομένου. εἰ γὰρ γίνεταί τε ἐν τῷ κύκλῳ τούτῳ, ἐν ᾧ πλεῖστα ὁρᾶται ἄστρα, καὶ αὐτοῦ τούτου πάλιν πλεῖον γίνεται ἐν ᾧ πλείους τε καὶ μείζους οἱ ἀστέρες, εὔλογον τὰ ἄστρα καὶ τὴν τούτων κίνησιν τοῦ πάθους τοῦ κατὰ τὸν γαλαξίαν καὶ τῆς τοιαύτης συστάσεως αἴτια εἶναι. ἑξῆς δὲ καὶ διὰ καταγραφῆς πειρᾶται δεικνύναι τόν τε κύκλον τὸν ὑφ' ὃν ὁ γαλαξίας συνίσταται καὶ τὰ ἐν αὐτῷ ἄστρα, σύμφωνα δεικνὺς τοῖς φαινομένοις τὰ εἰρημένα. ἐπεὶ δὲ οἱ μὲν ἄλλοι ἀστέρες οἱ τῶν δοκούντων κατηστερίσθαι, τάξιν τινὰ οἰκείαν καὶ χώραν ἔχουσιν, ὡς δύνασθαι τὴν θέσιν αὐτῶν καὶ διὰ καταγραφῆς δείκνυσθαι, οἱ δὲ καλούμενοι σποράδες οὐκ εἰσιν ἐν ὡρισμένῃ τάξει, διὰ μὲν τῆς καταγραφῆς οὐ δείκνυσι τούτους ὄντας ἐν τῷ κύκλῳ καθ' ὃν τὸ γάλα, γνώριμον δέ φησιν αὐτῶν εἶναι τὸ ἐν τῷ κύκλῳ τούτῳ πλῆθος ἀναβλέπουσιν εἰς τὸν οὐρανόν. ἐν γὰρ μόνῳ τούτῳ τῷ κύκλῳ τῶν ἐν τῇ ἀπλανεῖ τὰ μεταξὺ τῶν ἄλλων ἄστρων πλήρη τοιούτων ἀστέρων ἐστίν· ἐν δὲ τοῖς ἄλλοις κύκλοις φανερά ἐστι διαλείμματα ὄντα κενὰ ἄστρων. εἰπὼν δὲ ταῦτα περὶ τοῦ γάλακτος ἐπιφέρει ὅτι εἰ ἡ περὶ τῆς τῶν κομητῶν συστάσεως δόξα εἰρημένη καὶ ἡ ἀποδεδομένη αἰτία μετρίως εἰρῆσθαι δοκεῖ, τὸν αὐτὸν τρόπον ὑπολαμβάνειν | δεῖ καὶ τὸ γάλα συνίστασθαι. ὃ γὰρ ἐπ' 83r ἐκείνων περὶ ἕνα ἀστέρα γίνεται, τοῦτο ἐπὶ τοῦ γάλακτος περὶ ἕνα κύκλον ὅλον ἡγητέον γίνεσθαι. ἀποδίδωσι δὲ καὶ ὁριστικόν τινα λόγον τοῦ γάλακτος· εἶναι γάρ φησι τὸ γάλα τὴν τοῦ μεγίστου κύκλου κόμην διὰ τὴν ἔκκρισιν, τουτέστι τὴν γινομένην διὰ τὴν ἔκκρισιν. διὰ τὸ γάλα δὲ καὶ τὴν αὐτόθι ἀποκρινομένην τε καὶ ἀθροιζομένην συνεχῶς ἀναθυμίασιν οὐδὲ πολλούς φησι κομήτας συνίστασθαι, διὰ τὸ καθ' ἑκάστην περίοδον τὴν τοιαύτην ἀναθυμίασιν εἰς τοῦτον ἀποκρίνεσθαι τὸν τόπον. περὶ μὲν οὖν τῶν γινομένων· ὑπομιμνήσκει περὶ ὧν εἴρηκεν. εἰπὼν δὲ τῷ περὶ τὴν γῆν κόσμῳ, ὅσπερ ἐστὶν ὁ ἐν γενέσει καὶ φθορᾷ, προσέθηκε τὸ τῷ συνεχεῖ ταῖς φοραῖς. οὐ γὰρ περὶ πάντων εἴρηκε τῶν γινομένων ἐν τῷ περὶ τὴν γῆν κόσμῳ, ἀλλὰ περὶ μόνων τῶν ἐν τῷ μέρει αὐτοῦ, ὅ ἐστι μετὰ τὰς τῶν οὐρανίων φορὰς ἁπτόμενον αὐτῶν· τὸ γὰρ ἁπτόμενον συνεχὲς εἶπεν. ἦν δὲ τοῦτο ἡ ξηρὰ καὶ θερμὴ ἀναθυμίασις.

2 ὄντα ἄστρα] τὰ ἄστρα ὄντα a 3 φέγγου a τε om. I 5 πλείω AI οἱ om. AWa 7 αἰτίαν I 9 σύμφωνα om. a δεικνῦναι I 10 κατηστερεῖσθαι I 10. 11 καὶ χώραν οἰκείαν coll. a 13 τούτοις a 15 τῶν κύκλων AWa ἐν τῷ IW 16 ἄστρων om. I ἀστέρων εἰσίν Aa 17 ὄντα καὶ κενὰ I τῶν ἄστρων a 18 ἡ om. a 19 εἰρημένους a καὶ εἰ ἡ AWa 21 τοῦ om. AWa ἕνα ante κύκλον om. AWa 21. 22 ὅλον κύκλον coll. AWa 23 ante τοῦ ras. III litt. A 26 καθ'] καὶ A 27. 28 περὶ — γινομένων] εἶτα a 28. 29 τὸν et κόσμον I 30 ταῖς ἄνω φοραῖς a 31 τὴν om. I 32 αὐτῶν scripsi: αὐτοῦ libri 33 ἡ om. AWa

p. 346b16 Περὶ δὲ τοῦ τῇ θέσει μὲν δευτέρου τόπου μετὰ τοῦτον.

Τίς ἐστι δεύτερος μὲν μετὰ τὸν συνεχῆ ταῖς φοραῖς, πρῶτος δὲ περὶ τὴν γῆν τόπος, αὐτὸς ἐξηγήσατο διὰ τοῦ οὗτος γὰρ κοινὸς ὕδατός τε τόπος καὶ ἀέρος. περὶ δὲ τὴν ἄνω γένεσιν αὐτοῦ εἶπεν, ὅτι πρῶτον λέγει περὶ τῶν γινομένων ἐν τούτοις ἄνω· ἐρεῖ γὰρ καὶ ὅσα περὶ ἀέρα τε καὶ ὕδωρ κάτω γίνεται καὶ ὑπὸ γῆν. καθόλου δέ φησι δεῖν καὶ ἐπὶ τούτων καὶ τῶν ἐν τούτοις γινομένων πάντων τὰς αἰτίας πρῶτον λαβεῖν, τήν τε ὑλικὴν καὶ τὴν ποιητικήν τε καὶ κινητικήν. κινητικὸν μὲν οὖν καὶ ποιητικὸν πάντων τῶν τοιούτων φησὶν εἶναι τὸν κύκλον, λέγων τὸν ζῳδιακόν· ἐν γὰρ τούτῳ καὶ κατὰ τοῦτον ὁ ἥλιος φερόμενος φανερῶς τὰ μὲν διακρίνει τῶν ὑποκειμένων σωμάτων λεπτύνων τά τε ὕδατα τὰ ἐπὶ τῆς γῆς καὶ αὐτὴν τὴν γῆν καὶ τὰς ἀναθυμιάσεις ποιῶν πλησίον γινόμενος αὐτῶν, τὰ δὲ συγκρίνει πάλιν ἀφιστάμενος πόρρω· τότε γὰρ συγκρίνεται ἡ ὑγρὰ ἀναθυμίασις εἰς νέφη τε καὶ ὕδατα. τῇ γὰρ προσόδῳ τε καὶ ἀφόδῳ τῶν ἐναντίων παθῶν αἴτιος γίνεται, καὶ ποτὲ μὲν γενέσεως, ποτὲ δὲ φθορᾶς. εἰπὼν δὲ τὸν ἥλιον ποιητικὸν τῶν παθῶν τε καὶ τῶν γινομένων ἔν τε τῷ τοῦ ὕδατος καὶ τῷ τοῦ ἀέρος τόπῳ γίνεσθαι, περὶ ὧν εἰπεῖν προτίθεται, ἑξῆς λέγει, πῶς οὗτος αἴτιος, καὶ ἅμα τίς ἐστιν ἡ ὡς ὕλη τούτων αἰτία μνημονεύει. μενούσης γὰρ ἐν μέσῳ τῆς γῆς τὸ περὶ αὐτὴν ὑγρὸν ὑπό τε τῆς ἀπὸ τοῦ ἡλίου θερμότητος καὶ ἀπὸ τῆς ἄλλης τῆς ἄνωθεν γινομένης λεπτυνόμενον καὶ ἀτμιδούμενον φέρεται ἄνω. ὅταν δὲ ἡ θερμότης ἡ ἐγκεκραμένη τῇ ἀναθυμιάσει ταύτῃ ἀπολείπῃ αὐτὴν ἢ τῷ ἐκκριθῆναι καὶ εἰς τὸ ἄνω ἀνενεχθῆναι (αὕτη γὰρ ἡ κατὰ φύσιν φορὰ τῆς τοιαύτης φύσεως) ἢ καὶ σβεσθεῖσα τῷ μετεωρισθεῖσα ἀπὸ τῆς γῆς ἐν ψυχροτέροις γενέσθαι τόποις (ψυχρότερος γὰρ ὁ τόπος, ὡς εἴρηκέ τε ἤδη καὶ ἐρεῖ, ὅπου παύονται αἱ ἀνακλάσεις αἱ ἀπὸ τῆς γῆς τῶν ἀκτίνων τοῦ ἡλίου γινόμεναι), συνίσταται πάλιν ἡ ἀτμὶς εἰς ὕδωρ καὶ μεταβαλοῦσα εἰς τοῦτο πάλιν φέρεται κάτω· αὕτη γὰρ τῷ ὕδατι ἡ κατὰ φύσιν φορά. ἔστι δὲ ἡ μὲν ἐξ ὕδατος μεταβολὴ καὶ ἡ ἐκ τούτου γινομένη ἀναθυμίασις ἀτμίς, ἡ δὲ ἐξ ἀέρος γινομένη σύγκρισις καὶ μεταβολὴ εἰς ὕδωρ νέφος. | τὴν δὲ ὁμίχλην φησὶν εἶναι τῆς 84r

6 post γῆν add. ἐκ γὰρ τῆς τῶν ὑπὸ γῆν γενέσεως πηγαί τε καὶ σεισμοί AWa τέ φησι AW 8 βαλεῖν A1 τε ante καὶ om. AWa 9 κύκλον in lac. om. A1 14 τε post νέφη om. AWa 15 παθῶν] παρών A καὶ om. I 16 τε post παθῶν om. A 17 τῷ om. I γίνεσθαι] κινεῖσθαι W: κινῇ (IV litt. erasae) A: om. a εἰπεῖν] εἶπεν I λέγει] λέγειν A1Wa: λέγειν τε I 18 καὶ—ἐστιν] ἐστι καὶ τίς AWa ὡς ὕλη] ὑλικὴ a 20 post ἀπὸ τῆς litura XII fere litt. W 22 ἀπολείπῃ scripsi: ἀπολείπει libri τῷ] τὸ I: τὴν a ἐκκριθῆναι ex corr. I 23 post φύσεως add. τῆς θερμῆς καὶ ξηρᾶς τῆς καπνώδους AWa 24 post ἐν add. τοῖς AWa 25 ψυχρότατος AWa ὁ om. AWa εἴρηκε—καὶ om. I 27 μεταβάλλουσα AWa 29 γενομένη AWa post ἀτμίς add. μεταξὺ οὖσα τοῦ τε ὕδατος, ἐξ οὗ μετέβαλε, καὶ τοῦ γινομένου (γενομένου a) ἐξ αὐτῆς AWa γινομένη post ἀέρος om. AW 30 post νέφος add. τοῦτο γὰρ πάλιν μεταξὺ ἀέρος τε ἐξ οὗ, καὶ ὕδατος εἰς ὅ AWa

εἰς ὕδωρ συγκρίσεως καὶ μεταβολῆς τῆς νεφέλης περίττωμα· τὸ γὰρ ὑπολειφθὲν ὑπὸ τῆς νεφέλης ἐν τῇ εἰς ὕδωρ μεταβολῇ ὁμίχλη. γίνεται δὲ καὶ ἐν τῇ τῆς ἀτμίδος εἰς νέφος μεταβολῇ ὁμίχλη, τῆς ἀτμίδος μὴ ὁμοίως συγκριθείσης καὶ πιληθείσης. διὰ τοῦτο δέ φησι τὴν ὁμίχλην σημεῖον μᾶλλον εἶναι εὐδίας ἢ ὕδατος, ὅτι ἔστι τὸ μὴ δυνηθὲν τοῦ νέφους οὕτως πιληθῆναι, ὡς εἰς ὕδωρ μεταβαλεῖν· ὥσπερ γὰρ νεφέλην ἄγονόν φησιν εἶναι τὴν ὁμίχλην. γόνιμος μὲν γὰρ ἡ εἰς ὕδωρ μεταβάλλουσα· τοῦτο γὰρ αὐτῇ κατὰ φύσιν· ἡ δὲ μὴ ἔχουσα τοῦτο ἄγονος τοῦ κατὰ φύσιν. εἰπὼν δὲ τῆς τοιαύτης ἀναθυμιάσεώς τε καὶ πάλιν συγκρίσεως αἴτιον εἶναι τὸν ἥλιον λέγει κύκλῳ τὸ τοιοῦτον γίνεσθαι κατὰ τὴν τοῦ ἡλίου τοῦ ποιοῦντος αὐτὸ μίμησιν. ὡς γὰρ ἐκεῖνος εἰς τὰ πλάγια μεταβάλλων κινεῖται κύκλῳ, οὕτως καὶ ἡ τοιαύτη ἀναθυμίασις ἄνω φερομένη, ἔπειτα συνισταμένη εἰς νέφος καὶ ἐκ νέφους εἰς ὕδωρ μεταβάλλουσά τε καὶ κάτω φερομένη κύκλῳ κινεῖται. εἰκάζει δὲ τὸν κύκλον τοῦτον τὸν ἄνω καὶ κάτω γινόμενον τῆς ἀναθυμιάσεως ποταμῷ ῥέοντι συνεχῶς ἄνω τε καὶ κάτω, κοινὸν ὄντα ἀέρος τε καὶ ὕδατος. ἀναθυμιώμενος μὲν γὰρ καὶ ἄνω φερόμενος ἀήρ ἐστιν, ὕδωρ δέ, ὅταν ἐκ τούτου μεταβαλὼν κάτω φέρηται. πλησίον μὲν οὖν ὄντος τοῦ ἡλίου εἰς τὸ ἄνω ἡ ῥύσις τοῦ ποταμοῦ, ἀφισταμένου δὲ εἰς τὸ κάτω πάλιν. καὶ τοῦτο ἐνδελεχὲς λέγει γίνεσθαι κατά γε τὴν τάξιν· οὐ γὰρ οὕτως ἐνδελεχές, ὡς καὶ μὴ διαλείπειν, ἀλλ' οὕτως ἐνδελεχές, ὡς πρώτην μὲν τὴν εἰς τὸ ἄνω φορὰν γίνεσθαι τῆς ἀναθυμιάσεως αἰρομένης, μετ' ἐκείνην δὲ τὴν τοῦ ὕδατος εἰς τὸ κάτω· ὕλη γὰρ τοῦ ὕδατος ἡ ἀναθυμίασις γίνεται, ὥσπερ καὶ τὸ ὕδωρ πάλιν τῇ ἀναθυμιάσει. πιθανῶς δὲ καὶ τὴν τῶν ἀρχαίων δόξαν, ἣν εἶχον περὶ τοῦ Ὠκεανοῦ ὡς κύκλῳ τὴν γῆν περιρρέοντος ἀπείκασε τῇ τοιαύτῃ ῥύσει τε καὶ μεταβολῇ. λέγει δὲ καὶ οἰκείως τὰ ὀνόματα κεῖσθαι τῷ τε πάθει τοῦ καταφερομένου ὕδατος ἐκ τῆς τοῦ νέφους μεταβολῆς καὶ ταῖς διαφοραῖς αὐτοῦ· εἰ μὲν γὰρ κατὰ μικρὰ φέροιτο, ψεκὰς καλεῖται, ὅταν δὲ κατὰ μείζω καὶ ἀδρότερα, ὑετός.

Αἱ μὲν οὖν τοιαῦται ἀναθυμιάσεις τε καὶ μεταβολαὶ κατὰ τὰς ἐνιαυσίους ὥρας καὶ τὰς τοῦ ἡλίου τοιαύτας μεταβολὰς γίνεσθαι φιλοῦσι κατὰ τὰς κινήσεις αὐτοῦ, καθ' ἃς καὶ αἱ ὧραι τοῦ ἔτους διαιροῦνται. γίνεται δέ τις καὶ καθημερινὴ εἰς ἀτμὸν ἐκ τῆς περὶ τὴν γῆν ὑγρότητος μεταβολή, καὶ αὐτὴ τὴν ἀρχὴν λαμβάνουσα ἀπὸ τῆς τοῦ ἡλίου καθημερινῆς ὑπὲρ γῆς τε καὶ ὑπὸ γῆν πορείας, ἐκ δὴ τῆς καθημερινῆς ἀτμίδος,

3 μεταβολῆς A^1 4 ante καὶ add. τε AWa πληθείσης I 5 εἶναι μᾶλλον coll. AWa 7 et 13 μεταβαλοῦσα I 8 γὰρ] ἐν I post τοῦ add. τὴν νεφέλην AIW: fort. τῇ νεφέλῃ κατὰ φύσιν ὄντος 14 κινεῖται] γίνεται I τὸν post τοῦτον om. a 17 ὅταν ex ὅτι corr. I τούτων I 18 τὸν ἄνω A^1W 19 ἐνδελεχῶς AWa λέγει γίνεσθαι om. AWa γε om. I 22. 23 γὰρ τῷ ὕδατι a 25 τοιαύτης A 26 κεῖσθαι—πάθει om. I 26. 27 τοῦ καταφερομένου ὕδατος ex τῷ καταφερομένῳ ὕδατι corr. I^1 28 ἀθροτέρα Wa: ἀθρότερα τὲ I 30. 31 ἐνιαυσιαίους A 35 ὑπὲρ γῆν AWa δὴ] δὲ Aa

ὅση ἂν μὴ δυνηθῇ μετεωρισθῆναι ἐπὶ πλεῖον δι' ἀσθένειαν τοῦ ἀνάγοντος αὐτὴν θερμοῦ, τῷ ἔλαττον τοῦτο εἶναι τῆς ἀναφερομένης ἀτμίδος, ἣν ὕδωρ εἶπε διὰ τὸ ὑγρὰν οὖσαν αὐτὴν εἰς ὕδωρ μεταβάλλειν ῥᾳδίως· ἢ πρὸς τὸ ἀναγόμενον ὕδωρ εἶπεν ἀντὶ τοῦ πρὸς τὸ ἀναγόμενον εἰς τὸν τόπον τοῦτον ἐν ᾧ αὐτῇ εἰς ὕδωρ μεταβολή. ὅταν δὴ αὐτὴ μὴ δυνηθεῖσα ἐπὶ πλέον ἀνενεχθῆναι διὰ τὴν ἀσθένειαν τοῦ ἀνάγοντος αὐτὴν θερμοῦ ἐγγὺς τῆς γῆς ψυχθεῖσα νύκτωρ κατενεχθῇ, δρόσος τε καὶ πάχνη καλεῖται, διαφορὰ δ' αὐτῶν, ὅτι ἡ μὲν πάχνη γίνεται, ὅταν διὰ ψύχους ἡ ἀτμὶς αὕτη 84v παγῇ, πρὶν εἰς ὕδωρ μεταβαλεῖν· διὸ γίνεται ἡ πάχνη χειμῶνος καὶ ἐν τοῖς χειμεριωτέροις τόποις· δρόσος δὲ γίνεται, ὅταν τῷ μὴ πάνυ ψυχρὸν εἶναι τὸ περιέχον φθάσῃ ἡ ἀτμὶς πρὸ τῆς πήξεως εἰς ὕδωρ μεταβαλοῦσα κατενεχθῆναι. ὅταν γὰρ μήτε οὕτως θέρμη, ὥστε ξηρανθῆναι τὴν ἀναθυμίασιν, μήθ' οὕτως ψῦχος, ὡς παγῆναι, ἢ διὰ τὴν ὥραν τοῦ ἔτους ἢ διὰ τὸν τόπον τὸν ἐν ᾧ γίνεται, τότε γίνεται δρόσος. εἰπὼν δὲ τὴν μὲν πάχνην ἐν χειμῶνι καὶ ἐν τοῖς ψυχροτέροις γίνεσθαι τόποις, τὴν δὲ δρόσον ἐν εὐδιεινοτέροις καιροῖς καὶ τόποις, ὅτι ἡ πάχνη ὑπὸ μείζονος ψύχους γίνεται, ἔδειξε διὰ τοῦ τὸ θερμότητα πλείω ἔχον πλείονος πρὸς τὸ παγῆναι ψύχους δεῖσθαι. ἡ δὲ ἀτμὶς τοῦ ὕδατος θερμοτέρα, τῷ ἔτι ἔχειν ἐν αὐτῇ τὴν ἀνάγουσαν αὐτὴν θερμότητα. πρὸς δὴ τὸ ταύτην ἀδιάκριτον οὖσαν ἔτι παγῆναι πολλοῦ ψυχροῦ δεῖ. ἀμφότερα δέ φησι καὶ τὴν πάχνην καὶ τὴν δρόσον γίνεσθαι αἰθρίας τε καὶ νηνεμίας. αἰθρίας μὲν γὰρ μὴ οὔσης οὐκ ἂν ἡ ἀτμὶς ἀναφέροιτο· ξηρότητος γὰρ δεῖ πρὸς τὴν ἀναγωγὴν αὐτῆς καὶ λεπτότητος τῆς δι' οὗ ἀναφέρεται· ἀνέμου δὲ ὄντος οὐκ ἂν συνισταῖτο, ἀλλὰ διασκίδναιτο ἂν καὶ διαφθείροιτο. σημεῖον δὲ ποιεῖται τοῦ τὴν τούτων σύστασιν, δρόσου καὶ πάχνης, μὴ γίνεσθαι πόρρω τῆς γῆς μηδὲ ἐπὶ πολὺ μετεωριζομένης τῆς ἀτμίδος τὸ ἐπὶ τοῖς ὄρεσι μηδέτερον αὐτῶν γίνεσθαι. αἰτίας δὲ ἀποδίδωσι τοῦ μὴ γίνεσθαι ταῦτα ἐπὶ τῶν ὀρῶν μίαν μὲν ὅτι ἡ ἀτμὶς ἀνάγεται ἐκ τῶν κοίλων καὶ ἐφύδρων τόπων, ὡς ἂν ἐνταῦθα πλείστη γινομένη, ἡ δὲ θερμότης ἡ ἀνάγουσα αὐτήν, ἐλάττων οὖσα τῆς ἀναγομένης, ὡς φορτίον πλεῖον ἢ κατ' αὐτὴν φέρουσα ὀλίγον αὐτὴν μετεωρίσασα ἀφίησι πάλιν· ἄλλην δὲ ὅτι ὁ ἀὴρ ὁ ἐν τοῖς ὑψηλοτέροις καὶ ὁ πλησίον τῶν ὀρῶν ῥεῖ καὶ κινεῖται συνεχῶς συνεφελκόμενος καὶ αὐτὸς τῇ τοῦ παντὸς περιφορᾷ, τῇ κινήσει δὲ διακρίνει τὰς ἐν τούτοις τοῖς τόποις γενομένας ἀναθυμιάσεις· ὁ γὰρ κοῖλος ἀὴρ καὶ ὁ μεταξὺ τῶν ὀρῶν ἐστιν ὁ μὴ

---

1 μὴ om. A ἐπὶ] ἐπεὶ I post ἐπὶ add. quae v. 3—5 leguntur ἢ πρὸς τὸ ἀναγόμενον — εἰς ὕδωρ, sed rursus del. I[1] πλεῖον] τέλειον I τοῦ] αὐτοῦ A[1] 2 τῷ] τὸ AW: τοῦ I 4 ὕδωρ — ἀναγόμενον om. a εἰς] πρὸς a 5 αὐτῇ scripsi: αὐτὴ AWa: αὔτη I ante εἰς add. ἡ a μεταβολή] μὴ μᾶλλον I δὴ] δὲ W 7 post νύκτωρ add. ψυχρότεραι γὰρ αἱ νύκτες AWa 8 ψύχος AWa 11 φθάνῃ AWa μεταβάλλουσα A[1] 12 ὅτε a 13 ψῦχος] ψυχθῇ I 14 τὸν post τόπον om. a: τοῦ I 15 τοῖς et γίνεσθαι — εὐδιεινοτέροις (16) om. I 17 τὸ post τοῦ ex corr. A[2] πλείονα AWa πρὸς τὸ] ὥστε I 19 τοιαύτην A[1] 21 μὴ om. AIW 22 ξηρότερος AW 23 τῆς δι' οὗ] δι' ἧς I 29 θερμότης ἡ] ἡ θερμότης I 34 γινομένας a: γεννωμένας AW

συνεπισπώμενος ὑπὸ τῆς τοῦ παντὸς περιφορᾶς. λέγει δὲ καὶ γίνεσθαι τὴν δρόσον ἐν μὲν τοῖς ἄλλοις χωρίοις νοτίου τοῦ καταστήματος ὄντος ἀλλ' οὐ βορείου, ἐν δὲ τῷ Πόντῳ μόνῳ βορείοις ἀλλ' οὐ νοτίοις. οὗ αἰτίαν ἀποδίδωσιν ὅτι γίνεται μὲν ἡ δρόσος εὐδίας, οὐ χειμῶνος, ἔστι δὲ ἐν μὲν τοῖς ἄλλοις τόποις ὁ νότος εὐδιεινός, ὁ δὲ βορέας χειμερινός· διὰ τὴν ψυχρότητα οὖν ἐκ τῆς ἀναθυμιάσεως τῆς ἀνεχθείσης ἄνω ὑπὸ τῆς θερμότητος σβέννυσι τὴν θερμότητα, ἄλλως τε καὶ ὀλίγην οὖσαν· διὰ γὰρ ὀλιγότητα θᾶττον ἀπολείπουσα τὸ ἀναφερόμενον αἰτία γίνεται τῆς δρόσου· εὐψυκτότερον δὲ τὸ ὀλίγον· μὴ ἀναφερομένη δὲ οὐδὲ δρόσος γίνεται. ἐν δὲ τῷ Πόντῳ ὁ μὲν νότος εἰ καὶ θερμότερός ἐστι τοῦ βορέου, ἀλλ' οὐχ οὕτως γέ ἐστιν εὐδιεινός, ὡς ποιεῖν ἀναθυμιάσεις· ὁ δὲ βορέας διὰ τὴν ψυχρότητα ἀντιπεριίστησι τὸ θερμὸν εἰς τὴν γῆν, ἐν ᾗ πλεῖον γινόμενον ἀτμίζει. ὅτι δὲ ἡ ἀντιπερίστασις τοῦ θερμοῦ ἡ ὑπὸ τοῦ βορρᾶ γινομένη διὰ ψυχρότητα κατὰ γῆς ἀτμίζει, σημεῖον παρέθετο τὸ καὶ ἐν τοῖς ἄλλοις τόποις τοῖς παρὰ τὸν Πόντον τὰ φρέατα μᾶλλον ἀτμοὺς ἀφιέναι βορείων ὄντων ἢ νοτίων. εἰπὼν δὲ τοῦτο τοῦ γινομένης ἀτμίδος καὶ ἐν τοῖς ἄλλοις τόποις μᾶλλον βορείοις ἢ νοτίοις γίνεσθαι τὰς δρόσους νοτίοις, μηκέτι δὲ καὶ τοῖς βορείοις, ἣν ἔφθακεν εἰρηκέναι αἰτίαν ἀποδίδωσιν, ὅτι τοῖς μὲν βορείοις, πρὶν συστῆναι πλείονα τὴν ἀναχθησομένην ἀτμίδα, ὁ βορρᾶς ψύχει τὸ ἐν αὐτῇ θερμὸν διὰ ψυχρότητα, ἐν δὲ τοῖς νοτίοις ἐᾶται ἀθροίζεσθαι ἡ ἀναθυμίασις. ἐπιζητήσαι τις ἄν, διὰ τί οὐχὶ καὶ ἐν τῷ Πόντῳ ὁ βορρᾶς σβέννυσι τὸ ἐν τῇ ἀναθυμιάσει θερμόν, καὶ ταῦτα ψυχρότερος ὢν ἐκεῖ. ἢ κἀκεῖ σβέννυται μέν, ᾗ ἐλάττων· ὅταν δὲ διὰ τὴν ἀντιπερίστασιν τοῦ πλείονος θερμοῦ ἐκεῖ μᾶλλον γίνηται ἀθροωτέρα ἡ ἀναθυμίασις, δύναται οὖν κἂν ἐπ' ὀλίγον μετεωρίζεσθαι, ἀντέχοντος τοῦ ἐν αὐτῇ θερμοῦ διὰ πλῆθος πρὸς τὴν ἀπὸ τοῦ βορρᾶ ψυχρότητα· διὸ καὶ ὀλιγάκις γίνεται.

p. 347b11 Αὐτὸ δὲ τὸ ὕδωρ οὐ πήγνυται, καθάπερ ἐν τῷ περὶ τὰ νέφη τόπῳ.

'Απὸ τῶν περὶ τὰ νέφη τόπων τρία φησὶ σώματα συνιστάμενα διὰ 85r
ψῦξιν καταφέρεσθαι, ὕδωρ, χιόνα, χάλαζαν· γίνεσθαι δὲ περὶ τὴν γῆν πάχνην τε καὶ δρόσον, ὧν τὴν μὲν πάχνην ἀνάλογον εἶναι τῇ χιόνι καὶ διὰ τὴν αὐτὴν

1 συνεπισπώμενος ex corr. I² 3 βορείου ἀλλ' οὐ νοτίου AWa 5 εὐδινός I: εὐδεινός AW 6 ἐκ om. AWa 7 post γὰρ add. τὴν a 9 δὲ οὐδὲ] δὴ οὐ AWa post Πόντῳ add. φησὶν A 10 εἰ καὶ om. AWa γέ om a: τὲ I 11 εὐδιεινὸς ex corr. A²I²: εὐδεινὸς W post τὴν add. ἄγαν AWa 15 ἀτμοὺς] ἀτμίδας a 16 τοῦ] τὸ AWa 17 νοτίοις post δρόσους om. AIW δὲ om. I 18 ἣν om. AW πέφθακεν AWa 19 ἐνεχθησομένην A: ἀνενεχθησομένην Wa 21 ἐπιζητήσοι AIa τις ἄν] δ' ἄν τις a 23 ἔλαττον AWa 24 γίνηται scripsi: γίνεται AIa: γένηται W οὖν om. AWa 25 post ἀντέχοντος repetunt κἂν ἐπ' ὀλίγον AWa 29 τόπον a 30 κάτω φέρεσθαι A²: καὶ ἀναφέρεσθαι I (litt. να add. I²) post δὲ add. καὶ AWa

αἰτίαν γίνεσθαι, ὁμοίως δὲ καὶ τὴν δρόσον τῷ ὕδατι· μόνον γὰρ τὴν διαφορὰν εἶναι τούτοις τῷ μᾶλλον καὶ ἧττον καὶ πλήθει καὶ ὀλιγότητι. ὁ μὲν γὰρ ὑετὸς πολύς· ἐκ πολλῆς γὰρ ἀτμίδος ψυχομένης γίνεται· ὅ τε γὰρ τόπος ἐξ οὗ τε ἀναφέρεται καὶ εἰς ὃν ἀθροίζεται, πολὺς καὶ ὁ χρόνος πολύς, ἐν ᾧ τε ἀναφέρεται καὶ ἐν ᾧ ψύχεται· ὀλίγον δὲ καὶ ἐφήμερον ἡ δρόσος· καὶ γὰρ ἐξ ὀλίγου τόπου καὶ ἐν μιᾷ ἡμέρᾳ ταχεῖα ἡ γένεσις αὐτῆς. ὁμοίως ἔχει καὶ ἡ πάχνη πρὸς τὴν χιόνα· ἡ μὲν γὰρ χιὼν πῆξις νέφους ἐστὶν ἤδη συνεστῶτος, ἡ δὲ πάχνη πῆξις ἀτμίδος, ἀμφότερα δὲ διὰ ψῦχος πήγνυται. διό φησιν αὐτὰ ἢ ὥρας ἢ χώρας σημεῖα ψυχρᾶς εἶναι· ἢ γὰρ χειμῶνος γίνεται ἢ εἰ καὶ μὴ χειμῶνος, ἀλλ' ἐν ψυχραῖς χώραις. ὅτι δὲ ψύχους ἐστὶ μείζονος σημεῖα, δῆλον· οὐ γὰρ ἂν ἐπήγνυτο οὔτε τὸ νέφος, ἔχον ἔτι ἐν αὐτῷ θερμότητα τὴν ὑπολειπομένην τῆς ἀναγούσης τὸν ἀτμὸν ἐκ γῆς, ἐξ οὗ τὸ νέφος, ἀλλ' οὐδὲ ἡ ἀτμίς· καὶ γὰρ ἐν αὐτῇ ἐνόντος τοῦ ἀνάγοντος αὐτὴν θερμοῦ ἡ πῆξις καὶ ἡ εἰς πάχνην μεταβολὴ γίνεται. τῇ δὲ χαλάζῃ οὐδὲν ἀνάλογον ἐν τῷ περὶ τὴν γῆν τόπῳ γίνεται· οὗ τὴν αἰτίαν φησὶν ἔσεσθαι φανεράν, πρῶτον γνωρίμου γενομένου τοῦ τε τί ἐστιν ἡ χάλαζα καὶ πῶς γίνεται. δεῖ δέ, φησί, λαβεῖν λέγοντας περὶ αὐτῆς τά τε ἀληθῶς αὐτῇ ὑπάρχοντα καὶ τὰ μὴ ἀπατῶντα μηδὲ ἀπορίαν ἔχοντα, καὶ τὰ ἀπάγειν δοκοῦντα διὰ τὸ δοκεῖν εἶναι παράλογα, τουτέστι τά τε ἀναμφισβητήτως ὑπάρχοντα αὐτῇ καὶ ὅσα δοκεῖ τούτοις ἕπεσθαι παράλογα· ἑξῆς δὲ λέγει περὶ αὐτῶν.

Ὡς μὲν οὖν ὁμολογούμενον λαμβάνει τὸ εἶναι αὐτὴν κρύσταλλον, ὅ ἐστι πεπηγὸς ὕδωρ διὰ ψυχρότητα, ὡς δὲ πρὸς τοῦτο ἀπορούμενον τὸ πήγνυσθαι μὲν τὸ ὕδωρ τοῦ χειμῶνος, τὴν δὲ χάλαζαν γίνεσθαι μάλιστα μὲν ἔαρός τε καὶ μετοπώρου, εἶτα καὶ τῆς ὀπώρας, χειμῶνος δὲ ὀλιγάκις καὶ τότε, ὅταν ἧττον ψῦχος ᾖ. ὅλως δὲ χάλαζαι μὲν ἐν τοῖς εὐδιεινοτέροις γίνονται τόποις, χιόνες δὲ ἐν τοῖς ψυχροτέροις. ἄτοπον δὲ καὶ τὸ πήγνυσθαι ὕδωρ ἐν τῷ ἄνω τόπῳ· οὐ γὰρ οἷόν τε παγῆναι, πρὶν γενέσθαι ὕδωρ, ὡς χάλαζαν ποιῆσαι, ἐπεί γε χιὼν πρὶν ὕδωρ γενέσθαι πήγνυται· πάλιν δὲ τὸ ὕδωρ οὐδένα χρόνον γενόμενον ἄνω μένει, ὥστε καὶ πήγνυσθαι. οὐδὲ γὰρ τοῦτο λέγειν οἷόν τε ὅτι ὡς αἱ ψεκάδες αἱ λεπταὶ ἄνω μὲν ὀχοῦνται διὰ λεπτότητα, ὥσπερ καὶ ἐπὶ τοῦ ὕδατος πολλάκις

1 τῇ δρόσῳ A[1] τῷ om. A 2 τὸ μᾶλλον I 3 post ἀτμίδος add. ὄμβρος AW: idem post ψυχομένης a 6 ἐν μιᾷ ἡμέρᾳ om. AW post ἡμέρᾳ add. καὶ a 9 αὐτάς A: αὐτὸν I 11 ὥραις I 12 αὐτῷ libri 14 αὐτῇ] ταύτῃ AWa 15 γίνεται om. I ἀνάλωτον A 17 τε om. AWa ἡ om. a δεῖν AWa 17. 18 λαβεῖν post αὐτῆς (18) exh. AWa 18 λέγοντος a τὰ ante μὴ om. AWa 18. 19 ἀπατῶντα] πλανῶντα AWa Arist. 19 ἀπάγειν] πᾶσι AWa διὰ τὸ δοκεῖν om. AWa 19. 20 παράλογα εἶναι coll. AWa 21 ἕπεσθαι τούτοις coll. AWa 22 οὖν om. a 25 post μὲν add. καὶ AWa ἔαρος ex corr. A τε om. AWa post μετοπώρου add. δὲ μάλιστα AWa 26 ὅτε a ψῦχος ἧττον coll. AWa ᾖ scripsi: εἴη I: om. Wa ante ὅλως add. καὶ AWa δὲ om. AWa μὲν om. I 27 τόποις γίνονται coll. a 29 γε] καὶ ἡ AWa 30 πάλιν τε AW 31 ὅτι ὡς] ὅπως I

κονιορτὸς καὶ ψῆγμα χρυσοῦ, οὕτως δὲ καὶ ἐπὶ τοῦ ἀέρος αἱ ψεκάδες αἱ λεπταί, συνελθοῦσαι δὲ εἰς ταὐτὸν καὶ αὐξηθεῖσαι καταφέρονται, οὕτως καὶ ἐπὶ τῆς | χαλάζης αἱ λεπταὶ αἱ ἄνω ὀχούμεναι διὰ λεπτότητα ψεκάδες 85v πηγνύμεναι χάλαζα γίνεται. τοῦτο γὰρ λέγειν οὐχ οἷόν τε· οὔτε γὰρ οὕτως ἡ χάλαζα λεπτὴ οὔτε οἷόν τε παγεῖσαν τὴν λεπτὴν ψεκάδα ἔπειτα ἑνοῦσθαι συνιοῦσαν καὶ οὕτως μείζονα γίνεσθαί τε καὶ καταφέρεσθαι. τὸ μὲν γὰρ ὕδωρ οἷόν τε ἕνωσιν ἐν τῇ συνόδῳ λαμβάνειν, τὰ δ' ἤδη πεπηγότα ἀδύνατον. δεῖ οὖν ἄνω τοσοῦτον ὕδωρ μεμενηκέναι ἠθροισμένον, ἵνα τοσοῦτον παγῇ. ὄντος δὲ ἐναργοῦς μὲν τοῦ τὴν χάλαζαν κρύσταλλον εἶναι, τουτέστιν ὕδωρ πεπηγός, ἀτόπων δὲ ἑπομένων τούτῳ τῶν προειρημένων, τοῦ τε μὴ ἐν τῷ ψύχει γίνεσθαι ἀλλ' ἐν εὐδίᾳ μᾶλλον, καὶ τοῦ πῶς ὕδωρ οἷόν τε τοσοῦτον ἄνω μένειν, ὥστε καὶ πήγνυσθαι, οἱ μέν τινές φασιν, ὧν καὶ Ἀναξαγόρας ἐστί, τοῦ πάθους τούτου καὶ τῆς τοιαύτης καὶ οὕτως γινομένης πήξεως αἰτίαν εἶναι τὴν τοῦ νέφους ἄπωσιν εἰς τὸν ἄνω τόπον καὶ τὸν ψυχρὸν ὑπὸ τῆς κάτω καὶ περιγείου θερμότητος. εἶναι γὰρ τὸν μὲν περὶ τὴν γῆν ἀέρα θερμότερον διὰ τὰς ἀνακλάσεις τῶν ἀπὸ τοῦ ἡλίου ἀκτίνων· διπλασιάζεσθαι γὰρ περὶ τὴν γῆν τὴν ἀπὸ τοῦ ἡλίου θερμότητα τῷ μὴ μόνον αὐτὴν γίνεσθαι προσπιπτουσῶν τῇ γῇ τῶν ἀπὸ τοῦ ἡλίου ἀκτίνων, ἀλλὰ καὶ πάλιν ἀπὸ τῆς γῆς ἀνακλωμένων εἰς τὸ ἄνω· γίνεται γὰρ κατὰ τοῦτον τὸν τόπον διπλῶν τῶν ἀκτίνων πάροδος. γίνεται δὲ ἡ τῶν ἀκτίνων ἀνάκλασις πρὸς ὁμοίας γωνίας, ὡς ἴσην γίνεσθαι τῇ γωνίᾳ, ἥτις γίνεται μεταξὺ τῆς τε γῆς καὶ τῆς κατιούσης ἀκτῖνος τὴν γινομένην γωνίαν μεταξὺ τῆς τε γῆς καὶ τῆς ἀνακλωμένης ἀκτῖνος. διὸ καὶ οἷς ἂν κατὰ κορυφὴν ὁ ἥλιος ᾖ, τούτοις μέγιστον τὸ καῦμα, τῷ ἐπὶ τὸ αὐτὸ τότε τὴν ἀνάκλασιν τῶν ἀκτίνων γίνεσθαι· οὕτως γὰρ καὶ αἱ ἑκατέρωθεν γωνίαι ἴσαι ἀλλήλαις αἱ πρὸς τῇ γῇ γίνονται τότε. ὁ μὲν οὖν πρὸς τῇ γῇ ἀήρ τε καὶ τόπος θερμότερος διὰ τοῦτο· ψυχρότατος δ' ἐστὶ καθ' ὃν λοιπὸν ἤδη παύονται αἱ ἀνακλάσεις μηκέτ' ἐξικνούμεναι· οὔτε γὰρ οὗτος ὁ τόπος οὕτως ἐγγύς ἐστι τοῦ ἡλίου, ὡς διὰ τὴν ἐγγύτητα μᾶλλον αὐτὸν θερμαίνεσθαι τοῦ πρὸς τῇ γῇ, οὔτε τὴν ἀπὸ τῆς ἀνακλάσεως τῶν ἀκτίνων γινομένην ἔχει θερμότητα. ὅταν δὴ τὸ νέφος ὑπὸ τῆς περὶ τὴν γῆν θερμότητος εἰς ἐκεῖνον τὸν ψυχρότερον ἀέρα τε καὶ τόπον ἀπωσθῇ, μεταβάλλον εἰς ὕδωρ εὐθέως πήγνυται· καὶ αὕτη ἐστὶν αἰτία τοῦ ἐν ταῖς ἀλεειναῖς ὥραις τε καὶ τοῖς τοιούτοις τόποις γίνεσθαι χάλαζαν· τότε γὰρ πλέον ὂν τὸ περὶ τὴν γῆν θερμὸν ἐπὶ πλέον ἀπωθεῖ ἀπὸ τῆς γῆς τὰ νέφη. πρὸς ἣν δόξαν ἐνιστάμενος λέγει ὅτι μὴ γίνεται χάλαζα ἐν τοῖς

1 κονιορτὸν AIW post ἀέρος add. καὶ I 2 δὲ om. AW 3 αἱ post λεπταὶ om. I 4 γίνονται a et fort. W λέγει a 7 ἀνόδῳ AW: καθόδῳ a 9 μὲν om. Aa 11 τοῦ τε] τουτέστι AWa 12 ὥστε om. AWa τινές om. AWa 13. 14 καὶ οὕτως om. AWa 19 εἰς] ἐπὶ a 20 τρόπον a 20. 21 διπλῶν—γίνεται δὲ om. I 21 αἱ et ἀνακλάσεις I 22 γίνεται] ἐστί I τε τῆς coll. I 24 ᾖ] ἤγουν a 25 γίνεσθαι τῶν ἀκτίνων coll. AWa 31 δὴ] δὲ a 31. 32 τῇ γῇ AW 35 ὂν post γῆν coll. I ἀπωθεῖται AWa 35. 36 τὰ νέφη ante ἀπὸ coll. AWa 36 γίνεσθαι A

σφόδρα ὑψηλοῖς· καίτοι εἰ ἦν αὕτη αἰτία τῆς χαλάζης, ἔδει, ὥσπερ ἡ χιὼν πλείων ἐν τοῖς ὑψηλοτέροις γίνεται, οὕτως δὲ καὶ τὴν χάλαζαν. ἔτι ἐλέγχει τὴν δόξαν ὡς ψευδῆ καὶ διὰ τὸ πολλάκις ὦφθαι νέφη φερόμενα σὺν ψόφῳ πολλῷ πλησίον τῆς γῆς, ὡς φοβερὸν εἶναι τοῖς ἀκούουσι καὶ προσδοκᾶν μεῖζόν τι καὶ χαλεπώτερον ἔσεσθαι, καὶ γίνεσθαι μετὰ ταῦτα χάλαζαν. ἔστι δὲ καὶ ὅτε ἄνευ ψόφου ὀφθέντα πλησίον τῆς γῆς φερόμενα νέφη ἐποίησε χάλαζαν πολλήν τε καὶ τὸ μέγεθος ἄπιστον καὶ τὸ σχῆμα οὐ στρογγύλην· οὗ μεγέθους αἰτίαν καὶ σχήματος ἀπέδωκεν ὅτι μὴ ἐπὶ πολὺ αὐτῆς ἡ φορὰ ἐγένετο ἐγγὺς παγείσης, ὑφ' ἧς φορᾶς περιθραύεταί [τε] ταύτης πολύ, καὶ μάλιστα τὰ ὑπερέχοντα· διὸ καὶ γίνεται σφαιροειδής· εἰ δὲ πλησίον γίνεται τῆς γῆς, οὐκ ἀληθὲς τὸ ὑπ' ἐκείνων λεγόμενον. εἰ γὰρ ἦν ὁ τόπος ἐκεῖνος αἴτιος τῆς πήξεως, ἔδει τὴν μεγίστην ἐκεῖ συνίστασθαι χάλαζαν· ὑπὸ γὰρ τοῦ μάλιστα αἰτίου τῆς πήξεως εὔλογον τὰς μεγίστας γίνεσθαι χαλάζας. ὥστ' εἰ αἱ μέγισται πλησίον τῆς γῆς, οὐχ ὁ πόρρω τῆς γῆς τόπος ὁ κατεψυγμένος, ὥς φησιν, αἴτιος τῇ γενέσει τῆς χαλάζης.

p. 348a36 Ὅτι μὲν οὖν οὐ τῷ ἀπωθεῖσθαι εἰς τὸν ἄνω τόπον.

Εἰπὼν πρὸς τὴν δόξαν τὴν τοῦ Ἀναξαγόρου τὴν λέγουσαν γίνεσθαι τὴν χάλαζαν ἐν τῷ πορρωτέρῳ τῆς γῆς τόπῳ ὄντι ψυχροτέρῳ, ἀπωθουμένων τῶν νεφῶν εἰς ἐκεῖνον ὑπὸ τῆς περὶ τὴν γῆν θερμότητος, | 86r κἀκεῖ μεταβαλλόντων τε εἰς ὕδωρ καὶ πηγνυμένου τοῦ γινομένου ὕδατος ὑπὸ τῆς ἐν τῷ τόπῳ ψυχρότητος, ἄρχεται τὴν οἰκείαν τιθέναι δόξαν, καὶ φησὶν αἰτίαν εἶναι τὴν ἀντιπερίστασιν τῆς γενέσεως τῆς χαλάζης. ἐπεὶ γὰρ ἀντιπεριίσταται τὸ θερμὸν καὶ τὸ ψυχρὸν ἀλλήλοις, ὡς τοῦ χειμῶνος εἰς τὰ βάθη τὸ θερμὸν ἀπωθεῖσθαι ὑπὸ τῆς τοῦ περιέχοντος ψυχρότητος, ἐν δὲ ταῖς ἀλέαις πάλιν τὸ ψυχρὸν εἰς τὸ βάθος ἀναχωρεῖν ἀντιμεθιστάμενον τῇ κατὰ τὸ περιέχον θερμότητι (διὸ ἐν μὲν ταῖς ἀλέαις ψυχρότερα τὰ κάτω τῆς γῆς· διὰ τοῦτο γὰρ καὶ τὰ ἐν τοῖς φρέασιν ὕδατα τότε ψυχρότερα γίνεται· ἐν δὲ τοῖς ψύχεσιν ἥ τε ἐν βάθει γῆ θερμοτέρα καὶ τὰ ὕδατα τὰ πηγαῖα), ταύτην δὴ χρὴ τὴν ἀντιπερίστασιν ὑπολαμβάνειν γίνεσθαι καὶ ἐν τῷ ἄνω τόπῳ καὶ ἐν τοῖς νέφεσιν, ὡς ἐν ταῖς ἀλεεινοτέραις ὥραις ἀντιπεριιστάμενον τὸ ἐν αὐτῷ ψυχρὸν εἰς τὸ βάθος διὰ τὴν κύκλῳ θερ-

---

1 post ἦν add. ἂν I 3 τὸ] τοῦτο A^1: τοῦ Wa νέφη ex corr. I^2 4 πολλὰ a 5 τι] τε AWa 6 post ὅτε add. καὶ AWa 8 οὗ] οὐ Aa αἰτίαν post σχήματος ponunt AWa 9 ἡ φορὰ αὐτῆς coll. AWa τε delevi 10 ταύτης πολὺ] αὐτῆς τὰ πολλὰ AWa δὲ] δ' οὐ AWa 11 post γῆς add. καὶ AWa 12 ἐκεῖνος post ἦν coll. AWa 14 μεγάλας I 15 ὁ om. AWa 17 lemma om. AWa 18 γίνεσθαι om. I 21 μεταβαλόντων I 22 τῷ om. A 24 ὥστε AWa 26 ἀλέαις ex corr. I^2 ἀναχωρεῖ AWa 29 ἥ τε — γῆ] τὰ ἐν βάθει a θερμότερα a 30 χρὴ om. I 31 τῷ — τόπῳ] τῷ τοῦ ἄνω τόπου σώματι AWa 32 ὥραις] ἡμέραις AWa

μότητα ταχεῖαν τὴν ἐν αὐτῷ μεταβολὴν τὴν γινομένην διὰ τὴν ψῦξιν ποιεῖ. διὸ ἐν ταῖς τοιαύταις ὥραις ἥ τε εἰς ὕδωρ μεταβολὴ ταχεῖα γίνεται· διὸ καὶ αἱ ψεκάδες ἀθρόαι γίνονται καὶ πολὺ μείζους καταφέρονται, ὡς οὐ κατ' ὀλίγον μεταβάλλουσαι καὶ γεννώμεναι ἐκ τοῦ νέφους, ἀλλ' ἀθρόως. τοῦτο γὰρ αἴτιον τοῦ καὶ τοὺς ὑετοὺς γίνεσθαι τότε λαβροτέρους τε καὶ ἠπειγμένους μᾶλλον. ὡς γὰρ ἐν τοῖς ψύχεσι τὸ θερμὸν τὸ ἔτι ὑπολειπόμενον ἐν τοῖς νέφεσιν ὑπὸ τοῦ ἀνάγοντος τὴν τοιαύτην ἀναθυμίασιν, ὄντος πλείονος, εἰς τὸ βάθος ὑπὸ τῆς προσπιπτούσης ἔξωθεν ψυχρότητος ἀπωθούμενόν τε καὶ ἀθροιζόμενον ἐν τῇ μετὰ βίας ἐκκρίσει καὶ ἐκπυροῦται πολλάκις, ὅταν ᾖ τοσοῦτον, ὡς ἐρεῖ καὶ αὐτὸς προελθών, ἐπειδὰν λέγῃ περὶ ἀστραπῶν τε καὶ κεραυνῶν, οὕτως ἔμπαλιν, ὅταν θερμὸν ᾖ τὸν περιέχον, τὸ ψυχρὸν τὸ ἐν τοῖς νέφεσι κατισχόμενον εἰς τὸ βάθος ἀπωθεῖται, καὶ ἀθροισθὲν τὰς εἰς τὸ ὕδωρ μεταβολὰς τῶν νεφῶν ἀθροωτέρας ποιεῖται καὶ τὰς πήξεις τοῦ γεννηθέντος ὕδατος ἀπ' αὐτοῦ, ὅταν ᾖ τοσοῦτον. εἰπὼν δὲ ταῦτα ἐναντίως φησὶν ἔχειν τὰ γινόμενα τῇ προκαταβεβλημένῃ δόξῃ, ἧς ἦν καὶ Ἀναξαγόρας. ἐκεῖνος μὲν γὰρ τότε ἔλεγε γίνεσθαι τὴν χάλαζαν, ὅταν τὸ νέφος εἰς τὸν ψυχρὸν τόπον καὶ ἀνωτέρω ἀπωσθῇ ὑπὸ τῆς περὶ τὴν γῆν θερμότητος· τὸ δὲ ὑφ' ἡμῶν λεγόμενόν ἐστιν ὅτι τότε γίνεται ἐν τῷ νέφει ἡ τοιαύτη μεταβολή, ὅταν εἰς τὸν θερμότερον ἐμπέσῃ τόπον, καὶ μάλιστα, ὅταν μάλιστα. ὅταν γὰρ ἔτι μᾶλλον ἀντιπεριστῇ τῷ θερμῷ τὸ ψυχρόν, ὡς πλεῖον ἐν τῷ βάθει γενέσθαι συνελαυνόμενον εἰς τοῦτο ὑπὸ τῆς ἔξω θερμότητος, ἅμα τε τὴν εἰς τὸ ὕδωρ μεταβολὴν ἐποίησε τοῦ νέφους καὶ εὐθὺς τῷ γενέσθαι τὸ ὕδωρ ἔπηξεν, ὡς γενέσθαι χάλαζαν. ἑξῆς δὲ λέγει καὶ πῶς οἷόν τε τὸ ὕδωρ ἄνω πήγνυσθαι, ὃ ἐν τοῖς πρώτοις ἠπόρησεν. ἐπεὶ γὰρ ἥ τε καταφορὰ τοῦ ὕδατος ἐν χρόνῳ γίνεται, ἐν χρόνῳ δὲ καὶ ἡ πῆξις, ὅταν ἐλάττονι χρόνῳ καὶ θᾶττον ἡ πῆξις τῆς καταφορᾶς αὐτοῦ γίνηται, συμβαίνει αὐτὸ ἄνω ὂν ἔτι πήγνυσθαι. ὅσῳ δ' ἂν ἐγγυτέρω τῆς γῆς ἡ τοιαύτη μεταβολὴ γίνεται, τοσούτῳ τά τε ὕδατα λαβρότερα γίνεται καὶ αἱ χάλαζαι μείζους διὰ τὸ ὀλίγον φέρεσθαι τόπον καὶ μὴ ἀποθραύεσθαι αὐτῶν ἐν τῇ καταφορᾷ πολλά, οὐδὲ αἱ μεγάλαι ψεκάδες πυκναὶ πίπτουσι τότε διὰ τὸ ἐγγὺς αὐτῶν τὴν μεταβολὴν γίνεσθαι καὶ φθάνειν τὰς πρώτας καταφέρεσθαι πρὸ τῆς τῶν ἄλλων γενέσεως. ἢ οὐ πυκναί, ὅτι ἐν τῇ καταφορᾷ οὐ διαιροῦνται, ὃ πάσχουσιν αἱ ἐξ ὕψους καταφερόμεναι.

2 post διὸ add. καὶ A τε om. a ταχεῖα om. A 4 οὐ om. A^1 γενόμεναι I 5 τοῦ] τὸ AW 9 καὶ post ἐκκρίσει om. a 11 λέγει Ia τε om. a 13 ἀπωθῆται A^1W ἀθροισθὲν] ἀθροῖσαν I 14 ποιῆται W 16 post ἐκεῖνος add. ὃ I 18 ἀπωσθῇ] ἀποστῇ AWa ἀπὸ AWa 19 νέφη A^1 ὅτε I 20 ἐμπέσει I^1 καὶ μάλιστα ὅταν om. AWa ἂν γὰρ AWa 21. 22 συνελαυνόμενον — εἰς τὸ ὕδωρ] ἐν ᾧ καὶ συνελαυνόμενον ὑπὸ τῆς περιεχούσης θερμότητός ἐστιν, ἅμα τε τὴν AWa 26. 27 ὅταν — πῆξις] εἰ βραχύτερος ὁ τῆς πήξεως AWa 27 γίνηται scripsi: γίνεται libri αὐτῷ A^1Wa ὂν] ὄντι a 29 τοσοῦτον I λαυρότερα I^1: λαφρότερα A^2 καὶ αἱ χάλαζαι μείζους post μεταβολὴ γίνεται (28) coll. I 30 αὐτῶν] αὐτὸν AW: αὐτὸς a κάτω φορᾷ AWa τὰ πολλά AWa 31 πίπτουσαι AW 33 κατὰ φορᾷ AI: κατὰ φύσιν W: φορᾷ a

p. 348ᵇ26 Ἧττον δὲ τοῦ θέρους γίνεται. 85

Ἐπεὶ εἶπεν ἐν τοῖς ἀλεεινοτέροις καιροῖς γίνεσθαι τὴν χάλαζαν καὶ ἐν τοῖς μᾶλλον μᾶλλον, ἀντιπεριισταμένου τοῦ ψυχροῦ τῷ θερμῷ καὶ εἰς βάθος ἀθροιζομένου καὶ ἀθρόως τὰ ἐνταῦθα ψύχοντος καὶ μεταβάλλοντός τε καὶ πηγνύντος, ὃ ἠπόρησεν ἄν τις, λύει· ἔστι δὲ τοῦτο, διὰ τί εἰ οὕτως ἡ χάλαζα γίνεται, οὐ μᾶλλον ἐν τῷ θέρει γίνεται· τότε γὰρ μᾶλλον θερμὸν τὸ περιέχον. λέγει δὴ ἧττον ἐν τῷ θέρει γίνεσθαι ἢ ἔαρός τε καὶ μετοπώρου, ὅτι πρὸς τῷ θερμὸς ὁ ἀὴρ εἶναι τότε καὶ ξηρός ἐστι, δεῖ δὲ πρὸς τὰς ἀναθυμιάσεις ὑγρότητος. ἐν δὲ τῷ ἔαρι ἔτι ἔστιν ὑγρότης ἀπὸ τοῦ χειμῶνος μένουσα, καὶ τὸ μετόπωρον δὲ ἤδη ὑγραίνεται. καὶ τῆς ὀπώρας δὲ ἤδη ἀκμαζούσης χάλαζαι | γίνονται, καὶ τότε δὲ διὰ τὸ ὑγρότητά 86ᵛ τε ἤδη εἶναι πλείω καὶ ἀλέαν ἔτι. πρὸς δὲ τὴν πῆξιν τοῦ ὕδατος τὴν ταχυτέραν συμβάλλεσθαί τί φησι καὶ τὸ προτεθερμάνθαι τὸ ὕδωρ· λέγοι δ' ἂν τὸ νέφος ἐξ οὗ τὸ ὕδωρ. ὅτι δὲ θᾶττον ψύχεται τὸ προτεθερμασμένον, σημεῖον παρατίθεται τὸ τοὺς ψῦξαι ταχὺ ὕδωρ βουλομένους πρῶτον αὐτὸ προθερμαίνειν ἐν τῷ ἡλίῳ. καὶ οἱ ψύχοντες δὲ τὸ ὕδωρ τῇ τῆς χιόνος ἔξωθεν περιθέσει τῷ ἀγγείῳ, ἐν ᾧ τὸ ψυχόμενόν ἐστι, προθερμήναντες ὡς ὅτι μάλιστα τὸ ἐγχεόμενον ὕδωρ εἰς αὐτὸ οὕτως ἐγχέουσιν, ὡς θᾶττον τοῦ προτεθερμασμένου ψυχομένου. ἀλλὰ καὶ δύο ἀγγείων εἰς φρέαρ ἐκκρεμασθέντων ὁμοίων τε καὶ ἴσον ὕδωρ ἐχόντων, ἀλλὰ τοῦ μὲν θερμὸν τοῦ δὲ ψυχρόν, ψυχρότερον ἔχον εὑρίσκεται τὸ ἔχον τὸ προτεθερμασμένον. λέγει δὲ καὶ τοὺς περὶ τὸν Πόντον, ὅταν ἐπὶ τοῦ κρυστάλλου σκηνοποιῶνται χειμῶνος πρὸς τὸ ἰχθῦς θηρᾶν (θηρεύουσι γὰρ καὶ τοῦ χειμῶνος, καίτοι πεπηγότος τοῦ ποταμοῦ, διακόπτοντες τὸν κρύσταλλον· λέγοι δ' ἂν ταῦτα περὶ τῶν ἐν τῷ Ἴστρῳ θηρώντων· οὗτος γὰρ ἐκεῖ τέ ἐστι καὶ πήγνυται· ἢ καὶ εἴ τις ἄλλος ἐν ἐκείνοις τοῖς τόποις τοιοῦτός ἐστι ποταμός) τούτους δή φησι τοῖς καλάμοις ὕδωρ περιχεῖν θερμὸν διὰ τὸ θᾶττον τοῦτο πήγνυσθαι ἐν τῷ ψύχει. χρῶνται γὰρ τῷ κρυστάλλῳ ἐπὶ τῶν καλάμων, δι' ὧν θηρῶσι τοὺς ἰχθῦς, ἀντὶ μολίβδου πρὸς τὸ ἠρεμεῖν αὐτοὺς διὰ τὴν τοῦ βάρους ἐξάρτησιν καὶ μὴ κινουμένους πολλὰ ἀνασοβεῖν τοὺς ἰχθῦς. θερμὸν δὲ γίνεται ταχὺ τὸ συνιστάμενον

---

2 ἐπειδὴ AWa 3 μᾶλλον semel habent AI 4 post ψύχοντος add. τε A 5 post τις add. τοῦτο AWa 6 et 7 θέρι a 7 δὴ] δὲ I 8 πρὸς τὸ a καὶ om. I post δὲ add. καὶ I 9 post τὰς add. τῆς A ἀναθυμιάσεως A^2 ὑγρότητας A^1 ἔαρι] ἀέρι I 10 τὸ om. A 11 ὀπώρας] ὥρας I ἀνυγμαζούσης a καὶ τότε] ὁπότε AWa δὲ] ὑγρὸς ὁ ἀὴρ a 15 περιτίθεται I 17 τὸ ἀγγεῖον A^2I 20 φρέαρ] φρένα a ἐγχρεμασθέντων AWa ἴσων AW ἀλλὰ om. I 21 ἔχον εὑρίσκεται] γίνεται AWa 22 post Πόντον add. ὡς AWa κρυστάλου et 24 κρύσταλον a 23 πρὸς—θηρᾶν] πρὸς τὰς τῶν ἰχθύων θήρας AWa 24 τὸν] τὸ A^1 25 τῷ om. A 27 δή ex δεῖ corr. I^2 28 post πήγνυσθαι add. ψυχροῦ AW 29 μολύβδου Wa 31 post δὲ add. φησὶ Aa

ὕδωρ ἔν τε ταῖς ὥραις καὶ ταῖς χώραις ταῖς ἀλεειναῖς. ἐπιζητήσαι ἄν τις, τίνος χάριν εἴρηκε τοῦτο· δοκεῖ γὰρ ἀπηρτῆσθαι τοῦ προειρημένου. ἢ πρὸς τὸ πρῶτον ἀπέδωκε, τὸ διὸ πολλοί, ὅταν ψῦξαι ταχὺ βουληθῶσιν, εἰς τὸν ἥλιον τιθέασι πρῶτον· τούτῳ γὰρ ἀκόλουθον τὸ θερμὸν γίνεται ταχὺ τὸ συνιστάμενον. λέγει τε καὶ περὶ τὴν Ἀραβίαν τε καὶ Αἰθιοπίαν τοῦ θέρους καὶ οὐ τοῦ χειμῶνος γίνεσθαι τοὺς ὑετούς, καὶ ῥαγδαίους δὲ καὶ τῆς αὐτῆς ἡμέρας πολλάκις, διὰ τὴν προειρημένην αἰτίαν· ταχὺ γὰρ ψύχεσθαι διὰ τὴν ἀντιπερίστασιν τὴν εἰς βάθος, ἥτις γίνεται διὰ τὸ εἶναι τὴν χώραν λίαν ἀλεεινήν. ἐπιζητήσαι δ' ἄν τις, πῶς εἰ τὸ θέρος ξηρόν ἐστιν, ὡς προείρηκε, παρ' οἷς ξηρότατόν ἐστι τὸ θέρος, παρὰ τούτοις οἱ ὑετοὶ τοῦ θέρους γίνονται. ἢ αἱ μὲν ἀναθυμιάσεις καὶ αἱ τῶν νεφῶν συστάσεις οὐκ ἐκεῖ γίνονταί τε καὶ γεννῶνται, ἀλλ' ὑπὸ πνευμάτων τῶν ἐτησίων πρὸς τὰ ἐκεῖ ὄρη ὄντα ὑψηλὰ ἀπωθούμεναι συνίστανται, ὡς λέγει· τῆς δὲ ταχείας αὐτῶν εἰς ὑετὸν μεταβολῆς ἡ προειρημένη ἀντιπερίστασις αἰτία, ὡς λέγει ἐν τοῖς περὶ τῆς τοῦ Νείλου ἀναβάσεως.

p. 349a9 Περὶ μὲν οὖν ὑετῶν.

Μέλλων πάλιν ἐπ' ἄλλο πρόβλημα μεταβαίνειν πάλιν ἡμᾶς ὑπομιμνήσκει περὶ ὧν πεποίηται τὸν λόγον, μέτεισιν δὲ ἐπὶ τὸν περί τε ἀνέμων καὶ πάντων τῶν πνευμάτων λόγον (λέγοι δ' ἂν πνεύματα τοὺς μὴ ὠνομασμένους ἀνέμους ἢ καὶ ὅλως ὅσα γίνεται πνεύματα, εἰ καὶ μὴ ἄνεμοι ταῦτα ὄντα, ἀλλ' ἐκ γῆς ἀναφυσήματα) ἔτι δὲ ποταμῶν τε καὶ θαλάσσης. καὶ φησὶ δεῖν καὶ περὶ τούτων πρῶτον ἀπορῆσαι πρὸς ἡμᾶς αὐτοὺς τὰ δυνάμενα περὶ αὐτῶν ἀπορεῖσθαι, ἐπεὶ μηδὲν προείρηται περὶ τῆς τούτων γενέσεως ὑπό τινος, ὃ μὴ κἂν ὁ τυχὼν περὶ αὐτῶν εἴποι. καὶ ὅτι γε τοιαῦτα τὰ περὶ αὐτῶν προειρημένα, δι' ἧς παρατίθεται δόξης δείκνυσι· φησὶ γὰρ λέγειν τινὰς τὸν ἀέρα κινούμενον καὶ ῥέοντα ἄνεμον εἶναι, ὡς ὁ λέγων Ἱπποκράτης "ἄνεμος γάρ ἐστι ἠέρος ῥεῦμα καὶ χεῦμα," συνιστάμενον δὲ πάλιν καὶ πυκνούμενον τὸν αὐτὸν τοῦτον ἀέρα νέφος καὶ

1 χώραις καὶ ταῖς ὥραις Arist. cod. E Bekk. καὶ χώραις W post ἀλεειναῖς add. ὅθεν Wa 3 post πρῶτον add. τοῦτο AWa 4 τούτῳ] τοῦτο AI 4. 5 post θερμὸν add. δὲ AWa 7 δὲ] γε AWa 8 τῆς εἰς AW 12 γίνονταί τε καὶ om. AWa 13 πρὸς τὰ — ὑψηλὰ] ὑψηλὰ γὰρ τὰ ἐκεῖ ὄρη ὄντα AW: om. a ἀπωθούμενα I 15 ἀντιπερίστασις] ἀναθυμίασις AWa τῆς om. Wa 16 ἀναβάσκεν a 17 Περὶ — ὑετῶν om. AWa ὑετοῦ Arist. 18 μέλλων πάλιν om. a μεταβαίνων a 18. 19 ὑπομνήσας a 19 περὶ ὃν A[1] 19. 20 μέτεισιν — λόγον om. I 19 δὲ om. a 20 λόγον post ἀνέμων (19) ponit a 22 ὄντα om. a ἔτι τε I 23 καὶ φησὶ] καὶ om. AWa: post φησὶ add. δὲ a 24 ἀπορῆσθαι a 25 κἂν — εἴποι] καὶ ὁ τυχὼν εἴποι ἂν περὶ αὐτῶν AWa καὶ ὅτι — τινὰς (27)] δείκνυσι δέ τινας (τινος a) οἵ φασι AWa 28 Ἱπποκράτης] de flatibus, Opp. I p. 571,13 ed. Kühn ἀέρος AWa χεῦμα καὶ ῥεῦμα AWa 29 πάλιν om. AWa νέφους A[1]

ὕδωρ, ὡς οὔσης τῆς αὐτῆς φύσεως ὕδατός τε καὶ πνεύματος· ἄμφω γὰρ ἀήρ. διὸ καὶ τῶν σοφῶς περὶ τούτων βουλομένων λέγειν τινάς φησι λέγειν πάντας τοὺς ἀνέμους ἕνα ἄνεμον εἶναι, ὅτι ὁ μὲν ἄνεμος κατ' αὐτοὺς ἀὴρ ῥέων, ὁ δ' αὐτὸς ἀὴρ πᾶσι τοῖς λεγομένοις ἀνέμοις ὁ κινούμενος· παρὰ γὰρ τοὺς τόπους δοκεῖν αὐτὸν διαφορὰς λαμβάνειν, καθ' οὓς οὐδὲν ἀὴρ ἀέρος διαφέρει. ὅμοιον δὲ τὸ τοῦτο λέγειν τῷ λέγειν τοὺς ποταμοὺς πάντας ἕνα ποταμὸν εἶναι, ὅτι μὴ οἱ τόποι ἀφ' ὧν ῥέουσι διαφορὰν ὕδατος ποιοῦνται, | ἔστι δ' ὁ ποταμὸς ὕδωρ ῥέον. δείξας δὲ τὸ 87r ἄτοπον τῆς δόξης (οὐ γὰρ οἷς ταὐτὸν ὑποκείμενον, ταῦτα ταὐτὰ ἀλλήλοις· εἰ γὰρ καὶ ἡ αὐτὴ ὕλη ἐν αὐτοῖς, ἀλλ' οὐ κατὰ τὴν ὕλην τοῖς πράγμασιν ἡ ταυτότης τε καὶ ἑτερότης, ἀλλὰ κατὰ τὸ εἶδος, καθ' ὃ καὶ ἔστι καὶ ταὐτά ἐστι) διὰ δὴ ταῦτα ἐπήνεγκε διὸ βέλτιον οἱ πολλοὶ λέγουσιν ἄνευ ζητήσεως τῶν μετὰ ζητήσεως ταῦτα λεγόντων. εἰ μὲν γὰρ οἵ τε ποταμοὶ πάντες ἐκ μιᾶς ἀρχῆς ῥέουσι καὶ τὰ πνεύματα ὁμοίως, εἶεν ἄν τι λέγοντες οἱ ἄνεμόν τε ἕνα τοὺς πάντας λέγοντες καὶ ποταμὸν ἕνα ὁμοίως πάντας· εἰ δ' ὡς ἐπὶ τῶν ποταμῶν ἐκ διαφόρων ἀρχῶν ἡ ῥύσις τοῦ ὕδατος τῶν διαφερόντων ποταμῶν, οὕτως καὶ ἐπὶ τῶν ἀνέμων καὶ ἐκ διαφερουσῶν ἀρχῶν ἡ ῥύσις ἡ τοῦ ἀέρος, δι' ἣν αἰτίαν οὐκ ἔστιν εἷς ποταμὸς οἱ πάντες, διὰ τὴν αὐτὴν οὐδ' ἂν εἷς ἄνεμος εἴη, εἰ καὶ εἴη ὁ ἄνεμος ῥύσις ἀέρος. ὥστε εἴη ἂν αὐτῶν τὸ δοκοῦν κομψῶς εἰρῆσθαι ψεῦδος. κόμψευμα δὲ εἶπε τὸ ἀπὸ τῆς τοῦ ἀέρος οὐσίας τῆς αὐτῆς οὔσης λέγειν καὶ τοὺς ἀνέμους εἶναι τοὺς αὐτούς, ὄντας ἀέρος ῥύσιν. προσῆκον δέ φησιν εἶναι τῇ περὶ ἀνέμου σκέψει τὸ ζητῆσαι τί τέ ἐστιν ἄνεμος καὶ πῶς γίνεται, καὶ τί τὸ κινοῦν αὐτόν, καὶ πόθεν αὐτῶν ἡ ἀρχὴ τῆς γενέσεως, καὶ πρῶτόν γε πότερον χρὴ τὸν ἄνεμον ὑπολαβεῖν ὡς ἐξ ἀγγείου τινὸς ῥεῖν τε καὶ φέρεσθαι καὶ μέχρι τούτου ῥεῖν, ἕως ἂν κενωθῇ τὸ ἀγγεῖον, ὡς ἐξ ἀσκῶν ἀφιέμενον, ὡς παρὰ τῷ Ὁμήρῳ δοκεῖ ὁ Αἴολος ἐν ἀσκῷ καθείρξας δεδωκέναι τοὺς ἀνέμους τῷ Ὀδυσσεῖ, ὃν ἀσκὸν ὥς τι ἔχοντα ἐν αὐτῷ οἱ ἑταῖροι αὐτοῦ λύσαντες ἀφῆκαν τοὺς ἀνέμους, "ἀσκὸν μὲν λῦσαν, ἄνεμοι δ' ἐκ πάντες ὄρουσαν", ἢ ὡς τῶν πνευμάτων ἐξ αὐτῶν καὶ ὑπ' αὐτῶν τῶν ἀνέμων ἀφιεμένων, ὡς οἱ γραφεῖς γράφουσι· γράφουσι γὰρ τοὺς ἀνέμους ἐξ αὐτῶν ἀποφυσῶντας τὸ πνεῦμα τὸ ὁμοίως καλούμενον τῷ ἀποφυσῶντι αὐτὸ ἀνέμῳ. δοκεῖ δέ τισιν ὁμοίως ἔχειν

---

2 σαφῶς IW Arist. F 5. 6 τοὺς τόπους — ἀέρος] τὴν τῶν τόπων διαφορὰν δοκεῖν διάφορον εἶναι μηδὲν διαφέροντα, ἐπεὶ μηδὲ ἀὴρ ἀέρος καθὸ ἀὴρ AWa 5 δοκεῖν αὐτὸν scripsi δοκῶν αὐτῶν I 6 post τοῦτο add. φησι AWa τῷ λέγειν] καὶ τὸ AWa 7 εἶναι] οἴεσθαι AWa μὴ οἱ — ποιοῦνται (8)] τὸ αὐτὸ AW ῥέουσι scripsi: ῥεῦσι I: ῥεῦσιν a 8 ποιοῦνται] ποιοῦσι a post ποιοῦνται add. ὕδωρ τῷ εἴδει ἔχουσι AWa ἔστι δ' — ταὐτά ἐστι (12) om. AW ῥέων I 9 ταῦτα om. a 11. 12 καὶ ταὐτά] ταὐτὸ a 12 ἀπήνεγκε a 16 ἐκ διαφόρων — ποταμῶν (17) om. AWa 22 τοὺς αὐτούς om. AWa ὄντας] τοῦ ὄντος AW 23 ἀνέμων AW: τῶν ἀνέμων a 25 ὑπολαμβάνειν AWa 27 ἐξ om. AW ἀφειμένων AW 28 καθάρξας a 29 ἐν αὐτῷ scripsi: ἐν αὐτῶ I: om. AWa 30 ἀσκὸν μὲν — ὄρουσαν] Od. K 47 31 ἀνέμων] πνευμάτων I 33 αὐτὸ] αὐτῷ AWa δὲ] φησι a

καὶ τὸ περὶ τὴν τῶν ποταμῶν γένεσιν· καὶ γὰρ ἐπ' ἐκείνων ὑπολαμβάνουσί τινες ἠθροισμένον που ὑπὸ γῆς τὸ ὕδωρ ῥεῖν. τὸ γὰρ ἀνενεχθὲν ὑπὸ τοῦ ἡλίου καὶ ἀτμισθὲν πάλιν συστὰν καὶ μεταβαλὸν εἰς ὕδωρ καὶ ὑσθὲν ἀθροισθὲν ὑπὸ γῆν ῥεῖν ἐκ κοιλίας τινὸς οὔσης ἐν τῇ γῇ ὡς ἐξ ἀγγείου μεγάλου, ἢ πάντας μιᾶς ἢ ἄλλον ἄλλης· οὐ γὰρ γίνεσθαι ἐν γῇ ὕδωρ, ἀλλὰ τὸ ἀθροισθὲν ἀπὸ τῶν ὑετῶν καὶ τῶν χειμώνων ἐν ταῖς τοιαύταις κατὰ γῆς ὑποδοχαῖς, τοῦτο τὴν χορηγίαν τῶν ποταμῶν εἶναι. οὗ σημεῖον ποιοῦνται τὸ καὶ ῥεῖν αὐτοὺς μείζους μὲν τοῦ χειμῶνος, ἐλάττους δὲ τοῦ θέρους, καὶ τοὺς μὲν αὐτῶν ἀενάους εἶναι, ὅσοι ἐκ κοιλιῶν μειζόνων καὶ ἀπὸ πλείονος ὕδατος ἠθροισμένου, τοὺς δὲ οὐκ ἀενάους ῥεῖν, ὧν τὸ ὕδωρ τὸ ἐν τῇ κοιλίᾳ, ἀφ' ἧς ῥεῖ, ἐπιλείπει καὶ οὐ διαρκεῖ μέχρι τοῦ μέλλοντος ὄμβρου, ἀφ' οὗ ἀθροίζεται τὸ ἐν ταῖς κοιλίαις ταύταις ὕδωρ. πρὸς ἣν δόξαν λέγων προσέθηκε τὸ εἴ τις συλλογίσαιτο καὶ πρὸ ὀμμάτων θεῖτο τὴν ὑποδοχὴν καὶ τὸ ἀγγεῖον παντὸς τοῦ ὕδατος τοῦ πανταχοῦ δι' ὅλης ἡμέρας τε καὶ νυκτὸς ἀδιαλείπτως ῥέοντος ὅλῳ τῷ ἔτει, μεῖζον ἂν τὸν ὄγκον φανείη πάσης τῆς γῆς τὸ τοῦ τοσούτου περιεκτικὸν ὕδατος ἀγγεῖον ἢ οὐ πολύ τι αὐτῆς ἔλαττον. εἰπὼν δὲ τοῦτο πρὸς τοὺς οὕτω δοξάζοντας ἑξῆς λέγει τὴν αὐτοῦ δόξαν, ὅτι εἶναι μέν τινας καὶ τοιαύτας κοιλότητας ἐν τῇ γῇ χωρητικὰς ὑδάτων οὐδὲν θαυμαστόν, ἀφ' ὧν πληρωθεισῶν τοῦ χειμῶνος ἀπόρρυσιν γίνεσθαί τινα, ἄτοπον δὲ τὸ μὴ ἡγεῖσθαι, δι' ἣν αἰτίαν ὑπὲρ γῆς ἐξ ἀέρος κατὰ μεταβολὴν ὕδωρ γεννᾶταί τε καὶ γίνεται, διὰ τὴν αὐτὴν ταύτην καὶ ὑπὸ γῆν γίνεσθαι. ὡς γὰρ ὑπὲρ γῆς διὰ ψυχρότητα συνίσταται ὁ ἀτμίζων ἀὴρ εἰς ὕδωρ, ὡς ὀλίγῳ πρότερον εἴρηται, οὕτως χρὴ νομίζειν καὶ ὑπὸ γῆν ὑπὸ τῆς ἐν τῇ γῇ ψυχρότητος μεταβολὴν εἰς ὕδωρ γίνεσθαι, ὡς μὴ μόνον εἶναι τὸ φθάνον γεγονέναι ὕδωρ ἐν αὐτῇ, ἀλλὰ καὶ γεννᾶσθαι ἐν αὐτῇ συνεχῶς, καὶ τοῦτο γενόμενον ἐν τοῖς πρὸς τοῦτο τῆς γῆς ἐπιτηδείοις τόποις ἀπορρεῖν. |

p. 349b27 Ἔτι δὲ τοῦ μὴ γινομένου ἀλλ' ὑπάρχοντος. 87r

Εἰπὼν γίνεσθαι καὶ ὑπὸ γῆν ὕδωρ κατὰ μεταβολὴν ἀτμίδος διὰ ψυχρότητα, ὥσπερ καὶ ὑπὲρ γῆς, λέγει ὅτι ἀλλὰ καὶ τοῦ μὴ γινομένου ἀλλὰ ὑπάρχοντος (τὸ δὲ καθ' ἡμέραν τῷ ὑπάρχοντος προσέθηκεν ἀντιδιαστέλλων τὸ οὐ καθ' ἡμέραν τῷ καθ' ἡμέραν γινομένῳ· λέγοι δ' ἂν ὑπάρχον ὕδωρ τὸ ὑόμενον) οὐδὲ ἀπὸ τούτου δὴ τοιαύτας λέγει τὰς ἀρχὰς τῶν

2 γῆν AWa 3 post ἡλίου add. ὕδωρ AWa 4 ῥεῖ A 5 ἐν τῇ γῇ AWa 8 ποιεῖται AW 9 et 10 ἀεννάους I ut Arist. FHN 9 ὅσοι — ἠθροισμένου (10) om. I ὅσους AW 10 ῥεῖν om. AWa 11 ἀφ' ἧς ῥεῖ] φησὶ I 12 post οὐ add. καὶ A 16 ἂν] γὰρ AW: om. a φανῇ I τοσοῦτον A[1] 17 ἢ οὐ — ἔλαττον om. A 18 αὐτοῦ IW 19 χωρητικὸς a ὕδατος AWa 20. 21 ἡγεῖσθαι] γίνεσθαι AWa 22 αὐτὴν] αἰτίαν AWa 30 ὑπὲρ γῆν AWa ἀλλὰ post ὅτι om. a 31 τῷ] τὸ I 32 τῷ οὐ I 33 δὴ] δεῖ AWa λέγει] εἶναι AWa

ποταμῶν καὶ τὰς ἀπορρύσεις γίνεσθαι ὡς ἠθροισμένου που καὶ ἐν λίμναις
τηρουμένου, ἔπειτα ἀπὸ τούτων ἀπορρέοντος, ὡς οἴονταί τινες· ἀλλ'
ὥσπερ ἐν τῷ ὑπὲρ γῆς τόπῳ κατὰ μικρὰ αἱ ῥανίδες συνιστάμεναι πρῶ-
τον, ἔπειτα ἀλλήλαις μιγνύμεναι, τελευταῖον μετὰ πλήθους καταφέρονται
ποταμόν τινα ῥέοντα ποιοῦσαι, οὕτως καὶ ἐν τῇ γῇ ἐκ μικρῶν ῥανίδων
τὸ πρῶτον συλλείβεσθαι τὸ ὕδωρ τὸ ἀπὸ τῶν ὑετῶν κατὰ τῆς γῆς δῦνον,
καὶ ὥσπερ εἰς ἕν τι ἀναπιδώσης τῆς γῆς τοῦτον τὸν τρόπον γίνεσθαι τὰς 50
ῥύσεις τῶν ὑδάτων καὶ τὰς τῶν ποταμῶν ἀρχάς. τοῦτο δ' οὕτως ἔχον φησὶ
δείκνυσθαι καὶ ὑπ' αὐτοῦ τοῦ ἔργου· οἱ γὰρ τὰς ὑδραγωγίας ποιούμενοι καὶ
ἐξάγοντές ποθεν ὕδωρ ὑπονόμους ὀρύσσοντες καὶ τέμνοντές τινας διώρυχας
συνάγουσι τὸ ἐκ τούτων διαλειβόμενον ὕδωρ ὥσπερ ἱδρῶτα τινὰ τῆς γῆς
ἀπὸ τῶν ὑψηλοτέρων γινόμενον εἰς ἕν· οὐ γὰρ ὀρύσσοντες λίμνῃ τινὶ πλήρει
περιτυχόντες ταύτην διὰ τῶν ὀχετῶν ἐξάγουσιν. εἰπὼν δὲ γίνεσθαι τὰς 88r
λιβάδας ἐν τοῖς ὀρύγμασιν ὥσπερ ἱδρούσης τῆς γῆς ἀπὸ τῶν ὑψηλῶν, τοῦ
τοῦτο οὕτως γίνεσθαι καὶ τοὺς ποταμοὺς τὴν ἀρχὴν λαμβάνειν ἀπὸ τοι-
ούτων λιβάδων εἰς ἓν συνιουσῶν σημεῖον παρέθετο τὸ καὶ τὰ ῥεύματα
τῶν ποταμῶν ἀπὸ ὀρῶν τὰς ἀρχὰς λαμβάνειν, καὶ τοὺς πλείστους τε καὶ 5
μεγίστους ἀπὸ τῶν ὑψηλοτάτων ῥεῖν ὀρῶν· ἀλλὰ καὶ τὰς κρήνας τὰς πλεί-
στας ὄρεσι γειτνιᾶν καὶ ἀπὸ ὀρῶν ἀπορρεῖν, κρήνας τὰς πηγὰς λέγων.
ἐν γὰρ τοῖς πεδίοις ὀλίγαι παντελῶς πηγαὶ καὶ ῥύσεις ὑδάτων χωρὶς τῶν
ποταμίων, ἃ ῥεῖ μὲν διὰ τῶν πεδίων, ἐκεῖθεν δὲ τὴν ἀρχὴν ἔχοντα. αἰ-
τίαν δὲ τοῦ ἀπὸ τῶν ὀρῶν καὶ τῶν ὑψηλῶν τόπων τὰς ἀπορρύσεις τῶν
ὑδάτων γίνεσθαί φησι τὸ τὰ ὀρεινὰ καὶ ὑψηλὰ χωρία ὡς σπογγιὰς πυκνὰς
ὑπερκρεμαμένας τῶν χθαμαλῶν κατὰ μικρὰ καὶ πολλαχοῦ διαπιδᾶν καὶ 10
ἀποδιδόναι ὅπερ ἐν αὐτοῖς ἀπὸ τοῦ ὑετοῦ ὕδωρ δεχόμενα φυλάττει διὰ
πυκνότητα· οὐδὲν γὰρ διαφέρειν ἢ κοίλην καὶ ὑπτίαν ποιεῖν τὴν γῆν δε-
χομένην τὸ ἄνωθεν κατιὸν ὕδωρ καὶ φυλάττουσαν, ἢ πρηνῆ τε καὶ κυρτὴν
ἔχουσαν τὴν περιφέρειαν, ὡς σπογγιὰν δυναμένην εἰς αὑτὴν τὸ ὕδωρ δέ-
χεσθαι, ὡς μὴ περιρρεῖν· ἀμφοτέρως γὰρ τὸ ἴσον ὑποδέξεται. ἔτι τε καὶ
τὴν ἀνιοῦσαν ἀπὸ γῆς ἀτμίδα δι' αὐτῶν τὰ τοιαῦτα χωρία ψύχει τε καὶ
μεταβάλλει εἰς ὕδωρ, ὡς καὶ τοῦτο τὸ γινόμενον, μὴ μόνον τὸ ὑόμενον 15
καὶ προϋπάρχον ἀπορρεῖν ἀπ' αὐτῶν. διὰ ταύτην γὰρ τὴν αἰτίαν οἱ μέ-
γιστοι, φησί, τῶν ποταμῶν, ὡς προείρηται, ἐκ τῶν μεγίστων ὀρῶν ῥέουσιν,

---

1 που scripsi: ποῦ I: om. AWa 2 ᾤοντο AWa 4 post καταφέρονται add. καὶ a 5 ποιοῦσιν a 6 συλλάβεσθαι a τῆς om. AWa 7 ὥσπερ] ὅσοι I ἕν τε I ἀναπιδώσης scripsi: ἀναπηδώσης I: πηδώσης AWa: διαπιδῶσι Arist. p. 350a8. 9 codd. EFH ἀπὸ τῆς γῆς I 12 γενόμενον a οἱ γὰρ I 13 ταύτῃ A 14 ἱδρούσης Arist. FH: ἰδρούσης I: ἰδιούσης AWa Arist. vulg. ὑψηλοτέρων AWa τοῦ om. W 15 post ἀπὸ add. τῶν Wa 16 τὸ om. I 19 ἀπορρεῖν] ῥεῖν a 20 ὀλίγα Aa 23 ἐρεινὰ Aa σπογγὰς A 24 ὑπερκρεμαμένους AW: ὑπερκρεμάμενα a διαπιδᾶν scripsi; v. n. ad. v. 7: διαπηδᾶν libri 25 ὅπερ] ὅτι Wa αὐτοῖς libri 26 δια-φέρει AWa 27 τε om. AWa 29 ὑποδέχεται I[1]: corr. I[2] ἔτι δὲ a 30 ψύχει scripsi: ψύξει libri 31 μεταβαλεῖ AWa

ὡς δῆλόν ἐστιν ἐκ τῆς περιόδου τῆς γῆς, ἣν ἀναγεγράφασί τινες ἐκ τοῦ παρὰ τῶν εἰδότων μανθάνειν, περὶ ὧν οὐ γεγόνασιν αὐτόπται. ἑξῆς δὲ τὴν ἱστορίαν παρατίθεται, δι' ἧς ὅτι οἱ μέγιστοι ποταμοὶ ἐκ τῶν μεγίστων ὀρῶν ῥέουσι συνίσταται. ἐν μὲν γὰρ τῇ Ἀσίᾳ πλεῖστοι ποταμοὶ καὶ μέγιστοι ἐκ τοῦ ὄρους τοῦ Παρνασοῦ ῥέουσιν, ὃ μέγιστον πάντων τῶν ὀρῶν ἐστι τῶν πρὸς τῇ ἀνατολῇ τῇ χειμερινῇ. τὸ δὲ ὑπερβάντι γὰρ ἤδη τοῦτο φαίνεται ἡ ἔξω θάλασσα, ἧς τὸ πέρας οὐ δῆλον τοῖς ἐντεῦθεν τῆς θέσεως τοῦ ὄρους ἐστὶ δηλωτικόν· ὅτι γὰρ πρὸς τῇ χειμερινῇ ἕῳ· κατ' αὐτὴν γὰρ ἡ ἔξω θάλασσα. δύναται καὶ τοῦ μεγέθους τοῦ ὄρους δηλωτικὸν εἶναι, εἰ τηλικαύτη θάλασσα, ὡς τὸ πέρας αὐτῆς μὴ δῆλον εἶναι, οὐ φαίνεται, εἰ μὴ ὑπερβαίη τις τὸ ὄρος, ὡς τούτου ἐπισκοτοῦντος. λέγει δὴ ἐκ τούτου ῥεῖν ἄλλους τε ποταμοὺς ἴσως ἐλάττονας καὶ διὰ τοῦτο ἀνωνύμους, καὶ δὴ καὶ τὸν καλούμενον Βάκτρον καὶ τὸν Χοάσπην καὶ τὸν Ἀράξην, οὗ ὁ Τάναϊς ποταμὸς μέρος ὢν ἀποσχίζεται εἰς τὴν Μαιῶτιν λίμνην. ῥεῖν δέ φησι καὶ τὸν Ἰνδὸν ἐξ αὐτοῦ, μέγιστον ὄντα ποταμὸν ἁπάντων. ἐκ δὲ τοῦ Καυκάσου ὄρους, ὄντος καὶ αὐτοῦ ἐν τῇ Ἀσίᾳ, ἄλλους τε λέγει ῥεῖν ποταμοὺς καὶ πλῆθος πολλοὺς καὶ τὸ μέγεθος ὑπερβάλλοντας καὶ δὴ καὶ τὸν Φᾶσιν, ἔνδοξον ἐπὶ μεγέθει ποταμόν. λέγει δὲ πάλιν τὸν Καύκασον μέγιστον ὄρος εἶναι καὶ ὕψει καὶ πλήθει τῶν πρὸς τῇ θερινῇ ἀνατολῇ. τοῦ μὲν οὖν ὕψους αὐτοῦ σημεῖα ὅτι πόρρωθέν τε ὁρᾶται καὶ ἀπὸ κοίλων τινῶν· ἀπό τε γὰρ τῶν καλουμένων βαθέων περιορᾶται, καὶ εἰσπλεόντων εἰς τὴν λίμνην, δῆλον ὡς πόρρω οὖσαν· ἀλλὰ καὶ ὅτι ἡλιοῦται αὐτοῦ τὰ ἄκρα τῆς νυκτὸς μέχρι τοῦ τρίτου μέρους τῆς νυκτός, καὶ πάλιν πρὸς τὴν ἕω ἀπὸ τοῦ τρίτου, ὡς τῶν δώδεκα ὡρῶν τῶν νυκτερινῶν τεσσάρων ὡρῶν μόνων τῶν μέσων τὰ ἄκρα αὐτοῦ μὴ ἡλιοῦσθαι. δύναταί τις ἀκούειν τοῦ μέχρι τοῦ τρίτου μέρους ἡλιοῦσθαι καὶ ἀπὸ τῆς ἕω ἔτι νυκτὸς οὔσης καὶ τῆς ἑσπέρας ἤδη νυκτὸς οὔσης· ὅπως δὲ ἔχει τὸ λεγόμενον, ἐκ τῆς ἱστορίας χρὴ ἐπικρῖναι. τοῦ δὲ πλάτους τε καὶ πλήθους αὐτοῦ σημεῖα ὅτι πολλὰς ἔχων ἕδρας, τουτέστι πολλὰ χθαμαλά, ἐν οἷς οἷόν τε ἱδρύεσθαι, ἐν οἷς τόποις ἔθνη τε κατοικεῖ πολλὰ καὶ λίμναι λέγονται εἶναι μεγάλαι, πάντα ἔχει φανερὰ καὶ ὁρώμενα ἕως τῆς ἐσχάτης κορυφῆς· ὃ τοῦ μεγέθους αὐτοῦ σημεῖον, εἴ γε ἔθνη πολλὰ ἔχει ἐν αὐτῷ τηλικαῦτα, ὡς ὁρᾶσθαι πόρρωθέν τε καὶ κάτωθεν ἅπαντα μέχρι τῆς κορυφῆς, οὕτως ὑψηλῆς οὔσης, ὥσπερ εἴρηκεν. ἑξῆς δὲ μέτεισιν ἐπὶ τὰ

---

2 ἰδόντων a 4 συνίστανται I 5 τῶν post πάντων om. I 6 ἤδη] δὴ AW: om. a 7 οὐ δῆλον] οὐδὲν ἧττον A 10 εἰ] ἡ I post δῆλον εἶναι add. ὃ I 11 ὑποβῇ I 14 ἄραξιν a 15. 16 ποταμῶν AWa 19 πάλιν om. a 20 ἀνατολῇ] τροπῇ A post ἀνατολῇ add. καὶ a οὖν om. AWa 21 ὑπερορᾶται AWa 22 εἰς πλέον τῶνW 23 τῆς post ἄκρα corr. ex τὴν I 24 ἀπὸ] μέχρι Aa 26 μέχρι τοῦ om. A: in marg. add. A¹ (?) ὑπὸ A ἔτι] τῆς AWa 27 καὶ τῆς — οὔσης om. AWa δὲ om. I 28 τε om. a 29 ἔχων] ἔχον W: ἔχει Ia 29. 30 πολλὰ χθαμαλὰ ἐν] πολλαχοῦ χθαμαλὸν AWa 31 post πάντα add. δὲ a 32 αὐτῷ libri ἐν αὐτῷ ἔχει coll. AWa 33 ὡς] exspectas τὸ ἄνωθεν I 34 δὲ] δὴ I

Εὐρωπαῖα ὄρη καὶ τοὺς ταύτῃ ποταμούς. δῆλα δὲ καὶ ἃ προστίθησι περί τε τῶν ὀρῶν αὐτῶν καὶ τῶν ποταμῶν τῶν ἀπ' αὐτῶν ῥεόντων ἔν τε τῇ Εὐρώπῃ καὶ τῇ Λιβύῃ.

p. 350b22 Ὅτι μὲν οὖν οὐ δεῖ νομίζειν οὕτω γίνεσθαι τὰς ἀρχὰς τῶν ποταμῶν.

Ὑπομιμνήσκει ἡμᾶς διὰ τούτων τῶν δεδειγμένων, ὡς οὐκ ἀληθὴς 88v ἡ δόξα ἡ περὶ τῶν ποταμῶν ἡ λέγουσα αὐτοὺς ῥεῖν ἀπὸ κοιλιῶν τινων οὐσῶν ὑπὸ γῆν καὶ ἐχουσῶν ἠθροισμένον ὕδωρ ἐν αὐταῖς. οὔτε γὰρ ἡ γῆ ἐξήρκει ἂν ταῖς τοῦ τοσούτου ὕδατος ὑποδοχαῖς οὔτε τὰ νέφη, εἰ ἦν καὶ τὰ νέφη προϋπάρχον τὸ ὕδωρ πᾶν ἔχοντα ἐν αὐτοῖς τὸ ὑσθησόμενον ἠθροισμένον, καὶ μὴ τὸ μὲν ἐγίνετο, τὸ δὲ κατεφέρετο. μαρτύριον δὲ τὸ τοὺς ποταμοὺς ἄρχεσθαι ῥεῖν ἀπὸ τῶν ὑπωρειῶν, ὡς ἀπὸ τούτων συλλειβομένου κατ' ὀλίγον τοῦ ὕδατος ὃν προείρηκε τρόπον. εἰ γὰρ ἀπὸ κοιλιῶν ἔρρεον, οὐδὲν ἧττον ἂν καὶ ἀπὸ πεδίων ἐγίνετο αὐτοῖς ἡ τῆς ῥύσεως ἀρχή. οὐδὲν μὲν γὰρ ἄτοπον εἶναι λέγειν τινὰς καὶ τοιούτους κατὰ γῆς τόπους, ἔχοντας ἐν αὐτοῖς ὕδωρ, οἷον λίμνας, ἀφ' ὧν ἀπόρρυσιν γίνεσθαί τινα, οὐ μὴν τηλικαύτας ὡς πᾶν τὸ ὕδωρ τὸ ῥέον ἀπὸ τούτων εἶναι· ὅμοιον γὰρ τοῦτο καὶ τὸ οἴεσθαι τὰς φανερὰς πηγὰς μόνας τοὺς ποταμοὺς ἐμπληροῦν, ἐν αὐταῖς παντὸς ἠθροισμένου τοῦ ῥέοντος ὕδατος. ἀπὸ γάρ τινων φανερῶν πηγῶν, ἃς κρήνας εἶπε, πάλιν οἱ πλεῖστοι τὰς ἀρχὰς ἔχοντες φαίνονται· ἀλλ' ὡς ἐπ' ἐκείνων οὐκ ἔστι τὸ πᾶν ὕδωρ τοῦ ποταμοῦ αἱ πηγαὶ αἱ φανεραὶ ἀφ' ὧν ῥέουσιν, ἀλλ' ἔστι τὸ μὲν ἀπορρέον, τὸ δ' ἐπιγεννώμενόν τε καὶ συλλειβόμενον, οὕτως οὐδ' εἴ τί ἐστι κατὰ γῆς ὕδωρ, τοῦτο χρὴ νομίζειν εἶναι τὸ παντὸς τοῦ ῥέοντος ὕδατος σῶμα· ἐπεὶ ὅτι γέ εἰσι τοιαῦται φάραγγές τε καὶ διαστάσεις καὶ κοιλότητες ἐν τῇ γῇ, ὡς ὑποδέχεσθαι ὕδωρ, δῆλον δι' ὧν παρατίθεται ποταμῶν, ὧν τὰ ῥεύματα ἐν τῇ γῇ καταπινόμενα πάλιν κατ' ἄλλους τόπους ἐκδίδωσιν, ὡς οὐκ ἀπολλυμένου τοῦ ὕδατος ὑπὸ γῆς, ἀλλὰ σωζομένου.

p. 351a19 Οὐκ ἀεὶ δ' οἱ αὐτοὶ τόποι τῆς γῆς οὔτε ἔνυγροί εἰσιν οὔτε ξηροί.

Οὐ δοκεῖ αὐτῷ ὅμοια τὰ τῆς γῆς μέρη ἀεὶ μένειν, ὡς τὰ μὲν ὑγρὰ 89r αὐτῆς ἀεὶ ὑγρὰ εἶναι, τὰ δὲ ξηρὰ ἀεὶ ξηρά, ἀλλὰ μεταβάλλειν καὶ γίνεσθαι

1 προτίθησι I 6 τούτων om. I ὡς οὐκ] καὶ ὅτι μὴ AWa 8 γῆς AWa 9 τοῦ om. a τὰ νέφη — ἠθροισμένον (11)] εἰ τὸ τῶν νεφῶν ἔδει ῥεῖν μόνον AW 10 προσυπάρχον I post ἔχοντα add. τὰ I 11 ἐγένετο A post μαρτύριον δὲ add. τῶν προειρημένων καὶ AWa 12 ὑπορεῖον a 13 συλλαβομένου a 15 εἶναι — τινὰς om. AWa καὶ] τοὺς AW τοιούτους om. AWa 16 γῆν I post τόπους add. εἶναι a οἷον λίμνας a Arist.: om. AIW ἀπορρέουσι I 17 τηλικαύτας] τηλικαῦτα καὶ I 18 τοῦτο καὶ τὸ] τούτω τὸ καὶ AWa 19 συμπληροῦν AWa 20 πάλιν] σχεδὸν a 23 συλλαβόμενον a 25 τοιαῦται om. A 27 καταγινόμενα I 28 ἀπολυ////ομένου A γῆν AWa 31 δοκεῖ δ' αὐτῷ A

τὰ μὲν πρότερον ὑγρὰ ξηρά, πάλιν δὲ τὰ ξηρὰ ἐξυγραίνεσθαι, τοῦτο δὲ γίνεσθαι ὑπὸ τῶν ποταμῶν. τῷ γὰρ τούτων τοὺς μὲν ἐπιγεννᾶσθαι οὐ πρότερον ὄντας, τοὺς δὲ ὑπολείπειν τε καὶ φθείρεσθαι, ὡς μηκέτ' εἶναι, τούτῳ ἕπεσθαι καὶ τὰς τῆς ὑγρᾶς τε καὶ ξηρᾶς γῆς μεταβολάς, ὑγραινομένων μὲν τῶν πρότερον αὐτῆς ξηρῶν μερῶν ὑπὸ τῶν ἐν τούτοις γεννωμένων ποταμῶν, τῶν δὲ πρότερον ὑγρῶν ξηραινομένων διὰ τὴν τῶν ἐν αὐτοῖς ὄντων ποταμῶν φθοράν. διὰ δὲ τὴν αὐτὴν αἰτίαν λέγει καὶ τὰ κατὰ τὴν ἤπειρόν τε καὶ θάλασσαν ὑπαλλάσσεσθαι, δι' ἣν καὶ τῶν ποταμῶν οἱ μὲν γίνονται πρότερον οὐκ ὄντες, οἱ δέ τινες φθείρονται. οὐ μὴν ἀτάκτως δεῖ, φησίν, ὑπολαμβάνειν τὰ τοιαῦτα γίνεσθαι περὶ τὴν γῆν πάθη, ἀλλὰ κατὰ τάξιν τινὰ καὶ περίοδον. αἰτία δὲ καὶ ἀρχὴ τῶν τοιούτων μεταβολῶν τε καὶ παθῶν ἐστιν, ὥς φησιν, ὅτι ὥσπερ τὰ τῶν ζῴων τε καὶ τὰ τῶν φυτῶν σώματα ἀκμήν τινα καὶ γῆρας ἔχει κατὰ φύσιν, οὕτως δὲ καὶ τὰ τῆς γῆς ἐντός. διαφέρει δ' ὅτι ἐπὶ μὲν τῶν προειρημένων ἡ ἀκμή τε καὶ ἡ παρακμὴ οὐκ ἄλλοτε ἄλλου μέρους ἀκμάζοντός τε καὶ παρακμάζοντος, ἀλλ' ἅμα πάντα ἐν τούτοις γίνεται· καὶ γὰρ ἀκμάζει ἅμα πάντα ἐν τούτοις γηράσκει τε καὶ φθίνει πάλιν ἅμα πάντα· τῇ δὲ γῇ κατὰ μέρη τοῦτο γίνεται· γίνεται γὰρ αὐτῇ ἡ τοιαύτη μεταβολὴ διὰ ψῦξίν τε καὶ θερμότητα, ἔστι δὲ ἄλλοτε ἄλλα αὐτῆς ψυχόμενά τε καὶ θερμαινόμενα. ὡς γὰρ τοῖς ζῴοις τε καὶ τοῖς ἐμψύχοις ἡ τοῦ ἡλίου περιφορὰ αἰτία αὐξήσεώς τε καὶ μειώσεως (προσιὼν μὲν γὰρ σωτηρίας τε καὶ αὐξήσεως, ἀπιὼν δὲ μειώσεώς τε καὶ φθορᾶς αἴτιος, ὡς δῆλον ἐκ τῶν ἐπετείων· ταῦτα γὰρ προσιόντος μὲν αὐτοῖς τοῦ ἡλίου αὔξεται, ἀπιόντος δὲ φθίνει τε καὶ φθείρεται) ὡς δ' ἐπὶ τούτων, οὕτως καὶ ἐπὶ τῶν πολυχρονιωτέρων, ὧν ἡ αὔξησις πλείονι χρόνῳ καὶ ἡ φθίσις· ὧν γὰρ ἡ αὔξησις τοσαύταις ἡλίου προσόδοις, τούτων καὶ ἡ μείωσις καὶ ἡ φθίσις τοσαῖσδε ἀφόδοις. ὡς οὖν ταῦτα διὰ τὴν τοῦ ἡλίου περιφορὰν αὔξεταί τε καὶ φθίνει, οὕτω καὶ τὰ τῆς γῆς μέρη παρὰ τῆς προσόδου τε τοῦ ἡλίου καὶ ἀφόδου, καὶ ὅλως παρὰ τῆς ἐκείνου περιφορᾶς τήν τε ἀκμὴν καὶ τὴν παρακμὴν λαμβάνει, ὡς μέχρι μέν τινος δύνασθαι ἀκμάζειν τε καὶ ἔνυγρα διαμένειν, εἶτα ξηραίνεσθαί τε καὶ γηράσκειν πάλιν. γῆρας δὲ τῆς γῆς εἶπε τὴν ξηρότητα, μετενεγκὼν ἀπὸ τῶν ζῴων. ἕπεται δὲ τὸ τῶν μὲν τόπων τε καὶ μορίων τῆς γῆς τῶν ξηραινομένων καὶ τὰς πηγὰς τὰς ἐν αὐτῇ πρῶτον μὲν μειοῦσθαι, ἔπειτα δὲ καὶ φθείρεσθαι, τούτων δὲ γινομένων τὸ καὶ τοὺς ποταμοὺς τοὺς ἀπὸ τούτων ῥέοντας πρῶτον μὲν ἐλάττους γί-

---

1 πρότερα Wa πάλιν τὰ δὲ AWa 4 ξηρᾶς τε καὶ ὑγρᾶς AWa 5 μὲν om. a 6 ξηραινομένων δὲ τῶν πρότερον ὑγρῶν coll. AWa 14 τὰ τῶν om. a 17. 18 ἅμα (post ἀκμάζει) — τούτοις] ἅπαντα καὶ AWa 19 μέρος a γίνεται semel I αὐτῇ scripsi: αὐτὴ I: om. AWa 20 ἔστι δὲ] ὡς τῶν γερόντων ἐστὶν AW: ὡς τῶν ζώων καὶ ἔστιν a 22 προιὼν AW μὲν om. I 23 τε om. I 23. 24 ἐπέτων I 25 δὲ καὶ ἐπὶ A 26 πλείων I 27 μείωσίς τε καὶ φθίσις AWa 28 οὖν ταῦτα] ἐνταῦθα AW τε om. I 29 τε om. a 29. 30 καὶ ἀφόδου τοῦ ἡλίου coll. a 30 ὅλως περὶ τῆς a 31 post δύνασθαι add. καὶ A 33 τὸ] τῷ AWa 34 τῶν om. AWa αὐτῷ a

νεσθαι, ἔπειτα δὲ καὶ τέλεον ἀπόλλυσθαι, τῶν δὲ ποταμῶν τοῦτο πασχόντων καὶ μεθισταμένων, ὡς ἔνθα μὲν γίνεσθαι κατὰ τὰ ἀκμάζοντα μέρη τῆς γῆς, ἔνθα δὲ φθείρεσθαι ὡς ἐκ τῶν παρακμαζόντων τὸ καὶ τὴν θάλασσαν τοὺς μὲν ἐπιλείπειν τῶν τῆς γῆς τόπων, τοὺς δὲ ἐπιλαμβάνειν. προστίθησι δ' ἑξῆς τὰ γινόμενα περὶ τὴν θάλασσαν ἐπιλειπόντων τε τῶν ποταμῶν καὶ ἐπιρρεόντων· δι' ἄμφω γὰρ μέρη τινὰ αὐτῆς ξηραίνεται. ὅπου μὲν γὰρ πληθυνόντων τῶν ποταμῶν ὑπερεχεῖτο ἡ θάλασσα ἐξωθουμένη διὰ τὴν ἐκείνων ἐπίρρυσιν, ταῦτα συμβαίνει ξηραίνεσθαι ὑπονοστούσης τῆς θαλάσσης, τῷ μηκέτ' ἐπιρρεόντων αὐτῶν μηκέτι ἐξωθεῖσθαί τε εἰς αὐτὰ καὶ ὑπερχεῖσθαι· καθ' ὃ δὲ μέρος πάλιν τὰ τῶν ποταμῶν ῥεύματα ἐμβάλλοντα εἰς αὐτὴν ηὔξεν αὐτὴν καὶ προσέχου, κατὰ ταὐτὰ πάλιν διὰ τὴν πρόσχωσιν λιμνάζειν τε αὐτὴν καὶ κατ' ὀλίγον ξηραίνεσθαί τε καὶ γίνεσθαι γῆν, ὑπερχεῖσθαι μέντοι καὶ ἄλλα τινὰ ἐπιλαμβάνειν μέρη. τοῦ δὲ μὴ γνωρίμας γίνεσθαι τὰς τοιαύτας μεταβολὰς αἰτίαν φησὶν εἶναι τὸ πᾶσαν τὴν φυσικὴν μεταβολὴν τὴν περὶ γῆν ἐκ προσαγωγῆς καὶ κατ' ὀλίγον γίνεσθαι καὶ ἐν χρόνοις μακροῖς ὡς πρὸς τὴν ἡμετέραν ζωήν. διὸ λανθάνει ἡμᾶς ἕκαστον αὐτῶν γινόμενον· φθάνει γὰρ ὅλων ἐθνῶν ἀπωλείας γίνεσθαι καὶ φθοράς, ὡς μὴ διαμνημονεύεσθαι τὰ πρότερον ὄντα δύνασθαι μηδὲ ἐκ διαδοχῆς. καὶ πρότερον ὅλων τῶν ἐθνῶν ἀπώλειαι γίνονται καὶ φθοραὶ πρὶν μνημονευθῆναι τὴν τούτων μεταβολὴν ἐξ ἀρχῆς εἰς τέλος. δοκεῖ δὲ τὸ εἰρημένον ἔχειν ἀκατάλληλόν τι. ὡς γὰρ φθανούσης διὰ τάχους τῆς ἀπωλείας τῶν ἐθνῶν τὴν μνήμην τὴν περὶ αὐτῶν λέγειν δοκεῖ. οὐ τοὐναντίον γίνεσθαι λέγει· διὰ γὰρ τὸ βραδέως αὐτῶν γίνεσθαι τὰς φθορὰς φθάνουσι προαπόλλυσθαι οἱ μνημονεύσαντες ἄν. διὸ εἴη ἂν τὸ λεγόμενον ἴσον τῷ καὶ λανθάνουσιν ὅλων τῶν ἐθνῶν ἀπώλειαι γινόμεναι καὶ φθοραὶ τῆς μνήμης τῶν δι' ἃ ἀπόλλυνται. ἑξῆς δὲ τίνες αἱ φθοραὶ καὶ πῶς γίνονται, δι' ἃς οὐ μνημονεύεται τὰ τοιαῦτα τῶν περὶ τὴν γῆν πάθη καταλέγει. καὶ φησὶ μεγίστας μὲν καὶ ταχίστας γίνεσθαι φθορὰς ἀνθρώπων ἐν τοῖς πολέμοις, ἐν οἷς καὶ πόλεις καὶ ἔθνη πολλὰ ἀνάστατα συμβαίνει γίνεσθαι, ἄλλας δὲ νόσοις ταῖς λοιμώδεσι, τὰς δὲ δι' ἀφορίας τῆς γῆς, δι' ἃς μετανίστανται ἀπ' αὐτῆς οἱ σωζόμενοι, καὶ αὗται αἱ μὲν ἀθρόοι γινόμεναι, αἱ δὲ κατ' ὀλίγον ἀφορωτέρας γινομένης τῆς γῆς. ἐφ' ὧν φησι καὶ λανθάνειν τὰς μεταναστά-

3 φθειρομένων I ἐκ om. a τὸ] τὲ A 5 δὲ καὶ ἑξῆς AWa 6 ξηραίνεσθαι AWa 7. 8 ἐξωθουμένους a 11 καὶ προσέχου om. AWa κατὰ ταύτην AWa 12 post πρόσχωσιν add. ἣν ποιοῦνται ἐμβάλλοντες εἰς αὐτήν AWa αὐτὴν] καὶ τὴν I 14 γνωρίμας γίνεσθαι] γνωρίζεσθαι Aa γνωρίμους W 15 περὶ τὴν γῆν AWa καὶ κατ'] τῆς I 17 αὐτῶν γινόμενον] τῶν γινομένων I 19 τῶν om. I, sed habet v. 26 24 τὸ] τοῦ Wa 26 φθοραὶ] χωρὶς AWa post τῶν add. τοιούτων A, τοιούτων φθορῶν ἑξῆς δὲ Wa 27 ἑξῆς δὲ] καὶ Wa καὶ ex κἂν corr. I[2] οὐ om. I 28 λέγει W 29 ταχείας I 30 ἄλλας scripsi: ἄλλα AWa: ἄλλοι I ταῖς] φθείρονται AWa 31 τὰς scripsi: τὰ AWa: om. I δὲ δι'] διὰ δὲ I ἀφορίας ex διαφορίας corr. I[2] 32 αὗται] αὐ αἱ A: αὐτῶν αἱ Wa ἀθρόαι AWa

σεις τῶν ἐθνῶν κατ' ὀλίγον καὶ οὐκ ἀθρόως γινομένας· οὐ γὰρ ἅμα πάντες ἀπανίστανται, ἀλλ' οἱ μὲν ἀπίασιν, οἱ δὲ μένουσιν, ὅσους ἡ χώρα τρέφειν οἵα τε ἔτι· καὶ τοῦτο ἕως τούτου ποιεῖν, μέχρις ἂν τέλεον ἐξασθενήσασα ἡ χώρα μηκέτι μηδὲν πλῆθος δύνηται τρέφειν. ἀπὸ δὴ τῆς τῶν πρώτων ἀπολείψεως ἕως τῶν ἐσχάτων τὴν χώραν καταλιπόντων εἰκὸς γίνεσθαι μακροὺς χρόνους, ὡς μηδένα τῶν ὕστερον ἀπαιρόντων μεμνῆσθαι ὅτι καὶ πρῶτοί τινες ἀπῆραν, διὰ τὸ γενεὰς ἐν μέσῳ πλείους γεγονέναι. ὡς δὲ μεταναστάσεις τῶν ἐθνῶν λανθάνουσι γινόμεναι πολλάκις διὰ τὴν τοῦ χρόνου παράτασιν, οὕτω φησὶ πάλιν καὶ τοὺς κατοικισμοὺς λανθάνειν, πότε πρῶτον ἤρξαντο συνοικίζεσθαι τὰ ἔθνη εἰς τὰ μεταβάλλοντα τῆς γῆς μέρη καὶ γινόμενα ξηρὰ ἐξ ἐνύδρων τε καὶ ἑλωδῶν· κατὰ μικρὸν γὰρ καὶ ἐν τούτοις ἡ ἐποίκησις, καὶ ἐκ πολλῶν χρόνων γίνεται ἡ ἐπίδοσις, ὡς τοὺς ὑστέρους ἐποικήσαντας μὴ γινώσκειν, πότε ἤρξατο τῆς χώρας ἐκείνης ἥ τε εὐκρασία καὶ ὁ συνοικισμός. ὁποῖόν φησι καὶ περὶ τὴν Αἴγυπτον γεγονέναι. καὶ γὰρ οὗτος ὁ τόπος ἀεὶ ξηρότερος φαίνεται γινόμενος καὶ πᾶσα ἡ χώρα ὑπὸ τοῦ ποταμοῦ τοῦ Νείλου ἀπὸ τῆς θαλάσσης προσκέχωσται· ἀλλὰ διὰ τὸ κατὰ μικρὸν τοῦτο γίνεσθαι, καὶ ξηραινομένων τῶν ἑλῶν κατ' ὀλίγον ἀεὶ τοὺς πλησίον αὐτῶν κατοικοῦντας εἰσοικίζεσθαι εἰς τὰ ξηραινόμενα αὐτῶν τὸ τοῦ χρόνου πλῆθος καὶ τὸ κατὰ μικρὸν ἀφῄρηται τὴν τῆς ἀρχῆς μνήμην. καὶ τὰ στόματα τοῦ Νείλου φησὶ πάντα, δι' ὧν εἰς τὴν θάλασσαν ἐκχεῖται, χειροποίητα εἶναι χωρὶς τοῦ Κανωβικοῦ τοῦ τῶν καταρρακτῶν, ὡς ὕστερον διὰ τὸ λιμνάζειν τὸν ποταμὸν τῆς θαλάσσης τινὰ καὶ προσχοῦν γενόμενα. σημεῖον δὲ τοῦ προσκεχῶσθαι τὴν Αἰγυπτίαν χώραν ὑπὸ τοῦ ποταμοῦ παρέχεται καὶ τὸ τὸ ἀρχαῖον τὴν Αἴγυπτον Θήβας καλεῖσθαι, καθάπερ καὶ Ὅμηρος μνημονεύει, καίτοι νεώτερος ὢν ὡς πρὸς τὰς τοιαύτας μεταβολάς· Θηβῶν γὰρ τῶν Αἰγυπτίων μνημονεύει, ὡς τῆς Μέμφιδος ἢ οὔπω οὔσης ἢ οὐ τηλικαύτης. κατωτέρω γὰρ αὕτη, τὰ δὲ κατωτέρω καὶ πρὸς τῇ θαλάσσῃ ἀεὶ ὕστερα οἰκίζεται ἐν ταῖς τοιαύταις προσχώσεσι, τῷ ὕστερα καὶ πήγνυσθαί τε καὶ ξηραίνεσθαι καὶ εἰς συμμετρίαν τὴν πρὸς οἴκησιν ἄγεσθαι. μεταβάλλει γὰρ τὰ πρότερον ἀοίκητα καὶ ἑλώδη καὶ εὐθενεῖ πάλιν, οἱ δὲ πρότερον εὐκράτως ἔχειν δοκοῦντες τόποι ἀναξηραινόμενοι πάλιν γίνονται χείρους· οὗ μαρτύριον παρέχεται καὶ τὸ περὶ τὴν Ἀργείων χώραν γεγονὸς καὶ τὴν Μυκηναίων.

Ὅθεν τοὺς ἐπὶ μικρὸν βλέποντάς φησι καὶ ἀπὸ τῶν μικρῶν περὶ 90r
τῶν ὅλων πειρωμένους λέγειν τῆς τοιαύτης κατὰ τὴν γῆν μεταβολῆς, καθ'

---

1 ἀθρόας AWa 2 μετανίστανται Aa: ἐπανίστανται W 3 ἔτι om. AW ἕως τοῦτο A 5 καταλιπόντες a 8 post δὲ add. αἱ AWa γινόμεναι λανθάνουσι coll. AWa 10 πότε corr. ex ποτέ I[2] post συνοικίζεσθαι add. ˈτε I 11 ἑλωδῶν καὶ ἐνύδρων a ἀνυδρῶν I[1] 12 ἐκ — γίνεται] ἐν πολλῷ γίνεται χρόνῳ AWa 13 ἐκείνη I 16 ἀπὸ τῆς θαλάσσης om. a ἀπὸ] ὑπὸ AW 21 εἰσχεῖται AWa 22 καταρακτῶν AWa 23 γινόμενα I τοῦ] τοῦτο τὸ I προκεχῶσθαι W Αἰγυπτίων Aa 24 post χώραν add. καὶ A 26 Θηβῶν] λαβῶν a Θηβῶν — μνημονεύει] Il. I 381 sqq. 27 μέμφιος AWa 28 ἀεὶ] εἰς I 31 εὐθηνεῖ a: εὐθυνεῖ I 34 μικρῷ A: μικρῶν W φησι om. AIW

ἣν τὰ μὲν ἑλώδη καὶ ὑγρὰ οἰκήσιμά τε καὶ σύμμετρα γίνεται διὰ ξηρότητα, τὰ δὲ πρότερον συμμέτρως ἔχοντα ἀοίκητα διὰ τὴν τῆς ξηρότητος ἐπίτασιν, αἰτίαν λέγειν εἶναι τὴν τοῦ ὅλου μεταβολήν τε καὶ φθοράν. ἡγοῦνται γὰρ σημείοις τούτοις χρώμενοι ἐκπύρωσιν γίνεσθαι τοῦ ὅλου, ὡς Ἡράκλειτος μὲν πρὸ αὐτοῦ καὶ οἱ τῆς ἐκείνου δόξης, οἱ δὲ ἀπὸ τῆς Στοᾶς μετ' αὐτόν, καὶ ἐκ τούτου λέγουσιν ὡς ὄντος γενητοῦ τε καὶ φθαρτοῦ τοῦ παντός. οὐ μὴν τοῦ τῆς γῆς τὰ μὲν ξηραίνεσθαι, τὰ δὲ πάλιν ἐξυγραίνεσθαι αἰτίαν χρὴ τὴν τοῦ κόσμου γένεσιν ἡγεῖσθαι· ἄτοπον γὰρ διὰ βραχείας μεταβολὰς κινεῖν τὸ πᾶν καὶ γενητόν τε καὶ φθαρτὸν ποιεῖν. τὸ γὰρ τῆς γῆς μέγεθος οὐδέν ἐστιν ὡς πρὸς ὅλον τὸν οὐρανὸν παραβαλλόμενον· κέντρου γοῦν αὐτὴν λόγον ἔχειν φασὶν ὡς πρὸς τὸ πᾶν. διό φαμεν ὡς χρὴ ἀφεμένους τοῦ περὶ τοῦ παντὸς τοιαύτας ὑπολήψεις λαμβάνειν μᾶλλον ἡγεῖσθαι τῶν περὶ τὴν γῆν μεταβολῶν αἴτιον γίνεσθαι τὸ διά τινων χρόνων εἱμαρμένων τε καὶ ὡρισμένων, ὡς καθ' ἕκαστον ἔτος χειμὼν γίνεται, οὕτως κατὰ περιόδους τινὰς τῶν ἄστρων γίνεσθαι κατὰ τόπους τινὰς μεγάλους χειμῶνας καὶ ὑπερβάλλοντας ὄμβρους, ὥσπερ καὶ ὁ ἐπὶ Δευκαλίωνος κατακλυσμὸς λέγεται γεγονέναι περὶ τὸν Ἑλληνικὸν τόπον καὶ τὴν ἀρχαίαν Ἑλλάδα, ἥτις ἐστὶν ἡ περὶ Δωδώνην τε καὶ τὸν Ἀχελῷον. ὁ γὰρ δὴ ποταμὸς οὗτος πολλαχοῦ τὸ ῥεῦμα μεταβέβληκε διὰ τὰς προσχώσεις ἃς ποιεῖται, τὴν ἐπικλυσθεῖσαν πάλιν προσχῶν τε καὶ συνιστάς. ἐν γὰρ ταύτῃ τῇ χώρᾳ οἱ Σελλοὶ ᾤκουν, περὶ ὧν Ὅμηρος εἶπεν "ἀμφὶ δὲ Σελλοί σοι ναίουσ' ὑποφῆται ἀνιπτόποδες χαμαιεῦναι", καὶ οἱ καλούμενοι νῦν μὲν Ἕλληνες, τότε δὲ Γραικοί, ὅθεν ἔτι καὶ νῦν τοὺς Ἕλληνας Γραικοὺς καλοῦσιν. ὡς δὲ ἐν τῷ κατακλυσμῷ τῷ γινομένῳ ποτὲ τούτων ἀπολομένων λέγοι ἄν. ὅταν οὖν τοιαύτη ὄμβρων ὑπερβολὴ γένηται, ὡς πολλὰ ἐπικλύσαι καὶ ἀοίκητα δι' ὑγρότητα ποιῆσαι, νομίζειν χρὴ ταύτην τὴν ὑγρότητα ἐπὶ πολὺν διαρκεῖν τε καὶ διαμένειν χρόνον, καὶ ὡς τῶν ποταμῶν τινες ἀέναοί εἰσι διὰ τὴν πλείω χορηγίαν τὴν γενομένην αὐτοῖς ἀπὸ τῶν ὑπερκειμένων αὐτῶν πηγῶν καὶ τῶν ὀρῶν ὃν προειρήκαμεν τρόπον, οὕτως δὲ καὶ μετὰ τὰς τοιαύτας ἐπομβρίας ἀέναοί τινες ὑγρότητες περὶ τοὺς τόπους τούτους ἐπὶ πολὺ διαμένουσι, τῆς ἐπιτηδείου πρὸς τοῦτο γῆς δεξαμένης ἐν αὐτῇ τὴν ὑγρότητα καὶ ἐπὶ πολὺ διαμενούσης τοιαύτης. χρόνου δὲ προϊόντος τὰ μὲν ἐκ τῆς ἐπομβρίας | ὑγρανθέντα 90v ξηραίνεται μᾶλλον, τὰ δὲ ἔνυδρα φύσει ἧττον, καὶ τοῦτο ἀεὶ καὶ μᾶλλον

1 post ἑλώδη add. τε AWa οἰκήμασι A 3 λέγει A 5 οἱ δὲ] καὶ οἱ I 6 γεννητοῦ I 7 οὐ μὴν] ὡς a 8 γὰρ] δὲ a 9 γεννητὸν I 10 μέγεθος] μέρος I ἐστιν] ἦν I 11 φασὶν ante αὐτὴν exh. Aa, post αὐτὴν W 12 ἀφεμένους τοῦ om. I ὑπολείψεις A[1] 20 διὰ] δὴ I προχωρήσεις I post τὴν add. δὲ I προσχῶν] προελὼν I 21 συνστάς I 21. 22 Ὅμηρος εἶπεν] Il. Π. 234 sq. 22 σοι om. IWa ἀνιπτόποδες χαμαιεῦναι om. I 24 ὡς δὲ — λέγοι ἄν (25) om. a 25 ἀπολλυμένων I ἄν] ἀεὶ I τοιαύτης I 26 ἐπικλῦσαι I 27 πολὺ I 28 et 30 ἀένναοι IW 29 τῶν post καὶ om. AWa 31 τῆς] γῆς AWa 32 γῆς om. AWa 33 ἐξυγρανθέντα AWa

γίνεται, ὡς τὰ μὲν ἐξ ἀοικήτων δι' ὑγρότητα γίνεσθαι ξηραινόμενα οἰκητά, τὰ δ' οἰκητὰ πρότερον δι' εὐκρασίαν ἀοίκητα γίνεσθαι διὰ ξηρότητα, ἕως πάλιν ἡ αὐτὴ περίοδος ἔλθῃ καὶ ὁ τῆς μεγάλης περιόδου χειμών. καὶ ἐπεὶ ἀναγκαῖον γίνεσθαι μέν τινας ἐν τῷ παντὶ μεταβολάς, οὐ μὴν τοῦ παντὸς ἀλλ' ἐν τῷ μέρει αὐτοῦ τῷ γενητῷ τε καὶ φθαρτῷ, ἀνάγκη κατὰ τὰ εἰρημένα μὴ τοὺς αὐτοὺς τόπους τῶν περὶ τὴν γῆν ἀεὶ τὴν αὐτὴν κατάστασιν ἔχειν, ὡς ἢ ὑγροὺς ἀεὶ ἢ ξηροὺς εἶναι, ἀλλὰ μεταβάλλειν. καὶ τοῦ τοῦτο οὕτως ἔχειν σημεῖον τὸ τοὺς ἀρχαιοτάτους νομιζομένους τῶν ἀνθρώπων Αἰγυπτίους, τούτους χώραν οἰκεῖν, ἣ πρότερον οὖσα θάλασσα ἔργον γέγονε τοῦ ποταμοῦ τοῦ Νείλου προσχωσθεῖσα ὑπ' αὐτοῦ. καὶ τοῦτο δῆλον μέν φησιν εἶναι καὶ ἀπ' αὐτῆς τῆς χώρας τοῖς ὁρῶσιν· κοίλη γὰρ φαίνεται· ἱκανὸν δέ φησι τούτου τεκμήριον εἶναι καὶ τὸ κατὰ τὴν ἐρυθρὰν θάλασσαν. τί δέ ἐστι τὸ λεγόμενον, καὶ πῶς δεικτικὸν τοῦ τὴν Αἰγυπτίαν χώραν ἔργον εἶναι τοῦ ποταμοῦ; τῷ τοὺς θελήσαντας τὴν ἐρυθρὰν θάλασσαν συνάψαι τῷ Αἰγυπτίῳ πελάγει διορύξαντας τὴν μεταξὺ γῆν μηκέτι τοῦτο ποιῆσαι, διὰ τὸ ὑψηλοτέραν οὖσαν τὴν ἐρυθρὰν θάλασσαν τῆς περὶ τὸ Αἰγύπτιον πέλαγος χώρας μέλλειν ἐπικλύζειν αὐτήν, οὕτως δὲ καὶ τὸν ποταμὸν ἐπικλύζειν τε καὶ ἀφανίζειν τὸν Νεῖλον. ἐπιζητήσαι ἄν τις, εἰ οὕτως ἠδύνατο διορυγῆναι τὸ μεταξὺ καὶ ἑνωθῆναι ἡ ἐρυθρὰ θάλασσα τῷ Αἰγυπτίῳ πελάγει, εἰ ἦν ἡ Αἰγυπτία χώρα θάλασσα. ἀλλὰ λέγει καὶ Δαρεῖον ἐγχειρῆσαι τῷ διορύσσειν, καὶ κατ' ἐκεῖνον ἤδη ἦν Αἴγυπτος κεχωσμένη. ἢ τὸ κοιλοτέραν εἶναι τὴν Αἰγυπτίαν γῆν τῆς ἐρυθρᾶς θαλάσσης καὶ τῆς μετ' αὐτὴν γῆς τεκμήριον ποιεῖται τοῦ ἀπὸ τῆς θαλάσσης αὐτὴν προσκεχῶσθαι τῆς Αἰγυπτίας, οὖσαν πρότερον μέρος τῆς θαλάσσης. καὶ γὰρ ὃ ἐπιφέρει, τὸ περὶ τὴν Ἀμμωνίαν χώραν τῆς Λιβύης, τοιοῦτόν ἐστι· τῷ γὰρ καὶ ταύτην τὴν γῆν κοιλοτέραν τε εἶναι καὶ ταπεινοτέραν παραλόγως τῆς μετ' αὐτὴν χώρας τεκμηρίῳ χρῆται τοῦ προσκεχῶσθαι αὐτὴν ἀπὸ τῆς θαλάσσης. πῶς δὲ κατ' ὀλίγον τὰ προσχούμενα ξηραίνεται, λέγει· ἐγχώσεως γὰρ ὑπὸ τοῦ ποταμοῦ γινομένης καθ' ὃ εἰς τὴν θάλασσαν ἐκδίδωσιν, ἀπολαμβάνεταί τινα ἀπὸ τῆς θαλάσσης μέρη, ἃ πρότερον μὲν ὡς λίμναι καθ' αὑτὰ ὄντα μένει, εἰς ὕστερον δὲ ἀναξηραίνεται. οὕτως δὲ γινομένων τῶν ἀπολήψεών τε καὶ προσχώσεων δῆλον ὡς ἡ χώρα ἡ τοιαύτη κοιλοτέρα τέ ἐστι καὶ ταπεινοτέρα, ἅτε τὸ τῆς θαλάσσης ἔτι σώζουσα ἔδαφος. καὶ τὰ περὶ τὴν Μαιῶτιν δὲ καλουμένην λίμνην ἐπιδεδωκέναι φησὶ τῇ ὑπὸ τῶν ἐκβαλλόντων εἰς αὐτὴν ποταμῶν προσχώσει, ὡς πολλῷ ἐλάττω πλοῖα νῦν πλεῖν ἐν αὐτῇ δύνασθαι τῶν πρὸ ἐτῶν πλεόντων ἑξήκοντα. ὅθεν φησὶ δῆλον εἶναι ὅτι καὶ αὐτὴ ἡ

1 οἰκητὰ ante γίνεσθαι exh. AWa 3 ἔλθοι AW 3. 4 καὶ ἐπεὶ in marg. A 5 ἀλλὰ καὶ ἐν A post καὶ add. τῷ I 9 post ἀνθρώπων add. τοὺς a ἣ] ἡ A: ἢ a: ἐν ᾗ I 10 προσχωρεῖσα a 11. 12 κοίλη γὰρ φαίνεται om. I 14 τῷ] τὸ AWa 18 ἂν om. I οὕτως — κεχωσμένη. ἢ (21. 22) om. AWa, fort. recte 22 κοιλότερον A Αἰγυπτίων a 23 μετὰ ταύτην I 26 τὸ γὰρ I τὴν γῆν om. AWa 27 χρῆσθαι I 28 ξηραίνεσθαι a 31 ὡς] ὡσεὶ AWa εἰς om. AWa 33 κοινοτέρα a 35 ἐμβαλλόντων AWa

λίμνη ἔργον ἐστὶ τῶν ποταμῶν, ὡς ἀποχωσάντων αὐτὴν τῶν ποταμῶν ἀπὸ τῆς θαλάσσης καὶ χωρισάντων καὶ ποιησάντων λίμνην ἀντὶ θαλάσσης μέρους, καὶ ὅτι προϊόντος τοῦ χρόνου ἔσται καὶ αὐτὴ πᾶσα ξηρά. καὶ τὸν Βόσπορον δὲ ἀεὶ μὲν ῥεῖν φησιν· ἔστι δὲ ὁ Βόσπορος ὑπὸ τὸν Πόντον θάλασσα στενή, ᾗ διείργεται ἡ Εὐρώπη ἀπὸ τῆς Ἀσίας. ταύτην δὴ τὴν θάλασσάν φησιν ἀεὶ μὲν ῥεῖν διὰ τὸ προσχοῦσθαι. λέγει δὲ τὸ ἀεὶ 30 ῥεῖν ἀντὶ τοῦ ἐστενῶσθαι· τὰ γὰρ στενὰ τῶν πελαγῶν ὅταν ἑκατέρωθεν ἔχῃ πλατείας θαλάσσας, μεταρροίας λαμβάνει. τοῦτό φησιν εἶναι περὶ ταύτην τὴν θάλασσαν διὰ τὸ ἀεὶ αὐτὴν προσχοῦσθαι. ὅντινα δέ, φησίν, ἐγίνετο ἡ πρόσχωσις τρόπον, καὶ νῦν δυνατὸν [εἶναι] γνωρίζειν ὁρῶντα. καὶ λέγει πῶς ἐγίνετο· ὅτε γὰρ ὁ ῥοῦς ὁ ἀπὸ τῆς Ἀσίας ἠϊόνα ποιήσειε (ῥοῦν δὲ ἀπὸ τῆς Ἀσίας λέγοι ἂν τὴν τῆς θαλάσσης ἀπὸ τῶν Ἀσιανῶν μερῶν ἐπὶ τὰ Εὐρωπαῖα μέρη ἐπίχυσιν) ὁ ῥοῦς δὴ τῆς θαλάσσης ὁ γινόμενος 35 ἀπὸ τῆς Ἀσίας ἠϊόνα ποιῶν, τουτέστιν αἰγιαλόν τινα χωννὺς καὶ ἐπανιστὰς ἀπετέμνετο ὀπίσω τῆς ἠϊόνος ταύτης καὶ τοῦ αἰγιαλοῦ μέρος τῆς θαλάσσης καὶ διετείχιζεν ἀπὸ τῆς ἄλλης θαλάσσης, καὶ λίμνην ἐποιεῖτο πρῶτον μικράν· εἶτ' αὐτὴ ξηραινομένη ἀντὶ θαλάσσης ἤπειρος ἐγίνετο. καὶ μετὰ ταῦτα πάλιν ἄλλη ἠϊὼν τὸν αὐτὸν τρόπον ἐγίνετο χωννυμένη ὑπὸ τοῦ ῥοῦ τῆς θαλάσσης καὶ ἄλλη λίμνη, ἥτις ὁμοίως πάλιν ἐξηραίνετο· οὗ γινομένου πολλάκις ἀνάγκη τοῦ χρόνου προϊόντος εἰς στενὸν συσταλῆναι 40 τὴν θάλασσαν τὴν τὰς ἠϊόνας ταύτας ποιοῦσαν καὶ γενέσθαι ὡς ποταμόν, τέλος δὲ καὶ τοῦτον ξηρανθῆναι.

Ἐκ δὲ τούτων φανερόν φησιν εἶναι ὅτι ἐπεὶ μήτε ὁ χρόνος ὑπολείψει 50 (οὐδέποτε γάρ ἐστιν ὅτε οὐκ ἔστι χρόνος) καὶ τὸ πᾶν καὶ αὐτὸ ἀΐδιόν ἐστι, γίνονται δὲ ἐν αὐτῷ τοιαῦται μεταβολαί, ὡς τά τε πρότερον ἔνυδρα χωρία ὕστερον ξηρὰ γίνεσθαι, τά τε ξηρὰ πάλιν ἔνυγρα, ὅτι μήτε ὁ Τάναϊς ποταμὸς μήτε ὁ Νεῖλος μήτε ἄλλος τις τῶν μεγάλων καὶ ἀενάων εἶναι δοκούντων ποταμῶν ἀΐδιοί εἰσιν, ἀλλὰ ἦν τέ ποτε ξηρὸς ὁ τόπος, ὅθεν ῥέουσι νῦν, καὶ ὕστερον πάλιν ἔσται. τὸ μὲν γὰρ τούτων ἔργον (ἔστι δὲ αὐτῶν ἔργον τὸ ῥεῖν, ἐν ᾧ καὶ τὸ | εἶναι αὐτοῖς) πέρας ἔχει, ὁ δὲ χρόνος 91r οὐκ ἔχει, τουτέστιν οὗτοι μέν εἰσι γενητοί τε καὶ φθαρτοί, ὁ δὲ χρόνος

---

1 ὡς — ποταμῶν om. AWa 2 χωρησάντων Wa post ἀντὶ add. τῆς Wa: τοῦ τῆς A 4 βόσπορον μὲν ἀεὶ μὲν I ὑπὲρ AIW 6 φησιν om. A λέγει δὲ] λέγοι δ' ἂν AWa 10 et 11 ἐγένετο AWa 10 εἶναι delevi ὁρώντων I 11 λέγειν AWa ὁ ante ῥοῦς om. I 11 et 14 ἠόνα W 11 ποιήσειε] ποιεῖ I 13 εὐρώπια I δὴ scripsi: δὲ I: ἀεὶ AW 14 post χωννὺς add. τῇ ψάμμῳ AWa 15 ὀπίσω τῆς scripsi: ὀπίσω μέρος τῆς I: τῆς AWa 16 καὶ διετείχιζεν — θαλάσσης om. AWa 18 ἄλλη ἠϊὼν scripsi: ἄλλη om. I: ἠϊὼν om. AWa 19 ἀπὸ AWa καὶ ἄλλη om. a πάλιν om. AWa 20 οὗ] οὐ Aa 21 post θάλασσαν add. ταύτην AWa τὴν — ποιοῦσαν post ποταμόν exh. I 23 δὲ om. a φησὶν φανερὸν A ὁ om. I ὑπολείψῃ I 25. 26 εὔυδρα καὶ ἔνυδρα χωρία I 26 τὰ δὲ ξηρὰ I πάλιν ἔνυδρα AWa 27 post τις add. δῆλον Aa, δηλονότι W ἀενν-νάων IW 27. 28 δοκούντων εἶναι coll. AWa 28 τέ om. AWa 29 ἔστι δὲ — ἐν ᾧ (30) om. AWa

οὐδέτερον τούτων. διὸ ἀνάγκη γίνεσθαί ποτε χρόνον, ὅτε οὗτοι οὐκ ἔσονται. ὡς δὲ ἐπὶ τούτων τῶν ποταμῶν, οὕτως ἔχει καὶ ἐπὶ τῶν ἄλλων· ὁ γὰρ αὐτὸς κατὰ πάντων λόγος. ἀλλὰ μὴν τῶν ποταμῶν τῶν μὲν γινομένων τῶν δὲ φθειρομένων, καὶ μὴ ἀεὶ τῶν αὐτῶν μένοντων ἀνάγκη καὶ τὴν θάλασσαν μεταπίπτειν καὶ συμμεταβάλλειν τοῖς ποταμοῖς. ταύτης δὲ τὰ μὲν ἀπολειπούσης τὰ δὲ ἐπιλαμβανούσης δῆλον ὡς οὐδὲ τῆς πάσης γῆς ἀεὶ τὰ αὐτὰ μέρη τὰ μέν ἐστι θάλασσα τὰ δὲ ἤπειρος, ἀλλ' ὑπαλλάσσεται πάντα τῷ χρόνῳ, ὥσπερ ἦν προειρημένον. δείξας δὲ ταῦτα ἀνακεφαλαιοῦται τὰ εἰρημένα τε καὶ δεδειγμένα περὶ τούτων διὰ τῶν ἐπιφερομένων· λέγει γὰρ διότι μὲν οὖν οὐκ ἀεὶ τὰ αὐτὰ οὔτε χερσεύει τῆς γῆς οὔτε πλωτά ἐστι.

1 γενέσθαι AWa ποτε] τότε I 2 ἔχει om. AWa 4 post μενόντων add. τῆς γῆς ἐνύδρων AWa 5 μεταβάλλειν καὶ συμμεταπίπτειν AWa 6 post ἐπιλαμβανούσης add. τῆς γῆς AWa ὡς] ὅτι AWa τῆς om. I 8 ὥσπερ] ὅπερ AWa προειρημένον] lac. VII litt. I 9 τε] τὰ a 10 τὰ αὐτὰ] ταῦτα AW χερσεύεται Arist. EH τῆς γῆς coll. post πλωτά ἐστι a 11 post πλωτά ἐστι add. ex. Arist. καὶ διὰ τίνα αἰτίαν ταῦτα συμβαίνει, εἴρηται, ὁμοίως δὲ καὶ διὰ τί οἱ μὲν ἀέναοι οἱ δ' οὒ τῶν ποταμῶν a

ΑΛΕΞΑΝΔΡΟΥ ΑΦΡΟΔΙΣΙΕΩΣ ΕΙΣ ΤΟ ΔΕΥΤΕΡΟΝ ΤΩΝ ΑΡΙΣΤΟΤΕΛΟΥΣ ΜΕΤΕΩΡΟΛΟΓΙΚΩΝ.

p. 353a32 Περὶ δὲ θαλάσσης, καὶ τίς ἡ φύσις αὐτῆς, καὶ διὰ τίνα αἰτίαν.

Ἐν τῷ πρώτῳ τῶν Μετεωρολογικῶν μετὰ τὸν περὶ ὑετοῦ καὶ χιόνος καὶ πάχνης καὶ δρόσου καὶ χαλάζης λόγον προθέμενος εἰπεῖν περί τε ἀνέμων καὶ ποταμῶν τε καὶ πηγῶν, ἔτι δὲ καὶ περὶ θαλάσσης, εἰπὼν ἐν ἐκείνῳ περὶ ποταμῶν τε καὶ πηγῶν, ἄρχεται τοῦ δευτέρου ἀπὸ τοῦ περὶ θαλάσσης λόγου καὶ ζητεῖ, τίς τε αὐτῆς ἡ οὐσία καὶ φύσις, καὶ τίς ἡ τῆς ἁλμυρότητος τοῦ ὕδατος αἰτία, καὶ πῶς ἐξ ἀρχῆς γίνεται. καὶ πρῶτον, ὥσπερ καὶ ἐπὶ τῶν ἄλλων πεποίηκε, καὶ ἐπὶ ταύτης τὰς τῶν πρὸ αὐτοῦ περὶ αὐτῆς δόξας ἐκτίθεταί τε καὶ ἐξετάζει. τοὺς μὲν οὖν ἀρχαιοτέρους τε καὶ περὶ τὰς θεολογίας καταγινομένους (θεολόγους δὲ λέγει τοὺς περὶ θεῶν ἐπαγγελλομένους λέγειν, ὧν ἦν Ὅμηρος καὶ Ὀρφεὺς καὶ Ἡσίοδος, ὃς καὶ θεογονίαν συνέγραψε), τούτους δή φησι ποιεῖν τινας τῆς θαλάσσης πηγάς, ἵνα αὐτοῖς ὦσιν ἀρχαί τε καὶ ῥίζαι ὁμοίως γῆς τε καὶ θαλάσσης, καὶ μὴ ἐξ ἄλλων τινῶν μεταβαλλόντων ἡ τούτων γένεσις ᾖ, ἀλλ' οἰκείας ἀρχὰς ἔχωσιν. ἐσέμνυνον γὰρ δὴ οὗτοι μάλιστα τήν τε γῆν καὶ τὰ περὶ τὴν γῆν, καὶ περὶ ταύτην καὶ ταύτης χάριν τὰ ἄλλα ἔλεγον εἶναί τε καὶ γεγονέναι καὶ δὴ καὶ τὸν σύμπαντα οὐρανόν. σεμνότερον δ' οὖν ἡγοῦντο καὶ τραγικώτερον εἶναι τὸ ποιεῖν αὐτὰ ἀπό τινος οἰκείας ἀρχῆς τε καὶ ῥίζης. οἱ μὲν οὖν θεολόγοι καὶ τὴν θείαν σοφίαν ἐπαγγελλόμενοι οὕτως ἔλεγον περὶ αὐτῆς· οἱ δὲ περὶ τὴν ἀνθρωπίνην σοφίαν σοφώτεροι (ἀντιδιέστειλε δὲ τοῖς θεολόγοις τοὺς τὴν ἀνθρωπίνην σοφίαν σοφωτέρους ὑποσκώπτων

---

1. 2 Tit. εἰς τὸ δεύτερον I, sed idem in exitu libri εἰς τὸ δεύτερον τῶν ἀριστοτέλους μετεωρολογικῶν: ἀλεξάνδρου ἀφροδισιέως εἰς τὸ δεύτερον τῶν μετεωρολογικῶν ἀριστοτέλους W: Ἀλεξάνδρου Ἀφροδισιέως ὑπόμνημα εἰς τὰ μετεωρολογικά. εἰς τὸ δεύτερον a 7 ἔτι δὲ — πηγῶν (8) in marg. W² 9 αὐτῆς post φύσις coll. AWa 11. 12 δόξας περὶ αὐτῆς coll. I 14 καὶ ἡσίοδος καὶ ὅμηρος καὶ ὀρφεὺς AWa 20 δ' οὖν I: δὲ AWa 22 ἐπαγγελλόμενον a 23 περὶ ante τὴν om. a ἀντιδιέστειλε I: ἀντιτίθησι AWa 24 ὑποσκώπτων—ἀλαζονικωτέρους (p. 67,1) om. W

ἐκείνους ὡς ἀλαζονικωτέρους· λέγει δὲ περὶ τῶν φυσικῶν) οὗτοι δὲ γένεσιν ποιοῦσι τῆς θαλάσσης, ἀλλ' οὐχ ἀγένητον αὐτὴν λέγουσιν ἰδίας πηγὰς ἔχουσαν, ὡς οἱ θεολόγοι. οἱ μὲν γὰρ αὐτῶν ὑπόλειμμα λέγουσιν εἶναι τὴν θάλασσαν τῆς πρώτης ὑγρότητος. ὑγροῦ γὰρ ὄντος τοῦ περὶ τὴν γῆν τόπου κἄπειτα τὸ μέν τι τῆς ὑγρότητος ὑπὸ τοῦ ἡλίου ἐξατμίζεσθαι καὶ γίνεσθαι πνεύματά τε ἐξ αὐτοῦ καὶ τροπὰς ἡλίου τε καὶ σελήνης, ὡς διὰ τὰς ἀτμίδας ταύτας καὶ τὰς ἀναθυμιάσεις κἀκείνων τὰς τροπὰς ποιουμένων, ἔνθα ἡ ταύτης αὐτοῖς χορηγία γίνεται, περὶ ταῦτα τρεπομένων· τὸ δέ τι αὐτῆς ὑπολειφθὲν ἐν τοῖς κοίλοις τῆς γῆς τόποις θάλασσαν εἶναι· διὸ καὶ ἐλάττω γίνεσθαι ξηραινομένην ἑκάστοτε ὑπὸ τοῦ ἡλίου καὶ τέλος ἔσεσθαί ποτε ξηράν. ταύτης τῆς δόξης ἐγένετο, ὡς ἱστορεῖ Θεόφραστος, Ἀναξίμανδρός τε καὶ Διογένης· Διογένης δὲ καὶ τῆς ἁλμυρότητος ταύτην αἰτίαν λέγει, ὅτι ἀνάγοντος τοῦ ἡλίου τὸ γλυκὺ τὸ καταλειπόμενον καὶ ὑπομένον ἁλμυρὸν εἶναι συμβαίνει. οἱ δέ τινές φασιν οἷον ἱδρῶτά τινα τῆς γῆς εἶναι τὴν θάλασσαν· θερμαινομένην γὰρ αὐτὴν ὑπὸ τοῦ ἡλίου ταύτην ἀφιέ|ναι 91v τὴν ὑγρότητα· διὸ καὶ ἁλμυρὰν αὐτὴν εἶναι· τοιοῦτος γὰρ ὁ ἱδρώς. ταύτης τῆς δόξης Ἐμπεδοκλῆς γέγονε. τρίτη δὲ δόξα περὶ θαλάσσης ἐστὶν ὡς ἄρα τὸ ὕδωρ τὸ διὰ τῆς γῆς διηθούμενον καὶ διαπλῦνον αὐτὴν ἁλμυρὸν γίνεται τῷ ἔχειν τὴν γῆν τοιούτους χυμοὺς ἐν αὑτῇ· οὗ σημεῖον ἐποιοῦντο τὸ καὶ ἅλας ὀρύττεσθαι ἐν αὐτῇ καὶ νίτρα· εἶναι δὲ καὶ ὀξεῖς χυμοὺς πολλαχοῦ τῆς γῆς. ταύτης πάλιν τῆς δόξης ἐγένετο Ἀναξαγόρας τε καὶ Μητρόδωρος.

p. 353b17 Ὅτι μὲν οὖν πηγὰς τῆς θαλάσσης ἀδύνατον εἶναι.

Ἐκθέμενος διὰ βραχέων τὰς προκαταβεβλημένας δόξας τὰς περὶ θαλάσσης λέγει πρὸς τὴν τῶν θεολόγων, οἳ οἰκείας τινὰς πηγὰς ἀιδίους ἐποίουν τῆς θαλάσσης, ἵν' αὐτοῖς ἡ θάλασσα ἀγένητος ᾖ. ὅτι δὲ ἀδύνατον πηγὰς εἶναι τῆς θαλάσσης, διὰ τῶν ὑπαρχόντων ἤδη δεῖν φησι θεωρεῖν, ὑπάρχοντα ἤδη λέγων ἤτοι ἀντὶ τοῦ ἤδη δεῖ θεωρεῖν διὰ τῶν ὑπαρχόντων τῇ θαλάσσῃ, ἢ διὰ τῶν ὑπαρχόντων ἤδη ἀντὶ τοῦ διὰ τῶν ἤδη δεδειγμένων τε καὶ εἰρημένων ὑπάρχειν τῷ τε ὕδατι καὶ ταῖς πηγαῖς· συγχρῆται γὰρ πρὸς τὰ δεικνύμενα τοῖς προειρημένοις. ὅτι γὰρ μή εἰσι τῆς θαλάσσης οἰκεῖαί τινες πηγαί, δείκνυσιν οὕτως. τῶν περὶ τὴν γῆν καὶ ἐπὶ γῆς ὑδάτων (οὐ γὰρ περὶ τοῦ ὑομένου ὕδατος νῦν ὁ λόγος) τῶν δὴ περὶ τὴν γῆν

1 οὗτοι δὴ a 2 ἀγέννητον IW πηγαὶ a 5 κἄπειτα τὸ μέν τι] τὰ πρῶτα AWa post γίνεσθαι add. τὰ AWa 7 ἔνθεν Usener 8 δ' ἔτι A 9 τῆς γῆς om. AWa 11 ἐγένοντο AWa ὁ Θεόφραστος AWa; cf. Phys. op. fr. 23 (Dox. 494,4) 12 καὶ θεογένης I[1] post ταύτην add. τὴν I 13 ὑπομένον καὶ coll. I 18 διὰ τῆς γῆς supra versum rubro W 19 χειμοὺς a αὐτῇ libri 21 ἐγένοντο AWa 23 τῆς om. Arist. E 24 τὰς post δόξας om. AWa 25 θεολογικῶν AWa 26 ἀγέννητος I ὅτι δὴ AWa 27. 28 δεῖν — ὑπάρχοντα ἤδη om. AWa 28 ἤτοι om. AWa 29 ἤδη ὑπαρχόντων coll. AWa 33 ὁ om. I δὴ] δὲ I

τὰ μὲν ῥυτά ἐστι, τὰ δὲ στάσιμα· καὶ τὰ μὲν ῥυτὰ πάντα ἀπὸ πηγῶν τινων τὴν ἀρχὴν τῆς ῥύσεως ἔχει. πῶς δὲ γίνονται αἱ πηγαί, καὶ ὅτι οὐχ ὡς ἐξ ἀγγείου τινὸς καὶ κοιλίας ἐχούσης τῆς γῆς ἠθροισμένον ἀθρόως ὕδωρ ἀπορρέουσι κατ' ὀλίγον, ἀλλ' ὅτι εἰς ταύτην τὸ κύκλῳ γενόμενόν τε καὶ συλλειβόμενον πρώτην ἀπαντᾷ τε καὶ ἐκδίδοται ἐκ τῶν ὀρῶν, εἴρηται. τῶν δὲ στασίμων ὑδάτων τὰ μέν ἐστι συλλογιμαῖα καὶ ὑποστάσεις, ὡς τὰ ἐκ τῶν ὑετῶν ἀθροιζόμενα καὶ τὰ ἐν ταῖς λίμναις, καὶ ὅσα ἀπορρεύσαντος τοῦ πλείονος ὑετῶν γενομένων ἢ καὶ ποταμῶν ἐπιρρευσάντων ὑφίσταται καὶ ὑπομένει καὶ λιμνάζει διὰ τὴν κοιλότητα τῶν τόπων. ὧν ὑδάτων αἱ διαφοραὶ κατὰ τὸ πλῆθος καὶ τὴν ὀλιγότητα τοῦ συνεστῶτος ὕδατος· ὀλίγου μὲν γὰρ ὄντος τέλματα καλεῖται, λίμναι δ' ἂν πλέον ᾖ. τὰ δέ τινα τῶν στασίμων πηγαῖά φησιν εἶναι, ὡς τὰ φρεατιαῖα· ταῦτα γὰρ ἀπὸ πηγῆς. καὶ φησὶ ταῦτα χειρόκμητα εἶναι· ὀρύσσεται γὰρ καὶ κατασκευάζεται τὰ φρέατα καὶ οὐχ ὡς τὰ τέλματα καὶ αἱ λίμναι αὐτόματα γίνεται. ὡς εἶναι πάντων τῶν ὑδάτων τῶν περὶ τὴν γῆν τὰ μὲν ῥυτὰ τὰ δὲ στάσιμα, ἀλλὰ καὶ τῶν πηγαίων· καὶ γὰρ τούτων τὰ μὲν ῥυτά (πάντα γὰρ τὰ ῥυτὰ ἀπὸ πηγῶν) τὰ δὲ στάσιμα, ὡς τὰ φρέατα. τὸ δὲ πάντων γὰρ ἀνωτέρω τὴν πηγὴν εἶναι δεῖ τῆς ῥύσεως εἶπε πρὸς τὰ ῥυτὰ ἐπανενεγκών. εἰπὼν γὰρ τὰ μὲν οὖν ῥυτὰ πάντα πηγαῖα, νῦν τὴν αἰτίαν ἀπέδωκεν αὐτοῦ· ὅτι γὰρ δεῖ πάντων ἀνωτέρω τὴν πηγὴν εἶναι τῶν ῥεόντων. κἂν γάρ τινα ἀπορρέῃ ἔκ τινος ἀθροιζομένου ἐξ ἐπιρρέοντος ὕδατος καὶ μὴ ἀπὸ πηγῆς, ἀλλὰ τῆς γε ῥύσεως τῆς εἰς ἐκεῖνο γινομένης ἀρχὴ εὑρεθήσεται πηγή τις οὖσα. τὰ μὲν αὐτόματα ῥεῖ. εἰπὼν τῶν πηγαίων εἶναι τὰ μὲν στάσιμα χειρόκμητα, εἰπὼν δὲ καὶ πάντων τῶν ῥεόντων ἀρχὴν εἶναι τῆς ῥύσεως πηγήν, διὰ τοῦτο, φησί, τὰ μὲν αὐτόματα ῥεῖ· φύσιν γὰρ ἔχει τὸ ὕδωρ εἰς τὸ κοιλότερον συρρεῖν, καὶ οὐδὲν εἰς τοῦτο δεῖται τέχνης· τὰ δ' ἐν τοῖς φρέασι τέχνης δεῖται τῆς ἐργασομένης· ἔμπαλιν γὰρ ταῦτα ἀπὸ τῶν κοίλων εἰς ὕψος ἀνάγεται, ὃ οὐκ ἔστι κατὰ φύσιν τῷ ὕδατι.

Ποιησάμενος δὲ τὴν προειρημένην διαίρεσιν τῶν περὶ γῆν ὑδάτων, τούτοις προσχρώμενος δείκνυσιν ὅτι μὴ οἷόν τε τῆς θαλάσσης πηγὰς εἶναι· τῶν μὲν γὰρ ἀπὸ πηγῶν ὑδάτων τὰ μὲν ἀπόρρυτα εἶναι, τὰ δὲ χειροποίητα· ἡ δὲ θάλασσα οὔτε ἀπόρρυτος οὔτε χειροποίητος. ἐπεὶ δὲ γίνεταί τινα στάσιμα

1 σταδαῖα AW 3 ἀθρόον AWa 4 γεννώμενον A 5 συλλαβόμενον Aa 6 τῶν δὲ — ὑποστάσεις om. A 7 ἀπορρέοντος I 9 αἱ om. AWa 11 τέλματα καλεῖται] τελματώδη τὰ μὴ ἔχοντα βάθος, λιμναῖα δὲ τὰ βάθος ἔχοντα marg. I δ' ἂν πλέον ᾖ] δὲ πλείονος AWa; ᾖ scripsi: εἴη I 11. 12 τὰ δέ τινα] εἶτα δὲ AW: εἶτα a 12 post εἶναι add. τινά AWa φρεατιαῖα] φρέατα AWa 12. 13 ταῦτα — πηγῆς om. AWa 13 καὶ φησὶ — φρέατα (14) om. A 15 πάντων] οὐ μόνον AWa τῇ γῇ A 17 ῥυτὰ τὰ coll. a 18 δεῖ] δὴ ἀεὶ I 18. 19 ἐπενεγκὼν AWa 20 γὰρ δεῖ om. AWa 22 γε om. I τῆς γῆς εἰς I 23 τὰ μὲν — ῥεῖ om. Aa post εἰπὼν add. δὲ a 24 μὲν om. AWa σταδαῖα A post στάσιμα add. ἄλλα I: fort. ὅλα post χειρόκμητα add. καὶ ἔτι a δὲ om. a 25 τὴν πηγήν AWa ῥεῖν AWa 26 φύσει Wa 30 δὲ om. a περὶ τὴν γῆν AWa 32 εἶναι] ἦν AWa 33 οὐδὲ bis I

πηγαῖα αὐτόματα καὶ οὐ χειροποίητα (ἔστι γάρ που εὑρεῖν αὐτομάτως τι ἀπὸ πηγῆς οὔσης ἐν κοίλῳ ὀλίγης ἠθροισμένον καὶ μένον ὕδωρ), ὅτι δὲ μὴ τῶν οὕτως στασίμων ὑδάτων πηγαίων ἡ θάλασσα εἶναι δύναται, ἔδειξε 50
διὰ τοῦ εἰπεῖν οὕτως αὐτόματον δὲ στάσιμον ὕδωρ πηγαῖον ὀλίγον παντελῶς εἶναι τῷ μὴ δύνασθαι ἀπὸ μείζονος πηγῆς τὴν ἀρχὴν ἔχον αὐτομάτως στάσιμον εἶναι.

p. 353b35 Ἔτι δ' ἐπεὶ πλείους εἰσὶ θάλασσαι.|

Καὶ διὰ ταύτης τῆς ἐπιχειρήσεως συνίστησιν ὅτι μὴ ἔστιν ἡ θάλασσα 92r
ὕδωρ σταδαῖον, ἔχον οἰκείας πηγάς. ἐπεὶ γάρ εἰσι πλείους θάλασσαι κατ' οὐδὲν ἀλλήλαις συμμιγνύουσαι καὶ περιοικούμεναι κύκλῳ, εἰ εἶχον πηγάς, οὐκ ἂν τοὺς περιοίκους αὐτῶν ἐλάνθανον αἱ πηγαί, κατὰ τίνα τόπον ἦσαν. 5
ἡ μὲν γὰρ ἐρυθρὰ θάλασσα κατὰ μικρὸν φαίνεται κοινωνοῦσα πρὸς τὴν ἔξω στηλῶν θάλασσαν, ἡ δὲ Ὑρκανία τε θάλασσα καὶ ἡ Κασπία ταύτης τέ εἰσι κεχωρισμέναι καὶ ἀλλήλων.

p. 354a5 Ῥέουσα δ' ἡ θάλασσα φαίνεται.

Ἐπεὶ τῶν πηγαίων ὑδάτων τὰ μέν ἐστι στάσιμά τε καὶ χειρόκμητα, τὰ δὲ ῥυτά, δείξας ὅτι μὴ ἔστιν ἡ θάλασσα τῶν πηγαίων τε καὶ στασίμων 25
ὑδάτων, νῦν δείκνυσιν ὅτι μηδὲ τῶν ῥυτῶν. τοῦτο δὲ δείκνυσιν, ἐπεὶ φαίνεται κατά τινας τόπους ῥέουσα· κατὰ γὰρ τοὺς στενοὺς τόπους πανταχοῦ, ὧν ἑκατέρωθέν ἐστι θάλασσα πλατεῖα, ῥέουσα ἡ θάλασσα φαίνεται. ὅτι οὖν μὴ ῥεῖ ἐν τούτοις ὡς τὰ ἀπὸ πηγῆς ὕδατα ῥέοντα, δείκνυσιν εἰπὼν τῆς κατὰ ταῦτα ῥύσεως αὐτῆς τὴν αἰτίαν. ὅπου γὰρ ἂν ἐκ πλατέος πελάγους εἰς στενὸν ἡ θάλασσα συνάγηται ὑπὸ τῆς περιεχούσης αὐτὸ γῆς ὑψηλοτέρας οὔσης, φαίνεται κατὰ τοῦτο ῥέουσα καὶ μεταρρέουσα ἄλλοτε 30
ἐπ' ἄλλο μέρος διὰ τὸ ταλαντεύεσθαι τὸ ὕδωρ αὐτῆς δεῦρο κἀκεῖσε πολλάκις. ὃ γίνεται μὲν καὶ ἐν ταῖς ἀναπεπταμέναις θαλάσσαις, ἄδηλον δ' ἐστὶ τῷ μὴ εἶναι τὴν ἑκατέρωθεν αὐτῆς γῆν πλησίον, παρ' ἣν ἀμείβουσα ἡ μετάρρυσις αὐτῆς γνωρίζεται· καθ' ὃ δὲ διὰ τὴν στενότητα τῆς γῆς, δι' ἧς ῥεῖ, ὀλίγον ἐπέχει τόπον ἡ ἐν τῷ πελάγει μικρά τε καὶ ἄδηλος ταλάντωσις αὐτῆς, ἐν τούτῳ μεγάλη φαίνεται. καὶ μία μὲν αὕτη αἰτία 35
τοῦ τῆς θαλάσσης ῥοῦ, ἑτέρα δὲ ὅτι πέφυκε μὲν τὸ ὕδωρ ἐκ τῶν ὑψηλοτέρων τόπων εἰς τὰ κοῖλα καταφέρεσθαί τε καὶ ῥεῖν. ἔστι δὲ καὶ ἐν τῇ θαλάσσῃ τὰ μὲν

3 πηγαίων ὑδάτων coll. AWa ἡ om. AW θάλασσαν A 4 εἰπεῖν] εἴπου AW: ὅπου a αὐτόματον δὲ] ἐστὶ AWa σταδαῖον AW 5 τῷ μὴ] μὴ γὰρ AWa πηγῆς] τῆς γῆς I 10 post συμμιγνύουσαι add. ὑρκανία καὶ κασπία AWa καίπερ οἰκουμένη AW εἰ om. A 11 αἱ] εἰ I 14 καὶ om. A 17 σταδαίων AWa 18 ὅτι — δείκνυσιν om. A 21 πηγῆς] τῆς γῆς I 23 αὐτῷ I: fort. αὐτὴν 26 ἀναπεταμέναις A: ἀναπεπαυμέναις a 27 τῷ] τὸ W: διὰ τὸ a 27. 28 παραμείβουσα a: μένουσα I 28 καθ' ὃ om. I διὰ δὲ coll. I 29 post ἡ add. γὰρ I πελάγει] πλάτει AWa 30 αἰτία αὕτη coll. AWa 32 κοιλότερα φέρεσθαι AWa

αὐτῆς ὑψηλότερα μέρη, τὰ δὲ κοιλότερα, εἰς ἃ ἀπὸ τῶν ὑψηλοτέρων ῥεῖ. τοιαύτη γάρ ἐστιν ἡ ἐντὸς Ἡρακλείων στηλῶν θάλασσα, τὰ μὲν ὑψηλότερα ἔχουσα τὰ δὲ κοιλότερα μέρη. ῥεῖ δὲ ἀπὸ τῶν ὑψηλοτέρων μερῶν ἐπὶ τὰ κοιλότερα ἡ θάλασσα οὐκ ἀπὸ πηγῶν ἰδίων, ἀλλὰ διὰ τὸ πλῆθος τῶν ποταμῶν τῶν εἰς τὰ ὑψηλότερα αὐτῆς ἐκδιδόντων. ἡ μὲν γὰρ Μαιῶτις λίμνη εἰς τὸν Πόντον ῥεῖ, ὁ δὲ Πόντος εἰς τὸ Αἰγαῖον, τὰ δὲ μετὰ τὸ Αἰγαῖον πέλαγος κείμενα πελάγη οὐχ ὁμοίως ἐπίδηλον τὸν ῥοῦν ἔχει. ἐπὶ δὲ τῶν προειρημένων, τῆς τε Μαιώτιδος λίμνης καὶ τοῦ Πόντου καὶ τοῦ Αἰγαίου, ἡ ῥύσις γίνεται διά τε τὸ πλῆθος τῶν ἐμβαλλόντων εἰς αὐτὰ ποταμῶν (πλείους γὰρ εἴς τε τὴν Μαιῶτιν καὶ τὸν Εὔξεινον πόντον ῥέουσι ποταμοὶ ἢ τὴν πολλαπλασίαν αὐτῆς χώραν) καὶ ἔτι διὰ τὴν τοῦ βάθους βραχύτητα· ἐπιπολαιοτάτη γὰρ αὕτη, καὶ ἐντεῦθεν ἀρξαμένων ἀεὶ προϊόντων ἡ θάλασσα βαθυτέρα φαίνεται τῆς πρὸ αὐτῆς· εἰς ἣν τὸ ἀπὸ τῆς ὑψηλοτέρας τε καὶ ποταμοὺς δεχομένης πολλοὺς ἐπιρρεῖ. τῆς μὲν γὰρ Μαιώτιδος λίμνης ὁ Πόντος βαθύτερος, τοῦ Πόντου δὲ πάλιν, ὃν καὶ Εὔξεινον πόντον εἶπεν, ὁ Αἰγαῖος βαθύτερος, τοῦ δὲ Αἰγαίου πάλιν τὸ Σικελικὸν πέλαγος· τὰ δ' ἑξῆς πελάγη, ταῦτα δ' ἐστὶ τό τε Σαρδονικὸν καὶ τὸ Τυρρηνικόν, βαθύτατα πάντων. ἡ δὲ ἔξω στηλῶν θάλασσα οὐ βαθεῖα μὲν ἀλλ' ἔχουσα βραχὺ βάθος, ὡς δῆλόν ἐστιν ἐκ τοῦ πηλοῦ, οὐ μὴν ἀπ' αὐτῆς μεταρρέον τὸ ὕδωρ φαίνεται, τῷ ἐν κοίλῳ κεῖσθαι τήνδε τὴν θάλασσαν· οὗ σημεῖον τὸ ἄπνουν εἶναι καὶ μὴ ἔχειν ἀνέμους τὴν θάλασσαν ταύτην διὰ τὴν κοιλότητα. ὥσπερ οὖν καὶ κατὰ μέρος ὁρῶσιν ἐκ τῶν ὑψηλοτέρων μερῶν τὸ ὕδωρ ἐπὶ τὰ κοιλότερα φαίνεται ῥέον (οἵ γὰρ ποταμοὶ ἐκ τῶν ὑψηλοτέρων φαίνονται ῥέοντες, ἀλλὰ | καὶ αἱ κρῆναι), 92v οὕτω καὶ ἐπὶ τῆς ὅλης γῆς ἀπὸ τῶν ὑψηλοτέρων μερῶν αὐτῆς, ταῦτα δ' ἐστὶ τὰ πρὸς ἄρκτον, τὸ πλεῖστον ῥεῦμα γίνεται. διὸ τὰ μὲν πρὸς ἄρκτον πελάγη οὐ βαθέα, διὰ τὸ ἐν ὑψηλοτέρῳ μέρει τῆς γῆς ὄντα ἐκχεῖσθαι καὶ ῥεῖν εἰς τὰ ἐν τῇ κοιλοτέρᾳ γῇ, τὰ δ' ἔξω τῶν ἀρκτῴων μερῶν τῆς γῆς βαθέα μᾶλλον. ὅτι δὲ ὑψηλότερα τὰ πρὸς ἄρκτον μέρη τῆς γῆς, σημεῖον παρέθετο τὸ πολλοὺς πεισθῆναι τῶν ἀρχαίων μετεωρολόγων τὸν ἥλιον μὴ φέρεσθαι ὑπὸ γῆν, ἀλλὰ περὶ τὴν γῆν, τῷ δὲ εἶναι τὸ μέρος τοῦτο τῆς γῆς ὑψηλότερον, κατὰ τοῦτο γινόμενον ἀφανῆ τε γίνεσθαι καὶ νύκτα ποιεῖν. ὅτι δὲ ὑψηλότερα τὰ ἀρκτῷα μέρη τῆς γῆς, δῆλον καὶ ἐκ τοῦ τὸν πόλον τοῦτον φανερὸν εἶναι διὰ τὸ ἔξαρμα τῆς γῆς. καὶ ὅτι μὲν οὐκ εἰσι κατὰ τοὺς θεολόγους πηγαὶ τῆς θαλάσσης, ἔδειξε διὰ τούτων· εἶπε

3 ῥεῖ δὲ] ῥεῖ δὴ Wa: ἤδη I 4 ἡ om. I 6 λίμνη om. AWa τὰ post πέλαγος (7) coll. I μετὰ δὲ coll. I 8 ἐπὶ] ἔτι I 9 post Αἰγαίου add. οὗ I ἐμβαλόντων I 12 αὐτὴ I 16 τὸ Αἰγαῖον βαθύτερον AW 17 τὰ δ' ἑξῆς] καὶ τὰ ἄλλα I τό τε] ὅτε a 18 τυρηνικὸν I: τυρηννικὸν A 20 post ἐν add. τῷ a 22 τὴν om. a καὶ] φησὶ A ὁρῶμεν Aa 23 τῇ κοιλοτέρᾳ W 25 ὅλης om. A 31 τὴν om. a δὲ om. I 32 ante κατὰ add. καὶ I post γίνεσθαι add. τοῦτον I 34 καὶ om. Aa post μὲν add. οὖν a 35 διὰ τούτων ἔδειξε coll. AWa

δὲ καὶ τὴν αἰτίαν τοῦ φαίνεσθαι ῥέουσαν αὐτήν, καίτοι οὐκ ἔχουσαν οἰκείας πηγάς.

Ἑξῆς δὲ προτίθεται λέγειν περὶ τῆς γενέσεώς τε αὐτῆς, τίνα τρόπον γέγονέ τε καὶ γίνεται, καὶ περὶ τοῦ χυμοῦ τίς τῆς ἁλμυρότητος αἰτία. μέλλων δὲ περὶ τούτων λέγειν, πρῶτον τὴν αἰτίαν λέγει τοῦ τινας ὑπολαβεῖν ἀρχὴν τοῦ ὕδατος εἶναι τὴν θάλασσαν, καὶ τὸ στοιχεῖον τοῦτο εἶναι καὶ τὸ σῶμα καὶ τὴν | ὑπόστασιν τοῦ παντὸς ὕδατος. δοκεῖ γὰρ εὔλογον 93r εἶναι, ὥσπερ τῶν ἄλλων στοιχείων ἑκάστου ἔστι τις τόπος καί τις ὄγκος ἀφωρισμένος τε καὶ ἀποκεκριμένος καὶ καθ' αὑτὸν ὤν, ὃς ἀρχή ἐστι καὶ τοῖς ἄλλοις τοῖς κατὰ μόρια οὖσί τέ που καὶ μιγνυμένοις μετ' ἄλλων (πυρὸς μὲν γὰρ ὁ ἄνω, ἀέρος δὲ ὁ μετ' αὐτόν, γῆς δὲ περὶ ὃν πάντα τὰ ἄλλα ἔστι τε καὶ φέρεται), οὕτω καὶ τοῦ ὕδατος εἶναι τόπον γέ τινα οἰκεῖον καὶ ὄγκον ἅμα ὄντα, ἀφ' οὗ καὶ τοῖς ἄλλοις τοῖς κατὰ μέρος ὕδασιν ἡ χορηγία. ἀλλὰ μὴν οὐδὲν ἄλλο ὕδατος σῶμα ἀθρόον ἔστιν εὑρεῖν παρὰ τὸ τῆς θαλάσσης· τὸ γὰρ τῶν ποταμῶν οὔτε ἀθρόον οὔτε ἑστός τε καὶ ὑπάρχον, ἀλλ' ἀεὶ ἐπιγινόμενον φαίνεται. διὰ δὴ τοῦτο ἔδοξέ τισιν ἀρχὴ τῶν ὑγρῶν, τουτέστι τοῦ ὕδατος, ἡ θάλασσα εἶναι. τοῦτο δὲ διὰ τούτων λαβόντες ἑξῆς περὶ τῶν ποταμῶν λέγουσιν ὅτι μὴ μόνον εἰς τὴν θάλασσαν ῥέουσιν, ὡς ὁρῶνται, ἀλλὰ καὶ ἐκ ταύτης ῥέουσι ταύτην ἀρχὴν ἔχοντες· εἶναι δὲ αὐτῶν γλυκὺ τὸ ὕδωρ διὰ τὸ ἁλμυρὸν ὕδωρ διὰ γῆς διηθούμενον γίνεσθαι πότιμον. οὗ σημεῖον τὸ ἐν πολλοῖς αἰγιαλοῖς, εἰ ὀρύξαι τις, τὸ ἀπὸ τῆς θαλάσσης διὰ τῆς μεταξὺ γῆς διηθούμενον ὕδωρ εἰς τὸ ὠρυγμένον πότιμόν τε εἶναι καὶ γλυκύ. ταύτῃ δὲ τῇ δόξῃ φησὶν ἀπορίαν ἀντικεῖσθαι τὴν εἰ τὸ ὕδωρ τοῦτο τὸ τῆς θαλάσσης τὸ ὡς στοιχεῖον ὕδωρ ἐστί, τί δήποτε οὐκ ἔστι πότιμον ἀλλ' ἁλμυρόν· αὕτη γὰρ ὕδατος εἰλικρινοῦς καὶ ἀμίκτου φύσις. τὸ δὲ αἴτιον τῆς ἁλμυρότητος ῥηθέν, φησίν, ἅμα τε ταύτης τῆς ἀπορίας λύσις ἔσται τῆς ἀπορούσης διὰ τί μὴ πότιμον τὸ τῆς θαλάσσης ὕδωρ, καὶ αἰτία ἡμῖν ἔσται τοῦ περὶ θαλάσσης τὴν ἀρχὴν καὶ τὴν πρώτην ὑπόληψιν λαβεῖν ὀρθήν. ἢ τὸ τὴν πρώτην προσέθηκεν, ὅτι νῦν μὲν ἁπλούστερόν τε καὶ κοινότερον τὴν αἰτίαν τῆς ἁλμυρότητος ἐρεῖ, προϊὼν δὲ πόθεν ἡ ἁλμυρότης αὕτη ἀκριβέστερον ζητήσει τε καὶ ἀποδώσει. τοῦ γὰρ ὕδατος περιτεταμένου τε καὶ περικεχυμένου τῇ γῇ, ὥσπερ πάλιν περὶ τὸ ὕδωρ ἡ τοῦ ἀέρος σφαῖρα, καὶ περὶ ταύτην ἡ τοῦ πυρός (λεγομένη πυρὸς δὲ εἶπεν, ὅτι, ὡς εἶπεν, ὑπέκκαυμα τοῦτο τὸ σῶμα πυρός ἐστι· τούτων δὲ τὸ πῦρ εἶπεν ἔσχατον τῶν περιγείων σω-

1 ῥέουσα a 3 τε αὐτῆς] τε om. AW: ἐκ τῆς a 4 καὶ περὶ — χυμοῦ ex corr. I² τίς ante αἰτία coll. I 5 δὲ] δὴ Aa τινας] τόνδε AW: om. a 5. 6 ὑπολαμβάνειν AWa 7 καὶ ante τὴν om. I 11 ὁ post δὲ] οὐ A¹W 12 τὲ τινὰ AWa 13 ἐξ οὗ AWa καὶ τοῖς ἄλλοις om. AWa 15 τε om. AWa 16 γινόμενον AWa 19 ῥέουσιν post θάλασσαν om. AWa 20 διὰ τὸ τὸ a 21 ὀρύξει AWa 22. 23 ὀρυγμένον A: ὄρυγμα a 24 τὴν εἰ — θαλάσσης τὸ] τί δήποτε εἰ τοῦτο τὸ τῆς θαλάσσης I 28 ἡμῖν ἔσται] ἤ ἐστι μία I 30 τε om. AWa 31 αὐτὴ I 32 περιαποτεταμένου I

μάτων καὶ ἐν γενέσει καὶ φθορᾷ· ὅτι δὲ σφαιρικὰ τὰ τῶν τεσσάρων στοιχείων σώματα, ἔδειξε καὶ ἐν τοῖς Περὶ οὐρανοῦ. εἰπὼν δὲ τοῦτο γάρ ἐστι τούτων ἔσχατον προσέθηκεν εἴτε ὡς οἱ πλεῖστοι λέγουσιν εἴθ' ὡς ἡμεῖς· οἱ μὲν γὰρ πλεῖστοι πάντων αὐτὸ τῶν σωμάτων ἔσχατόν φασι κεῖσθαι, ἡμεῖς δὲ τῶν ἐπ' εὐθείας κατὰ φύσιν κινουμένων· μετὰ τοῦτο γὰρ τὸ κυκλοφορητικόν τε καὶ θεῖον σῶμα) τούτων δὴ οὕτως ἐχόντων φερόμενος ὁ ἥλιος κύκλῳ κατὰ τοῦ ζῳδιακοῦ κειμένου λοξοῦ καὶ αἴτιος γινόμενος γενέσεώς τε καὶ φθορᾶς τεταγμένης τῇ προσόδῳ τε καὶ ἀφόδῳ, τὸ μὲν λεπτότατον καὶ γλυκύτατον τοῦ ὕδατος ἀνάγει καὶ μετεωρίζει καθ' ἑκάστην ἡμέραν ἀτμίζων τῇ θερμότητι καὶ λεπτύνων τε καὶ διακρίνων· ἀνενεχθὲν δὲ ἐκεῖ καὶ διὰ τὴν τοῦ τόπου ψυχρότητα συστὰν καὶ συγκριθὲν πάλιν ὕδωρ γενόμενον πρὸς τὴν γῆν καταφέρεται, καθάπερ εἴρηται ἐν τῷ περὶ ὑετοῦ λόγῳ. εἰπὼν δὲ περὶ τοῦ ἀναφερομένου ὕδατος ὅτι πάλιν συστὰν καταφέρεται, πρὸ τοῦ προσθεῖναι τὰ ἀκόλουθα τοῖς εἰρημένοις παρεκβὰς λέγει πρὸς τοὺς οἰομένους τὸν ἥλιον τῷ ὑγρῷ τῷ ἀναφερομένῳ τρέφεσθαι καὶ διὰ τοῦτό γε καὶ τὰς τροπὰς αὐτὸν τοιαύτας ποιεῖσθαι, διὰ τὸ μὴ ἀεὶ τοὺς αὐτοὺς τόπους δύνασθαι αὐτῷ παρασκευάζειν τὴν τροφήν. εἶπε δὲ καὶ πρὸ ὀλίγου τινὰς τοῦτο λέγειν καὶ περὶ τοῦ ἡλίου καὶ περὶ τῆς σελήνης. γελοίους δή φησιν εἶναι τοὺς οὕτως ὑπολαμβάνοντας καὶ ἡγουμένους τροφῆς τε αὐτὸν δεῖσθαι καὶ εἰ μὴ τρέφοιτο, φθαρήσεσθαι· καὶ γὰρ τὸ φανερὸν πῦρ μέχρι τούτου σώζεσθαι, μέχρις ἂν τροφὴν ἔχῃ, μόνον δὲ τὸ ὑγρὸν τῷ πυρὶ τροφὴν εἶναι· τῷ γὰρ ἐναντίῳ τρέφεσθαι τὰ τρεφόμενα. διὰ τί δὲ γελοῖοι οἱ οὕτως ὑπολαμβάνοντες, ἐπιφέρει· γελοῖον γὰρ τὸ ἡγεῖσθαι τὸ ἀναφερόμενον ὑγρὸν ἕως τοῦ ἡλίου ἀφικνεῖσθαι, ὡς καὶ τρέφειν αὐτόν, ἢ τὴν ἄνοδόν τε καὶ πρόσκρισιν τοῦ ὑγροῦ τῷ ἡλίῳ οὕτως γίνεσθαι, ὡς ὁρᾶται ἐπὶ τῆς φλογὸς γινομένης· ἀπὸ γὰρ ταύτης καὶ ἐπὶ τὸν ἥλιον μεταφέρουσιν, ὡς εἰκὸς καὶ ἐπ' ἐκείνου ὁμοίως γίνεσθαι. οὐ γὰρ ὁμοίως ἔχει· ἡ μὲν γὰρ φλὸξ διὰ τὸ συνεχῶς τὸ ὑγρὸν εἰς τὸ ξηρὸν μεταβάλλειν γίνεται· οὐ γὰρ δὴ τρέφεται· οὐ γὰρ ἡ αὐτὴ οὖσα διαμένει, ἀλλ' ἡ μὲν φθείρεται ἡ δὲ γίνεται, τρέφεται δὲ καὶ αὔξεται ἕκαστον σωζόμενον πρῶτον αὐτὸ καὶ ὑπομένον, ὡς ἐν τοῖς Περὶ γενέσεως καὶ φθορᾶς ἐδείχθη. περὶ δὲ τὸν ἥλιον οὐδὲν τοιοῦτον γίνεται, ἐπεὶ εἴ γε ἐτρέφετο ὁ ἥλιος οὕτως ὡς καὶ τὸ πῦρ, καθά φασιν, οὐ μόνον, ὡς Ἡράκλειτός φησι, νέος ὢν ἐφ' ἡμέρῃ ἂν ἦν, καθ' ἑκάστην ἡμέραν ἄλλος ἐξαπτόμενος, τοῦ πρώτου ἐν τῇ δύσει σβεννυμένου, ἀλλ' ἀεί τε καὶ συνεχῶς νέος τε καὶ ἄλλοτε ἄλλος ἐγίνετο,

1 γενέσει καὶ ex γενέσθαι corr. I 2 ἐν τοῖς Περὶ οὐρανοῦ] B 4 3 τούτων] sic etiam Arist. FHN: πάντων Arist. E οἱ ante πλεῖστοι om. a 6 κυκλοφορικόν AWa δὴ scripsi: δὲ libri 7 κύκλῳ om. AWa 10 λεπτότητι I 11 καὶ post ἐκεῖ om. AWa 12 post γενόμενον add. ὡς AWa καθὰ προείρηται AWa 13 δὲ om. A 18 τοῦ et τῆς om. a 20 post πῦρ add. τὸ πρὸς ἡμᾶς AWa 26 γενομένη AWa 28 διὰ τοῦ AWa 29 οὐ — τρέφεται om. AWa 30. 31 πρῶτον αὐτὸ] τὸ πρῶτον ταὐτὸν AWa 31 τοῖς] τῷ a ἐν τοῖς Περὶ γενέσεως καὶ φθορᾶς] A 5 33 φασιν] φησὶν I Ἡράκλειτος καθ' ἅ φησι I νέος ὢν κτλ.] fr. 32 Byw. ὢν om. AWa

ὥσπερ καὶ αἱ φλόγες ἐν τῷ γίνεσθαι τὸ εἶναι ἔχων. ὅτι δὲ μὴ τρέφεται ὁ ἥλιος τῷ ἀναγομένῳ ὑπ' αὐτοῦ ὑγρῷ, ἔδειξε καὶ διὰ τοῦ τὴν μὲν ἀναγωγὴν τοῦ ὑγροῦ ὑπὸ τοῦ ἡλίου γίνεσθαι θερμαινομένου ὑπ' αὐτοῦ, ὥσπερ καὶ ὑπὸ τοῦ πυρὸς τοῖς θερμαινομένοις ὕδασι συμβαίνει (ἀτμίζει γὰρ καὶ ταῦτα), μηδὲν δὲ πῦρ τρέφεσθαι τῷ ὑπὸ τῆς θερμότητος αὐτοῦ ἀναφερομένῳ ἀπὸ τοῦ ὕδατος ἀτμῷ. εἰ δὲ πῦρ τὸ ὑποκαῖον καὶ θερμαῖνον τὸ ὕδωρ μὴ τρέφεται τῷ ἀπὸ τοῦ θερμαινομένου ὕδατος ἀτμῷ, οὐδὲ τὸν ἥλιον εὔλογον· κατὰ γὰρ τὴν πρὸς τὸ πῦρ ὁμοιότητα αὐτοῦ ἐλάμβανον τὸ καὶ τρέφεσθαι αὐτόν. ἄτοπον δέ φησιν αὐτοὺς ποιεῖν καὶ τὸ μόνον προνοήσασθαι τῆς τοῦ ἡλίου διὰ τὴν τροφὴν σωτηρίας, τῶν δὲ ἄλ|λων 93v ἄστρων παριδεῖν τὴν σωτηρίαν, πόθεν γίνεται, ὄντων τοσούτων τε τὸ πλῆθος καὶ τὸ μέγεθος τηλικούτων· οὔτε γὰρ ἀνάγεσθαί τι ὑπ' ἐκείνων ὑγρὸν λέγουσιν οὔτε οἷόν τ' ἂν ἦν οὐδὲ πρὸς ὀλίγον ἐπαρκεῖν τὸ ὕδωρ τροφὴν γινόμενον τοσούτοις τε καὶ τηλικούτοις σώμασι. τὸ δ' αὐτό φησιν ἄλογον τούτοις τε συμβαίνειν τοῖς λέγουσι τὸ ἀναφερόμενον ἀπὸ τοῦ ὕδατος ὑπὸ τοῦ ἡλίου τροφὴν αὐτοῦ γίνεσθαι καὶ τοῖς λέγουσι τὸ πρῶτον ὑγρᾶς οὔσης καὶ τῆς γῆς καὶ παντὸς τοῦ κόσμου τοῦ περὶ τὴν γῆν, ὑπὸ τοῦ ἡλίου θερμαινομένην τὴν ὑγρότητα ἀέρα ποιῆσαί τε καὶ συστῆσαι, καὶ τὸν ὅλον οὐρανὸν ὑπὸ τῆς τοῦ ὑγροῦ διακρίσεως τῆς γενομένης ὑπὸ τοῦ ἡλίου αὐξηθῆναι, καὶ τοῦτον (ἤτοι τὸν ἀέρα λέγει ἢ τὸν ἥλιον μᾶλλον) πνεύματά τε παρέχεσθαι καὶ ἀνέμους καὶ τὰς τροπὰς αὐτοῦ ποιεῖν, ἤτοι τοῦ ἀέρος ἢ τοῦ οὐρανοῦ. ταύτης, ὡς προείρηται, τῆς δόξης ἐγένετο Ἀναξίμανδρός τε καὶ Διογένης. ψευδῆ δὲ ὁμοίως ταῦτα πάντα· φανερῶς γὰρ ὁρᾶται τὸ ἀναχθὲν ἀπὸ τοῦ ὕδατος διὰ τὴν ἀπὸ τοῦ ἡλίου θερμότητα συνιστάμενον καὶ καταφερόμενον πάλιν. κἂν μὴ κατ' ἐνιαυτὸν δὲ ἴσον κατενεχθῇ τῷ ἀναφερομένῳ μηδὲ καθ' ἑκάστην χώραν ἐξ ἧς ἀνηνέχθη, ἀλλ' ἔν γέ τισι τεταγμένοις χρόνοις καταφέρεται καὶ ἀποδίδοται πᾶν τὸ ἀναχθὲν καὶ ὑστερῆσαν ὑγρὸν τῷ μὴ ταχέως μεταβάλλειν. διὰ τοῦτο γὰρ μετὰ τὰ αὐχμηρὰ ἔτη φιλεῖ πάλιν ἐπομβρία γίνεσθαι, τῆς ἀμεταβλήτου μεινάσης ἀναθυμιάσεως συμμεταβαλλούσης τῷ τότε ἀναφερομένῳ, ὡς οὔτε τρεφομένων τῶν ἄνω ὑπὸ τῆς ἀναθυμιάσεως, ὡς ἡ πρώτη δόξα ἔλεγεν, οὔτε τοῦ μὲν πρώτου γινομένου ἐκ τῆς ἀναθυμιάσεως ἀέρος μένοντος ἤδη μετὰ τὴν γένεσιν καὶ μηκέτι μεταβάλλοντος, τοῦ δὲ ὕστερον ἐπιγενομένου τρεπομένου πάλιν καὶ μεταβάλλοντος εἰς ὕδωρ, ἀλλ' ὁμοίως παντὸς τοῦ ἀναφερομένου πάλιν συνισταμένου τε καὶ καταφερομένου.

---

1 post δὲ add. φησὶ A 2 τῶν ἀναγομένων et ὑγρῶν A 3 ἀγαγωγὴν A 3. 4 ὥσπερ] καίπερ I 9 ποιεῖν αὐτοὺς coll. a 11 περιιδεῖν AWa 11. 12 τὸ πλῆθός τε τοσούτων coll. A 12 οὐδὲ γὰρ I 13 τ' ἂν] τε I 15 συμβαίνει AWa 16 τὸ om. AWa καὶ ante τῆς om. AWa 17 τοῦ ante κόσμου om. I 19 τῆς om. I γινομένης I καὶ τοῦτον om. A 20 ἤτοι—λέγει] λέγει δὲ ἢ τὸν ἀέρα Wa πνεῦμα τὲ AW 21 ἀνέμοις A 22 ἐγένοντο AWa 25 δὲ om. AWa 26 γέ om. a 28 ἔτι I 31 ὡς] ὧν A 32 καὶ ex ὡς corr. I[2] 34 πάλιν συνισταμένου om. AW τε ante πάλιν coll. a

Εἰπὼν δὲ ταῦτα πρὸς τοὺς τὴν ἀναφερομένην ὑπὸ τοῦ ἡλίου ἀπὸ τοῦ ὕδατος ἀτμίδα εἰς ἄλλο τι τρέποντας, καὶ μὴ συνισταμένην πάλιν καταφέρεσθαι ἡγουμένους, ἐπάνεισι πάλιν ἐπ' ἐκεῖνα ὅθεν ἐξέβη τοῦ λόγου. τὸ μὲν γὰρ τοῦ περικεχυμένου τῇ γῇ ὕδατος πότιμόν τε καὶ γλυκὺ διὰ κουφότητα ἐπιπολάζον τῷ γεωδεστέρῳ τε καὶ παχυτέρῳ ὕδατι διακρινόμενον ὑπὸ τῆς ἀπὸ τοῦ ἡλίου θερμότητος πᾶν ἀνάγεται, τὸ δὲ γεωδέστερον καὶ διὰ τοῦτο ἁλμυρὸν ὑπομένει διὰ βάρος οὐκ ἐν τῷ οἰκείῳ αὐτοῦ τόπῳ καὶ κατὰ φύσιν ὄντι αὐτῷ, ἀλλ' ἐν τῷ τοῦ ὕδατος. τοῦτο γὰρ ἦν καλῶς ἀπορούμενον, τὸ δεῖν εἶναί τινα, ὥσπερ τῶν ἄλλων στοιχείων οἰκεῖός ἐστι κατὰ φύσιν τόπος, οὕτως δὲ καὶ τοῦ ὕδατος εἶναι· ἧς ἀπορίας λύσις τὸ ὃν ὁρῶμεν τόπον κατέχουσαν τὴν θάλασσαν, μὴ εἶναι θαλάσσης ἰδίως τόπον, ἀλλ' ὕδατος ἁπλῶς. φαίνεται δὲ κατεχόμενος ὑπὸ θαλάσσης, ὅτι τοῦ ὕδατος τὸ μὲν ἁλμυρὸν ὑπομένει διὰ βαρύτητα, τὸ δὲ γλυκὺ καὶ πότιμον ἀνάγεται διὰ κουφότητα. ὡς γὰρ ἐν τοῖς τῶν ζῴων σώμασι τῆς τροφῆς εἰσελθούσης γλυκείας ἥ τε τῆς ὑγρᾶς τροφῆς ὑπόστασις καὶ ἡ τῆς ξηρᾶς πικραί τε καὶ ἁλμυραὶ φαίνονται τῷ τὸ πότιμον καὶ τὸ γλυκὺ πᾶν τὸ ἐν αὐτῇ ὑπὸ τῆς ἐμφύτου θερμότητος ἕλκεσθαί τε καὶ εἰς τὰς σάρκας καὶ τὸ ἄλλο σῶμα ἀναδίδοσθαι, ὡς πέφυκεν, οὕτω χρὴ ὑπο|λαμβάνειν γίνεσθαι 94r
καὶ ἐπὶ τοῦ ὕδατος ὄντος γλυκέος ἀθρόου, τῷ ἀποκρίνεσθαι αὐτοῦ τὸ πότιμόν τε καὶ γλυκὺ διὰ τῶν ἀναθυμιάσεων τὸ καταλειπόμενον καὶ ὥσπερ περίττωμα ὂν τοῦ παντὸς ἁλμυρὸν εἶναι. ὡς οὖν ἐπὶ τῆς κοιλίας ἄτοπον, εἴ τις μὴ νομίζοι τῆς γλυκείας τροφῆς τόπον εἶναι τὴν κοιλίαν, ἐπεὶ τὸ μὲν γλυκὺ ταχὺ ἀναλίσκεται, τὸ δ' ὑπολειπόμενον ἐν αὐτῇ πικρόν τε καὶ ἁλμυρὸν καὶ οὔτε γλυκύ ἐστιν οὔτε τρόφιμον, οὕτως καὶ ἐπὶ τοῦ τόπου τοῦ ἐν ᾧ ἐστιν ἡ θάλασσα ἄτοπον τὸ μὴ νομίζειν τοῦτον ὕδατος εἶναι τόπον, ὅ ἐστι γλυκὺ τῇ αὐτοῦ φύσει, διὰ τὸ ὁρᾶσθαι ἐν αὐτῷ ὂν ἁλμυρόν τε καὶ ἄποτον τὸ ὕδωρ, ὅπερ ἐστὶν ἡ θάλασσα· ἔστι γάρ, ὡς προείρηται, οὗτος ὁ τόπος ὕδατος. διὸ καὶ οἱ ποταμοὶ ὕδωρ ὄντες εἰς τοῦτον ὡς κατὰ φύσιν ὄντα αὐτοῖς ἅπαντες ῥέουσιν, ὁμοίως δὲ καὶ πᾶν τὸ γινόμενόν τε καὶ γεννώμενον ὕδωρ· εἴς τε γὰρ τὸ κοιλότερον ἡ ῥύσις κατὰ φύσιν τῷ ὕδατι καὶ ἡ θάλασσα τοῦτον φαίνεται κατέχουσα τὸν τόπον· ἐν γὰρ τοῖς κοίλοις τῆς γῆς μένει. τοῦ δὲ ταύτην ἐν τούτῳ μένειν ἡ εἰρημένη αἰτία, ὅτι τὸ μὲν γλυκύ τε καὶ πότιμον ταχὺ ἀναφέρεται διὰ τὸν ἥλιον πᾶν, τὸ

2 τρέποντος I 4 τοῦ om. AWa περικεχυμένον Aa post πότιμον et 5 post γεωδεστέρῳ add. τε AWa 4. 5 διὰ κουφότητα om. I 5 διακαιόμενον AWa 8 ὄντι αὐτῷ ex corr. I[2] 9 ἄλλων scripsi: ὅλων libri οἰκεῖος om. a post ἔστι add. τις καὶ AW: ἔστι τίς τόπος καὶ κατὰ φύσιν (10) a 10 ἧς — λύσις] ἡ τῆς ἀπορίας λύσις I post ἀπορίας add. ἡ a τὸ om. I 12 post ὑπὸ add. τῆς a 15 εἰσελθούσης — τροφῆς om. I 17 ἕλκεσθαί τε] ἐγκαίεσθαί τε I 19 ὄντως I 22 ὀνομάζοι I ἐπειδὴ Aa: ἐπεὶ δὲ W 24 ἐστιν] ἔτι AWa 25 τοῦ om. AWa τοῦτον om. AWa 26 τῇ] τοῦ A ὂν ἐν αὐτῷ coll. AWa 27 ἄποτον] ἄτοπον AWa τὸ ante ἁλμυρὸν (26) coll. AWa 28 ὡς om. AWa 29 καὶ τὸ πᾶν τὸ I 30 κοῖλον AWa: κοιλότατον Arist. 32 τὸ δὲ I τούτῳ] τῷδε AWa 33 ὅτι] ἐστὶ A ἀναφέρεται ταχὺ AWa πᾶν δὲ τὸ AWa

δὲ ἁλμυρὸν ὑπολείπεται διὰ βαρύτητα ὥσπερ ὂν περίττωμα τοῦ ὕδατος. τὸ δὲ ζητεῖν τὴν ὑπὸ τῶν ἀρχαίων ζητουμένην ἀπορίαν, διὰ τί τοσούτου πλήθους ὕδατος ἑκάστης ἡμέρας εἰς τὴν θάλασσαν ἐμβάλλοντος οὐδὲν πλείων θάλασσα γίνεται, οὐδὲν μὲν ἄτοπον ἀπορῆσαί τινας, οὐ μὴν ἐπιβλέψαντι χαλεπὸν αὐτοῦ τὴν αἰτίαν εὑρεῖν. τὸ γὰρ ἴσον ὕδατος πλῆθος οὐκ ἐν ἴσῳ χρόνῳ ἀναλίσκεταί τε καὶ ἀναξηραίνεται ἀθρόον τε μένον καὶ εἰς πλάτος ἐκτεινόμενόν τε καὶ διαχεόμενον, ἀλλὰ τοσοῦτον διαφέρει, ὡς τὸ δι' ὅλης ἡμέρας διαμεῖναν ἂν εἰς κύαθον μικρὰν ὄν, τοῦτο εἰ ἐκταθείη εἰς πλάτος ὥσπερ τὸ ἐπὶ τῶν πλατειῶν τραπεζῶν, ἅμα νοήματι ἀφανίζεσθαί τε καὶ ἀναξηραίνεσθαι. τοῦτο δὴ καὶ περὶ τοὺς ποταμοὺς συμβαίνει· καίτοι γὰρ συνεχῶς αὐτῶν καὶ ἀθρόως ἐκδιδόντων εἰς τὴν θάλασσαν, ἀεὶ τὸ ἐμβάλλον εἰς αὐτὴν σκιδνάμενον εἰς ἀχανῆ τε καὶ πλατὺν τόπον ταχύ τε καὶ ἀδήλως ἀναξηραίνεται.

Ἑξῆς δὲ δείκνυσι τὸ ἐν τῷ Φαίδωνι ὑπὸ Πλάτωνος εἰρημένον περί τε τῶν ποταμῶν καὶ τῆς θαλάσσης ἀδύνατον ὄν. λέγεται γὰρ ἐν τῷ Φαίδωνι ὡς ἄρα πάντα τὰ ὕδατα εἰς ἄλληλα συντέτρηται ὑπὸ γῆν, ὡς ἀπὸ μιᾶς ἀρχῆς ὄντα, ἀρχὴ δὲ καὶ πηγὴ πάντων εἴη τῶν ὑδάτων ὁ καλούμενος Τάρταρος, ὢν ὕδατός τι πλῆθος περὶ τὸ μέσον τῆς γῆς, ἐξ οὗ τὰ ῥέοντα καὶ μὴ ῥέοντα ὑπὲρ τὴν γῆν ὕδατα ἀναδίδωσι πάντα. γίνεσθαι δὲ ἀπ' ἐκείνου τὴν ἀπόρρυσίν τε καὶ ἐπίρρυσιν τοῖς ὑπὲρ γῆν ὕδασι διὰ τὸ κινεῖσθαι ἀεὶ καὶ ῥεῖν τὸ πρῶτον ὕδωρ καὶ τὴν ἀρχὴν τῷ μὴ ἔχειν ἕδραν τε καὶ τόπον ἐν ᾧ μενεῖ· τὸ μὲν γὰρ παρ' ἡμῖν ἐπὶ τῆς γῆς βέβηκεν, ἐκεῖνο δὲ ὂν ἐν τῷ κέντρῳ τῆς γῆς καὶ περὶ τὸ κέντρον οὐκ ἔχειν ἕδραν, ἀλλὰ περὶ τὸ μέσον εἱλεῖσθαί τε καὶ ῥεῖν· κινούμενον δὲ καὶ σαλεῦον οὕτως ποτὲ μὲν ἐπὶ τὰ πρὸς ἡμᾶς μέρη τοῦ κέντρου, ποτὲ δὲ ἐπὶ τὰ ἐπέκεινα τὴν ἐπίρρυσιν ἐπὶ ταῦτα ποιεῖσθαι, ἐφ' ἃ ἂν κυμαίνῃ· τὰ δ' ἀπ' ἐκείνου ἀπορρέοντα ῥεύματα πολλαχοῦ μὲν καὶ λιμνάζειν, ὥσπερ αἱ παρ' ἡμῖν θάλασσαι, πάντα δὲ ῥεῖν τε πάλιν καὶ ἐπανιέναι ἐπὶ τὴν ἀρχήν, ὅθεν ἤρξατο ῥεῖν, τουτέστι τὸν Τάρταρον, πολλὰ μὲν κατὰ τὸ αὐτὸ περιιόντα πάλιν καὶ ἐκδιδόντα ὅθεν καὶ τὴν ἀρχὴν ἀπερρύη (ἐπὶ γὰρ τὸ πρὸς ἡμᾶς μέρος τοῦ κέντρου), τὰ δὲ καὶ κατὰ τὸν ἀντικρὺ τόπον τῆς ἐκροῆς, ἕως περιελθόντα τὴν καθ' ἡμᾶς οἰκουμένην ἀπὸ τῶν κάτωθεν ὡς πρὸς ἡμᾶς ἐμβάλ-

1 ὂν om. AWa 3 post πλείων add. ἡ I 4 οὐδὲν μὲν ἄτοπον — ῥεύματα ποταμῶν (p. 77,8) hoc loco omissa inter λέγων et μεταβαλλόντων (Ald. fol. 98r18) interposuit I τινὸς A 7 διαχεόμενόν τε καὶ ἐκτεινόμενον coll. AWa ὡς τὸ] ὥστε I 8 διαμεῖναν scripsi: διαμεῖνον AWa: ἔμεινεν I ἂν om. a εἰς — ὄν vix sana 9 τὸ et τῶν om. AWa 10 δὴ] δὲ A καὶ γὰρ a 12 τε post ἀχανῆ om. a πλατὺν] πλητὴν a 14 δὲ om. a ὑπὸ om. AWa 15 τῶν et τῆς om. a λέγεται] λέγει AWa 15. 16 ἐν τῷ Φαίδωνι] p. 111 C sqq. 16 ἄρα] παρὰ a συντέτρηται εἰς ἄλληλα coll. a 17 εἴη τῶν om. AWa 18 τις a 20 ὑπὲρ γῆς AWa 22 μένει Ia βέβηκεν] fort. βεβηκέναι 24 ταλεῦον a 26 ἐπὶ ταῦτα om. AWa 27 μὲν om. a ὥσπερ καὶ παρ' ἡμῖν ἡ θάλασσα (28) AWa 28 πάντα — ῥεῖν om. A πάλιν ῥεῖν τε coll. Wa 29 κατὰ τοῦτο AWa πάλιν περιιόντα coll. AWa 30 καὶ post ὅθεν om. a 31 κατὰ] εἰς AWa καταντικρὺ AWa ἕως] fort. ὡς

λειν εἰς αὐτὸν ἢ κἂν κάτωθεν ἤρξατο ῥεῖν, ἄνωθεν πάλιν ἐμβάλλειν εἰς αὐτὸν ἀπὸ τῶν πρὸς ἡμᾶς. εἶναι δὲ τὴν ἄνωθεν εἰς τὸ κάτω ῥύσιν τῷ ὕδατι μέχρι τοῦ τῆς γῆς μέσου. τὸ γὰρ ἀπὸ τοῦ τῆς γῆς μέσου πάλιν κινούμενον οὐκέτι κάτω κινεῖται ἀλλ' ἄνω, τῷ τὸν κάτω τόπον λεγόμενον εἶναι τὸ τῆς γῆς μέσον. τοὺς δὲ χυμοὺς καὶ τὰ χρώματα λαμβάνειν τὸ ὕδωρ παρὰ τῆς γῆς δι' ἧς ἂν ῥέῃ, ὁποία ἂν ᾖ αὕτη.

Θεὶς δὲ τὴν δόξαν εὐθὺς ἄρχεται πρὸς αὐτὴν λέγειν, καὶ πρῶτον μὲν 94v τίθησι τοῦτο ὅτι συμβήσεται τοὺς ποταμοὺς καὶ τὰ ἄλλα ὕδατα ῥέοντά τε ἀπὸ τοῦ Ταρτάρου καὶ πάλιν εἰς ἐκεῖνον ἐκδιδόντα οὐ κατὰ ταὐτὸν ἀεὶ ῥεῖν οὐδ' εἰς ταὐτὸν ἐκδιδόναι. ἐπεὶ γὰρ ἐπὶ τὸ μέσον φέρονται καὶ ἐπὶ τὸν Τάρταρον, ὁ δὲ Τάρταρος οὐκ ἠρεμεῖ ἀλλ' ἀεὶ κινεῖται καὶ κυμαίνει, ἔνθα ἂν οὗτος ᾖ ῥέπων, ἐνταῦθα ῥευσοῦνται. οὕτως δὲ ῥέοντες οὐ μᾶλ- 15 λον κάτω ἀπὸ τοῦ ἄνω ῥέουσιν ἢ ἄνω ἀπὸ τοῦ κάτω· ὅταν γὰρ ὁ Τάρταρος ἐπέκεινα τοῦ μέσου κυμαίνῃ, τὰ ἐντεῦθεν ἐπ' αὐτὸν φερόμενα ῥεύματα παραλλάξει τὸ μέσον καὶ ἐπ' αὐτὸν ἐνεχθήσεται· οὕτως δ' ἔσται ἀπὸ τῶν κάτωθεν ἄνω φερόμενα, συμβαίνοι τ' ἂν τὸ λεγόμενον ἐν τῇ παροιμίᾳ "ἄνω ποταμῶν χωροῦσι πηγαί," ὅπερ ἐστὶν ἀδύνατον. ἢ οὐκ ἂν εἴη τοῦτο λεγόμενον· προείρηκεν γὰρ ὁ Πλάτων, ὡς καὶ αὐτὸς εἴρηκεν εἰπὼν εἶναι δὲ μέχρι τοῦ μέσου τὴν κάθεσιν· τὸ γὰρ λοιπὸν πρὸς ἄναν- 20 τες ἤδη πάλιν εἶναι τὴν φοράν· ἀλλ' ἴσως ἂν εἴη λέγων ὅτι εἰ οἱ ποταμοὶ εἰς τὸ μέσον καὶ εἰς τὸν Τάρταρον εἰσρέουσι, καὶ οὐχ ἀεὶ διὰ τῶν αὐτῶν, ἀλλὰ πολλάκις διὰ τῶν ἐναντίων ἐξῄεσαν, συμβήσεται αὐτοὺς συρρεύσαντας εἰς τὰ κοῖλα τῆς γῆς πάλιν ἀπὸ τούτων εἰς ὑψηλότερα ῥεῖν, ὅπως περιελθόντες ἔλθωσιν εἰς τὰ ἀντικείμενα τῶν ἀφ' ὧν ἀνέσχον· οὕτως δ' ἂν εἶεν πρὸς ἄναντες ῥέοντες, καὶ ἔσται τὸ "ἄνω τῶν ποταμῶν ῥέουσι πηγαί", ὃν ἀδύνατον· ἔτι δὲ καὶ τοῦτο ἄτοπον· εἰ γὰρ τὸ αὐτὸ ὕδωρ 25 ἀεὶ στρέφεταί τε καὶ ῥέον ἀπὸ τῆς ἀρχῆς ἐπ' αὐτὴν πάλιν καταφέρεται, τὸ γινόμενόν τε καὶ ὑόμενον ὕδωρ καὶ τὸ πάλιν ἀτμιζόμενόν τε καὶ ἀναθυμιώμενον πόθεν ἔσται; τοῦτο γὰρ ὅλον ἐξαιρεῖ ὁ λόγος καὶ τὴν τοιαύτην γένεσίν τε τοῦ ὕδατος καὶ μεταβολὴν ὁ λέγων ἀεὶ τὸ αὐτὸ σωζόμενον περιφέρεσθαι, καὶ τὸ ἀπορρέον ἀπὸ τῆς ἀρχῆς πάλιν ἐπιρρεῖν ἐπ' αὐτήν.

1 ἢ — εἰς αὐτὸν (2) om. AWa κἂν Diels: καὶ I 2 ἀπὸ τοῦ πρὸς A
3 τὸ γὰρ — μέσου] ἀφ' οὗ AWa 4 τὸν om. a 5 τοὺς δὲ — αὕτη (6) om. A
7 δὲ om. a εὐθὺς] ἑξῆς Aa: ἐξ ἧς W 8 τίθησι om. AW 9 τοῦ om. A 10 εἰς αὐτὸν A 11 post κινεῖται add. τε AWa 13 ῥέουσιν] ῥεύσουσιν AW τοῦ ante κάτω om. A 14 ὑπ' αὐτὴν a 16 τῶν] τοῦ Wa: om. A 16. 17 ἐν τῇ παροιμίᾳ] cf. Eurip. Med. v. 410 Kirchhoff, v. etiam Ideler comm. in Meteorol. I p. 517 sq. 17 ὅπερ ἐστὶν — ἀδύνατον (26) om. I 18 εἴη] ἢ AW
20 πάλιν] πᾶσιν Arist vulg. ἴσως — εἴη] εἴη ἂν a εἰ om. W 25 τῶν om. a
26 post δὲ add. φησὶ Aa 27 τρέφεταί τε I μετ' αὐτὴν I 28 ἀτμίζον a
29 ὅλον om. AWa 31 ἀπὸ — αὐτήν] πάλιν ἀπὸ τῆς ἀρχῆς ἐπ' αὐτὴν ἀπορρεῖν a post αὐτὴν add. μεγάλοι δὲ γίνονται τῶν ποταμῶν· ὅσοι φησὶ πόρρω θαλάσσης τὰς πηγὰς ἔχουσιν, οὗτοι μεγάλοι εἰσίν. οἱ γὰρ ὑψηλοτέραν ἔχοντες τὴν θέσιν ὡς εἰς κοιλοτέρους ἐμβάλλουσιν εἰς αὐτούς. ὑποτέμνοντες μὲν οὖν οἱ μεγάλοι ποταμοὶ τούτων τῶν εἰσρεόντων εἰς αὐτοὺς τὴν ὁδὸν τὴν ἐπὶ θάλασσαν, μέγεθος προσλαμβάνουσιν a

ἔτι ἀνομολογούμενον τὸ λεγόμενον τοῖς φαινομένοις· πάντες γὰρ οἱ ποταμοί, ὅσοι μὴ μίγνυνται ἀλλήλοις, φαίνονται ἐκδιδόντες εἰς τὴν θάλασσαν καὶ τελευτῶντες, εἰς δὲ τὴν γῆν οὐδείς· καὶ γὰρ εἴ τινες εἰς γῆν ἀφανίζονται, πάλιν ἐκδιδόντες φαίνονται κατ' ἄλλο μέρος τῆς γῆς καὶ ῥέοντες ἕως τῆς θαλάσσης. μεγάλους δὲ λέγει τῶν ποταμῶν γίνεσθαι τοὺς μακρὸν διάστημα ῥέοντας καὶ μὴ πλησίον τῶν πηγῶν ἔχοντας τὴν θάλασσαν, καὶ ἔτι διὰ κοίλης γῆς· ὑποδεχόμενοι γὰρ πολλῶν ῥεύματα ποταμῶν διά τε τὴν κοιλότητα εἰς ἣν ἐπιρρέουσιν ἐκ τῶν ὑψηλοτέρων καὶ διὰ τὸ μῆκος πληθύνονται. διὰ τοῦτο γάρ φησι τόν τε Ἴστρον καὶ τὸν Νεῖλον μεγίστους εἶναι τῶν εἰς τὴν θάλασσαν ἐκδιδόντων ποταμῶν, ὅτι διὰ κοίλων τε ῥέουσι τόπων, καὶ πόρρω τὰς πηγὰς ἔχουσιν, ὡς μὴ εἶναι αὐτὰς γνωρίμους, ἀλλὰ διὰ τὸ πολλοὺς αὐτοὺς δέχεσθαι ποταμοὺς οἰκείας πηγὰς ἔχοντας δοκεῖν τὰς τῶν ποταμῶν τούτων πηγὰς τῶν ἐμβαλλόντων τινὸς εἰς αὐτοὺς ποταμῶν εἶναι, καὶ διὰ τοῦτο διαφέρεσθαί τινας περὶ τῶν πηγῶν αὐτῶν καὶ ἄλλους ἄλλας λέγειν. ταῦτα δὴ πάντα, ὅσα προείρηκε, φανερὸν ὡς ἀδύνατα συμβαίνει, ἂν εἴη ὁ Τάρταρος ἀρχὴ τῶν ὑδάτων, ὡς ἐν τῷ Φαίδωνι εἴρηται. εἰ γὰρ καὶ ἡ θάλασσα ἐκεῖθεν ἔχει τὴν ἀρχὴν ὁμοίως τοῖς ποταμοῖς, ἔδει μὴ τοὺς ποταμοὺς εἰς τὴν θάλασσαν ἐμβάλλειν, ἀλλ' ὁμοίως καὶ τὴν θάλασσαν καὶ τοὺς ποταμοὺς εἰς τὸν Τάρταρον, ὅθεν καὶ τὰς ἀρχὰς ὁμοίως ἔχουσιν.

Ὅτι μὲν οὖν ὕδατός τέ ἐστιν ὁ τόπος οὗτος. ὑπομιμνήσκει τῶν εἰρημένων· ὅτι γὰρ ὁ τόπος, ἐν ᾧ ἡ θάλασσά ἐστιν, ὕδατός ἐστιν ἀλλ' οὐ θαλάσσης, καὶ διὰ τί τὸ μὲν πότιμον ὕδωρ ἐν τοῖς ποταμοῖς μόνοις σώζεται καὶ ταῖς κρήναις, καὶ εἴ τις τούτων ῥεόντων λίμνη που γίνεται πάλιν ἀπορρέουσα, τὸ δὲ ἁλμυρόν ἐστι τὸ ὑπομένον ἐν τῷ τοῦ ὕδατος οἰκείῳ τόπῳ, καὶ ὅτι πέρας καὶ τελευτὴ μᾶλλον ὕδατός ἐστιν ἡ θάλασσα (εἰς γὰρ ταύτην οἱ ποταμοὶ ῥέοντες παύονται), ἀλλ' οὐκ ἀρχὴ καὶ πηγὰς οἰκείας ἔχουσα· ἀνάλογον γὰρ ἔχουσα ἡ θάλασσα πρὸς τὸ ὕδωρ ἐδείχθη τῷ περιττώματι τῆς ἐν τοῖς ζῴοις τροφῆς, καὶ μάλιστα τῆς ὑγρᾶς· τὸ γὰρ οὖρον περίττωμα ὂν τοῦ ποτοῦ ἁλμυρόν.

2 μὴ om. Wa τὴν om. AWa 4 ἐκδιδόντες] ἀνα. supra vers. I 5 θέοντες A λέγει post ποταμῶν coll. a 9 γάρ om. AWa τε om. AWa 13 δοκεῖ I τὰς om. a πηγὰς — ποταμῶν (14) om. AWa 16 συμβαίνειν AWa ἂν εἴη I: ἣν ἂν εἰ ἦν AW et omisso ἂν a 17 εἴρηκεν AWa 19 καὶ τοὺς ποταμοὺς καὶ τὴν θάλασσαν a 21 ὅτι μὲν — οὗτος om. A: εἶτα a 27 παύονται] φαίνονται A[1] ἀρχὰς AWa 29 περισσεύματι I 30 post οὖρον add. καὶ ἐπὶ τούτων AWa ποτίμου a: ποταμοῦ AW post ἁλμυρὸν add. τοσαῦτα εἰρήσθω a

p. 356b4 Περὶ δὲ τῆς ἁλμυρότητος αὐτῆς λεκτέον.

Περὶ δύο προβλημάτων τὴν πρόθεσιν ποιεῖται, περί τε τῆς ἐν τῇ θα- 95r λάσσῃ ἁλμυρότητος, πόθεν ἐστί, καὶ εἰ ἡ αὐτὴ θάλασσα ἀεὶ κατ' ἀριθμὸν μένει ἢ οὐδὲ κατ' εἶδος ἀίδιος μένει, ἀλλ' ἦν τέ τις χρόνος ὅτε οὐκ ἦν θάλασσα, καὶ ἔσται τις πάλιν ὅτε οὐκ ἔσται, ἀλλὰ ὑπολείψει καὶ φθαρήσεται. καὶ πρῶτόν γε ποιεῖται τὸν λόγον περὶ τοῦ δευτέρου· ζητεῖ γὰρ πότερον ἀίδιος ἢ οὔ, καὶ εἰ ἀίδιος, πότερον κατ' εἶδος ἢ κατὰ τὸν ἀριθμόν, ὡς ἡ αὐτὴ κατ' ἀριθμὸν σώζεσθαί τε καὶ μένειν. ὅσοι μὲν οὖν τὸν κόσμον γεγονέναι φασίν, οὗτοι καὶ τῆς θαλάσσης γένεσιν ποιοῦσιν· ἅμα γὰρ τῷ κόσμῳ γεννῶσι καὶ ταύτην· ὥστε δῆλον ὅτι εἰ μὴ γένοιτο ὁ κόσμος ἀλλ' ἀίδιος εἴη, οὐδ' ἂν τῆς θαλάσσης γένεσις εἴη. δέδειχε δ' αὐτὸς ἐν τοῖς Περὶ οὐρανοῦ ὅτι ἀίδιος ὁ κόσμος. τὸ δὲ μὴ σὺν τῷ κόσμῳ γίνεσθαί τε καὶ φθείρεσθαι λέγειν τὴν θάλασσαν, ἀλλὰ φθορὰν αὐτῆς ὑποτίθεσθαι καθ' αὑτὴν σωζομένου τοῦ κόσμου ἄτοπον, ὡς Δημόκριτος οἴεται. οὗτος γὰρ ἡγεῖται ἀεὶ αὐτὴν ἐλάττω γινομένην διὰ τὰς ἀποκρίσεις τε καὶ ἀναθυμιάσεις τέλος ποτὲ ἀναλωθήσεσθαι καὶ ξηρανθήσεσθαι. τὸν δὴ οὕτως ὑπολαμβάνοντα γίνεσθαί φησι μηδὲν διαφέρον λέγειν τῶν Αἰσωπείων μύθων. καὶ γὰρ ὁ Αἴσωπος τὸν πορθμέα δεδιττόμενος ὡς οὐκ ἀεὶ τὸ ἔργον ἕξοντα, μυθολογεῖ ὡς πολλῆς οὔσης τῆς θαλάσσης καὶ πάσῃ τῇ γῇ περικεχυμένης ἡ Χάρυβδις ἀναρροφήσασα τὸ μὲν πρῶτον ἀπανάλωσεν αὐτῆς τοσοῦτον, ὡς τὰ ὄρη τῆς γῆς φανερὰ γενέσθαι, τὸ δὲ δεύτερον τὰς νήσους, τὸ δὲ τρίτον ῥοφήσασα παντελῶς τὴν γῆν ξηρὰν ποιήσει. ἀλλ' ἐκείνῳ μὲν ἥρμοζεν ὀργιζομένῳ πρὸς τὸν πορθμέα διὰ τοῦ τοιούτου μύθου αὐτὸν φοβεῖν· ἧττον δὲ πρέπει τοῖς τὴν ἀλήθειαν ζητοῦσι μύθους λέγειν· ὅτι γὰρ ψεῦδος καὶ μυθῶδες τὸ λεγόμενον, ἑξῆς λέγει. δι' ἣν γὰρ αἰτίαν τὸ πρῶτον ἀνάγοντος τοῦ ἡλίου τὰς ἀναθυμιάσεις ἔμεινεν ἡ θάλασσα καὶ οὐκ ἀνηλώθη, εἴτε διὰ βάρος, ὡς ἡμεῖς τε εἰρήκαμεν καί τινες καὶ τῶν ἀρχαίων λέγουσιν (οὐ γὰρ χαλεπὸν τὸ συνιδεῖν ὅτι αὕτη τοῦ ὑπομένειν τὴν θάλασσαν ἡ αἰτία) εἴτε καὶ δι' ἄλλο τι ὑπέμεινε, δι' αὐτὸ τοῦτο ἀναγκαῖον ὑπομένειν αὐτὴν καὶ ἐν τῷ μετὰ ταῦτα χρόνῳ καὶ μὴ ἀνάγεσθαι. εἰ μὲν γὰρ τὸ ἀναχθὲν ὑπὸ τοῦ ἡλίου μὴ συστὰν πάλιν κατεφέρετο, ἠδύνατο ἀεί τινος ἀπὸ τῆς θαλάσσης ἀναφερομένου τὸ τελευταῖον ἀναχθῆναι πᾶσα· εἰ δ' ἀεὶ τὸ ἀνενεχθὲν καταφέρεται πάλιν, καὶ πάλιν ἀπὸ τοῦ παντὸς ὕδατος ἀναφέρεταί τι, ἀναγκαῖον, ἔστ' ἂν τοῦτο γίνηται (ἔσται δὲ τοῦτο, ἔστ' ἂν

4 ἢ] ἡ AW 6. 7 πότερον ex πρότερον corr. I^2 7 οὐ — ἀίδιος] οὐκ ἀίδιος καὶ I 8 ἡ αὐτὴ] αὐτὴν I 10 γίνοιτο I 11 ἀίδιον a 11. 12 ἐν τοῖς Περὶ οὐρανοῦ] A 10—12 14 κατ' αὐτὴν I 16 καὶ ξηρανθήσεσθαι om. AWa 17 διαφέρειν I λέγειν om. I 20 ἐπανάλωσεν Ia 21 γίνεσθαι AW 23 τοῦ om. Ia 24 post γὰρ add. φησὶ A 26 ἔμεινεν] μένει AWa 29 ὑπέμενε I διὰ τὸ αὐτὸ AWa 33 ἀναχθὲν AWa 34 ἀναφέρεται] εται in. lac. om. A^1 τι om. I γίνεται AWa post δὲ add. ἂν AW

ὁ κόσμος ᾖ) τὸ μὲν τοιοῦτον ὁποῖον καὶ πρῶτον ἀνηνέχθη ἀεὶ ἀναφέρεσθαι, τὸ δ' ὅμοιον τῷ τὴν ἀρχὴν ὑπολειφθέντι ἀεὶ ὑπολείπεσθαι. πρὸ γὰρ τοῦ τὸ ὑπολειπόμενον ἀναξηρανθῆναι φθάνει τὸ πρῶτον ἀνενεχθὲν καταφέρεσθαι καὶ μίγνυσθαι τῷ ὑπολειφθέντι καὶ χορηγεῖν τῇ ἀναφορᾷ. εἰ μὲν οὖν τὸν ἥλιον παύσει τις τῆς φορᾶς φθείρας, οὐδὲ τὴν ἀρχὴν ἄν τι ἀνάγοιτο ἔτι, εἴ γε παρὰ τούτου καὶ τῆς τούτου διὰ τὴν ποιὰν κίνησιν σχέσεως πρὸς τὰ περίγεια αἵ τε ἀναθυμιάσεις καὶ αἱ τοῦ ὑγροῦ ἀναφοραί· μηδενὸς δὲ ἀναφερομένου οὐδ' ἂν ξηραίνοιτο ἡ θάλασσα, τοῦ ξηραίνοντος οὐκ ὄντος· εἰ δὲ τηρήσει τὴν περιφοράν, ἀεὶ τὰ αὐτὰ ἔσται· πλησιάζων 95v μὲν γὰρ ὁ ἥλιος τῇ γῇ ἀεὶ ἀπ' αὐτῆς τὸ πότιμον ἀνάξει, καταλείψει δὲ τὸ βαρύ τε καὶ ἁλμυρόν, ἀποχωρῶν δὲ πορρωτέρω ἀπ' αὐτῆς ἀφήσει πάλιν τὸ ἀνενεχθέν. ταύτην δέ φησι τὴν δόξαν περὶ τῆς θαλάσσης λαβεῖν τοὺς οὕτως λέγοντας διὰ τὸ πολλοὺς τόπους φαίνεσθαι νῦν ξηροτέρους γεγονότας, οἳ πρότερον οὐκ ἦσαν τοιοῦτοι. τούτου δ' ἡ αἰτία προείρηται, ὅτι γινομένων τινῶν κατά τινας χρόνους κατὰ μέρη τῆς γῆς ὑπερβολῶν ὕδατος καὶ ἐπιλαμβανόντων πολλὰ καὶ τῶν πρότερον ξηρῶν, κατ' ὀλίγον ταῦτα πάλιν εἰς τὸ ἀρχαῖον ἐπάνεισι διατμιζόμενα· ὁμοίως καὶ εἰ καῦμα πλεῖον διὰ χρόνου τινὸς γινόμενον ἔν τισι μέρεσιν ἐξήρανέ τινα τῆς γῆς, ἃ πάλιν καὶ αὐτὰ προϊόντος τοῦ χρόνου ἔνυδρα γίνεται. οὐ γὰρ εἰ τὰ μόρια τοῦ παντὸς γίνεταί τε καὶ πάλιν φθείρεται, διὰ τοῦτο καὶ τὸ ὅλον· οὐ γὰρ πάντα τὰ μέρη τοῦ παντὸς τοιαῦτα, ἀλλὰ τὰ περίγεια ἀνακυκλεῖται μεταβάλλοντα εἰς ἄλληλα παρὰ τὴν τῶν θείων σωμάτων διὰ τὴν κίνησιν ποιὰν σχέσιν πρὸς αὐτά, ὡς κατὰ μὲν τὸ εἶδος ἄφθαρτα καὶ ταῦτα μένειν, κατὰ δὲ τὸν ἀριθμὸν ὑπαλλάσσεσθαι καὶ ἄλλοτε ἄλλα γίνεσθαι. δείξας δὲ ὅτι ὡς ἂν ὁ κόσμος ἔχῃ, τῶν μορίων ἕκαστον αὐτοῦ ἕξει, εἰ μὲν ἐκεῖνος φθαρτός, καὶ ταῦτα, εἰ δὲ ἐκεῖνος ἄφθαρτος, καὶ τοῦ κόσμου τὰ μὲν καὶ κατ' ἀριθμὸν ἄφθαρτα μόρια μένει, τὰ δὲ εἰ μὴ κατ' ἀριθμὸν μένειν οἷόν τε τοιαῦτα, ἀλλὰ κατ' εἶδός γε ἀνάγκη μένειν, δείξας δὲ καὶ τὴν Δημοκρίτου δόξαν ἐπιπόλαιον τὴν περὶ τῆς θαλάσσης ὥς ποτε ξηρανθησομένης διὰ τὸ ἀεί τι ἀπ' αὐτῆς ἀνάγεσθαι, διὰ τὰ πρὸς Δημόκριτον εἰρημένα ἐπήνεγκε τὸ ἀλλὰ περὶ μὲν τούτων πλείω τῆς ἀξίας ἐνδιατέτριφεν ὁ λόγος, ὡς οὐκ ὄντων τῶν λεγομένων περὶ τούτων ὑπ' αὐτοῦ τοσαύτης ἀντιλογίας ἀξίων.

---

1 τὸ μὲν om. AWa τὸ πρῶτον Wa: πρότερον A ἀνηνέχθαι IWa 2 ὑποληφθέντι AI 3 τοῦ τὸ] τοῦτο I post πρῶτον add. μὴ I 5 φθίρας A^1 6 εἴτε παρὰ A τούτου καὶ om. AWa 7 τοῦ ὑγροῦ αἱ coll. I 9 ταῦτα ἔσται a 11 δὲ] τὲ AW ἀπ' om. AWa 16 καὶ τῶν — πάλιν (17) om. AWa 17 post ὁμοίως add. δὲ a καὶ εἰ] κἂν I 18 et 19 χρόνον a 18 ἃ om. I 19 τοῦ ante χρόνου om. AWa εἰ om. AWa 20 διὰ τοῦτο] διότι AWa 21 ἀνακυκλεῖ τε AWa 21. 22 καὶ μεταβάλλοντα A 22 διὰ τὴν om. I 25 ὡς ἂν om. I post ἔχῃ add. καὶ AWa αὐτοῦ ἕκαστον AWa 26 καὶ τὰ τοῦ AWa καὶ τὰ μὲν coll. AWa 27 οὐ κατ' ἀριθμὸν AWa ἄφθαρτα — μένει om. AWa εἰ καὶ μὴ AWa 27. 28 μένειν οἷόν τε post prius ἀριθμὸν (27) coll. AWa 28 τοιαῦτα om. AWa 31 ἐπήνεικε I

Ἑξῆς δὲ μέτεισιν ἐπὶ τὸ ἕτερον πρόβλημα τὸ τῆς ἁλμυρότητος τῆς θαλάσσης, καὶ λέγει τοῖς μὲν γεννῶσι τὴν θάλασσαν ὡς οὐ πρότερον οὖσαν ἀδύνατον εἶναι τὸ ἁλμυρὰν αὐτὴν ποιεῖν. εἴτε γὰρ παντὸς τοῦ ὑγροῦ, τουτέστι τοῦ ὕδατος περὶ τὴν γῆν πρότερον ὄντος, ὥς φασιν, ἀναχθέντος ὑπὸ τοῦ ἡλίου τοῦ γλυκέος ἀπ' αὐτοῦ, τὸ ὑπολειφθὲν ἐγένετο θάλασσά τε καὶ ἁλμυρόν, εἴτε διὰ τὸ ἐνυπάρχειν τοσοῦτόν τε καὶ τοιοῦτον χυμὸν ἐν τῷ ὅλῳ ὕδατι καὶ γλυκεῖ τῷ συμμιχθῆναί τινα γῆν αὐτῷ τοιαύτην ἡ τοῦ τοιούτου ἐν αὐτῷ χυμοῦ αἰτία, οὐδὲν ἧττον κατελθόντος πάλιν ἐκείνου τοῦ τὴν ἀρχὴν ἐξατμισθέντος ὕδατος καὶ ὑσθέντος, δι' ὃ πρότερον ἀνενεχθὲν ἁλμυρὰ ἐγένετο, ἔδει γλυκεῖαν αὐτὴν γίνεσθαι. εἰ γὰρ τὸ πρῶτον ὄντος τούτου ἐν τῇ θαλάσσῃ οὐκ ἦν ἁλμυρὸν τὸ ὕδωρ, οὐδ' ὅταν πάλιν ἐν αὐτῇ γένηται, ἔτι ἁλμυρὰ ἂν εἴη· ἴσον γὰρ ὅσον ἀνηνέχθη κάτεισι πάλιν, ὡς προείρηται· εἰ δὲ ἐξ ἀρχῆς καὶ πρὸ τοῦ ἀναχθῆναί τι ἀπ' αὐτῆς ἦν ἁλμυρά, δεῖ λέγειν τὴν αἰτίαν, δι' ἣν ἀπ' ἀρχῆς τοιοῦτον τὸ τῆς θαλάσσης ὕδωρ. ἔτι δὲ εἰ ἁλμυροῦ τοῦ παντὸς ὕδατος ὄντος τὴν ἀρχὴν ἀνηνέχθη τι ἀπ' αὐτοῦ ἁλμυρόν, διὰ τί οὐ καὶ νῦν τοῦτο γίνεται; ὅτι γὰρ μὴ τοιοῦτο τὸ ἀναγόμενον, δῆλον ἐκ τοῦ τὸ ὑόμενον πότιμον ἀλλὰ μὴ ἁλμυρὸν εἶναι· τοῦτο δ' ἦν τὸ ἀνενεχθέν. εἰπὼν δὲ ὅτι τοῖς γεννῶσι τὴν θάλασσαν οὐ ῥᾳδία ἡ περὶ τῆς ἁλμυρότητος αὐτῆς ἀπόδοσις τῆς αἰτίας, ὅτι μηδὲ οἱ λέγοντες παρὰ τῆς γῆς ἐγγίνεσθαι τῇ θαλάσσῃ τὸν τοιοῦτον χυμὸν ὑγιῶς λέγουσι λέγει. φασὶ μὲν γὰρ ἔχειν αὐτὴν πολλοὺς χυμοὺς καὶ δὴ καὶ τὸν ἁλμυρόν· τοὺς δὲ ποταμοὺς τοὺς διὰ τῆς τοιαύτης ῥέοντας καὶ τῆς ποιότητος αὐτῆς μεταλαμβάνοντας ἐμβάλλοντας εἰς τὴν θάλασσαν ἁλμυρὰν αὐτὴν ποιεῖν. ἄ|τοπον δὲ τὸ αὐτοὺς τοὺς ποταμοὺς μὴ πρῶτον 96r ἁλμυροὺς γίνεσθαι. πῶς γὰρ οἷόν τε ἐν μὲν τοσούτῳ πλήθει ὕδατος ἐπίδηλον ἔτι γίνεσθαι τὴν ὑπὸ τῶν ποταμῶν τούτων καταφερομένην ποιότητα, ὡς πᾶν αὐτὸ μεταβάλλειν, τὸ δὲ τοῦ ποταμοῦ ὕδωρ ὀλίγον ὂν μὴ πολὺ πρότερον αὐτὸ γίνεσθαι τοιοῦτον; ἀπὸ τούτων γάρ. καὶ εἰ ἡ θάλασσα οὐδενὶ ἄλλῳ ἢ τῷ ἁλμυρὰ εἶναι τοῦ τῶν ποταμῶν ὕδατος διαφέρει, εἰ πρὸ αὐτῆς οἱ ποταμοὶ τοῦτο ἔχοιεν, οὐκέτ' ἂν αὐτῶν διέφερεν, εἴ γε ἡ θάλασσά ἐστιν ἠθροισμένον τὸ ἐκείνων ὕδωρ. γελοῖον δέ φησιν εἶναι καὶ τὸ ἡγεῖσθαι τὴν αἰτίαν ἀποδεδωκέναι τῆς ἁλμυρότητος τῆς θαλάσσης τοὺς εἰπόντας ἱδρῶτα τῆς γῆς εἶναι τὴν θάλασσαν, ὡς Ἐμπεδοκλῆς λέγει· οὐδὲν γὰρ σαφὲς τοῦτο εἰπὼν λέγει. πρὸς μὲν γὰρ ποίησιν ἴσως ἱκανὸν τὸ

1 δὲ om. a τὸ τῆς] τὸ περὶ τῆς AW: τῷ περὶ τῆς a 6 εἴτε om. AIW 7 ἡ] ἢ A τοῦ om. I 8 αἰτία χυμοῦ I 10 εἰ γὰρ — προείρηται (13)] τὴν θάλασσαν καὶ ἁλμυρὰν διὰ τὴν τοῦ ἐπιπολάζοντος γλυκέος εἰς ἀτμίδα μεταβολήν. ᾧ ἐχρήσατο πρότερον ὡς ὑπό τινων λεγομένῳ AWa 13. 14 ἐξ αὐτῆς A 14 δεῖ] ἔδει AWa 15 ὄντος ὕδατος AWa 16 post ἁλμυρόν add. τῷ τὸ πᾶν εἶναι τοιοῦτον AWa post γίνεται add. οὐδὲ ἔστι τὸ ἀναφερόμενον ἁλμυρόν AWa 18 ὅτι om. I 19 τῆς post περὶ om. AW 20 τῆς θαλάττης A 22 διὰ τῆς τοιαύτης] δι' αὐτῆς AWa 24 πρώτους AWa 26 ἔτι om. AWa 27 πᾶν αὐτὸν A 28 τοιοῦτον om. AWa καὶ γὰρ εἰ AWa post γάρ fort. addendum ἐστιν 30 διέφυσεν I 33. 34 οὐδὲ AWa 34 σαφῶς τοῦτο ὁ εἰπὼν a ἱκανῶς a

οὕτως εἰπεῖν· ποιητικὸν γὰρ τὸ χρῆσθαι μεταφοραῖς. οὐδὲ γὰρ εἰ εἴποι τις πάλιν τὸν ἱδρῶτα τὸν τοῦ σώματος τῶν ζῴων θάλασσαν, τί ποτ' ἐστὶν ὁ ἱδρὼς εἴρηκεν ὁμοίᾳ κεχρημένος μεταφορᾷ. ὡς γὰρ ἐπὶ τῆς θαλάσσης ἄδηλος ἡ ποιότης ἡ τοιαύτη, οὕτως καὶ ἐπὶ τοῦ ἱδρῶτος ἄδηλον, διὰ ποίαν αἰτίαν γλυκέος ὄντος τοῦ πόματος ἁλμυρὸς γίνεται ὁ ἱδρώς· πότερον ἀπελθόντος τινὸς καὶ ἐναναλωθέντος μόνον ἀπ' αὐτοῦ εἰς τὸ σῶμα, οἷον τοῦ γλυκυτάτου, ἢ συμμιχθέντος χυμοῦ τινος αὐτῷ ἀπὸ τοῦ σώματος, καθάπερ τοῖς διὰ τέφρας ἠθουμένοις ὕδασιν, ἢ δι' ἄμφω. ταὐτὸν δὲ αἴτιόν φησιν ὃ ἐπὶ τοῦ ἱδρῶτος, τοῦτο καὶ ἐπὶ τοῦ εἰς τὴν κύστιν ἀθροιζομένου περιττώματος εἶναι· καὶ γὰρ ἐπὶ τούτου αὐτὸ πικρόν τε καὶ ἁλμυρὸν γίνεται γλυκέος ὄντος τοῦ πινομένου.

p. 357b1 Εἰ δὴ ὥσπερ τὸ διὰ τῆς κονίας ἠθούμενον ὕδωρ γίνεται πικρόν.

Νῦν δείκνυσιν ὅτι μηδὲ καλῶς εἴρηται ἱδρὼς εἶναι τῆς γῆς ἡ θάλασσα, μηδὲ οὕτως γίνεται ὡς τὸ διὰ τῆς τέφρας ἠθούμενον ὕδωρ, ὡς εἶπεν Ἐμπεδοκλῆς. εἰ γὰρ οὕτως, φησί, γίνεται ὅ τε ἱδρὼς ἁλμυρὸς καὶ τὸ ἐν τῇ κύστει γινόμενον περίττωμα τοῦ ὑγροῦ πικρὸν καὶ τὸ τῆς θαλάττης ὕδωρ ἁλμυρόν, ὡς καὶ τὸ διὰ τῆς τέφρας ἠθούμενον ὕδωρ γίνεται πικρὸν ἐκ γλυκέος, ὥσπερ λέγουσι, τῷ μὲν οὔρῳ συγκαταφερομένης τε καὶ συνεκκρινομένης δυνάμεως τοιαύτης, οἵα καὶ φαίνεται ὑφισταμένη ἐν τοῖς ἀγγείοις ἐν οἷς ἄν τις οὐρήσῃ ἁλμυρίς, τῷ δὲ ἱδρῶτι συνεκκρινομένης ἐκ τῶν σαρκῶν, οἷον καταπλύνοντος τὴν τοιαύτην δύναμιν καὶ τὸν χυμὸν τὸν τοιοῦτον ἐκ τοῦ σώματος τοῦ ἐξιόντος [διὰ τοῦ] ὑγροῦ, δῆλον ὡς καὶ ἐν τῇ θαλάττῃ τῆς ἁλμυρότητος αἴτιον εἴη ἂν τὸ ἐκ τῆς γῆς συγκαταμεμιγμένον τῷ ὑγρῷ. ἐν μὲν οὖν τῷ σώματι γίνεται τὸ τοιοῦτον ἐν τῇ τῆς τροφῆς ὑποστάσει διὰ τὴν ἀπεψίαν· ἐν δὲ τῇ γῇ τίνα τρόπον ἐνυπάρχει τὸ τοιοῦτον, ὃ τῷ ὕδατι μιγνύμενον τῆς ἁλμυρότητος αἴτιον αὐτῷ γίνεται, λεκτέον. οὐχ ὡς γινομένου δὲ οὕτω πως λέγει, ἀλλ' ὡς ἐκείνων μηκέτι τὸ πῶς καὶ τὸ πόθεν τοῦτο γίνεται εἰρηκότων τε καὶ ἐζητηκότων. ὅλως δὲ πῶς οἷόν τε τοσοῦτον πλῆθος ὕδατος ξηραινομένης καὶ θερμαινομένης αὐτῆς ἐκκριθῆναι; τοιοῦτον γὰρ ὁ ἱδρώς. δεῖ γὰρ πολλοστὸν μέρος αὐτὸ εἶναι τοῦ λειφθέντος ἐν τῇ γῇ· ἐλάττων γὰρ ὁ ἱδρὼς καὶ τὸ οὖρον τοῦ προσφερομένου ποτοῦ καὶ τοῦ ἐνυπάρχοντος ἐν τῷ ζῴῳ ὑγροῦ. ἔτι διὰ τί οὐχὶ καὶ νῦν, ὅταν ξηραινομένη τε καὶ θερμαινομένη ἡ γῆ τύχῃ, εἴτε πλείων οὖσα εἴτε ἐλάτ-

1 μεταφορᾶς Wa 2 τὸν post ἱδρῶτα om. a 3 post κεχρημένος add. τῇ a 5 πρότερον A[1] 6 συναναλωθέντος AWa 7 αὐτῷ] αὐτοῦ I: αὐτοῖς AW 17 περίττωμα γινόμενον coll. I 18 ὕδωρ om. AWa 20 ἐν τοῖς ἀγγείοις ὑφισταμένοις I 23 διὰ τοῦ ὑγροῦ AWa: om. I: delevi διὰ τοῦ 25 οὖν om. A τρυφῆς ἀποστάσει A 26 ὑπάρχει AWa τὸ om. I 27 post ὡς add. οὐ AWa 27. 28 γινόμενον AWa 28 πως] περ a 29 γίνεται τοῦτο Wa: γίνεται om. A ὅλως] ὅθεν a 30 ἐκκριθεῖναι a 31 αὐτὸ μέρος AWa τῷ a ληφθέντος A[1]

των ἰδίει, καὶ ἰδίει πικρόν; ἡ γὰρ ὑγρότης καὶ ὁ ἱδρὼς πικρόν. εἰ γὰρ
καὶ τότε ἐγένετο ἱδρώς τις τῆς γῆς πικρός τε καὶ ἁλμυρός, ἔδει καὶ νῦν
γίνεσθαι. οὐ φαίνεται δὲ τοῦτο περὶ αὐτὴν συμβαῖνον, ἀλλὰ ξηρὰ μὲν
οὖσα ὑγραίνεται, ξηραινομένη δὲ οὐδένα ἀνίησιν ἱδρῶτα. πῶς οὖν οἷόν τε
περὶ τὴν πρώτην γένεσιν τῆς θαλάττης ὑγρὰν οὖσαν τὴν γῆν ξηραινο-
μένην ὑπὸ τῆς ἀπὸ τοῦ ἡλίου θερμότητος ἰδίειν; μᾶλλον γὰρ εὔλογον
τὴν θάλασσαν γίνεσθαι τοιαύτην, ὡς καὶ λέγουσί τινες, ἀπελθόντος τοῦ πλεί-
στου καὶ γλυκέος ἀπὸ τοῦ ὕδατος καὶ μετεωρισθέντος διὰ τὸν ἥλιον, τὸ 50
ὑπολειφθὲν διὰ βαρύτητα γεῶδες ὄν, τοῦτο γὰρ εἶναι ἁλμυρόν τε καὶ
θάλασσαν· ὑγρὰν δὲ οὖσαν τὴν γῆν ἰδίειν ἀδύνατον. τὰ μὲν οὖν λεγό-
μενα τῆς ἁλμυρότητος αἴτια διαφεύγειν φαίνεται τὸν λόγον,
τουτέστι τὸ εὔλογον· φαίνεται γὰρ οὐκ ἀληθῆ ὄντα. |

Ἡμεῖς δέ, φησί, λέγομεν περὶ τῆς ἁλμυρότητος αὐτῆς τὴν αὐτὴν 96v
ἀρχὴν τῶν λεγομένων λαβόντες ᾗ καὶ πρότερον ἐπὶ τῶν ἤδη δεδειγμένων
κεχρήμεθα. ἔστι δὲ αὕτη τὸ διπλῆν γίνεσθαι τὴν ἐκ τῆς γῆς γινομένην 10
ἀναθυμίασιν διὰ τὴν θερμότητα τὴν ἀπὸ τοῦ ἡλίου· αὕτη γὰρ αἰτία πάν-
των τῶν τοιούτων. πρῶτον δέ φησιν ἀναγκαῖον εἶναι προαπορῆσαί τε καὶ
ἐπισκέψασθαι, πότερον καὶ ἡ θάλασσα, ἐπεὶ κεῖται διαμένειν ἀεί, πότερον
ὄντως ἀεὶ διαμένει, ὡς τὰ αὐτὰ κατ' ἀριθμὸν φυλάσσειν μόρια, ὥσπερ καὶ
τῶν θείων ἕκαστον, ἢ τῷ μὲν εἴδει τῶν αὐτῶν ἐστι μορίων καὶ τῷ ποσῷ,
οὐκέτι δὲ καὶ τῷ ἀριθμῷ, ἀλλὰ μεταβάλλει τὰ μόρια αὐτῆς, καὶ τὰ μὲν
φθείρεται, ἄλλα δὲ ἐπιγίνεται, καθάπερ ὅ τε ἀὴρ καὶ τὸ πότιμον ὕδωρ 15
καὶ τὸ πῦρ· καὶ γὰρ ταῦτα κατ' ἀριθμὸν οὐ τὰ αὐτὰ σώζεται, ἀλλὰ κατὰ
μὲν τὸ εἶδός ἐστιν ἀίδια, οὐκέτι δὲ καὶ κατὰ τὸν ἀριθμόν, ὡς εἴρηται καὶ
πρὸ ὀλίγου. ἡγεῖται δὲ καὶ τὸ ποσὸν ἑκάστου αὐτῶν ὡς ἐπίπαν τὸ αὐτὸ
μένειν, ὡς διὰ τῶν ἑξῆς ἔτι μᾶλλον δηλοῖ, ὥσπερ ἔχει ἐπί τε τῶν ῥεόν-
των ὑδάτων καὶ τοῦ τῆς φλογὸς ῥεύματος· τούτων γὰρ ἀεὶ τὸ κατ' ἀρι-
θμὸν ἄλλο καὶ ἄλλο. εὔλογον δὴ τὸν αὐτὸν λόγον ἐπὶ πάντων τῶν τοιού-
των εἶναι, τουτέστι τῶν γενητῶν, τὸ κατὰ τὸ εἶδος αὐτὰ μένειν τὰ αὐτά,
μηκέτι δὲ καὶ κατ' ἀριθμόν, εἶναι δὲ ἐν αὐτοῖς διαφορὰν τὴν κατὰ τὴν 20
ταχυτῆτα μόνον καὶ βραδυτῆτα τῆς μεταβολῆς. τὰ μὲν γὰρ οὐδὲ ἐπ'
ὀλίγον χρόνον τὰ αὐτὰ κατ' ἀριθμὸν μένει, ὡς οἱ ποταμοί τε καὶ αἱ και-

---

1 καὶ εἰ ἰδίει AW ἡ γὰρ — πικρόν om. AWa 2 post ἐγένετο add. ὁ AW 3 συμβαίνειν W 4 ξηραινομένης A 5 τὴν γῆν om. AWa 6 ὑπὸ τῆς ἀπὸ] δὲ ἀπὸ τῆς AWa 7 post γίνεσθαι add. ἂν I 9 ὑποληφθὲν a γὰρ om. a 10 ἰδίαν a τὰ μὲν οὖν — λόγον (11) om. A 11 αἰτία a διαφανεῖν a 12 ἄλογον a φαίνεται — ὄντα om. a 13 δέ om. a λέγωμεν Aa αὐτὴν om. AWa 14 λαμβάνοντες AW 15 γινομένην ante ἐκ exh. AWa 18 πρότερον καὶ A¹a ἐπεὶ κεῖται] ὑπόκειται a post διαμένειν add. αὐτὴν a πότερον — ἀεὶ (19) om. AWa 19 post ἀριθμὸν add. ἀεὶ AWa 20 ἐστι — ποσῷ om. I 21 οὐκέτι] οὐχὶ I post μεταβάλλει add. καὶ I 23 καὶ γὰρ — τὰ αὐτὰ] οὐ γὰρ ἀεὶ κατ' ἀριθμὸν ταῦτα AWa ταῦτα scripsi: τὰ αὐτὰ I 24 καὶ ante κατὰ et post εἴρηται om. AWa 26 ἔχοι I 27 ὑδάτων om. I 30 τὴν post κατὰ om. a 32 οἱ ποταμοί τε καὶ om. AWa

όμεναι φλόγες, τὰ δὲ μένει μὲν ἐπ' ὀλίγον χρόνον καὶ οὐκ ἐν τῷ γίνεσθαι τὸ εἶναι ἔχει, οὐ μὴν ἀεὶ μένει ὥστε ἀμετάβλητα εἶναι. πάντων γὰρ τῶν περὶ γῆν (τούτων γὰρ πάντων λέγει οὐχ ἁπλῶς πάντων, ἀλλὰ τούτων πάντων ὧν ἀρχὴ ἡ ἀναθυμίασις ἡ ἐκ γῆς), πάντων μέντοι τῶν κατὰ φύσιν γινομένων τε καὶ φθειρομένων τεταγμένην εἶναι τήν τε γένεσιν καὶ τὴν φθοράν. σημειωτέον δὲ πάλιν ὅτι τάξιν τινὰ καὶ ἐν τοῖς ἐν γενέσει καὶ φθορᾷ οὖσιν εἶναι λέγει, ἥτις τάξις παρὰ τὰ ἄστρα αὐτοῖς τῆς τοιαύτης μεταβολῆς γίνεται, ταῦτα δέ ἐστι τὰ θεῖα. εἰ δὲ τοῦτο, οὐκ ἀπρονόητα κατ' αὐτὸν τὰ τῇδε.

Κειμένου δὲ καὶ δεδειγμένου τοῦ καὶ τὰ τῆς θαλάσσης μόρια τὰ μὲν φθείρεσθαι τὰ δὲ γίνεσθαι, πειρατέον, φησίν, ἀποδοῦναι καὶ τῆς ἁλμυρότητος τῆς θαλάσσης τὴν αἰτίαν. φανερὸν δή φησιν εἶναι ὅτι γίνεται ὁ τοιοῦτος χυμὸς διὰ μῖξίν τινος. ἔν τε γὰρ τοῖς τῶν ζῴων σώμασι τὸ ἀπεπτότατον ἁλμυρόν τε καὶ πικρόν· τὸ γὰρ περίττωμα τοιοῦτον, ὃ δι' ἀπεψίαν ὑπομένει. πᾶσα μὲν γὰρ ἡ | ὑπόστασις καὶ πᾶν τὸ περίττωμα 97r ἄπεπτον, μάλιστα δὲ τὸ εἰς τὴν κύστιν ἀθροιζόμενον, ὅπερ ἐστὶ τὸ οὖρον. τοῦ δὲ μάλιστα τοῦτο ἄπεπτον εἶναι σημεῖον παρέθετο τὸ εἶναι λεπτότατον αὐτό· πάντα δὲ τὰ πεττόμενα πρῶτον συνίσταται καὶ παχύνεται. δεύτερον δὲ ἄπεπτον εἶναι λέγει τὸν ἱδρῶτα. ἐν οἷς ἀμφοτέροις, τῷ τε ἱδρῶτι καὶ τῷ οὔρῳ τὸ αὐτὸ σῶμα συνεκκρίνεται, ὃ ποιεῖ τὸν χυμὸν τὸν ἐν αὐτοῖς πικρόν τε καὶ ἁλμυρόν. ὁμοίως δέ φησιν ἔχειν καὶ ἐπὶ τῶν καιομένων. καθόλου γὰρ ἐν οἷς ἂν μὴ κρατήσῃ τὸ θερμόν, τὸ μὴ κρατηθὲν γίνεται τὸν χυμὸν τοιοῦτον. ἔστι δὲ ἐν μὲν τοῖς ἡμετέροις σώμασι τὸ περίττωμα μὴ κρατούμενον ὑπὸ τοῦ θερμοῦ, ἐν δὲ τοῖς καιομένοις ἡ τέφρα. διὸ καί τινες εἶπον τὴν θάλασσαν ἐκ κατακεκαυμένης γίνεσθαι γῆς· λέγουσι γὰρ κατακαυθῆναί ποτε τὴν γῆν ταύτην, ἐν ᾗ νῦν ἐστιν ἡ θάλασσα, καὶ τὸ διὰ τῆς λειφθείσης τέφρας ὕδωρ διηθηθὲν γενέσθαι θάλασσαν. ἔστι δὲ τὸ μὲν οὕτως εἰπεῖν γεγονέναι τὴν θάλασσαν ἄτοπον, τὸ μέντοι ἐκ τοιαύτης αἰτίας τοιαύτην καὶ αὐτὴν εἶναι, ὁποίας καὶ ἡ τέφρα, ἀληθές. ὡς γὰρ ἐν τοῖς εἰρημένοις (ταῦτα δ' ἔστι τό τε περίττωμα τῆς τροφῆς τὸ ἐν τοῖς ζῴοις, ὃ γίνεται διὰ τὸ μὴ κρατεῖσθαι ὑπὸ τοῦ θερμοῦ, καὶ ἐν τοῖς καιομένοις ἡ τέφρα) ὡς οὖν ἐν τούτοις ἔστι τινὰ ἃ μὴ κρατεῖται ὑπὸ τοῦ θερμοῦ, ἃ καὶ τὸν χυμὸν ἔχει τοιοῦτον, οὕτως ὑπολαβεῖν δεῖ καὶ ἐν τῷ παντὶ ἐκ

---

1 ἐπ' ὀλίγον] ἐπί τινα AWa 2 ὥστε] ὡς AWa 3 ἀλλὰ] καὶ I 4 πάντων post τούτων om. AWa ὧν ἡ ἀρχὴ ἡ ἐκ γῆς ἀναθυμίασις coll. AWa 5 τε post τὴν om. I 7 οὖσαν I παρὰ] περὶ I τὰ om. a αἴτια Ia 10 δὲ] φησὶ a 16 συναθροιζόμενον AWa 18. 19 δευτέρως AWa 19 post ἱδρῶτα add. δεῖ δὲ (om. W) τούτου ἀκούειν ὡς ἐπὶ (τῆς add. a) τῶν ὑγρῶν πέψεως εἰρημένου. οὐκέτι γὰρ καὶ ἡ τῶν ξηρῶν πέψις οὕτως, ἀλλὰ τοὐναντίον ὑγραινομένων (ὑγραινομένου A). διὸ πάλιν τὸ ἀπὸ τούτων περίττωμα ξηρόν, ἀνάλογον ὂν τῇ τέφρᾳ AWa 21 ἔχει A[1] 23 γίνεται] ἔχει a δὲ om. I ὑμετέροις A[1] 25 κατακεχαυμένης] litt. κα add. I[2] γενέσθαι AWa 26 post γὰρ add. τινες a κατακαυθῆναι] καὶ καυθῆναι AW: καυθῆναι a ποτε om. A: post γῆν coll. Wa 27 διηθὲν IWa 29 καὶ ante αὐτὴν om. AWa

τε τῶν φυομένων καὶ γινομένων πάντων κατὰ φύσιν καὶ τρεφομένων ὥσπερ ἐκ πεπυρωμένων τε καὶ πεπεμμένων διά τινα θερμότητα ὑπολείπεσθαί τινα ἄπεπτον γῆν οἷον ἐκτετεφρωμένην, καὶ δὴ καὶ τὴν ἐν τῇ ξηρᾷ ἀναθυμίασιν πᾶσαν εἶναι τοιαύτην· αὕτη γάρ, φησί, τὴν ξηρὰν λέγων ἀναθυμίασιν, καὶ παρέχεται τὸ πολὺ τοῦτο πλῆθος δηλονότι τοῦ ὕδατος ἁλμυρόν, ἢ αὕτη ἡ περιλειπομένη γῆ ἔκ τε τῶν γινομένων τε καὶ φυομένων καὶ τρεφομένων κατὰ φύσιν ἄπεπτος περιττεύουσά τε καὶ περιλειπομένη, γῆ οὖσα ὥσπερ τέφρα, παρέχεται τὸ πολὺ τοῦτο πλῆθος τῆς ξηρᾶς ἀναθυμιάσεως. μεμιγμένης δέ, ὡς προείρηται, τῆς τε ὑγρᾶς καὶ ἀτμιδώδους ἀναθυμιάσεως καὶ τῆς ξηρᾶς, ἣν καὶ καπνώδη ἐν τοῖς πρώτοις εἶπεν, ἣν εἴρηκε πᾶσαν ἀπὸ τῆς μὴ κρατηθείσης ὑπὸ τοῦ θερμοῦ ἀλλ' ἀπέπτου μεινάσης γίνεσθαι· οὐδέποτε γὰρ αὐτῶν ἡ ἑτέρα χωρὶς τῆς ἑτέρας ἀνάγεται, ἀλλ' ἅμα ἀναγομένων ποτὲ μὲν ἡ ξηρὰ πλείων ποτὲ δὲ ἡ ὑγρὰ γίνεται· ἥτις ὅταν πλείων ᾖ καὶ διὰ τοῦτο γένηται αὐτῆς εἰς νέφος σύστασις, ἀναγκαῖον καὶ ταύτῃ τῆς ξηρᾶς τε καὶ ἀπέπτου δυνάμεως ἐμπεριλαμβάνεσθαί τι πλῆθος καὶ συγκαταφέρεσθαι τῷ ὑετῷ, τουτέστι τὸ ὕδωρ ἀπολαῦσαν ἐκείνης τῆς ἀναθυμιάσεως καὶ τῆς ἐν ἐκείνῃ ποιότητος, ὡς σώζειν ἐν αὑτῷ τινα χυμὸν τοιοῦτον, καταφέρεσθαι· καὶ τοῦτο ἀεὶ γίνεσθαι κατὰ τάξιν τινά, ἧς ἐνδέχεται τάξεως μετέχειν τὰ ἐξ ὕλης ὄντα καὶ ἐν γενέσει καὶ φθορᾷ· οὐ γὰρ ἀκριβοῦς καὶ ἀπαραβάτου, ὡς τὰ θεῖα, ἀλλὰ τῷ μὲν ὅλῳ ὁμοίως ἐχούσης, τοῖς δὲ καθ' ἕκαστα οὐκ ἐξηκριβωμένης. χειμὼν μὲν γὰρ καὶ θέρος ἐξ ἀνάγκης καθ' ἑκάστην περίοδον, τὸ δὲ ὑέτιον ἢ ξηρότερον τὸν χειμῶνα, ἢ θᾶττον ἢ βραδύτερον ἀρχόμενον ἢ παυόμενον οὐκέτ' ἐξηκριβωμένως· ἡ γὰρ ὕλη τῆς τοιαύτης ἀταξίας αἰτία, ὡς ἐν ἄλλοις ἡμῖν εἴρηται, οὐ δυναμένη τὴν ἀκρίβειαν καὶ τὴν ἐν πᾶσιν εὐταξίαν δέχεσθαι. εἰπὼν δὲ τὴν ξηρὰν ἀναθυμίασιν γινομένην ἀπὸ τῆς ἀπέπτου γῆς καὶ διὰ τοῦτο πικρᾶς ἀεὶ συγκαταμίγνυσθαι τῷ ὑομένῳ ὕδατι, ταύτην φησὶν εἶναι γένεσιν τοῦ ἐν τῷ ὕδατι ἁλμυροῦ. πιστοῦται δὲ τὸ τὴν τοιαύτην ἀναθυμίασιν αἰτίαν εἶναι τῆς ἐν τῷ ὕδατι ἐνυπαρχούσης ἁλμυρότητος διὰ τοῦ ὅτε πλείστη ἡ τοιαύτη γίνεται ἀναθυμίασις, τότε τὸ ὑόμενον ὕδωρ ἐπιδήλως πλατύτερον εἶναι. γίνεται δὲ πλείστη ἡ ξηρὰ ἀναθυμίασις τοῖς τε νοτίοις καταστήμασι, καὶ κατ' ἀρχὰς τοῦ μετοπώρου. ὧν τὰς αἰτίας παρατίθεται. ὁ μὲν γὰρ νότος ἀλεεινότατος ἄνεμος ὢν (δι' ὃ δὲ ἀλεεινότατος οὗτος ὁ ἄνεμος, μετ' ὀλίγον δείξει περὶ ἀνέμων λέγων· ἔστι γὰρ ἀπὸ τῆς θερμῆς καὶ ξηρᾶς ἀναθυμιάσεως οὗτος μάλιστα τῶν ἀνέμων, ἥτις ἀναθυμίασις ὕλη τῶν ἀνέμων ἐστίν), ἔτι τε πνέων ἀπὸ τόπων ξηρῶν τε καὶ θερμῶν (ἀπὸ γὰρ

4 τοιαύτην om. I 5 δῆλον a ἢ] ἡ AW: om. a αὕτη] αὐτὴ AWa 6 φυομένων τε καὶ γινομένων a 7 γῆ] γίνεται A 9 ὥσπερ εἴρηται A 11 ὑπὸ—μεινάσης om. A 12 γὰρ fort. delendum 13 ἡ ante ὑγρὰ om. I 14 καὶ post ᾖ om. I γίνεται AWa καὶ ταύτης AWa 17 ἐκείνῳ AWa τινα om. AWa 22 τὸν χειμῶνα] addendum εἶναι 23 ἐξηκριβωμένης AWa 27 ἐγκαταμίγνυσθαι a 29 ἡ om. AWa 30 τὸ om. A 31 τε] γε AWa 33 ἀλεεινότατος—δι' ὃ δὲ om. AWa οὗτος] οὕτως A: om. a post ἄνεμος add. ὡς AWa 34 ἔστι] ὅτι AWa θερμοτάτης Wa: θερμότητος A 35 ante ἥτις add. ἐστὶν a 36 τε] γε A: δὲ a

τῆς μεσημβρίας πνεῖ), ὥστε μετ' ὀλίγης ἀτμίδος ἐστί, τὸ δὲ πλεῖστον ἔστι ξηρά τε καὶ θερμὴ ἀναθυμίασις, διὸ καὶ θερμός ἐστιν· ὥστε εἰκότως ἐν τοῖς νοτίοις καταστήμασι πλείων ἡ ξηρὰ ἀναθυμίασις. εἰπὼν δὲ θερμὸν εἶναι τὸν νότον προσέθηκεν εἰ γὰρ καὶ μὴ τοιοῦτος, ἀλλ' ὅθεν ἄρχεται πνεῖν, ψυχρός· τοῦτο δὲ προσέθηκεν, ὅτι μηδέπω δῆλον πόθεν αἱ ἀρχαὶ τοῦ νότου, καὶ ἐδόκει τισὶν ἀρχόμενος καὶ ὁ νότος ἐκεῖ ὅπου ἄρχεται ψυχρὸς εἶναι, ὡς οὐκ ἀπὸ τῆς μεσημβρίας ἀρχομένου αὐτοῦ, ἀλλ' ἀπὸ τῶν ἐπέκεινα τῆς μεσημβρίας. εἰ οὖν καὶ τοιοῦτος καὶ ἀπὸ τοιούτων, ἀλλ' οὖν διὰ θερμῶν τόπων φερόμενος (τοιαύτη γὰρ ἡ μεσημβρία) συμπεριλαμβάνων πολλὴν ἀπὸ τῶν τόπων τούτων ξηρὰν ἀναθυμίασιν γίνεται θερμός· διὸ τὰ πνέοντος αὐτοῦ συνιστάμενα ὕδατα πολλὴν τὴν ξηρὰν ἀναθυμίασιν ἐγκαταμεμιγμένην ἔχοντα πλατέα ἐστίν. ὁ δέ γε βορέας ἀπὸ ὑγρῶν τε καὶ ψυχρῶν τόπων ῥέων (ἀπὸ γὰρ τῶν ἀρκτικῶν) πλείονα τὴν ἀναθυμίασιν τὴν ὑγρὰν ἔχει, ἥτις ἐστὶν ἀτμίς· διὸ καὶ ψυχρὸς ὁ ἄνεμος οὗτος. ἐπεὶ δὲ ἄτοπον ἐδόκει | τὸ ὑγρὸν ὄντα αὐτὸν καὶ ψυχρὸν μὴ ὑέτιον εἶναι ἀλλ' 97v αἴθριον, τὴν αἰτίαν παρέθετο τούτου· τῷ γὰρ ἐντεῦθεν ἀπωθεῖν τὰ νέφη. πάντες γὰρ οἱ ἄνεμοι, ἀφ' ὧν τε ἄρχονται τόπων καὶ ἀπὸ τῶν τούτοις γειτνιώντων ἀπωθοῦσιν ἐπὶ τὰ πορρωτέρω τὰ νέφη· διὰ τοῦτο δὴ αἴθριος ἐνταῦθα, ἐν δὲ τοῖς ἐναντίοις τόποις, εἰς οὓς ἀπωθεῖ τὰ νέφη, ὑδατώδης. ὡς δὲ ὁ βορρᾶς αἴθριος παρ' ἡμῖν, οὕτως καὶ ὁ νότος τοῖς περὶ τὴν Λιβύην, ὅθεν ἄρχεται, παρ' οἷς ὁ βορρᾶς ὑέτιος. ὢν δὲ τοιοῦτος ὁ νότος πολλὴν τὴν τοιαύτην ἀναθυμίασιν ἐγκαταμίγνυσι τῷ ὑομένῳ ὕδατι. τοῦ δὲ μετοπώρου πάλιν ἀρχομένου καὶ αὐτοῦ πλατέα τὰ ὕδατα, ὅτι ἀνάγκη μὲν πρῶτα τὰ βαρύτατα τῶν ὑδάτων καταφέρεσθαι, βαρύτατα δὲ ἐν οἷς ἡ ξηρά τε καὶ γεώδης ἀναθυμίασις μέμικται· πρῶτα δὴ ταῦτα καταφέρεται, ἐν οἷς τῆς τοιαύτης γῆς πλῆθός ἐστιν.

Εἰπὼν δὲ τὰ σημεῖα τοῦ τὴν τοιαύτην ἀναθυμίασιν τῆς ἁλμυρότητος ἀρχὴν καὶ αἰτίαν εἶναι τῇ θαλάσσῃ προστίθησι καὶ διὰ τὴν τοιαύτην ἀναθυμίασιν μεμιγμένην ἐν τῇ θαλάσσῃ θερμὴν τὴν θάλασσαν εἶναι. πάντα γὰρ τὰ προτεθερμασμένα τε καὶ προπεπυρωμένα ἔχει δυνάμει θερμότητα ἐν αὐτοῖς. καὶ ἡ ξηρὰ δὲ ἀναθυμίασις ἀπὸ τοιαύτης γῆς· ἣν γὰρ αὕτη περίττωμα ἄπεπτον τῶν κατὰ φύσιν φυομένων τε καὶ τρεφομένων. ὅτι δὲ τὰ προπεπυρωμένα θερμὰ τὴν δύναμίν ἐστι, πιστοῦται ἀπό τε τῆς κονίας, ἣν ἄσβεστον λέγομεν, καὶ ἀπὸ τῆς τέφρας καὶ ἀπὸ τῆς τῶν ζῴων ὑποστάσεως, καὶ ὅτι τῶν θερμοτέρων τὴν κοιλίαν ζῴων καὶ ἡ ὑπόστασις

1 ὥστε om. AW 4 ἀλλ' οὖν ὅθεν a 6 post νότος add. καὶ AW 7 ἀρχομένου — μεσημβρίας (8) om. AW 9 οὖν post ἀλλ' om. a 10 γίνεται — ἀναθυμίασιν (11) om. A 11 post διὸ add. καὶ Wa 12 ἔχοντα] ἔχων ὕδατα AW 13 ἀρκτώων AWa post ἀρκτικῶν add. ὄντων ὑγρῶν τε καὶ ψυχρῶν AWa 13. 14 τὴν ὑγρὰν ἀναθυμίασιν AWa 18 γειτονευόντων AWa 20 τοῖς om. a τὴν om. I 22 ἐγκαταμιγνύει AWa ἀλλὰ καὶ τοῦ μετοπώρου AWa 22. 23 ἀρχομένου πάλιν AWa 25 post ἐστιν add. διὸ τὰ (om. a) πρῶτα ὕεται τὰ τοιαῦτα ὕδατα AWa 26 δὲ om. Aa 27 τῆς θαλάσσης I 28 μεμιγμένης AWa ἐν om. AWa post θαλάσσῃ add. τῆς ἁλμυρότητος AWa 30 ἡ om. I τοιαύτη a 32. 33 κονίας] νιας in ras. A

θερμοτέρα καὶ διὰ τοῦτο δριμυτέρα. γίνεσθαι μὲν οὖν φησιν ἀεὶ τῆς θαλάσσης τι καὶ κατ' ἀριθμὸν τὰ μέρη αὐτῆς ὑπαλλάσσεσθαι διὰ τὸ ὑόμενον ὕδωρ, ἀφ' οὗ ἥ τε οὐσία καὶ ἡ γένεσις αὐτῆς· ἀνάγεσθαι δέ φησιν ἀεί τι μέρος ταύτης μετὰ τοῦ γλυκέος ὕδατος, ἀλλὰ τοσοῦτον ἔλαττον, ὅσον καὶ ἐν τῷ ὑομένῳ τὸ ἁλμυρόν τε καὶ πλατὺ τοῦ γλυκέος ἔλαττον· διὸ πότιμον τὸ ὑόμενον, καίτοι ἔχον καὶ τὸν τοιοῦτον συμπεπλεγμένον χυμόν. διὸ καὶ ἰσάζειν φησὶ τὸ πλῆθος τῆς θαλάσσης ὡς ἐπίπαν· οὐ γὰρ ἀεὶ ἀκριβῶς ἴσον αὐτῆς τὸ πλῆθος. αἰτίαν δὲ ἀπέδωκε τοῦ ἰσάζειν αὐτὴν τὸ ὅσον ἀνάγεται ἀπ' αὐτῆς ἁλμυρόν, τοσοῦτον πάλιν ἐγκαταμεμιγμένον τῷ ὑομένῳ καταφέρεσθαι. ὃ δὴ ἠπόρησεν ἄν τις (ἔστι δὲ τοῦτο, εἰ ἀπὸ τῆς θαλάσσης τοσοῦτον ἁλμυρὸν ἀναφέρεται, ὅσον καὶ καταφέρεται, τί ἔτι δεῖ τῆς ξηρᾶς ἀναθυμιάσεως πρὸς τὴν γένεσιν τοῦ ἐν τῷ ὑομένῳ ὕδατι ἁλμυροῦ τε καὶ πλατέος χυμοῦ), τοῦτο δὴ δι' ὧν ἐπιφέρει λύει. οὐ γὰρ μένει ἔτι τὸ ἁλμυρὸν ἀτμίζον ἁλμυρόν, ἀλλὰ πότιμόν τε γίνεται καὶ γλυκύ. ὥστε οὐ τοῦτο αἴτιον τοῦ ἐν τῷ ὑομένῳ ἁλμυροῦ χυμοῦ, ἀλλὰ τοῦτο αἴτιον τοῦ ἴσον δοκεῖν μένειν τὸ πλῆθος τῆς θαλάσσης καὶ μὴ ἀεὶ αὔξεσθαι μένοντος μὲν τοῦ προϋπάρχοντος παντός, ἀεὶ δέ τινος σὺν τῷ ὑομένῳ τοιούτου καταφερομένου, ὃ μέρος γίνεται τῆς θαλάσσης. τὸ γὰρ ἀτμίσαν ἀπὸ τοῦ θαλασσίου ὕδατος, ὅταν εἰς ὕδωρ συστῇ, εἰς γλυκὺ μεταβάλλει καὶ οὐκ εἰς ἁλμυρόν, ἀφ' οἵου ἤτμισεν. οὕτως γοῦν καὶ ποιοῦσί τινες πότιμον ὕδωρ ἀπὸ τοῦ θαλασσίου· ὑποκαίοντες πολλῷ πυρὶ πλήρεις ὕδατος τοιούτου λέβητας καὶ τὸν ἀτμὸν ἐν τοῖς ἐπικειμένοις αὐτῶν πώμασιν ἀθροίζοντές τε καὶ δεχόμενοι τούτῳ εἰς ὕδωρ μεταβάλλοντι χρῶνται ποτῷ. οὐ μόνον δέ φησι τὴν θάλασσαν ἀτμίσασαν ἀποβάλλειν τὸν οἰκεῖον χυμὸν καὶ ὕδωρ γίνεσθαι, ἀλλὰ καὶ πάντα τὰ ἄλλα ὑγρά· καὶ γὰρ οἶνος καὶ τὰ ἄλλα τὰ χυμοὺς ἔχοντα καὶ ἀτμίζοντα ἐν τῇ τοῦ ἀτμοῦ εἰς ὑγρὸν πάλιν μεταβολῇ ὕδωρ γίνεται. πάντες γὰρ οἱ χυμοὶ πάθη τοῦ ὕδατός εἰσι διὰ μῖξίν τινος γινόμενοι, καὶ ὁποῖον ἄν τι ᾖ τὸ μιχθὲν τῷ ὕδατι, τοιοῦτος καὶ ὁ χυμὸς αὐτοῦ γίνεται. εἰπὼν δὲ τοὺς χυμοὺς μιγνυμένου τινὸς τῷ ὕδατι γίνεσθαι, καὶ τοιούτους, ὁποῖον ἂν ᾖ τὸ μιγνύμενον, ὑπερτίθεται τὸν περὶ τούτων λόγον ὡς ὄντα ἄλλης πραγματείας· τῆς γὰρ περὶ χυμῶν ἴδιος ὁ περὶ τούτων λόγος· ἐπάνεισι δὲ ἐπὶ τὰ προειρημένα [98r] καὶ διὰ βραχέων αὐτὰ λέγει. τῆς γὰρ θαλάσσης οὔσης ἀεί τι ἀπ' αὐτῆς σὺν τῷ γλυκεῖ ἀτμίζεταί τε καὶ ἀνάγεται· καὶ μεταβάλλον γίνεται

3 ἡ οὐσία AWa αὐτῆς om. AWa 4 post μέρος add. καὶ AWa τοσούτῳ et ὅσῳ AWa 9 post τοσοῦτον add. τὸ W πάλιν post ἐγκαταμεμιγμένον exh. A, post ὑομένῳ Wa 11. 12 τί ἔτι δεῖ] τίς ἡ αἰτία AWa 13 λύει] αὐ [lac. III litt.) A: $\overset{\grave{\tau}}{\text{αυ}}$ W 17 μὴ om. AW post τινος add. καὶ AWa 21 ὑποκαίοντος A post ὑποκαίοντες add. γὰρ a 22 καὶ om. AW ὑπερκειμένοις AWa 23 πόμασιν I: πτώμασιν A[1] τοῦτον I μεταβάλλοντα A[1] 25 ἄλλα οιn. I 26 τὰ post καὶ om. I ἄλλα τοὺς χυμοὺς A 28 γενόμενοι AWa ἂν εἴη AWa 32 δὲ om. a: τοίνυν A 32. 33 εἰρημένα AWa 33 οὔσης] οὕτως AW: ὑπαρχούσης οὕτως a τι] τὸ I

πότιμον, καὶ ὕεται καὶ αὐτὸ σὺν τῷ ἄλλῳ τῷ ἐκ τῆς τοῦ γλυκέος ἀναγωγῆς μεταβάλλοντί τε καὶ γινομένῳ, ἄλλο κατ' ἀριθμὸν καὶ κατὰ ποιότητα γεγονός, ἀλλ' οὐ τὸ ἀναχθὲν μεῖναν· ἁλμυρὸν μὲν γὰρ ἦν ἀτμίζον, ἀτμίσαν δὲ καὶ μεταβαλὸν γλυκὺ γίνεται. κατέρχεται δέ τις καὶ ἄνωθεν ἐν τῷ ὑομένῳ ποιότης ἀπὸ τῆς ξηρᾶς ἀναθυμιάσεως ἐμμεμιγμένη πλατεῖά τε καὶ ἁλμυρά, ἥτις διὰ βάρος ὑφίσταται τῷ ποτίμῳ. οὐ γὰρ ἰδίως τὸ ἀπὸ τῆς θαλάσσης μεταβάλλον ἐστὶ καὶ τὸ ὑφιστάμενον, ὡς δοκεῖ διὰ τῆς λέξεως λέγεσθαι· τοῦτο μὲν γὰρ ὁμοίως τῷ ἄλλῳ πότιμον· ἀπὸ παντὸς δὲ τοῦ ὑομένου ἀποκρίνεται τοῦτο, ᾧ μέμικται ἡ ἀπὸ τῆς ξηρᾶς ἀναθυμιάσεως ποιότης. καὶ διὰ τὴν τοιαύτην, φησίν, ἀναφοράν τε τῶν ἀναθυμιάσεων ἀπὸ τοῦ ὕδατος καὶ πάλιν κάθοδον τῶν ὑετῶν οὐκ ἐπιλείπει ἡ θάλασσα, ὥσπερ οὐδὲ οἱ ποταμοί, ἀλλ' ἢ μόνον τοῖς τόποις, τουτέστι μεθίστανται εἰς ἄλλους τόπους ὁμοίως οἵ τε ποταμοὶ καὶ ἡ θάλασσα. καὶ εἴρηκε τὴν αἰτίαν τούτου ἐν τῷ πρὸ τούτου περὶ ποταμῶν λέγων. μεταβαλλόντων δὲ κατὰ τοὺς τόπους τῶν τε ποταμῶν καὶ τῆς θαλάσσης οὐκ ἀεὶ τὰ αὐτὰ μέρη μένει ἢ γῆ ὄντα ἢ θάλασσα, ἀλλὰ μόνον ὁ πᾶς ὄγκος ὁ αὐτὸς τῆς τε γῆς καὶ τῆς θαλάσσης. αἰτίαν δὲ τοῦ τὰ μὲν κατ' ἀριθμὸν μὴ μένειν τὰ αὐτά, τοὺς δὲ ὅλους ὄγκους μένειν ἴσους ἀπέδωκε τὸ τὸ μὲν ἀνάγεσθαι τῆς θαλάσσης τὸ ἀτμίζον, τὸ δὲ πάλιν συγκαταβαίνειν τῷ ὑομένῳ ὕδατι, καὶ τοὺς τόπους ὑπαλλάσσειν καὶ τὰ ὑφιστάμενα, ἅπερ ἐστὶ τὰ ἁλμυρά, καὶ τὰ ἐπιπολάζοντα, ἅπερ ἐστὶ τὰ γλυκέα· οὐ γὰρ πάντως, ὅθεν ἀναφέρεται, ἐκεῖ καὶ ὕεται. καὶ ἡ τῶν ποταμῶν δὲ καὶ ἡ τῶν πηγῶν μετάστασις αἰτία τοῦ τοιούτου.

p. 358b 34 Ὅτι δ' ἐστὶν ἐν μίξει τινὸς τὸ ἁλμυρόν.

Πίστιν κομίζει τοῦ κατὰ μῖξίν τινος τὸν ἁλμυρὸν χυμὸν γίνεσθαι τὸ 98v διὰ τῶν κηρίνων ἀγγείων τῶν εἰς τὴν θάλασσαν τιθεμένων τὸ εἰσιόν τε καὶ ἰκμάζον καὶ διηθούμενον ἀπ' αὐτῆς ὕδωρ πότιμον εἶναι τῷ τὸ γεῶδες καὶ τὸ ποιοῦν τῇ μίξει ἁλμυρὸν τὸν χυμὸν διὰ τὴν παχύτητα ἀποκρίνεσθαι. τὸ γὰρ αὐτὸ τοῦτο μεμιγμένον αἴτιον καὶ τοῦ βάρους τῇ θαλάσσῃ καὶ τῆς παχύτητος. καὶ γὰρ ἱσταμένη τοῦ γλυκέος βαρυτέρα καὶ διὰ βαρύτητα καὶ διὰ παχύτητα φέρει τὰ πλοῖα, ἃ τὸ ἴσον γλυκὺ ὕδωρ οὐχ οἷόν τε

2 γενομένῳ I 3 ἀλλὰ omisso οὐ A 4 μεταβάλλον A τις καὶ om. AWa 5 ἐμμεμιγμένη AWa 7 καὶ om. AWa 8 λέγεσθαι corr. ex γενέσθαι I² τούτω I 9 τῆς om. A 13 ὁμοίους I 14 αἰτίαν τούτων AWa 14. 15 βαλλόντων I 16 μέρη om. a 17 ὁ om. I 18 μὴ om. AW: post μὲν (17) exh. a ὅλους om. a ὄγκους om. AW ἀπέδωκε τὸ μὲν AWa 19 καταβαίνειν A 20 ὑφεστάμενα a 20. 21 ἅπερ ἐστὶ] ἅπαντά ἐστι bis AWa 21 οὐ γὰρ — τοιούτου (23) om. a 22 ὅθεν] ὅταν AW δὲ om. AW 23 μετάστασις] κτα supra scr. I τοῦ supr. vers. W 25 τῶν ἁλμυρῶν χυμῶν I¹ 27 ἐκμάζον AWa 28 καὶ τῶ A¹W τὴν om. AWa 29 post τοῦτο add. τὸ AWa τῆς θαλάσσης I 30 ἱσταμένη] ἴσα μέρη I βαρύτητα καὶ διὰ (31) om. AWa

φέρειν. τοῦ δὲ διὰ τὴν μῖξιν τοῦ τὸν χυμὸν ποιοῦντος παχύτερον γίνεσθαί τε καὶ εἶναι τὸ τῆς θαλάττης ὕδωρ τεκμήριον παρέθετο τὸ ἄν τις ὕδωρ ἁλμυρὸν ποιήσῃ ἅλας αὐτῷ μίξας, οὕτω παχύνεσθαι, ὡς τὰ ᾠὰ ἐπιπλεῖν ἐπ' αὐτοῦ. σχεδὸν γὰρ ἔοικεν ἡ θάλασσα πηλῷ διὰ τὸ πολὺ τὸ σωματῶδες ἔχειν μεμιγμένον. λέγει δὲ καὶ τοὺς ταριχεύοντάς τι μιγνύναι ἅλας τῷ ὕδατι, καὶ σημεῖον τοῦ κεκρᾶσθαι τὴν ἅλμην καὶ καλῶς πεποιῆσθαι τὸ τὰ ᾠὰ πλήρη ὄντα ἐπιπλεῖν. μαρτυρίαν δὲ τοῦ κατὰ μῖξίν τινος γεώδους τόν τε χυμὸν ἁλμυρὸν γίνεσθαι καὶ παχύτερον ἅμα καὶ σωματωδέστερον τὸ ὕδωρ καὶ ἀπὸ ἱστοριῶν τινων παρατίθεται τήν τε ἐν Παλαιστίνοις λεγομένην λίμνην, ἣν ἅμα μὲν ἁλμυρὰν οὕτως εἶναι, ὡς μηδ' ἰχθύν τινα ἐν αὐτῇ γίνεσθαι, ἅμα δὲ παχεῖαν οὕτως, ὡς μηδὲ εἰ συνδεθέν τι ζῷον τῶν βαρυτάτων εἰς αὐτὴν ἐμβληθῇ, καταφέρεσθαι αὐτὸ καὶ καταδύεσθαι, ἀλλὰ ἐπιπλεῖν· τὸ δ' αὐτὸ τοῦτο ὕδωρ ῥύπτειν τὰ ἱμάτια, ἂν διασείσῃ τις ἐν αὐτῷ αὐτὰ βρέξας. ἀλλὰ καὶ ἐν Χαονίᾳ τις κρήνη πλατυτέρου ὕδατός ἐστιν, οὗ ἀφεψηθέντος καὶ ψυχθέντος καὶ ἀπατμίσαντος, ἅλες γίνονται. ὡς δ' ἐν Χαονίᾳ τὸ ὕδωρ τὸ ἀπὸ τῆς λίμνης ἀφεψηθὲν καὶ ψυχθὲν ἅλες γίνεται διὰ τὸ εἶναι πλατύτερον καὶ ἔχειν γεῶδές τι μεμιγμένον, οὕτως φησὶ καὶ ἐν Ὀμβρικοῖς γίνεσθαι ἅλας· σχοίνους γὰρ εἶναι καὶ καλάμους πεφυκότας ἔν τινι τόπῳ, ὧν κατακαύσαντες τὴν τέφραν ἐμβάλλουσιν εἰς ὕδωρ καὶ ἀφέψουσιν· τὸ δ' ὕδωρ ὅταν ψυχθῇ, ἁλῶν γίνεται πλῆθος. διὰ δὲ τούτου πιστοῦται ὅτι καὶ τὸ ἀπὸ τῆς λίμνης ὕδωρ τῆς ἐν Χαονίᾳ τὸ πλατὺ ἀφεψηθὲν καὶ ψυχθὲν ἅλες ἐγίνετο διὰ τὸ μεμῖχθαί τι ἐν τῷ ὕδατι, ὃ σημεῖον τοῦ ἐν τῷ πλατεῖ τε καὶ ἁλμυρῷ ὕδατι μεμῖχθαί τι. λέγει δὲ δεῖν καὶ ὅσα ἐστὶν ἁλμυρὰ ῥεύματα ποταμῶν ἢ κρηνῶν, ἡγεῖσθαι θερμά ποτε τὰ πλεῖστα τούτων εἶναι, εἶτα τὴν μὲν τοῦ πυρὸς ἀρχήν, ὑφ' ἧς ἐθερμαίνετο, ἀπεσβέσθαι, δι' ἧς δὲ διηθοῦνται καὶ διιᾶσι γῆς ἔτι μένειν ταύτην, οἷον κονίαν ἢ τέφραν γεγονυῖαν διὰ τὴν καῦσιν. εἶναι δὲ λέγει πανταχοῦ κρήνας καὶ ποταμοὺς παντοδαποὺς χυμοὺς ἔχοντας, ὧν χυμῶν πάντων αἴτιον τό τε μένον ἐν τοῖς τόποις ἀφ' ὧν ῥεῖ ἢ ἐγγενόμενον πῦρ· καομένη γὰρ ἡ γῆ τῷ μᾶλλον καὶ ἧττον καίεσθαι παντοδαπὰς χρόας τε καὶ χυμοὺς λαμβάνει· καὶ γὰρ εἰς στυπτηρίαν καὶ εἰς κονίαν καὶ πάντα τὰ τοιαῦτα μεταβάλλει. διὰ τοῦτο καὶ τὰς τοιαύτας δυνάμεις προσλαμβάνει, δι' ὧν τὰ ῥέοντά τε καὶ διηθούμενα ὕδατα ὄντα γλυκέα μεταβάλλει, καὶ τὰ μὲν αὐτῶν ὀξέα γίνεται, ὥσπερ τὰ τῆς

2. 3 ὕδωρ τις coll. AWa 3 ποιήσῃ ex ποιήσας corr. I^2 ἅλας αὐτῷ] ἁλῶν αὐτὸ I ὡς — ἐπιπλεῖν (4)] ὡς τὰ γεώδη ὥστε ἐπιπλεῖν τὰ ᾠὰ AW: τὰ ᾠὰ ὥστε ἐπιπλεῖν τὰ ᾠὰ a 6 καὶ καλῶς — ἐπιπλεῖν (7)] καλῶς ποιεῖσθαι τὰ ᾠὰ εἰ πλήρη ὄντα ἐπιπλέοι AWa 9. 10 παλαιστίνη AW: παλαιστίνειν a 10 ὡς μὴ A 11 συντεθὲν A 12 τὸ βαρύτατον I ἐμβληθείη AWa 13. 14 διασήσῃ A^1 14 et 16 χαωνίᾳ I 14. 15 πλατυτέρα I 15 καὶ ψυχθέντος om. AW 16 γίνεται ex corr. I 17 παχύτερον a τι] τὸ A 20 τὸ δ' ὕδωρ] τὸ ὕδωρ ὅπερ AW: ὅπερ a 21 τούτων AWa 26 ἀποσβέσθαι Wa 29 χυμὸν (ex χυμῶν corr.) I^2 30 ῥέουσιν AWa γενόμενον AWa 31 λαμβάνει] incerto compendio utitur A

Σικελίας ἐν τῇ Σικάνῃ· ἐκεῖ γὰρ ὀξάλμη γίνεται καὶ χρῶνται ἀντὶ ὄξους αὐτῇ πρὸς ἔνια τῶν ἐδεσμάτων. εἶναι δέ φησι καὶ περὶ Λύγκον εἴσω τῆς Μακεδονίας κρήνην ὕδατος ὀξέος, περὶ δὲ τὴν Σκυθικὴν πικράν, ἣ καὶ τὸν ποταμόν, εἰς ὃν ἐμβάλλει, πικρὸν ὅλον ποιεῖ. τὰς δὲ διαφορὰς τῶν γινομένων ἐν τοῖς ὕδασι χυμῶν ἐκεῖθέν φησιν εἶναι δήλας, ἐκ τοῦ εἰδέναι ποῖοι χυμοὶ ἐκ ποίων γίνονται κράσεών τε καὶ μίξεων. εἰρῆσθαι δέ φησι περὶ αὐτῶν κατ' ἰδίαν ἐν ἄλλοις· τῆς γὰρ περὶ χυμῶν πραγματείας ἡ περὶ τούτων οἰκεία θεωρία. περὶ μὲν οὖν ὕδατος καὶ θαλάσσης. ὡς ἔθος αὐτῷ μετὰ τὸν περὶ ἑκάστου προβλήματος λόγον ἀνακεφαλαιοῦσθαι τὰ εἰρημένα, καὶ ἐπὶ τούτου ποιεῖ καὶ ὑπομιμνήσκει περὶ ὧν εἶπεν. εἶπε δὲ περὶ ὕδατος καὶ θαλάσσης, διὰ ἅς τε αἰτίας ἀεί τέ ἐστι ταῦτα καὶ συνεχῶς· διὰ γὰρ τὴν τοῦ ἡλίου περιφορὰν καὶ τὰς ἀναγομένας τε καὶ συνισταμένας πάλιν ἀναθυμιάσεις ἀνεπίλειπτος ἡ τούτων οὐσία τε καὶ φύσις· καὶ πῶς τε μεταβάλλουσιν, ὅτι θερμαινομένη μὲν ἡ γῆ καὶ τὸ ὕδωρ ἀτμίζει, ὁ δὲ ἀτμὸς οὗτος ἀναφερόμενος ὑπὸ τῆς μεταβαλλούσης αὐτὸν θερμότητος ἀπολειφθεὶς ὑπ' αὐτῆς, ὅταν ἐν τοῖς ψυχροτέροις τόποις γένηται, ἢ χωρισθείσης ἢ ἀποσβεσθείσης ἢ ὅλως κρατηθείσης συνίσταται καὶ πιλεῖται καὶ εἰς ὕδωρ μεταβάλλων καταφέρεται. ἔτι δὲ περὶ τῶν παθῶν ὧν πάσχει τε καὶ ποιεῖ· πάσχει μὲν ἀλλάσσων τοὺς χυμοὺς διὰ τὴν τῆς γῆς ἐγκατάμιξιν, ποιεῖ δὲ ὅσα διατίθησι τοῖς ἐν αὐτῇ οὖσι χυμοῖς.

p. 359b27 Περὶ δὲ πνευμάτων λέγομεν λαβόντες ἀρχὴν τὴν εἰρημένην ἡμῖν ἤδη πρότερον.

Ἐπάνεισι μετὰ τὸν περὶ ποταμῶν καὶ θαλάσσης λόγον ἐπὶ τὸν περὶ 99r τῶν πνευμάτων· προέθετο γὰρ καὶ περὶ τούτων εἰπεῖν σὺν ἐκείνοις. ἀρχὴν δὴ καὶ τοῦ περὶ τούτων λόγου τὴν αὐτήν φησιν εἶναι· τὴν γὰρ ἀναθυμίασιν. διττῆς γὰρ οὔσης, ὡς κατ' ἀρχὰς εἴρηται, τῆς ἀναθυμιάσεως, τῆς μὲν ξηρᾶς τῆς δὲ ὑγρᾶς, ἡ μὲν ὑγρὰ ἀτμὶς καλεῖται, ἡ δὲ ξηρὰ τὸ μὲν κοινὸν καθόλου ἀνώνυμος, ἀπὸ δέ τινος τῶν ὑπ' αὐτὴν ξηρῶν ἀναθυμιάσεων, ἥτις ἐστὶ καπνός, ἀνάγκη καὶ τὴν ὅλην ὀνομάζειν καπνώδη. ἔστι δὲ οὐδετέρα τούτων χωρὶς τῆς ἑτέρας, ἀλλ' ἅμα μέν εἰσιν, ἀπὸ δὲ τοῦ πλεονάζοντος ἐν τῷ συναμφοτέρῳ τὸ ὅλον καλεῖται. γινομένης δὲ ταύτης τῆς ἀναθυμιάσεως ὑπὸ τῆς τοῦ ἡλίου περιφορᾶς (οὗτος γὰρ κινούμενος οἷς μὲν ἂν πλησιάζῃ τόποις τῇ θερμότητι ἀτμίζει αὐτοὺς

1 σικάνης (sic) a 2 αὐτῷ AWa ἐδεστῶν AWa εἴσω] ἴσως a 6 φησι post αὐτῶν (7) exh. AWa 8 περὶ — θαλάσσης om. Aa ὕδατος IW Arist. FHN: ὑδάτων Arist. E ἔθος] ἕως A[1] post ἔθος add. δὲ a 10 δὲ] δὴ AWa 11 ἅς τε] ἃς τὰς A 13 ἀνεπίληπτος W 16 ἀποληφθεὶς AWa 17 ἀποσβεσθείσης ἢ χωρισθείσης coll. AWa post συνίσταται add. τε AWa 18 μεταβάλλον I 21 λέγομεν AI Arist EN: λέγωμεν Wa Arist. vulg. ἀρχὴν AIWa Arist. EF: ἄλλην ἀρχὴν Arist. HN 24 προσέθετο I εἰπεῖν — τὴν αὐτήν (25)] λέγειν (καὶ add. a) τὴν αὐτὴν ἀρχὴν καὶ τούτων AWa 26 προείρηται AWa 27 post ὑγρᾶς add. ὧν AIW 29 ἥτις W[1] 33 πλησιάζοι Wa post ἀτμίζει add. τε AWa

καὶ γεννᾷ τε καὶ ἀνάγει τὴν ἀναθυμίασιν, πορρωτέρω δ' ἀφιστάμενος αἴτιος αὐτῇ γίνεται τοῦ διὰ ψυχρότητα συνισταμένην πάλιν εἰς γῆν καταφέρεσθαι· διὰ τοῦτο χειμῶνός τε μᾶλλον τὰ ὕδατα γίνεται, καὶ νύκτωρ μᾶλλον ἢ μεθ' ἡμέραν· ψυχρότεραι γὰρ αἱ νύκτες τῶν ἡμερῶν, οὐ δοκεῖ δὲ τῷ λανθάνειν μᾶλλον τὰ νύκτωρ γινόμενα τῶν μεθ' ἡμέραν διὰ τὸν ὕπνον) τοῦτο δὴ τὸ κατιὸν εἰς τὴν γῆν καὶ ὁόμενον ὕδωρ διαδίδοται πᾶν εἰς τὴν γῆν· ἔστι δὲ ἔν τε τῇ γῇ πολλὴ θερμότης ἐγκατεσπαρμένη, ἔτι τε ὁ ἥλιος πλησίον γινόμενος τῆς γῆς οὐ μόνον τὸ ἐπιπολάζον αὐτῇ ὑγρὸν ἕλκει τε καὶ ἀνάγει, ἀλλὰ καὶ αὐτὴν τὴν γῆν θερμαίνων ξηραίνει. ταῦτα δὲ εἴρηκεν ὑπὲρ τοῦ δεῖξαι καὶ τῆς ξηρᾶς ἀναθυμιάσεως τὴν χορηγίαν· ὡς γὰρ τῇ ὑγρᾷ τὸ περὶ τὴν γῆν ὕδωρ, οὕτως καὶ τῇ ξηρᾷ τὸ ἐν αὐτῇ θερμόν. διττῆς δὲ τῆς ἀναθυμιάσεως οὔσης, τῆς μὲν ἀτμιδώδους τε καὶ ὑγρᾶς, τῆς δὲ ξηρᾶς τε καὶ καπνώδους, διὰ τὰ εἰρημένα ἀμφοτέρας ἀναγκαῖον ἅμα γίνεσθαι· ὧν ἡ μὲν ὑγροῦ πλέον ἔχουσα ἀναθυμίασις ἀρχὴ τοῦ ὁομένου ὕδατός ἐστιν, ὡς εἴρηται, ἡ δὲ τὸ ξηρὸν ἔχουσα πλέον ἀρχὴ καὶ αἰτία καὶ ὕλη ἐστὶ πάντων τῶν πνευμάτων· φύσιν γὰρ τὴν ὕλην εἶπε νῦν. ὅτι δὲ ταῦτα οὕτως ἔχει, δῆλον εἶναί φησι καὶ ἐξ αὐτῶν τῶν γινομένων· τήν τε γὰρ ἀναθυμίασιν διαφέρειν ἀναγκαῖον τήν τε ἀπὸ τῶν ὑγρῶν καὶ τὴν ἀπὸ τῶν ξηρῶν γινομένην, ἔτι τε τὸν ἥλιον καὶ τὴν ἐν τῇ γῇ θερμότητα ταῦτα ποιεῖν οὐ μόνον δυνατόν, ἀλλὰ καὶ ἀναγκαῖον.

Ἐπεὶ δὲ ἑκατέρας ἀναθυμιάσεως ἕτερον τὸ εἶδος, φανερὸν ὡς καὶ τὰ 99v
ὧν αὗται αἰτίαι διαφέροντα ἔσται, ἔστι δὲ ταῦτα ἄνεμος καὶ ὑετός, καὶ οὐχ ἔσται ἡ αὐτὴ φύσις τε καὶ ὕλη ἀνέμου τε καὶ ὕδατος, καθά τινες λέγουσι· τὸν γὰρ αὐτὸν ἀέρα φασὶ κινούμενον μὲν ἄνεμον εἶναι, εἰ δὲ συνισταῖτο πάλιν, ὕδωρ. ὁ μὲν οὖν ἀήρ, καθάπερ ἐν τοῖς πρὸ τούτων λόγοις εἰρήκαμεν. λέγοι ἂν πρὸ τούτων λόγους τοὺς Περὶ γενέσεως καὶ φθορᾶς· ἐν ἐκείνοις δὲ εἴρηται περί τε τῆς τῶν ἄλλων στοιχείων οὐσίας τε καὶ μεταβολῆς καὶ δὴ καὶ περὶ τοῦ ἀέρος, ὅτι ἔστι τὴν φύσιν ὑγρός τε καὶ θερμός. ὢν δὲ τοιοῦτος ἔχοι ἄν τι παρ' ἑκατέρας τῆς ἀναθυμιάσεως, τὸ μὲν ὑγρὸν παρὰ τῆς ἀτμίδος (αὕτη γάρ, ὡς εἴρηται, ὑγρά τε καὶ ψυχρά· ὕδατος γάρ) τὸ δὲ θερμὸν παρὰ τῆς καπνώδους· αὕτη γὰρ πάλιν ξηρά τε καὶ θερμή, ὡς ἂν ἀπὸ πυρὸς οὖσα. ἐκ συμβόλων οὖν ὁ ἀὴρ συνέστηκεν, ἑκατέρας τῆς ἀναθυμιάσεως συμβαλλομένης τι εἰς τὴν οὐσίαν αὐτοῦ, τῆς μὲν τὸ ὑγρόν, τῆς δὲ τὸ θερμόν. εἰπὼν δὲ ταῦτα πάλιν αἰτιᾶται τοὺς ἡγουμένους ἄνεμον εἶναι τὸν περικεχυμένον ἀέρα τῇ γῇ κινούμενον, καὶ διὰ τοῦτο λέγοντας ἕνα ἄνεμον εἶναι. ἄτοπον γάρ, εἰ ἄνε-

1 γεννᾶται καὶ AIW 3 διὰ τοῦτο — γίνεται om. a 4 post ἢ add. καὶ A νύκτες] νύκτων A[1] 5 τῶν] τῆς Wa 12 αὐτῇ] ταύτῃ AWa δὲ] δὴ AW οὔσης τῆς ἀναθυμιάσεως a 13 προειρημένα AWa 14 post μὲν add. τοῦ a 19 τόν τε ἥλιον AWa 20 οὐ] τὸ Aa 22 Ἐπεὶ δὲ] ἐπειδή φησιν a 23 ἔσται] ἔστιν I post ἄνεμος add. τε AWa 24 καθὼς AWa 27 λέγοι ex corr. I λέγοι δ' ἂν AWa 28 ἐν ἐκείνοις] de gen. et corr. B 3. 4 35 αὐτῷ AWa

μός ἐστιν ὁ ἀήρ, ὅθεν ἂν τύχῃ καὶ ὡς ἂν τύχῃ κινηθείς, ἀλλ' οὐχὶ ὥσπερ καὶ ἐπὶ τῶν ποταμῶν (οὐδὲ γὰρ ἐπὶ τούτων τὸ ὁπωσοῦν ὕδωρ ῥέον εὐθὺς ποταμὸν λέγομεν, οὐδ' ἂν ἔχῃ πλῆθος, ἀλλὰ τὸ ἀρχὴν τῆς ῥύσεως πηγὴν ἔχον) οὕτω δὴ καὶ περὶ τῶν ἀνέμων ἔχειν ὑποληπτέον. δύναται γὰρ πολὺς ἀὴρ ὑπό τινος πτώσεως κινηθῆναι, ὃν οὐκ ἄν τις ἄνεμον λέγοι, οὐκ ἔχοντα ἀρχὴν οὐδὲ πηγήν, ἀφ' ἧς ἡ ῥύσις ἄνεμος. μαρτυρεῖν δὲ λέγει τοῖς εἰρημένοις τοῖς ὅτι ἡ μὲν ξηρὰ ἀναθυμίασις πνευμάτων ἐστὶν ἀρχή, ἡ δὲ ὑγρὰ ὑδάτων, καὶ τὰ γινόμενα. διὰ μὲν γὰρ τὸ συνεχῆ τὴν ἀναθυμίασιν γίνεσθαι καὶ ἢ πλείονα ἢ ἐλάττονα (εἰπὼν γὰρ μᾶλλον δὲ καὶ ἧττον ἐξηγήσατο τοῦτο διὰ τοῦ ἐπενεγκεῖν καὶ πλείω καὶ ἐλάττω· δύναται δὲ καὶ διὰ τὸ συνεχῶς εἰπεῖν προστεθεικέναι τὸ μᾶλλον δὲ καὶ ἧττον, δεικνὺς διὰ τούτων ὅτι τὸ συνεχῶς οὐ τὸ ἀδιαλείπτως εἶπεν, ὃ δοκεῖ σημαίνειν τὸ συνεχῶς, ἀλλὰ τὸ πολλάκις καὶ πυκνῶς) διὰ δὴ τὸ πυκνῶς γίνεσθαι καὶ πολλάκις τὴν ἀναθυμίασιν, καὶ συνεχῶς, τουτέστι πυκνῶς, καὶ νέφη συνίσταται καὶ τὰ πνεύματα πνεῖ· τῷ δὲ ἐνίοτε μὲν τὴν ἀτμιδώδη καὶ ὑγρὰν γίνεσθαι πολλαπλασίαν, ὁτὲ δ' αὖ πάλιν τὴν ξηράν τε καὶ καπνώδη, ὁτὲ μὲν ἔπομβρα τὰ ἔτη γίνεται καὶ ὑγρά, ὁτὲ δὲ ἀνεμώδη τε καὶ ξηρὰ καὶ αὐχμηρά. ποτὲ μὲν οὖν φησι συμβαίνειν ὡς ἅμα πολλὴν χώραν ἢ ἐπομβρίαν ἔχειν ἢ ἀνέμους καὶ αὐχμούς, ὁτὲ δὲ καὶ κατὰ μέρη, ὡς μέρος τι ἐγκείμενόν τινι χώρᾳ ἐπομβρίαν ἐχούσῃ αὐτὸ ἐν αὐχμῷ εἶναι, ἢ ἀνάπαλιν. οὗ φησιν αἴτιον εἶναι τὸ ὡς μὲν ἐπὶ τὸ πλεῖστον εἰκὸς εἶναι τὸ αὐτὸ πάθος ἐπὶ πλείω χώραν διήκειν, διὰ τὸ ὁμοίαν θέσιν ἔχειν πρὸς τὸν ἥλιον τὰ ἐγγὺς ἀλλήλων, τὸν αἴτιον τῶν ἀναθυμιάσεων, εἰ μή τι διά τινα θέσιν ἰδίαν διαφοράν τινες ἔχουσι τόποι πρὸς τὸν ἥλιον παρὰ τοὺς οἷς παρά- | κεινται· οὐ μὴν ἀλλὰ συμβαίνει ἐνίοτε κατὰ μὲν τόδε τὸ μέρος τὴν ξηρὰν 100r πλεονεκτεῖν ἀναθυμίασιν, κατὰ δὲ τὸ παρακείμενον τὴν ὑγράν. καὶ τούτου δέ φησιν αἴτιον εἶναι τὸ ποτὲ μὲν ἀφ' ἧς ἡ ξηρὰ ἀναφέρεται, κατὰ ταύτην καὶ μένειν ῥέουσαν, ὁμοίως καὶ ἀφ' ἧς ἡ ὑγρά, ὁτὲ δ' ὑπαλλάσσεσθαι καὶ ἀπωθεῖσθαι ὑπὸ πνευμάτων τινῶν τὴν μὲν ὑγρὰν ὅθεν ἡ ξηρά, τὴν δὲ ξηρὰν ὅθεν ἡ ὑγρά, ἢ ἡ μὲν ἔμεινεν καθ' ὃ καὶ ἀνηνέχθη, ἡ δ' ἀπεώσθη εἰς ἄλλην που χώραν. διὸ καὶ συμβαίνειν πολλάκις φησὶ τὸ περὶ ταῦτα πάθος ὅμοιον γίνεσθαι τῷ ἐν τοῖς τῶν ζῴων σώμασι γινομένῳ πάθει. ὡς γὰρ ἐφ' ἡμῶν ἐνίοτε, ἂν μὲν ἡ ἄνω κοιλία ξηρὰ ᾖ, συμβαίνει ἐξυγραίνεσθαι τὴν κάτω, ὑγρᾶς δ' οὔσης τῆς ἄνω ξηραίνεσθαι τὴν κάτω, οὕτως καὶ ἐπὶ τῶν τόπων

---

1 ὁ om. A 9 καὶ ante ἢ om. AWa post πλείονα add. δὲ AWa 10 δύναται δὲ] ἐδύνατό τε AWa 11 fort. διὰ τὸ τὸ δὲ] τε AWa 15 τὰ om. AWa τῷ δὲ] τὸ δ' I post ἀτμιδώδη add. τε AWa 16 παραπλασίαν Aa 19 ἢ post χώραν om. AWa κατὰ] τὰ I 20 τι om. I ἐχούσης a et fort. A 21 τὸ ante αὐτὸ om. I 24 διαφοράς AWa 26 πλεονεκτεῖν] γίνεσθαι AW 27 ἀναφαίνεται A 29 καὶ ἀπωθεῖσθαι om. AW 30 τὴν δὲ ξηρὰν — ὑγρά, ἢ om. AW 32 γίνεσθαι et ἐν om. AWa 34 τὴν κάτω — ξηραίνεσθαι (35) om. A 35 τόπων] τοιούτων AWa

ἀντιπεριίστασθαι, καὶ καθ' ἣν μὲν χώραν ὑγρὰ ἡ ⟨κάτω⟩ ἀναθυμίασις, κατὰ ταύτην ξηρὰν τὴν ἄνωθεν ἀναθυμίασιν εἶναι, καθ' ἣν δὲ ἡ κάτω ξηρά, τὴν ἄνωθεν ὑγράν. σημεῖον δὲ ποιεῖται τοῦ ἑκάτερον αὐτῶν, τόν τε ἄνεμον καὶ τὸ ὕδωρ, ἀπὸ ἑκατέρας τῶν ἀναθυμιάσεων εἶναι, καὶ μὴ ἀπὸ τῆς αὐτῆς ἀμφοτέρους καὶ τὸ ἑκάτερον ὑπὸ τοῦ ἑτέρου παύεσθαι, τὸν μὲν ὑετὸν ἀνέμων ἐπιγινομένων, τὸν δ' ἄνεμον ὑετῶν. μετὰ μὲν γὰρ ὑετὸν ἄνεμοι γίνονται, τῷ τὴν γῆν μετὰ τὸ βραχῆναι ξηραινομένην ὑπὸ τῆς ἐν αὐτῇ ὑπαρχούσης θερμότητος καὶ τῆς ἀπὸ τοῦ ἡλίου (ταύτην γὰρ εἶπε τὴν ἄνωθεν) τὴν ξηρὰν ἀναθυμίασιν ποιεῖν, ἥτις ἐστὶ τὸ σῶμα καὶ ἡ ὕλη τοῦ ἀνέμου· ὅταν δὲ πάλιν τῆς τοιαύτης ἀποκρίσεώς τε καὶ ἀναθυμιάσεως γενομένης ἄνεμοι κατέχωσι, παυομένων τῶν ἀνέμων διὰ τὸ τὸ ἐν αὐτοῖς θερμὸν διακρινόμενον ἀναφέρεσθαι εἰς τὸ ἄνω, ἡ ὑπολειπομένη ἀπὸ τῆς ἀναθυμιάσεως ἀτμὶς συνίσταταί τε καὶ ψυχομένη ὕδωρ γίνεται. ἀλλὰ καὶ ὅταν ὑπὸ τῶν ἀνέμων εἰς ταὐτὸν συνωσθῇ τὰ νέφη καὶ ἀντιπεριστῇ ἡ ἐν αὐτοῖς ψῦξις εἰς ἕν, καταψύχει τε ἀθρόα γινομένη τὴν ξηρὰν ἀναθυμίασιν καὶ ὕδωρ γίνεται. καὶ παύει οὖν τὰ ὕδατα τοὺς ἀνέμους καὶ αὐτὰ ὑπ' ἐκείνων παύεται διὰ τὰ προειρημένα, ὃ σημεῖον τοῦ ἐκ διαφόρων αὐτὰ ἀναθυμιάσεων τὰς ἀρχὰς ἔχειν. ὅτι δὲ ἀπὸ τῆς τοιαύτης ἀναθυμιάσεως οἱ ἄνεμοι γίνονται, σημεῖον τὸ μάλιστα γίνεσθαι πνεύματα καὶ πλεῖστα ἀπὸ τῆς ἄρκτου καὶ τῆς μεσημβρίας· πλεῖστοι γὰρ τῶν ἀνέμων βορέαι καὶ νότοι πνέουσιν, ἀπὸ τῆς ἄρκτου μὲν οἱ βορέαι, ἀπὸ δὲ τῆς μεσημβρίας οἱ νότοι. τῷ γὰρ τὸν ἥλιον τούτους μόνους μὴ ἐπέρχεσθαι τοὺς τόπους (μέχρι γὰρ τῶν τροπικῶν κατὰ τούτους ἡ πρόοδος αὐτῷ γίνεται, ἔπειτα ἀπὸ τούτων τροπὰς ποιεῖται· διὸ εἶπε πρὸς τούτους αὐτὸν καὶ ἀπὸ τούτων κινεῖσθαι· ἐπὶ μέντοι τὰς δυσμὰς καὶ τὰς ἀνατολὰς ἀεὶ φέρεται) τῷ δὲ μὴ ἐπιέναι αὐτὸν τοὺς τόπους τούτους πλεῖστα νέφη κατ' αὐτοὺς ἀθροίζεται, ἅτε μὴ ξηραινομένων τῶν τόπων τούτων ὑπὸ τῆς παρόδου αὐτοῦ. πλάγια δὲ εἶπε τὰ ἀρκτῷα καὶ τὰ μεσημβρινὰ ὡς πρὸς τὰς ἀνατολὰς καὶ δύσεις. προσιόντος μὲν οὖν πρὸς ἑκάτερον αὐτῶν (καὶ γὰρ εἰ μὴ ἔπεισιν ὁ ἥλιος ταῦτα, ἀλλὰ πρόσεισί γε αὐτοῖς ἕως τῶν τροπικῶν) γίνονται ἀναθυμιάσεις αἱ τοῦ ὑγροῦ· ἀπιόντος δὲ πάλιν ἐπὶ τὰς τροπὰς τὰς ἐναντίας, συνίσταται ψυχομένη ἡ ἀναθυμίασις, καὶ γίνονται ὕδατά τε καὶ χειμῶνες. διὰ μὲν οὖν τὴν ἐπὶ τροπὰς κίνησιν τοῦ ἡλίου καὶ ἀπὸ τροπῶν θέρος τε γίνεται καὶ χειμών, καὶ ἀνάγεταί τε καὶ ἀναθυμιᾶται τὸ ὕδωρ καὶ γίνεται πάλιν καὶ καταφέρεται. τῷ δὲ πλεῖστον

1 ὑγραὶ αἱ ἀναθυμιάσεις AWa κάτω addidi 2 κατ' αὐτὴν I 6 ὑετῶν ex ὑετόν corr. I^1A^2 post γὰρ add. τὸν a 8 τῆς ἐναρχούσης (sic) A αὐτῷ a καὶ om. I τῆς] ὑγρότητος AW 9 τὴν ξηρὰν — ποιεῖν] ἀναθυμίασιν τὴν ξηρὰν ἀναθυμίασιν AW 10 ἡ om. W δὲ] τε AWa 11 κατέχουσι A^1W 12 θερμὸν om. a ἡ] ἢ Aa 17 παύεται om. AWa 18. 19 τῆς αὐτῆς A 20 ἀπό τε τῆς W 23 ἡ κατὰ τοῦτο πρόοδος AWa 27 κατ' αὐτοὺς] κατὰ τούτους AWa 28 τὰ post καὶ om. A 31 post γίνονται add. αἱ AWa 31. 32 τὰς ἑτέρας τροπὰς AWa 32 post συνίσταται add. τε AWa γίνεται AWa 33 post ἐπὶ add. τὰς AWa 35 τὸ δὲ I post πλεῖστον add. μὲν AWa

γίνεσθαί τε καὶ ὕεσθαι ὕδωρ ἔν τε τοῖς ἀρκτικοῖς τόποις καὶ μεσημβρινοῖς, ἐφ' οὓς ὁ ἥλιος φερόμενος τροπὰς ποιεῖται, ὅτι οὗ πλεῖστον ὕδωρ ἡ γῆ δέχεται, ἐνταῦθα καὶ ἡ ἀναθυμίασις πλείστη γίνεται, ὥσπερ καπνὸς ἀπὸ τῶν χλωρῶν ξύλων (τά τε γὰρ χλωρὰ ξύλα πυρούμενα πλεῖστον καπνὸν ἀφίησιν, ὅς καπνός ἐστιν ἀναθυμίασις ξηρά, ἥ τε πολλὴ ὑομένη γῆ θερμαινομένη ὑπό τε τοῦ ἐν αὐτῇ θερμοῦ καὶ ὑπὸ τοῦ ἡλίου παραπλησίαν ἀναδίδωσιν ἀναθυμίασιν τῇ ἀπὸ τῶν ξυλῶν) καπνώδης δέ τις ἀναθυμίασις τὸ σῶμα τοῦ ἀνέμου ἐστίν, ὡς προείρηκεν ἤδη· διὸ εὐλόγως ἀπὸ τούτων τῶν τόπων τὰ πλεῖστα καὶ κυριώτατα γίνεται τῶν πνευμάτων· τοιαῦτα γὰρ τά τε νότια καὶ τὰ βόρεια. καλεῖσθαι δέ φησι βορρᾶς μὲν τοὺς ἀπὸ τῆς ἄρκτου πνέοντας, νότους δὲ τοὺς ἀπὸ μεσημβρίας. [δόξειε δὲ μὴ ὁμολογούμενα τὰ νῦν λεγόμενα περὶ τῶν ἀνέμων τοῖς ῥηθησομένοις μετ' ὀλίγον. νῦν μὲν γὰρ λέγει διὰ τοῦτο πλείστους τοὺς ἀνέμους γίνεσθαι τόν τε βορρᾶν καὶ τὸν νότον, διότι ἀπὸ τούτων πνέουσι τῶν τόπων, οὓς μόνους ὁ ἥλιος οὐκ ἐπέρχεται, ἀλλὰ πρὸς τούτους καὶ ἀπὸ τούτων κινεῖται· διὸ ἐν τούτοις καὶ τὰ νέφη συνίσταται μάλιστα· μετ' ὀλίγον δὲ δείξει τὸν νότον οὐκ ἀπ' ἐκείνων τῶν τόπων φερόμενον, ἐν οἷς ὁ ἥλιος οὐ γίνεται (οὗτοι δὲ ἦσαν οἱ περὶ τὸν νότιον πόλον), ἀλλ' ἀπὸ τῆς θερινῆς τροπῆς, καθ' ἣν γενόμενος ὁ ἥλιος ἀνακάμπτει πάλιν.]

p. 361a22 Ἡ δὲ φορὰ λοξὴ αὐτῶν ἐστι.

Εἰπὼν ἀπὸ ποίας ἀναθυμιάσεως οἱ ἄνεμοι γίνονται λέγει νῦν τὴν 100v
αἰτίαν δι' ἣν τῆς τοιαύτης ἀναθυμιάσεως εἰς τὸ ἄνω φερομένης οἱ ἄνεμοι οὐ κάτωθεν ἄνω πνέουσιν, ἑπόμενοι τῇ ἀναθυμιάσει, ἀλλὰ εἰς τὰ πλάγια· οὐ γὰρ ἀπὸ τῆς γῆς πνέουσιν, ἀλλὰ περὶ τὴν γῆν. λέγει δὴ πάντα τὸν περικείμενον τῇ τε γῇ καὶ τῷ ὕδατι ἀέρα ἕπεσθαι τῇ ἐγκυκλίῳ φορᾷ τῇ τοῦ κυκλοφορητικοῦ σώματος, σὺν τούτῳ δὲ καὶ τοὺς ἀνέμους. ἀπορήσαι δ' ἄν τις, εἰ διὰ τοῦτο οἱ ἄνεμοι λοξοὶ καὶ εἰς τὰ πλάγια φέρονται, διότι καὶ ὁ ἀήρ, ἐν ᾧ ἡ σύστασις αὐτῶν, κύκλῳ συμπεριάγεται ὑπὸ τοῦ κυκλοφορητικοῦ σώματος, πρῶτον μὲν ὅτι μὴ ἔσται ἡ κατὰ φύσιν κίνησις αὕτη τῶν ἀνέμων· οὐδὲ γὰρ τοῦ ἀέρος ταύτην λέγομεν εἶναι κατὰ φύσιν, ἐπεὶ μὴ ἐξ αὑτοῦ τήνδε κινεῖται· τίς οὖν ἡ κατὰ φύσιν κίνησις αὐτοῖς; δεύτερον δέ, εἰ διὰ τοῦτο εἰς τὰ πλάγια κινοῦνται, διὰ τὴν περιφορὰν τὴν τοῦ παντός, ἔδει καὶ τοὺς ἀνέμους ἀεὶ ἐπὶ ταὐτὰ φέρεσθαι. νῦν δὲ οὐχ οὕτως· εἰσὶ γάρ τινες οἳ καὶ τὴν ἐναντίαν πνέουσι τῇ περιφορᾷ, ὥσπερ οἱ ἀπὸ δυσμῶν ἐπ' ἀνατολὴν πνέοντες. Θεόφραστος δὲ τὴν αἰτίαν τῆς κι-

2 ὅτι οὗ] ὅτι ὅπου a: ὅπου μὲν AW 4 τῶν om. a γὰρ om. I 5 ὑομένη] ὑποκαιομένη AWa 5. 6 γῇ θερμαινομένη om. AWa 6 καὶ ἀπὸ τοῦ a 7 ἀναθυμίασιν om. a δέ scripsi: γάρ libri 11 δόξειε—πάλιν (19) om. I μὴ om. a 14 πνέουσι—τούτων (15) om. a 24 τῆς om. I ἀλλ' ἐπὶ τὴν AWa 26 et 28. 29 κυκλοφορικοῦ AWa 26 δὲ om. AWa 28 ἐμπεριάγεται AWa 32 τὴν περιφορὰν] τὸ καὶ AWa 33 ἀεὶ om. AWa ἐπὶ ταῦτα AWa 35 δυσμᾶς A: δυσμῆς W ῥέοντες AW Θεόφραστος] fr. nov.

νήσεως τῆς λοξῆς τοῖς ἀνέμοις φησὶ γίνεσθαι διὰ τὸ μὴ ἁπλῶς αὐτοὺς ἐκ ξηρᾶς τε καὶ θερμῆς ἀναθυμιάσεως γίνεσθαι· ἄνω γὰρ ἂν ἐφέροντο. ἀλλ' εἰ καὶ τοῦτο αἴτιον αὐτοῖς τῆς εἰς τὸ πλάγιον κινήσεως, ἐπιζητήσειέ τις ἄν, τί δήποτε συννεύοντες πρὸς ἡμᾶς φέρονται, ἀλλ' οὐκ εἰς τὸ ἀντικείμενον. ἡ δὲ αἰτία τούτου τὸ τῶν μὲν νοτίων τὰ κατὰ γῆν ὄντα διακεκαυμένα καὶ ξηρὰ παντάπασιν ἐμποδίζειν αὐτῶν τὴν ἐπέκεινα φορὰν τῇ καύσει μαραίνοντα τὴν ἀναθυμίασιν, τῶν δὲ βορείων πάλιν πνευμάτων τὰ κατόπιν κατεψυγμένα τῇ πήξει κωλύειν τὴν φορὰν αὐτῶν τὴν ἐπέκεινα. διὸ καὶ ἀπορίας ἄξιόν φησιν εἶναι ὁ Ἀριστοτέλης, ὁποτέρωθεν τὴν ἀρχὴν τὰ πνεύματα λαμβάνει, πότερον ἄνωθεν καὶ ἀπὸ τῆς ἐγκυκλίου φορᾶς ἢ κάτωθεν ἀπὸ τῆς γῆς. φαίνεται γὰρ ἡ κίνησις τοῖς πνεύμασιν ἄνωθεν τὴν ἀρχὴν λαμβάνειν· διὸ καὶ πρὶν ἄρξασθαι πνεῖν ὁ ἀὴρ ἐπίδηλος γίνεται ὡς ἐσομένου πνεύματος, ἀλλὰ κἂν νέφος τι ἢ ἀχλὺς ᾖ κινούμενον, τοῦτο ὑποσημαίνει πνεῦμα, ὡς ἤδη μὲν ἐκεῖ τῆς ἀρχῆς οὔσης τοῦ πνεύματος, μηδέπω δὲ ἐληλυθυίας πρὸς ἡμᾶς. διὸ δὴ τῆς μὲν κινήσεως τοῖς πνεύμασιν ἄνωθεν χρὴ ἡγεῖσθαι τὴν ἀρχήν· οὐδέπω γὰρ ἄνεμος, μέχρις ἂν ἄρξηται φέρεσθαι· ἧς φορᾶς ἐκεῖθεν ἡ ἀρχή. ἐπεὶ δὲ ὁ ἄνεμός ἐστιν οὐχ ἁπλῶς κίνησις εἰς τὸ πλάγιον, ἀλλὰ πλῆθός τι τῆς ξηρᾶς ἐκ γῆς ἀναθυμιάσεως περὶ τὴν γῆν κινούμενον, δῆλον ὡς ἐξ ἀμφοτέρων ἡ ἀρχὴ τῶν ἀνέμων. τῆς μὲν γὰρ περὶ τὴν γῆν κινήσεως τῶν ἀνέμων ἄνωθεν ἡ ἀρχή, τῆς δ' ὕλης τοῦ ἀνέμου καὶ τοῦ τὴν ἀρχὴν ἄνεμον γίνεσθαι κάτωθεν, ὅθεν ἡ ἀναθυμίασις. τοῦ μὲν γὰρ ῥεῦσαι τὸ ἀνιὸν καὶ οὕτως κινηθῆναι ἄνωθεν ἡ αἰτία· ἡ γὰρ φορὰ τῶν πορρωτέρω, τουτέστι τῶν πολὺ ἀφεστώτων ἀφ' ἡμῶν καὶ κύκλῳ κινουμένων σωμάτων κυριωτέρα τῆς γῆς αἰτία τοῦ κινεῖν τὴν ἀναθυμίασιν· ἅμα δὲ καὶ κάτωθεν μὲν τῇ ἀναθυμιάσει εἰς ὀρθὸν καὶ ἐπ' εὐθείας ἡ φορά, ἥτις οὐκ ἔστιν ἀνέμου κίνησις. εἰ γὰρ ἦν ἡ γῆ τῆς εἰς τὸ πλάγιον κινήσεως αἰτία τῇ ἀναθυμιάσει, ἔδει πλησίον αὐτῆς οὖσαν τὴν ἀναθυμίασιν εἰς τὸ πλάγιον φέρεσθαι· πᾶν γὰρ αἴτιον ἰσχύει μᾶλλον ἐγγὺς ὂν τῷ οὗ ἐστιν αἴτιον, ἐγγὺς δὲ ἡ ἀναθυμίασις τῇ γῇ οὐχ ὅταν ἄνω ἀνενεχθῇ, ἀλλ' ὅταν αὐτῆς πλησίον ᾖ. ἡ μέντοι τῆς γενέσεως ἀρχὴ τοῖς πνεύμασι φανερὸν ὅτι ἐκ τῆς γῆς ἐστιν· ἐκ γὰρ ταύτης ἡ ἀναθυμίασις.

1 μὴ] μήτε A 3 ἀλλ' εἰ — ἐπέκεινα (6) omissa in marg. add. I[1] 4 ἄν τις a τὸ scripsi: τοῦτο libri 5 κατὰ γῆν] fort. κατόπιν; cf. v. 8 6 ἐμποδίζει a 8 κατόπιν] κατὰ τόπον A κωλύει a 9 φησιν ἄξιον a 10 λαμβάνειν AIa 11 post κίνησις lac. IV litt. A 13 post ἐσομένου add. τοῦ W τούτω AWa 14 ὑποσημαίνει] ὑπὸ ὑγρὸν σημαίνει I 15 δὴ om. AWa 16 post ἡγεῖσθαι add. γίνεσθαι AWa post ἂν add. οὕτως AWa 18 γῆς om. AWa 22 τοῦ μὲν γὰρ — αἰτία (23) om. a 23 πορρωτέρων a 29 ἐγγὺς μᾶλλον ἰσχύει coll. AWa ὂν — ἐγγὺς om. AWa ἡ δὲ coll. AWa 30 αὐτῆς] αὐτῇ AWa

p. 361b1 Ὅτι δὲ ἐκ πολλῶν ἀναθυμιάσεων συνιουσῶν.

Δείκνυσιν ὅτι ὡς αἱ τῶν ποταμῶν ἀρχαὶ γίνονται οὐκ ἀθρόου ἐκχεομένου ὕδατος προϋπάρχοντος ἤδη, ἀλλὰ κατ' ὀλίγον νοτιζούσης τῆς γῆς (οὕτως δὲ εἶπε γίνεσθαι καὶ τὸν ὑετὸν κατὰ βραχείας ψεκάδας γινομένης τοῖς νέφεσι τῆς μεταβολῆς, ἔπειτα τούτων συνιουσῶν ἀλλήλαις καὶ καταφερομένων), οὕτως δή φησι καὶ τοὺς ἀνέμους τὴν γένεσιν καὶ τὴν ἀρχὴν
λαμβάνειν· ἐκ πολλῶν γὰρ ἀναθυμιάσεων καὶ κατὰ μικρὸν συνιουσῶν εἰς 45
τὸ φανερὸν μέγεθος προϊέναι τοὺς ἀνέμους. τοῦτο δῆλόν φησιν εἶναι ἀπὸ τῶν ἔργων· ὅθεν γὰρ ἄρχονται πνεῖν οἱ ἄνεμοι, ἐνταῦθά εἰσιν ἐλάχιστοι, προϊόντες δὲ αὔξονταί τε καὶ γίνονται λαμπροί, ὡς ἀεὶ προσγινομένων αὐτοῖς κατὰ τὴν εἰς τὸ πρόσθεν πρόοδον ὥσπερ πηγῶν τῶν ἀναθυμιάσεων καὶ συναυξουσῶν αὐτούς. ἀλλὰ καὶ περὶ τὴν ἄρκτον αὐτὴν ἐν τῷ χειμῶνι κατ' αὐτὸν ἐκεῖνον τὸν τόπον νηνεμία τε καὶ ἄπνοια εἶναι φαίνεται,
διὰ τὸ ὑπερβάλλον κρύος ἐμποδιζομένης τῆς ἀναθυμιάσεως· ἀλλὰ τὸ κατ' 50
ὀλίγον ἀπορρέον ἀπὸ τῶν τόπων καὶ δι' ὀλιγότητα λανθάνον προϊὸν ἤδη πνεῦμα λαμπρὸν γίνεται. εἰ δὲ δι' ὑπερβολὴν κρύους ἐν τῷ χειμῶνι περὶ τὴν ἄρκτον νηνεμία καὶ ἄπνοιά ἐστιν, εὐλόγως οὐκ ἐπέκεινα ἡ ἀναθυμίασις ἡ τῶν ἀνέμων ἀρχὴ κλᾶταί τε καὶ ῥεῖ, ἀλλὰ συννεύει πρὸς ἡμᾶς.

p. 361b8 Τίς μὲν οὖν ἐστιν ἡ τοῦ ἀνέμου φύσις. 101r

Ἀνακεφαλαιοῦται διὰ τούτων περὶ τῶν εἰρημένων τε καὶ δεδειγμένων.
αὐχμῶν δὲ καὶ ἐπομβριῶν τὴν αἰτίαν ἀπέδωκεν ἐν τοῖς προειρημένοις οὕτω· 5
διὰ τὸ ἐνίοτε μὲν τὴν ἀτμιδώδη γίνεσθαι πολλαπλασίαν, ὁτὲ δὲ τὴν ξηρὰν καὶ καπνώδη, ὁτὲ μὲν ἔπομβρα τὰ ἔτη γίνεται καὶ ὑγρά, ὁτὲ δὲ ἀνεμώδη καὶ αὐχμώδη. εἴρηκε δὲ καὶ διὰ τί παύονται οἱ ἄνεμοι ὑπὸ τῶν ὄμβρων καὶ γίνονται μετὰ τοὺς ὄμβρους· παύονται μὲν γὰρ τῷ ἐλαττουμένης τε τῆς θερμῆς ἀναθυμιάσεως διὰ τὰς ἀποκρίσεις τὰς εἰς τοὺς ἀνέμους τὰς
εἰς τὸν ἄνω γινομένας τόπον τὰ νέφη μᾶλλον συνίστασθαι καὶ μεταβάλλειν 10
θᾶττον εἰς ὕδωρ, πρὸς δὲ καὶ ἀπωθούμενα τὰ νέφη ὑπὸ τῶν ἀνέμων εἰς τὸ αὐτὸ καὶ ἀθροιζόμενα ψύχεσθαί τε θᾶττον καὶ μεταβάλλειν εἰς ὕδωρ, ὃ κατισχύει ἀθρόον γινόμενον τῆς τῶν ἀνέμων ἀρχῆς. γίνονται δὲ μετὰ τοὺς ὄμβρους, διότι τὸ κατενεχθὲν εἰς τὴν γῆν ὕδωρ θερμαινόμενον ὑπὸ τῆς ἐν τῇ γῇ θερμότητος καὶ ὑπὸ τοῦ ἡλίου ἀναθυμιάσεις ποιεῖ ξηράς τε καὶ καπνώδεις, ὧν εἰς ἀνέμους μεταβολὴ γίνεται.

3 προϋπάρχοντα A 7 ἐκ] εἰς AW 8 ἀπὸ] ἀπ' αὐτῶν AWa 10 τε om. a ἀεὶ supra vers. W¹ 11 περίοδον A ὥσπερ πηγῶν om. AWa 16 εἰ δὲ — ἡμᾶς (18) in marg. exh. I 18 κρᾶται a συνεύσει AWa 20 ante διὰ add. πάλιν AWa post τούτων add. τὴν I τε om. AWa 21 post ἐπομβριῶν add. ὧν I 22 post διὰ add. γὰρ a 23 γίνεσθαι A 24 εἴρηκε — γίνεται (33) in marg. exh. I post παύονται add. μὲν I 26 τάς τε εἰς τοὺς AIW 27 γενόμενον AWa 28 τὸ om. I 33 post ἀνέμους add. ἡ AWa

Τὸν δὲ ἥλιόν φησι καὶ παύειν τὰ πνεύματα καὶ αὔξειν τε καὶ συνεξορμᾶν. ἂν μὲν γὰρ ἀσθενεῖς ὦσι καὶ ὀλίγαι αἱ ἀναθυμιάσεις, μαραίνονται ὑπὸ τοῦ ἀπὸ τοῦ ἡλίου θερμοῦ ὄντος πλείονος καὶ διακρίνονται. ἀλλὰ καὶ τὴν γῆν αὐτήν, ὅθεν αἱ ἀναθυμιάσεις, φθάνει ξηραίνων πολλάκις, πρὶν ἀπ' αὐτῆς ἔκκρισιν ἀθρόαν γενέσθαι· δεῖ γάρ, ὡς προεῖπε, καὶ ὑγρᾶς ἀναθυμιάσεως· ἅμα γὰρ ἀμφότεραι γίνονται. καὶ γίνεσθαί φησι τὴν ἀπὸ τοῦ ἡλίου γινομένην θερμότητα ἐν τῇ γῇ ἐνίοτε ὁμοίαν, ὡς ὅταν εἰς πολὺ πῦρ ὀλίγον ὑπέκκαυμα ἐμπέσῃ, οἷον ἄχυρον ἤ τι τοιοῦτον· φθάνει γὰρ κατακαυθέν, πρὶν ποιῆσαι καπνόν· οὕτω δὲ καὶ ἡ γῆ πολλάκις ὑπὸ τοῦ ἡλίου φθάνει ξηρανθεῖσα πρὸ τοῦ ἀνεῖναί τινα θερμαινομένην ἀναθυμίασιν. καὶ διὰ μὲν ταύτας τὰς αἰτίας ὁ ἥλιος παύει τὰ πνεύματα, ποτὲ μὲν τῷ μαραίνειν τὸ ἐν τοῖς ἀναφερομένοις θερμὸν ὀλίγον ὂν καταπαύων αὐτὰ καὶ διακρίνων, ποτὲ δὲ τῷ θερμαίνειν τὴν γῆν τὴν ἀρχὴν γίνεσθαι κωλύων. διὰ τοῦτο γάρ φησι καὶ περὶ τὴν τοῦ Ὠρίωνος ἀνατολὴν καὶ ἕως τῶν προδρόμων προσιόντος τοῦ ἡλίου ταῖς θεριναῖς τροπαῖς μάλιστα νηνεμίας γίνεσθαι. καθόλου δὲ νηνεμίας γίνεσθαι λέγει ἢ διὰ ψῦχος ὑπερβάλλον ἀποσβεννυμένης τῆς ἐν τῇ ἀναθυμιάσει θερμότητος, ὡς ἐν τοῖς ἰσχυροῖς πάγοις, ἢ ὑπὸ τοῦ πνίγους καὶ τῆς θερμότητος πλείονος οὔσης καταμαραινομένης τῆς ἐν τῇ ἀναθυμιάσει οὔσης ἐλάττονος. ἐν δὲ ταῖς μεταξὺ ὥραις τοῦ τε χειμῶνος τοῦ σφοδροῦ καὶ τοῦ ὁμοίου καύματος νηνεμίαι γίνονται ἢ τῷ μήπω ἀνενεχθῆναι τὴν τοιαύτην ἀναθυμίασιν ἢ τῷ τὴν μὲν προτέραν ἀνηλῶσθαι γεγονότων πνευμάτων, ἄλλην δὲ μηδέπω ἐπερρυηκέναι.

p. 361^{b}30 Ἄκριτος δὲ καὶ χαλεπὸς ὁ Ὠρίων εἶναι δοκεῖ.

Προθεὶς δύο, τό τε τὸν ἥλιον παύειν τὰ πνεύματα καὶ πάλιν αὔξειν τε καὶ συνεξορμᾶν, περὶ τοῦ ἑτέρου μόνον εἰπὼν τοῦ πῶς παύει τὸ ἕτερον παραλιπεῖν δοκεῖ τὸ πῶς συνεξορμᾷ. οὐ μὴν οὕτως ἔχει, ἀλλὰ δι' ὧν ἐπιφέρει δῆλον ποιεῖ, πότε καὶ πῶς ὁ ἥλιος συνεξορμᾷ τὰ πνεύματα. λέγει δὲ περὶ τοῦ Ὠρίωνος ὅτι ἄκριτος καὶ χαλεπὸς ὁ Ὠρίων εἶναι δοκεῖ καὶ δύνων καὶ ἐπιτέλλων· ἄκριτα γὰρ τὰ πνεύματα καὶ χειμέρια καὶ ἄλλοτε ἄλλα καὶ δυομένου καὶ ἐπιτέλλοντος αὐτοῦ. ἐπιζητήσαι δ' ἄν τις, πῶς εἰπὼν πρὸ ὀλίγου περὶ Ὠρίωνος ἀνατολὴν μάλιστα γίνεσθαι νηνεμίαν νῦν λέγει καὶ ἀνατέλλοντος τοῦ Ὠρίωνος καὶ δυομένου ἄκριτα γίνεσθαι καὶ χαλεπὰ τὰ πνεύματα· δόξει γὰρ αὐτῷ μαχόμενα λέγειν. ἢ οὐχ ὁ

1 φασι AW τὰ πνεύματα post συνεξορμᾶν (l. 2) exh. a 6 ἀμφότερα IW 7 ἐν τῇ γῇ post ἡλίου exh. AWa post εἰς add. τὸ I 8 ἐκπέσῃ a 9 καταχαφθὲν I 11 τῷ] τὸ AW 12 καταπαῦον I αὐτὸ I 13 διακρίνον I κωλύον I 14 γάρ] γοῦν AWa 15 προσιόντα a νηνεμίαν a 18 πλείονος οὔσης] τῆς πλείονος AWa 18. 19 καταμεριζομένης AW 21 ἀνηνέχθαι AWa 22 ἀναλῶσθαι AWa γενομένων AWa ἐρρυηκέναι AWa 24 προσθεὶς AW τὸν om. a 25 τε om. a 26 συνεξορμᾶν I 27 ποτὲ a πῶς] ἁπλῶς AW 28 ὁ om. AWa 29 καὶ post δύνων om. A[1]W 31 post ἀνατολὴν add. καὶ AWa

αὐτὸς δηλοῦται χρόνος ὑπό τε τοῦ ‘περὶ Ὠρίωνος ἀνατολήν’ καὶ ὑπὸ τοῦ ‘ὁ Ὠρίων ἀνατέλλων’· διὸ οὐδὲν κωλύει νηνεμίας γινομένης πρὸ τῆς ἐπιτολῆς αὐτοῦ ἐν τῇ ἐπιτολῇ ἄκριτα γίνεσθαι καὶ χειμέρια τὰ πνεύματα. αἰτία δὲ τοῦ καὶ δυομένου καὶ ἐπιτέλλοντος | αὐτοῦ γίνεσθαι ἄκριτα τὰ πνεύματα 101v τὸ ἑκατέραν, καὶ τὴν δύσιν αὐτοῦ καὶ τὴν ἐπιτολήν, ἐν μεταβολαῖς ὡρῶν γίνεσθαι· δύεται μὲν γὰρ ἐν τῇ εἰς χειμῶνα μεταβολῇ, ἐπιτέλλει δὲ ἐν τῇ ἐκ θέρους εἰς μετόπωρον· αἱ δὲ μεταβολαὶ τῶν ὡρῶν ἄστατοι τῷ ἀμφοτέρων πως μετέχειν καὶ τῷ μηδετέραν ἔχειν εἰλικρινῶς. ἐν τούτοις δὴ τοῖς καιροῖς ἐπιτέλλων τε καὶ δυόμενος, οἳ ἐξ αὑτῶν ἔχουσι τὸ εὐκίνητόν τε καὶ εὔτρεπτον, ἐπιδηλότερον τὸν χειμῶνα ποιεῖ. Θεόφραστος δὲ ἐν τῷ Περὶ ἀνέμων περὶ τούτων οὕτως λέγει· “⟨αἱ⟩ δ’ ἐπ’ Ὠρίωνος ἀνατολῇ καὶ δύσει τῶν πνευμάτων ἀκρισίαι συμβαίνουσιν, ὅτι ἐν ταῖς μεταβολαῖς ἀεὶ πάντα πέφυκεν ἀοριστεῖν, ὁ δ’ Ὠρίων ἀνατέλλει μὲν ⟨ἐν⟩ ἀρχῇ ὀπώρας, δύνει δ’ ἐν ἀρχῇ χειμῶνος· ὥστε διὰ τὸ μήπω καθεστάναι μηδεμίαν ὥραν, τῆς μὲν γινομένης, τῆς δὲ παυομένης, ἀνάγκη καὶ τὰ πνεύματα ἀκατάστατα καὶ ἄκριτα εἶναι διὰ τὸ ἐπαμφοτερίζειν τὰ ἐξ ἑκατέρας, ὅθεν δὴ καὶ χαλεπὸς λέγεται καὶ δύνων καὶ ἀνατέλλων.” ἔτι διὰ τὸ μέγεθος τοῦ ἄστρου· ἐκ πολλῶν γὰρ ἀστέρων, καὶ πολὺ μέρος κατέχει. διὸ οὐ πᾶς ἅμα οὔτε δύεται οὔτε ἀνατέλλει, ἀλλὰ καὶ ἐν πολλαῖς ἡμέραις· διὸ καὶ παρατείνει ὁ χειμών.

p. 361b35 Οἱ δ’ ἐτησίαι πνέουσι μετὰ τροπὰς καὶ κυνὸς ἐπιτολήν.

Περὶ τῶν ἐτησίων λέγων προειπὼν πότε πνέουσι καὶ τίνας ὥρας, ἑκατέρου τῶν προειρημένων τὰς αἰτίας ἀποδίδωσι. μετὰ μὲν οὖν τροπὰς θερινὰς καὶ κυνὸς ἀνατολὴν πνέουσιν, ὅτι πλησίον μὲν ὢν ὁ ἥλιος (ἔστι δὲ πλησίον προσιών τε ταῖς θεριναῖς τροπαῖς καὶ κατ’ αὐτὰς ὤν) διὰ τὴν ἐγγύτητα φθάνει ξηραίνων τὴν γῆν, πρὶν γενέσθαι τὴν ἀπ’ αὐτῆς ἀναθυμίασιν, ὀλίγον δὲ ἀπελθόντος σύμμετρος ἤδη γίνεται ἡ ἀπ’ αὐτοῦ θερμότης, ὡς τήκειν τὰ πεπηγότα ὕδατα, ἃ δεχομένη ἡ γῆ κἄπειτα ξηραινομένη ὑπό τε τῆς ἐν αὐτῇ θερμότητος καὶ τῆς ἀπὸ τοῦ ἡλίου οἷον τύφεται καὶ θυμιᾶται καὶ ἀνίησι τὴν τῶν ἀνέμων χορηγίαν. ἀπορήσειε δ’ ἄν τις,

3 τὰ om. a αἰτίαν AWa 4 post γίνεσθαι add. φησὶν a 6 et 7 ὁρῶν a 6 γίνεσθαι om. I 8 πῶς AIW καὶ τὰ μὴ δ’ ἑτέρας AWa 8. 9 ἐν τοῖς τοιούτοις δὴ καιροῖς AWa 9 οἳ scripsi: οΗ (?) I: om. AWa αὐτῶν libri 10 Θεόφραστος — ἀνατέλλων (17) in marg. exh. I καὶ Θεόφραστος a 11 δὲ om. AW ἐν τῷ Περὶ ἀνέμων] IX,55 (III p. 113 Wimmer) αἱ δ’ ἐπ’ Ὠρίωνος Theophr.: αἱ om. AW: αἱ δ’ om. Ia 12. 13 ἐν μεταβολαῖς Theophr. 13 post πάντα add. μάλιστα Theophr. ἀριστεῖν A[1] ἐν ex Theophr. addidi 16 τὰ om. a Theophr. 17 καὶ post δὴ om. I χαλεπῶς I 19 οὔτε post ἅμα] litt. οὐ ex corr. I[2] ἐπιτέλλει AWa ἀλλ’ ἐν AWa 23 κατὰ a 25 τε om. a τροπαῖς om. AW καὶ — αὐτὰς I: κατὰ ταύτας AWa 28 post τήκειν add. τὲ W post ἃ add. καὶ A 29 post καὶ add. ὑπὸ AWa 30 ἀνίεισι I ἀπορῆσαι a

εἰ ἐγγὺς ὢν ὁ ἥλιος τῆς γῆς καὶ ὑπ' αὐτὰς τὰς τροπὰς φθάνει τὴν γῆν ξηραίνων πρὶν ἀτμίδα γενέσθαι, πῶς οὐχὶ καὶ τὰ πεπηγότα ὕδατα καὶ τὰς χιόνας λύει τε καὶ ἀναξηραίνει τότε πάσας, ἀλλ' ὀλίγον ἀπελθών. ἢ ὡς τὸ εἰκὸς πολλὰ μὲν καὶ τότε λυόμενα παραχρῆμα ἀναξηραίνεται, ὅσα δ' ὑπολείπεται αὐτῶν, τήκεται μὲν καὶ ταῦτα, οὐ μὴν ἔτι οὕτως, ὥστε καὶ ταχέως πρὸ τοῦ ἰκμάσαι ἀναξηρανθῆναι τὴν δεδεγμένην αὐτὰ γῆν. ἢ τῷ μᾶλλον τότε λύεσθαι αὐτὰ μετὰ τὰς τροπὰς ἢ ὑπ' αὐτὰς τὰς τροπὰς οἱ ἄνεμοι γίνονται, ὡς καὶ αὐτὸς προελθὼν ἐρεῖ. προσιὼν μὲν γὰρ ὁ ἥλιος τῷ προεψυγμένοις προσβάλλειν τοῖς μέρεσι τῆς γῆς οὐδέπω οὕτως αὐτῶν κατακρατεῖ, ὡς λύειν τὰς ἐν αὐτοῖς χιόνας ἐπὶ τοσοῦτον δύνασθαι· διὰ ταὐτὸν δὲ οὐδὲ ὑπ' αὐτὰς τὰς τροπάς· μετὰ δὲ τὰς τροπὰς τῷ προτεθερμάνθαι καὶ προωδοπεποιῆσθαι αὐτὰ πρὸς τῆξιν ἔτι ἐγγὺς ὢν λύοι ἄν· αὕτη γὰρ αἰτία καὶ τοῦ μετὰ τροπὰς μείζω γίνεσθαι καύματα. τοῦ δέ γε μὴ πνεῖν τῶν νυκτῶν τοὺς ἐτησίας αἰτίαν ἀποδίδωσι, διὰ τὸ μὴ τήκεσθαι τότε τὰ πεπηγότα διὰ τὴν τῶν νυκτῶν ψυχρότητα. οὔτε δὲ τὸ πεπηγὸς θυμιᾶται, (διὸ τῶν νυκτῶν οὐ γίνονται αἱ ἀναθυμιάσεις) οὔτε τὸ μηδὲν ἔχον ξηρόν. εἴη δ' ἂν τοῦτο προστιθεὶς ὑπὲρ τοῦ καὶ ταύτην αἰτίαν ἀποδοῦναι τοῦ τῶν ἡμερῶν ἐκείνων τοὺς ἀνέμους πνεῖν· ὅτι γὰρ καὶ ξηρότης τότε ἐστὶν ἐν τῇ γῇ πολλή, ἅτε προεξηραμμένῃ ἀπὸ τοῦ ἡλίου καὶ προτεθερμασμένῃ.

p. 362a11 Ἀποροῦσι δέ τινες διὰ τί βορέαι μὲν γίνονται συνεχεῖς.

Ἡ ἀπορία φανερὰ ἣν ἀπορεῖσθαί φησι· διὰ τί γὰρ μετὰ μὲν τὰς θερινὰς τροπὰς ἄνεμοι συνεχεῖς πνέουσι βορέαι, οἱ καλούμενοι ἐτησίαι, ἀπὸ τῶν πρὸς ἄρκτον μερῶν, οὐκέτι δὲ μετὰ χειμερινὰς τροπὰς ἀπὸ τῶν | με- 102r
σημβρινῶν τόπων νότοι συνεχεῖς πνέουσιν, ὡς εἶναι καὶ νότους ἐτησίας, καίτοι ὁμοίαν σχέσιν τοῦ ἡλίου μετὰ χειμερινὰς τροπὰς πρὸς τοὺς μεσημβρινοὺς τόπους ἔχειν δοκοῦντος, ὁποίαν πρὸς τὰ ἀρκτῷα μετὰ τὰς θερινὰς τροπάς. τοῦτο δέ φησιν οὐχ ἄλογον οὕτως ἔχειν· γίνονται μὲν γὰρ καὶ νότοι τὴν ἀντικειμένην ὥραν, τουτέστι μετὰ χειμερινὰς τροπὰς ἔαρος ἀρχομένου, οἱ καλούμενοι λευκόνοτοι διὰ τὸ αἰθρίας πνεῖν, ὥσπερ οἱ βορέαι μετὰ τὰς θερινὰς τροπάς, οὐχ οὕτω δὲ γίνονται συνεχεῖς· διὸ λανθάνοντες τὴν ἀπορίαν ποιοῦσι τὴν προειρημένην. αἴτιον δὲ τοῦ μὴ συνεχεῖς αὐτοὺς ὁμοίως τοῖς βορέαις γίνεσθαί φησιν εἶναι ὅτι ὁ μὲν βορέας

1 τῆς γῆς om. AWa 3 τότε om. I 4 αὐξηραίνεται a 5 καὶ post μὲν om. I 7 αὐτὰ] αὐτὰς I 10 αὐτοῖς] αὐτῷ I 11 τῷ] τὸ AW 12 προοδοποιεῖσθαι I 13 μετὰ τὰς τροπὰς Aa τοὺς δέ γε a 14 ἐτησίας ex ἐτησίαν corr. I[2] διὰ fort. delendum 15 νυκτερινῶν A 16 ἀναθυμιάσεις] ἀνα in marg. add. A οὔτε] οὐδὲ AWa τὸ — ἔχον] τὸ μιχθὲν I ξηρόν] θερμὸν W 17 τοῦ post ὑπὲρ om. AW τοῦ ante τῶν] αὐτοῦ A 17. 18 τῶν ἡμερῶν] νυκτῶν I, sed corr. ead. m. 18 post ἀνέμους add. μὴ I καὶ om. AWa τότε ξηρότης coll. AWa 20 μὲν om. A γίνονται om. W 23 post μετὰ add. τὰς a 24 τόπων] μερῶν AWa 25 post ὁμοίαν add. τὴν AWa 28 post μετὰ add. τὰς AWa ἦρος AWa 30 post διὸ add. διὰ I 31. 32 μὴ δὲ συνεχεῖς AWa

ἀπὸ τῶν ὑπὸ τὴν ἄρκτον πνεῖ τόπων, οἳ πλήρεις ὕδατός τε καὶ χιόνος εἰσὶ πολλῆς, ὧν μετὰ τὰς θερινὰς τροπὰς τηκομένων ὑπὸ τοῦ ἡλίου ἡ γῆ δεχομένη τὸ ἀπὸ τῆς τήξεως αὐτῶν ὕδωρ συνεχῶς ἀτμίζει ὑπὸ τῆς θερμότητος καὶ ὥσπερ θυμιᾶται. διὰ τοῦτο γὰρ μᾶλλον μετὰ τὰς θερινὰς τροπὰς ἢ ἐπ' αὐταῖς πνέουσιν οἱ ἐτησίαι· τότε γὰρ καὶ λύεται τὰ πεπηγότα μάλιστα· τότε γὰρ καὶ τὰ πνίγη γίνεται, οὐχ ὅταν μάλιστα πλησίον ὁ ἥλιος ᾖ τοῖς πρὸς ἄρκτον τόποις, ἀλλὰ μετὰ τὰς τροπάς· τότε γὰρ ἔτι τε ἐγγύς ἐστι τῶν τόπων τούτων καὶ πλείω χρόνον αὐτὰ προτεθέρμαγκεν. ὁμοίως δέ φησιν ὡς οἱ βορέαι μετὰ θερινὰς τροπὰς πνέουσιν, οὕτω πνεῖν καὶ τοὺς ὀρνιθίας μετὰ τὰς χειμερινὰς τροπάς· καὶ γὰρ οὗτοι ἐτησίαι εἰσίν· οὓς δὲ εἶπε λευκονότους, νῦν ὀρνιθίας καλεῖ. εἰπὼν δὲ αὐτοὺς ἐτησίας εἶναι ἀσθενεῖς, διὰ τί ἀσθενεῖς προσέθηκεν· ὅτι γὰρ ἐλάττους καὶ βραδύτερον τῶν ἐτησίων πνέουσι. πῶς δὲ βραδύτερον, λέγει· ὅτι γὰρ μὴ μετὰ ἴσας ἡμέρας τῶν τροπῶν οὗτοι τῶν χειμερινῶν ἄρχονται, μεθ' ὅσας οἱ βορέαι τῶν θερινῶν τροπῶν. οἱ μὲν γὰρ βορέαι οὐ μετὰ πολὺ πλείους εἴκοσιν ἡμερῶν τῶν θερινῶν τροπῶν ἄρχονται πνεῖν, οἱ δὲ ὀρνιθίαι μετὰ ἑβδομήκοντα ἡμέρας ἄρχονται πνεῖν τῶν χειμερινῶν τροπῶν. αἴτιον δέ φησι τούτου, ὅτι πόρρω ὢν ὁ ἥλιος τῶν τόπων, ἀφ' ὧν ὁ νότος πνεῖ, ἧττον ἐνισχύει κινεῖν τὰς ἐκεῖθεν ἀναθυμιάσεις μετὰ τὰς χειμερινὰς τροπάς. οὐ συνεχεῖς δὲ οἱ ἄνεμοι οὗτοι πνέουσι, διότι τὰ μὲν ἀσθενῆ καὶ ἐπιπολῆς τότε ἀποκρίνεται περὶ τὴν ἑβδομηκοστὴν μετὰ χειμερινὰς τροπάς, ὡς εἴρηκεν, ἡμέραν, τὰ δὲ μᾶλλον πεπηγότα καὶ πλείονος δεόμενα θερμότητος πρὸς τὸ λυθῆναι μετὰ πλείονα χρόνον λύεται προσιόντος τοῦ ἡλίου τοῖς τόποις, ἀφ' ὧν ὁ νότος πνεῖ. καὶ διὰ τοῦτο διαλείποντες καὶ οὐ συνεχεῖς οὗτοι πνέουσιν οἱ ἄνεμοι καὶ οὕτως, ὡς ἂν εἰ καὶ πάλιν μετὰ τὰς θερινὰς τροπὰς ἔπνεον οἱ ἐτησίαι πλεῖον ἀπελθόντος τοῦ ἡλίου· τούτου γὰρ δηλωτικὸν τὸ πάλιν. ἧττον γὰρ ἂν συνεχεῖς ἔπνεον πορρωτέρω ἀφισταμένου τοῦ ἡλίου, ἐπεὶ ὅσον γε ἐπὶ τοῖς μέρεσι τοῖς κατὰ τὴν μεσημβρίαν ἀεὶ ἀπ' αὐτῶν ἄνεμος πνεῖ· θερμότεροι γὰρ οἱ τόποι ὄντες οὗτοι πλείω τῆς ὑγρᾶς τὴν ξηρὰν ἔχουσιν ἀναθυμίασιν, ἥ ἐστιν ἄνεμος.

---

1 πνεῖν A[1] πλήρης A 3 πήξεως A post ἀτμίζει add. τε AWa 5 ὑπ' αὐτὰς AWa 6 ante οὐχ add. καὶ I 7 ἄρκτῳ a 9 post μετὰ add. τὰς AWa 9 πνέουσιν — τροπάς (10) om. I 11 ante νῦν add. τούτους AWa ὀρινθίας I 13 πῶς δὲ βραδύτερον om. AWa 15 οἱ μὲν γὰρ — θερινῶν τροπῶν (16) om. AWa 16 δὲ] γὰρ Wa 16. 17 ὀρινθίαι I 18 post φησιν add. εἶναι AWa 19 ἰσχύει AWa 23. 24 προσιὸν W 24 post προσιόντος add. γὰρ A 25. 26 εἰ καὶ οἱ ἐτησίαι πάλιν ἔπνεον μετὰ τὰς θερινὰς τροπὰς coll. AWa 29. 30 ὄντες οἱ τόποι coll. a 30 πλείω ex πλεῖον corr. I: πλείων A ἥτις a

p. 362a31 Ὁ δὲ νότος ἀπὸ τῆς θερινῆς τροπῆς πνεῖ, καὶ οὐκ ἀπὸ τῆς ἑτέρας ἄρκτου.

Εἰπὼν ἐλάττους καὶ ὀψιαίτερον πνεῖν τῶν ἐτησίων τοὺς νότους διὰ τὸ πόρρω ὄντα τὸν ἥλιον τῶν τόπων τούτων μετὰ τὰς χειμερινὰς τροπὰς ἐνισχύειν ἧττον, νῦν δείκνυσι, πῶς ὁ ἥλιος μετὰ τὰς χειμερινὰς τροπὰς πορρωτέρω ἐστὶ τῶν τόπων, ἀφ' ὧν ὁ νότος πνεῖ, πόθεν τε ὁ νότος πνεῖ δεικνὺς καὶ ποῦ εἰσιν αἱ χειμεριναὶ τροπαί. λέγει δὴ τὸν νότον ἀπὸ τῆς θερινῆς τροπῆς πνεῖν, καὶ οὐκ ἀπὸ τῆς ἑτέρας ἄρκτου. ὅ ἐστιν ἀσαφῶς εἰρημένον διὰ τὸ προειρημένον ὑπ' αὐτοῦ τὸ "ἐπὶ τροπαῖς πάλιν ταῖς θεριναῖς πνέουσιν οἱ ἐτησίαι·" δοκεῖ γὰρ διὰ τούτων λέγειν τοὺς ἐτησίας ἀπὸ τῶν θερινῶν πνεῖν τροπῶν. ἢ οὐ ταὐτόν ἐστι τὸ ἐπὶ θεριναῖς πνεῖν τοὺς ἐτησίας τῷ ἀπὸ θερινῶν τροπῶν πνεῖν. εἴρηκε δὲ διὰ τῆς λέξεως ὁμοίως πνεῖν τοὺς νότους ἐκ διαλειμμάτων διὰ τὸ πόρρω τὸν ἥλιον εἶναι τότε, ὡς ἂν εἰ καὶ οἱ ἐτησίαι ἔπνεον πάλιν τὰς θερινὰς τροπὰς διαστήσαντες, πλεῖον ἀφεστῶτος ἤδη τῶν τόπων τοῦ ἡλίου, ἀφ' ὧν οὗτοι φέρονται. κεῖται γὰρ τὸν βορέαν πνεῖν ἀπὸ τῆς θερινῆς τροπῆς. ἔτι καὶ τὸ ἀλλ' οὐκ ἀπὸ τῆς ἑτέρας ἄρκτου ἀσαφὲς καὶ αὐτό. ἔοικε δὲ νῦν ἀκριβολογούμενος δεικνύναι ὅτι πνεῖ μὲν ὁ νότος πρὸς ἡμᾶς ἀπὸ τῆς θερινῆς τροπῆς (ἐπὶ τούτου γάρ ἐστιν ἡ καθ' ἡμᾶς μεσημβρία, πνέοντος δὲ ἐντεῦθεν ἐπὶ τάδε ἡ οἴκησίς ἐστιν ἡ ἡμετέρα· πρὸς γὰρ τῇ ἄρκτῳ μᾶλλον· μεταξὺ γὰρ τοῦ τε ἀεὶ φανεροῦ κύκλου, ὃς ἀεὶ φανερός ἐστι διὰ τὸ ἔξαρμα τοῦ βορείου πόλου, καὶ τοῦ θερινοῦ τροπικοῦ ἡ καθ' ἡμᾶς οἰκουμένη)· πνέων δὴ ἀπὸ τῆς θερινῆς τροπῆς, τῷ ἀπὸ τῶν μερῶν, καθ' ἅ ἐστιν ἡ χειμερινὴ τροπή, φέρεσθαι πρὸς ἡμᾶς ἀπ' ἐκείνης φαίνεται πνέων, [ὥσπερ καὶ βορρᾶς πνέων ἀπὸ τῶν τόπων τῶν περὶ τὴν ἄρκτον καὶ τὸν ἀεὶ φανερὸν πόλον, ἃ μετὰ τὸν θερινὸν τροπικόν ἐστι κείμενα, δοκεῖ ἀπὸ τῶν θερινῶν πνεῖν διὰ τὸ ἀπὸ τῶν πλαγίων τούτων πρὸς ἡμᾶς φέρεσθαι, ἀφ' ὧν μερῶν ὡς πρὸς τὸν ὅλον κόσμον ὁ χειμερινὸς τροπικός.] εἰ δὲ ἀπὸ τῆς θερινῆς τροπῆς, καθ' ἥν ἐστι πρὸς ἡμᾶς μεσημβρία, ὁ νότος πνεῖ, δῆλον ὡς πόρρω ὁ ἥλιος τούτων τῶν μερῶν ἐστι μετὰ τὰς χειμερινὰς τροπάς. διὸ μετὰ ἑβδομήκοντα ἡμέρας ἄρχονται πνεῖν οἱ νότοι, δοκοῦντες μὲν πρὸς ἡμᾶς φέρεσθαι ἀπὸ τῶν χειμερινῶν τροπῶν, ὅτι ἀπὸ τούτων τῶν μερῶν καὶ ἀπὸ ταύτης τῆς πλευρᾶς πνέουσι πρὸς ἡμᾶς, ἢ ἀνάλογόν

---

3 post εἰπὼν add. δὲ AW 6 πόρρω AWa 7 δεικνὺς] δείκνυσι AWa
9 διὰ τὸ — οὗτοι φέρονται (15. 16) in marg. exh. I ταῖς om. a 11 τῶν om. Aa post θεριναῖς add. τροπαῖς AWa 13 τοὺς om. I 14 πάλιν om. I post πάλιν add. μετὰ a 16 κεῖται — τροπῆς om. AWa 18. 19 τροπῆς θερινῆς coll. I 20 post ἐντεῦθεν add. αὐτοῦ AWa 24 ἀπ' ἐκείνης iterat I
25 ὥσπερ — χειμερινὸς τροπικός (28) delenda sunt; om. AW: ὥσπερ — φέρεσθαι (27) om. a
29 μεσημερία (sic) I: ἰσημερία AWa ὁ νότος] ὄντος A^1 31 ἄρχεται A^1
33 ῥέουσι AI ἢ] ᾗ A: ἣ W

ἐστιν ὡς πρὸς ἡμᾶς τῇ θέσει τῷ χειμερινῷ τροπικῷ καὶ τῷ νότῳ, φερόμενοι δὲ ἀπὸ τῆς ὡς πρὸς ἡμᾶς μεσημβρίας καὶ τῆς θερινῆς τροπῆς, ᾧ ὁ ἥλιος τόπῳ ἐγγύτερος γίνεται πλεῖον ἀφιστάμενος τῶν χειμερινῶν τροπῶν. οὐκέτι μέντοι πνέουσιν οἱ νότοι κατὰ τὰς θερινὰς τροπὰς γενομένου τοῦ ἡλίου, καίτοι ἐντεῦθεν πνέοντες πρὸς ἡμᾶς, ὅτι ὡς εἶπε προαναλίσκει τὰς ἀναθυμιάσεις τῶν τόπων τούτων ὁ ἥλιος, καθ' ὧν φέρεται, πρὸ τοῦ ἀνενεχθῆναι. διὰ τοῦτο γὰρ καὶ ἀοίκητος πᾶς ὁ τόπος εἶναι | δοκεῖ, 102v ὑπὲρ ὃν ὁ ἥλιος φέρεται. διὰ τοῦτο μὲν οὖν εἶπε τὸν νότον ἀπὸ θερινῆς τροπῆς πνεῖν· τὸ δὲ ἀλλ' οὐκ ἀπὸ τῆς ἑτέρας ἄρκτου ὡς ἴσον εἶπε τῷ ἀλλ' οὐκ ἀπὸ τοῦ ἑτέρου πόλου, ἄρκτον ὀνομάσας καὶ τὸν καλούμενον νότιον πόλον, ἐπεὶ ὁ βόρειος οὕτω καλεῖται ἀπὸ τῶν ἄρκτων τῶν πλησίον αὐτοῦ κατηστερισμένων. ἑξῆς δὲ καὶ τίνες εἰσὶ τόποι οἱ οἰκούμενοι δείκνυσι, καὶ ὅτι ἡ μὲν καθ' ἡμᾶς οἰκουμένη μεταξὺ τοῦ τε ἀεὶ φανεροῦ κύκλου, ὅς ἐστιν ἐγγὺς τοῦ βορείου πόλου (διὸ καὶ ἀρκτικὸς καλεῖται), καὶ τοῦ θερινοῦ τροπικοῦ, ἔξω οὖσα τῶν τόπων, οὓς ὁ ἥλιος ἔπεισι, καὶ κειμένη πρὸς τῷ τόπῳ μᾶλλον τῷ ἀρκτικῷ, τοσοῦτον ἀπέχουσα αὐτοῦ, ὅσον ἐστὶ τὸ διάστημα ἀπ' αὐτοῦ τοῦ πόλου πρὸς τὸν ἀεὶ φανερὸν κύκλον. τοῦτο γὰρ τὸ μέρος ἀοίκητον διὰ ψῦχος, ὥσπερ καὶ τὸ ἐπέκεινα τοῦ θερινοῦ τροπικοῦ πάλιν διὰ τὸ κεκαῦσθαι. ἡ δέ γε τῶν ἀντοίκων πάλιν ἡ πρὸς τῷ ἑτέρῳ πόλῳ μεταξὺ πάλιν τοῦ τε ἀεὶ ἀφανοῦς ἡμῖν κύκλου τοῖς οἰκοῦσιν ἐνταῦθα, ὃς οὐ πόρρω ἐστὶ τοῦ νοτίου καλουμένου πόλου, ὃν καὶ κύκλον ἀνταρκτικὸν καλοῦσι, καὶ τοῦ χειμερινοῦ τροπικοῦ· ἣν εἰκὸς καὶ αὐτὴν οἰκεῖσθαι, τῷ τὴν αὐτὴν κρᾶσιν ἔχειν ὡς πρὸς τὴν ἀπό τε τοῦ ἡλίου καὶ τῶν ἄλλων ἄστρων σχέσιν πρὸς τὴν γῆν τῷ μέρει τῷ καθ' ἡμᾶς οἰκουμένῳ. καὶ γὰρ ἐκεῖ τὰ μὲν μεταξὺ τοῦ τε πόλου καὶ τοῦ ἡμῖν ἀεὶ ἀφανοῦς κύκλου διὰ τὴν ἔγκλισιν τοῦ πόλου διὰ ψῦχος ἀοίκητα εἶναι. ὅσον γὰρ ὁ βόρειος πόλος ἐξῆρται πρὸς ἡμᾶς, τοσοῦτον ὁ νότιος ἐγκέκλιται· ὡς ἴσον ἀπολαμβάνεσθαι ἐνταῦθα ὑπό τε τοῦ ἀρκτικοῦ κύκλου καὶ τοῦ βορείου πόλου κἀκεῖ ὑπό τε τοῦ νοτίου καλουμένου πόλου καὶ τοῦ ἡμῖν ἀεὶ ἀφανοῦς κύκλου τοῦ ἀνταρκτικοῦ καλουμένου. καὶ ἴσον αὐτῶν ὁ ἥλιος ἀφεστὼς δι' ὑπερβολὴν κρύους ἀοικήτους ποιεῖ τοὺς τόπους. τὸ δὲ μετὰ τὸν χειμερινὸν τροπικὸν διὰ καῦμα πάλιν ἀοίκητον κἀκεῖ· ὡς πᾶν τὸ μεταξὺ τῶν τροπικῶν ἀοίκητον εἶναι διὰ καῦμα, τοῦτο δ' ἐστὶν ὃ ὁ ἥλιος ἔπεισι.

---

3 ᾧ] ᾗ a post ἥλιος add. τῷ AWa ἐγγυτέρω AWa 4 γινομένου AWa 6 καθ' οὓς a; fort. recte 7 ἀναχθῆναι AWa γὰρ om. AWa 9 ῥεῖν AW 11 post καλεῖται add. ταύτην ἐπίκλησιν ἔχων AWa 12 τόποι post οἰκούμενοι exh. AWa 14 post κύκλου add. ἐστὶ AWa ὅ ἐστιν AIW 15. 16 κειμένης I 16 ἐπέχουσα Aa αὐτοὺς I 19 διὰ τὸ] ἀπὸ διὰ in ras. A καίεσθαι I ἡ post πάλιν om. AWa 20 πάλιν μεταξὺ coll. A ἡμῖν — ἐνταῦθα (21) om. I κύκλου om. W 23 τε om. AWa 24 τῷ μέρει om. I 26 ἔγκλησιν W 29 νότου W 30 ἀεὶ om. I 30. 31 ὁ ἥλιος αὐτῶν coll. a 31 δι'] διὸ A 32 διὰ καῦμα] διάκαυμα AW: διάστημα a 33 καύματα AWa τὸ δέ ἐστιν AWa

p. 362a32 Δύο γὰρ ὄντων τμημάτων τῆς δυνατῆς οἰκεῖσθαι χώρας.

Δείκνυσι καὶ διὰ καταγραφῆς τούς τε οἰκουμένους τῆς γῆς τόπους καὶ τὰ σχήματα αὐτῆς. τῆς δὲ δυνατῆς οἰκεῖσθαι χώρας εἶπεν, ἀλλὰ οὐχὶ οἰκουμένης, ὅτι οὔτε περὶ τῶν ἀντοίκων λεγομένων, οἵτινές εἰσιν οἱ ἐν τῇ πρὸς τῷ νοτίῳ πόλῳ οἰκουμένῃ λεγομένῃ, οἷόν τε διαβεβαιώσασθαι ὡς ὄντων ἐξ ἱστορίας τὴν πίστιν λαβόντας, ἀλλ' ἔστι τοιαύτη στοχαζομένοις ἀπὸ τῆς διὰ τὸν ἥλιον καὶ τὴν τούτου ἴσην ἀπόστασιν τῶν ἐκεῖ τόπων τοῖς παρ' ἡμῖν ὁμοίαν οὖσαν εὐκρασίαν· ἀλλ' οὐδὲ περὶ τῶν κατὰ τὴν ἡμετέραν οἰκουμένην κύκλῳ περιοικούντων ἐξ ἱστορίας ἔστι τὴν πίστιν λαβεῖν, τῷ πολλὴν καὶ ἄπλωτον οὖσαν ἐν μέσῳ θάλασσαν κωλύειν τὰς περιόδους. λέγει δὲ τὴν μὲν καθ' ἡμᾶς οἰκουμένην πρὸς τὸν ἄνω πόλον, τὴν δὲ ἑτέραν πρὸς μεσημβρίαν καὶ πρὸς τῷ ἑτέρῳ πόλῳ, οὐχ ὅτι ἡ μεσημβρία πρὸς ἐκείνῳ τῷ πόλῳ ἐστίν, ἀλλ' ὅτι ὡς πρὸς ἡμᾶς πρὸς ἐκεῖνα τὰ μέρη ἐστί, καθ' ἅπερ ἡμῖν ἐστιν ἡ μεσημβρία. λέγει δ' ἑκατέραν οἰκουμένην ἔκτμημα τῆς σφαίρας εἶναι τῆς γῆς τυμπανοειδές· τοιαύτη γὰρ ἡ ἐπιφάνεια γίνεται ἡ ἀποτεμνομένη ὑπό τε τῶν δύο κύκλων, καθ' ἡμᾶς μὲν τοῦ τε ἀεὶ φανεροῦ καὶ τοῦ θερινοῦ τροπικοῦ, κατ' ἐκείνους δὲ τοῦ τε ἀεὶ ἡμῖν ἀφανοῦς καὶ τοῦ χειμερινοῦ τροπικοῦ καὶ τῶν ἐπιζευγνυμένων ἀπὸ τοῦ κέντρου τῆς γῆς ἐπ' αὐτοὺς εὐθειῶν. τοῖς δὲ κύκλοις τοῖς ἐν τῇ ἀπλανεῖ σφαίρᾳ οὖσιν ἀνάλογον λαμβάνει κύκλους τινὰς ἐν τῇ γῇ, οὔσῃ καὶ αὐτῇ σφαιρικῇ, καὶ οὕτως δείκνυσι τὰ τμήματα τῆς γῆς τὰ οἰκεῖσθαι δυνάμενα ὄντα τυμπανοειδῆ. τοὺς δὲ κύκλους τοὺς περιέχοντας ἐν ἑκατέρᾳ οἰκουμένῃ τὴν οἰκουμένην γῆν καὶ τὰ τούτων τμήματα ὑπὸ τῶν ἀπὸ τοῦ κέντρου τῆς γῆς ἐπιζευγνυμένων ἐπ' αὐτοὺς εὐθειῶν ἀπολαμβανόμενα, βάσεις λέγει τῶν κώνων τῶν γινομένων καθ' ἑκατέραν οἰκουμένην ὑπό τε τῶν ἀπὸ τοῦ κέντρου τῆς γῆς ἐπιζευγνυμένων ἐπὶ τοὺς κύκλους εὐθειῶν, καὶ αὐτῶν τῶν περιφερειῶν. τὸ δὲ κέντρον τῆς γῆς καὶ τῶν κώνων κέντρον γίνεται. ἔστω γὰρ λόγου χάριν ἡ μὲν τῆς γῆς σφαῖρα ἡ ΑΒΓΔ, καὶ ἔστω βόρειος μὲν πόλος αὐτῆς ὁ Α, νότιος δὲ ὁ Γ, ἰσημερινὸς δὲ κύκλος ὁ ΒΔ, κύκλος δὲ ὁ μὲν ἀεὶ φανερὸς ἔστω ὢν πρὸς τῷ ἀρκτικῷ πόλῳ ὁ ΕΖ, ὁ δὲ θερινὸς τροπικὸς ὁ ΗΘ. πάλιν δὲ ὁ μὲν ἀεὶ ἀφανὴς ἡμῖν ὢν πρὸς τῷ νοτίῳ πόλῳ ὁ ΙΚ, ὁ δὲ χειμερινὸς τροπικὸς ὁ ΛΜ· κέντρον δὲ τῆς γῆς ἔστω τὸ Ν. ἂν δὴ ἀπὸ τοῦ Ν ἐπιζευχθῶσιν

4 δὲ] τε I 6 ἐν τῷ A 7 λαβόντες Wa 9 exspectas ὁμοίας οὔσης εὐκρασίας; εὐκρασίαν om. I 10 ἐστὶ I 11 ἄπλοτον I 13 ἑτέραν ex corr. I 14 πρὸς post ἡμᾶς om. I 15 ἡμῖν] εἰ ἡμῶν I 16 τυμπανοειδῆ I 17 post κύκλων add. τῶν a 18 μὲν τοῦ τε — τροπικοῦ om. AW 19 δὲ] τὲ I τῶν om. AIW 21 ἀπλανῇ a οὔσῃ AW post τινὰς add. καὶ AWa 22 αὐτὴ σφαιρικὴ I 25 τοῦ om. AW 27 τῆς γῆς om. I 30 μὲν βόρειος coll. AW 32 ὁ Η Θ] ὁ om. W: η̄ σ̄ A 34 ὁ ν̄ I

εὐθεῖαι ἐπί τε τὰ ΕΖ καὶ τὰ ΗΘ, καὶ πάλιν ἐπὶ τὰ ΙΚ καὶ ΛΜ, γίνεται τυμπανοειδῆ τῆς σφαίρας ἐκτμήματα, τό τε ὑπὸ τοῦ ΝΖΕ, καὶ ΝΘΗ κώνου ἐκτεμνόμενον καὶ τὸ ὑπὸ τοῦ ΝΙΚ, καὶ ΝΛΜ. καθ' ἑκα|τέραν δὲ τὴν οἰ- 103r κουμένην δύο κώνους εἶπεν, ἰδίᾳ ἑκάτερον κύκλον μετὰ τῶν ἀπὸ τοῦ κέντρου ἐπιζευγνυμένων ἐπ' αὐτὸν εὐθειῶν κῶνον εἰπών. δείξας δὲ διὰ τῆς καταγραφῆς τὰ τυμπανοειδῆ ἐκτμήματα μετὰ ταῦτα λέγει ὅτι ταῦτα μόνα τῆς γῆς οἰκεῖσθαι δυνατόν. καὶ λέγει περὶ τῆς καθ' ἡμᾶς οἰκουμένης, ᾗ ἀνάλογόν ἐστι καὶ ἡ ἑτέρα, καὶ δείκνυσιν ὅτι αὕτη μεταξύ ἐστι τοῦ τε ἀεὶ φανεροῦ καὶ τοῦ θερινοῦ τροπικοῦ, καὶ οὔτε ἐπέκεινα τῶν τροπικῶν οἷόν τε ταύτην εἶναι· οὗ πίστιν φέρει τὸ εἰ ἦν ἐπέκεινα τοῦ θερινοῦ τροπικοῦ οἰκούμενά τινα, οὐκ ἂν ἦν ἐκείνων ἡ σκιὰ πρὸς ἄρκτον τετραμμένη ἀεί.

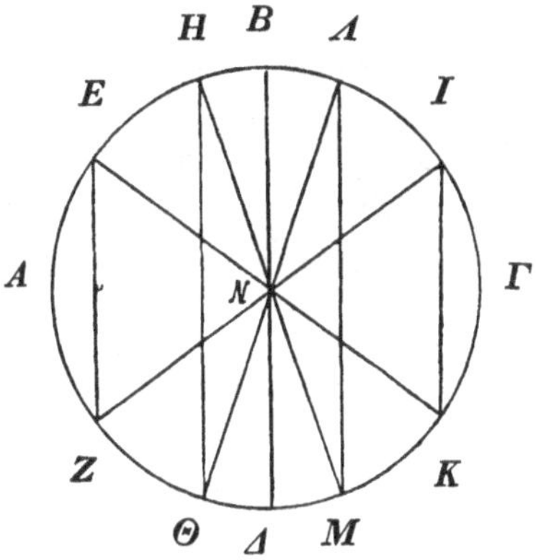

ὅτε γὰρ κατὰ τὰ ἀρκτικὰ μέρη ὁ ἥλιος αὐτῶν γένοιτο, ἀνάγκη τὴν γινομένην ἀπ' αὐτῶν σκιὰν πρὸς μεσημβρίαν πίπτειν διὰ τὸ ἀνάγκην εἶναι τὴν ἀπὸ τοῦ φωτιζομένου σκιὰν ὑπό τινος γινομένην ἐπὶ θάτερα μέρη πίπτειν ἢ καθ' ἃ τὸ φωτίζον ἐστί. νῦν δὲ ἀοίκητοι πρότερον οἱ τόποι προϊόντων γίνονται διὰ θερμότητα, πρὶν ἢ τὴν σκιὰν μεταπεσεῖν εἰς τὰ μεσημβρινὰ μέρη, ἀντιπαρελθόντος εἰς τὰ βόρεια τῶν φωτιζομένων τοῦ ἡλίου. τὸ δὲ π ρ ὶ ν ἢ ὑ π ο λ ι π ε ῖ ν τὴν σκιὰν προσέθηκεν, ὅτι ὧν ὁ ἥλιος κατὰ κάθετόν ἐστι, τούτους ἀσκίους ἀναγκαῖον εἶναι. τῶν δὲ οἰκούντων ἐπέκεινα τοῦ θερινοῦ τροπικοῦ ἐγίνετο ἂν καὶ κατὰ κάθετον ὁ ἥλιος· οὕτως δὲ ὑπέλειπεν ἂν τότε ἡ σκιὰ τῶν οἰκούντων ἐκεῖ. εἰ οὖν μήτε ἄσκιοι γίνονται μήτε σκιά τινος γίνεται πρὸς μεσημβρίαν, δῆλον ὡς οὐδὲ οἰκητά ἐστι τὰ ἐπέκεινα τῆς μεσημβρίας· ὄντων γὰρ καὶ οἰκουμένων ταῦτα ἂν ἐγίνοντο. λέγονται μέντοι οἱ περὶ Συήνην οἰκοῦντες τῆς Αἰθιοπίας ἐν τῇ μεσημβρίᾳ ὄντος τοῦ ἡλίου κατὰ τὰς θερινὰς τροπὰς ἄσκιοι γίνεσθαι· ὃ εἰ οὕτως ἔχει, οἰκοῖεν ἂν οὗτοι κατ' αὐτὸν τὸν θερινὸν τροπικόν· εἰ γὰρ ᾤκουν ἐπέκεινα, οὐ μόνον ἂν ἐγίνοντο ἄσκιοι, ἀλλὰ καὶ μετέπιπτεν ἂν αὐτῶν ἐπὶ τὴν μεσημβρίαν ἡ σκιά. εἰ δέ, ὡς λέγουσί τινες, εἰσί τινες τῶν

---

2 νεζ a: ν̅ε̅ζ̅η̅ AW   νη̅θ a: ν̅η̅θ̅ι̅ A   3 ηι̅κ A   δὲ om. AW
7 post λέγει add. καὶ Wa   10 ᾗ om. I   14 αὐτὴν εἶναι AWa   18 τὰ om. I   αὐτῶν om. a   19 ἀνάγκη Aa   21 καθ' ἃ scripsi: κατὰ libri
21. 22 προϊόντος a   22 post μεταπεσεῖν add. τῶν φωτιζομένων a   23 τῶν φωτιζομένων om. a   24 ὑπολείπειν Arist. EF   ὧν] οἷς AWa   27 ὑπέλιπεν AWa
εἰ οὖν — σκιά τινος (28)] εἴ τινες γίνονται μήτε σκιὰ τινὸς AW: ἐπεὶ δὲ σκιαὶ οὐ a
28 γίνονται AWa   29 καὶ om. a   31 ὅπερ AWa   32 ἔχοι a   33. 34 οὐ μόνον — αὐτῶν I: ἔπιπτεν W: ἔπιπτεν ἂν a: οὐ μόνον A   34 τὴν om. a
τῶν om. Aa

Αἰθιόπων, ὧν ἡ σκιὰ ἐπὶ τὰ μεσημβρινὰ μέρη μεταπίπτει ποτέ, οὗτοι εἶεν ἂν ἐπέκεινα τοῦ θερινοῦ τροπικοῦ οἰκοῦντες. καὶ ἐκ τῶν περὶ τούτων δὲ λεγόντων καὶ οἰομένων ἀντιλέγειν τοῖς ὑπ' Ἀριστοτέλους δεικνυμένοις πιστοῦται τὸ διὰ καῦμα ἀοίκητα εἶναι ταῦτα τὰ μέρη. φασὶ γὰρ αὐτοὺς τὰ πλεῖστα ἐν ὕδατι καταδύεσθαι καὶ παρὰ φύσιν τινὰ βιοῦν βίον, καίτοι ἢ ὑπὸ τῷ τροπικῷ οἰκοῦντας ἢ βραχὺ παραλλάσσοντας. τὰ μὲν οὖν ἐπέκεινα τοῦ τροπικοῦ διὰ καῦμα ἀοίκητα, τὰ δ' ὑπὸ τὴν ἄρκτον διὰ ψῦχος· ὁ γὰρ ἥλιος μηδέποτε τούτοις τοῖς μέρεσι πλησιάζων τῆς γῆς ἀοίκητα αὐτὰ ποιεῖ. ὡς δὲ ἐπὶ τῆς ἡμετέρας ἔχει οἰκουμένης, οὕτως ἔχειν ὑποληπτέον καὶ ἐπὶ τῆς τῶν ἀντοίκων. τὰ μὲν γὰρ ἐπὶ τάδε τῆς χειμερινῆς τροπῆς ἀοίκητα διὰ καῦμα, τὰ δὲ πρὸς τῷ πόλῳ διὰ ψῦχος. φέρεσθαι δέ φησι καὶ τὸν στέφανον κατὰ τοῦτον τὸν τόπον, καθ' ὅν ἐστιν ἡ καθ' ἡμᾶς οἰκουμένη, τουτέστι μεταξὺ τοῦ τε ἀρκτικοῦ κύκλου, καὶ τοῦ θερινοῦ τροπικοῦ· οὗ ἀπόδειξιν φέρει τὸ γίνεσθαι αὐτὸν ὑπὲρ κεφαλῆς ἡμῶν, ὅταν γένηται κατὰ τὸν μεσημβρινὸν κύκλον, τουτέστιν ὅταν μεσουρανῇ· μεσημβρινὸς γὰρ λέγεται κύκλος ὁ διὰ τῶν πόλων καὶ τοῦ κατὰ κορυφὴν ἡμῖν σημείου γραφόμενος κύκλος. εἴη δ' ἂν καὶ διὰ τούτου δεικνὺς τὴν καθ' ἡμᾶς οἰκουμένην οὖσαν μεταξὺ τῶν προειρημένων κύκλων· εἰ γὰρ ὁ στέφανος ὁ ἐν τοῖς ἄστροις, ὃν λέγουσι τῆς Ἀριάδνης ὄντα ὑπὸ Διονύσου καταστερισθῆναι (ὁ γοῦν Ἄρατος οὕτως περὶ αὐτοῦ λέγει "αὐτοῦ κἀκεῖνος στέφανος, τὸν ἀγαυὸς ἔθηκε σῆμ' ἔμεναι Διόνυσος, ἀποιχομένης Ἀριάδνης") εἰ δὴ οὗτος μεταξὺ τῶν προειρημένων κύκλων κείμενος καθ' ἡμᾶς μεσουρανήσας γίνεται, δῆλον ὡς ἡμεῖς οἰκοῦμεν ἐν τῷ μεταξὺ τῶν προειρημένων κύκλων τόπῳ.

p. 362b12 Διὸ καὶ γελοίως γράφουσι νῦν τὰς περιόδους τῆς γῆς.

Δείξας τὴν καθ' ἡμᾶς οἰκουμένην, ὁμοίως δὲ καὶ τὴν ἑτέραν ἑκα- 103v
τέραν ἐν τυμπανοειδεῖ τινι ἐκτμήματι τῆς γῆς οὖσαν, αἰτιᾶται τοὺς γράφοντας τὰς τῆς γῆς περιόδους καὶ τὴν οἰκουμένην σφαιρικὴν ποιοῦντας· ἀντὶ γὰρ τοῦ σφαιροειδοῦς τῷ κυκλοτερεῖ ἐχρήσαντο. ὅτι δὲ τοῦτο ἀδύνατον, δῆλον καὶ ἐκ τοῦ λόγου καὶ ἐκ τῶν φαινομένων· καὶ πῶς καθ' ἑκάτερον δῆλον, λέγει, κατὰ μὲν τὸν λόγον, ὅτι δείκνυσιν ὁ λόγος ἐπὶ μὲν τὸ πλάτος ὡρισμένην τὴν οἰκουμένην καὶ διαλαμβανομένην ὑπό τινων ἀοικήτων, πλάτος λέγων τὸ ἀπὸ τοῦ ἑτέρου πόλου μέχρις ἑτέρου διάστημα. εὑρέθη

1 ἐπὶ] καὶ εἰς AWa ποτέ om. a 4 ἔστι πιστοῦσθαι a τὸ διάκαυμα AW: διὰ τὸ καῦμα a 5 post φύσιν add. τρόπον a βίον om. AWa 6 καὶ βραχὺ A post βραχὺ add. τι AWa 7 οὖν om. AW διὰ καῦμα in marg. A 9 οἰκουμένης ἔχει coll. AWa 17 ἡμῶν AWa 19 τῆς] τὸν W 20 Ἄρατος] Phaenom. v. 71sq. 21 ἀγαυὸν I: ἀγαθὸν AW σῆμα AI ἔμεναι om. AIW ἀνοιχομένης I 22 οὕτως A 23 post ἡμᾶς add. μὲν I μεσουρανίσας AWa 27 τυμπανοειδῆ W¹a 29 σφαιροειδὴς AWa κυκλοτερὴς Aa: κυκλοτερὲς W ἐχρήσατο AWa 31 ἐπὶ] κατὰ a 32 καὶ διαλαμβανομένην om. AWa 33 πόλου μέχρις ἑτέρου om. AWa

γὰρ ὑπὸ τοῦ λόγου ὅτι τὰ μὲν πρὸς τοῖς πόλοις τοῦ κατὰ τὸ πλάτος διαστήματος κύκλου διὰ τὸ πόρρω εἶναι τοῦ ἡλίου ἀοίκητά ἐστι, τὰ δὲ μεταξὺ τῶν τροπικῶν διὰ καῦμα πάλιν ἀοίκητα· ὡς εἶναι τοῦ πλάτους τοῦ προειρημένου ὑπ' αὐτοῦ οἰκούμενα τό τε μεταξὺ τοῦ ἀρκτικοῦ καὶ τοῦ θερινοῦ τροπικοῦ καὶ πάλιν τὸ μεταξὺ τοῦ χειμερινοῦ τροπικοῦ καὶ τοῦ ἀνταρκτικοῦ. κατὰ μέντοι τὰ κύκλῳ τούτων τῶν τυμπανοειδῶν ἐκτμημάτων οὐδὲν κωλύει ἑκάτερον, ὅσον ἐπὶ τῇ τῶν ἀέρων κράσει, πᾶν οἰκεῖσθαι, ὡς συνῆφθαι καὶ μὴ διαλείπειν· οὐ γάρ ἐστι μέρος τι αὐτῶν ὑπερβάλλον ψυχρότητι ἢ καύματι. ὁ γὰρ ἥλιος πρὸς πάντα αὐτὰ ὁμοίαν σχέσιν λαμβάνει, ὡς πᾶν δύνασθαι αὐτὸ καὶ οἰκητὸν καὶ πορεύσιμον εἶναι, εἰ μήπω κωλύει πλῆθος θαλάσσης. τὸ δὲ κύκλῳ τοῦτο, ὅ ἐστι κατὰ τὸ ἀπὸ ἀνατολῆς ἐπὶ δύσιν, καὶ μῆκος εἶπε τῆς γῆς, ἐπεὶ πλάτος τὸ ἀπὸ τῶν πόλων. εἰπὼν δὲ πῶς τῷ λόγῳ τοῦτο δῆλον, προστίθησι πῶς καὶ κατὰ τὰ φαινόμενα, περί τε τοὺς πλοῦς [ἀοίκητοι γὰρ] καὶ τὰς πορείας· πλεῖον γὰρ κατὰ τὸ μῆκος καὶ τὴν κύκλῳ περίοδον τῆς γῆς οἰκούμενον φανερόν ἐστιν ἢ κατὰ τὸ πλάτος. καὶ λαμβάνει τῶν κατὰ τὴν περιφέρειαν, ὃ μῆκος εἶπε, συνεχῶς οἰκουμένων τόπων καὶ ἱστορουμένων διάστημα καὶ τῶν κατὰ πλάτος, καὶ δείκνυσι πλείω τόπον τῆς γῆς κατὰ τὸ μῆκος ἢ κατὰ τὸ πλάτος οἰκούμενον. τὸ γὰρ ἀπὸ Ἡρακλείων στηλῶν μέχρι τῆς Ἰνδικῆς, ὅ ἐστι κατὰ μῆκος καὶ γνωρίμως πᾶν οἰκούμενον (εἰσὶ δὲ αἱ μὲν Ἡράκλειαι στῆλαι πρὸς δυσμαῖς, ἡ δ' Ἰνδικὴ πρὸς ταῖς ἀνατολαῖς) τοῦ ἐξ Αἰθιοπίας, ἥ ἐστιν ἐσχάτη οἰκουμένη πρὸς τῷ θερινῷ τροπικῷ καὶ τῇ μεσημβρίᾳ, πρὸς τὴν Μαιῶτιν καὶ τοὺς ἐσχάτους τῆς Σκυθίας τόπους, οἵ εἰσι πρὸς τῇ ἄρκτῳ, ἐγγὺς διπλάσιόν ἐστιν· οὕτως γὰρ ἔχειν φησὶν αὐτὰ πρὸς ἄλληλα μεγέθους, ὡς πέντε πρὸς τρία, τοῦ τε πλοῦ καὶ τῶν ὁδῶν συναριθμουμένων τε καὶ συντιθεμένων. καίτοι τὸ μὲν ἐπὶ πλάτος πᾶν τὸ οἰκούμενον εἴληπται μέχρι τῶν ἀοικήτων ἐφ' ἑκάτερα προδήλως, τὰ δ' ἐφ' ἑκάτερα τῶν κατὰ τὸ μῆκος οἰκουμένων ἐπί τε Ἡρακλείας στήλας καὶ ἐπὶ τὴν Ἰνδικὴν τῷ ὑπὸ θαλάσσης διαλαμβάνεσθαι, οὐ τῷ ἀοίκητα εἶναι οὐ φαίνεται συνείροντα, ὡς πᾶσαν ἐν κύκλῳ φαίνεσθαι περιοικουμένην.

p. 362b30 Ἐπεὶ δ' ὁμοίως ἔχειν ἀνάγκη τόπον τινὰ πρὸς τὸν ἕτερον πόλον.

Δείξας τὴν θέσιν τῆς καθ' ἡμᾶς οἰκουμένης, καὶ ὅτι ὁ μὲν βορρᾶς ἀπὸ τῶν περὶ τὴν ἄρκτον τόπων πρὸς ἡμᾶς πνεῖ, ὁ δὲ νότος ἀπὸ τῆς μεσημβρίας, ἔστι δ' ἡ καθ' ἡμᾶς μεσημβρία κατὰ τὸν θερινὸν τροπικόν,

1 τὸ μὲν I 2 κύκλου] fort. κύκλῳ 4 ὑπ' αὐτοῦ om. AWa τοῦτε I 6 τὸ κύκλω AWa post τούτων add. τὸ AW 9 ἢ] καὶ W 10 αὐτὸν I μὴ πολὺ κωλύει Wa: μὴ κωλύει πολὺ A 11 τούτου ῷ ἐστὶ I 12 εἶπε — πόλων om. Wa τῆς γῆς — εἰπὼν om. A ἐπεὶ scripsi: ἐπὶ I 13 δὲ om. I 14 πλοῦς Arist.: πόλους libri ἀοίκητοι γὰρ delevi 18 τὸ om. AWa 19 τὸ ante πλάτος om. AWa 22 τοῦ ἐξ] τοῦ ἔξω AW: τῆς ἔξω I 23 τὴν μεσημβρίαν I 26 τε καὶ συντιθεμένων om. W 27 εἴληπται om. AWa 27. 28 προδήλως τὰ δ' ἐφ' ἑκάτερα om. AW 28 ἐφ' ἑκάτερα — οἰκουμένων] κατὰ μῆκος οἰκούμενα a 30 πᾶν AW

μέτεισιν ἐπὶ τὴν πρὸς τῷ ἑτέρῳ πόλῳ οἰκουμένην, ἥτις ὁμοίαν ἔχει θέσιν πρὸς τὸν ἥλιον, ὡς ἡ ἐνταῦθα οἰκουμένη. καὶ ἐπεὶ ἐκεῖνος ὁ τόπος ὁμοίως ἔχει πρὸς τὸν ἐκεῖ πόλον, ὡς ὁ ἐνταῦθα πρὸς τὸν ὑπὲρ ἡμᾶς ἔχει πόλον, δῆλόν φησιν εἶναι ὡς τά τε ἄλλα ἀναλόγως ἕξει τὰ ἐκεῖ τοῖς ἐνθάδε καὶ δὴ καὶ ἡ τῶν πνευμάτων σύστασίς τε καὶ θέσις· ὥστε ἔσται, καθάπερ ἐνταῦθα πνεῖ ὁ βορρᾶς ἀπὸ τῶν πρὸς τῷ πόλῳ τόπων τῶν κατεψυγμένων, οὕτως κἀκεῖ τις ἄνεμος ἀπὸ τῶν πρὸς τῷ πόλῳ τόπων τῶν κατεψυγμένων πνέων καὶ ἀπὸ τῆς ἐκεῖ ἄρκτου, τουτέστιν ἀπὸ τοῦ πόλου τοῦ ἐκεῖ, ὃν ἀδύνατον διικνεῖσθαι μέχρις ἡμῶν. ὁ γοῦν βορέας ὁ παρ' ἡμῖν οὐ μόνον οὐ πνεῖ μέχρις ἐκείνων, ἀλλ' οὐδὲ ἐπὶ πᾶσαν ἐξικνεῖται τὴν ἐνταῦθα οἰκουμένην. ἔστι γάρ, φησίν, ὥσπερ ἀπόγειον τὸ πνεῦμα τὸ βόρειον· ἀπόγεια δὲ λέγεται πνεύματα τὰ μὴ πολὺ τῆς χώρας ἀφ' ἧς ἄρχεται πνεῖν προϊόντα. πλεῖστοι γὰρ βορέαι δοκοῦσιν ἡμῖν πνεῖν διὰ τὸ τὴν ἡμετέραν οἴκησιν πρὸς τῇ ἄρκτῳ κεῖσθαι, ἀφ' ἧς οὗτος πνεῖ· ὅμως μὲν καὶ ἐν ταύτῃ ἐπιλείπει καὶ οὐκ ἐπὶ πολὺ προκόπτει. περὶ γοῦν τὴν ἔξω Λιβύης θάλασσαν τὴν νοτίαν, ὡς ἐνταῦθα οἱ βορέαι καὶ οἱ νότοι πνέουσιν, οὕτως ἐκεῖ πάλιν οὐχ οὗτοι, ἀλλ' εὖροι καὶ ζέφυροι διαδεχόμενοι ἀλλήλους καὶ ἀντιπνέοντες ἀλλήλοις συνεχῶς πνέουσι. δῆλον δὲ ὅτι ὡς τῷ ἀπὸ τῆς ἄρκτου πνέοντι ἐνταῦθα ἀνέμῳ, ὅς ἐστι βορρᾶς, ἀνάλογον πνεῖ τις ἐκεῖ ἀπὸ τῆς ἄρκτου τῆς ἐκεῖ, οὕτως καὶ τῷ ἀπὸ τῆς θερινῆς τροπῆς πρὸς ἡμᾶς πάλιν φερομένῳ, ὅς ἐστι νότος, κἀκεῖ ἀπὸ τῆς χειμερινῆς τροπῆς ἔσται τις ἄνεμος πρὸς ἐκείνους τετραμμένος καὶ ἀντιπνέων τῷ ἀπὸ τοῦ πόλου.

p. 363a8 Ὅτι μὲν οὖν νότος οὐκ ἔστιν.

Δείξας ὅτι μὴ ἔστι νότος ὁ παρ' ἡμῖν πνέων ἄνεμος πρὸς ἡμᾶς 104r
ἀπὸ τοῦ ἑτέρου πόλου, φησὶν ὅτι μηδὲ ἀπὸ τῆς χειμερινῆς τροπῆς πνέων ἄνεμος ὁ παρ' ἡμῖν νότος ἔστιν. εἰ γὰρ τοῦτο, δέοι ἂν ἄλλον πάλιν ἄνεμον πνεῖν ἀπὸ θερινῶν τροπῶν· οὕτως γὰρ τὸ ἀνάλογον ἀποδοθήσεται. οὐ μὴν ἔστιν· εἷς γὰρ μόνος ἄνεμος φαίνεται πνέων ἐναντίος τῷ βορρᾷ ἀπ' ἐκείνων τῶν τόπων, ὥστε ἀνάγκη νότον πνεῖν ἀπὸ θερινῆς τροπῆς καὶ τῆς διακεκαυμένης χώρας. πᾶν δὲ τὸ ἀπὸ τοῦ θερινοῦ τροπικοῦ μέχρι τοῦ ἰσημερινοῦ διάστημα θερινὴν τροπὴν ἔθος αὐτῷ λέγειν. τοῦτον δή φησι τὸν διακεκαυμένον τόπον διὰ τὴν τοῦ ἡλίου γειτνίασιν, οὐκ ἔχειν ὕδατα καὶ νομάς, νομὰς λέγων τὰς χορηγίας τῷ ὕδατι ὡσανεὶ ὕδα-

---

1 θέσιν ἔχει coll. a   3 ὁ om. I   4 post εἶναι add. ὅτι AWa   τε om. AWa   5 σύστασις] στάσις AWa   τε] δὲ I   7 οὕτως — κατεψυγμένων (8) om. AWa   9 post ἐκεῖ add. τὶς ἄνεμος πνέων a   11 ἀπόγιον et ἀπόγια (12) I   12 τὰ om. AW   πνεῖν] πᾶν a   πνεῖν — ἡμῖν (13) om. A   14 οὕτως W   μὲν] μέντοι a   15 διακόπτει AWa   20 πρὸς ἡμᾶς — τροπῆς (21) om. a   21 πάλιν ante τροπῆς (20) exh. A: ante πρὸς W   23 οὖν νότος IW Arist. E: post οὖν add. ὁ Aa Arist. FHN   24 παρ' ἡμῖν ὁ coll. AWa   28 ἐναντίως A   30 τὸ om. a   31 λέγει a   32 δέ φησι W

τος τροφάς, αἵτινες διὰ τὴν πῆξιν, ὅταν λύωνται, ποιήσουσιν ἐτησίας, ἀνταποδιδοὺς τοῦτο πρὸς ὃ εἶπε μετὰ τὴν ἀπορηθεῖσαν ἀπορίαν, διὰ ποίαν αἰτίαν βορέαι μὲν ἐτησίαι εἰσί τε καὶ πνέουσι, νότοι δ' οὔ. εἶπε γὰρ ἐκεῖ "ἔχει γὰρ οὐκ ἀλόγως." ὅτι οὖν μὴ ἀλόγως ἔχει τὸ μὴ εἶναι νότους ἐτησίας, ἀπέδωκε νῦν. διὰ μέντοι τὸ τὸν τόπον εἶναι πολὺ πλείω ἐκεῖνον καὶ ἀναπεπταμένον, ἀφ' οὗ ὁ νότος πνεῖ, τοῦ τόπου τοῦ ἀφ' οὗ ὁ βορρᾶς (πολὺ γὰρ μείζων τε καὶ πλατυτέρα ἡ διακεκαυμένη τῶν πρὸς τῇ ἄρκτῳ μερῶν) μείζων καὶ πλείων καὶ μᾶλλον ἀλεεινὸς ἄνεμος ὁ νότος ἐστὶ τοῦ βορέου, καὶ μᾶλλον ἐκεῖνος πρὸς ἡμᾶς διαβαίνει ἢ ὁ βορρᾶς ἐκεῖ. τίς μὲν οὖν αἰτία τούτων ἐστὶ τῶν ἀνέμων· τούτων, τοῦ τε βορρᾶ καὶ τοῦ νότου· περὶ γὰρ τούτων πεποίηται τὸν λόγον. ὑπομιμνήσκει δὲ πάλιν διὰ τούτων τῶν δεδειγμένων.

Μέτεισιν ἑξῆς ἐπὶ τὸν περὶ τῆς θέσεως τῶν ἀνέμων λόγον καὶ τὸ 104v δεῖξαι, τίνες αὐτῶν ἐναντίοι εἰσί, καὶ τίνες μὲν αὐτῶν ἅμα πνεῖν ἀλλήλοις οἷοί τε, τίνες δὲ ἀδύνατοι· ἔτι τε περὶ τοῦ πλήθους αὐτῶν καὶ περὶ τῶν ἄλλων παθῶν τῶν ὑπαρχόντων αὐτοῖς, ὅσα μὴ φθάνει εἰρῆσθαι ἐν τοῖς προβλήμασι τοῖς κατὰ μέρος. δεῖν δέ φησι τὰ περὶ τῆς θέσεως αὐτῶν λεγόμενα ἐκ τῆς ὑπογραφῆς καὶ τοῦ διαγράμματος θεωρεῖν. καὶ ὑπογράφει τὸ διάγραμμα καὶ λέγει περὶ αὐτοῦ ὅτι γέγραπται μὲν ὑπὲρ τοῦ μᾶλλον εὐσήμως καὶ φανερῶς ἔχειν ὁ τοῦ ὁρίζοντος κύκλος στρογγύλος, ἀφ' οὗ οἱ ἄνεμοι πνέουσι, δεῖ δὲ νοεῖν τοῦτον τὸν καταγεγραμμένον ὁρίζοντα μὴ ὡς πάσης τῆς γῆς ὁρίζοντα, ἀλλ' ὡς τοῦ ἐκτμήματος τῆς γῆς τοῦ κατὰ τὴν ἡμετέραν οἰκουμένην, ὃ οὐκέτ' ἂν εἴη κύκλος. ὡς γὰρ ἐπὶ τοῦ κυκλικοῦ ὁρίζοντος ἡ διαίρεσις τῶν ἀνέμων δείκνυται, οὕτως ἔσται καὶ τὸ οἰκούμενον μέρος διελεῖν τῇ τῶν ἀνέμων διαλήψει. πρῶτον δὲ μέλλων λέγειν περὶ ἐναντίων ἀνέμων, τί ἐστι τὸ κατὰ τόπον ἐναντίον προλαμβάνει· τὰ γὰρ πλεῖστον ἀλλήλων κατὰ τόπον ἀπέχοντα· πλεῖστον δὲ ἀπέχει ταῦτα, τὰ κατὰ διάμετρον ἀλλήλοις ἐν τῷ κύκλῳ κείμενα. ἐπὶ τούτοις ἐπὶ τοῦ ἐκκειμένου κύκλου, ὃν ὁρίζοντα εἶπε, λαμβάνει τινὰ σημεῖα, καὶ πρῶτον μὲν τὸ Α ὑποτίθεται εἶναι δυσμὴν ἰσημερινήν,

1 πῆξιν I Arist. E[1]FH: τῆξιν AWa Arist. N corr. E λύονται IWA 2 πρὸς ἃ AWa 3 τε om. Aa 4 ἐκεῖ — γὰρ] ὧδε AWa ἐκεῖ] p. 362a13 ἔχει δ' οὐκ Arist. ἔχει post ἀλόγως ex ἔχῃ corr. W 5 τὸ om. AWa 6 ἐκείνων AWa ἀναπεπασμένον A: ἀναπεπαυμένον W τοῦ post τόπου scripsi: τὸ I: om. AWa 7 τε om. Aa 8 τῇ om. a μείζων om. I ἀληθινὸς I ὁ νότος] οὗτος A 9 βορείου AW διακύπτει AWa βορέας AWa 10 post οὖν add. φησιν a ἐστὶ τούτων coll. I post ἀνέμων ex Arist. add. καὶ πῶς ἔχουσι πρὸς ἀλλήλους εἴρηται Aa 11 βορέου Aa: βορέα W 13 λόγων ex λόγον corr. W 14 τίνας bis AWa 15 οἷόν τε AWa ἀδύνατον AWa τε om. AWa 16 φθάνῃ A 17 φασὶ A[1] 19 τὸ] τί AWa 20 εὐσίμως I 22 post γῆς add. ὄντα AWa 23 ὃ] ὃς a 25 διελεῖν om. AWa διαλήψει] η in ras. A: διαλείψει I 26 λέγει a 26. 27 προσλαμβάνει I: λαμβάνει a 27 post προλαμβάνει add. ἐναντία λέγων κατὰ τόπον τὰ πλεῖστον ἀπέχοντα κατὰ τόπον, ὥσπερ κατ' εἶδος ἐναντία a γὰρ om. a ἀλλήλων κατὰ τόπον om. a: κατὰ τόπον om. AW post ἀπέχοντα add. κατὰ τὸ εἶδος a, κατ' εἶδος AW 30 καὶ om. IW

ἐναντίον δὲ τούτῳ καὶ κατὰ διάμετρον τὸ Β ἀνατολὴν ἰσημερινήν. εἰλήφθω οὖν τὰ εἰρημένα σημεῖα καὶ διήχθω ἡ ΑΒ διάμετρος. ἄλλη δέ, φησίν, ἤχθω διάμετρος ἐν τῷ κύκλῳ πρὸς ὀρθὰς τέμνουσα τὴν ΑΒ διάμετρον, ἡ ΗΘ, ἧς τὸ μὲν πρὸς τὸ Η ἔστω ἄρκτος, τὸ δὲ Θ, ὃν ἐξ ἐναντίας αὐτῷ, μεσημβρία. πάλιν δὲ λαμβάνει ἐπὶ τοῦ κύκλου σημεῖον μεταξὺ τοῦ Η καὶ τοῦ Β τὸ Ζ, ὃ ὑποτίθεται εἶναι ἀνατολὴν θερινήν· ᾧ Ζ καταντικρὺ κείμενον τὸ Ε οὐ κατὰ διάμετρον, ⟨ἀλλ' ἐπ' εὐθείας⟩ λαμβάνει ὡς ὂν δυσμὴν θερινήν. πάλιν δὲ μεταξὺ τοῦ Β καὶ Θ λαμβάνει σημεῖον τὸ Δ, ὃ ὑποτίθεται εἶναι ἀνατολὴν χειμερινήν· ᾧ πάλιν οὐ κατὰ διάμετρον ἀλλ' ἐπ' εὐθείας καταντικρὺ τὸ Γ, ὃν δυσμὴν χειμερινήν. ἔπειτα ἐπιζευγνύει ἀπὸ μὲν τοῦ Ζ ἐπὶ τὸ Γ εὐθεῖαν, ἀπὸ δὲ τοῦ Δ ἐπὶ τὸ Ε· ταῦτα γὰρ κατὰ διάμετρον ἀλλήλοις κεῖται. ταῦτα δ' ὑπογράψας μετὰ ταῦτα δείκνυσι τὰς θέσεις τῶν ἀνέμων, καὶ τίνες τίσιν εἰσὶν ἐναντίοι. καὶ ἐπεὶ τὰ πλεῖστον ἀπέχοντα ἀλλήλων κατὰ τόπον ἐναντία, τὰ κατὰ διάμετρον δὲ πλεῖστον ἀλλήλων ἀπέχει, δῆλόν φησιν εἶναι διότι καὶ τῶν πνευμάτων ἐναντία ἀλλήλοις εἰσὶ τὰ κατὰ διάμετρον. οὐ λαμβάνει δὲ τὰς διὰ κέντρου διαμέτρους, ὅτι τὴν ἀρχὴν οὔτε κύκλος οὔτε σφαῖρά ἐστιν ἡ οἰκουμένη, ἀλλὰ σφαίρας ἔκτμημα τυμπανοειδές· διὸ τῷ ἐξ ἐναντίας ὁρίζει τὴν διάμετρον. ἐφ' οἷς τίς ἡ θέσις τῶν ἀνέμων λαμβάνει, καὶ τίθησιν ἐπὶ μὲν τῷ Α, ὃ ἦν ἰσημερινὴ δυσμή, ζέφυρον, ἐπὶ δὲ τῷ Β, τῇ ἰσημερινῇ ἀνατολῇ, ἣ ἐστι κατὰ διάμετρον τῷ Α, ἀπηλιώτην, ὃν Θεόφραστος λέγει παρὰ μὲν Σικελιώταις Ἑλλησποντίαν καλεῖσθαι, παρὰ δὲ Φοίνιξι κάρβαν, Βερεκυντίαν δὲ ἐν Πόντῳ· πάλιν δὲ ἐπὶ μὲν τῷ Η, ὅπερ ἦν ἄρκτος, βορέαν ἀπαρκτίαν, ἐπὶ δὲ τοῦ Θ, ὅ ἐστιν ἐναντίον τῷ Η (κατὰ διάμετρον γὰρ καὶ ἔστι μεσημβρία) νότον· ἐπὶ δὲ τοῦ Ζ, ὅπερ ἦν θερινὴ ἀνατολή, καικίαν, ᾧ ἐναντίον τὸν κατὰ διάμετρον ἀφεστῶτα αὐτοῦ τίθησιν, οὐ τὸν ἐπ' εὐθείας αὐτῷ κείμενον. ἔστι δὲ κατὰ διάμετρον μὲν τῷ Ζ κείμενον τὸ Γ, ἐπ' εὐθείας δὲ τὸ Ε. ἐπὶ δὲ τοῦ Γ, ὅ ἐστι δυσμὴ χειμερινή, τὸν λίβα τίθησιν, ὡς ὄντα ἐναντίον τῷ καικίᾳ· πάλιν δὲ ἐπὶ τοῦ Δ, ὅ ἐστι χειμερινὴ ἀνατολή, εὖρον γειτνιῶντα τῷ νότῳ, καὶ ἐπὶ τοῦ Ε, ὅ ἐστι κατὰ διάμετρον ἀφεστὸς τοῦ Δ ὂν δύσις θερινή, τὸν ὑπό τινων μὲν ἀργέστην καλούμενον, Ὀλυμπίαν δ' ὑπ' ἄλλων καὶ σκίρωνα, ὀνομάζουσι δέ τινες τὸν ἄνεμον τοῦτον καὶ Ἰάπυγα, ὡς Θεόφραστος λέγει. ἔστι μὲν γὰρ ἐπ' εὐθείας κείμενον τῷ Δ τὸ Γ, ὥσπερ καὶ τῷ Ζ τὸ Ε· ἀλλ'

---

1 ἐναντίον — ἰσημερινήν om. I 2 οὖν om. AWa 4 πρὸς τῷ AW ἔσται AWa 7 ἀλλ' ἐπ' εὐθείας addidi coll. v. 10 8 καὶ τοῦ ϑ a 10 ἀλλ' οὐ τὸ ἐπ' εὐθείας a 11 μὲν om. a 12 δὴ ὑπογράψας AWa 13 τίνες εἰσὶ τίσιν AW 14 ἐπεὶ] ἐπὶ a κατὰ τόπον ἐναντία — πλεῖστον ἀλλήλων (15) iterat A 16 εἰσὶ] ἔσται AWa 18 τῷ] τὸ I 20 τὸ α Ia τὸ β I 21 τὸν α I 21. 22 Θεόφραστος] de ventis X 62 (III p. 115 Wimmer) 22 σικελιώτης AIa ἑλλησποντία A 24 post ἦν add. ἡ AWa τοῦ η I 25 καὶ] ὅπερ I 26 καικία A ὧν AW τὸ κατὰ AW 27 αὐτῷ] αὐτοῦ I τοῦ ζ I 29 ἐναντίον τε τῷ καικίᾳ καὶ κατὰ διάμετρον. πάλιν AWa 31 ἀφεστὼς libri 32 σκείρωνα Aa 33 Θεόφραστος] nescio quo loco 34 post ὥσπερ add. ἦν AWa

οὐ τὰ ἁπλῶς ἐπ' εὐθείας ἀλλήλοις κείμενα ἦν ἐναντία, ἀλλὰ τὰ κατὰ διάμετρον. καὶ τούτους μὲν εἶναί φησι τοὺς κατὰ διάμετρόν τε ἀλλήλοις κειμένους ἀνέμους καὶ ἐναντίους ἀλλήλοις, τοὺς ὀκτώ. ἄλλους δὲ παρὰ τούτους εἶναί φησιν, οἳ οὐκ ἔχουσιν ἐναντίους αὐτοῖς κατὰ διάμετρον κειμένους· ἕνα μὲν τὸν μεταξὺ κείμενον ἀπαρκτίου, ᾧ ἐναντίος νότος, καὶ ἀργέστου καὶ σκίρωνος, ᾧ ἐναντίος εὖρος, τὸν καλούμενον θρασκίαν, κείμενον ἐπὶ τοῦ Ι, ἄλλον δέ, ὃν μεταξὺ πάλιν φησὶ κεῖσθαι τοῦ τε ἀπαρκτίου καὶ τοῦ καικίου, ᾧ ἐναντίος λίψ, τὸν καλούμενον μέσην, κείμενον ἐπὶ τοῦ Κ. τὴν δὲ ἐπιζευγνυμένην ἀπὸ τοῦ Ι ἐπὶ τὸ Κ εὐθεῖαν, ἣν διάμετρον κοινότερον ὠνόμακεν (οὐ γάρ ἐστι διάμετρος τοῦ ὁρίζοντος) βούλεσθαι μέν φησιν εἶναι κατὰ τὸν ἀεὶ φανερὸν κύκλον, ὃν ἀρκτικὸν καλοῦσι, τουτέστι βούλεσθαι μὲν εἶναι κατὰ διάμετρον τοῦ κύκλου, οὐ μὴν πάντῃ ἐξακριβοῦν, ἀλλὰ παραλλάσσειν ἐπί τι. ἐναντία δέ φησι μὴ εἶναι πνεύματα τοῖς ἀνέμοις τούτοις, μήτε τῷ μέσῃ, ὃς μέσης μεταξὺ πνεῖ τοῦ τε ἀπαρκτίου

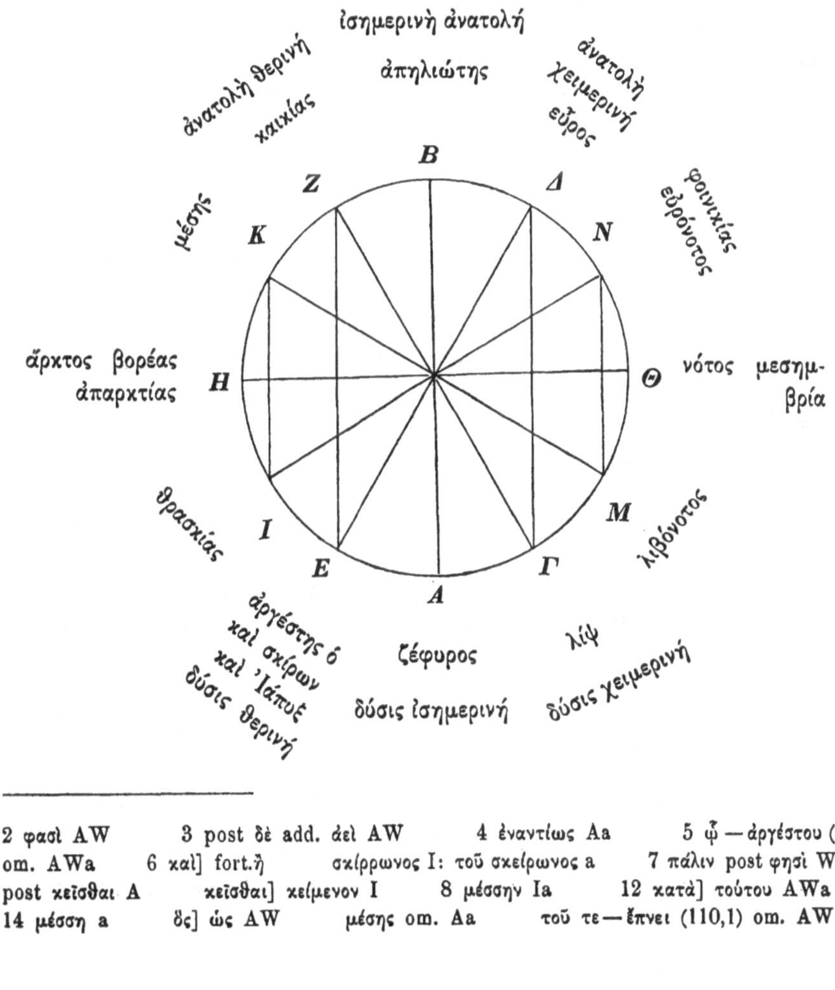

2 φασὶ AW 3 post δὲ add. ἀεὶ AW 4 ἐναντίως Aa 5 ᾧ — ἀργέστου (6) om. AWa 6 καὶ] fort. ἢ σκίρρωνος I: τοῦ σκείρωνος a 7 πάλιν post φησὶ Wa, post κεῖσθαι A κεῖσθαι] κείμενον I 8 μέσσην Ia 12 κατὰ] τούτου AWa 14 μέσσῃ a ὃς] ὡς AW μέσης om. Aa τοῦ τε — ἔπνει (110,1) om. AW

καὶ τοῦ καικίου (ἔπνει γὰρ ἄν τις, φησίν, ἀπὸ τοῦ Μ, τουτέστι μεταξὺ τοῦ τε νότου καὶ τοῦ λιβός· τοῦτο γὰρ κατὰ διάμετρον τῷ Κ, ἀφ' οὗ ὁ μέσης) μήτε τῷ θρασκίᾳ, ὃς μεταξὺ πνεῖ τοῦ τε ἀπαρκτίου καὶ τοῦ σκίρωνος (ἔπνει γὰρ ἄν τις μεταξὺ τοῦ τε εὔρου καὶ τοῦ νότου ἀπὸ τοῦ Ν· τοῦτο γὰρ τὸ κατὰ διάμετρον τῷ Ι), εἰ μὴ ἐπ' ὀλίγον φησὶ πνεῖν τινα, ὃν καλεῖσθαι ὑπὸ τῶν περὶ ἐκεῖνον τὸν τόπον φοινικίαν. τινὲς μέντοι τῶν ὑστέρων καὶ ἀπὸ τοῦ Μ λέγουσιν πνεῖν τὸν λιβόνοτον καλούμενον, καὶ διὰ τοῦτο δεκαδύο τοὺς ἀνέμους ποιοῦσιν. ἐκθέμενος δέ, καθὰ προείρηται, ἀνέμους δέκα καὶ ἕνα ταῦτά φησιν εἶναι τὰ διωρισμένα καὶ διακεκριμένα πνεύματα, καὶ ταύτην τὴν τάξιν ἔχειν. |

Ἑξῆς δὲ τὰς αἰτίας ἀποδίδωσι τοῦ πλείους ἀνέμους πνεῖν ἀπὸ τῶν 105r πρὸς ἄρκτον τόπων ἢ τῶν ἀντικειμένων αὐτοῖς, ἅ ἐστι τὰ μεσημβρινά. φησὶ δὴ τούτου αἰτίαν εἶναι πρώτην μὲν τὸ τὴν οἰκουμένην ὑφ' ἡμῶν πλησίον κεῖσθαι τῶν τόπων τούτων· πάντα γὰρ τὰ γινόμενα πνεύματα ἀπ' αὐτῶν φανερὰ γίνεται καὶ οὐ λανθάνει. δευτέραν δὲ ὅτι εἰς τοῦτον τὸν τόπον, ἅτε πόρρω ὄντα τοῦ ἡλίου, πολλῷ πλείω ὕδατά τε καὶ νέφη συνωθεῖται καὶ χιόνες πήγνυνται· ὁ γὰρ μεσημβρινὸς τόπος ἐλάττω ταῦτα ἔχει διὰ τὸ ὑποκεῖσθαι τῇ τοῦ ἡλίου φορᾷ. γίνεται μὲν γὰρ καὶ ἐν ἐκείνῳ ὕδατά τε καὶ ἀναθυμιάσεις ὑγραὶ κατὰ τὰς ἀποχωρήσεις τοῦ ἡλίου (οὐ γὰρ ἀεὶ κατὰ τὰ αὐτὰ μέρη τῶν κατὰ μεσημβρίαν ἐστίν) ἀλλ' οὐ τοσαῦτα. καὶ γὰρ ἀοίκητά ἐστιν οὐχ ὅτι ἀεὶ καύματα ἔχει καὶ δυσκρασίαν, ἀλλ' ὅτι ποτὲ τοιαῦτα ἔχει (κατὰ γὰρ τὴν τοῦ ἡλίου ἔφοδον), ἃ δι' ὑπερβολὴν φθαρτικὰ τῶν ἐμψύχων ἐστὶ διά τε ξηρότητα καὶ θερμότητα. τῶν δὴ ὑδάτων καὶ τῶν χιόνων τῶν περὶ τὴν ἄρκτον, ἃ πολλά ἐστι, τηκομένων καὶ ὑπὸ τῆς προσόδου τοῦ ἡλίου (ἐγγυτάτω γὰρ αὐτῶν γίνεται κατὰ τὸν θερινὸν τροπικόν) θερμαινομένης τῆς γῆς, ἀναγκαῖον πλείους τε καὶ ἐπὶ πλεῖστον τόπον γίνεσθαι τὰς ἀναθυμιάσεις, ἀφ' ὧν οἱ ἄνεμοι. |

Καὶ ἃ προστίθησι δὲ ἐφεξῆς διακρίνων τὰ πνεύματα τὰ βόρεια καὶ τὰ νότια καὶ τὰ κοινὰ γνώριμα· σαφῶς γὰρ περὶ αὐτῶν λέγει. ζέφυρον δὲ λέγει καὶ τὸν ἀργέστην εἶναι, ὃς καὶ σκίρων καλεῖται, ὡς καὶ αὐτὸν ἀπὸ δυσμῆς τε πνέοντα καὶ παρακείμενον τῷ ζεφύρῳ. διακρίνας δὲ πρῶτον τοὺς ἀνέμους μετὰ ταῦτα λέγει ὅτι πάντων τῶν πνευμάτων τὰ μὲν βόρεια καλεῖται τὰ δὲ νότια, προστιθεμένων τῶν ἄλλων τούτοις κατὰ τὴν γειτνίασιν καὶ τὴν ὁμοιότητα. τῶν γὰρ ἑκατέροις γειτνιώντων τὰ μὲν ψυχρότερα προστίθεται τοῖς βορείοις, διὸ ὅ τε σκίρων καὶ ὁ ζέφυρος

---

2 τὸ κ Ι ἡ μέσης AW 3 μήτε] μήποτε A: οὔτε a σκείρωνος AWa 4 τὸ om. a 6 τὸν om. W τόπων W 7. 8 δώδεκα AWa 8 καθὰ προείρηται post ἕνα (9) exh. a 11 δὲ om. a αἰτίας] ἐναντίας A 14 τὸν τόπον τοῦτον AW 15 δὲ om. I 16 πολλὰ ὕδατα I 17 τὰ αὐτὰ AWa 19 ὑγρὰ a 21 καύματα] ὕδατα I 22 γὰρ om. a 23 τε om. I 24 δὴ ex corr. I 25 καὶ om. Aa 27 post ὧν add. καὶ A 28 Καὶ] Ταῦτα a δὲ om. a 28. 29 τὰ νότια καὶ βόρεια I 30 et 35 σκίρρων I: σκείρων a 32 πάντων] τούτων a τῶν om. I 33 κατά τε τὴν AWa 34 ἑκατέροις] οις in ras. A

βόρειοι, τὰ δὲ θερμότερα τῷ νότῳ, διὸ ὅ τε εὖρος καὶ ὁ ἀπηλιώτης νότιοι δοκοῦσιν εἶναι. ἐπὶ τούτοις πειρᾶται τὴν αἰτίαν ἀποδιδόναι τοῦ θερμότερα εἶναι τὰ πνεύματα τὰ ἀνατολικὰ τῶν δυσμικῶν. φησὶ δὴ τὰ μὲν ἀνατολικὰ πλείω χρόνον ὑπὸ τὸν ἥλιον εἶναι καὶ διὰ τοῦτο εἶναι θερμότερα, τὰ δὲ ἀπὸ δυσμῆς ἀπολείπειν τε θᾶττον τὸν ἥλιον καὶ προσιέναι αὐτοῖς καὶ πλησιάζειν βραδύτερον. εἴη δ' ἂν λέγων τὰ ἀνατολικὰ πλείω χρόνον ὑπὸ τὸν ἥλιον εἶναι, ὅτι ἀνατέλλων ὁ ἥλιος ἤδη τε κατὰ ταῦτά ἐστι καὶ μέχρι δυσμῆς μένει ἐπιλάμπων αὐτά, τὰ δὲ δυσμικὰ οὔτε εὐθὺς τῇ ἀνατολῇ ἤδη ἐπιλάμπεται, ἀλλὰ βραδύτερον αἱ ἀκτῖνες ἐπ' αὐτὰ αἱ τοῦ ἡλίου ἀφικνοῦνται, ὅταν τε γένηται κατὰ ταῦτα, εὐθὺς καταλείπει αὐτὰ δυόμενος καὶ οὐκ ἐπιμένει, ὥσπερ ἐπὶ τῶν ἀνατολικῶν· ταῦτα γὰρ εἰ καὶ παραλλάσσει προϊών, ἀλλὰ μένει γε ἔτι ἐπιλάμπων αὐτά. εἴη δ' ἂν κἀκεῖνο αἴτιον, ὅτι τὰ μὲν ἀνατολικὰ εὐθὺς κατὰ τὴν ἀρχὴν ὁ ἥλιος τῷ κατὰ ταῦτα γίνεσθαι μειζόνως θερμαίνει, οὐχ οὕτως δὲ τὰ δυσμικά, εἰ καὶ ἐπιλάμποι αὐτά, τῷ πόρρῳ ὢν μὴ ὁμοίως θερμαίνειν, προθερμανθέντα δὲ τὰ ἀνατολικὰ τῇ παρουσίᾳ τοῦ ἡλίου, συντηρεῖ ταύτην τὴν θερμότητα βοηθούμενα εἰς τοῦτο ὑπὸ τοῦ παραλλάξαντα τὸν ἥλιον ἔτι ἐφορᾶν αὐτὰ ἕως δύσεως· ὥστε ἣν ἐξ ἀρχῆς ἔσχε θερμότητα, φυλάσσειν πως αὐτὰ μέχρι δυσμῆς· τὰ δὲ δυσμικὰ οὔτε ἐν ἀρχῇ οὕτως θερμαίνεται, ὅταν τε κατ' αὐτὰ γενόμενος ὁ ἥλιος μάλιστα αὐτὰ θερμαίνῃ, οὐ φυλάσσει τὴν θερμότητα ταύτην τῷ εὐθέως καταλείπεσθαι ὑπ' αὐτοῦ, ὡς μηδὲ ὅλως ἔτι ὁρᾶσθαι ὑπ' αὐτοῦ. καὶ γίνεται οὕτως, ἢ εἰ καὶ ἴσον χρόνον τις ὑποθοῖτο ἡλιοῦσθαι τά τε ἀνατολικὰ καὶ τὰ δυσμικά, ἀλλὰ θερμότερα τὰ ἀνατολικὰ τῷ κατὰ τὴν ἀρχὴν εὐθέως θερμανθέντα δι' ὅλης ἡμέρας φυλάσσειν ταύτην τὴν θερμότητα.

Γνώριμα δὲ καὶ τὰ ἑξῆς προστιθέμενα περὶ τοῦ τίνες μὲν τῶν ἀνέμων ἅμα πνεῖν δύνανται, τίνες δὲ οὔ. τῷ δὲ ἀπὸ τῶν αὐτῶν μερῶν πνεῖν τόν τε καικίαν, ὃς ἐπὶ τοῦ Z κεῖται, καὶ τὸν εὖρον, ὃς ἐπὶ τοῦ Δ, ἐπὶ τὸ αὐτό φησι τοὺς πλέοντας δύνασθαι ἀμφοτέρους ἔχειν τοὺς ἀνέμους οὐρίους, καίτοι οὐκ ὄντας ἀλλήλοις τοὺς αὐτούς. σαφῆ δὲ καὶ ἃ λέγει περὶ τοῦ ταῖς ἐναντίαις ὥραις τοὺς ἀλλήλοις ἐναντίους ἀνέμους πνεῖν, καὶ εὔλογα. ἐναντίαι μὲν γὰρ ὧραι ἡ ἐαρινὴ ἰσημερία, προσιόντος ἀπὸ χειμερινῶν τροπῶν τοῦ ἡλίου τῷ θερινῷ τροπικῷ, τῇ μετοπωρινῇ ἰση-

---

1 νοτίῳ I ὁ post καὶ om. I νότοι I 2 ἐπεὶ a 3 δυσικῶν I 6 πλείονα AWa 7 post ἀνατέλλων add. τὲ AW, μὲν a post ἥλιος add. δύνων a τε om. AWa ταυτά AW 8 αὐτά om. I εὐθὺ I 9 ἐπ' αὐτὰ post βραδύτερον exh. a 10 ὅταν δὲ I 12 γε] τὲ I 14 ἐπιλάμπει a 15 ὂν AW 18 ἔσχε post ἣν (17) exh. AWa post δυσμῆς add. ὃ γὰρ οὐκ ἀρκεῖ δι' ὀλιγότητα πρὸς τὸ θερμανθῆναι, τοῦτο ἀρκεῖ πρὸς τὸ τηρεῖν τὴν εἶναι φθάνουσαν AWa 19 κατὰ ταῦτα AWa 22 ἢ om. AWa 23 καὶ τὰ — ἀνατολικά om. A 24 εὐθὺς AWa θερμανθέντι A post ὅλης add. τῆς a 26 δὲ om. a 26. 27 ἅμα πνεῖν τῶν ἀνέμων coll. AWa 27 τῷ] τῶν I: τὸ AW 29 πλέοντας ex πνέοντας corr. I 31 τοὺς add. I[2] ἀλλήλους W ἀνομοίους ἀνέμους AWa 32 εὔλογον AWa

μερίᾳ, ἣ γίνεται ἀπιόντος πάλιν τοῦ ἡλίου ἀπὸ τοῦ θερινοῦ τροπικοῦ καὶ προσιόντος τῷ χειμερινῷ τροπικῷ· πνεῖ δὲ τῇ μὲν ἐαρινῇ προσιόντος τοῦ ἡλίου καικίας ἄνεμος καὶ ὅλως τὰ ἐπὶ τάδε τοῦ θερινοῦ τροπικοῦ, οἷς πρόσεισι, ταῦτα δ' ἐστὶ τὰ περὶ τὴν ἄρκτον, τῇ δὲ μετοπωρινῇ πάλιν ἀπιόντος λίβες, οἵ εἰσιν ἐναντίοι τῷ καικίᾳ· ἐκείνοις γὰρ πάλιν πρόσεισι. πάλιν δὲ περὶ μὲν τὰς θερινὰς τροπὰς ζέφυροι, περὶ δὲ τὰς χειμερινὰς εὖροι καὶ ἀπηλιῶται δηλονότι· οὗτος γὰρ ἰδίως ἐναντίος τῷ ζεφύρῳ, ἀμφοτέρους δέ τινες ὡς ἕνα ὄντας εὔρους καλοῦσιν. |

Ἑξῆς δὲ λέγει περὶ τῶν ἀνέμων, τίνες εἰσὶν οἳ ἄλλοις πνέουσιν ἐπι- 106r βάλλουσί τε καὶ ἐπιπίπτουσιν αὐτοῖς καὶ κωλύουσιν αὐτούς, καὶ τὴν αἰτίαν δι' ἣν οὗτοι παρ' ἡμῖν τοῦτο ποιοῦσι λέγει. ἡ αὐτὴ δὲ αἰτία καὶ τοῦ τοὺς αὐτοὺς τούτους αἰθρίους εἶναι παρ' ἡμῖν. αἰθρίους δέ φησιν αὐτοὺς εἶναι, ὅταν μὴ ὦσι πάνυ ψυχροί· ὄντας γὰρ πάνυ ψυχροὺς μήτε μεγάλους οὕτως ἐπιπνεῖν καὶ ἀθρόους μήτε αἰθρίους εἶναι· τῇ γὰρ ψυχρότητι φθάνουσι τότε τὰ νέφη πηγνύντες πρὸ τοῦ ἀπώσασθαι. εἰπὼν δὲ αἰθρίους εἶναι τόν τε ἀπαρκτίαν καὶ τὸν θρασκίαν καὶ τὸν σκίρωνα, ἂν μὴ ὦσι πάνυ ψυχροί, ὡς φθάνειν πηγνύναι τὴν ἀναθυμίασίν τε καὶ τὰ νέφη πρὸ τοῦ ἀπωσθῆναι, περὶ τοῦ καικίου λέγει, ὃς οὐ πόρρω οὐδ' αὐτός ἐστι τοῦ ἀπαρκτίου. λέγει δὲ περὶ τούτου ὅτι μὴ ἀεί ἐστιν αἴθριος· οὗ αἰτίαν ἀποδίδωσι τὸ τὸ πνεῦμα τὸ ἀπὸ τοῦ καικίου ἀνακάμπτειν πάλιν ὅθεν ἄρχεται. οὐ γὰρ εὐθεῖαν εἰς τὰ πλάγια φέρεται, ἀλλὰ κυρτήν, ἔχουσαν τὸ κυρτὸν νενευκὸς πρὸς τῇ γῇ· ἀνανεῦον δὴ τὸ πνεῦμα καὶ προσπῖπτον τοῖς νέφεσιν οὐκ ἀπωθεῖ αὐτά, ἀλλὰ προσάγει τῷ τόπῳ, ὅθεν ὁ ἄνεμος οὗτος πνεῖ. τοῦτο δ' ἂν συμβαίνοι περὶ τὸν ἄνεμον τόνδε τῷ προσγειοτέρῳ αὐτῷ πνέοντι ἀντιπίπτειν τινὰς ἐξοχὰς τῆς γῆς κατὰ τοῦτο κειμένας καὶ ἀναστρέφειν εἰς τὸ ἄνω τὴν τοῦ πνεύματος φοράν. τὰς δὲ μεταβάσεις αὐτῶν καὶ περιστάσεις φησὶ γίνεσθαι παυομένων τῶν πρώτων εἰς τοὺς ἐχομένους καὶ ἐφεξῆς αὐτοῖς κατὰ τοῦτο, καθ' ὃ μέρος ὁ ἥλιος μεθίσταται προϊών, διὰ τὸ κινεῖσθαι μὲν μετὰ τὴν ἀρχὴν τὸ ἐχόμενον καὶ ἐφεξῆς τῇ ἀρχῇ, ἐχόμενα δὲ τοῦ πρώτου πνεύματος ὡς ἀρχῆς τὰ καθ' ἃ ὁ ἥλιος κινεῖται μέρη γειτνιῶντα αὐτῷ· οὗτος γὰρ ἀρχὴ καὶ αἴτιος τῆς τῶν ἀνέμων κινήσεως. λέγει μέντοι Θεόφραστος ἐνίοτε καὶ εἰς τοὺς ἐναντίους μεθίστασθαι τοὺς ἀνέμους· ὅταν γὰρ εἰς τὸ ἐναντίον ἀπώσωνται τὰ νέφη, πάλιν ἐκεῖθεν ἄρχεσθαι τὸ πνεῦμα. προστίθησι δὲ τοῖς προειρημένοις περὶ ἀνέμων καὶ τὸ τοὺς ἐναντίους ἀλλήλοις ἀνέμους ἢ τὸ αὐτὸ ποιεῖν ἀλλήλοις ἢ τὸ

---

2 τὴν μὲν ἐαρινὴν A 3 τὰ] τὰς I ἐπὶ τοῦδε AWa 7 δῆλον a ἐναντίως Aa 9 δὲ om. a 11 παύουσιν AWa λέγει] ἐπιφέρει a 12 post τούτους add. καὶ AWa 16 τόν τε σκείρωνα καὶ ἀπαρκτίαν καὶ τὸν θρασκίαν AWa σκίρρωνα I 17 ψυχρὸν a πήγνυσθαι AWa 18 πόρρω δ' αὐτός a 19 λέγει δὴ AWa ἀεὶ om. AWa 21 ἔχουσα AW 22 εἰς τὴν γῆν A δὴ] δὲ I 23 ἀποθεῖ A[1] 24 τόνδε] τόν τε I 25 τῆς γῆς — ἀναστρέφειν om. AWa ἀναστρέφειν scripsi: ἀναστρέφει I 26 μεταβάσεις] μεταβολὰς AWa 28 αὐτοῖς] αὐτῆς I 29 καὶ] δὲ I 32 Θεόφραστος] de ventis IX 52 (III p. 111 sq. Wimmer) 33 ἀπώσονται a

ἐναντίον, καὶ λέγει τίνες ταὐτὸ ποιοῦσιν· ἅμα δὲ τοῦτό τε λέγει καὶ τὰς τῶν ἀνέμων δυνάμεις καὶ τί ἕκαστος αὐτῶν ποιεῖ δείκνυσί τε καὶ ἐκτίθεται. ἐξ ὧν ἔστι λαβεῖν καὶ τίνες αὐτῶν ἐναντίοι ὄντες καὶ ποιητικοὶ ἐναντίων εἰσίν.

p. 364b30 Ἀστραπαῖοι δὲ μάλιστα.

Εἰπὼν αἰθρίους εἶναι τόν τε ἀπαρκτίαν καὶ τοὺς ἐφεξῆς αὐτῷ, τόν τε θρασκίαν καὶ τὸν ἀργέστην, ὅς ἐστι σκίρων, ἀστραπαίους δέ φησιν εἶναι αὐτούς τε τούτους καὶ μέσην, ὃς ὑπὲρ τὸν ἀπαρκτίαν κεῖται. καὶ διὰ τί οὗτοί εἰσιν ἀστραπαῖοι, λέγει· ψυχροὶ μὲν γάρ εἰσι διὰ τὸ ἐγγύθεν πνεῖν, τουτέστιν ἀπὸ τῶν ἀρκτικῶν μερῶν, ἅ ἐστι ψυχρά. γίνεται δὲ ἡ ἀστραπὴ διὰ τὸ ψυχρόν· πιλουμένων γὰρ διὰ τὴν ψυχρότητα τῶν νεφῶν τὸ ἐναπειλημμένον ἐν αὐτοῖς θερμὸν ἀπὸ τῆς τοιαύτης ἀναθυμιάσεως ἀθροιζόμενον εἰς ἓν ἀθρόον μετὰ βίας ἐκκρίνεται διὰ τὴν κίνησιν τὴν σφοδρὰν ἐκπυρωθέν, ὡς ἐρεῖ, ὅταν λέγῃ προηγουμένως περὶ τούτων. διὸ τῶν αὐτῶν τούτων ἀνέμων τινὰς καὶ χαλαζώδεις εἶναί φησι τῷ διὰ ψυχρότητα ταχέως τὸ ἐκκρινόμενον ὕδωρ πηγνύναι. ἐκνεφίας δὲ λέγει ἀνέμους γίνεσθαι μάλιστα μὲν μετοπώρου, εἶτα δὲ καὶ ἔαρος· μάλιστα δέ φησι τῶν ἀνέμων ἐκνεφίας γίνεσθαι ἀπαρκτίαν καὶ θρασκίαν καὶ ἀργέστην. καὶ αἰτίαν τοῦ τούτους γίνεσθαι τοιούτους ἀποδίδωσιν, ὅτι ἐκνεφίαι μὲν γίνονται, ὅταν ἄλλων πνεόντων ἀνέμων ἄλλοι ἐπιπεσόντες αὐτοῖς παύσωσιν αὐτούς· ὅταν γὰρ ἀπώσωνται τὰ νέφη οἱ πρῶτοι πνέοντες, οἱ ἐκ | τῶν ἐναντίων ἐπιπίπτοντες 106ʳ αὐτοῖς δοκοῦσιν ἐκ τῶν νεφῶν αὐτῶν πνεῖν· ἐπιπίπτουσι δὲ ἄλλοις πνέουσι μάλιστα οὗτοι οἱ ἄνεμοι, ὡς ἤδη προείρηκεν. οὗ αἰτία τὸ ἐγγύθεν τε αὐτοὺς πνεῖν καὶ διὰ τοῦτο σφοδρούς. τοὺς δὲ ἐτησίας φησὶ περιίστασθαι ἐκ τῶν ἀπαρκτίων τοῖς μὲν ἐπὶ δυσμὰς οἰκοῦσιν εἰς θρασκίας καὶ ἀργέστας καὶ ζεφύρους, τοῖς δὲ πρὸς ἕω πάλιν οἰκοῦσι περιίστανται μέχρι τοῦ ἀπηλιώτου δηλονότι εἰς μέσην τε καὶ καικίαν· οὗτοι γὰρ μεταξὺ ἀπαρκτίου τε καὶ ἀπηλιώτου. τὸ δὲ περιίστανται σημαίνοι ἂν τὸ μεθίστανται ἀρχόμενοι μὲν ἀπὸ τῆς ἄρκτου, τελευτῶντες δὲ τοῖς μὲν πρὸς τῇ δύσει οἰκοῦσιν εἰς τοὺς παρακειμένους τῷ ἀπαρκτίᾳ δυσμικοὺς ἀνέμους, τοῖς δὲ πρὸς ταῖς ἀνατολαῖς εἰς τοὺς τῶν ἀνατολικῶν ἀνέμων πάλιν τῷ ἀπαρκτίᾳ παρακειμένους. τὸ δὲ ὁ γὰρ ἀπαρκτίας ζέφυρός ἐστιν εἴη ἂν εἰρηκὼς ἴσον τῷ τούτοις γὰρ τοῖς πρὸς δυσμὰς οἰκοῦσιν ὁ ἀπαρκτίας ζέφυρός ἐστιν. περὶ μὲν οὖν ἀνέμων. ὑπομιμνήσκει πάλιν κατὰ τὸ σύνηθες αὐτῷ ἐπὶ κεφαλαίων περὶ τῶν περὶ ἀνέμων εἰρημένων.

1 τε om. I 5 αἰθρία a 6 σκίρρων I: σκείρων a ἀστραπαία a δέ om. AWa 7 μέσσην AW 8 ἐγγύθεν] ἐκεῖθεν Wa 14 φησι om. AIW 16 ἔαρος] ἀέρος W φησι post ἀνέμων exh. a 17. 18 τοῦ τούτους] τούτου τοῦ AWa 18 ὅτι om. I 19 ὅτε I 20 ἀπώσονται a 22 ὡς] οὗς I τε om. a 26 δῆλον a καὶ om. a ἀπαρκτικοῦ AWa 27 σημαίνει AW μεθίστανται om. AWa 28 τοῦ ἄρκτου A 30 ἀνέμους AWa 30. 31 πάλιν — παρακειμένους om. A 31 εἰρηκὸς I 31. 32 ἰσόντων I 32. 33 περὶ μὲν οὖν] εἰπὼν δὲ ταῦτα περὶ τῶν a 33 αὐτὸ A¹ 34 κεφαλαίω A post κεφαλαίων add. τῶν I post εἰρημένων add. βούλεται δὲ περὶ σεισμῶν εἰπεῖν A

p. 365a14 Περὶ δὲ σεισμοῦ καὶ κινήσεως γῆς μετὰ ταῦτα λεκτέον.

Προτίθεται μὲν περὶ σεισμῶν εἰπεῖν, λέγει δὲ καὶ τὴν αἰτίαν, δι' ἣν μετὰ τὸν περὶ ἀνέμων λόγον περὶ σεισμῶν λέγει· ἡ γὰρ τοῦ κατὰ τοὺς σεισμοὺς γινομένου πάθους αἰτία ἔχεται τούτου τοῦ γένους, λέγων τούτου τοῦ γένους ἤτοι ταύτης τῆς πραγματείας ἢ τούτου τοῦ γένους τοῦ περὶ τῶν ἀνέμων· ἡ γὰρ αὐτὴ ἀναθυμίασις, ὡς προϊὼν δείξει, τῶν τε ἀνέμων καὶ τῶν σεισμῶν ἐστιν αἰτία. πρῶτον δὲ πάλιν καὶ ἐνταῦθα κατὰ τὸ σύνηθες αὐτῷ, τὰς προκαταβεβλημένας τε καὶ προειρημένας ὑπό τινων περὶ τῶν σεισμῶν δόξας τίθησί τε καὶ ἐξετάζει. τρεῖς δέ φησιν εἶναι μέχρις αὐτοῦ δόξας εἰρημένας περὶ σεισμῶν, καὶ παρὰ τριῶν. καὶ πρῶτος μὲν Ἀναξιμένης ὁ Μιλήσιος, δεύτερος δὲ Ἀναξαγόρας ὁ Κλαζομένιος, καὶ τρίτος Δημόκριτος ὁ Ἀβδηρίτης ἀπεφήναντό τι περὶ σεισμῶν. ἔστι δ' ἡ μὲν Ἀναξαγόρου δόξα τοιαύτη· φησὶ τὸν αἰθέρα πεφυκότα φέρεσθαι ἄνω, ἐμπίπτοντα δὲ εἰς τὰ κάτω τῆς γῆς κοῖλα κινεῖν αὐτήν, ἄνω μὲν λέγων τῆς γῆς τὴν ἐπιφάνειαν, ἐφ' ἧς οἰκοῦμεν ἡμεῖς, κάτω δὲ τὸ ὑπὸ τὴν γῆν καὶ ἐκείνην αὐτὴν τὴν ἐπιφάνειαν· ὧν τὴν μὲν ἐφ' ἧς ἡμεῖς οἰκοῦμεν συναληλίφθαι τε καὶ ἡνῶσθαι ὑπὸ τῶν ὄμβρων, τὴν δὲ κάτω σομφήν τε εἶναι καὶ ἔχουσαν διαστήματα· πᾶσαν γὰρ τὴν γῆν εἶναι σομφὴν φύσει· τὸν οὖν αἰθέρα τὸν ὑπὸ τῇ γῇ, πεφυκότα ἄνω φέρεσθαι εἰς τὰ ὑπὲρ ἡμᾶς, ἐν τῇ ἀνόδῳ ἐμπίπτοντα εἰς τὰ κοῖλα καὶ σομφὰ τῆς γῆς κινεῖν αὐτήν, καὶ οὕτω γίνεσθαι τοὺς σεισμούς. ὡς οὔσης δὲ τῆς γῆς πλατείας καὶ διὰ τοῦτο ἐποχουμένης τῷ ὑποκειμένῳ ἀέρι καὶ μενούσης ἔνθα ἐστί, λέγει ταῦτα. ἱστορήσας δὲ τὴν δόξαν αὐτοῦ οὐδὲν ἴσως φησὶ δεῖν πρὸς ταύτην τὴν δόξαν λέγειν, λίαν ἁπλῶς τε καὶ ἐπιπολαίως καὶ ἀνεξετάστως εἰρημένην. τό τε γὰρ τὸ ἄνω καὶ τὸ κάτω διαιρεῖν οὕτως, ὥστε τὸ μὲν ὑπὸ τῇ γῇ κάτω ἡγεῖσθαι εἶναι, τὸ δ' ὑπὲρ γῆν ἄνω, καὶ μὴ ὑπολαμβάνειν ὅτι ἡ γῆ ἐστι κάτω ὁμοίως τοῖς πανταχόθεν τῆς γῆς, ὡς ἐπὶ ταύτην κατὰ φύσιν φέρεσθαι τὰ πανταχόθεν βάρη, εὔηθες, καὶ ταῦτα, φησίν, ὁρῶντα τὸν ὁρίζοντα τὴν οἰκουμένην, ὅσην ἡμεῖς ἴσμεν, μεθισταμένων ἀεὶ ἄλλον καὶ ἄλλον γινόμενον, ὃ σημεῖόν ἐστι τοῦ σφαιροειδῆ τὴν γῆν, ἀλλὰ μὴ πλατεῖαν εἶναι· εἰ γὰρ ἦν πλατεῖα, ὁ αὐτὸς ἂν ὁρίζων ἔμενε πανταχοῦ μεθισταμένοις. εἰ δέ ἐστι σφαιροειδής, ψεῦδος ἂν εἴη τὸ πλατεῖαν αὐτὴν οὖσαν καὶ ἐποχουμένην τῷ ἀέρι ὑπὸ τοῦ ἀναφερομένου αἰθέρος ἐμπίπτοντος εἰς τὰ κοῖλα σείεσθαι. ἔτι τοῦ σφαιροειδῆ αὐτὴν εἶναι σημεῖόν ἐστι τὸ ὁμοίως πρὸς αὐτὴν ἔχειν τὰ πανταχόθεν αὐτῆς, ὡς τὰ

4 λέγων — γένους (5) om. AWa 9 ὑπό τινων post σεισμῶν exh. a τῶν om. Aa 10 δὴ AWa 11 παρὰ] περὶ a καὶ om. AWa post μὲν add. γὰρ Aa post δὲ add. ὁ A 12 αὐδηρίτης Aa 14 κοῖλα — τῆς γῆς (15) om. AW: ἄνω λέγων a 16 αὐτὴν om. a 17 συναληλεῖφθαι AW ἀπὸ τῶν ὄμβρων AW: διὰ τοὺς ὄμβρους ante καὶ ἡνῶσθαι positum a 18. 19 εἶναι τὴν γῆν coll. AWa 19 τὴν γῆν A 24 ἔφη I 25 τὸ ante ἄνω om. a διαιρεῖν — κάτω (26) om. AWa 26 εἶναι — ἄνω] οὕτως ἔχειν a ὑπὲρ τὴν γῆν AW 27 ἡ ante γῆ om. AWa 29 ὁρῶντας Arist. 29. 30 μεθιστάμενον AW 30 ἐστι om. a 32 μεθιστάμενος AW

πανταχόθεν μὲν βαρέα ἐπ' αὐτὴν φέρεσθαι, πάντα δὲ κατὰ πᾶν μέρος αὐτῆς κοῦφα φέρεσθαι ἀπ' αὐτῆς εἰς τὸ † κατ' αὐτὸν τὸ ἄνω τῆς γῆς. αἰτιᾶται δὲ αὐτοῦ καὶ τὸ λέγειν μὲν αὐτὴν διὰ τὸ μέγεθός τε καὶ πλάτος ἐπὶ τοῦ ἀέρος μένειν, φάσκειν δὲ πάλιν ὅτι κινεῖται τυπτομένη ὑπὸ τοῦ ἀέρος κάτωθεν εἰς τὸ ἄνω πᾶσα. τὸ γὰρ οὕτως κινεῖν αὐτὴν οὔτε τηροῦντός ἐστι τὸ ἠρεμεῖν αὐτὴν ἐπὶ τοῦ ἀέρος, εἴ γε ἀὴρ αὐτὴν τύπτων κάτωθεν εἰς τὸ ἄνω κινεῖ, οὔτε τὸ διὰ τὸ μέγεθος μένειν· εὐκινήτου γὰρ τὸ οὕτω τυπτομένην σείεσθαι ὅλην. πρὸς τούτοις δὲ οὐδὲ ἀποδιδόναι τί φησιν | αὐτὸν τῶν συμπτωμάτων τῶν περὶ τοὺς σεισμοὺς τοῦτον τὸν 107r τρόπον αὐτοὺς γίνεσθαι λέγοντα· οὔτε γὰρ χῶραι αἱ τυχοῦσαι τοῦ κατὰ τὸν σεισμὸν μετέχουσι πάθους οὔτε ἐν ὥραις ταῖς τυχούσαις γίνεται, περὶ ὧν καὶ αὐτῶν δεῖ τὸν περὶ σεισμῶν λέγοντα ἀποδιδόναι τὰς αἰτίας.

Εἰπὼν δὲ περὶ τῆς Ἀναξαγόρου δόξης μέτεισιν ἐπὶ τὴν Δημοκρίτου, καὶ φησὶ τοῦτον λέγειν ὅτι πλήρης οὖσα ἡ γῆ ὕδατος, ὅταν καὶ ἔξωθεν πολὺ ἀπὸ τῶν ὀμβρίων ἄλλο δέξηται, τότε ὑπὸ τοῦ ὕδατος τοῦ πολλοῦ κινεῖται. πλεῖόν τε γὰρ γινόμενον τὸ ὕδωρ διὰ τὸ μὴ δύνασθαι δέχεσθαι αὐτὸ τὰς ἐν τῇ γῇ κοιλίας ἀποβιαζόμενον καὶ στενοχωρούμενον κινεῖ αὐτήν. ἀλλὰ καὶ ξηραινομένη καὶ ἕλκουσα εἰς τοὺς κενοὺς τόπους καὶ ξηροὺς ἐκ τῶν πληρεστέρων τὸ ὕδωρ ἐν τῇ μεταρρεύσει τε καὶ μεταβάσει τῇ τοιαύτῃ κινεῖται ὑπ' αὐτοῦ.

Μετὰ δὲ τὴν Δημοκρίτου καὶ τῆς Ἀναξιμένους δόξης μνημονεύει. τοῦτον δέ φησι λέγειν βρεχομένην τὴν γῆν, ἀλλὰ καὶ ξηραινομένην ῥήγνυσθαι, ἔπειτα ἀπορρηγνυμένων τινῶν τῷ τοιούτῳ πάθει κολωνῶν καὶ ἐμπιπτόντων αὐτῇ, γίνεσθαι τοὺς σεισμούς. διὸ καὶ γίνεσθαι αὐτοὺς ἔν τε τοῖς αὐχμοῖς καὶ πάλιν ἐν ταῖς ὑπερομβρίαις· ἐν μὲν γὰρ τοῖς αὐχμοῖς ξηραινομένην ῥήγνυσθαι, ἐν δὲ ταῖς ὑπερομβρίαις ἐξυγραινομένην διαπίπτειν. ἀντιλέγων δὲ πρὸς ταύτην τὴν δόξαν φησὶν πρῶτον μὲν ὅτι ἔδει ὑπὸ τῶν ὑδάτων συμβαίνοντος τούτου ὑπονοστοῦσαν καὶ καθαιρουμένην κατὰ πολλὰ φαίνεσθαι τὴν γῆν, ἀεὶ τῶν ὑψηλοτέρων ἀπορρηγνυμένων καὶ ἐμπιπτόντων τοῖς κοιλοτέρος αὐτῆς. ἔτι δὲ διὰ ποίαν αἰτίαν πολλάκις

---

1 πᾶν AWa   δὲ] γὰρ τὸ AW: δὲ τὸ a   2 κοῦφον AWa   κατ' αὐτὸν τὸ I: πᾶν κατ' αὐτὸ τὸ AW: πᾶν κατ' αὐτῆς τὸ a: verba depravata sunt   3 καὶ τὸ πλάτος a   5 τὰ ἄνω I   6 ἐστι] ἔτι I   post γε add. ὁ AWa   8 σείεσθαι ὅλην] his in margine add. πῶς γὰρ ἡ αὐτὴ καὶ μεγάλη καὶ πάλιν εὐκίνητος ὑπὸ τοῦ ἀέρος ἢ πῶς ἡ αὐτὴ καὶ ἠρεμοίη καὶ κινοῖτο I   οὐδὲ] τὸ A: οὐδὲ τὸ W   9 αὐτὸν] αὐτῶν I   10 αὐτοὺς] αὐτὸν I   12 καὶ αὐτὸν AW   13 δὲ om. a   post τὴν add. τοῦ a   14 ὕδατος ἡ γῆ coll. AWa   18. 19 καὶ ξηροὺς om. Aa   19 μεταβάσει τε καὶ μεταρρεύσει coll. AWa   τε] δὲ I   20 κινεῖσθαι a   21 δὲ om. AWa   Ἀναξιμένης a   22 δή φησι A   23 ante τῷ add. ἐν AWa   κολῶν a   24 τὸν σεισμὸν AWa   αὐτοὺς] τοὺς σεισμοὺς AWa   25 καὶ πάλιν— αὐχμοῖς om. AW   25 et 26 ἐπομβρίαις a   25 μὲν γὰρ] τε AWa   26 ξηραινομένης W   ἐξυγρομένην W   27 ὅτι ante πρῶτον exh. AWa   28 ὑπὸ τῶν ὑδάτων om. a   ἀπὸ ex ὑπὸ corr. I   τοῦτο I   καθαιρομένην AW   29 πολλοὺς a   ἀεὶ τὴν γῆν coll. AWa   30 αὐτῆς ex αὐτοῖς corr. I

σεισμοὶ περὶ τόπους γίνονται τοιούτους, οἳ οὐδὲν τῶν ἄλλων διαφέρουσιν οὔτε ξηρότητι οὔτε ὑγρότητι, οὔτε ἔχουσί τινα τούτων ὑπερβολὴν ἐν αὐτοῖς. καίτοι εἰ οὕτως ἐγίνοντο οἱ σεισμοί, ἔδει τούτων ἔχειν τι τὴν σειομένην γῆν. ἔτι, φησί, τοῖς ὑπολαμβάνουσιν οὕτω γίνεσθαι τοὺς σεισμοὺς ἕπεται τὸ ἀεὶ λέγειν ἧττον ἔσεσθαι σεισμούς, καὶ τέλος παύσεσθαί ποτε γινόμενον τοῦτο τὸ πάθος ἐν τῇ γῇ· εἰ γὰρ ἀεὶ διασάττεται ἡ γῆ, τῶν ὑψηλοτέρων εἰς τὰ κοιλότερα ἐμπιπτόντων τῷ ἀπορρήγνυσθαι, ἔσεσθαί ποτε ὅτε ἐπιλείψει τὰ ὑψηλότερα. εἰ δὲ ἀδύνατον παύσασθαί ποτε τοὺς σεισμούς, 107v ἀδύνατον καὶ τὸ ταύτην αὐτῶν εἶναι τὴν αἰτίαν.

Εἰπὼν δὲ ταῦτα καὶ πρὸς τὴν Ἀναξιμένους δόξαν καὶ καταλιπὼν ἀναντίρρητον τὴν Δημοκρίτου ἴσως διὰ τὸ ἐπιπόλαιον, μέτεισιν ἐπὶ τὸ τιθέναι τὸ δοκοῦν αὐτῷ, καὶ πάλιν καὶ ἐνταῦθα ἀρχῇ χρῆται τῇ διττῇ ἀναθυμιάσει. ἕπεσθαι γάρ φησιν ἐξ ἀνάγκης τῷ γίνεσθαι τὴν προειρημένην διττὴν ἀναθυμίασιν τὸ καὶ σεισμοὺς γίνεσθαι, καὶ λέγει διὰ τί. ἡ γὰρ γῆ καθ' αὑτὴν μέν ἐστι καὶ τῇ αὑτῆς φύσει ξηρά, διὰ μέντοι τοὺς ὄμβρους, οὓς δέχεται, ἔχει ἐν ἑαυτῇ νοτίδα πολλήν. διὸ θερμαινομένη ὑπό τε τοῦ ἡλίου καὶ τοῦ ἐν αὐτῇ θερμοῦ πολλὴν ἀναθυμίασιν ποιεῖ καὶ τὴν τῶν πνευμάτων ὕλην, ἧς ἀναθυμιάσεως πολλὴ μὲν ἔξω γίνεται καὶ ἐπὶ τῆς ἐπιφανείας αὐτῆς, πολλὴ δὲ καὶ ἐντός, καὶ εἰς πνεῦμα μεταβάλλουσα ποτὲ μὲν ἔξω ῥεῖ ἐπὶ τὴν τῆς γῆς ἐπιφάνειαν πᾶσαν, ποτὲ δὲ ἐντὸς καὶ εἰς τὰ βάθη τῆς γῆς, ποτὲ δὲ καὶ μερίζεται. εἰ οὖν τοῦτο ἀδύνατον ἄλλως ἔχειν, κειμένου τοῦ γίνεσθαί τι πνεῦμα ἐν τῇ γῇ, καὶ τοῦτό ποτε καὶ εἰς τὸ βάθος τῆς γῆς συρρεῖν, ἐπὶ τούτοις δεῖν φησι σκέψασθαι, ποῖόν ἐστι τῶν σωμάτων κινητικώτατον. ἀνάγκη δὴ κινητικώτατον εἶναι τὸ ἐπὶ πλεῖστον πεφυκὸς ἰέναι καὶ σφοδρότατον. σφοδρὸν δὲ τὸ ταχύ· τὰ γὰρ τάχιστα φερόμενα σφοδρότατα· σφόδρα γὰρ πλήσσει ταῦτα, οἷς ἂν ἐμπελάζῃ, διὰ τὸ τάχος. ἀλλὰ μὴν καὶ ἐπὶ πλεῖστον πέφυκε φέρεσθαι τὸ διὰ παντὸς δυνάμενον διιέναι μάλιστα· τοιοῦτον δ' ἐστὶ τὸ λεπτότατον σῶμα. ἀλλὰ μὴν οὐκ ἄλλη τις πρὸ τοῦ πνεύματος σωματικὴ φύσις τοιαύτη, ὡς ἔχειν τό τε λεπτὸν καὶ ἐπὶ πλεῖστον ἰέναι πεφυκὸς καὶ τὸ σφοδρόν· καὶ γὰρ τὸ πῦρ τότε φέρεται ταχέως, ὅταν μετὰ πνεύματος ᾖ· τότε γὰρ καὶ γίνεται φλόξ. εἰ δὲ τοῦτο, οὔτ' ἂν ὕδωρ αἴτιον εἴη τῆς κινήσεως τῇ γῇ, ὡς Δημόκριτος ᾤετο, οὔτε γῆ, ὡς Ἀναξιμένης ὑπελάμβανεν, ἀλλὰ πνεῦμα· ὅταν γὰρ τὸ ἔξω πεφυκὸς ἀναθυμιᾶσθαι ἔσω ῥεύσῃ. διὰ τοῦτο γάρ φησι καὶ νηνεμίας τοὺς πλείστους γίνεσθαι καὶ μεγίστους τῶν σεισμῶν· ἡ γὰρ

---

1 ἄλλων] μεγάλων a 3 τι ἔχειν AWa 5 τῷ ἀεὶ I ἥττονας AWa παύσασθαι AWa 6 τὸ om. I 7 τῷ om. W 10 δὲ om. Aa ἀναξιμένου a καὶ om. AWa 12 ἑαυτῷ AWa 13 ἕπεται a τείνεσθαι AW 14 διττὴν om. AWa τὸ om. AWa 16 αὐτῇ AW 18 γίνεται — ἔξω (20) om. AWa 20 πᾶσαν om. AWa 21 καὶ om. I 22 τι] τε a 24 ἀνάγκη — κινητικώτατον om. AW: ἀνάγκη γὰρ a post πλεῖστον add. τε AWa 26 ἐπιπολάζῃ A: ἐμπελάζοι a 28 δυνάμενον post μάλιστα exh. AWa 29 ἔχει AW 30 τε om. AWa 30. 31 ὁ πῦρ a 33 οἴεται I

ἀναθυμίασις συνεχὴς φερομένη, ἔνθα ἂν ἡ ἀρχὴ νεύσῃ, ἕπεται ἐκείνῃ καὶ πᾶσα ἐκεῖ ῥεῖ· διὸ ἢ ἔξω πᾶσα φέρεται ὡς ἐπὶ τὸ πλεῖστον ἢ ἔσω. οὐδὲν δὲ ἄλογον, φησί, γίνεσθαί τινας σεισμοὺς καὶ ἀνέμων ὄντων. ἐπεὶ γὰρ καὶ πλείους ἅμα ἄνεμοι πνέουσι, δύναται τούτων ὁ μέν τις ἔξω πνεῖν, ὁ δέ τις ἐντὸς ῥεύσας ὄντος πνεύματος σεισμὸν ποιῆσαι. πλὴν ἐλάττους φησὶ γίνεσθαι τούτους τὸ μέγεθος, τῷ τὴν ἀρχὴν καὶ τὴν αἰτίαν αὐτῶν τὴν ποιητικὴν διῃρῆσθαι. τοῦτο δ' ἂν δεικτικὸν εἴη τοῦ καὶ τοὺς ἅμα πνέοντας ἀνέμους μὴ πάνυ γίνεσθαι σφοδρούς· καὶ γὰρ ἐκείνων ἡ ἀρχὴ διῄρηται. λέγει δὲ καὶ νυκτὸς τοὺς πλείστους τε καὶ μείζους τῶν σεισμῶν γίνεσθαι, τῶν δὲ τῆς ἡμέρας γινομένων τοὺς πλείστους πάλιν περὶ μεσημβρίαν. οὗ αἰτία τὸ νηνεμωτάτας εἶναι τὰς μεσημβρίας διὰ τὸ τὸν ἥλιον μάλιστα κατὰ τὴν ὥραν ταύτην ἰσχύοντα κατακλείειν τὴν ἀναθυμίασιν εἰς τὴν γῆν, ἐμποδίζοντα αὐτῆς τὴν πρόοδον τὴν ἔξω. καὶ αἱ νύκτες δὲ τῶν ἡμερῶν πάλιν νηνεμώτεραι· διὰ γὰρ τὴν ἀπουσίαν τοῦ ἡλίου ψυχομένης καὶ πυκνουμένης τῆς ἐπιφανείας τῆς γῆς, εἰς τὸ ἐντὸς τὴν ἀρχὴν τῆς ῥύσεως τὰ πνεύματα λαμβάνει, ὥσπερ ἀμπώτιδος γινομένης τοῦ πνεύματος εἰς τὸ ἔνδον ἀπὸ τῆς ἔξω πλημμυρίδος τε καὶ ἐπιχύσεως. μάλιστα δὲ τῶν νυκτῶν περὶ ὄρθρον τοῦτο συμβαίνειν φησί, ὅτι καὶ τὰ πνεύματα τότε γίνεσθαί τε καὶ πνεῖν ἄρχεται· τότε δὴ ἂν εἰς τὸ ἐντὸς ἡ ἀρχὴ τοῦ πνεύματος μεταβάλλουσα ῥέῃ, ὥσπερ οἱ εὔριποι μεταπεσοῦσα καὶ ἀθρόα φερομένη, ἰσχυρότεροι οἱ σεισμοὶ γίνονται διὰ τὴν τοῦ πλείονος χορηγίαν πνεύματος. |

Λέγει δὲ ἰσχυροτάτους γίνεσθαι σεισμοὺς ἐν τοῖς τόποις τούτοις, ὅσοι 108r
ἢ θαλάττῃ ῥοώδει παράκεινται ἢ καὶ ἔχουσι χώραν ἀραιάν τε καὶ πολλὰς ἔχουσαν κοιλότητας· διὰ τοῦτο γὰρ πλείστους γίνεσθαι σεισμοὺς περί τε Ἑλλήσποντον καὶ Ἀχαΐαν καὶ Σικελίαν καὶ τῆς Εὐβοίας, περὶ τούτους τοὺς τόπους δηλονότι, καθ' οὓς ἡ θάλασσα στενή τέ ἐστιν καὶ ῥοώδης· αὕτη δ' ἐστὶν ἡ περὶ τὸν πορθμόν· καὶ τὰ ἄλλα δὲ πάντα, ὧν ἐμνημόνευσε, τοιαύτῃ γειτνιᾷ θαλάσσῃ. αἰτίαν δὲ τοῦ σείεσθαι τοὺς τοιούτους τόπους ἀπέδωκε· δοκεῖ γάρ, φησί, διαυλωνίζειν ὑπὸ τὴν γῆν ἡ θάλασσα, τουτέστι διὰ τῶν στενῶν τῆς γῆς μεταρρεῖν. τὸ δὲ γινόμενον ἐν ταῖς τοιαύταις τῆς θαλάττης μεταρροίαις ὑπὸ τοῦ πνεύματος ὀλίγον προελθὼν ἐρεῖ. καὶ τὰ θερμὰ δὲ τὰ περὶ Αἰδηψὸν ἀπὸ τοιαύτης αἰτίας γεγονέναι λέγει. θερμὴ μὲν γὰρ οὖσα ἡ γῆ πλείους τὰς τοιαύτας ἀναθυμιάσεις ἔσχεν· ἀπολαμβανόμεναι δὲ αὗται κάτω τε καὶ ὑπὸ τὴν γῆν τὸ μὲν πρῶ-

1 ἐκείνῃ] τῇ ὁρμῇ τῆς ἀρχῆς a   2 φέρεται hic om. AWa   ἔσω] ἔξω a   post ἔσω add. πᾶσα φέρεται AWa   6 τούτους γίνεσθαι coll. a   8 μὴ in lit. W   12 κατακαίειν AW: κατακλύειν a   13 αὐτοῦ AW   15 τῆς ἀρχῆς A[1]   18 περὶ ὄρθρον — ὅτι καὶ τὰ om. AW: πρὸς ὄρθρον a   post πνεύματα add. γὰρ a   20 μεταβαλλοῦσα A: μεταβαλοῦσα W   καὶ om. I   21 ἰσχυρότερα Aa   οἱ om. AWa   23 δὲ] καὶ a   γίνεται a   τοῖς om. AWa   τοιούτοις AWa   25 ἐχούσας I   26 καὶ περὶ τὴν Ἀχαΐαν AWa   27 δῆλον a   32 μεταγορίαις a   33 ἐρεῖ] ῥεῖ W   τὰ post δὲ om. A   Αἰδηψὸν] cf. Strabo I p. 104 A: ἐδηψὸν libri   35 εἶχεν I   ἀπὸ a

τον ἔσειον τὴν γῆν, ἔπειτα ὑπὸ βίας ἐκρῆξαν τὸ πνεῦμα τὸν μὲν σεισμὸν ἔπαυσε, θερμῶν δὲ ὑδάτων ἐκεῖθεν ἀνεδόθησαν πηγαί, ὑδάτων ἐκεῖ γενομένων καὶ διὰ τὴν ἐν βάθει τῆς γῆς θερμότητα θερμῶν γινομένων τε καὶ ἐκδιδόντων. λέγει δὲ καὶ τὴν αἰτίαν τοῦ σείεσθαι συνεχῶς τοὺς τόπους τοὺς παρὰ τῇ στενῇ τε καὶ ῥοώδει θαλάσσῃ, οὓς προείρηκε. τὸ γὰρ πνεῦμα ἐν τοῖς τοιούτοις τόποις γινόμενον καὶ διεκπῖπτον ἐκ τῆς γῆς σφοδρὸν τῶν σεισμῶν αἴτιόν ἐστι· σφοδρὸν δὲ γίνεται διὰ τὴν σφοδρότητα τῆς θαλάσσης. πᾶσα γὰρ ῥοώδης θάλασσα σφοδρὰς τὰς μεταρρύσεις ποιεῖται· διὰ δὴ τῶν στενῶν ἀθρόα φερομένη καὶ ἐπιλαμβάνουσα τοὺς τόπους, δι' ὧν ὁ ἄνεμος ἔξω ῥεῖ καὶ θυμιᾶται, εἰς βάθος αὐτὸν ἀπωθεῖ· ὁ δὲ ἀπωσθεὶς καὶ ἀθρόος γενόμενος τῇ βιαίᾳ κινήσει σείει τὴν ὑπερκειμένην γῆν. καὶ αἱ χῶραι δέ, ὅσαι σομφοὺς ἔχουσι τοὺς κάτω τόπους, πολὺ ἐν αὑταῖς τοιοῦτον δεχόμεναι πνεῦμα τῷ εἰς τὰς εὐρυχωρίας ἐκείνας τὴν ῥύσιν γίνεσθαι τοῦ πνεύματος μᾶλλον ἀπ' αὐτοῦ σείονται κινούμεναι. προστίθησι δὲ τοῖς προειρημένοις ὅτι ἔαρός τε καὶ μετοπώρου μάλιστα γίνονται σεισμοί, ἔτι δὲ ἐν ἐπομβρίαις τε καὶ αὐχμοῖς, καὶ ἐν τούτοις πᾶσι διὰ τὴν αὐτὴν αἰτίαν. καὶ γὰρ αἱ προειρημέναι ὧραι πνευματωδέσταται· τοῦ γὰρ θέρους καὶ τοῦ χειμῶνος ἐλάττω τὰ πνεύματα, τοῦ μὲν χειμῶνος διὰ τοὺς πάγους καὶ τὰ ψύχη σβεννυμένων τῶν ξηρῶν ἀναθυμιάσεων, τοῦ δὲ θέρους διὰ τὸ καῦμα ξηραινομένων τε καὶ μαραινομένων· πάλιν ἐν μὲν τοῖς αὐχμοῖς πνευματώδης ὁ ἀήρ (αὐχμὸς γάρ ἐστι τῷ πλείω τὴν ἀναθυμίασιν γίνεσθαι τὴν ξηρὰν τῆς ὑγρᾶς) ἐν δὲ ταῖς ὑπερομβρίαις πλείων τε ἐντὸς γίνεται ἀναθυμίασις, τῷ βεβρεγμένην τὴν γῆν μᾶλλον θερμαινομένην ἀτμίζειν, ἀτμίζουσαν δὲ πλείω τότε καὶ τὴν ἐντὸς ἀναθυμίασιν ἴσχειν, καὶ ἔτι τῷ πληρουμένων τῶν κοιλοτήτων τῆς γῆς ὕδατος διὰ τὸ πλῆθος τοῦ ὑομένου στενοχωρουμένην τὴν τοιαύτην ἀναθυμίασιν καὶ εἰς ἓν συνελαυνομένην ὑπὸ τοῦ ὕδατος ἐκβιάζεσθαί τε καὶ κινουμένην οὕτω διὰ τὸ πολλὴν εἰς ὀλίγον τόπον συσταλῆναί τε καὶ πιληθῆναι ἰσχυρῶς κινεῖν τὴν γῆν προσπίπτουσαν. ταῦτα γάρ φησι δεῖν ὑπολαμβάνειν τὸ ἐναπολαμβανόμενον τῇ γῇ πνεῦμα ποιεῖν, ἃ ποιεῖ καὶ ἐν τοῖς ἡμετέροις σώμασιν ἐναπολαμβανόμενον τὸ πνεῦμα· καὶ γὰρ καὶ τρόμων καὶ σφυγμῶν αἴτιον αὐτῷ γίνεται. ἔστι δὲ καὶ τῶν ἐν τῇ γῇ σεισμῶν ὁ μὲν τρομώδης, ὁ δὲ σφυγμῷ ἐοικώς. ὡς γὰρ ἐπὶ τοῦ ἡμε|τέρου σώματος 108v
πολλάκις οὐρησάντων γίνεται τρόμος τις τοῦ σώματος, ἀντιμεθισταμένου τοῦ πνεύματος ἔξωθεν εἴσω ἀθρόου διὰ τὸ ὑπὸ τοῦ οὔρου στενοχωρεῖσθαι ἐξωθούμενον, οὕτως καὶ ἐπὶ τῆς γῆς τοιαύτας ἡγητέον ἀντιμεταστάσεις

---

1 ἐκρεῦσαν I 2 ἐκεῖθεν] ἐκεῖ AWa ἀνεδείχθησαν A 2. 3 γινομένων a 5 ῥοώδη a 11 τῇ βίᾳ ἐκίνησε τὴν I 13 αὐταῖς libri 16 ἐν post δὲ om. I 19 διὰ τοῦ AW 23 ἐπομβρίαις a τε γίνεται ἡ ἐντὸς ἀναθυμίασις AWa post βεβρεγμένην add. τε AWa 25 τῷ om. a: τῶν AW 28 σταλῆναι AW: σταγῆναι a 28. 29 πιληθῆναι] πεπληρῶσθαι AWa 30 ἐναπολαμβανόμενον om. AW: ἐν a πνεύματα AW: τὰ πνεύματα a 31 post σώμασιν add. ἐν δὲ τοῖς ἡμετέροις σώμασιν AWa γὰρ καὶ om. AWa 32 τῇ om. AW 36 τοιαύτης A

γινομένας πνευμάτων τρομώδη ποιεῖν σεισμόν. ἑξῆς δὲ δείκνυσιν ὅτι μεγάλην δύναμιν ἔχει τὸ πνεῦμα· καὶ ἔστι σαφῆ τὰ λεγόμενα. φέψαλον δὲ λέγει τὸν πεπυρωμένον κονιορτόν. λέγει δὲ καὶ τοῦ γινομένου πυρὸς ἐν τῇ γῇ, τουτέστιν ὑπὸ τῇ γῇ, αἴτιον εἶναι τὸ πνεῦμα· διὰ γὰρ τὴν στενοχωρίαν βιαίως κινούμενόν τε καὶ κοπτόμενον καὶ εἰς μικρὰ καταδιαιρούμενόν τε καὶ διασπώμενον ἐκπίμπραται· ῥᾷον γὰρ τὸ ὀλίγον τοῦ ἀθρόου μεταβάλλει τε καὶ ἐκπυροῦται. ἢ εἰς μικρὰ κερματισθὲν εἶπεν ἀντὶ τοῦ λεπτότερον διὰ τὴν κίνησιν γενόμενον· καὶ λεπτομερέστερον γὰρ τὸ πῦρ τοῦ πνεύματος. εἶναι δὲ λέγει τεκμήριον τοῦ ῥεῖν ὑπὸ γῆν τὰ πνεύματα καὶ τὸ γινόμενον περὶ ταύτας τὰς νήσους, λέγει δὲ τὰς Αἰόλου· τούτων γὰρ ἐμνημόνευσε πρὸ ὀλίγου. ἐν γὰρ ταύταις φησίν, ὅταν ἄνεμος νότος μέλλῃ πνευσεῖσθαι, προσημαίνειν ἦχόν τινα ὑπὸ γῆς γινόμενον, ὡς πνέοντος ἀνέμου ἐν τοῖς τόποις τούτοις, ἐξ ὧν τὰ τοῦ πυρὸς ἀναφυσήματα γίνεται· ὃ γίνεται τῷ τὴν μὲν θάλασσαν ἤδη πόρρωθεν προωθεῖσθαι ὑπὸ τοῦ νότου μηδέπω ὄντος τοῖς τὰς νήσους κατοικοῦσι γνωρίμου, ὑπὸ δὲ ταύτης προωθουμένης καὶ ἐπιλαμβανούσης τοὺς πλησίον τόπους τὸ πνεῦμα τὸ ἐκ τῆς γῆς ἀναφυσώμενον ἀπωθεῖσθαι πάλιν εἴσω, καθ' ἃ μέρη ἔπεισιν ἡ θάλασσα, ἀπωθούμενον δὲ εἴσω καὶ κινούμενον τὸν ψόφον ποιεῖν. ἄνευ δὲ σεισμοῦ ὁ ψόφος οὗτος γίνεται διά τε τὴν τῶν τόπων εὐρυχωρίαν (ἔχει γὰρ εὐρυχώρους ἐξόδους ἄλλας, δι' ὧν ἐνεχθὲν ὑπὸ γῆν εἰς τὸ ἀχανὲς ἔξω ῥεῖ) καὶ διὰ τὴν ὀλιγότητα τοῦ ὑπὸ τῆς θαλάσσης ἀπωθουμένου ἀέρος.

Τοῦ δὲ τὴν τοῦ πνεύματος ὑπὸ γῆν κίνησιν αἰτίαν τῶν σεισμῶν εἶναι σημεῖα εἶναί φησι καὶ ταῦτα, τό τε γίνεσθαι τὸν ἥλιον ἀχλυώδη καὶ ἀμαυρότερον πρὸ τῶν σεισμῶν χωρὶς νέφους καὶ τὸ πρὸ τῶν ὀρθρίων σεισμῶν ἐνίοτε γίνεσθαι νηνεμίαν τε καὶ κρύος ἰσχυρόν· τόν τε ⟨γὰρ⟩ ἥλιον ἀναγκαῖον ἀμαυρὸν γίνεσθαι ὑπονοστεῖν κατὰ γῆς ἀρχομένου τοῦ πνεύματος τοῦ διαλύοντός τε καὶ διακρίνοντος τὸν ἀέρα, νηνεμίαν τε καὶ ψῦχος περὶ τοὺς ὄρθρους πρὸ τῶν σεισμῶν διὰ τὴν αὐτὴν αἰτίαν. ἥ τε γὰρ νηνεμία διὰ τὴν τοῦ πνεύματος εἴσω παλίρροιαν, ἥτις γίνεται πρὸ τῶν μεγάλων σεισμῶν παντὸς εἴσω τοῦ πνεύματος ῥέοντος καὶ οὐ μεριζομένου, καὶ τὸ ψῦχος δὲ διὰ τὸ τὴν θερμὴν ἀναθυμίασιν εἴσω τρέπεσθαι· θερμὴ γὰρ καθ' αὑτὴν ἡ πνευματώδης ἀναθυμίασις. εἰπὼν δὲ τὴν ἀναθυμίασιν, ἀφ' ἧς οἱ ἄνεμοι, φύσει εἶναι θερμὴν τοῦ μὴ δοκεῖν αὐτοὺς θερμοὺς ἀλλὰ ψυχροὺς εἶναι τὴν αἰτίαν προστίθησι· διὰ γὰρ τὸ κινεῖν τὸν ἀέρα, οὐδὲ αὐτὸν τῇ αὑτοῦ φύσει ψυχρὸν ὄντα, διὰ δὲ τὸ πεπληρῶσθαι πολλῆς καὶ ψυχρᾶς ἀτμίδος γινόμενον τοιοῦτον. ὃ ἐναργὲς ἐποίησε τῇ παραθέσει τοῦ

1 γινομένας ex corr. A 3 πεπυρακτωμένον AWa λέγει δὲ om: AWa 4 ὑπὸ τὴν γῆν a 6 ἐκπιμπρᾶται AWa 8 καὶ om. AWa 9 λέγω A 11 νότους a 12 μέλλῃ post ἄνεμος (11) exh. AWa 17 καθ' ἃ — εἴσω (18) om. A 19 ψῆφος a 20 ἐξόδ (ους ἄλλας in lac. om.) A[1] ἐνεγχθὲν I 22 δὲ om. a 23 τε om. AWa 25 νηνεμίαν — γίνεσθαι (26) om. AW: τοῦτο a γὰρ ex Aristotele addidi 27 καὶ ψῦχος post ὄρθρους (28) coll. AWa 31 τὸ om. Aa 32 κατ' αὐτὴν AW 33 φύσει] φησιν AW: om. a 35 δὲ om. Wa καὶ om. a 36 ἐποίησεν ἐναργὲς coll. A

ἐκ τοῦ στόματος ἐκφυσωμένου πνεύματος, ὃ καθ' αὑτὸ θερμὸν ὂν (καὶ γὰρ ἐγγύθεν προσπῖπτον τοιοῦτον), ὅταν διὰ στενοῦ πέμπηται καὶ πορρωτέρω, ψυχρὸν προσπίπτει δι' ὃν ἀπωθεῖται ἀέρα, τοιοῦτον ὄντα. εἰπὼν δὲ ἐγγὺς τὸ ἐκφυσώμενον θερμὸν εἶναι ὁμοίως φησὶ τῷ ἐκπεμπομένῳ, ὅταν λαλῶμεν· θερμὸν γὰρ τοῦτο. αἰάζειν δὲ τὸ λαλεῖν εἶπεν, ἢ ἰδίως αἰάζειν τὸ τοιαῦτα λαλεῖν, οἷα κεχηνότι μᾶλλον ἐκφέρομεν τῷ στόματι· τοιοῦτον γὰρ καὶ αὐτὸ τὸ αἰάζειν ὄνομα. τότε δὲ ὅτε διὰ στενοῦ καὶ πόρρωθεν ἐκφυσᾶται, δι' ὀλιγότητα οὐχ ὁμοίως ἐπίδηλον θερμὸν ὄν. ὅτι δὲ διὰ τὸν προωθούμενον ἀέρα τὸ ἐκφυσώ|μενον πνεῦμα ψυχρὸν προσπίπτει, δῆλον 109r ἐκ τοῦ ἐν τοῖς βαλανείοις πολὺ θερμότερον τὸν φυσώμενον προσπίπτειν ἀέρα. θερμὸς μὲν γὰρ ἀεί, ὅτι καὶ ὁ προωθούμενος θερμός, θερμότερος δὲ τότε διὰ τὸ ἀθρόως τε προσπίπτειν καὶ μετὰ βίας, ὥσπερ ἐλαυνόμενος, ὃ ἀναλόγως καὶ ἐπὶ τοῦ ψυχροῦ γίνεται. σαφῆ δὲ τὰ λεγόμενα περί τε τῆς νεφέλης τῆς ὡς γραμμῆς στενῆς τε καὶ εὐθείας πρὸ τῶν σεισμῶν εἰωθυίας γίνεσθαι, καὶ περὶ τῶν ἐν τῇ θαλάττῃ γινομένων ῥηγμίνων, ἃς παρέθετο εἰς σύστασιν τοῦ ὡς αἱ στεναί τε καὶ λεπταὶ ῥηγμῖνες ἐν τοῖς αἰγιαλοῖς τῆς θαλάσσης γαλήνης οὔσης γίνονται, οὕτω καὶ τὸ λεπτόν τε καὶ εὐθὺ νέφος τὸ φαινόμενον πρὸ τῶν σεισμῶν αἰθρίας οὔσης τοιοῦτον διὰ νηνεμίαν γίνεσθαι· ῥηγμὶς γάρ τις ἀέρος ἡ τοιαύτη νεφέλη.

Λέγει δὲ καὶ περὶ τὰς ἐκλείψεις τῆς σελήνης γίνεσθαι σεισμοὺς πολλάκις διὰ τὴν αὐτὴν αἰτίαν. ὅταν γὰρ ἤδη πλησίον ᾖ ἡ σκιὰ τῆς γῆς, ἡ ἀντιφράττουσα καὶ ἐπισκοτοῦσα τῷ φωτὶ τῷ ἀπὸ τοῦ ἡλίου προσπίπτοντι πρὸς τὴν σελήνην, ὡς μηδέπω μὲν τέλεον ἐπιλελοιπέναι τὸ φῶς καὶ τὸ θερμὸν τὸ ἀπὸ τοῦ ἡλίου, ὃ παρέχει ἡ σελήνη τῷ ἀέρι παρὰ τοῦ ἡλίου λαμβάνουσα, ἤδη δὲ δι' ἐγγύτητα τοῦ ἀκριβοῦς σκιάσματος ἀπομαραίνηται, νηνεμία γίνεται· διὰ γὰρ τὸ ὑπερψύχεσθαι τὸν ὑπὲρ γῆς τόπον ἀντιμεθίσταται τὸ πνεῦμα εἰς τὴν γῆν καὶ σεισμὸν ποιεῖ πρὸ τῶν ἐκλείψεων. ἐπιζητήσαι τις ἄν, εἰ τῇ τοῦ ἡλίου κινήσει ἡ ἀπ' αὐτοῦ θερμότης τοῦ ἀέρος, πῶς ἡ σελήνη λαμβάνει ἀπὸ τοῦ ἡλίου θερμότητα, οὔτε αὐτὴ πάσχουσα οὔτε τοῦ μεταξὺ αὐτῆς τε καὶ τοῦ ἡλίου αἰθέρος ὄντος παθητοῦ. εἰπὼν δὲ ἐνίοτε νηνεμίας γίνεσθαι πρὸ τῶν ἐκλείψεων καὶ τὴν αἰτίαν ἀποδοὺς τούτου λέγει γίνεσθαι πολλάκις καὶ ἀνέμους πρὸ τῶν ἐκλείψεων, ἀρχομένης μὲν τῆς νυκτός, εἰ ἡ ἔκλειψις μέλλει γίνεσθαι μεσονυκτίου, εἰ δὲ ἡ ἔκλειψις γίνοιτο ἕωθεν, μεσονυκτίου τοὺς ἀνέμους. οὗ πάλιν αἰτίαν ἀποδίδωσι τὴν αὐτήν·

---

2 καὶ om. AWa 5 ῥιάζειν a 6 οἷα] ἃ I 6 τοιοῦτον] διὰ τούτου AWa 7 τὸ iterat A post στενοῦ add. τε AWa 10 βαλανείοις] βα ex corr. I 11 ἀεὶ ὅτι] διότι I 12 τε om. AWa 16 τοῦ om. I 18 post εὐθὺ add. πνεῦμα I 19 γίνεται I post νεφέλη add. λέγονται δὲ ῥηγμῖνες (ῥυγμῖνες a) αἱ ἐν τοῖς αἰγιαλοῖς ὑπὸ τῆς τῶν κυμάτων προσβολῆς ἐν τῇ προσκλυζομένῃ ὑπ' αὐτῶν ἀνωμαλίᾳ γινόμενα AWa (l. ἀνωμαλίαι γινόμεναι) 20 δὲ om. a: καὶ om. AW 23 σελήνην] νεφέλην I μηδέποτε AWa 25 ἀπομαραίνεται A[1] 25. 26 νηνεμία γίνεται om. A[1] 26 ἐπιψύχεσθαι AWa ὑπὲρ τὴν γῆν Aa 27 ἐλλείψεων AW ποιεῖ post ἐκλείψεων coll. AWa ἐπιζητῆσαι — ἐκλείψεων (31) om. I 31 ἀποδιδοὺς AWa τούτων a 32 τῆς ἐκλείψεως I 33 μέλλοι W γένοιτο I

διὰ γὰρ τὸ ἀμαυροῦσθαι καὶ ἔλαττον γίνεσθαι τὸ ἀπὸ τῆς σελήνης θερμὸν ἐν τῷ ἀέρι, πλησίον οὔσης ἤδη τῆς φορᾶς καθ' ἣν ἔκλειψις γίνεται, ἀνιεμένη ἡ πρόσθεν διὰ τὴν πλείω θερμότητα κατεχομένη ἀναθυμίασις ἀνέμους ποιεῖ. ἀπορήσαι δ' ἄν τις, πῶς τὸ νῦν λεγόμενον οὐ μάχεται τῷ προειρημένῳ· τότε μὲν γὰρ εἶπε νηνεμίας αἰτίαν γίνεσθαι τὴν μέλλουσαν ἔκλειψιν διὰ τὴν γινομένην ψυχρότητα, νῦν δὲ ἀνέμων. ἢ ὅταν μὲν πλείων ᾖ ἀπὸ τῆς σελήνης ἡ θέρμη, ὡς ἐπέχειν τὰς ἀναθυμιάσεις, ἡ ἐλάττωσις τοῦ θερμοῦ ἀνίησιν αὐτάς, ὅταν δὲ ᾖ σύμμετρος, ἡ ἐλάττωσις παύει· καὶ οὕτως ποτὲ μὲν νηνεμίαι, ποτὲ δὲ ἄνεμοι προγίνονται τῶν ἐκλείψεων. δύναται καὶ μὴ πρὸ ἴσου χρόνου τῆς ἐκλείψεως τήν τε νηνεμίαν λέγειν γίνεσθαι καὶ τοὺς ἀνέμους, ἀλλ' ἐν ἄλλῳ μὲν τοὺς ἀνέμους, ἐν ἄλλῳ δὲ τὴν νηνεμίαν· πορρώτερον μὲν γὰρ ἀφεστώσης ἔτι τῆς ἐκλείψεως ἡ τοῦ θερμοῦ συμμετρία ἀνέμους κινεῖ, ἐγγὺς δὲ ἤδη τῆς ἐκλείψεως οὔσης τοὺς αὐτοὺς τούτους ἀνέμους ἀντιμεθίστασθαι ποιεῖ διὰ ψυχρότητα. βουληθεὶς γὰρ δεῖξαι ὅτι ἡ πρὸ τῆς ἐκλείψεως νηνεμία δι' ἀντιπερίστασιν τοῦ πνεύματος γίνεται, ἔδειξεν ὅτι πρῶτον πνευμάτων κινηθέντων τε καὶ ὄντων νηνεμία γίνεται, ἐκείνων μεταστάντων ἀλλαχοῦ. καὶ τοῦ τοῦτο λέγειν αὐτὸν σημεῖον τὸ μὴ εἰπεῖν 'γίνονται δὲ καὶ ἄνεμοι πρὸ τῶν ἐκλείψεων πολλάκις', ἀλλὰ γίνονται γὰρ καὶ ἄνεμοι· εἰπὼν γὰρ ὅτι μεθίστανται ἐπήνεγκε τὸ γίνονται γὰρ δεικνὺς τίνες εἰσὶν οἱ μεθιστάμενοι. ἔτι τὴν μὲν νηνεμίαν εἶπε γίνεσθαι, ὅταν ἤδη πλησίον ᾖ ἡ ἀντίφραξις καὶ μήπω μὲν ᾖ πάμπαν ἀπολελοιπὸς τὸ φῶς καὶ τὸ ἀπὸ τοῦ ἡλίου θερμὸν ἐκ τοῦ ἀέρος, ἤδη δὲ ἀπομαραίνηται. ἐπὶ δὲ τῆς τῶν ἀνέμων γενέσεως οὐ τοῦτον ἔτι τὸν καιρὸν λέγει, ἀλλ' ἀκρονύχους μὲν τὰς γενέσεις τῶν ἀνέμων πρὸ τῶν μεσονυκτίου γινομένων ἐκλείψεων, μεσονυκτίου δὲ πρὸ τῶν ὑπὸ τὴν ἕω. καὶ ἐπὶ μὲν τῆς νηνεμίας τῷ ἀπομαραίνεσθαι τὸ θερμὸν ἐχρήσατο, ἐπὶ δὲ τῆς γενέσεως τῶν ἀνέμων τῷ ἀμαυροῦσθαι· ἐπίτασις δὲ ἡ διαμάρανσις τῆς ἀμαυρώσεως. |

Σαφῆ δὲ καὶ ἃ λέγει περὶ τοὺς ἰσχυροὺς σεισμούς, τὸ μὴ εὐθὺς μηδὲ 109v
εἰσάπαξ παύεσθαι, ἀλλὰ καὶ ἐπὶ πλείους μένειν ἡμέρας καὶ ἐπισημαίνειν καὶ ἐπὶ ἓν καὶ δεύτερον ἔτος ἐν τοῖς τόποις ἐκείνοις, ἐν οἷς τὴν ἀρχὴν ἐγένετο. αἴτιον δὲ τούτων, τοῦ μὲν μεγέθους τοῦ σεισμοῦ τὸ πλῆθος τοῦ πνεύματος, τοῦ δὲ ἐπιμένειν τὰ τῶν τόπων σχήματα, δι' ὧν ἂν τὸ σεῖον πνεῦμα ῥυῇ.

1 γὰρ τοῦ W 2 ἤδη post φορᾶς coll. AWa post ἣν add. ἡ AWa 3 καταχεομένη I 4 τὸ νῦν] τοίνυν A 5 μὲν om. a 6 διὰ τὴν ante μέλλουσαν (5) exh. AWa πλείω A¹W 7 θερμότης AWa 9 νηνεμία AWa προσγίνονται Aa τῶν ἐκλείψεων — πρὸ ἴσου (10)] καὶ μήποτε οὐ τοῦ αὐτοῦ a τῶν ἐκλείψεων δύναται om. AW 10 λέγει AIa 12 πόρρω AWa μὲν om. I 16 πρῶτον] πρὸ τῶν AW: πρὸ τῆς ἐκλείψεως τῶν a 18 μὴ om. a δὲ] γὰρ a 19 ἀλλὰ — ἄνεμοι om. a 21 εἶπε] εἶπον A: om. I 22 πάμπαν] πᾶν AWa 24 ἔτι] ὅτι W: om. a 26 τῷ θερμῷ a 27 post ἀμαυροῦσθαι add. τὸ θερμὸν AWa ἐπίτασις — ἀμαυρώσεως (28) in marg. add. I 29 δὲ om. a λέγοι I 30 ἡμέρας μένειν AWa 31 ἐπὶ ἓν] ἐπιέναι I δεύτερον] β̄ a: ἐπὶ δύο ἔτη Arist. 32 αἰτίαι AWa 33 σεῖον] εἰσιὸν I

ὅπου γὰρ ἂν τὸ πνεῦμα διὰ τὸ σχῆμα τοῦ τόπου ἀντιτυπήσῃ, ὡς μὴ ῥᾳδίως διελθεῖν, μάλιστά τε σείει καὶ ἀναγκαῖον ἐγκαταλείπεσθαί τι τοῦ πνεύματος ἐν ταῖς δυσχωρίαις τὸ ποιοῦν τὴν ὑπόμνησιν, ὥσπερ ὕδωρ ἐν σκεύει οὕτω κατεσκευασμένῳ, ὡς μὴ δύνασθαι πᾶν κενωθῆναι ῥᾳδίως. διὰ δὲ τὸ ὑπομένον πνεῦμα ἐν τῷ τόπῳ, ὡς ἐν τοῖς τῶν ζῴων σώμασιν οἱ σφυγμοί, οἳ γίνονται μὲν ἀπὸ νόσου τινός, οὐκ ἐξαίφνης δὲ οὐδὲ ἀθρόοι παύονται οὐδὲ ταχέως, ἀλλὰ κατ' ὀλίγον μειούμενοι μαραινομένου τοῦ πάθους, οὕτω καὶ ἡ ἀρχὴ ἀφ' ἧς ἡ ἀναθυμίασις ἐγένετο ἡ τοσαύτη, οὐκ ἐσβέσθη, οὐδὲ ἡ φορὰ ἡ τοῦ πνεύματος ἡ τὸν σεισμὸν ποιήσασα ἅπασαν κατηνάλωσε τὴν τοῦ πνεύματος ὕλην, ἀλλ' ὑπομένει τις, ἥτις ἕως ἂν ἀναλωθῇ, ἀναγκαῖον γίνεσθαί τινα σεισμὸν κατὰ τὸν τόπον, ἐν ᾧ ὑπελείφθη, αἰεὶ μέντοι ἠρεμαιότερον· καὶ μέχρι τοσούτου μένει, μέχρι ἂν ἔλαττον τὸ ἀναθυμιώμενον γένηται ἢ ὥστε ἐπιδήλως κινεῖν [μὴ] δύνασθαι.

Λέγει δὲ καὶ τοὺς ψόφους τοὺς ὑπὸ γῆν γινομένους πρὸ τῶν σεισμῶν τὸ αὐτὸ πνεῦμα ποιεῖν. πρὸ τῶν σεισμῶν δὲ εἶπεν, ὅτι τε εἴρηκε πρὸ ὀλίγου γίνεσθαί τινας ψόφους ὑπὸ τοῦ φερομένου πνεύματος ὑπὸ γῆν χωρὶς σεισμοῦ ἀνέμου γινομένου, ὡς περὶ τὰς Αἰόλου νήσους, καὶ νῦν λέγει πάλιν· προστίθησι γὰρ ὅτι καὶ ἄνευ δὲ σεισμῶν ἤδη που γεγόνασιν ὑπὸ γῆν. ὥσπερ γὰρ ῥαπιζόμενος ὁ ἀὴρ ὑπό τινος στερεοῦ σφοδρῶς παντοδαποὺς ἀφίησι ψόφους, ὡς ἔστιν ἰδεῖν ἐπί τε τῶν μαστίγων καὶ τῶν ῥάβδων, οὕτως κἂν αὐτὸς τύπτῃ τι στερεόν· οὐδὲν γὰρ διαφέρει ἢ τύπτεσθαι αὐτὸν ἢ τύπτειν· ἐν γὰρ τῷ τύπτειν τύπτεται· πᾶν γὰρ τύπτον καὶ ἀντιτύπτεται. προέρχεσθαι δὲ αὐτὸν λέγει τὸν ἀπὸ τοῦ πνεύματος ψόφον τῆς κινήσεως τῆς γῆς καὶ τοῦ σεισμοῦ, καίτοι γινόμενον ἅμα τῷ σεισμῷ, διὰ τὸ λεπτομερέστερον εἶναι, τουτέστι διὰ τὸ τὸ πνεῦμα λεπτομερέστερον εἶναι καὶ διὰ παντὸς δεχόμενον τὸν ψόφον δέχεσθαι αὐτὸν κατὰ τὸν ἐν τοῖς τῆς γῆς πόροις ἀέρα, ὃς πρὸ τοῦ σείεσθαι τὴν γῆν ἔξω προϊὼν τὸν ψόφον διαδίδωσι καὶ τῷ ἐκτός τε καὶ μέχρι τῶν ὤτων ἀέρι. ὅταν δὲ ἔλαττον, φησίν, ᾖ τὸ πνεῦμα ἢ ὥστε σεισμὸν ποιῆσαι (πῶς δὲ ἔλαττον, προσέθηκε· διὰ γὰρ λεπτότητα· ὅταν γὰρ ᾖ λεπτότερον, ὡς ἐν ταῖς πληγαῖς διηθεῖσθαι διὰ τῆς γῆς, καὶ μὴ μένειν καὶ στενοχωρίαν ποιεῖν ἀθροιζόμενον), διὰ μὲν τὸ ῥᾳδίως διηθεῖσθαι διὰ τῆς γῆς οὐ κινεῖ, διὰ δὲ τὸ προσπίπτειν τοῖς τῆς γῆς ὄγκοις κοίλοις τε οὖσι καὶ παντοδαπὰ σχήματα ἔχουσι παντοδαπὸν ποιεῖ ψόφον, ὡς δοκεῖν ἐνίοτε, ὡς οἱ τερατολογοῦντες λέγουσι, μυκᾶσθαι

---

2 σείειν AWa 3 ὑπόμνησιν] exspectas ὑπομονήν 4 κατεσκευασμένων AW 5 δὲ] τὲ AW: om. a 6 οἳ om. AWa ἀθρόον a 9 τὸν ex τῶν corr. I πᾶσαν I 10 κατανάλωσε Wa ἂν om. AWa 12 ἂν] οὗ AWa 13 ἢ om. I μὴ delevi 14 δὲ om. a ὑπὸ τὴν γῆν Wa πρὸ τῶν σεισμῶν om. AWa 15 τε om. I 19 ὡς AWa 20 παντοδαπῶς I μεστίγων I 21 post ῥάβδων add. καὶ ὁ τῆς φωνῆς δὲ γινόμενος ψόφος παντοδαπὸς ὢν παρὰ τὰς τῶν πληγῶν διαφορὰς γίνεται διάφορος AWa ἢ om. AWa 22 πᾶν] ποιεῖ I 23 αὐτὸν om. AWa 25. 26 εἶναι καὶ] ὂν καὶ a: εἶναι om. AW 27 ὃς] ὡς W 28 καὶ ante τῷ om. a τε] δὲ W: om. a 29 φησίν] εἰπὼν a δὲ om. AWa 31 καὶ μὴ—διὰ τῆς γῆς (32) om. A 34 τετρατολογοῦντες a

τὴν γῆν. ἤδη δέ φησι τότε καὶ ὕδατα ἀνερρῆχθαι γινομένων σεισμῶν, ὥσπερ καὶ πρὸ ὀλίγου | εἶπε περὶ τῶν ἐν Αἰδηψῷ θερμῶν, ἀλλ' οὐ διὰ 110r τοῦτο τὸ ὕδωρ τῆς κινήσεως αἴτιον τῇ γῇ, ἀλλ' ἂν ἢ ἐξ ἐπιπολῆς τὸ πνεῦμα βιάζηται τὸ ὕδωρ, ὡς ἐπὶ τῆς θαλάσσης γίνεται, ἢ καὶ κάτωθεν τὸ πνεῦμα βιαζόμενον ἀναρρήξῃ τι τῶν ὑπὸ γῆς ὄντων ὑδάτων, ὥσπερ εἶπεν ἐν Αἰδηψῷ, γίνεται [γὰρ] τὸ πνεῦμα καὶ τῷ ὕδατι τῆς κινήσεως αἴτιον, ὥσπερ καὶ τῶν κυμάτων οἱ ἄνεμοι. ὡς γὰρ τὰ πνεύματα ἐξ ἐπιπολῆς βιαζόμενα τὸ ὕδωρ κινεῖ τε αὐτὸ καὶ ποιεῖ τὰ κύματα, οὕτω πολλάκις καὶ ἐν τοῖς σεισμοῖς τὸ κάτωθεν πνεῦμα βιαζόμενον καὶ τὸ ὑπὸ τῇ γῇ κινεῖ ὕδωρ. ὡς γὰρ τὰ κύματα ὑπὸ τοῦ πνεύματος ἀλλ' οὐκ ἀνάπαλιν κινεῖται, οὕτω καὶ τῶν ἀναρρηγνυμένων ἐν τοῖς σεισμοῖς ὑδάτων τὸ πνεῦμα αἴτιον, ἀλλ' οὐκ ἐκεῖνα τοῦ πνεύματος. ἐναργὲς δὲ ἐποίησε τὸ λεγόμενον τῇ τῆς γῆς παραθέσει· ἀνατρέπεται γὰρ ἐν τοῖς σεισμοῖς πολλάκις καὶ αὐτή, ὥσπερ καὶ τὸ ὕδωρ τὸ ἀναρρηγνύμενον· ἡ γὰρ ἔκχυσις ἀνάτρεψίς τίς ἐστιν. ἀλλὰ ταῦτα μὲν τῆς γινομένης κινήσεως αἴτια ὡς ὗλαι, τὸ δὲ πνεῦμά ἐστι τὸ ποιοῦν. ὅταν δέ, φησίν, ἅμα τῷ σεισμῷ γένηται ἔκχυσις ὕδατος οὐ κάτωθεν ἐκχεομένου, ἀλλὰ τοῦ ἐπιπολῆς καὶ τῆς θαλάττης ἐπιχεομένου (περὶ γὰρ τοῦ τοιούτου ὕδατός τε καὶ πάθους λέγει) τούτου δή φησι γίνεσθαι αἰτίαν τὴν τῶν πνευμάτων ἐναντίαν φοράν, ἥτις γίνεται, ὅταν τὸ τὸν σεισμὸν ποιοῦν πνεῦμα μηδέπω ῥέον ὑπὸ γῆν, ἀλλὰ ἔξωθεν φερόμενον τὴν θάλασσαν ὑπό τινος ἐναντίου πνεύματος κινουμένην ἐξ ἐναντίας αὐτὸ φερόμενον ἀπῶσαι μὲν εἰς τοὐπίσω μὴ δυνηθῇ διὰ τὸν προωθοῦντα ἄνεμον αὐτήν, ἱστὰν δὲ καὶ ἐμποδίζον αὐτῆς τὴν πρόοδον αἴτιον γένηται τοῦ ἅμα πολλὴν ἀθροισθῆναι. τότε γὰρ ἡττηθὲν ὑπὸ τοῦ πλήθους τῆς θαλάσσης τὸ ἱστὰν αὐτὴν πνεῦμα ἀθρόας ἐπιχυθείσης αὐτῆς διὰ τὸ κατόπιν ὠθοῦν πνεῦμα, ἅμα μὲν ἐγίνετο τοῦ τε κατακλυσμοῦ καὶ τῆς ἐφόδου τῆς τοῦ κύματος αἴτιον, ἅμα δὲ καὶ τοῦ σεισμοῦ. καὶ λέγει οὕτω γενέσθαι καὶ τὸν περὶ Ἀχαΐαν σεισμόν τε ἅμα καὶ τὴν τοῦ κύματος ἔφοδον τοῦ ἐπικλύσαντος τὰς παραθαλασσίους πόλεις Βοῦράν τε καὶ Ἑλίκην. ἔξω μὲν γὰρ νότος ἔπνει ἀπωθῶν τὴν θάλασσαν, ἐκεῖ δὲ ἔνθα ὁ σεισμὸς ἐγένετο, βορρᾶς ἀντέπνευσε· νηνεμίας δὲ γενομένης, τουτέστι ῥυέντος εἴσω καὶ ὑπὸ γῆν τοῦ ἀνέμου τοῦ ὑπὸ τοῦ κύματος ἡττηθέντος ἅμα ἐγένετο

---

2 et 6 ἐδηψῷ AWa: ἐδιψῷ I 3 et 7. 8 ἐπιπολλῆς AW 3 ἢ] ᾗ I 4 βιάζηται a, ex corr. A: βιάζεται IW 5 ὑπὸ τῆς γῆς W: ὑπὸ τὴν γῆν Aa 6 γὰρ delevi 8 βιαζόμενον AIW κύματα ex πνεύματα corr. I 10 τὴν γῆν AWa 14 αὕτη AWa καὶ post ὥσπερ om. I τὸ post ὕδωρ om. AWa ἡ γὰρ ἔκχυσις om. AWa 15 γενομένης AWa 16 ὕλη AWa ποιοῦν] γινόμενον AWa τῷ om. AWa 17 ἐπιπολῆς] ἐπιπολάζοντος AWa 18 ἐπιχεομένου] ἐπιπολαζούσης AWa 21 ἔξω AWa φερομένην AWa 22 δυνηθείη AWa 23 ἱστὰν] ἵσταται AWa 24 γίνεται Aa 25 ἱστᾶν AWa 26 γίνεται a 27 post ἐφόδου add. καὶ AWa αἰτία AWa ἅμα δὲ — σεισμοῦ post ἐγίνετο (26) exh. I καὶ post δὲ om. AWa λέγεται AWa 28 οὑτωσὶ AWa καὶ τὸν om. a: τὸν om. AW τε] τὸ AW 30 δὲ om. AW 31 γινομένης I 32 post alterum τοῦ add. βορρᾶ AWa τοῦ post ὑπὸ om. I

ἥ τε τοῦ κύματος ἔφοδος καὶ ὁ σεισμός, τοῦ αὐτοῦ ἀνέμου ἀμφοτέρων αἰτίου γενομένου, τοῦ μὲν κύματος διὰ τὸ στῆσαι τὴν θάλασσαν καὶ ποιῆσαι πολλὴν ἀθροισθῆναι, τοῦ δὲ σεισμοῦ διὰ τὸ ἡττηθέντα τοῦτον ὑπὸ τοῦ πλήθους τῆς θαλάσσης ῥυέντα κατὰ γῆς ταύτην κινῆσαι. εἴη δ' ἂν ὁ νότος περὶ Ἀχαΐαν τοῦτο παθών τε καὶ ποιήσας· ἐν γὰρ τῷ νοτίῳ μέρει αἱ καταρριφθεῖσαί τε καὶ ἐπικλυσθεῖσαι πόλεις. αἰτίαν δέ φησι καὶ συναιτίαν τὴν θάλασσαν τοῦ σεισμοῦ γενέσθαι τῷ μὴ διδόναι διαπνοὴν τῷ ὑπὸ γῆς φερομένῳ πνεύματι. ἡ μὲν γὰρ θάλασσα τῷ ὑποστῆναι τὸ πνεῦμα καὶ εἰς τὸ κάτω ῥεῦσαι τὸν κατακλυσμὸν ἐποίησε, τὸ δὲ πνεῦμα ἀθροισθὲν ὑπὸ γῆς τῇ ἀθρόᾳ καὶ βιαίῳ κινήσει τὸν σεισμόν. δύναται μὴ λέγειν τὸν ἕτερον τῶν πνεόντων ἀνέμων, δι' οὓς ἡ τοῦ ὕδατος ἄθροισις, ἡττηθέντα καὶ εἰς τὴν γῆν ἀναχωρήσαντα ποιεῖν τὸν σεισμόν, ἀλλ' ἡττηθέντος τοῦ ἑτέρου τὸ πνεῦμα τὸ ἐναπειλημμένον ἐν τῇ γῇ ὑπὸ τῆς τοῦ κύματος ἐφόδου διαλυθὲν ῥεῖν ἔξω.

Κειμένου δὲ τοῦ τῶν σεισμῶν αἰτίους εἶναι τοὺς ἀνέμους ὑπὸ γῆν ἀθροιζομένους τε καὶ ῥέοντας, ἐπεὶ οἱ σεισμοὶ κατὰ μέρος γίνονται καὶ χωρία τινὰ περιωρισμένα πολλάκις καὶ ἐν μικρῷ τόπῳ, ἄνεμοι δὲ οὐχ οὕτως (διαρκεῖς γὰρ οἱ ἄνεμοι καὶ ἐπὶ πολὺ πνέοντες) τίς ἡ αἰτία τούτου λέγει. φησὶ δὴ αἰτίαν εἶναι τούτων ὅτι οἱ μὲν σεισμοὶ ὑπὸ γῆν ῥέοντος τοῦ ἀνέμου γίνονται· ὅταν γὰρ πρὸς ταῖς οὔσαις ἔν τινι τόπῳ ἀναθυμιάσεσιν ὑπὸ γῆν καὶ αἱ ἐκ τῶν πλησίον τόπων συνέλθωσιν εἰς ταὐτὸ συρρυεῖσαι, τότε διὰ τὸ πλῆθος τοῦ ἐξ αὐτῆς γινομένου πνεύματος βίᾳ κινουμένου ὑπὸ τῇ γῇ γίνονται οἱ σεισμοὶ ὁμοίως τοῖς αὐχμοῖς καὶ ταῖς ὑπερομβρίαις· καὶ γὰρ ἐκείνων ἑκάτερον ἐγίνετο ὁ μὲν αὐχμὸς τῷ πρὸς τῇ ὑπαρχούσῃ ἐν ἐκείνῳ τῷ τόπῳ ξηρᾷ ἀναθυμιάσει καὶ τὴν ἐν τοῖς γειτνιῶσιν αὐτῷ τόποις ξηρὰν ἀναθυμίασιν εἰς ἐκεῖνον τὸν τόπον ῥυῆναι πᾶσαν, ὑπερομβρία δὲ ὅταν τὸ αὐτὸ τοῦτο ἐπὶ τῆς ὑγρᾶς τε καὶ ἀτμιδώδους ἀναθυμιάσεως γένηται. οἱ μὲν οὖν σεισμοί, ὁμοίως δὲ καὶ οἱ αὐχμοὶ καὶ αἱ ὑπερομβρίαι διὰ ταύτην τὴν αἰτίαν γίνονται καὶ κατὰ μόρια γῆς· οὐδὲν γὰρ κωλύει τῆσδέ τινος σειομένης τῆς γῆς μηδεμίαν σείεσθαι τῶν πλησίον, τῷ πᾶσαν τὴν τῶν σεισμῶν ποιητικὴν ἀναθυμίασιν ἐκ τῶν πλησίον εἰς τοῦτον

---

1 τε om. I 5 μέρει] μένει A 6 καταклυσθεῖσαι AW: κατακλυθεῖσαι a post πόλεις lac. XVI litt. A 6. 7 συναιτίαν] νῦν AWa; ceterum pro καὶ exspectas μᾶλλον δὲ 7 τοῦ σεισμοῦ γενέσθαι τὴν θάλατταν coll. AWa 7. 8 ὑπὸ τῆς γῆς AW: ὑπὸ τὴν γῆν a 10 ὑπὸ γῆν AWa βιαίῳ] βεβαίω A δύναται — ἔξω (14) delenda videntur; sub textu exh. I 13 τὸ post πνεῦμα] τὲ I 14 post ἔξω add. αἰτίαν τοῦ σεισμὸν ἄλλο τὸ (lac.) ὑποχωρήσει καὶ ἥττη (lac.) κατακλυσμὸν A 15 Κειμένου — σεισμοὶ (16)] κείμενον δὲ τούτων σεισμῶν (lac.) εἶναι τοὺς ἀνέμους ὑπὸ γῆν ἀθροιζομένους τε καὶ ῥέοντας ἐπισει (lac.) μὲν cum superioribus verbis (14) coniuncta exh. A δὲ om. a 16 μέρη AWa 17 καὶ πολλάκις coll. a: πολλὰ καὶ AW μακρῷ A 18 οἱ om. AW ἡ om. AWa 21 εἰς — συρρυεῖσαι] εἴς τε τόσον ῥυῆσαι I 22 αὐτῶν Aa 23 τὴν γῆν AWa οἱ om. I post τοῖς add. τε AWa 24 ἑκάτερος A post μὲν add. γὰρ AW 25 τῷ om. I τοῖς om. A αὐτῷ] αὐτῇ IW 26 πᾶσαν] πάλιν AWa 28 δὲ om. A[1] 30 τῆς om. AWa 31 ante ἐκ add. τὴν AWa

συνερρυηκέναι τὸν τόπον· οὐκέτι δὲ οἱ ἄνεμοι κατὰ ἕν τι μόριον γίνονται, ὅτι τὰ μὲν τῶν σεισμῶν καὶ τῶν αὐχμῶν καὶ τῶν ὑπερομβριῶν ἐν τῇ γῇ τὴν ἀρχὴν ἔχει, τουτέστι τὴν ἀναθυμίασιν· διὸ δύνανται αὗται καὶ εἰς ἕν τι πᾶσαι συρρεῖν· ὁ γὰρ ἥ|λιος οὐχ ὁμοίως ἐπὶ τούτων, λέγω δὴ τῶν κατὰ γῆς ἰσχύει, 110v ὥστε μεταβάλλειν αὐτάς, ἐπεὶ κἀκεῖναι εἰ καθ' οὓς ἐγίνοντο τόπους ὑπὸ τοῦ ἡλίου διεκρίνοντο, οὐκ ἂν εἰς ἓν ἠθροίζοντο, οὐδ' ἂν κατὰ μέρη τῆς γῆς μικρὰ ἐγίνοντο πολλάκις σεισμοί· τὰς μέντοι μετεώρους ἀναθυμιάσεις αὐτός ἐστιν ὁ διακρίνων τε καὶ ἀνάγων, αἳ ὅταν παρὰ τοῦ ἡλίου καὶ τῆς τούτου φορᾶς τὴν ἀρχὴν λάβωσιν, ἄνεμος ἤδη οὖσαι ῥέουσιν ἐφ' ἕν τι μέρος, ἐπὶ μὲν τάδε ὁ βορέας, ἐπὶ δὲ τάδε ὁ νότος, καὶ ἄλλος ἐπ' ἄλλο τι· ῥέοντες δὲ οὕτως οὐ λανθάνουσιν ὥσπερ αἱ ὑπὸ γῆν συρρέουσαι εἰς ταὐτὸν ἀναθυμιάσεις, ἀλλὰ πᾶς ὁ τόπος δι' οὗ ῥέουσιν ἔχει τὸν ἄνεμον. ὁ μὲν γὰρ σεισμὸς καὶ ὁ αὐχμὸς καὶ ἡ ὑπερομβρία οὐκ ἔστιν ἡ τῆς ἀναθυμιάσεως ῥύσις, ὁ δὲ ἄνεμος καὶ τὸ πνεῦμα αὐτή ἐστιν ἡ τῆς τοιαύτης ἀναθυμιάσεως οὔσης ὑπὲρ γῆν ῥύσις, ἣν οὔτε λανθάνειν οἷόν τε ὑπὲρ γῆς ῥέουσαν οὔτε ῥεῖν ἐν βραχεῖ μορίῳ τῆς γῆς.

Ἐφεξῆς δὲ καὶ τὰς τῶν σεισμῶν διαφορὰς λέγει, καὶ φησὶν αὐτῶν τοὺς μὲν τρόμῳ ἐοικέναι, τοὺς δὲ σφυγμῷ, τρόμῳ μὲν τοὺς γινομένους ἐπὶ πλάτος τῆς γῆς, ὅταν διὰ τὸ πλῆθος τοῦ γινομένου ὑπὸ γῆν πνεύματος, κατὰ τὸ πλάτος ἡ γῆ κινῆται ὑπ' αὐτοῦ· οὕτως γὰρ καὶ ὁ τρόμος γίνεται, εἰς τὰ πλάγια μεταφερομένου τοῦ τρέμοντος σώματος· τοῦτο γάρ ἐστι τὸ εἰς πλάτος. γίνεσθαι δέ φησιν ὀλιγάκις κατὰ τόπους τινὰς σεισμοὺς ἐοικότας σφυγμῷ. ἔστι δὲ ἡ κατὰ σφυγμὸν κίνησις οὐκ εἰς τὰ πλάγια γινομένη, ὡς ὁ τρόμος, ἀλλὰ κάτωθεν ἄνω. διὸ καὶ ἐλαττονάκις λέγει γίνεσθαι τοὺς οὕτω γινομένους σεισμούς, ὅτι μὴ ῥᾴδιον εἰς βάθος ἐπ' εὐθείας οὕτως πολλήν ἀρχήν τε καὶ ἀναθυμίασιν ἀθροισθῆναι. πολὺ γὰρ πλείων ἡ κατὰ μῆκος καὶ πλάτος τῆς γῆς διάκρισίς τε καὶ ἀναθυμίασις γινομένη τῆς ἀπὸ τοῦ βάθους. ταύτῃ μὲν γὰρ καὶ ὁ ἥλιος συνεργεῖ θερμαίνων μέχρι τοσούτου τὴν γῆν, τῇ δ' ἐκ τοῦ βάθους γινομένῃ τε καὶ ἀναφερομένῃ οὐκέτι. ἐν δὲ τοῖς τοιούτοις σεισμοῖς τοῖς ἐκ βάθους γινομένοις, οἳ ἐοίκασι τοῖς σφυγμοῖς, φησὶν ἀναβάλλεσθαί τε καὶ ἐπιπολάζειν πλῆθος λίθων, ὥσπερ ἐπὶ τῶν λίκνων· καὶ γὰρ ἐπὶ τούτων, ὅταν ἀναβράττηται τὰ ἐπ' αὐτοῖς, ἐπιπολάζει τὰ βαρύτατα. λέγει δὲ καὶ χαλεπωτάτους εἶναι τοὺς τοιούτους σεισμούς, καὶ παρατίθεται χωρία τὰ ὑπὸ τῶν τοιούτων σεισμῶν ἀνατραπέντα, ἃ πρὸς τῷ ἀνατραπῆναι καὶ τραχύτερα ἐγένετο. ἧττον δὲ λέγει γίνεσθαι σεισμοὺς ἐν ταῖς νήσοις ταῖς ἐν μέσοις τοῖς πελάγεσιν, ἃς εἶπε

4 δὴ] δὲ AIW 5 ἐπὶ a post κἀκεῖναι lac. IX litt. A εἰ post τόπους exh. AWa 7 μικρὰ post μέρη (6) exh. AWa 14 αὕτη I 15 οἷόν τε] οἴονται AW γῆν AWa 17 δὲ om. a 19 post ὅταν add. τὸ A γινομένου om. AW post ὑπὸ] add. τὴν AWa 20 κινεῖται I ὁ om. a 21 σώματος om. AW 25 ῥᾴδιον ex ῥᾳδίως corr. I 26 post πολλὴν add. ὡς AWa 27 γεννωμένη AWa 28 ταύτην AW 32 ἐν αὐτοῖς AWa 35 πρὸς τὸ A βραχύτερα I 36 μέσω AW ex corr. I

ποντίας, τῶν πλησίον ἐχουσῶν ἤπειρον· τοῦτο γάρ ἐστι τὸ τῶν προσγείων. αἰτία δὲ τούτου ὅτι ἐν μὲν ταῖς ποντίαις τὸ πλῆθος τῆς θαλάσσης τὸ περικεχυμένον καταψύχει τάς τε ὑπ' αὐτὴν καὶ τὰς ἐν τῇ νήσῳ ἐγγενομένας ἀναθυμιάσεις, ἔτι τε τῷ βάρει ἐπικειμένη κωλύει αὐτῶν τὰς εἰς ἓν συρρεύσεις ἐν τῇ γῇ γίνεσθαι, ἐξ ἧς γεννῶνται. ἔτι δέ, φησί, ῥεῖ καὶ κρατεῖται ὑπὸ τῶν πνευμάτων, ὡς τῇδε καὶ τῇδε φέρεσθαι, διὸ οὐ σείεται· δεῖ γὰρ τὸ σειόμενον ἠρεμῆσαι πρῶτον, εἶθ' οὕτω σεισθῆναι. ἢ τοῦτο οὐ περὶ τῆς ἀναθυμιάσεως, ἀλλὰ περὶ τῆς θαλάσσης λέγει· ἀεὶ γὰρ αὕτη ῥεῖ καὶ κινεῖται ὑπὸ τῶν ἀνέμων, διὸ οὐ σείεται ὑπὸ τῆς ἀναθυμιάσεως· κινεῖται γὰρ τὰ ἠρεμοῦντα· μὴ σειομένης δὲ τῆς θαλάσσης οὐδὲ αἱ ἐν αὐτῇ νῆσοι σείονται. διὰ τοῦτο γὰρ ἐπιφέρει τὸ τὰς δὲ ποντίας οὐκ ἔστι κινῆσαι ἄνευ τῆς θαλάσσης ὅλης, ὑφ' ἧς περιεχόμεναι τυγχάνουσιν. ἀλλὰ καὶ διὰ τὸ πολὺν ἐπέχειν τόπον, φησί, τὴν θάλασσαν οὐκ εἰς ταύτην αἱ ἀλλαχόθεν ἀναθυμιάσεις ἀθροίζονται (διὰ μακροῦ γὰρ ἡ σύρροια αὐταῖς γίνοιτο ἄν), ἀλλ' ἐκ ταύτης, τῆς ὑπὸ θαλάσσης, γίνοιντ' ἂν καὶ συρρέοιεν εἴς τινα ἄλλην γῆν, αἷς συρρεούσαις παρακολουθοῖεν ἂν καὶ αἱ ἐκ τῆς γῆς. ἢ ἐκ ταύτης λέγει ἐξ αὐτῆς τῆς θαλάσσης γίνεσθαι εἰς τὸ ἄνω τὰς ἀναθυμιάσεις, καὶ ταύταις συνακολουθεῖν τε καὶ συνεκκρίνεσθαι καὶ τὰς ἐν τῇ γῇ γενομένας τῇ ὑπὸ θαλάσσῃ. τὰς δὲ ἐγγὺς νήσους τῆς ἠπείρου μόριον εἶναι τῆς ἠπείρου λέγει· ἡ γὰρ μεταξὺ θάλασσα δι' ὀλιγότητα οὐδεμίαν ἔχει δύναμιν, ὡς κωλῦσαι τῶν ἀπὸ τῆς ἠπείρου γινομένων ἀναθυμιάσεων εἰς τὰς νήσους τὰς πλησίον συρρεῖν τινας.

p. 369a10 Περὶ δὲ ἀστραπῆς καὶ βροντῆς, ἔτι δὲ περὶ τυφῶνος καὶ πρηστῆρος. |

Εἰπὼν περὶ σεισμῶν, τίς τε αὐτῶν ἡ φύσις τε καὶ οὐσία, καὶ δι' ἣν 111r αἰτίαν γίνονται, καὶ περὶ πάντων τῶν δοκούντων αὐτοῖς παρακολουθεῖν, μέτεισιν ἐπὶ τὸ κατὰ τὸν ὑφηγημένον τρόπον εἰπεῖν περί τε ἀστραπῆς καὶ βροντῆς τυφῶνός τε καὶ πρηστῆρος καὶ κεραυνῶν. δεῖν δέ φησι καὶ τούτων ἁπάντων τὴν αὐτὴν ἀρχὴν ὑπολαβεῖν, οὐκ ἀλλήλοις μόνον τὴν αὐτήν, ἀλλὰ καὶ τοῖς προειρημένοις. τὸ γὰρ διττὸν τῆς ἀναθυμιάσεως τῆς ἐν τῇ γῇ γινομένης τοῖς τε προειρημένοις αἴτιον ἅπασι καὶ δὴ καὶ τούτοις. μεμιγμένης γὰρ τῆς ἀναθυμιάσεως τῆς γῆθεν ἀναφερομένης ἔκ τε τῆς θερμῆς τε καὶ ξηρᾶς, ἣ ἦν ἀρχὴ πυρὸς καὶ ἀνέμων, καὶ τῆς ὑγρᾶς τε καὶ ψυχρᾶς,

3 νόσ̄ A 3. 4 γεννωμένας AWa 5 post γίνεσθαι add. ἢ AW: ἡ a ἐξ ἧς] ἐξῆς AIa 6 κρατῆται a 8 περὶ post ἀλλὰ om. Wa 9 κινῆται a 11 τὸ] τῶ I ποντίους AW 15 αὐτὰς A¹W ὑπὸ om. I 15. 16 γίνοιτο ἂν I 16 συρρέοι ἂν AI: συρρέοιαν W 18. 19 ἀνεκκρίνεσθαι AWa 19 γεννωμένας AWa post ὑπὸ add. τῇ W 25 τε post φύσις om. A καὶ ἡ οὐσία A 27 τε om. AWa 28 κεραυνοῦ AWa δέ] γὰρ a Arist.: om. AW 30 τὸ γὰρ — προειρημένοις (31) om. AWa 31. 32 μεμιγμένης] μὲν. ἡγμένης AW 32 γὰρ] μὲν οὔσης a 33 καὶ τῆς ξηρᾶς I ἣ ἦν] ἢ ἡ AW: ἦν om. a πυρός τε καὶ AWa

ἡ πάλιν ἔστιν ἀρχὴ ὑδάτων τε καὶ χιόνος καὶ χαλάζης, ἔτι τε πάχνης τε καὶ δρόσου, καὶ ταῦτα ἀμφότερα ἐχούσης ἐν αὐτῇ δυνάμει (οὐ γὰρ ἀποκεκριμένα ἤδη καὶ κεχωρισμένα), ἔπειτα συνισταμένης ταύτης εἰς νέφος, καθὰ πρότερον εἴρηται (διακρινομένου γὰρ τοῦ ἐν τῇ ἀναθυμιάσει θερμοῦ καὶ εἰς τὸ ἄνω φερομένου ἡ ὑπολειπομένη συνίσταταί τε καὶ εἰς νέφη μεταβάλλει), ἔτι τε μᾶλλον πυκνοτέρας τῆς τῶν νεφῶν συστάσεως γινομένης, ὅταν ἐν τῷ τόπῳ γένηται μετεωρισθεῖσα ἐπὶ πλέον, ὅς ἐστι ψυχρότατος διὰ τὸ παύεσθαι ἐν αὐτῷ τὰς ἀπὸ τοῦ ἡλίου γινομένας ἀνακλάσεις· εἶπε γὰρ καὶ ἐν τοῖς πρώτοις τοῦτον εἶναι τὸν τόπον καὶ τὸν αὐτόθι ἀέρα ψυχρότερον· διὸ ὅσα ἂν τῶν νεφῶν διὰ τὴν ὑπάρχουσαν ἐν αὐτοῖς ἔτι πλείω θερμότητα εἰς ἐκεῖνον ἀνενεχθῇ τὸν τόπον, ὃν εἶπεν ἔσχατον πέρας, ἀθροώτερον ἐν ἐκείνῳ τοῦ θερμοῦ χωριζομένου διὰ τὴν ἐκ τῆς ψυχρότητος πῆξιν τῶν νεφῶν, πυκνοτέρα καὶ ψυχροτέρα γινομένη ἡ τῶν νεφῶν σύστασις τὸ ἐναπολελειμμένον ἐν αὐτοῖς θερμὸν ἄνωθεν εἰς τὸ κάτω ἀπωθεῖταί τε καὶ ἐκθλίβει, καὶ καθ' ὃ ἔλαττόν ἐστι πυκνή, παρέχει τὴν ἔξοδον αὐτῷ. καὶ διὰ τοῦτο οἵ τε κεραυνοὶ καὶ ἐκνεφίαι καὶ τὰ τοιαῦτα φέρεται κάτω, ὄντα κουφότατα τῇ αὐτῶν φύσει. καίτοι τῆς ἀποκρίσεως ταύτης πυκνότερα γίνεται τὰ νέφη, ἕως ἂν εἰς τὸ ἔσχατον ἔλθῃ τῆς πυκνώσεως καὶ τὸ πέρας· ὅσῳ γὰρ ἂν μᾶλλον ἐκλείπῃ τὸ θερμὸν ἐξ αὐτῶν διακρινόμενόν τε καὶ εἰς τὸν ἄνω φερόμενον τόπον, τοσούτῳ πυκνοτέρα καὶ ψυχροτέρα ἡ σύστασις τῶν νεφῶν γίνεται. τοῦτο γὰρ αἴτιόν φησιν εἶναι, τὴν εἰς τὸ ἔσχατον πύκνωσιν τῶν νεφῶν, τοῦ καὶ τοὺς κεραυνοὺς καὶ τοὺς ἐκνεφίας φέρεσθαι κάτω καὶ πάντα, ἄνωθεν μᾶλλον πυκνουμένων διὰ τὴν ἐν ἐκείνῳ τῷ τόπῳ ψυχρότητα ἐκκρινόμενα μετὰ βίας, καίτοι φύσιν ἔχοντα ἄνω φέρεσθαι διὰ τὸ εἶναι θερμά (αὕτη γὰρ τοῖς τοιούτοις ἡ κατὰ φύσιν φορά)· ἀλλ' [ἐπεὶ] ἀναγκαῖον εἰς τὸ ἐναντίον ἀεὶ τοῦ συστελλομένου τε καὶ πυκνουμένου καὶ ἐκθλίβοντος τὴν ἔκθλιψίν τε καὶ φορὰν τοῦ ἐκθλιβομένου γίνεσθαι. οὕτως γοῦν ἤδη τινὰ βάρος ἔχοντα διὰ τὸ κάτωθεν ἐκθλίβεσθαι ἄνω φέρεται οἷον ἐκπηδῶντα, ὡς ὁρῶμεν τά τε ἐκπυρηνιζόμενα φερόμενα πολλάκις καὶ ὕδατα πολλά.

Εἰπὼν δὲ ταῦτα ἐφεξῆς λέγει καὶ πῶς γίνεται, καὶ τί τὸ αἴτιον τοῖς προειρημένοις τῆς εἰς τὸ κάτω βιαίου φορᾶς. ἡ μὲν γὰρ ἐκκρινομένη ἐκ τῆς ἀναθυμιάσεως θερμότης, τουτέστι θερμὴ ἀναθυμίασις, εἰς τὸ ἄνω φέρεταί τε καὶ διασπείρεται κατὰ φύσιν ἀνεμποδίστως φερομένη· ὅση δὲ τῆς ξηρᾶς ἀναθυμιάσεως ἐναπολαμβάνεται ἐν τῇ ψυχομένῃ τε καὶ συνιστα-

1 ἔτι δὲ AWa 2 καὶ τὰ (lac. VII litt.) τὰ ἀμφότερα A: eadem sine lacuna W: καὶ ἀμφότερα a αὐτῇ libri 3 κεχωρισμένα] κεκριμένα AWa ἔπειτα om. AWa post συνισταμένης add. δὲ a 6 ἔτι δὲ AWa γινομένης συστάσεως coll. I 8 παύσασθαι AW γενομένας AW 9 τούτοις A 11 ὃν εἶπεν om. AW: πρὸς τὸ a 14 ἐναπολειπόμενον AWa post ἄνωθεν add. μᾶλλον διὰ τὴν ἐν ἐκείνῳ τῷ τόπῳ ψυχρότητα πυκνουμένην (πυκνουμένη post μᾶλλον a) μετὰ βίας Wa: μᾶλλον πυκνουμένην μετὰ βίας A 15 ἐστι] οὖσα A 17 κοῦφα a καίτοι — μετὰ βίας (24) om. AWa καίτοι] fort. καὶ διὰ 23 καὶ πάντα] fort. addendum τὰ τοιαῦτα 25 διὰ τὸ εἶναι] ὡς AWa 26 ἐπεὶ delevi 33 post τουτέστι add. ἡ a 34 φερομένης A

μένῃ ἀναθυμιάσει ἄνωθεν μάλιστα, ἣν ἀέρα εἶπεν (ἢ καὶ τὸν ἀέρα τὸν περικείμενον τοῖς νέφεσι ψύχεσθαι λέγει), αὕτη ἔτι μᾶλλον πυκνουμένων καὶ συνιόντων τῶν νεφῶν ἐκκρίνεται ἐξ αὐτῶν μετὰ βίας, ἐκκρινομένη δὲ ἐξ ἑκάστου μέρους τοῦ νέφους καὶ μετὰ βίας φερομένη καὶ προσπίπτουσα τοῖς περιεχομένοις ὑπὸ τοῦ ψυχροῦ ἀέρος καὶ ὑπ' αὐτοῦ πηγνυμένοις νέφεσι πληγὴν ποιεῖ, ὑφ' ἧς πληγῆς ὁ γινόμενος ψόφος βροντὴ καλεῖται. ἀπεικάζει δὲ τὴν πληγὴν τὴν ὑπὸ τοῦ ἐκκρινομένου ἐκ τῶν νεφῶν θερμοῦ μετὰ βίας διὰ τὴν πύκνωσιν καὶ ψῦξιν αὐτῶν τὴν ὑπὸ τοῦ περικειμένου τε καὶ ὑπερκειμένου γινομένην ψυχροῦ, δι' ἣν πληγὴν ὁ τῆς βροντῆς ψόφος, τοῖς ψόφοις τοῖς ἐν ταῖς φλοξὶ γινομένοις πολλάκις· ἐφ' οὗ ψόφου οἱ μὲν λέγουσιν ὅτι γέλως ἐστὶν Ἡφαίστου, οἱ δὲ τῆς Ἑστίας, οἱ δὲ οὐ γέλωτα, ἀλλ' ἀπειλὴν αὐτῶν τούτων, ἢ τοῦ Ἡφαίστου ἢ τῆς Ἑστίας. καὶ ἐφεξῆς πῶς ἐν τῇ φλογὶ ὁ ψόφος οὗτος γίνεται, λέγει· ὅταν γὰρ ἡ ἐκ τῶν ξύλων ἐκκρινομένη ἀναθυμίασις ξηραινομένων αὐτῶν καὶ ῥηγνυμένων ἀθρόα καὶ συνεστραμμένη εἰς τὴν φλόγα φέρηται, ἡ γινομένη πληγὴ ποιεῖ τὸν προειρημένον ψόφον. καὶ ἐν τοῖς νέφεσι δὲ οὕτως ἡ γινομένη ἔκκρισις τοῦ πνεύματος (τοιαύ|τη γὰρ ἡ ξηρὰ ἀναθυμίασις) προσπίπτουσα καὶ 111v
ἐμπίπτουσα τῇ πυκνότητι τῶν νεφῶν τῇ πληγῇ τὸν τῆς βροντῆς ποιεῖ ψόφον, ἔμπαλιν ἐχόντων τὴν τάξιν ἐν αὐτοῖς τῶν πλησσόντων τε καὶ πλησσομένων· ἐπὶ μὲν γὰρ τοῦ πυρὸς ἡ ἀναθυμίασις ἡ πυκνὴ καὶ συνεστραμμένη ἐστὶν ἡ ἐκκρινομένη καὶ φερομένη πρὸς τὴν φλόγα καὶ τὴν πληγὴν ποιοῦσα, ἐπὶ δὲ τοῦ νέφους τὸ μὲν θερμὸν ἔστι τὸ ἀνάλογον ὂν τῷ πυρὶ τὸ ἐκκρινόμενόν τε καὶ φερόμενον, ἡ δὲ ἀναθυμίασις ἡ πυκνὴ πρὸς ἣν ἡ πληγὴ τοῦ φερομένου. αἱ δὲ τῶν ψόφων διαφοραὶ τούτων γίνονται παρὰ τὰς τῶν νεφῶν πρὸς τὴν πληγὴν ἀνωμαλίας (ἢ γὰρ πυκνότερα μᾶλλον ἢ ἧττόν ἐστιν, ἢ κατὰ μέν τι τοιαῦτα, κατὰ δέ τι τοιαῦτα) ἢ παρὰ τὰς ἐν τοῖς νέφεσι κοιλίας. εἶπε δὲ κοιλίας τὰ ἐντὸς τῶν νεφῶν τὰ μὴ ὁμοίως τοῖς ἐκτὸς πεπυκνωμένα, ἀλλὰ διαλαμβάνοντα τὴν συνέχειαν τῆς πυκνώσεως αὐτῶν.

Τὴν μὲν οὖν βροντὴν τὸν τοιοῦτόν φησιν εἶναι ψόφον, καὶ γίνεσθαι διὰ τὴν προειρημένην αἰτίαν· τὸ δὲ πνεῦμά φησι τοῦτο τὸ ἐκθλιβόμενον καὶ τῇ πρὸς τὰ νέφη πληγῇ τὴν βροντὴν ποιοῦν τὰ μὲν πλεῖστα ἐκπυροῦσθαι λεπτῇ πυρώσει καὶ ἀσθενεῖ διὰ τὴν τῆς ἐξαπτομένης ὕλης λεπτότητα, καὶ τοῦτο εἶναι τὴν καλουμένην ἀστραπήν· καθ' ὃ γὰρ ἂν τὸ ἐκκριθὲν τοῦτο πνεῦμα ἐκπῖπτον ἐκ τῶν νεφῶν ὀφθῇ κεχρωματισμένον τῷ τοῦ πυρὸς χρώματι. γίνεσθαι δέ φησι τήν τε ἐκπύρωσιν αὐτοῦ καὶ τὴν ἔκπτωσιν τὴν ἐκ τῶν νεφῶν ὑστέραν τῆς πληγῆς. ἡ γὰρ βίαιος κίνησις αὐτῷ καὶ ἡ πληγὴ τῆς ἐκπυρώσεως αἰτία, καὶ πρὸ τοῦ ἔξω τῶν νεφῶν γεγονὸς ὁραθῆναι ἡ πρὸς τὰ νέφη αὐτοῦ πληγή,

1 ἄνωθεν μάλιστα post εἶπεν exh. I 2 αὐτή A: αὐτήν W 3 κρινομένη AW 4 καὶ post φερομένη om. Wa 5 πηγνυμένης W 9 γινομένου I 25 πυκνωτέρα A: πυκνώτερα a 26 τι μὲν et τι δὲ coll. a 27 τὰ ante ἐντὸς om. I μὴ ex μὲν corr. W 28 ἐκτὸς] ἐντός AW 29 τὸν om. I 30 διὰ τὴν τοιαύτην αἰτίαν τὴν προειρημένην a 31 post βροντὴν add. τὴν A 33 γὰρ om. a 34 ἐκπῖπτον om. AWa τοῦ om. I 35 καὶ γίνεσθαι μέν φησι AWa

ἥτις ἦν ἡ βροντή· φαίνεσθαι μέντοι τὴν ἀστραπὴν πρὸ τοῦ ἀκουσθῆναι τὴν βροντὴν διὰ τὸ τὴν ὄψιν πρώτην τῶν ἰδίων αἰσθητῶν τῆς ἀκοῆς ἀντιλαμβάνεσθαι. αἰτία δὲ τούτου ὅτι ἡ μὲν ἀκοὴ χρόνου δεῖται πρὸς τὸ τὸν γενόμενον ψόφον ἐλθεῖν πρὸς αὐτήν (πᾶσα γὰρ κίνησις ἐν χρόνῳ), τῆς δ' ὄψεως ἡ ἀντίληψις ἀχρόνως γίνεται· οὐ γὰρ τῷ φέρεσθαί τε καὶ κινεῖσθαι πρὸς αὐτὴν τὰ ὁρώμενα ἡ ἀντίληψις αὕτη, ἀλλ' ἐν τῇ ποιᾷ σχέσει τοῦ τε ὁρωμένου καὶ τοῦ δι' οὗ ὁρᾶται πρὸς τὴν ὁρῶσαν ὄψιν, ἥτις σχέσις ὅταν τοῖς ὁρωμένοις πρὸς τὴν ὁρῶσαν ὄψιν ᾖ, ἐν ἴσῳ αὐτὰ ὁρᾷ, κἂν τὰ μὲν αὐτῶν ἐγγὺς ᾖ, τὰ δὲ πορρωτέρω, ὡς ἐν τῷ Περὶ αἰσθήσεως ἐρρήθη. τοῦ δὲ θᾶττον τὴν ὄψιν τῶν ὁρατῶν ἢ τὴν ἀκοὴν τῶν ἀκουστῶν ἀντιλαμβάνεσθαι δεικτικὸν παρέθετο τὸ γινόμενον ἐπὶ τῶν ἐρεσσόντων τὰς τριήρεις· ἤδη γὰρ ἀναφερόντων ἐκ τοῦ ὕδατος τὰς κώπας ὁ γινόμενος ψόφος ἐν τῇ πρώτῃ ἀφῇ τε καὶ πληγῇ τῶν κωπῶν ἀκούεται τότε, τῆς ὄψεως πάλαι ἑωρακυίας τὴν κώπην καθιεμένην τε εἰς τὸ ὕδωρ καὶ πλήσσουσαν αὐτό.

p. 369b11 Καίτοι τινὲς λέγουσιν ὡς ἐν τοῖς νέφεσιν ἐγγίνεται πῦρ.

Εἰπὼν περὶ βροντῆς τε καὶ ἀστραπῆς τὴν δόξαν τὴν ἑαυτοῦ τὰς τῶν ἄλλων ἐφεξῆς ἱστορεῖ, καὶ λέγει τινὰς ἡγεῖσθαι πῦρ τι ἐν τοῖς νέφεσιν ἐναπολαμβάνεσθαι, κἀκεῖνο αἴτιον εἶναι τῆς τε βροντῆς καὶ ἀστραπῆς. τοῦτο δὲ τὸ πῦρ Ἐμπεδοκλέα μὲν λέγειν εἶναι τὸ ἐναπολαμβανόμενον ἐν τοῖς νέφεσι μέρος τῶν τοῦ ἡλίου ἀκτίνων, Ἀναξαγόραν δὲ τοῦ ἄνωθεν αἰθέρος, ὃ ἐκεῖνος καλεῖ πῦρ, κατενεχθέν τι ἄνωθεν κάτω εἰς τὸν τόπον, ἔνθα τὰ νέφη. ὅτι δὲ Ἀναξαγόρας τὸν αἰθέρα καὶ τὸ κυκλοφορητικὸν σῶμα πῦρ λέγει, ἀπὸ τοῦ αἴθειν ἡγούμενος αὐτὸ οὕτως ὠνομάσθαι, ἀλλ' οὐκ ἀπὸ τοῦ ἀεὶ θεῖν, εἴρηται καὶ | ἐν τοῖς Περὶ οὐρανοῦ. τούτου δὴ 112r τοῦ πυρὸς τοῦ ἐν τοῖς νέφεσιν ἀπειλημμένου τὴν μὲν διάλαμψιν ἀστραπὴν εἶναι, τὸν δὲ γινόμενον ψόφον καὶ τὴν σίξιν ἐναποσβεννυμένου αὐτοῦ ἐν τῷ νέφει βροντήν, ὡς καθ' ἣν φαίνονται τάξιν, οὕτως καὶ γινομένων αὐτῶν, πρώτης μὲν τῆς ἀστραπῆς, δευτέρας δὲ τῆς βροντῆς. εἰπὼν δὲ ταῦτα δείκνυσιν αὐτὰ καὶ ἄλλως ἀτόπως λεγόμενα. καὶ πρῶτον μὲν ἀλόγως φησὶ λέγεσθαι τὸ εἶναι πῦρ τὸ ἐναπολαμβανόμενον ἐν τοῖς νέφεσιν ὑπ' ἀμφοτέρων μέν, ἀλογώτερον δὲ ὑπ' Ἀναξαγόρου τοῦ λέγοντος κατασπᾶσθαί τι ἀπὸ τοῦ ἄνωθεν αἰθέρος. καὶ διὰ τί, προστίθησι· τὸ γὰρ ἄνω πεφυκὸς φέρεσθαι δεῖ παρά τινα αἰτίαν φέρεσθαι κάτω τε καὶ παρὰ φύσιν, ἣν αἰτίαν ἔδει λέγεσθαι. ἔτι δεῖ καὶ τούτου τὴν αἰτίαν λέγεσθαι, διὰ τί γίνεται ἡ κατάσπασις τοῦ πυρὸς κατὰ τὸν οὐρανόν, ὅταν ἐπινέφελον ᾖ,

2 τὸ om. I 4 γινόμενον I 5 τῷ] τὸ I 6 αὕτη] αὐτῆς AWa 7 τε om. I ὄψις a 8 τοῖς ὁρωμένοις post ἴσῳ exh. I ὁρῶσαν om. AWa 8. 9 ἐγγὺς αὐτῶν coll. AWa 9 εἴη AWa ἐν τῷ Περὶ αἰσθήσεως] c. 6 ἐρρέθη Aa 14 αὐτήν I 19 post καὶ add. τῆς AWa 23 κυκλοφορικὸν Aa 25 ἐν τοῖς Περὶ οὐρανοῦ] A 3 p. 270b24 31 λέγεσθαι ex γίνεσθαι corr. I 33 ἀπὸ] ὑπὸ I 35 ἔτι — λέγεσθαι om. I

συνεχῶς τότε κατασπωμένου (συνεχεῖς γὰρ αἵ τε ἀστραπαὶ καὶ αἱ βρονταί), αἰθρίας δὲ οὔσης οὐ γίνεται· λίαν γὰρ τοῦτο ἑτοίμως καὶ προχείρως καὶ ἀνεπισκέπτως λέγεται. ἀλλ' οὐδὲ τὸ ὑπὸ Ἐμπεδοκλέους λεγόμενον πιθανόν, τὸ εἶναι ἐν τοῖς νέφεσι πῦρ τὴν ἀπὸ τῶν ἀκτίνων ἐν αὐτοῖς ἀπολαμβανομένην θερμότητα, ἣν γίνεσθαι τῆς τε ἀστραπῆς καὶ τῆς βροντῆς αἰτίαν, καθὰ προείρηται. καὶ γὰρ τοῦτο χωρὶς ἐξετάσεως καὶ πραγματείας, τουτέστι κενῶς εἴρηται· ἔσται γὰρ οὕτως τὸ αἴτιον τῆς βροντῆς τε καὶ τῆς ἀστραπῆς καὶ τῶν ἄλλων τῶν τοιούτων ἀποκεκριμένον τε καὶ κεχωρισμένον προϋπάρχον καὶ ἐνεργείᾳ ὂν ἤδη τόδε τι καὶ περιεχόμενον ἐν τῷ νέφει. πλεῖστον δὲ διαφέρει τὸ οὕτως λέγειν τῶν τε προειρημένων καὶ τἀληθοῦς· ὅμοιον γὰρ τὸ ταῦτα οὕτως γίνεσθαι λέγειν καὶ εἴ τις οἴοιτο τὸ ὕδωρ καὶ τὴν χιόνα καὶ τὴν χάλαζαν ἐνυπάρχοντα πρότερον ὕστερον ἐκκρίνεσθαι, καὶ μὴ τότε γίνεσθαι, ὅτε καὶ ἡ αἴσθησις αὐτῶν γίνεται, οἷον ἕκαστον αὐτῶν τῆς συγκρίσεως πρῶτον κατ' ἰδίαν ποιούσης καὶ ἐχούσης, εἶτα οὕτως ἐκκρινούσης ὑπὸ χεῖρα τῆς συγκρίσεως ἕκαστον τῶν ἐνυπαρχόντων καθ' ἣν ἐνυπάρχει τάξιν. ὁμοίως γὰρ ὡς ἡ χάλαζα καὶ ἡ χιὼν καὶ τὸ ὕδωρ διακρίσεις τινές, οὕτως καὶ ἡ ἀστραπὴ καὶ ἡ βροντὴ συγκρίσεις· ὥστ' εἰ τὰ ἕτερα τούτων, ἢ τὰ ἐν τῇ διακρίσει ἢ τὰ ἐν τῇ ἐκκρίσει, μὴ γίνεται, ἀλλὰ προϋπάρχοντα ἔγκειται, ὁμοίως εὔλογον ἔχειν καὶ τὰ ἕτερα. εἰ γὰρ τὰ διακρίσει γινόμενα ἐκ τῶν νεφῶν προϋπάρχοντα διακρίνεται καὶ ἐκκρίνεται, καὶ τὰ συγκρίσει γινόμενα προϋπάρχοντα ἂν συγκρίνοιτο. ἥ τε ἐναπόληψις, ἣν λέγουσι τοῦ πυρὸς ἐν τοῖς νέφεσι γίνεσθαι, οὐδὲν ἀλλοιοτέρα ἂν εἴη τῆς γινομένης μεταβολῆς ἐν τοῖς πυκνουμένοις ἐξ ἀραιοτέρων καὶ θερμοτέρων. καὶ γὰρ τὸ ὕδωρ θερμὸν γίνεται ὑπό τε τοῦ ἡλίου καὶ τοῦ πυρός· εἰ δὴ ἐναπολήψει τὰ τοιαῦτα πυρὸς γίνεται, ἔδει πηγνυμένου τοῦ ὕδατος καὶ ψυχομένου ἐκκρίνεσθαι τὸ πῦρ τὸ τῇ ἐναπολήψει τοιοῦτον αὐτὸ ποιοῦν. ἀλλ' ὅταν συνίῃ τε καὶ ψύχηται πάλιν τὸ θερμὸν ὕδωρ, οὐδεμία φαίνεται πυρὸς ἔκπτωσις γίνεσθαι, ὁποίαν ἐκεῖνοι λέγουσιν ὡς ἐνυπάρχοντός τινος ἐνεργείᾳ, ἔπειτα χωριζομένου· διὸ οὐδὲ ἐν ἐκείνοις εὔλογος ἡ ἐναπόληψις.

p. 370a5 Καίτοι γε ἐχρῆν κατὰ λόγον τοῦ μεγέθους τὴν ζέσιν ποιεῖν τὸ ἐγγινόμενον πνεῦμα ὑπὸ τοῦ πυρός.

Καὶ τοῦτο προστίθησι τοῖς προειρημένοις, ὅτι εἰ τῷ ἐναπολαμβάνεσθαί τι πῦρ καὶ τοῦτο ἐναποσβέννυσθαι ἐν τῷ νέφει ὁ ψόφος, ἔδει κατὰ τὸ

---

1 συνεχῶς] ἀλλ' οὐ συνεχῶς Arist. EF 2 δὲ] γὰρ AWa προχείρως καὶ ἑτοίμως coll. AWa 3 ὑπὸ Ἐμπεδοκλέα Aa: Ἐμπεδοκλέους ὕπο W 4. 5 ἀπολαμβανομένην ἐν αὐτοῖς coll. AWa 6 καὶ γὰρ — εἴρηται (7) om. I 8 τῆς om. AWa ἀποκεκριμένον] ἀποκείμενον AWa 9 καὶ προϋπάρχον coll. AWa 11 γὰρ τῷ W 11. 12 τὸ ὕδωρ] ὕδωρ λέγειν I 15 ὑπὸ χεῖρα post γίνεται (13) coll. W ἕκαστον — τάξιν (16)] ἐκ τῆς αὐτῶν οὕτως ὡς αὐτὸς γίνεσθαι προείρηκεν W 18 ἐκκρίσει] fort. συγκρίσει 23 ἂν om. I 26 τῇ ἐναπολήψει] τῇ om. Aa: ἐν τῇ ἀπολήψει I 27 συνίηται Aa 29 ἐνυπάρχον W 31 post μεγέθους add. καὶ Aa Arist. F

μέγεθος τοῦ ἐνυπάρχοντος πυρὸς καὶ τὸ ἐν τῇ σβέσει αὐτοῦ πνεῦμα γίνεσθαί τε καὶ τὸν ψόφον. τοῦτο δὲ λέγοι ἂν ὡς ἂν ἐν τῇ σβέσει τοῦ πυρὸς γινομένου ψόφου διὰ τὸ εἰς πνεῦμα μεταβάλλειν αὐτό. οὐ γίνεται δὲ ὁ ψόφος κατὰ λόγον· πολὺ γὰρ μείζων ψόφος γίνεται ἢ ὅσος ἂν ἀπὸ τοσούτου σβεννυμένου πυρὸς ἐγένετο. ἀσαφῆ δὲ τὰ λεγόμενα διὰ συντομίαν· ἣν οὔτε δυνατὸν ἐνυπάρχειν, ἥντινα ζέσιν καὶ πῦρ δέδειχται ὅτι οὐ δυνατὸν ἐνυπάρχειν ὡς πρότερον ἐναπειλημμένον καὶ ἐνεργείᾳ ὄν. τὸ δὲ οὔτε ἐκεῖνοι τὸν ψόφον ζέσιν ποιοῦσιν, ἀλλὰ σίξιν τοιοῦτον ἂν εἴη· εἰπὼν ζέσιν γίνεσθαι κατ' αὐτοὺς ἐν τῇ τοῦ πυρὸς ἀποσβέσει τε καὶ εἰς πνεῦμα μεταβολῇ, ἣν μὴ δύνασθαι γίνεσθαι τῷ μηδὲ τὴν ἀρχὴν δύνασθαι ἐνυπάρχειν ἐν τῷ νέφει τὸ πῦρ, προστίθησιν ὅτι μηδὲ ἐκεῖνοι ζέσιν βούλονται λέγειν γίνεσθαι αἰτίαν τοῦ ψόφου, ἀλλὰ σίξιν. λέγει δὲ καὶ τὴν σίξιν τὴν ὑπ' αὐτῶν λεγομένην εἶναι μικρὰν ζέσιν. διαφορὰ δ' ἂν εἴη ζέσεως καὶ σίξεως, ὅτι ἡ μὲν ζέσις κρατουμένου τοῦ ψυχροῦ ὑπὸ τοῦ θερμοῦ γίνεται καὶ ἐκπνευματουμένου, ἡ δὲ σίξις, ὅταν κρατῆται καὶ σβεννύηται τὸ θερμὸν ὑπὸ τοῦ προσπίπτοντος αὐτῷ ὑγροῦ τε καὶ ψυχροῦ. καὶ τὴν σίξιν δὴ μικρὰν ζέσιν λέγει εἶναι· καθὸ γὰρ προσπῖπτον τὸ ψυχρὸν τῷ θερμῷ κρατεῖ αὐτοῦ, ταύτῃ ζέσις καὶ εἰς πνεῦμά τις μεταβολὴ γίνεται μέρους τινὸς ἀπὸ τοῦ κρατοῦντος ψυχροῦ ὑπὸ τοῦ σβεννυμένου πυρός, ὑπ' αὐτοῦ μεταβάλλοντος καὶ ἐκπνευματουμένου, καὶ οὕτω γινομένου τοῦ ψόφου. |

Εἶναι δέ τινάς φησι, οἳ τὴν ἀστραπὴν φαντασίαν τινά φασιν εἶναι, 112v
οὐχ ὕπαρξιν οὐδὲ πρᾶγμά τι, ὧν εἶναι καὶ Κλείδημον· ῥαπιζομένου γὰρ τοῦ ὑγροῦ ἐν τῇ νεφέλῃ ὑπὸ τοῦ πνεύματος γίνεσθαί τινα στιλβηδόνα, ὥσπερ ὅταν τὴν θάλασσάν τις ῥάβδῳ τύπτῃ νυκτός· φαίνεται γὰρ ἀποστίλβειν τὸ ἐν τῇ πληγῇ μετεωριζόμενον ὕδωρ. τοιοῦτον δὴ γίνεσθαι καὶ ἐπὶ τῆς ἀστραπῆς· τὸ γὰρ πλησσόμενον ὑγρὸν καὶ διὰ τῆς πληγῆς τὸν ψόφον τε καὶ τὴν βροντὴν ποιοῦν ἐν τῇ πληγῇ μετεωριζόμενον ἀποστίλβειν, καὶ τοῦτο εἶναι τὴν ἀστραπήν, τὴν ἀπὸ τοῦ μετεωριζομένου ὑπὸ τῆς πληγῆς ὑγροῦ γινομένην στιλβηδόνα. φησὶ δὴ τοὺς οὕτως λέγοντας ἀγνοίᾳ τοῦ πῶς τὰ στίλβοντα φαίνεται στίλβειν οὕτως λέγειν. διὰ γὰρ ἀνάκλασιν τῆς ὄψεως τὴν γινομένην ἀπὸ τῶν στίλβειν δοκούντων ὑδάτων πρός τι τῶν λαμπρῶν, φαίνεται στίλβοντα τῷ ἐν αὐτοῖς ἐμφαίνεσθαι τὸ λαμπρόν, πρὸς ὃ ἡ ἀνάκλασις. διὸ καὶ νύκτωρ μᾶλλον ἡ τοιαύτη ἀνάκλασίς τε καὶ στιλβηδών, τῷ τῆς ἡμέρας διὰ τὸ πολὺ φῶς ἀδήλους γίνεσθαι τὰς ἐμφάσεις· πλέον γὰρ ὂν τὸ τῆς ἡμέρας φῶς ἀφανεῖς ποιεῖ τὰς γινομένας διὰ τὴν

2 λέγει Aa ἂν post ὡς om. AWa 3 δὲ om. I 4. 5 τόσου τοῦ W 6 ὑπάρχειν I post ἐνυπάρχειν add. πρότερον Aa ἥντινα] ἣν AWa 7 ὡς] ὃν Aa: ὃ W 9 ζέσιν] σβέσιν I 11 τὸ om. Aa post πῦρ add. ἢ W 16 σβεννύηται ex corr. W[1]: σβέννυται AIa 17 δὴ] δὲ Aa 22 δέ om. a 23 κλάδημον a 25 τις τὴν θάλασσαν coll. AWa τύπτοι a 27 τὴν πληγὴν AWa 28 ἀποστίλβει AW 30 δὴ] δὲ a 31 post γὰρ add. τὴν a 32 τῶν γινομένων A 33 τῷ] τῶν AW φαίνεσθαι a 35 ἡμέρας] incerto compendio utitur A ἀδήλως A

ἀνάκλασιν ἐμφάσεις. διὰ τοῦτο γὰρ οὐδὲ ἐπὶ τῆς θαλάσσης ἡμέρας οὔσης φαίνεται στίλβον τὸ τῆς θαλάσσης ὕδωρ ὑπὸ τῆς ῥάβδου τυπτόμενον. μᾶλλον δ' εἶπε γίνεσθαι νύκτωρ, ὅτι γίνεταί τις τοιαύτη καὶ μεθ' ἡμέραν ἔμφασις, ὥσπερ ἐπὶ τῆς ἴριδος ἐν τῷ μετὰ τοῦτο βιβλίῳ δείξει ὡς ἡ ἔμφασις ἐκείνη πρὸς μένον γίνεται, ἀλλ' οὐ πλησσόμενον, ἡ δὲ στιλβηδὼν ἐπὶ τῶν πλησσομένων, ἣ τῆς ἡμέρας οὐχ ὁρᾶται· διὸ καὶ αὐτὸς προσέθηκε τὸ πλησσόμενον. ὥστε εἰ καὶ ἡ ἀστραπὴ οὕτως γίνεται, ἔδει νυκτὸς αὐτὴν φαίνεσθαι. ἔτι εἰ αἱ μὲν τοιαῦται στιλβηδόνες ἐν τῷ ὕδατι δι' ἀνάκλασιν γίνονται, οἱ δὲ μηδὲν εἶπον περὶ ἀνακλάσεως, οὐδὲν ἂν εἶεν εἰρηκότες περὶ ἀστραπῆς, οὐδ' εἰ διὰ πληγὴν ἐγίνοντο· τὴν γὰρ αἰτίαν, δι' ἣν στίλβει τὸ ὕδωρ, οὐ λέγουσι.

p. 370a21 Τὰ μὲν οὖν λεγόμενα περὶ βροντῆς καὶ ἀστραπῆς.

Ἀνακεφαλαιοῦται καὶ τὰ περὶ τούτων εἰρημένα αὐτῷ· καὶ πρῶτον μὲν παρατίθεται τὰς τῶν ἄλλων δόξας, ὧν ὕστερον ἐμνημόνευσεν, ἔπειτα τὴν αὐτοῦ δόξαν ἐπὶ κεφαλαίων λέγει· τὴν γὰρ αὐτὴν φύσιν ἀνέμων τε εἶναι καὶ σεισμῶν καὶ βροντῶν καὶ ἀστραπῶν. ἡ γὰρ ξηρὰ ἀναθυμίασις ὡδὶ μὲν ἐπὶ γῆς φερομένη, ὡς ὑπὸ τοῦ ἡλίου ἀνενεχθεῖσα τὴν ἀρχὴν τῆς ῥύσεως λαβεῖν, ἄνεμός ἐστιν, ὡδὶ δὲ πάλιν ἐν τῇ γῇ φερομένη, ὡς εἰς ἓν συρρυεῖσα σφοδρὰν τὴν κίνησιν διὰ στενοχωρίαν ποιεῖσθαι, σεισμός· ἐν δὲ τοῖς νέφεσιν ἐναποληφθεῖσα καὶ κατὰ τὴν ἐκείνων πύκνωσιν καὶ σύγκρισιν ἐκκριθεῖσα μετὰ βίας βροντή τε καὶ ἀστραπὴ καὶ τἆλλα τὰ τῆς τοιαύτης φύσεως ὄντα γίνεται, περὶ ὧν ἐν τοῖς ἑξῆς ἐρεῖ. |

2 τῆς θαλάσσης om. AWa τυπτόμενον ante ὕδωρ ponunt AWa 4 ὥσπερ] ὡς AWa ὡς om. AWa post ἡ add. γὰρ a 5 ἡ δὲ — πλησσομένων (6) om. Wa 6 ἣ τῆς] ἥτις AWa 9 εἰπόντες I 10 ἐγίνετο AWa 17 ἐπὶ τῆς γῆς Wa φερομένη ὡς] deficit A 18 ῥυήσεως W λαβεῖν] λαμβάνει W 19 post κίνησιν lac. VI litt. I σεισμὸν I

ΑΛΕΞΑΝΔΡΟΥ ΑΦΡΟΔΙΣΙΕΩΣ ΕΙΣ ΤΟ ΤΡΙΤΟΝ ΤΩΝ ΑΡΙΣΤΟΤΕΛΟΥΣ ΜΕΤΕΩΡΟΛΟΓΙΚΩΝ.

p. 370b3 Περὶ δὲ τῶν ὑπολοίπων εἴπωμεν ἔργων τῆς ἐκκρίσεως ταύτης.

Προθέμενος ἐν τῷ πρὸ τούτου βιβλίῳ πρὸς τῷ τέλει εἰπεῖν περί τε βροντῆς καὶ ἀστραπῆς καὶ τυφῶνος καὶ πρηστῆρος καὶ κεραυνῶν, καὶ αἰτίαν ἀποδοὺς τοῦ ἅμα περὶ πάντων αὐτὸν τούτων προθέσθαι τὸ ἅπαντα εἶναι ταῦτα κατὰ τὸ ὑποκείμενον ἕν, εἰρηκὼς ἐν τῷ πρὸ τούτου περί τε βροντῆς καὶ ἀστραπῆς, ὅτι γίνεται ταῦτα ἐκκρινομένης μετὰ βίας τῆς ἐν τοῖς νέφεσι ξηρᾶς ἀναθυμιάσεως ἐναπειλημμένης, συνισταμένων αὐτῶν καὶ πυκνουμένων καὶ ὥσπερ ἐκπυρηνιζόντων αὐτὴν τῇ πυκνότητί τε καὶ ψυχρότητι, ἐν τούτῳ περὶ τῶν ὑπολοίπων ἔργων τῆς ἐκκρίσεως ταύτης, ἃ ποιεῖ ἐκκρινομένη, εἰπεῖν προτίθεται· ταῦτα δ' ἐστὶν ἐκνεφίας τε καὶ τυφὼν πρηστῆρές τε καὶ κεραυνοί· καὶ γὰρ τούτων αἰτία ἡ τῆς ξηρᾶς ἀναθυμιάσεως μετὰ βίας ἐκ τῶν νεφῶν ἔκκρισις. τὸν δὲ ἤδη ὑφηγημένον τρόπον λέγοντες προσέθηκεν, ὅτι ὥσπερ ἐπὶ τῶν προειρημένων ἐν τοῖς πρώτοις διττή τις ἐλέγετο ἀναθυμίασις γίνεσθαι, καὶ ἐξ ἐκείνης ἡ ἀρχὴ τῆς γενέσεως τῶν ἐν τοῖς μεταρσίοις, οὕτω δὴ καὶ ἐπὶ τῶν μελλόντων λέγεσθαι. καὶ πρῶτον λέγει περὶ τοῦ ἐκνεφίου· ἐκνεφίαι δὲ λέγονται τὰ πνεύματα τὰ ἐξ αὐτῶν τῶν νεφῶν πνέοντα, ὅθεν αὐτοῖς καὶ τὸ ὄνομα.

p. 370b4 Τὸ γὰρ πνεῦμα τοῦτο.

Τοῦτο λέγει, περὶ οὗ εἶπε περὶ βροντῆς τε καὶ ἀστραπῆς λέγων. τοῦτο δὴ τὸ πνεῦμα, φησί, τὸ ἐκ τῶν νεφῶν πυκνουμένων ἐκκρινόμενον

Adhibiti BIW et a 1 Tit. ἀλεξάνδρου ἀφροδισιέως εἰς τὸ τρίτον τῶν ἀριστοτέλους μετεωρολογικῶν in exitu libri I, eademque omisso ἀριστοτέλους praescr. BW: εἰς τὸ τρίτον praescr. I: Ἀλεξάνδρου Ἀφροδισιέως ὑπόμνημα εἰς τὰ μετεωρολογικά. εἰς τὸ τρίτον a 7 τὸ scripsi: τὰ BIW: καὶ a εἶναι om. BW 9 καὶ] τὸ Wa ἀστραπῆς om. B[1] τῆς om. W 10 αὐτῶν om. BW 12 ἐκκρινομένης Ia 13 πρηστήρ BW 15 ἐκ] ἡ W post λέγοντες add. ἤδη I 18 post πρῶτον add. γε BW 22 alterum περὶ om. B[1] τε om. a 23 ὁ πνεῦμα a πυκνουμένων] πυκνούμενον καὶ B

κατὰ μικρὰ μὲν ἐκκρινόμενον καὶ διεσπαρμένως, καὶ μὴ συνεχῆ τὴν γένεσίν τε καὶ ἔκκρισιν ἔχον, ἀλλὰ πολλάκις καὶ κατὰ μικρὰ γεννώμενόν τε καὶ ἐκκρινόμενον, καὶ μὴ μένον ἀλλὰ διαπνέον τῷ λεπτότερον εἶναι βροντάς τε καὶ ἀστραπὰς ποιεῖ τὸν προειρημένον τρόπον. ἂν δ' ἀθρόον τε ἐκκρίνηται καὶ πυκνότερον, τουτέστι σωματωδέστερον, ὡς μὴ διαπνεῖν ἀλλὰ διαμένειν (εἰπὼν δὲ πυκνότερον ἐξηγήσατο πῶς εἶπε τὸ πυκνότερον ἐπενεγκὼν τὸ ἧττον λεπτόν), τότε ὁ καλούμενος ἐκνεφίας ἄνεμος γίνεται, πνεῦμα ἐξ αὐτοῦ τοῦ νέφους ῥέον μετὰ βίας διὰ τὴν ἀθρόαν τε καὶ ταχεῖαν ἔκκρισιν· τὸ γὰρ τάχος τῆς ἐκκρίσεως ποιεῖ τὴν ἰσχύν, δι' ἣν ἰσχὺν βίαιον γίνεται τὸ πνεῦμα. ὅταν γὰρ συνακολουθήσῃ τῇ πρώτῃ ἐκκρίσει πολλή τε καὶ συνεχὴς ἔκκρισις, τότε γίνεται τὸ πνεῦμα τοῦτο παραπλησίως, ὥσπερ ὁ ὑετὸς γίνεται ἄγαν, ὅταν ἡ ἐναντία πάλιν τῇ ξηρᾷ ἀναθυμιάσει, ἥτις ἐστὶν ἡ ὑγρά, ἀρχὴν τῆς ἐκκρίσεως λάβῃ. τοῦτο γὰρ εἶπε διὰ τοῦ ὥσπερ ὅταν πάλιν εἰς τοὐναντίον ὁρμήσῃ.

p. 370b13 Ὑπάρχει μὲν οὖν ἄμφω δυνάμει ταῦτα κατὰ τὴν ὕλην.

Ὕλην εἶπε τὸ νέφος τῶν τε πνευμάτων καὶ τῶν ὑδάτων, ὅτι δυνάμει ἐν αὐτῇ ἄμφω ταῦτά ἐστιν, ἀλλ' οὐκ ἐνεργείᾳ ὄντα ἤδη τοιαῦτα. ὕλη δὲ τὸ δυνάμενόν τι γενέσθαι οὗ δύναται. ὅταν δὲ ἀρχὴ γένηται ὁποτερουοῦν τῶν δύο τῶν δυνάμει ὄντων ἐν τῷ νέφει, ὡς τὴν εἰς αὐτὸ μεταβολὴν γίνεσθαι, ἀκολουθεῖ πᾶν τὸ τῆς αὐτῆς φύσεως ὂν ἐν τῷ νέφει καὶ εἰς τὸ αὐτὸ μεταβάλλειν δυνάμενον, ὁποτέρας δ' ἀναθυμιάσεως ᾖ πλέον ἐν τῷ νέφει, ταύτῃ ἀρξαμένῃ μεταβάλλειν ἀκολουθεῖ καὶ τὸ λοιπὸν αὐτῆς συμμεταβάλλον, καὶ γίνεται, ἂν μὲν ἡ ὑγρὰ πλεονάζῃ, μεταβολῆς τινος εἰς ὕδωρ γενομένης καὶ ἀρχῆς τοιαύτης, ὑετὸς συνεχής τε καὶ πολύς, ἂν δὲ ἡ ξηρὰ τοιαύτη ᾖ, τὸ ἐπακολουθοῦν τῇ πρώτῃ τοῦ πνεύματος ἐκκρίσει πνεῦμα συνεχές τε καὶ πολὺ ἐκνεφίας, ἐκ τοῦ νέφους ἐκκρινόμενον μετὰ βίας ἀθρόον πνεῦμα καὶ φερόμενον κάτω.

p. 370b17 Ὅταν δὲ τὸ ἐκκρινόμενον πνεῦμα. |

Εἰπὼν περὶ ἐκνεφίου ἐφεξῆς περὶ τυφῶνος λέγει, ὅς ἐστι πνεῦμα 113v εἰλούμενον κύκλῳ βίᾳ καὶ μετὰ τοῦ σχήματος τούτου φερόμενον κάτω. γίνεσθαι δὲ τοῦτό φησιν, ὅταν τὸ ἐκ τοῦ νέφους ἐκκρινόμενον πνεῦμα ἑτέρῳ νέφει ἀντιτυπήσῃ καὶ κωλυθῇ ἐπ' εὐθείας ἐνεχθῆναι παραπλησίως ὡς ὅταν ἐκ πλατέος τόπου εἰς στενόν τι ἄνεμος συρρέῃ ὀλίγην ἔχων τὴν διέξοδον. πολλάκις γὰρ ἐν τῇ τοιαύτῃ φορᾷ τοῦ πνεύματος ἀπωσθεῖσα ἡ

1 μικρὸν a διεσπαρμένον a 2 μικρὸν a γενόμενον I τε om. I 4 εἰρημένον I 6 τὸ om. I 8 τοῦ om. BW 11 ὥσπερ] ὡς BW ὁ om. BWa 12 ἄγαν] ποτε BW: om. a 17 ἐν αὐτῇ] ἐν αὐτῇ ἐν τῇ ὕλῃ BW: ἐν τῇ ὕλῃ a 18 ὁποτεροῦν Ia 19 ὡς τὴν — νέφει (20) om. a 20 τὸ ante αὐτὸ om. a 12 δ'] ἂν a 22 ταύτης ἀρξαμένης I 30 εἰλούμενον BW: ἀλούμενον a 33 ἔχον BW

ἀρχὴ τοῦ πνέοντος [ἢ] διὰ τὸ μὴ σχεῖν διέξοδον ἢ διὰ τὸ μὴ ὑπείκειν τὸ πρὸ αὐτοῦ ἢ καὶ διὰ τὸ ἀντιπνεῖν ἄλλο τι πνεῦμα κύκλον καὶ δίνην ποιεῖ. τὸ μὲν γὰρ ἀντιβαῖνον αὐτῷ εἰς τὸ πρόσθεν αὐτὸ προϊέναι κωλύει, τὸ δὲ ἐπιρρέον ὄπισθεν ἐπωθεῖ τε καὶ κωλύει αὐτοῦ τὴν ἐπ' εὐθείας ἐπὶ τοῦτο ὅθεν ἠνέχθη φοράν· ἀνάγκη δὴ οὖν αὐτῷ εἰς τὸ πλάγιον τῶν ἐφ' ἃ κωλύεται φέρεσθαι ἐνεχθῆναι, ὥσπερ δὲ ἡ ἀρχή, οὕτως ἀεὶ καὶ τὸ ἐχόμενον καὶ μετὰ τὴν ἀρχὴν ἕπεσθαι ἐκείνῳ, ἕως ἂν ἡ ἀρχὴ ἀνακάμψασα τοῦ φερομένου πνεύματος συνάψῃ τῷ ὄπισθεν φερομένῳ καὶ ἐπωθοῦντι τὸ ἀνακάμπτον καὶ γένηται ἕν. τοῦτο δὲ τὸ σχῆμα γίνεται κύκλος· οὗ γὰρ κίνησις μία τῷ συνεχής τε εἶναι καὶ ἐπὶ συνεχοῦς, τοῦτο καὶ αὐτὸ ἀνάγκη ἓν εἶναι. αἵ τε δὴ ἐπὶ τῆς γῆς γινόμεναι δῖναι οὕτως, γίνονται δὲ καὶ ἐν τοῖς νέφεσιν, ὁμοίως μὲν ἀλλήλαις γινόμεναι, κατὰ τὴν ἀρχὴν δὲ διαφέρουσαι, ὅτι ἡ μὲν ἐπὶ γῆς ἡ δὲ ἐν τοῖς νέφεσιν ὁμοίως κατὰ τὴν ἀρχὴν ἀλλήλαις συνάπτουσαι· τοιοῦτον γὰρ ἡ δίνη. πλὴν ὅτι, ὥσπερ ὅταν ἐκνεφίας γίνηται· πλὴν ὡς ἐπὶ τοῦ ἐκνεφίου ἀεὶ καὶ συνεχὴς ἡ ἐκ τοῦ νέφους ἔκκρισις τοῦ πνεύματος γινομένη ποιεῖ τὸν ἐκνεφίαν ἄνεμον συνεχῆ, οὕτως ἐπὶ τοῦ τυφῶνος τῇ πρώτῃ ἐκκρίσει τοῦ πνεύματος ἐπακολουθεῖ τὸ συνεχὲς καὶ ἐφεξῆς τοῦ νέφους, οὐ δυναμένου τοῦ πνεύματος διὰ πυκνότητα τοῦ νέφους ἐκκριθῆναι καθαρῶς ἀπ' αὐτοῦ, ἀλλὰ σὺν αὐτῷ καὶ τοῦ νέφους συνεφέλκοντός τι. καὶ στρέφεται μὲν κύκλῳ τοῦτο διὰ τὴν εἰρημένην αἰτίαν, κάτω δὲ καὶ ἐπὶ γῆν φέρεται διὰ τὸ ἐπὶ ταῦτα τὴν ἔκκρισιν τὴν ἐκ τοῦ νέφους τοῦ πνεύματος ἀεὶ γίνεσθαι, καθ' ἃ πυκνοῦται τὰ νέφη. ὥσθ' ὅταν ἐπὶ τὰ κάτω τετραμμένα μέρη ἡ πύκνωσις γένηται τοῦ νέφους, ἀνάγκη ἐντεῦθεν καὶ τὴν ἔκκρισιν γινομένην τοῦ πνεύματος φέρεσθαι κάτω διὰ τὴν βίαν. αὐτὸς μέντοι ὅσον ἐπὶ τῇ λέξει δοκεῖ ἔμπαλιν εἰρηκέναι· οὐ γὰρ καθ' ὃ πυκνοῦται τὰ νέφη, τὴν ἔκκρισιν γίνεσθαι τοῦ θερμοῦ λέγειν δοκεῖ, ἀλλὰ ἔμπαλιν καθ' ὃ ἐκκρίνεται τὸ θερμόν, κατ' ἐκεῖνο γίνεσθαι τὴν τοῦ νέφους πύκνωσιν. οὐ μὴν οὕτως ἔχει· οὐ γὰρ τῇ ἐκκρίσει τοῦ πνεύματος ἡ πύκνωσις ἀκολουθεῖ τοῦ νέφους, ἀλλ' ἔμπαλιν τῇ πυκνώσει τοῦ νέφους ἡ τοῦ πνεύματος ἔκκρισις. τοῦτο γὰρ ἐν τοῖς πρώτοις δέδεικται.

---

1 πνέοντος] πνεύματος I ἢ delevi σχεῖν] ἔχειν BWa 2 δίκην a 4 ἐπωθεῖ τε] ἐπωθεῖται B[1] ἐπὶ τούτω W 5 οὖν om. W 8 συνάψει a ἀπωθοῦντι a 9 γίνεται τὸ σχῆμα coll. BWa οὐ γὰρ B[1] post γὰρ add. εἰ B 10 ἡ κίνησις BWa ἀναγκαῖον a 11 post δὴ add. οὖν a 13 ἡ utrumque ex αἱ corr. B post γῆς add. οἱ I 14 ὅταν — ὡς (15) om. a 16 ποιεῖν I 17 post οὕτως add. καὶ a 19 ἀπ' αὐτῶν IW αὐτῶ BI καὶ] τὴν a 20 τοῦτο om. a 21 ἐπὶ τὴν γῆν a τὴν (post ἔκκρισιν)] τοῦ W, ex τὴν corr. B 22 γενέσθαι BW καθ' ὃ BWa πυκνοῦνται Ia 23 γίνηται W: γίνεται B 24 τὴν om. a 26 τὰ νέφη — ἐκκρίνεται (27) in marg. B[1]: om. W 27 δόξει IWa 29 ἡ] ἢ a

p. 371a 1 Καλεῖται δέ, ἂν ἀχρωμάτιστον ᾖ, τοῦτο τὸ πάθος τυφών, ἄνεμος.

Εἰπὼν περὶ τυφῶνος πῶς γίνεται, νῦν διαφορὰν λέγει πρηστῆρος καὶ τυφῶνος. ὅταν μὲν γὰρ ᾖ τὸ πνεῦμα τὸ οὕτως κινούμενον μὴ κεχρωσμένον πυρώδει χρόᾳ, ὁποία καὶ ἡ ἀστραπὴ περὶ ἧς προεῖπε, τυφὼν καλεῖται, ὢν οἷον ἐκνεφίας ἄπεπτος· οὐ γὰρ τέλεον διακεκριμένον οὐδὲ ἀπολελυμένον ἐπ' αὐτοῦ τὸ πνεῦμα τοῦ νέφους ἐκκρίνεται, ὡς ἐπὶ τοῦ ἐκνεφίου, ἀλλὰ συνεφέλκον τι καὶ τοῦ νέφους διὰ τὸ μηδέπω πεπέφθαι, ὡς δύνασθαι χωρίζεσθαι τὸ ἕτερον ἀπὸ τοῦ ἑτέρου. βορείοις δὲ οὐ γίνεται τυφών, τουτέστιν ὅταν ψῦχος ᾖ καὶ χιόνες, οὐ γίνεται τυφὼν οὐδὲ ἐκνεφίας, διὰ τὸ ταῦτα μὲν εἶναι πνεῦμα, τὸ δὲ πνεῦμα ξηρὰν εἶναι καὶ θερμὴν ἀναθυμίασιν, ἥτις ὑπό τε τῆς χιόνος καὶ τοῦ πάγους εὐθὺς ἀρχομένη σβέννυται. τοῦ δὲ κρατεῖν τὴν ὑγράν τε καὶ ψυχρὰν τότε τῆς τοιαύτης ἀναθυμιάσεως σημεῖον ὅ τε νιφετὸς καὶ τὸ βόρεια καὶ ψυχρὰ εἶναι τὰ ὑγρά· οὐ γὰρ ἂν ἦν τοιαῦτα μὴ ἐπικρατούσης τῆς ψυχρότητος.

p. 371a 9 Γίνεται μὲν οὖν τυφών, ὅταν ἐκνεφίας γινόμενος.

Διὰ τούτων τὸν τυφῶνα τοῦ ἐκνεφίου χωρίζει πάλιν οὐ κατὰ τὴν τῆς κινήσεως διαφορὰν μόνην, ἀλλὰ μάλιστα καὶ κατὰ τὴν τοῦ πνεύματος. τὸ γὰρ συνεφελκόμενον πνεῦμα ἐν τῇ ἐκκρίσει καὶ αὐτὸ τὸ νέφος διὰ τὸ μὴ δύνασθαι αὐτοῦ ἀπολυθῆναι τυφών, ἀπολελυμένον δὲ καὶ καθαρώτερον πνεῦμα ὁ ἐκνεφίας. ὅταν γὰρ ἐκνεφίας γινόμενος ἄνεμος μὴ δύνηται ἀπολυθῆναι τοῦ νέφους, ἔστιν ἡ τοιαύτη ἔκκρισις τυφών, ὅταν διὰ τὴν ἀντίκρουσιν κύκλῳ φέρηται, καὶ οὕτω συστρεφόμενον ἕλικα ποιοῦν ἐπὶ γῆν φέρηται τῷ μὴ δυνηθῆναι καθαρῶς ἀπαλλαγῆναι τοῦ νέφους συγκατάγουσα κἀκεῖνο, ὥστε δοκεῖν νέφος εἶναι τὸ κινούμενον. καθὸ δὲ ἐπ' εὐθείας ἐκπνεῖ, ταύτῃ καὶ κινεῖ τὰ ἐμπίπτοντα [κινεῖ] πάντα· τῷ δὲ κύκλῳ κινεῖσθαι καὶ τὰ κινούμενα ὑπ' αὐτοῦ στρέφων κινεῖ. διὸ καὶ πολλάκις στρέψας τινὰ τῶν ἐπὶ γῆς ἢ θαλάσσης ἀνα|φέρει εἰς ὕψος, τῷ διέξοδον μὴ ἔχειν ἐπὶ 114r τὸ αὐτὸ πάλιν ἀνακάμπτων. διὸ ἐκ μὲν τῆς θαλάσσης πολλάκις μὲν ὕδωρ ἀνασπᾷ, ἤδη δέ που καὶ πλοιάριον ἐμετεώρισε περιλαβὼν τῇ δίνῃ· ἐκ δὲ τῆς γῆς καὶ λίθους καὶ ἄλλα τινὰ μετεωρίζει, ἤδη δὲ καὶ ζῷα· τὰ δὲ

---

1 ᾖ post πάθος exh. I, iterat W 3. 4 τυφῶνος καὶ πρηστῆρος coll. BWa 5 πυρώδη a 6 ὢν om. BWa 7 ἀπ' αὐτοῦ I 8 μηδέποτε W: μὴ a post μηδέπω II litt. erasae B 10 οὐδὲ] οὔτε BWa 12 πάγου a 14 τὸ] τῷ I 15 ὑγρότητος a 16 ὁ τυφών B γενόμενος BW 18 καὶ om. BWa 21 γενόμενος B δύναται I 22 ἔστιν] ἔστι δὲ B[1]IW τυφών ex τοῦ νέφους corr. I 23 στρεφόμενον BWa 24 fort. συγκατάγουσαν 25 ὥστε om. W post ὥστε add. ὃ IB[2] 26 ταύτῃ] ταῦτα BW post prius κινεῖ add. καὶ a alterum κινεῖ delevi πάντα] ταῦτα IW: om. a τὰ δὲ a 27 στρέφον a στρέψαν a 28 τῆς γῆς BW τῆς θαλάσσης BWa σχεῖν BWa 29 ἀνακάμπτον a 30 πλοῖον I περιλαβὸν a: μεταλαβὼν BW

ἀναφερόμενα ὑπ' αὐτοῦ ὀλίγον μετεωρισθέντα καταφέρεται πάλιν, ξηρότερα γενόμενα διὰ τὴν ξηρότητα τοῦ ἀνάγοντος αὐτὰ πνεύματος.

p. 371a15 Ὅταν δὲ κατασπώμενον ἐκπυρωθῇ.

Ὅταν, φησί, τὸ προειρημένον πνεῦμα φερόμενον ὃν προείρηται τρόπον κατασπώμενον ἐκπυρωθῇ, ὃ γίνεται ἐν τῇ κινήσει λεπτοτέρου τοῦ πνεύματος γενομένου καὶ πεφθέντος, ἀλλὰ μή, ὡς εἶπεν ἐπὶ τοῦ τυφῶνος, ἀπέπτου φερομένου, τότε πρηστὴρ καλεῖται. καὶ δι' ὃ οὕτως ὀνομάζεται, προσέθηκεν· ὅτι γὰρ τὸν πλησίον αὐτοῦ ἀέρα συνεμπίπρησιν ἐν τῇ πυρώσει, ὡς καὶ χρωματίζειν.

p. 371a17 Ἐὰν δ' ἐν αὐτῷ τῷ νέφει πολὺ καὶ λεπτὸν ἐκθλιβῇ πνεῦμα, τοῦτο γίνεται κεραυνός.

Εἰπὼν περὶ τυφῶνος καὶ πρηστῆρος νῦν λέγει περὶ κεραυνοῦ. φησὶ δὴ τὸν κεραυνὸν γίνεσθαι μὲν ἐκ τῆς ἀναθυμιάσεως τῆς αὐτῆς, ἧς καὶ τὰ προειρημένα, καὶ ταύτης ὅταν ἐκ τῶν νεφῶν ἐκκρίνηται, γίνεσθαι δέ φησι τὸν κεραυνόν, ὅταν ἐν αὐτῷ τῷ νέφει πολὺ καὶ λεπτὸν ἐκθλιβῇ πνεῦμα. ὁ μὲν γὰρ τυφὼν καὶ πρηστὴρ παχυτέραν εἶχον τὴν ἔκκρισιν, ὁ δὲ κεραυνὸς οὐ τοιαύτην, ἀλλὰ λεπτοῦ πνεύματός εἰσιν ἐκκρίσεις. διαφέροι δ' ἂν ἥδε ἡ ἔκκρισις τῆς τὰς βροντάς τε καὶ ἀστραπὰς ποιούσης, ὅτι ἐκείνη μὲν κατὰ μικρὰ καὶ σποράδην καὶ ἐκ διαλειμμάτων ἐγίνετο, ἡ δὲ τῶν κεραυνῶν διαφέροι μὲν ἂν ἐκείνης καὶ τῇ λεπτότητι, οὐ μὴν ἀλλὰ καὶ τῷ πλήθει. ἡ γὰρ ἐκ τῶν νεφῶν ἔκκρισις τοῦ τοιούτου πνεύματος καὶ μετὰ βίας ἔκθλιψις, ἣ γίνεται διὰ τὴν πύκνωσιν ἐκείνων καὶ ψυχρότητα, κεραυνὸς γίνεται, ὃς ἐὰν μὲν λίαν ᾖ λεπτὸν τὸ πνεῦμα, οὐδὲ ἐπικαίει ταῦτα οἷς προσπίπτει, καὶ ἔστιν οὗτος ὁ κεραυνός, ὃν οἱ ποιηταὶ ἀργῆτα καλοῦσιν, ἐὰν δὲ ἧττον λεπτὸν ᾖ τὸ πνεῦμα τὸ ἐκκρινόμενον καὶ φερόμενον, ἐπικαῖον φέρεται, καὶ τὸν τοιοῦτον οἱ ποιηταὶ κεραυνὸν ψολόεντα καλοῦσιν. ὁ μὲν γὰρ ἀργὴς καλούμενος διὰ τὴν λεπτότητα ταχέως φερόμενος, φθάνει διιὼν διὰ τούτων, οἷς ἂν ἐμπέσῃ, πρὸ τοῦ ἐπικαῦσαι αὐτὰ καὶ μελᾶναι, πρὸς τὴν ταχεῖαν διέξοδον αὐτῷ ἅμα μὲν τοῦ τάχους τῆς κινήσεως, ἅμα δὲ τῆς λεπτότητος συντελούσης· ὁ δὲ ψολόεις καλούμενος βραδύτερον φερόμενος τῷ μὴ ὁμοίως εἶναι λεπτὸς χρώννυσι μὲν τὰ οἷς ἐμπελάζει, οὐ μὴν καίει· φθάνει γὰρ διελθὼν πρὸ τοῦ καῦσαι. διὰ ταύτην δὲ τὴν αἰτίαν λέγει καὶ τὰ μὲν στερεά τε καὶ πυκνὰ καὶ ἀντίτυπα καίεσθαι ὑπὸ τοῦ κεραυνοῦ ἐμπεσόντος εἰς αὐτά, τὰ δὲ μὴ ἀντίτυπα ἀπαθῆ μένειν. ἤδη γοῦν ἀσπίδος τὸ μὲν

---

2 γινόμενα BWa 6 ἀλλὰ ex ἀλλ' οὐ corr. vel vice versa B μὴ] μὴν B 7 δι' ὃ οὕτως] διὰ τοῦτο I 8 συνεκπίμπρησι BWa ἐν om. BWa 12 λέγει νῦν BWa 14 καὶ ταύτης] κατ' αὐτῆς BW: om. a 15 ἐν] μὲν BW ἐκθλιβῇ ex ἐκληφθῇ corr. BW 16 ταχυτέραν W εἶχε a 17 ἐστὶν ἔκκρισις a 19 ὁ δὲ B 19. 20 διαφέρει B 23 ᾖ] εἴη I 24 οἱ ποιηταὶ om. I 25 ἐκκρινόμενόν τε καὶ BWa καὶ ante τὸν om. BIW 27 αὐτῶν B 31 post καίει fort. addendum ἀεί 33 τε om. a καίεσθαι—ἀντίτυπα (34) om. I ἐμπεσόντα a 34 γοῦν] οὖν a

χάλκωμα διὰ τὴν ἀντιτυπίαν ἐχωνεύθη, τὸ δὲ ξύλον ἀπαθὲς ἔμεινε τῷ ταχέως διεξελθεῖν δι' αὐτοῦ τὸ πνεῦμα. καὶ ἱματίοις δὲ ἐμπεσὸν τρύχινα μὲν αὐτὰ ἐποίησεν ἀναλῶσαν τὴν κροκύδα, αὐτὰ δὲ οὐκ ἔκαυσεν· ὑφ' ὧν καὶ αὐτῶν μαρτυρεῖσθαί φησι τὸ εἶναι πνεῦμα τὸν κεραυνόν, ἀλλ' οὐχ, ὡς οἴονταί τινες, στερεὰ καὶ λίθους. ὅτι δὲ πνεῦμα πεπυρωμένον ἐστὶν ὁ κεραυνός, εἶναί φησι καὶ ἐκ τῶν ὁρωμένων συλλογίζεσθαι καὶ ἱστορεῖ ὡς ἐπ' αὐτοῦ τοῦ ναοῦ τοῦ ἐν Ἐφέσῳ ἐμπρησθέντος· καιομένου γὰρ αὐτοῦ κατὰ πολλὰ ἀποσπᾶσθαί τινας φλόγας καὶ καθ' αὑτὰς συνεχεῖς φέρεσθαι. ὁ γὰρ καπνὸς καιόμενός ἐστιν ἡ φλόξ, πνεῦμα δὲ ὁ καπνός, ὥστε πνεῦμα καιόμενον ἡ φλόξ. τοιοῦτον δή τι καὶ ὁ κεραυνός. | ἀεὶ δέ φησιν οἴεσθαι 114v δεῖν καὶ συνακολουθεῖν τοῖς κεραυνοῖς πνεῦμα καὶ προϊέναι, ἀπύρωτον δηλονότι, ἐπεὶ καὶ ὁ κεραυνὸς αὐτὸς πνεῦμα. διὰ τοῦτο γὰρ μηδὲ ὁρᾶσθαι τὸ πνεῦμα τοῦτό φησι, τῷ ἀχρωμάτιστον εἶναι. σημεῖον δὲ τοῦ πνεῦμα προηγεῖσθαι τῶν κεραυνῶν παρέσχε τὸ ταῦτα, οἷς ἂν ἐμπίπτειν μέλλῃ, κινεῖσθαι πρὸ τῆς πληγῆς. λέγει δὲ καὶ τὰς βροντὰς οὐ τῷ ψόφῳ διιστᾶν ἃ δοκεῖ διίστασθαι ὑπ' αὐτῶν, ἀλλὰ τῷ ἐκκρινόμενον τὸ πνεῦμα ἐκ τῶν νεφῶν τοῦτο καὶ ποιοῦν τὸν ψόφον τῇ πρὸς τὰ νέφη πληγῇ ἐμπῖπτον τῇ πληγῇ τὴν διάστασιν αὐτῶν ποιεῖν. λέγει δὲ τὸ πνεῦμα τὸ ἐν ταῖς βρονταῖς τὰς διαστάσεις τινῶν τῇ πληγῇ ποιοῦν μηκέτι καὶ ἐπικαίειν αὐτό· ἄλλο γὰρ τοῦτο τῶν κεραυνῶν.

p. 371b18 Περὶ δὲ ἅλω καὶ ἴριδος, τί τε ἑκάτερον καὶ διὰ τίν' αἰτίαν γίνεται.

Εἰπὼν ἐν τούτοις περὶ ἐκνεφίου τυφῶνός τε καὶ πρηστῆρος καὶ κεραυνῶν προτίθεται εἰπεῖν περὶ ἅλω τε καὶ ἴριδος καὶ παρηλίων τε καὶ ῥάβδων, τί τέ ἐστιν ἕκαστον αὐτῶν, καὶ τί τὸ αἴτιον τῆς γενέσεως αὐτῶν. τοῦ δὲ πάλιν ἅμα περὶ τούτων λέγειν προτίθεσθαι τὴν αἰτίαν ἀπέδωκεν εἰπὼν καὶ γὰρ ταῦτα γίνεται πάντα διὰ τὰς αὐτὰς αἰτίας ἀλλήλοις, ὥσπερ καὶ ὧν πρὸ τούτων ἐμνημόνευσε· καὶ γὰρ ἐκείνων πάντων μία καὶ ἡ αὐτὴ ἦν αἰτία τε καὶ ἀρχή, διὸ καὶ τὸν περὶ ἐκείνων ἐποιήσατο λόγον ἅμα. ἐκείνων μὲν οὖν ἡ ἐκ τῶν νεφῶν ἔκκρισις τοῦ πνεύματος, τούτων δὲ ἡ ἀνάκλασις, ὡς ἐρεῖ τε καὶ δείξει. πρῶτον δὲ τά τε πάθη αὐτῶν καὶ τὰ συμβαίνοντα ἑκάστῳ αὐτῶν φησι δεῖν λαβεῖν, ὅπως ᾖ γνώριμον. τίνα δὲ πάθη τε αὐτῶν καὶ συμβαίνοντα αὐτοῖς, ἐπάγει δι' ὧν

1 ἐχαυνώθη a 2 δι' αὐτοῦ] διὰ τούτου B¹Wa τρίχινα B: τρίχος a 5 στερεὰ καὶ λίθους] ἕτερά τινα καὶ λήρους I, sed corr. in marg. ead. m. 6 φασὶ a 6. 7 ὡς ἐπ'] ὡς ἔφη B¹W: ὡς om. a 7. γὰρ om. a 8 κατ' αὐτὰς BW 9. 10 πνεῦμα καιόμενον] πνεῖ καιόμενος a 11 δεῖ BWa ἐνακολουθεῖν I 12 δῆλον a post αὐτὸς add. τι BW 13 τοῦτο τὸ πνεῦμα coll. Wa 14 τὸν κεραυνὸν B¹ παρέσχετο BWa τὸ] τῶ I μέλλοι I 16 τῷ] τὸ a: om. I τὸ om. a 17 τὸν ψόφον om. W: supr. v. B² 19 αὐτά a 26 συναπέδωκεν B 28 καὶ ὧν — ἐμνημόνευσε om. BWa καὶ γὰρ om. a 29 τὸν] τῶν I 30 post πνεύματος add. αἰτία a 31 ἡ om. BWa 32 δεῖ B 32. 33 γνώριμα BWa 33 ἐπάγει] εἶπε δῆλον BWa

ἐφεξῆς λέγει. τῆς μὲν οὖν ἅλω ὅλον τὸν κύκλον πολλάκις φαίνεσθαί φησιν, ἀλλ' οὐκ ἀεὶ τμῆμα κύκλου, ὡς ἐρεῖ περὶ τῆς ἴριδος. ἔτι γίνεσθαι συμβαίνει τὴν ἅλω περί τε ἥλιον καὶ σελήνην καὶ τὰ λαμπρὰ τῶν ἄστρων, ἔτι ὁμοίως καὶ νυκτὸς καὶ ἡμέρας· γίνεσθαι δὲ αὐτὴν καὶ μεσημβρίας οὔσης καὶ δείλης, ἕωθεν δὲ ἐλαττονάκις καὶ περὶ δύσιν. ἔοικε δὲ οὐ τὴν δύσιν δείλην εἰρηκέναι, ἀλλὰ τὴν μετὰ τὴν μεσημβρίαν ὥραν τὴν πρὸ τῆς δύσεως, ἤδη καταφερομένου τοῦ ἡλίου. εἰπὼν δὲ τῆς ἅλω κύκλον φαίνεσθαι πολλάκις, τῆς ἴριδος οὐδέποτε λέγει κύκλον γίνεσθαι, ἀλλ' οὐδὲ μεῖζον ἡμικυκλίου τμῆμα· ἔτι δύνοντος μὲν καὶ ἀνατέλλοντος τοῦ ἡλίου ἐλαχίστου μὲν κύκλου, μεγίστη δὲ αὐτοῦ ἡ ἀψίς, τουτέστιν ἡ περιφέρεια φαίνεται. εἰ δὲ μηδέποτε μείζων ἡμικυκλίου φαίνεται, δύνοντος δὲ καὶ ἀνατέλλοντος μέγισται αἱ φαινόμεναι ἀψῖδες, ἀλλὰ ἐλαχίστων κύκλων, εἴη ἂν λέγων ἀνατέλλοντος καὶ δύνοντος ἡλίου μόνον ἡμικύκλια φαίνεσθαι τῆς ἴριδος, καὶ ταῦτα ἐλαχίστων κύκλων· ὡς εἶναι τὰ φαινόμενα τῆς ἴριδος ἡμικύκλια ἐλαττόνων κύκλων τμήματα, ὅσα δὲ ἐλάττω ἡμικυκλίων φαίνεται αὐτῆς τμήματα, ταῦτα μειζόνων κύκλων. αἰρομένου δέ, ἀντὶ τοῦ εἰς ὕψος δὲ προϊόντος ἀπὸ τῆς ἀνατολῆς, ἐλάττονα μὲν ἡμικυκλίου τὴν ἀψῖδα φαίνεσθαι, μείζονος δὲ τμῆμα κύκλου. ἔτι καὶ ἄλλο περὶ τῆς ἴριδος ἱστορεῖ, τὸ μετὰ μὲν τὴν ἰσημερίαν τὴν μετοπωρινὴν ἐν ταῖς βραχείαις ἡμέραις, τουτέστι τοῦ χειμῶνος, πάσης ὥρας τῆς ἡμέρας ἶριν συνίστασθαι δύνασθαι, ἐν δὲ τῷ θέρει μὴ συνίστασθαι περὶ μεσημβρίαν. ἔτι δὲ ἱστορεῖ δύο ἅμα ἰρίδων πλείους μὴ συνίστασθαι, τρίχρωμον δὲ ἑκατέραν αὐτῶν φαίνεσθαι, τουτέστι τρία ἔχουσαν χρώματα ἑκατέραν καὶ ταὐτά, ἀμυδρότερα δὲ ἐν τῇ ἐκτὸς περικειμένῃ φαίνεσθαι αὐτὰ καὶ ἀνάπαλιν κείμενα κατὰ τὴν θέσιν· τοῦτο γάρ ἐστι τὸ ἐξ ἐναντίας. καὶ λέγει, πῶς ἀνάπαλιν· τῆς γὰρ ἐντὸς τὴν πρώτην περιφέρειαν καὶ μεγίστην φοινικίαν ἐχούσης, τὴν ἐκτὸς τὴν ἐντὸς καὶ ἐλαχίστην περιφέρειαν καὶ ἐγγὺς κειμένην τῆς ἐκτὸς περιφερείας τῆς ἐντὸς ἴριδος ἔχειν καὶ αὐτὴν φοινικίαν. εἶναι δέ φησι τὰ τρία χρώματα ταῦτα τῆς ἴριδος, ἃ σχεδὸν μόνα ποιεῖν οἱ γραφεῖς αὐτοὶ οὐ δύνανται· ποιοῦσι γάρ τινα χρώματα καὶ αὐτοὶ ἐκ μίξεως ἄλλων καὶ κράσεως χρωμάτων, τὰ δὲ τῆς ἴριδος οὐχ οἷοί τέ εἰσι δι' ὧν ποιοῦσιν αὐτοὶ μιμεῖσθαι. τίνα δέ ἐστι τὰ τῆς ἴριδος τρία χρώ|ματα, ἐδήλωσεν 115r
εἰπὼν τὸ δὲ φοινικοῦν καὶ πράσινον καὶ ἁλουργὸν οὐ γίνεται κεραννυμένων· ἡ δὲ ἶρις ταῦτα ἔχει τὰ χρώματα. ἐπεὶ δὲ καὶ τὸ

1 οὖν] γὰρ BW τὸν om. B πολλάκις post ἅλω exh. BWa 3 ἡλίου καὶ σελήνης I 5 δήλης a 10 ἡ utrumque om. BW ἀψὶς libri 11 post φαίνεται add. ἡ ἶρις BW, sed rursus exp. B μεῖζον B 12 αἱ om. B 12. 13 εἴη ἂν λέγων ex corr. I 15 post κύκλων add. ὄντα I 18 δὲ om. B 19 τὴν μετοπωρινὴν ἰσημερίαν BW μετοπωρινὴν ex corr. I 20 ἡμέραις] ἰσημερίαις W 20. 21 πᾶσαν ὥραν γίνεσθαι καὶ συνίστασθαι τῆς ἡμέρας ἶριν δύνασθαι a 21 δὲ post ἔτι om. BWa 22 τρίχρωμον] τρίχρω B[2]Wa: τριχῶς B[1] 23 ταῦτα IW 24 δὲ om. I 27 τὴν ante ἐκτὸς scripsi: ἡ IB[2]a: om. B[1]W 28 post φοινικίαν add. καὶ τὰς ἄλλας ἀναλόγως a 29 ἃ] ἅπερ a 30 αὐτοὶ ante οὐ] αὐτοῖς BW: om. a 34 κεραννυμένων] κεραννύμενον Arist. vulg.

ξανθὸν πολλάκις ὑποφαίνεται ἐν τῇ ἴριδι χρῶμα, προσέθηκε τὸ δὲ μεταξὺ τοῦ φοινικοῦ καὶ τοῦ πρασίνου πολλάκις φαίνεται ξανθόν, ἧς φαντασίας, ὅταν περὶ τῆς ἴριδος λέγει προηγουμένως, ἐρεῖ τὴν αἰτίαν.

Λέγει δὲ ἐφεξῆς καὶ τὰ τῶν παρηλίων τε καὶ τὰ τῶν ῥάβδων πάθη καὶ τὰ συμβεβηκότα αὐτοῖς. λέγει δὲ τούς τε παρηλίους καὶ τὰς ῥάβδους γίνεσθαι μὲν ἀεὶ περὶ τὸν ἥλιον· διὸ νύκτωρ μὴ γίνεσθαι· γίνεσθαι δὲ λέγει αὐτὰ καὶ ἐκ πλαγίας ἀεὶ τοῦ ἡλίου. τί δ' ἐστὶ τὸ ἐκ πλαγίας, ἐδήλωσεν· οὔτε γὰρ ἄνωθεν καὶ ὑπὲρ τὸν ἥλιον γίνονται οὔτε κάτωθεν καὶ ὑπ' αὐτόν, ὥσπερ αἱ ἅλως, οὔτε ἐξ ἐναντίας, τουτέστιν οὐδ' ἐπὶ ταῦτα ἐφ' ἃ φέρεται ἢ ἀφ' ὧν φέρεται, τουτέστιν οὔτε πρὸς τῇ ἀνατολῇ οὔτε πρὸς τῇ δύσει, ἀλλὰ ἢ ἐκ τῶν νοτίων ἢ ἐκ τῶν βορείων αὐτοῦ γινόμενα μερῶν· ταῦτα γὰρ αὐτοῦ ἐκ πλαγίου παρέπεσθαι αὐτῷ, ἕως ἂν ᾖ. ἔτι φησὶ γίνεσθαι τὰ προειρημένα ἢ ἀνιόντος καὶ προϊόντος ἐπὶ τὴν μεσημβρίαν τοῦ ἡλίου ἢ πάλιν καταφερομένου ἐπὶ δυσμάς, τὰ δὲ πλεῖστα πρὸς δυσμαῖς ὄντος, ὡς κατὰ τὴν μεσημβρίαν καὶ μεσουρανοῦντος μὴ γινομένων αὐτῶν, ἢ εἴ ποτε, σπανίως, ὡς ἱστορεῖ ἐν Βοσπόρῳ ποτὲ γενέσθαι· δύο γὰρ παρηλίους συνανασχόντας τῷ ἡλίῳ διαμεῖναι ἕως δυσμῶν. οὐκ ἐπεὶ δὲ ὁ ἥλιος πανταχοῦ καὶ οὐκ ἐν Βοσπόρῳ μόνῳ ἦν, διὰ τοῦτο ἔδει καὶ τὰ προειρημένα ἁπανταχοῦ· ταῦτα γὰρ γίνεται κατὰ τὴν πρὸς αὐτὸν ἀνάκλασιν, ἥτις οὐχ ὁμοίως γίνεταί τε καὶ φαίνεται πανταχοῦ. δεῖ γὰρ ποιᾶς σχέσεως τῆς ὄψεως πρός τε τὸ ἔσοπτρον, ὃ ἢ νέφος ἐστὶν ἤ τι ἄλλο, καὶ πρὸς τὸν ἥλιον, ἵνα ἡ ἀνάκλασις γίνηται, ἥτις σχέσις οὐ πᾶσιν οὐδὲ πανταχοῦ ὁμοία. πάντων δὲ τούτων τὸ αἴτιον ταὐτὸν εἶναι λέγει· πάντα γὰρ ἀνάκλασις. ἡ δὲ διαφορὰ αὐτοῖς κατά τε τοὺς τρόπους τῆς ἀνακλάσεως καὶ κατὰ τὰ ἀφ' ὧν γίνεται. ἱστορεῖ δὲ περὶ τῆς ἴριδος ὅτι ἀπὸ μὲν ἡλίου γνώριμον τὸ γίνεσθαι αὐτήν, νύκτωρ δὲ καὶ ἀπὸ σελήνης γίνεται μέν, λανθάνει δὲ διὰ τὸ σπανιάκις γίνεσθαι· δεῖ γὰρ πλείω συμπεσεῖν, ἵνα γένηται νύκτωρ ἶρις, καὶ ταῦτα πάντα ἐν ἡμέρᾳ μιᾷ τοῦ μηνός· ἐν γὰρ τῇ πανσελήνῳ μόνῃ, καὶ τότε ἢ ἀνατελλούσης ἢ δυνούσης οἷόν τε γίνεσθαι μόνον· ἔτι δὲ ἀμαυρότερα τὰ χρώματα γίνεται τῆς νυκτός. διὰ δὴ ταῦτα οἱ ἀρχαῖοι οὐδ' ὅλως ᾤοντο γίνεσθαι. τοῦ δὲ σπανίως γίνεσθαι σημεῖον παρέθετο τὸ ἐν πεντήκοντα ἔτεσι δὶς ἐντετυχηκέναι γεγονυίᾳ.

1 ξανθὸν] μεταξὺ a   ἐν τῇ ἴριδι — φαίνεται (2) om. a   2 post ξανθὸν add. καὶ τοῦτο φησίν a   4 δὲ et τε om. a   alterum τὰ τῶν om. BWa   7 καὶ om. Wa   ἀεὶ τοῦ ἡλίου om. BWa   τί — πλαγίας om. BW: τοῦ ἡ τί δ' ἐστὶ τὸ ἐκ πλαγίας marg. B²   9 τουτέστιν om. a   ταῦτα ex ταύτης corr. B¹   11 γινόμεναι B   12 παρέπεται a   13 εἰρημένα a   14 πρὸς δυσμὰς BW   16. 17 παρηλίου a   17 οὐκ ἐπεὶ δὲ] δὲ om. W: οὐ γὰρ ἐπεὶ a   19 γὰρ ταῦτα Wa   20 δεῖ] τε B: om. Wa   post γὰρ add. ἐστι a   20. 21 ποιά τις σχέσις a   21 τε om. a   22 γένηται a   25 ἀφ' ὧν] ἐφ' ᾧ B¹W   27 λανθάνει om. BW   διὰ δὲ coll. BW   29 ἢ post τότε om. BWa

p. 372a 29 Ὅτι μὲν οὖν ἡ ὄψις ἀνακλᾶται, καὶ ὅτι ὥσπερ ἀπὸ ὕδατος, οὕτω καὶ ἀπ' ἀέρος.

Οὐκ ἀρέσκεται μὲν τῇ δόξῃ τῇ δι' ἀκτίνων ἐκχύσεως ὁρᾶν ἡμᾶς λεγούσῃ, καθά φασιν οἱ ἀπὸ τῶν μαθημάτων, ᾗ δόξῃ ἀκόλουθός ἐστι καὶ ἡ δι' ἀνακλάσεως τῶν αὐτῶν τούτων ἀκτίνων ὁρᾶν ἡμᾶς πάντα τὰ δι' ἐμφάσεως ὁρώμενα λέγουσα· οὔτε γὰρ ἀπὸ τῆς ὄψεως ἀκτῖνάς τινας ἐκχεομένας καὶ προσπιπτούσας τῷ ὁρατῷ τοῦ ὁρᾶν αἰτίας ἡμῖν οἷόν τε γίνεσθαι οὔτε τὰς αὐτὰς ταύτας ἀνακλωμένας ἀπὸ τῶν κατόπτρων καὶ πάντων τῶν διὰ τοιούτων ὁρωμένων ἐπὶ τὸ ὁρώμενον τὴν αἰτίαν πάλιν ἡμῖν παρέχειν τοῦ ταῦτα ὁρᾶν, τῆς τῶν ἀκτίνων ἀνακλάσεως πρὸς ἴσας γινομένης γωνίας. ὅτι γὰρ ἀδύνατα ταῦτα, ἐδείχθη ἐν τοῖς Περὶ τοῦ πῶς ὁρῶμεν, ὧν καὶ αὐτὸς ἐν τοῖς Περὶ ψυχῆς ἐμνημόνευσε. δοκεῖ γὰρ αὐτῷ τὰ μὲν ἐπ' εὐθείας ὁρώμενα ὁρᾶσθαι οὐ δι' ἀκτίνων, ἀλλὰ τῷ τὸ μεταξὺ τοῦ τε ὁρωμένου καὶ τῆς ὄψεως διαφανὲς ὑπὸ τοῦ ὁρωμένου χρώματος πάσχειν καὶ μεταδιδόναι τού|του τοῦ πάθους τῇ ὄψει, οὔσῃ καὶ αὐτῇ 115v διαφανεῖ· τοῦτο γὰρ εἶναι τὸ εἶναι διαφανεῖ· τὰ δὲ κατὰ ἀνάκλασιν ὁρᾶσθαι δοκοῦντα ὁρᾶσθαι τῷ πρῶτον ἐν τοῖς ἐνόπτροις τε καὶ ἐνοπτρικοῖς πᾶσι τὴν τοῦ ὁρωμένου ἔμφασιν γινομένην διὰ τοῦ μεταξὺ διαφανοῦς εἶτα ἀπὸ τούτου πάλιν ἥκειν ἐπὶ τὴν ὄψιν διὰ τοῦ διαφανοῦς πάλιν τοῦ μεταξὺ τοῦ τε ἐνόπτρου καὶ τῆς ὄψεως. ἐπεὶ δὲ οὐδὲν ὅσον ἐπὶ τῷ λόγῳ διαφέρει ἢ τὴν ὄψιν λέγειν ἀπὸ τοῦ κατόπτρου ἀνακλωμένην πρὸς ἴσας γωνίας, ὅταν ὑπὸ τὴν τοιαύτην ἀνάκλασιν τύχῃ τὸ ὁρατὸν ὄν, προσπίπτουσαν αὐτῷ ὁρᾶν αὐτό, ἢ αὐτὸ τὸ ὁρατὸν διὰ τὴν ποιὰν σχέσιν πρὸς τὸ κάτοπτρον διὰ τοῦ μεταξὺ διαφανοῦς πάσχοντος ἐμφαινόμενον ἐν ἐκείνῳ, ὄντι τοιούτῳ [διαφανεῖ], ὡς μὴ μόνον πάσχειν ὑπὸ τοῦ χρώματος δύνασθαι οὕτως, ὡς διαδιδόναι τὴν ἀπ' αὐτοῦ ποιότητα ἄλλῳ διαφανεῖ, ἀλλὰ καὶ φυλάσσειν δυναμένῳ τὴν ἔμφασιν διὰ λειότητά τε καὶ στιλπνότητα, ὡς ἀπ' αὐτοῦ πάλιν τὸ μεταξὺ αὐτοῦ τε καὶ τῆς ὄψεως διαφανὲς πάσχειν ὡς ἀπὸ κεχρωσμένου, τῇ δόξῃ τῇ τῶν ἀκτίνων καθωμιλημένῃ τε οὔσῃ καὶ τοῖς μαθηματικοῖς ἀρεσκούσῃ προσχρῆται. διὸ μέλλων λέγειν περί τε παρηλίων καὶ ῥάβδων, ἔτι δὲ ἅλω τε καὶ ἴριδος, ἃ πάντα δι' ἐμφάσεώς τε καὶ κατοπτρικῶς ὁρᾶται, πρῶτον περὶ ἀνακλάσεως λέγει. ὅτι γάρ, φησίν, ἡ ὄψις ἀνακλᾶται, ὥσπερ ἀφ' ὕδατος, οὕτως καὶ ἀπὸ ἀέρος καὶ πάντων τῶν ἐχόντων λείαν τὴν ἐπιφάνειαν, ἐκ τῶν ὀπτικῶν δεῖ λαμβάνειν· ἐν ἐκείνοις γὰρ ὁ περὶ ἀνακλάσεως ὑπὸ τῶν μαθηματικῶν

---

1 καὶ ὅτι — οὕτω (2)] ὥσπερ καὶ ἀπὸ ὕδατος οὕτω BWa Arist. 9 ἡμῖν πάλιν a 11 ἀδύνατον B 12 ἐν τοῖς Περὶ ψυχῆς] immo Περὶ αἰσθήσεως καὶ αἰσθητῶν c. 2 16 τοῦτο — διαφανεῖ om. BWa 17 τῷ] τὸ I 18 γίνεσθαι BWa 24 ἐν supr. v. add. I 25 διαφανεῖ delevi 27 τε om. I 28 τῆς ὄψεως διαφανὲς scripsi: τοῦ διαφανοῦς libri 29 κεχρισμένου a 31 ἅπαντα W 32 post πρῶτον add. γὰρ B λέγειν I 35 ὁ om. BWa περὶ] ἀπὸ (ex ὑπὸ, ut vid.) B

λέγεται λόγος, ἀπὸ τίνων τε καὶ πῶς γίνεται, καὶ πρὸς τὰ πῶς ἔχοντα θέσεως. ἀλλὰ καὶ ὅτι τῶν ἐνόπτρων ὅσα πρὸς τὴν αἴσθησίν ἐστιν ἀδιαίρετα, ἐν τούτοις τῶν δι' αὐτῶν ὁρωμένων τὰ χρώματα μόνον, οὐκέτι δὲ καὶ τὰ σχήματα ἐμφαίνεται, τῷ πᾶν σχῆμα πρὸς αἴσθησιν εἶναι διαιρετόν τε καὶ διαληπτὸν εἰς μέρη, τὰ δὲ τοιαῦτα ἔνοπτρα ἀδιαίρετα πρὸς αἴσθησιν· ἐπεὶ οὖν ἐμφαίνεσθαί τι καὶ ἐν τούτῳ ἀνάγκη, ὄντι γε κατόπτρῳ, ἀδύνατον δὲ τὸ σχῆμα ἐμφαίνεσθαι διὰ μικρότητα, λείπεται τὸ χρῶμα μόνον· ταῦτα γὰρ τὰ ἐμφαινόμενα τῶν ὁρωμένων ἐν τοῖς κατόπτροις. εἰπὼν δ' ἐν τοῖς μικροῖς κατόπτροις τὸ χρῶμα μόνον ἐμφαίνεσθαι τῶν ὁρωμένων, ἐφεξῆς περὶ τοῦ ἐμφαινομένου ἐν τοῖς κατόπτροις λέγει χρώματος, ποταπὸν ἐμφαίνεται· λέγει δὴ ποτὲ μὲν ἀπὸ τῶν λαμπρῶν λαμπρὸν φαίνεσθαι, ὁτὲ δὲ λαμπροῦ ὄντος τοῦ ὁρωμένου οὐ τοιοῦτον αὐτὸ δείκνυσι τὸ κάτοπτρον, ἀλλ' ἢ διὰ τὸ μίγνυσθαι τῷ τοῦ ἐνόπτρου χρώματι τὸ ἀπὸ τοῦ ὁρωμένου οὐκ ὄντι λαμπρῷ αὐτὸ ὂν λαμπρόν, ἢ καὶ διὰ τὴν τῆς ὁρώσης ὄψεως ἀσθένειαν ἀλλοίου χρώματος φαντασία δι' αὐτοῦ γίνεται. οἰκεῖον δέ φησιν εἶναι τὸν περὶ τούτων λόγον τῷ περὶ αἰσθήσεως καὶ ἐν ἐκείνοις δεδεῖχθαι. λέγει δὲ περὶ τούτων ἐν τῷ ἐπιγραφομένῳ Περὶ αἰσθήσεώς τε καὶ αἰσθητῶν εἰρῆσθαι ὑπ' αὐτοῦ· διὸ δεῖν φησι τοῖς μὲν ὡς δεδειγμένοις τε καὶ κειμένοις χρῆσθαι, τοῖς περὶ τῶν ἀνακλάσεων, τοῖς περὶ τῶν κατόπτρων, τοῖς περὶ τῶν χρωμάτων, τὰ δὲ λέγειν· ταῦτα δ' ἐστὶ περὶ ὧν προέθετο.

Καὶ πρῶτόν γε περὶ τῆς ἅλω ποιεῖται λόγον καὶ ζητεῖ περί τε τοῦ σχήματος αὐτῆς διότι κύκλος, καὶ διὰ τί περὶ αὐτὸν τὸν ἥλιον ἢ τὴν σελήνην ἤ τι ἄλλο τῶν ἄστρων περὶ ὃ ὁρᾶται γίνεται, ἀλλ' οὐχὶ καταντικρὺ φέρε εἰπεῖν ἢ ἐκ πλαγίων. φαίνεσθαι δή φησι τὴν ἀνάκλασιν τῆς ὄψεως ἐν τούτοις ἀπὸ τῆς συνισταμένης ἀτμίδος εἰς νέφος μετὰ τὸ ἀνενεχθῆναι, ἂν ἡ σύστασις αὐτῆς ὁμαλής τε καὶ μικρομερὴς συνισταμένη τύχῃ. τοιαύτης γὰρ οὔσης αὐτῆς, ἂν ὑπερφερόμενον αὐτῆς ἄστρον τι τῶν λαμπρῶν ἢ ὁ ἥλιος ἢ ἡ σελήνη τύχῃ, τὸ μὲν κατὰ τὴν κάθετον τοῦ ὑπερφερομένου σώματος ἀνάγκη διακρινόμενον μανότερόν τε καὶ λεπτότερον γίνεσθαι, μέχρι τινὸς τῆς τοιαύτης προϊούσης ἐν αὐτῇ κινήσεως, τὸ δ' ἐντεῦθεν οὐδὲν τοιοῦτον πάσχει, μένει δὲ οἷόνπερ ἐστί. ἐξ ἴσου δὲ πάντῃ περὶ τὴν κάθετον τοῦ τοιούτου συμβαίνοντος διὰ τὴν ὁμαλότητα τοῦ νέφους, κύκλον ἀναγκαῖον γίνεσθαι τὸ πέρας τῆς ἐπιεικῶς διακεκριμένης ἀτμίδος. ἀφ' οὗ τὸ ἐπέκεινα πάλιν μᾶλλον μὲν συνέστηκεν, ὁμαλὲς δ' ὂν καὶ

2. 3 post ἀδιαίρετα add. ὅτι B 6 γε] τε a 10 post ποταπὸν add. παντοδαπον a 11 ἐμφαίνεσθαι BWa λέγει δὴ ποτὲ] ὁτὲ a ἀπὸ om. a τῶν λαμπρῶν post φαίνεσθαι coll. a 13 τὸ post χρώματι ex τῷ corr. B 14 λαμπρῷ] λαμπρῇ a 17 Περὶ αἰσθήσεως καὶ αἰσθητῶν] c. 2. 3 19. 20 τοῖς περὶ τῶν κατόπτρων τοῖς περὶ om. et in marg. add. I 21 Πρῶτον περὶ a τὸν λόγον BWa 23 περὶ ὃ ὁρᾶται om. Wa 24 δή] δέ a 26 ὁμαλή Wa λεπτομερὴς BWa 28 ὁ et ἡ om. BWa ἥλιον a 29 ἀνάγκη] κατ' ἀνάγκην BW μανώτερον Ia 30 γίνεται BW 31 πάσχειν W μένοι I ἐξ ἴσου — περὶ (32)] πάντη δὴ οὖν περὶ a δὲ post ἴσου] δὴ W: corr. B πάντως I 33 γίνεσθαι] εἶναι a: om. BW ἐπεικῶς B 34 πάλιν] πᾶν B μᾶλλον] ὁμαλὸν Wa μὲν] μένον a

μικρομερὲς συ|νεχῆ καὶ μικρὰ κάτοπτρα κατὰ τὴν τοῦ κύκλου περιφέρειαν 116r ἴσχει, πρὸς ἃ κατὰ μὲν τοὺς τὴν τῆς ὄψεως ἀνάκλασιν αἰτιωμένους ἡ ὄψις προσπεσοῦσα ἀνακλασθεῖσα πρὸς τὸ ἄστρον τὴν τῆς ἅλω φαντασίαν ποιεῖ, κατὰ δὲ τὸ ἀληθὲς τὸ φῶς τὸ τοῦ ἄστρου προσπῖπτον τοῖς προειρημένοις κατόπτροις, ἔπειτα ἐπὶ τὴν ὄψιν τὴν ὁρῶσαν ἀνακλασθέν τε καὶ διαδοθὲν ποιεῖ τὴν φαντασίαν τῆς ἅλω. ἐν γὰρ τοῖς εἰρημένοις κατόπτροις διὰ μικρότητα, τοῦ χρώματος ἔμφασις γίνεται μόνου. καὶ ἡ μὲν Ἀριστοτέλους δόξα περὶ τῆς ἅλω ὡς ἐπὶ κεφαλαίων τοιαύτη. ἐπηκολούθησε δὲ αὐτῷ καὶ Ποσειδώνιος, πάντων σχεδὸν τῶν ἄλλων οὐ κατὰ ἀνάκλασιν, ἀλλὰ κατὰ κλάσεις ὄψεων αἰτιωμένων, ὡς ἐπὶ τῶν δι' ὕδατος ὁρωμένων γίνεται· ὑποτίθενται γὰρ σφαιροειδὲς καὶ κοῖλον τὸ νέφος, ἔπειτα τὸ ὑπερκείμενον ἄστρον αὐτοῦ κατὰ κύκλον φασὶ διεσπασμένον ἐν αὐτῷ ὁρᾶσθαι. ἀλλ' ὅτι μὲν αἱ τοιαῦται δόξαι περὶ τῆς ἅλω ψευδεῖς, ἱκανῶς ὁ διδάσκαλος ἡμῶν Σωσιγένης ἐν τῷ ὀγδόῳ Περὶ ὄψεως ἔδειξεν. ὁ δὲ Ἀριστοτέλης εἰπὼν γίνεσθαι τὴν ἀνάκλασιν ἀπὸ τῆς συνισταμένης ἀτμίδος εἰς νέφος, ἂν ὁμαλή τε καὶ μικρομερὴς συνισταμένη τύχῃ, καὶ χρώμενος τῇ κατὰ ἀνάκλασιν τῆς ὄψεως ὁρᾶν λεγούσῃ τὰ τοιαῦτα δόξῃ, τὸ ἀπὸ τῆς τοιαύτης συστάσεως τὴν τῆς ἅλω φαντασίαν γίνεσθαι συνιστὰς λέγει τὴν μὲν σύστασιν τοῦ νέφους, ἀφ' οὗ ἡ ἅλως, σημεῖον ὕδατος εἶναι (δῆλον γὰρ ὅτι συνίσταται τὸ νέφος τὸ τοιοῦτον καὶ πυκνοῦται καταπλατυνόμενον μᾶλλον), τὴν δὲ μάρανσιν αὐτοῦ εὐδίας (μαραίνεται γὰρ δηλονότι ὑπὸ τοῦ θερμοῦ τε καὶ ξηροῦ τοῦ ἐν αὐτῇ ἐπικρατουμένη), τὰς δὲ διασπάσεις πνεύματος· ἤδη γὰρ ἐκεῖ πνεῦμά ἐστιν, ὑφ' οὗ τὸ νέφος καὶ ἡ τοιαύτη σύστασις διασπᾶται. διὰ τοῦτο δέ φησι καὶ μελαίνας γίνεσθαι τὸ χρῶμα ταύτας τὰς ἀναθυμιάσεις καὶ ἅλως τὰς συνισταμένας, ὡς εἰς ὕδωρ μεταβάλλοντος ἤδη τοῦ νέφους. τοῦ δὲ τὸν διασπασμὸν τῆς ἅλω ὑπὸ πνεύματος ἐκεῖ μὲν ὄντος ἤδη, μηδέπω δ' ἡμῖν παρόντος γίνεσθαι σημεῖον παρέθετο τὸ τὸν ἄνεμον ἐντεῦθεν γίνεσθαι, ὅθεν ἡ ἀρχὴ τῆς διασπάσεως τοῦ νέφους καὶ ἡ ἐπικράτησις.

Εἰπὼν δὲ πόθεν καὶ ἀπὸ τίνος ἡ ἀνάκλασις ἡ κατὰ τὴν ἅλω, μετὰ ταῦτα τὴν αἰτίαν ἀποδίδωσι τοῦ περὶ τὸ ἄστρον αὐτὸ φαίνεσθαι τὴν ἅλω, ἀλλὰ μὴ ἐξ ἐναντίας αὐτοῦ. ἀνακλᾶται γάρ, φησίν, ὑπὸ τῆς ἀχλύος τῆς συνισταμένης, ὡς προείρηται, ἡ ὄψις περὶ τὸν ἥλιον ἢ τὴν σελήνην ἢ δηλονότι τῶν ἄλλων τι ἄστρων, περὶ ἃ ἡ ἅλως καὶ αὐτὰ γίνεται, οὐ πρὸς τὸν ἥλιον εἰπών, ἀλλὰ π ε ρ ὶ τ ὸ ν ἥ λ ι ο ν, ὅτι ἀπὸ τοῦ ὑπ' αὐτὸν ὄντος νέφους ἐπ' αὐτὸν ἡ ἀνάκλασις, κατὰ μὲν τὸ ἀληθὲς κύκλου ὄντος τοῦ καθ' ὃ τὸ κατὰ κάθετον τοῦ ἄστρου μέρος τοῦ νέφους ὂν λεπτότερον γίνεται, καθὼς προείρηται, καθ' ὃν κύκλον λεπτυνόμενον τὸ νέφος πέπαυται, ὑπ' αὐτοῦ τοῦ νέφους ἔχοντος σύστασιν ὑδατώδη ὁμαλήν τε καὶ μικρομερῆ

5 ἀνακλασθέντος καὶ I 7 μόνον B 8 ὡς om. I κεφαλαίω I 9 οὐ κατὰ] οὐκ a κατακλάσεις BWa 14 περὶ τῆς ὄψεως a 15 ὁμαλῆς B² 20 καὶ πλατυνόμενον W 21 δῆλον a τε om. a 22 ἐπικρατουμένου B² 24 ἅλω B¹Wa 25 μεταβαλόντος BW 26 μένοντος W 28 διαστάσεως BW ἡ post καὶ om. a 29 δὲ om. a 38 ὑπ' αὐτοῦ τοῦ I: ἀπὸ τοῦ BW: ἀφ' οὗ a νέφους ἔχοντος scripsi: ἔχοντος τοῦ νέφους IWa: ἔχοντος (III litt. eras.) νέφους B

πανταχόθεν ὁμοίως ἡ ἀπὸ τοῦ ἄστρου ἀνάκλασις ἐπὶ τὴν ὄψιν διὰ τῆς ἐμφάσεως τῆς διὰ τῶν ἐν τῷ ὕδατι κατόπτρων γίνεται, κατὰ δὲ τὸν ἴδιον τῶν ἀνακλάσεων λόγον, ᾧ νῦν χρῆται, τῷ πανταχόθεν ὁμοίως τῆς ἀνακλάσεως ἐπὶ τὸ ἄστρον γινομένης ἀπὸ τοῦ ὑποκειμένου νέφους αὐτῷ, ἀνάγκην εἶναι ἢ κύκλον ὁλόκληρον γίνεσθαι ἢ τμῆμα καὶ μέρος κύκλου ποτέ, εἰ μὴ πάντῃ τὸ νέφος τὴν σύστασιν ἔχοι κατοπτροειδῆ, ἀλλά που παραλλάσσοι ἢ διὰ σύστασιν ἢ διὰ παχύτητα ἢ δι' ἀνωμαλίαν ἢ διὰ λεπτότητα. οὐ γὰρ ἀεὶ ἡ ἅλως κύκλος, ἀλλ' ἢ κύκλος ἢ τμῆμα κύκλου· πανταχόθεν δ' ὁμοίως ἀνακλωμένης ἀνάγκη κύκλον εἶναι ἢ κύκλου μέρος.

p. 373a4 Ἀπὸ γὰρ τοῦ αὐτοῦ σημείου πρὸς τὸ αὐτὸ σημεῖον αἱ ἴσαι κλασθήσονται ἐπὶ κύκλου γραμμῆς. |

Ὃ λέγει, τοιοῦτόν ἐστιν· εἰ ἀπὸ τοῦ αὐτοῦ σημείου πρὸς τὸ αὐτὸ 116v σημεῖον ἀπό τινος μεγέθους κλῶνται εὐθεῖαι πλείους, ὡς ἴσας εἶναι τάς τε ἀπὸ τοῦ σημείου πρὸς τὸ μέγεθος ἀφ' οὗ ἡ κλάσις πάσας ἀλλήλαις, καὶ πάλιν τὰς ἀπὸ τοῦ μεγέθους πρὸς τὸ σημεῖον τὰς κλωμένας ἀλλήλαις πάσας ἴσας, ἀνάγκη κυκλικὴν εἶναι γραμμὴν τὸ μέγεθος ἀφ' οὗ αἱ ἀνακλάσεις. καὶ τοῦτο ἀποδείκνυσιν οὕτως ἔχον γραμμικῶς. ἀπὸ γὰρ τοῦ Α σημείου ἐπὶ τὸ Β σημεῖον ἐὰν ἀνακλασθῶσι πλείους γραμμαί, οἷον ἥ τε ΑΓΒ καὶ ἡ ΑΖΒ καὶ ΑΔΒ οὕτως, ὡς ἴσας εἶναι τὰς μὲν ΑΓ ΑΖ ΑΔ ἀλλήλαις, πάλιν δὲ ἀλλήλαις τὰς ΓΒ ΖΒ ΔΒ, ἡ ἐπιζευγνυμένη ἐπὶ τὰ ΓΖΔ γραμμὴ ἔσται κυκλική. κειμένων γὰρ τούτων, ἐπεζεύχθω ἀπὸ τοῦ Α σημείου ἐπὶ τὸ Β σημεῖον εὐθεῖα, ἡ ΑΕΒ. ἔσται δὴ ἡ ΑΕΒ εὐθεῖα βάσις τῶν ὑπὸ τῆς κλάσεως τῶν εὐθειῶν καὶ ταύτης γινομένων τριγώνων, τοῦ τε ΑΓΒ καὶ τοῦ ΑΖΒ καὶ τοῦ ΑΔΒ, ἃ τρία τρίγωνα ἴσα ἀλλήλοις ἔσται τῷ τάς τε πλευρὰς ἀλλήλαις ἴσας ἔχειν καὶ τὴν βάσιν, οὖσαν τὴν αὐτήν. ἂν δὴ ἀπὸ τῶν ΓΖΔ γωνιῶν τῶν τριγώνων, καθ' ἃ αἱ κλάσεις ἐγίνοντο τῶν εὐθειῶν, ἀχθῶσιν ἐπὶ τὴν ΑΕΒ βάσιν κάθετοι, πᾶσαι ἐπὶ τὸ αὐτὸ σημεῖον τῆς ΑΕΒ βάσεως πεσοῦνται τῷ ὅμοιά τε εἶναι τὰ τρίγωνα καὶ ἴσα, καὶ τὴν αὐτὴν ἔχειν βάσιν. πιπτέτωσαν ἐπὶ τὸ Ε αἱ τρεῖς κάθετοι καὶ ἔστωσαν αἱ ΓΕ ΖΕ ΔΕ· ἴσαι δὴ ἔσονται ἀλλήλαις αὗται αἱ κάθετοι διὰ τὸ εἶναι ἐν ἴσοις τριγώνοις· αἱ γὰρ ἐν ἴσοις καὶ ἰσοπλεύροις τριγώνοις κάθετοι ἴσαι ἀλλήλαις. ἀλλὰ καὶ ἀνάγκη αὐτὰς πάσας ἐν ἑνὶ

2 δὲ om. B²I ἴδιον om. B¹Wa 6 ἔχει Ia κατοπτροειδῆ] κατόπτρων εἴδει B¹W: κατόπτρου εἴδει B²: κατόπτρων ἤδη a 7 διὰ ante παχύτητα om. I 9 πάντοθεν a 10 post πρὸς add. τέλος W αὐτὸ om. W 12 post ὃ add. δὲ B² τοιοῦτον om. BIW 13 κλῶνται] κύκλων τὸ W: κλασθεῖεν a εὐθεῖα Wa post πλείους add. ἴσαι ἀλλήλαις a 15 τὰς post σημεῖον om. a 18 ἐὰν ἀνακλασθῶσι] ἀνακεκλάσθωσαν BWa αἵ τε BWa 19 ἡ] αἱ BWa καὶ αἱ αδβ BWa 20 post δὲ add. ἴσας a post ΔΒ add. λέγω ὅτι a 21 κυκλικὰ a 22 δὴ] δὲ W 23 τῶν post κλάσεως om. BWa 24 ἀλλήλοις ἴσα coll. BWa 25 τῷ om. I post οὖσαν add. τε BW: γε a 26 καθ' ἃς a 27 εὐθειῶν] γωνιῶν a βάσιν om. a πᾶσαι om. B 30 αὗται — ἀλλήλαις (32) om. BWa

ἐπιπέδῳ εἶναι· ἐὰν γὰρ εὐθεῖα πλείοσιν εὐθείαις πρὸς ὀρθὰς κατὰ ἓν σημεῖον ᾖ, ἀνάγκη τὰς εὐθείας τὰς οὕτως οὔσας τῇ μιᾷ πρὸς ὀρθὰς ἐν ἑνὶ ἐπιπέδῳ πάσας εἶναι, ὡς παρ' Εὐκλείδῃ δέδεικται ἐν τῷ ἑνδεκάτῳ τῶν Στοιχείων. ἡ δὲ ΑΕΒ ταῖς ΓΕ ΖΕ ΔΕ πρὸς ὀρθάς ἐστι κατὰ τὸ Ε σημεῖον· ἐν τῷ αὐτῷ ἄρα ἐπιπέδῳ εἰσὶν αἱ ΓΕ ΖΕ ΔΕ. ἂν δὴ κέντρῳ μὲν τῷ Ε, διαστήματι δὲ ἑνὶ τῶν Γ Ζ Δ κύκλον γράψωμεν, ὁ περιγραφόμενος κύκλος ὁμοίως ἐφάψεται πάντων, ὡς τοῦ Γ σημείου, οὕτως δὲ καὶ τῶν Ζ καὶ Δ. ἔσονται ἄρα αἱ ΕΓ ΕΖ ΕΔ ἐκ τοῦ κέντρου τοῦ κύκλου· ἔσται ἄρα ἡ κύκλος ἡ κυκλικὴ γραμμή, καθ' ἣν τὸ Β σημεῖον ὁραθήσεται ἀπὸ τοῦ Α σημείου κατ' ἀνάκλασιν τὴν ἀπὸ τοῦ ὑπ' αὐτῷ νέφους. καὶ μείζονος δὲ καὶ ἐλάττονος τοῦ νέφους ὄντος ἡ ἴση ἅλως ἔσται καὶ μία ἀεί, ἂν ἴσον τὸ νέφος ἀπέχῃ τοῦ ἡλίου, ὅτι δεῖ μὲν τὴν ἀνάκλασιν ἀεὶ πρὸς ἴσας γίνεσθαι γωνίας, ἴσαι δὲ γίνονται γωνίαι οὐχ [ὅταν] ὡς ἔτυχε γινομένης τῆς ἀνακλάσεως, ἀλλὰ ἀπό τινος ὡρισμένου. δεῖ δὲ νοεῖν συνεχῆ τὰ ἔνοπτρα. συνεχῆ ἀντὶ τοῦ πυκνά, ὡς ἅπτεσθαι ἀλλήλων· διὰ δὲ μικρότητα ἕκαστον μὲν αὐτῶν καθ' αὑτὸ ἀόρατον, τὸ δ' ἐξ ἁπάντων αὐτῶν ἄθροισμα γινόμενον ἕν τι δοκεῖ καὶ συνεχὲς εἶναι διὰ τὸ ἐφεξῆς αὐτὰ ἀλλήλοις εἶναι, τουτέστι διὰ τὸ παρακεῖσθαι αὐτὰ ἀλλήλοις. φαίνεται δὲ τὸ μὲν λευκόν, ὁ ἥλιος. τουτέστι τὸ μὲν οὖν λευκὸν τὸ ἐμφαινόμενον κύκλῳ ἐν τῇ ἅλῳ ὁ ἥλιός ἐστι, καθ' ἕκαστον τῶν συγκειμένων ἀλλήλοις ἐνόπτρων κύκλῳ ὁμοίως ἐμφαινόμενος χωρὶς

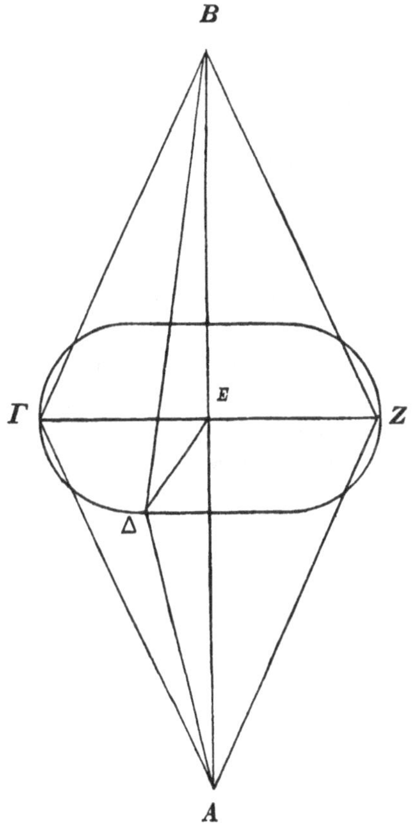

3 περὶ εὐκλείδη a 3. 4 ἐν τῷ ἑνδεκάτῳ τῶν Στοιχείων] XI,5 ἑνδεκάτω στοιχείω B 5 εἰσὶν post ΔΕ exh. BW 6 τῷ] τὸ I 8 ὡς τοῦ — καὶ Δ (9)] τῶν γ̄ δ̄ ζ̄ σημείων BWa 9. 10 ἔσονται — κύκλου (11) om. a 13. 14 ἀπὸ τοῦ Α — ἀνάκλασιν τὴν om. BWa 15 αὐτὸ I: αὐτῶν B[1]W 17 ἡ om. a ἔσεται I 19 ἀπέχει a δεῖν BIW 20 γίνεσθαι om. I 21 αἱ γωνίαι BWa 22 ὅταν delevi 24 post δεῖ add. φησί a 25 συνεχῆ om. a 26. 27 διὰ δὲ] ἀλλὰ διὰ a 30 δοκεῖν W 36 ὁμοίως supra vers. B[2]: om. W

τοῦ σχήματος· τοῦτο γάρ ἐστι τὸ μηδεμίαν ἔχων αἰσθητὴν διαίρεσιν. παρὰ δὲ τοῦτον τὸν κύκλον τὸν φαινόμενον λευκὸν ἡ ἐχομένη περιφέρεια διὰ τὴν ἐκείνου λευκότητα μελαντέρα φαίνεται. διὰ μέσου δὲ εἰπὼν τὸ πρὸς δὲ τῇ γῇ μᾶλλον διὰ τὸ νηνεμώτερον ἀσαφεστέραν ἐποίησε τὴν λέξιν. ἔστι δὲ ὃ λέγει ὅτι πρὸς τῇ γῇ μᾶλλον ἡ τοιαύτη σύστασις γίνεται καὶ ἡ ἔμφασις ἡ προειρημένη ὁρᾶται διὰ τὸ νηνεμώτερον εἶναι τὸν τόπον τοῦτον. πνεύματος γὰρ ὄντος οὐχ οἷόν τε ἑστῶσαν φαίνεσθαι τὴν ἀναθυμίασιν, ἐν ᾗ τὰ ἔνοπτρα. ἴσως δὲ καὶ διὰ τὸ πρόσγειον τῆς τοιαύτης συστάσεως ἐχούσης τινὰ ἀπὸ γῆς μέλανος ἔμφασιν τὴν ἐχομένην περιφέρειαν τῆς λευκῆς λέγει φαίνεσθαι μέλαιναν· τοῦτο γὰρ σημαίνειν δοκεῖ τὸ παρὰ δὲ τοῦτο. πλεονάκις δὲ λέγει τὴν ἅλω περὶ τὴν σελήνην ἢ τὸν ἥλιον γίνεσθαι, διὰ τὸ τὸν ἥλιον θερμότερον ὄν|τα θᾶττον διαλύειν 117r τὰς τοῦ ἀέρος πυκνώσεις τε καὶ συστάσεις. περὶ δὲ τοὺς ἄλλους ἀστέρας γίνεσθαι μὲν καὶ αὐτούς φησιν ἅλως, οὐ μὴν σημειώδεις αὐτὰς ὁμοίως εἶναι ἢ ὑετοῦ ἢ εὐδίας ἢ ἀνέμων, ὧν προεῖπε σημεῖα τὰς ἅλως εἶναι ἢ πυκνουμένας ἢ μαραινομένας ἢ διασπωμένας, ὅτι ἀπὸ συστάσεων ἔτι λεπτῶν γίνονται καὶ οὔπω γονίμων, τουτέστιν οὔπω πεπυκνωμένων μηδὲ εἰς ὕδωρ μεταβαλλουσῶν. τοῦτο δ' ἂν ἐπ' ἐκείνων, τοῦ τε ἡλίου καὶ τῆς σελήνης, οὐκ ἂν γίνοιτο, τῷ ἐκεῖνα διὰ θερμότητα τὰς οὕτω λεπτὰς συστάσεις διαλύειν. ἐπιζητήσαι δ' ἄν τις, εἰ οὕτως ἡ ἅλως γίνεται κατὰ τοὺς ἀπὸ τῶν μαθημάτων, ὡς εἴρηται, κατὰ ἀνάκλασιν τῆς ὄψεως, πῶς ἐφ' ἓν σημεῖον γίνεται ἀπὸ τῶν μικρῶν κατόπτρων ἡ ἀνάκλασις· οὔτε γὰρ ὁ ἥλιος οὔτε ἡ σελήνη ἀδιαίρετα φαίνεται, ἀλλὰ μετὰ μεγέθους. ἐπὶ τί οὖν αὐτῶν μέρος ὡς πρὸς ἓν σημεῖον αἱ ἀνακλάσεις πᾶσαι γίνονται; ἐκ τούτου γὰρ δέδεικται κατὰ κύκλον τὴν ἅλω γίνεσθαι. εἰ δέ τις λέγοι ἐπὶ τὸ κέντρον αὐτῶν γίνεσθαι τὴν ἀνάκλασιν, τίς αἰτία τούτου; κατὰ πᾶν γὰρ μόριον ὅμοιον αὐτῶν τὸ χρῶμα. ἢ ὅσα διὰ τὴν μικρότητα τοῦ ἐνόπτρου χωρὶς σχήματος καὶ μεγέθους δι' αὐτῶν ὁρᾶται, ἐπὶ ταῦτα ἡ ἀνάκλασις ὡς ἐπὶ ἀδιαίρετα γίνεται.

p. 373a32 Ἡ δὲ ἶρις ὅτι μέν ἐστιν ἀνάκλασις, εἴρηται πρότερον.

Εἰπὼν περὶ ἅλω μέτεισιν ἐπὶ τὸν περὶ τῆς ἴριδος λόγον, καὶ τὸ μὲν ἀνάκλασιν αὐτὴν εἶναί φησιν εἰρῆσθαι πρότερον. εἶπε δὲ τοῦτο πρὸ ὀλίγου, ὅτε προετίθετο περὶ αὐτῶν εἰπεῖν· εἶπε γὰρ περὶ αὐτῶν "τὸ δ' αἴτιον

---

1 ἔχον BIW 4 νηνεμωτέραν εἶναι a 8 καὶ om. a 9 ἀπὸ τῆς γῆς BWa 12 ὄντα] εἶναι W 13 παρὰ BWa 14 αὐτούς scripsi: αὐτός libri ὁμοίως om. B 15 ὑετῶν BWa ὧν] ἃ I τῆς ἅλω I 15. 16 πυκνουμένης ἢ μαραινομένης ἢ διασπωμένης I 18 οὐ γίνοιτο B[1]W 21 γίνονται BWa 22 κατόπτρων ἀνακλάσεις BWa post σελήνη add. εἰς W: simile aliquid add. sed rursus del. B: ὡς add. a 22. 23 ἀδιαίρετα] ἃ διαιρεῖται W 23 ἐπὶ τί scripsi: ἐπί τι libri 24 post δέδεικται add. τὴν BW, sed rursus exp. B 25 λέγει BW
ά ου
26. 27 τὸ χρῶμα ὅμοιον αὐτῶν coll. BWa 28 διαιρετὰ Wa: διαιρέτα B 31. 32 τὸν — τὸ μὲν ἀνά in marg. B[2] 33 γὰρ ἐπ' αὐτῶν BWa τὸ δ' αἴτιον κτλ.] p. 372a17

ἁπάντων τούτων ταὐτό· πάντα γὰρ ἀνάκλασις ταῦτ' ἐστίν.'' διὰ τοῦτο μὲν οὖν φησιν εἰρῆσθαι· ζητεῖ δὲ ποδαπή τις ἀνάκλασίς ἐστι, καὶ πῶς γινομένη καὶ ἀπὸ τίνος καὶ πρὸς τί, καὶ τίς ἡ αἰτία ἑκάστου τῶν περὶ αὐτὴν συμβαινόντων. ἀνακλωμένη μὲν οὖν ἡ ὄψις ἀπὸ πάντων φαίνεται τῶν λείων. ὅτι ἀπὸ πάντων τῶν ἐχόντων λείαν τὴν ἐπιφάνειαν ἡ ὄψις ἀνακλᾶται, καὶ ὅτι ὥσπερ καὶ ἀπὸ ὕδατος, οὕτω καὶ ἀπ' ἀέρος, πρὸ ὀλίγου εἶπεν ὅτι δεῖ λαμβάνειν ἐκ τῶν περὶ τὴν ὄψιν δεικνυμένων. καὶ νῦν δὲ εἰς τὸν περὶ τῆς ἴριδος λόγον μέλλων ἐμβάλλειν πάλιν τῇ τῆς ὄψεως ἀνακλάσει χρῆται. πρῶτον δὲ ὅτι ἡ ὄψις ἀνακλᾶται ἀπὸ πάντων τῶν λείων, καὶ οὐκ ἀφ' ὕδατος μόνον ἀλλὰ καὶ ἀέρος, συνίστησιν. ἦν δ' ἂν ἀληθέστερον καὶ κατὰ τὴν οἰκείαν δόξαν αὐτοῦ λεγόμενον τὸ μὴ τὴν ὄψιν ἀπὸ τῶν τοιούτων ἀνακλᾶσθαι λέγειν πρὸς ἴσας γωνίας καὶ τὰ ὑποπίπτοντα τῶν ὁρατῶν ὑπὸ τὴν τοιαύτην αὐτῆς ἀνάκλασιν οὕτως ὁρᾶν, ἀλλὰ τὸ φῶς εἶναι τὸ ἀνακλώμενον ἀπὸ τῶν τοιούτων καὶ σὺν αὐτῷ τὰ χρώματα, ὄντα τοῦ φωτὸς κινητικά, ὡς χρωννύναι πως αὐτό, καὶ εἶναι τὴν ἀνάκλασιν αὐτοῦ πρὸς ἴσας γωνίας, καθ' ἣν ἀνάκλασιν ὅταν ὄψει τινὶ προσπίπτῃ, τότε ὁρᾷ ἡ ὄψις τὰ οὕτως πρὸς αὐτὴν κείμενα. ἀλλ' ἐπεὶ ὅσον ἐπὶ τῷ λόγῳ μηδὲν δοκεῖ διαφέρειν τὸ ἢ τοῦ φωτὸς ἀνάκλασιν λέγειν ἢ τῆς ὄψεως, ὡς ἤδη προεῖπον, ὅτι εὐπαρακολουθητοτέρα διὰ τὴν τῶν μαθημάτων χρῆσιν ἡ τῆς ὄψεως ἀνάκλασις, αὐτῇ χρῆται. εἰπὼν δὲ καὶ ἀπὸ ὕδατος καὶ ἀπὸ ἀέρος τὴν ὄψιν ἀνακλᾶσθαι, ἀπὸ τοῦ πῶς ἔχοντος ἀέρος ἢ πῶς ἔχουσα αὐτὴ ἀνακλᾶται λέγει. ἤτοι οὖν ἀνακλᾶται ἀπ' αὐτοῦ, ὅταν τύχῃ συνιστάμενος εἰς νέφος καὶ πυκνούμενος ἤδη, ἢ διὰ τὴν αὐτῆς ἀσθένειαν. πολλάκις γάρ φησι τὴν ὄψιν ἀπὸ τοῦ ἀέρος καὶ μὴ πεπυκνωμένου ἀνακλᾶσθαι, δι' ἀτονίαν καὶ ἀσθένειαν καὶ τοῦ μὴ πυκνοῦ ἀέρος αὐτῇ γινομένου πυκνοῦ, ὡς μὴ δύνασθαι διιέναι δι' αὐτοῦ τὰς ἀκτῖνας τὰς ἐκπεμπομένας, ἀλλὰ ἀνακλᾶσθαι ὡς ἀπό τινος στερεοῦ καὶ ἀντέρεισιν ἔχοντος. καὶ τῆς τοιαύτης ἀνακλάσεως τῆς δι' ἀσθένειαν γινομένης παρατίθεται μαρτύριον τὸ γενόμενόν ποτε περί τινα ἠρέμα καὶ οὐκ ὀξὺ βλέποντα· ἀεὶ γὰρ αὐτῷ εἴδωλον ἐδόκει προηγεῖσθαι ἐξ ἐναντίας αὐτοῦ, ὅτε βαδίζοι, βλέπον πρὸς αὐτόν. ἐν ἄλλοις δὲ εἴρηκε καὶ τίς ἦν ὁ τοῦτο πάσχων· ὅτι γὰρ Ἀντιφέρων ὁ Ὠρείτης. τοῦτο δέ φησιν αὐτὸν πάσχειν διὰ τὸ τὴν ὄψιν ἀσθενῆ οὖσαν καὶ λεπτὴν δι' ἀρρωστίαν, μὴ δυναμένην ἀπωθεῖν τὸν

---

1 διὰ—ἐστι (2) om. I   διὰ eras. B   2 οὖν om. W: supr. v. scr. B   ποταπή a   4 ἀνακλωμένη—λείων (5) om. a   5 πάντων om. B   8 μέλλει I   ἐμβάλλειν om. B[1]W: εἰσβάλλειν a, supr. v. add. B[2]   9 δὲ om. B[1]W   14 σὺν] νῦν a   17 περιπίπτῃ a   post οὕτως add. ἐπὶ τῷ λόγῳ I   18 ἡ ἀνάκλασις B[1]   19 ὡς] καθὸ (supr. v.) B   ὅτι] ἦν τὲ BWa   20 μαθηματικῶν B[1]Wa   δὲ] δὴ a   20. 21 δὲ ἀπ' ἀέρος καὶ ὕδατος B   21 ἀέρος ἢ πως I   22 ἐπ' αὐτοῦ W   23 ἐνιστάμενος I   αὐτὴν Ia   24 τὴν ὄψιν ex ἡ ὄψις corr. I   post πεπυκνωμένου add. ὄντος Wa   25 καὶ (post ἀσθένειαν) et μὴ πυκνοῦ om. a: μὴ om. BW   28 γινόμενον BW   30 αὐτοῦ] αὐτῷ a   ἐβάδιζε I a: βαδίζει W   31 βλέπων B   ἐν ἄλλοις] de mem. et rem. 1 p.451a9   32 γὰρ om. BWa   ὠρίτης I: ὀρείτης BWa

πλησίον ἀέρα καὶ διαιρεῖν, ἀνακλᾶσθαι πρὸς αὐτόν, ὡς αὐτὸν ἐνορᾶν ἐν τῷ ἀέρι τῷ πρὸ τῆς ὄψεως, ὡς ἐν κατόπτρῳ, ὃ ταῖς ὑγιαινούσαις ὄψεσι πάσχειν συμβαίνει ἀπὸ ἀέρος τοῦ πυκνοῦ τε καὶ πόρρω ἀφεστῶτος· ἀπὸ γὰρ τοῦ τοιούτου ἀνακλῶνται. ἀλλ' ἐπεὶ μὴ οἷόν τε τὴν ὄψιν ἀνακλᾶσθαί φαμεν, ἐπιζητήσειέν τις ἄν, τί ἦν τὸ γενόμενον πάθος περὶ τὸν Ἀντιφέροντα. ἢ ὥσπερ τοῖς οὐλήν τινα περὶ τὴν κόρην ἔχουσιν ἢ διὰ βαρεῖαν ὀφθαλμίαν ἢ διὰ τρῶσίν τινα, καὶ μέντοι τοῖς ὑποχεῖσθαι μέλλουσι κωνώπιόν τι πρὸ τῶν ὀφθαλμῶν ἵπτασθαι δοκεῖ, τὸ ἐν αὐτῇ τῇ κόρῃ ὂν καὶ ἐπικείμενον παρὰ φύσιν ὡς ἔξω ὂν ὁρῶσι διὰ τὴν συνήθειαν τῆς αἰσθήσεως. σύνηθες μὲν γὰρ αὐτῇ τὰ ἔξω ὁρᾶν, ἤδη δὲ καὶ πάντα τὰ ὁρώμενα ὡς ἔξω ὄντα ὁρᾷ. τρόπον γάρ τινα | καὶ ταῦτα ἔξω ἐστὶν αὐτῆς διὰ τὸ ἔξωθεν προσκεῖ- 117v σθαι παρὰ φύσιν. σημεῖον δὲ τοῦ ἀπὸ τοιούτου τινὸς πάθους κωνωπίου γίνεσθαι φαντασίαν τὸ τότε μάλιστα τοὺς ὁρῶντας αὐτὸ ὁρᾶν, ὅταν ἐκ τοῦ στόματος τῆς κοιλίας ἀνενεχθῇ τις ἀναθυμίασις ἀπὸ τῶν ἐν αὐτῇ καταλειφθέντων ἀπέπτων· πληρούμενα γὰρ τὰ περὶ τὰς κόρας φλεβία ῥυπαρᾶς καὶ ἀκατεργάστου περιττώσεως ἀντιπράττει τῇ τοῦ αἰσθητηρίου διαφανείᾳ, καὶ τὸ κατασκιάζον αὐτὴν τοῦτο ἡ ὄψις ὡς πρὸ ὀμμάτων ὂν καὶ ἔξω ὁρᾷ. γίνεται δὲ τὸ αὐτὸ πάθος καὶ νεφελοειδοῦς τινος συστάσεως συνισταμένης περὶ τὴν κόρην οὔπω μὲν ἱκανῆς πρὸς τὸ ἐπιφράττειν καὶ κωλύειν αὐτὴν ὁρᾶν, ἤδη δὲ πάχος ἐχούσης, ὡς πρὸ τῶν μελλουσῶν ὑποχύσεων γίνεσθαι φιλεῖ. τὸ γὰρ φῶς τοῖς οὕτως ἔχουσι σὺν τοῖς ἔξωθεν ὁρατοῖς καὶ τὸ τοιοῦτον πάθος καὶ τὸ οὕτως προσκείμενον ὁρατὸν ὥς τι τῶν ἔξω ποιεῖ. ὡς οὖν ἐκείνοις ἐοικός τι φαίνεται κωνωπίῳ πρὸ τῆς ὄψεως αἰωρεῖσθαι ποτὲ μὲν ἔχοντι πτερά, ὅταν ᾖ διωγκωμένα τὰ φλεβία, ποτὲ δὲ χωρὶς τοιαύτης προσθήκης, ὅταν ἐλάττων ἡ περὶ αὐτὰ πλήρωσις ᾖ, οὕτως τῷ Ἀντιφέροντι μικρὸν καὶ οὐκ ὀξὺ ὁρῶντι διὰ τὸ πλείω τινὰ σύστασιν ἐπεσκεδάσθαι ταῖς κόραις μεῖζόν τι πρὸ τῆς ὄψεως ἐδόκει προηγεῖσθαι, ὃ εἴκαζε προσώπῳ, ὡς οἱ προειρημένοι κώνωπι, ὅμοιόν τι πάσχοντες τοῖς τὰς τῶν νεφῶν συστάσεις τε καὶ ἐξοχὰς εἰκάζουσιν ἀπὸ μικρᾶς ὁμοιότητος Σατύροις ἢ θηρίων τινῶν μορφαῖς.

---

1 ὡς αὐτὸν et πρὸ (2) supr. v. add. I 2 ὡς ex corr. I 3 συμβαίνει πάσχειν coll. BWa τοῦ om. a 4 ἀνακλῶνται corr. ex ἀνακλᾶται I 5 γινόμενον BWa 8 ἵστασθαι BWa 10 ἤδη δὲ scripsi: ἡ δὲ IW: εἰ δὲ B, sed εἰ ex corr. m²: om. a 11 γάρ del. B²: δέ a ταῦτα] αὐτὸ I post ἐστιν add. ὡς I 13 τὸ] τῷ I: om. W αὐτῶν BW ὅταν om. B¹W: ὅτε a 16 ἀντιφράττει a 17 αὐτῇ I 19 post μὲν add. οὖν B 23 ὁρᾶσθαι I 24 ἤδη ὠγκωμένα BW: ᾖ ὠγκωμένα a 24. 25 χωριστοὶ αὐτῆς B post τοιαύτης add. τινὸς BW: post χωρὶς a 25 ᾖ] ἡ I post οὕτως add. καὶ BWa 28 τὰς post νεφῶν (29) exh. I 30 μορφάς BWa

p. 373b10 Διόπερ αἵ τε ἄκραι ἀνεσπασμέναι φαίνονται ἐν τῇ θαλάττῃ καὶ μείζω τὰ μεγέθη πάντων, ὅταν εὖροι πνέωσι, καὶ τὰ ἐν ταῖς ἀχλύσιν, οἷον καὶ ὁ ἥλιος καὶ τὰ ἄστρα ἀνίσχοντα καὶ δύνοντα μᾶλλον ἢ μεσουρανοῦντα.

Ἐπιζητήσαι τις ἄν, τίνος χάριν ταῦτα παρέθετο δεικνύναι βουλόμενος ὅτι καὶ ἀπὸ ἀέρος τῆς ὄψεως ἀνακλάσεις γίνονται, ὥσπερ καὶ ἀφ' ὕδατος· 20 οὐ γὰρ δήπου ταῦτα ὧν ἐμνημόνευσε δι' ἀνακλάσεως ὁρᾶσθαι λέγει τις. ἢ τὰ λεγόμενα δεικτικά ἐστι τοῦ τὴν ὄψιν πάσχειν ὑπὸ τοῦ πυκνοῦ ἀέρος ἅπερ καὶ ὑπὸ τοῦ ὕδατος. αἵ τε γὰρ ἄκραι αἱ ἐπὶ τῆς θαλάσσης πόρρωθεν καὶ διὰ πυκνοῦ ἀέρος ὁρώμεναι ἀνεσπασμέναι φαίνονται εἰς ὕψος ἀπὸ τῆς θαλάσσης καὶ μείζους. ἔτι δὲ μείζω τὰ μεγέθη φαίνονται πάντων τῶν ὁρωμένων, ὅταν εὖροι πνέωσι, διὰ τὸ πυκνότερον καὶ ὑγρότερον τὸν ἀέρα γίνεσθαι ὑπὸ τῶν νοτίων πνευμάτων, ὁποῖος καὶ ὁ εὖρός ἐστι. καὶ 25 τὰ ἐν ταῖς ἀχλύσι δὲ καὶ διὰ τῶν ἀχλύων ὁρώμενα μείζω φαίνεται τῷ τὴν ἀχλὺν εἶναι ἀέρα πεπυκνωμένον. διὰ τοῦτο γὰρ καὶ ὁ ἥλιος καὶ τὰ ἄλλα ἄστρα ἀνίσχοντα καὶ δύνοντα μείζω δοκεῖ εἶναι μᾶλλον ἢ μεσουρανοῦντα, διὰ τὸ ἀνατέλλοντα μὲν καὶ δύνοντα, δι' ἀχλύος ὁρᾶσθαι· διὰ γὰρ τοῦ περιγείου ἀέρος ὁρᾶται, ὃς ἀχλυώδης καὶ παχύτερος τοῦ ἐν ὕψει. ὅτι δὲ τὰ αὐτὰ ταῦτα πάθη γίνεται καὶ ἐπὶ τῶν δι' ὕδατος ὁρωμένων, γνώριμον. 30 εἰ οὖν αἱ διὰ τοῦ πυκνοῦ ἀέρος διαφάσεις ὅμοιαι ταῖς δι' ὕδατος, εὔλογον καὶ ἀνακλάσεις, ὡς ἀπὸ ὕδατος, οὕτως γίνεσθαι καὶ ἀπὸ τοῦ τοιούτου ἀέρος. ὁρᾶται δὲ μείζω τά τε δι' ὕδατος καὶ τὰ διὰ τοῦ ὑγροῦ ἀέρος διά τε τὸ μὴ ὁμοίως τρανῶς φαίνεσθαι·ἀμυδρότερα γὰρ πάντα ὁρᾶται τὰ διὰ παχυτέρου καὶ ἧττον διαφανοῦς ὁρώμενα· τὰ δέ γε ἀμυδρότερα φαινόμενα ὡς πόρρω ὄντα ἡ ὄψις ὁρᾷ. τῷ γὰρ τὰ πόρρωθεν ὁρώμενα ἀμυδρότερα ὁρᾶν ἢ εἰ πλησίον ὄντα ἑώρα, διὰ συνήθειαν καὶ τὰ ἀμυδρῶς 35 ὁρώμενα ὡς πλεῖον ἀφεστῶτα ὁρᾷ. ἀλλὰ μὴν ὑπόκειται κατὰ γωνίαν τινὰ συνισταμένην πρὸς τῇ κόρῃ τὰ ὁρώμενα ὁρᾶσθαι, καὶ τὰ μὲν μείζω κατὰ μείζονα γωνίαν ὁρᾶσθαι, τὰ δ' ἐλάττω κατὰ ἐλάττονα· διὸ καὶ τὰ αὐτὰ πόρρωθεν ὁρώμενα ἐλάττω φαίνεται ἢ ἐγγύθεν, ὅτι αἱ ἀπὸ τοῦ ὁρωμένου εὐθεῖαι ποιοῦσαι τὴν πρὸς τῇ κόρῃ γωνίαν ἐλάττω γωνίαν ποιοῦσιν ἀεὶ ἀπὸ τοῦ πλείονος διαστήματος. ὅταν οὖν τι τῷ μὲν ἐγγὺς εἶναι καὶ ἐγγύθεν

---

3 καὶ ἥλιος Arist. vulg. καὶ ἄστρα BWa Arist. vulg. 7 ἐμνημόνευκε W λέγοι B²a 10 ἀπὸ] ὑπὸ IW 11 φαίνεται BWa 15 καὶ ἥλιον a 16 ἀνίσχοντά τε καὶ B δοκεῖν I 18 ὃς] ὡς BW post παχύτερος add. ἐστὶ a 19 δι' om. B¹W 19. 20 γνωρίμων I 21 ἀπὸ τοῦ ὕδατος BW 22 δι' ὑγροῦ a 23 τε om. a 24 διὰ om. B¹ δέ γε] τε I 25 ἡ ὄψις post φαινόμενα exh. BWa 26 εἰ supr. vers. add. I¹ post ὄντα add. ἃ BW, sed rursus exp. B¹ 27 πλεῖον ἀφεστῶτα] πόρρω ὄντα a ὑπόκειται] ἐπεὶ κεῖται W 30 post ὅτι add. δὴ BWa αἱ om. B¹W ὁρωμένου] ὁρῶντος B² 31 ποιοῦσαι om. BWa alterum γωνίαν eras. B: om. a

ὁρᾶσθαι βλέπηται μείζονι γωνίᾳ, τῷ δὲ ἀμυδρὸν ὁρᾶσθαι φαντασίαν ἀποτελῇ ὡς ὁρώμενον ἀπὸ τοῦ πολλοῦ διαστήματος, μεῖζον ἢ ἔστι φαίνεται τῇ ὄψει, τῷ ἀφ' οὗ διαστήματος εἰ ἀληθῶς ἑωρᾶτο, ὁρᾶσθαι ἂν αὐτὸ ἐλάττονι γωνίᾳ, [καὶ] ἀπὸ τούτου δοκεῖν ὁρᾶσθαι τοῦ διαστήματος διὰ τὴν ἀμυδρότητα μείζονι. τοῦτό τε οὖν αἴτιον τοῦ τὰ διὰ τῶν τοιούτων ὁρώμενα μείζω φαίνεσθαι, καὶ ἔτι τὸ χεῖσθαι τὴν ἀπὸ τοῦ αἰσθητοῦ γινομένην κίνησιν ἐν τῷ κατ' ἐνέργειαν διαφανεῖ, ὅταν ὑγρὸν ᾖ καὶ παχύ. ὅτι δὲ οὐκ ἄλογον τὸ λεγόμενον, μάθοι τις ἂν ἀπὸ τῶν γραφομένων γραμμάτων ἐν τοῖς ὑγροτέροις τε καὶ παχυτέροις χάρταις· χεῖται γὰρ ταῦτα καὶ διὰ τοῦτο ἅμα μὲν μείζω, ἅμα δὲ ἀμυδρότερα γίνεται. τρόπον γάρ τινα, ὡς τὰ γράμματα ἐν τοῖς χάρταις, οὕτω καὶ τὸ τῶν ὁρωμένων χρῶμα ἐγχαράττεται τῷ κατ' ἐνέργειαν διαφανεῖ. καὶ ψόφοι δὲ καὶ αἱ φωναὶ αἱ δι' ὑγροτέρων γινόμεναι βαρύτεραι, τὰ δὲ βαρύτερα μετὰ πλείονος ὄγκου. μαρτυροῖ δ' ἂν τὸ εἰρημένον καὶ τὸ συμβαῖνον περὶ τὸ φῶς τὸ ἀπὸ τοῦ ἡλίου· δοκεῖ γὰρ εἶναι σημεῖον ὑετοῦ τὸ τὰς ἀκτῖνας ἀνατέλλοντος αὐτοῦ σκίδνασθαι, μετεώρους ἔτ' οὔσας καὶ μόλις καὶ ἀμυδρῶς ἐπὶ τὴν γῆν διαπέμπεσθαι· διὰ γὰρ πάχος καὶ ὑγρότητα ταῦτα γίνεται. εἰ δὲ τὸ φῶς τοῦ ἡλίου δι' ὑγρότητα τοῦ ἀέρος σκίδναταί τε καὶ χεόμενον ἀμυδρὸν γίνεται, πολὺ μᾶλλον ἡγητέον περὶ τὰς ἀπὸ τῶν ἄλλων ὁρατῶν κινήσεις τοῦτο γίνεσθαι, ὅσῳ εἰσὶν ἀσθενέστεραι τῆς ἀπὸ τοῦ ἡλίου μέχρις ἡμῶν διικνουμένης κινήσεως. καὶ αὐτὸς δὲ ὁ ἥλιος ἐν τῷ τῶν ἀπ' αὐτοῦ ἀκτίνων προειρημένῳ πάθει μείζων | φαίνεται τοῖς ὁρῶσιν αὐτόν. 118r

p. 373b13 Ἀπὸ δ' ὕδατος μάλιστα ἀν|ακλᾶται.

Συστήσας ὅτι καὶ ἀπὸ ἀέρος ἀνακλάσεις γίνονται τῆς ὄψεως ἔτι μᾶλλόν φησιν ἀπὸ ὕδατος γίνεσθαι· μάλιστα μὲν γὰρ ἀπὸ ὕδατος, μᾶλλον δὲ καὶ ἀπ' ἀρχομένου γίνεσθαι ὕδατος ἢ ἀέρος. ἀρχόμενον δὲ ὕδωρ γίνεσθαι τὸ νέφος, τὸ δὲ ὑγρὸν ἤδη. ἐν γὰρ τῇ εἰς ὕδωρ μεταβολῇ τῶν νεφῶν ἕκαστον τῶν μορίων, ἐξ ὧν συνισταμένων ἡ ψεκὰς γίνεται, ἔνοπτρον ἀναγκαῖον γίνεσθαι τῇ ὄψει μᾶλλον τῆς ἀχλύος ἐν ᾗ διὰ τὰς ἀνακλάσεις ἡ ἅλως ἐδείχθη γινομένη. ἐπεὶ δὲ καὶ δῆλον εἶναί φησι καὶ εἰρῆσθαι ἤδη ὅτι ἐν τοῖς μικροῖς ἐνόπτροις τὸ χρῶμα μόνον ἐμφαίνεται τῶν ὁρωμένων χωρὶς τοῦ σχήματος, ἀναγκαῖον ἐν ταῖς ἀρχαῖς τῶν ὑετῶν, ὅταν ἤδη μὲν εἰς τὰς ψεκάδας γίνηται μεταβολή τε καὶ σύστασις τῶν νεφῶν, μήπω δὲ

1 μείζων ἡ γωνία I 1. 2 ἀποτελῇ] ἀποστελλῇ B¹: ἀποτελεῖ B²: ἀποστέλλη W: ἀποστέλλει I 2 τοῦ om. BWa 3 ἑωρᾶτο ex corr. B² αὐτὸν W ὁρᾶσθαι] exspectas ἑωρᾶτο 4 καὶ delevi καὶ ἀπὸ — μείζονι (5) om. B¹W: in marg. add. B² 5 μεῖζον a 6 καὶ ἔτι] καίτοι I τὸ] τῷ BW 7 ᾖ post παχύ coll. BW καὶ om. BW 9 χεῖται — χάρταις (11) om. W χεῖταί τε γὰρ B 14 μαρτυρεῖ I 16 ἔτ'] τε Ia 17 post ταῦτα add. πάντα Ia γίνεσθαι I 19 περὶ om. W 20 ἀσθενέστερα a μέχρις — κινήσεως (21) in marg. add. B²: om. W 21 ὑπ' αὐτοῦ BWa 25 ἀπὸ τοῦ ὕδατος I 26 γίνεται I 32 ἤδη] ἡ δὴ W 33 γίνεται I

καταφέρηται, ἐὰν ἐξ ἐναντίας ᾖ ὁ ἥλιος τῇ τοιαύτῃ συστάσει τε καὶ μεταβολῇ ἤ καὶ ἄλλο τι τῶν λαμπρῶν, γίνεσθαι ταύτας τὰς συστάσεις ἔνοπτρα τῇ ὄψει, δεικνύντα αὐτῇ τὸ τοῦ ἐξ ἐναντίας κειμένου λαμπροῦ χρῶμα. ἑκάστου δὲ τῶν ἐνόπτρων ὄντος μικροῦ τε καὶ διὰ τοῦτο καθ' αὑτὸ ἀοράτου, τοῦ δ' ἐξ ἁπάντων αὐτῶν διὰ τὴν παράθεσιν καὶ τοῦ ἐξ αὐτῶν γινομένου μεγέθους ὁρωμένου, ἀνάγκη καὶ τοῦ δι' αὐτῶν χρώματος φαινομένου τῇ ὄψει μέγεθός τι φαίνεσθαι. ἕκαστον γὰρ τῶν μικρῶν τούτων ἐνόπτρων, ὡς εἰς τὸ μέγεθος τῷ ὅλῳ ἐν ᾧ ἡ ὅλη ἔμφασις γίνεται συντελεῖ, οὕτω καὶ εἰς τὴν τοῦ ὅλου χρώματος φαντασίαν συνεισφέρει ἕκαστον αὐτῶν τοῦ φαινομένου δι' αὐτοῦ. ἐπεὶ τοίνυν ταῦτα ἐνδέχεται τοῦτον ἔχειν τε καὶ γίνεσθαι τὸν τρόπον, δῆλον ὅτι ὅταν οὕτως ἔχῃ τό τε νέφος συστάσεώς τε καὶ τῆς πρὸς τὸν ἥλιον θέσεως, καὶ ἡμεῖς ὦμεν μεταξὺ αὐτῶν, τουτέστιν ἡ ὁρῶσα ὄψις μεταξύ τε τοῦ ἡλίου καὶ τοῦ νέφους, ἔσται διὰ τὴν ἀνάκλασιν τὴν τῆς ὄψεως τὴν ἀπὸ τῶν ἐν τῷ νέφει γενομένων ψεκάδων ἔμφασίς τις. εἰ μὲν γὰρ μὴ ἦν ὁ ἥλιος ἤ τι ἄλλο λαμπρὸν ἐξ ἐναντίας τοῦ νέφους, ἐφ' ὃ ἔπιπτεν ἡ ὄψις ἀνακλωμένη, ἀνάκλασις μὲν ἂν ἦν τῆς ὄψεως, οὐ μὴν καὶ ἔμφασις· ὄντος δὲ ἐξ ἐναντίας τοῦ ἡλίου πρὸς τῇ ἀνακλάσει καὶ ἔμφασις ἔσται. φαίνεται δὲ καὶ ἡ γινομένη ἶρις τότε, τοῦ μὲν νέφους μεταβάλλοντος εἰς ὕδωρ καὶ ἐξ ἐναντίας ἔχοντος κείμενον τὸν ἥλιον, τῆς δὲ ὁρώσης αὐτὴν ὄψεως οὔσης ἐν μέσῳ, καὶ οὐχ ἄλλως ἐχόντων. ὅταν γὰρ ᾖ μεταξὺ † τὸ κέντρον τοῦ νέφους ὄντος σφαιροειδοῦς, ἐν ᾧ ἡ ἔμφασις γίνεται, τῆς τε ἡμετέρας ὄψεως, καὶ τοῦ ἡλίου, καὶ οὕτω μεταξύ, ὥστε ἐπὶ μιᾶς εὐθείας εἶναι τὰ τρία, τότε γίνεται ἶρις, ἄλλως δὲ οὔ. ὅτι μὲν οὖν ἀνάκλασις ἡ ἶρις τῆς ὄψεως πρὸς τὸν ἥλιόν ἐστι, φανερόν· διὸ καὶ ἐξ ἐναντίας ἀεὶ γίνεται, ἡ δὲ ἅλως περὶ αὐτόν· καίτοι ἄμφω ἀνακλάσεις. οὐχ ὡς αἴτιον τὸ κατὰ ἀνάκλασιν τὴν πρὸς τὸν ἥλιον τῆς ὄψεως ἀπὸ τῶν ἐν τῷ νέφει μικρῶν κατόπτρων τὴν ἶριν γίνεσθαι ἔθηκε τοῦ ἐξ ἐναντίας αὐτὴν ἀεὶ τοῦ ἡλίου γίνεσθαι, ἀλλ' ὡς ἀνακλάσεων διαφόρων οὐσῶν τούτων τῷ ἢ ἐξ ἐναντίας κεῖσθαι τὸ κάτοπτρον τοῦ ἐμφαινομένου αὐτῷ ἢ περὶ αὐτό. καὶ ἴσον ἂν εἴη τὸ διὸ καὶ ἐξ ἐναντίας ἀεὶ γίνεται τῷ ἀλλ' ἡ μὲν ἐξ ἐναντίας ἀεὶ γίνεται, ἡ δὲ ἅλως περὶ αὐτόν· καίτοι ἄμφω ἀνακλάσεις. ὅτι δὲ ἡ ἶρις κατὰ ἀνάκλασιν γίνεται καὶ ἔστιν αὐτῆς κατοπτρικὴ ἡ φαντασία,

---

2 ἢ om. I 4 ὄντος δὲ ἑκάστου τ. ἐ. coll. BWa 5 τὸ δ' ἐξ I: τῆς δ' ἐξ Wa ante διὰ add. συνεχείας a 6 τὸ δι' αὐτοῦ B 6. 7 φαινόμενον W 8 φαίνεται BWa ἐντελεῖ I 9 συνεκφέρει B[1]W 10 τοῦ φαινομένου scripsi: τὸ φαινόμενον libri ταῦτα ex τοῦτο corr. I ἔχειν ἐνδέχεται τοῦτον coll. I 12 ὦμεν] ὡς μὲν B 13 ὁρῶσα ἡ coll. BWa 14 διὰ] μετὰ BIW γινομένων a 21 τὸ κέντρον — ἡλίου (23) depravata sunt: exspectas τοῦ κέντρου κτλ., porro γίνεται καὶ τοῦ ἡλίου ἡ ἡμετέρα ὄψις 27 τὸ et 28 τοῦ (ante ἐξ) scripsi: τοῦ et τὸ libri 29 τούτων] τοῦτο B τῷ om. B ἢ om. BWa 30 αὐτό scripsi: αὐτόν libri 31 τὸ om. BWa τῷ — γίνεται (32) om. a ἀλλ' ἡ] ἄλλη BW 32. 33 ὅτι δὲ ἡ] ἡ δὲ I

Φίλιππος μὲν ὁ ἑταῖρος Πλάτωνος δεικνύναι πειρᾶται διὰ τοῦ συμμεταχωρεῖν αὐτὴν ἐπὶ ταὐτὰ τοῖς ὁρῶσιν· ὁπότε γὰρ ἐκεῖνοι εἰς τὰ πλάγια μεθισταῖντο, ἐπὶ τὰ αὐτὰ πλάγια καὶ τὴν ἶριν φαίνεσθαι συμμεθισταμένην, ὥσπερ ἑπομένην τῇ τοῦ ὁρῶντος ὄψει. τοῦτο γὰρ ἴδιον τῶν κατ' ἔμφασιν ὁρωμένων, τὸ ἅμα τοῖς ὁρῶσι μεταχωρεῖν καὶ πρὸς τὰ δεξιὰ καὶ πρὸς τὰ ἀριστερά, ἐπεὶ τά γε κατ' εὐθυωρίαν ὁρώμενα πᾶν τοὐναντίον ὁρᾶται ποιοῦντα· εἰς μὲν γὰρ τὰ δεξιὰ τῶν ὁρώντων αὐτὰ μεθισταμένων, ἐκεῖνα δοκεῖ πρὸς τὰ ἀριστερὰ ἀποκλίνειν· εἰ δὲ οἱ ὁρῶντες αὐτὰ εἰς τὰ ἀριστερὰ μεθισταῖντο, ἐκεῖνα φαντασίαν εἰς τὰ δεξιὰ ἀποκλινόντων παρέχει. οἱ δὲ περὶ Γέμινον καὶ Αἴλιον εἰς δεῖξιν τοῦ ἔμφασιν τὴν ἶριν εἶναι προσχρῶνται καὶ τῷ προσιόντων τε αὐτῇ δοκεῖν καὶ αὐτὴν προσιέναι καὶ ἀποχωρούντων ἀποχωρεῖν, ὥσπερ ὁρᾶται ποιοῦντα καὶ τὰ ἐν τοῖς κατόπτροις ἐμφαινόμενα. ὅτι μὲν οὖν καὶ τοῦτο συμβαίνει περὶ τὰς ἐμφάσεις, ὥσπερ καὶ τὸ | ὑπὸ Φιλίππου προειρημένον, φανερόν· εἰ δὲ καὶ ἐπὶ τῆς 118v ἴριδος τοῦτο δῆλον γίνεται ἀπὸ τοσούτου διαστήματος ὁρωμένης, ἐπιζητήσαι τις ἂν ἴσως.

p. 373b35 Ἀλλ' ἡ μὲν τῇ τῶν χρωμάτων ποικιλίᾳ διαφέρει.

Εἰπὼν ἀμφοτέρας ἀνακλάσεις εἶναι, καὶ τὴν ἶριν καὶ τὴν ἅλω, τὴν μὲν ἶριν ἐξ ἐναντίας ὄντος τοῦ ἐμφαινομένου τῷ κατόπτρῳ, τὴν δὲ ἅλω κατὰ τοῦτό τε καὶ περὶ αὐτό, λέγει διαφορὰν αὐτῶν εἶναι κατὰ τὰ χρώματα· τὴν γὰρ δὴ ἶριν τῇ τῶν χρωμάτων ποικιλίᾳ διαφέρειν· καὶ τὴν αἰτίαν τῆς κατὰ τὰ χρώματα αὐτῶν διαφορᾶς προστίθησιν. ἡ μὲν γὰρ ἶρις ἀπὸ ὕδατος ἤδη, ὅ ἐστι μέλαν, γίνεται, καὶ πόρρωθεν· ἐξ ἐναντίας γὰρ κειμένου τοῦ ἐμφαινομένου· ἡ δὲ ἅλως ἀπὸ ἀέρος τε γίνεται, ὅς ἐστι λευκότερος τὴν φύσιν τοῦ ὕδατος, καὶ ἐγγύθεν· ὑπὸ γὰρ τὸ ἐμφαινόμενόν ἐστιν ὁ τοιοῦτος ἀήρ, ἀφ' οὗ ἡ ἅλως, ἀλλ' οὐκ ἐξ ἐναντίας αὐτοῦ. διὸ ἡ μὲν ἅλως φαίνεται καὶ κύκλος ὁλόκληρος πολλάκις, ἡ δὲ ἶρις οὐδέποτε. ἐφεξῆς δὲ καὶ τῶν χρωμάτων τῶν ἐν τῇ ἴριδι φαινομένων τὰς αἰτίας παρατίθεται. τὸ γὰρ λαμπρὸν διὰ τοῦ μέλανος φοινικοῦν φαίνεται. καὶ τοῦτο ὅτι τοῦτον ἔχει τὸν τρόπον, πιστοῦται ἀπό τε τῶν ξύλων τῶν χλωρῶν, ὧν ἡ φλὸξ ἐρυθρὰ τὴν χροιὰν γίνεται καὶ πλησιάζουσα τῷ φοινικῷ χρώματι, διὰ τὸ τὸ πῦρ, λαμπρόν τε καὶ λευκὸν ὄν, πολλῷ τότε τῷ καπνῷ μεμῖχθαι, ὄντι μέλανι· ἀλλὰ καὶ ἀπὸ τοῦ διά τε ἀχλύος καὶ καπνοῦ φαίνεσθαι τὸν ἥλιον οὐ λευκόν, ἀλλὰ φοινικοῦν. διὰ τοῦτο οὖν, φησί, καὶ ἐπὶ τῆς ἴριδος,

---

1 post μὲν add. οὖν I post Πλάτωνος add. ὅτι ἔμφασις ἐστὶ I 7 γὰρ om. BW 9 ἐπὶ τὰ BWa 10 γεμῖνον libri ἔλειον I 11 τῷ] τῶν B καὶ αὐτὴν om. B¹ προσεῖναι B¹W 17 ἡ μὲν τῇ IW Arist. HN: ἥ γε Ba Arist. vulg. ποικιλία Arist. vulg. 19 ἶριν om. B¹W: in marg. add. B² 20 κατ' αὐτό BWa ὑπὲρ αὐτό BIW εἶναι αὐτῶν coll. BWa 21 τήν τε γὰρ ἶριν I 22 τὰ om. W 24 κείμενον I ὅς] ὃ BWa 25 λευκότερος scripsi: λευκότερον libri τοῦ ὕδατος om. BWa 27 οὔποτε BWa 29 καὶ] τῆς BIW, sed exp. B 31 χρόαν BWa 32 διὰ τὸ πῦρ I τότε] τῶ τε I

ἥτις ἀπό τινος λαμπροῦ ἐξ ἐναντίας κειμένου ἀνάκλασίς ἐστιν, ἡ μὲν πρώτη περιφέρεια φαίνεται φοινικοῦν ἔχουσα χρῶμα τῷ μίγνυσθαι τῷ τοῦ ἐμφαινομένου λαμπρῷ τὸ τοῦ κατόπτρου χρῶμα, μέλαν ὄν· ἀπὸ γὰρ ῥανίδων λεπτῶν γίνεται, αἵ εἰσι μέλαιναι. ἡ δὲ τῆς ἅλω σύστασις οὐκ ἐπὶ τοιούτου κατόπτρου γίνεται. περὶ δὲ τῶν ἄλλων χρωμάτων τῆς ἴριδος ὕστερον ἐρεῖν φησι. τοῦ δὲ μὴ εἶναι τὴν ἅλω μετὰ τοιούτων χρωμάτων μηδὲ ἀπὸ κατόπτρων τοιούτων αἰτίαν λέγει καὶ ταύτην, ὅτι ἡ μὲν ἅλως περὶ αὐτὸν τὸν ἥλιον καὶ ἐγγὺς αὐτοῦ ὄντος τοῦ κατόπτρου γίνεται· οὐχ οἷόν τε δὲ ἐγγὺς τοῦ ἡλίου καὶ ὑπὸ τὸν ἥλιον γίνεσθαι διατριβὴν καὶ χρόνον τινὰ τῆς τοιαύτης συστάσεως, ὡς τὴν εἰς τὰς ψεκάδας μεταβολὴν τοῦ νέφους χρόνιον γίνεσθαι, ἀλλ' ἢ ταχέως εἰς ὕδωρ μεταβολὴ γίνεται, εἰ ἡ σύστασις παχυτέρα, ἢ διαλύεταί τε καὶ λεπτύνεται καὶ διακρίνεται. ἐξ ἐναντίας δὲ ὄντος τοῦ ἡλίου καὶ πόρρω τῆς τοῦ νέφους συστάσεως ἐν τῷ μεταξὺ τῆς τοῦ ὕδατος γενέσεως γίνεταί τις διατριβὴ καὶ χρόνος, ὡς εἶναί τινα ἐν τῷ νέφει ἤδη μὲν εἰς ὕδωρ μεταβεβληκότα, οὐ μὴν ἤδη ψεκάδας ὄντα, ἐφ' ὧν κατόπτρων ἡ ἶρις ὁρᾶται· ἐπεὶ εἰ ἐγίνετό τις καὶ ἐπὶ τῆς ἅλω τοιαύτη κατὰ τὴν μεταβολὴν διατριβή, ἦν ἂν καὶ ἡ ἅλως ὥσπερ ἡ ἶρις κεχρωματισμένη. ὅλα μὲν οὖν διὰ τὴν προειρημένην αἰτίαν οὐ γίνεται περὶ τὸν ἥλιον συνιστάμενα φοινικῆν χρόαν ἔχοντα, οὐδὲ κύκλῳ· διὸ ἡ ἅλως οὐ τοιαύτη· μικρὰ δὲ καὶ κατὰ μόρια ἀλλ' οὐ κύκλῳ γίνεται κε|χρωματισμένα, ἃ καλοῦνται ῥάβδοι, περὶ ὧν ὕστερον ἐρεῖ, ὅταν καὶ 119r περὶ παρηλίων λέγῃ· ἐπεὶ εἰ συνίστατο τοιαύτη ἀχλὺς καὶ ὑπὸ τὸν ἥλιον ὕδατος ἤ τινος ἄλλου μέλανος, οἷα συνίσταται καὶ ἐξ ἐναντίας αὐτοῦ, ἐφαίνετ' ἂν ἶρις ὅλη καὶ ὁλόκληρος, τουτέστιν ὅλος κύκλος. ἡ γὰρ ἅλως ἡ διὰ τὴν τοιαύτην σύστασιν καὶ τὰ τοιαῦτα κάτοπτρα κεχρωσμένη τοῖς τῆς ἴριδος χρώμασιν ἶρις ἂν ἦν, καὶ ἦν ἄν, φησίν, ὅλη ἡ ἶρις ὁρωμένη περὶ τὸν ἥλιον, ὥσπερ ἡ περὶ τοὺς λύχνους ὁρωμένη· περὶ γὰρ τοὺς λύχνους τοῦ χειμῶνος πολλάκις ἶρις φαίνεται, τὰ πλεῖστα νοτίου τοῦ καταστήματος ὄντος καὶ ὑγροῦ. γίνεσθαι δέ φησι τὴν ἶριν τὴν περὶ τοὺς λύχνους ἀνακλωμένης τῆς ὄψεως ἀπό τε τοῦ ἀέρος τοῦ περὶ αὐτοὺς ὄντος ὑγροῦ καὶ ἀπὸ τῆς λιγνύος τῆς ἀπὸ τῆς φλογὸς ἀπορρεούσης καὶ μιγνυμένης τῷ προειρημένῳ ἀέρι ὑγρῷ, οὔσης μελαίνης· τότε γὰρ γίνεται ἔνοπτρον ὁ περὶ τῷ λύχνῳ ἀήρ, καὶ διὰ τὴν μελανίαν κεχρωσμένον· ἡ γὰρ λιγνὺς καπνῷ ἔοικε· καὶ ὁρᾶται τότε διὰ τοῦ κατόπτρου τούτου τὸ τοῦ λύχνου φῶς οὔτε λαμπρὸν ἀλλ' οὐδὲ φοινικοῦν, ὥσπερ τὰ τῆς ἴριδος, ἀλλὰ πορφυροῦν· διὸ ἰριῶδες εἶπεν αὐτό, ἀλλ' οὐχ ἶριν. αἴτιον δὲ τοῦ

---

6 δὲ om. B[1]W 7 τοιαύτην in marg. I 8 αὐτοῦ] αὐτῷ BWa 12 εἰ ἡ] ἢ εἰ ἡ I: εἴθ' ἡ B[1]W: ἢ εἰ μὴ B[2] ἢ] ἢ I τε om. BWa λεπτύνεταί τε καὶ BWa 18 ὅλα B[1]: ὅλως B[2]a: ἅλω W: ἀλλὰ l 20 post γίνεται add. τὰ B[2]a 21 καὶ om. a 25 ἢ διὰ a κεχρωσμένα B[1] 26 ἡ om. BWa 27 τῷ ἡλίῳ W et fort. B[1] ὁρωμένη — λύχνους (27. 28 om. a 33 τὸν λύχνον B[2]a κεχρωσμένος a 36 πορφυρόν BWa αἰτίαν BWa

μὴ ὅμοιον εἶναι τὸ χρῶμα τὸ περὶ τοὺς λύχνους τῇ ἴριδι τὸ τήν τε ὄψιν δι' ὀλίγου ἀνακλᾶσθαι καὶ τὸ ἔνοπτρον εἶναι μελάντερον ἢ τὸ τῆς ἴριδος· διὸ καὶ τὸ ὁρώμενον χρῶμα ἔγγιον τῷ μέλανι· ἔτι δὲ μᾶλλον τοιοῦτον φαίνεται τοῖς ὑγροὺς τοὺς ὀφθαλμοὺς ἔχουσι, διὰ τὸ τὴν τούτων ὄψιν ταχὺ καὶ ἀπὸ τοῦ τυχόντος ἀνακλᾶσθαι, ὥς λέγει, εἴ τε μὴ γίνεται τῆς ὄψεως ἀνάκλασις, ἀλλὰ διὰ τὸ ἀσθενεστέρᾳ οὔσῃ τῇ τούτων ὄψει ἀμαυρότερα καὶ ἀσθενέστερα προσπίπτειν τὰ ὁρώμενα· τὸ δ' ἀσθενὲς εἰς τὸ μελάντερον μεταβάλλει· τοῦτο γὰρ ἐναντίον τῷ λευκῷ τε καὶ λαμπρῷ, ὃ μάλιστά ἐστιν ὁρατόν. διὰ τοῦτο τοῖς οὕτως ἔχουσι βαθύτερον τὸ πορφυροῦν φαίνεται. τὴν δὲ περὶ τὸ ἀπὸ τῶν κωπῶν ἀπὸ τῆς θαλάσσης ἀναφερόμενον ὕδωρ συνισταμένην ἶριν τῇ μὲν θέσει τὸν αὐτόν φησι γίνεσθαι τρόπον τῇ ἐν τῷ οὐρανῷ (ὡς γὰρ ἐκείνη, καὶ αὕτη ἐξ ἐναντίας ὄντος τοῦ ἡλίου γίνεται, οὐχ οὕτω δὲ ἡ περὶ τοὺς λύχνους· οὐ γὰρ ἐξ ἐναντίας ὄντος τοῦ ἀπὸ τοῦ λύχνου φωτὸς γίνεται· περὶ αὐτὸν γάρ), τὸ μέντοι χρῶμα ὁμοιοτέρα τῇ περὶ τοὺς λύχνους· πορφυρᾶν γὰρ ἀλλ' οὐ φοινικίαν τὴν χρόαν φαίνεται ἔχουσα. γίνεσθαι δέ φησιν ἐπὶ τῆς ἴριδος ταύτης τὴν ἀνάκλασιν ἀπὸ τῶν μικροτάτων μὲν πυκνῶν δὲ ῥανίδων καὶ πλησίον ἀλλήλαις κειμένων (διὰ τοῦτο γὰρ εἶπε *συνεχῶν δέ*), αἵτινες ὕδωρ εἰσὶν ἤδη ἀποκεκριμένον, ἀλλ' οὐχ ὥσπερ ἐπὶ τῆς ἐν τῷ οὐρανῷ ἀπὸ μέλλοντος ὕδατος. διὸ μελάντεραι καὶ αὗται ἐκείνων, ἅτε ἀπὸ μελαντέρου γινόμεναι κατόπτρου. διὰ μὲν οὖν τὴν μικρότητα τῶν ῥανίδων καὶ ἐπὶ ταύτης τῆς ἴριδος τὸ χρῶμα μόνον ἐμφαίνεται τοῦ ἡλίου χωρὶς τοῦ σχήματος· διὰ δὲ τὴν πυκνότητα καὶ τὸ πλησίον αὐτὰς ἀλλήλων εἶναι ὡς ἀπὸ ἑνὸς ἐνόπτρου δοκεῖ ἡ ἀνάκλασις γίνεσθαι. λέγει δὲ ὁμοίως ἶριν γινομένην καὶ ὅμοιον τὸ χρῶμα ἔχουσαν φαίνεσθαι, καὶ ὅταν ἐν τοιούτῳ τις χωρίῳ ῥαίνῃ, ὃ ἔστι μὲν ἄντικρυς τοῦ ἡλίου, ἔστι δὲ αὐτοῦ τὸ μέν τι καταλαμπόμενον ὑπὸ τοῦ ἡλίου, τὸ δὲ ἐπισκιαζόμενον. ὅταν γάρ τις ἐν τῷ τοιούτῳ χωρίῳ εἴσω ῥαίνῃ τῷ καταλαμπομένῳ ὑπὸ τοῦ ἡλίου, τῷ ἑστῶτι ἐν τῷ μέρει τοῦ χωρίου τῷ σκιὰν ἔχοντι ἶρις φαίνεται. εἰπὼν δὲ ὅτι ὁ τρόπος καὶ ἡ χρόα ὅμοια καὶ τὸ αἴτιον τὸ αὐτὸ τῇ ἀπὸ τῶν κωπῶν, ἐπήνεγκε *τῇ γὰρ χειρὶ κώπῃ χρῆται ὁ ῥαίνων*, δεικνὺς τὴν κατὰ πάντα αὐτῶν ὁμοιότητα.

---

1 εἶναι om. BWa post χρῶμα add. ἔχειν BWa τὰ περὶ BW: τὰ παρὰ a τοῖς λύχνοις Wa τῷ τήν τε I 3 post ἔγγιον add. σχεδὸν B[2]a τοιοῦτον μᾶλλον coll. a 4 τὸ om. B[1]W 8 μέλαν BWa 12 τῇ scripsi: τῆς libri ἐκείνης a αὐτὴ BWa 13 τοῖς λύχνοις B[1]W 14 φωτὸς ex corr. I 16 φαίνεται post φοινικίαν (13. 14) coll. BWa ταύτην a 17 πυκνῶν] μικρῶν a 19 ἐπὶ om. I 20 καὶ μελάντεραι coll. Ba 20. 21 γινόμενα a 21 τὴν om. I 28 post ῥαίνῃ add. ἐν BWa 29. 30 ὅτι ὁ om. B[1]W: ὁ δὲ a 30 ὅμοιον W τῇ] τῷ B

p. 374b7 Ὅτι δὲ τὸ χρῶμα τοιοῦτον, ἅμα δῆλον ἔσται καὶ περὶ τῶν ἄλλων χρωμάτων τῆς φαντασίας ἐκ τῶνδε.

Μέτεισιν ἐπὶ τὸ καὶ περὶ τῶν ἄλλων χρωμάτων τῆς ἴριδος εἰπεῖν. λέγει δέ, διὰ τί τὸ χρῶμα τοιοῦτον τὸ τῆς ἴριδος καὶ διὰ τί ἐν αὐτῇ καὶ τὰ ἄλλα χρώματα τὰ παρὰ τὸ φοινικοῦν ἐμφαίνεται, δεύτερον μὲν τὸ πράσινον, τρίτον δὲ τὸ ἁλουργόν, ἅμα ἔσεσθαι δῆλον ἐκ τῶν ῥηθησομένων. λαμβάνει δὴ πρὸς τὴν δεῖξιν τοῦ προκειμένου ὑποθέσεις ὡς ἐναργεῖς, μίαν μὲν ὅτι τὸ λαμπρὸν ἐν τῷ μέλανι, τουτέστι μιγνύμενον τῷ μέλανι ἢ διὰ τοῦ μέλανος ὁρώμενον, φοινικοῦ φαντασίαν ποιεῖ, ὥσπερ ὁρῶμεν ἐπὶ τοῦ ἡλίου γινόμενον, ὅταν διὰ καπνοῦ φαίνηται, δευτέραν ὅτι ἡ ὄψις ἀποτεινομένη πόρρω ἀσθενεστέρα γίνεται, τοῦτο δέ, ὅτι μὴ ὁμοίως ὁρᾷ τοῖς ἐγγύθεν ὁρωμένοις τὰ πόρρω κείμενα· ἔλαττον γὰρ ὁρᾶται τὰ πόρρωθεν ὁρώμενα, ὀλίγον τῆς ὄψεως διορώσης διὰ τὸ ἐξασθενεῖν· τρί|την ὅτι τὸ 119v
μέλαν οἷον ἀπόφασις τοῦ ὁρᾶν ἐστι καὶ στέρησις· διὰ τοῦτο γὰρ ἃ μηκέτι ἡ ὄψις ὁρᾶν διὰ τὸ ἀπόστημα δύναται, μέλανα αὐτῇ φαίνεται. ἡ μὲν οὖν ἀκριβεστέρα περὶ τούτων θεωρία τῆς ὀπτικῆς οἰκεία καὶ τῆς περὶ αἰσθήσεως πραγματείας· νῦν δέ, φησίν, ἐφ' ὅσον χρήσιμος ὁ περὶ αὐτῶν λόγος πρὸς τὸ προκείμενον, ἐπὶ τοσοῦτον περὶ αὐτῶν λέγομεν. διὰ γὰρ τὸ τὴν ὄψιν τὰ πόρρω μὴ ὁμοίως ὁρᾶν δι' ἀσθένειαν καὶ διὰ τὸ τὸ μέλαν ἀπόφασιν εἶναι καὶ στέρησιν τοῦ ὁρατοῦ τά τε πόρρωθεν ὁρώμενα μελάντερα φαίνεται καὶ ἐλάττω καὶ λειότερα ἢ ἔστι τῷ τὰς ἐξοχὰς αὐτῶν τὰς ποιούσας τὰς τραχύτητας μὴ ὁρᾶσθαι. ἀλλὰ καὶ τὰ ἐν τοῖς ἐνόπτροις ὁρώμενα μελάντερα φαίνεται ἢ ἔστι· καὶ τὰ νέφη δὲ ἐμφαινόμενα τῷ ὕδατι μελάντερα φαίνεται ἢ εἰ εἰς αὐτά τις ἀποβλέπει. καὶ τοῦτο πάνυ φησὶν ἐπιδήλως καὶ φανερῶς γίνεσθαι· ἡ γὰρ ἀνάκλασις αἰτία τοῦ τοιαῦτα αὐτὰ ὁρᾶσθαι διὰ τοῦ ὕδατος ὁρώμενα. οὐ γὰρ ἀκριβῶς ὁρᾶται· ὁρᾶται γὰρ ὡς τὰ ἀφεστῶτα πολύ. οὐδὲν γὰρ διαφέρει ἢ τὸ ὁρώμενον πολὺ τῆς ὄψεως ἀποστήσαντας ὁρᾶν ἢ τὴν ὄψιν αὐτὴν διὰ πολλοῦ διαστήματος ὁρῶσαν ποιῆσαι· τὰ γὰρ δι' ἀνακλάσεως ὁρώμενα διὰ πλείονος διαστήματος ἡ ὄψις ὁρᾷ ἢ εἰ ἐπ' εὐθείας ἔβλεπεν αὐτά. δεῖ δέ, φησί, πρὸς τοῖς προειρημένοις μηδὲ τοῦτο λανθάνειν, ὅτι ὅταν ᾖ τοῦ ἡλίου πλησίον νέφος, εἰς μὲν αὐτὸ ὁρῶσιν οὐδὲν φαίνεται τὸ νέφος κεχρωματισμένον ἄλλῳ τινὶ χρώματι, ἀλλὰ λευκὸν ὁρᾶται, ἐν δὲ τῷ ὕδατι καὶ δι' ὕδατος τὸ αὐτὸ τοῦτο ὁρῶντι φαίνεται χρῶμά τι ἔχον τῆς ἴριδος. δῆλον γὰρ ἐκ τούτου γίνεται ὅτι ἡ ὄψις, ὥσπερ

---

3 ante μέτεισιν add. ἐκ τῶνδε B 5 τὰ post χρώματα om. BWa 10 φαίνεται a post δευτέραν add. δὲ a 12 ἔλαττον — ὁρώμενα (13) om. a 13 ὁρώσης a 14 ἀπόφανσις I 16 θεωρία περὶ τούτων coll. a αἰσθήσεων W 18 περὶ om. B[1]W γὰρ] τῷ a τὸ om. I 19 διὰ τὸ μέλαν ἀπόφασιν I 20 τε om. I 22 ὁρώμενα] φαινόμενα a 24 εἰ om. BW ἀποβλέποι BWa 25 post τοῦ add. τὰ W ὁρᾶσθαι αὐτὰ coll. Ba 30 ἔβλεπον B[1] δεῖν BWa εἰρημένοις BWa 34 ἔχειν a

τὸ μέλαν δι' ἀνακλάσεως ὁρῶσα μελάντερον ὁρᾷ, οὕτω καὶ τὸ λευκὸν ἧττον λευκόν. κεχρωματισμένον οὖν τὸ νέφος λευκὸν ὂν ὁρᾷ διὰ τὴν ἀπόστασιν τὴν πλείω, ἥτις γίνεται διὰ τὴν ἀνάκλασιν προσάγουσα αὐτὸ τῷ μέλανι καὶ τῇ ἀποφάσει τε καὶ στερήσει.

p. 374b30 Ἡ μὲν οὖν ἰσχυροτέρα.

Λέγει λοιπὸν περὶ τῶν ἐν τῇ ἴριδι χρωμάτων προσχρώμενος τοῖς κειμένοις, καὶ φησὶ τὴν μὲν πρώτην καὶ ἀνωτάτω τῆς ἴριδος περιφέρειαν φοινικοῦν χρῶμα ἔχουσαν φαίνεσθαι διὰ ἰσχὺν τῆς ὄψεως· ἰσχυροτέρα γὰρ ἀπὸ ταύτης ἡ τῆς ὄψεως πρὸς τὸν ἥλιον ἀνάκλασις. οὗ καὶ αἰτίαν ἀπέδωκεν ὅτι ἀπὸ μεγίστης περιφερείας γίνεται, ἀπὸ δὲ τῆς μεγίστης πλείστη ἡ ἀνάκλασις· πλείστη οὖν ἀπὸ ταύτης ἡ πρὸς τὸν ἥλιον τῆς ὄψεως ἀνάκλασις, διὸ καὶ ἰσχυροτέρα. ἰσχυροτέρα δὲ οὖσα ἧττον ὁρᾷ τὸ λευκὸν μέλαν· διὸ μᾶλλον προσάγουσα τῷ λευκῷ φοινικοῦν ὁρᾷ τὸ λευκὸν διὰ τὸ κάτοπτρον. ἡ δὲ μετὰ τὴν πρώτην περιφέρειαν πράσινον τὸ χρῶμα ἔχει· ἀσθενεστέρα γὰρ τῆς πρώτης, διὸ καὶ μελαντέρα. ἡ δὲ τρίτη ἔτι ἀσθενεστέρα οὖσα τῷ ἀπὸ ἐλάττονος περιφερείας γίνεσθαι ἔτι μελάντερον ἔχουσα φαίνεται τὸ χρῶμα· ἁλουργὸν γάρ, τὸ δὲ ἁλουργὸν μελάντερον τοῦ πρασίνου ὥσπερ τὸ πράσινον τοῦ φοινικοῦ. ἐπὶ δὲ τὸ πλεῖον οὐκέτ' ἐκβαίνειν φησὶ τὰ τῆς ἴριδος χρώματα τῶν τριῶν, ἀλλ' ἐν τοῖς τρισὶν ἵστασθαι, ὥσπερ καὶ ἐπ ἄλλων πολλῶν ἡ φύσις ποιεῖ· τὰ γὰρ τρία πάντα καὶ τὸ τρὶς πάντῃ· διὰ τοῦτο γάρ, ὡς εἶπεν ἐν τοῖς Περὶ οὐρανοῦ, καὶ ἡ τῶν μεγεθῶν πρόοδος μέχρι τῶν τριῶν διαστάσεων προῆλθεν, ὡς τῶν τριῶν τὴν κατ' ἀριθμὸν ἐχόντων τελειότητα· πάντα γὰρ ἤδη καὶ πολλὰ τὰ τρία. τῶν δὲ ἄλλων ἀναίσθητος ἡ μεταβολή, τουτέστιν ἡ δὲ εἰς τὰ ἄλλα χρώματα μεταβολὴ γινομένη ἐκ τῆς ἀνακλάσεως ἀναίσθητος, τουτέστιν ἄλλου χρώματος αἴσθησις ἐν τῇ μεταβολῇ τῇ διὰ τὴν ἀνάκλασιν οὐ γίνεται. διὰ τοῦτό φησι τὴν ἶριν ἐν τρισὶ χρώμασιν ὁρᾶσθαι ἑκατέραν· ἐρεῖ γὰρ προϊὼν ὅτι διπλῆ ἶρις γίνεται, ὥσπερ οὖν καὶ ὁρᾶται πολλάκις, ἡ μὲν ἐνδοτέρω, ἡ δὲ ἐξωτέρω καὶ περιέχουσα τὴν ἑτέραν καὶ οὖσα μείζονος κύκλου τμῆμα. ἑκατέραν οὖν φησιν ἐν τρισὶ χρώμασιν οὖσαν ὁρᾶσθαι, ἐναντίως μέντοι ἔχειν αὐτὰς τὴν τῶν χρωμάτων θέσιν. ἐχούσης γὰρ τῆς πρώτης, ἥτις ἐστὶν ἡ ἐνδοτέρω, τὴν μὲν πρώτην περιφέρειαν φοινικῆν, τὴν δὲ δευτέραν πράσινον, τὴν δὲ τρίτην ἁλουργήν, ἡ δευτέρα καὶ ἐξωτέρα τὴν μὲν ἐξω-

2 λευκὸν ὂν] μέλαν I: μέλαν ὂν a 3 αὐτὸν IBW, sed ν exp. B 9 καὶ om. BWa 11 γοῦν I 13 τῷ λευκῷ] τὸ λευκὸν a 16 τὸ ἀπὸ a 18 ὥσπερ — φοινικοῦ om. a post πράσινον add. μελάντερον BW δὲ om. B 20 πολλῶν om. BWa ποιεῖ· τὰ] ποιεῖται BWa γὰρ et πάντα — πάντῃ om. a τρὶς] τρεῖς I 21 ἐν τοῖς Περὶ οὐρανοῦ] A 1 p. 268a9 sqq. ἡ om. BWa 25 post γινομένη add. ἡ BWa 27 χρώμασιν] σχήμασι BWa 30 σχήμασιν B[1]W 32 ἐνδοτέρα I φοινικοῦν a 33 πρασίνην I ἁλουργῆ B[1]W ἡ δευτέρα — ἁλουργήν (157,1) om. B μὲν ἐξωτέρω BWa

τέραν ἔχει ἁλουργήν, πράσινον δὲ τὴν δευτέραν, τὴν δὲ ἐνδοτέρω φοινικῆν, ὡς τὰ φοινικᾶ χρώματα αὐτῶν πλησίον ἀλλήλοις κεῖσθαι.

p. 375a1 Ἡ μὲν οὖν πρώτη τὴν ἔξω φοινικίαν ἔχει. |

Λέγει πάλιν περὶ τῆς τάξεως τῶν τῆς πρώτης ἴριδος χρωμάτων, 120r ἥτις ἐστὶν ἡ ἐνδοτέρω. καὶ τάς γε αἰτίας τῆς τοιαύτης τάξεως προστίθησιν. ὥστ' εἰ τὰ περὶ τῶν χρωμάτων τῆς φαντασίας εἴρηται καλῶς. ὑπομιμνήσκει ἡμᾶς τῶν εἰρημένων πρὸ ὀλίγου περὶ τῆς τῶν χρωμάτων φαντασίας, ἃ ὡς ἐναργῆ ὑπέθετο. ἦν δὲ πρῶτον μὲν ὅτι τὸ λαμπρόν (λαμπρὸν τὸ λευκὸν λέγων) ἐν τῷ μέλανι ἢ διὰ τοῦ μέλανος χρῶμα ποιεῖ φοινικοῦν, δεύτερον δὲ ὅτι ἡ ὄψις ἀποτεινομένη ἀσθενεστέρα γίνεται καὶ ἐλάττων δηλονότι τὴν δύναμιν, τρίτον ὅτι τὸ μέλαν οἷον ἀπόφασίς ἐστι· τῷ γὰρ ἐκλείπειν τὴν ὄψιν φαίνεται μέλαν. εἰ δὴ ἐκεῖνα, φησίν, εἴρηται καλῶς, ἀνάγκη τρίχροον εἶναι αὐτὴν καὶ τούτοις τοῖς χρώμασι κεχρῶσθαι μόνοις, τὴν ἀρχὴν μὲν φοινικοῦ γινομένου χρώματος, διὰ τὸ τὸ διὰ μέλανος ὁρώμενον λευκὸν διὰ τὴν μῖξιν τοῦ μέλανος φοινικοῦν φαίνεσθαι (μέλαν δὲ ἤδη τὸ νέφος ἐφ' οὗ ἡ ἶρις· ἤδη γὰρ εἰς ὕδωρ μεταβάλλον), τοῦ δευτέρου δὲ πρασίνου διὰ τὸ τὴν ἀσθενεστέραν ὄψιν μελάντερα ὁρᾶν τὰ λευκὰ τῆς μὴ τοιαύτης· μελάντερον δὲ τὸ πράσινον τοῦ φοινικοῦ, ἀσθενεστέρα δὲ ἡ ἀπὸ τῆς δευτέρας περιφερείας ἀνάκλασις τῆς ὄψεως πρὸς τὸν ἥλιον τῆς ἀπὸ τῆς πρώτης, ὅτι ἀπ' ἐλάττονος γίνεται περιφερείας, διὸ καὶ ἐλάττους αἱ ἀνακλάσεις τῆς ὄψεως καὶ κατὰ τοῦτο ἀσθενέστεραι. διὰ ταῦτα καὶ ἡ τρίτη ἁλουργής· μελάντερον γὰρ τὸ ἁλουργὲς τοῦ πρασίνου, καὶ ἡ ἀνάκλασις ἡ ἀπὸ τῆς τρίτης περιφερείας ἐλάττων τῆς ἀπὸ τῆς δευτέρας. οὐκέτι δὲ αἰσθητοῦ χρώματος ἡ ἔτι ἀσθενεστέρα· ἀπὸ ἐλάττονος γὰρ πάλιν αὐτῆς περιφερείας· διὸ μόνοις τρισὶ χρώμασιν ἡ ἶρις χρωματίζεται. ἐπεὶ δὲ καὶ ξανθόν τι ὑποφαίνεται ἐν τῇ ἴριδι χρῶμα μεταξὺ τοῦ τε φοινικοῦ καὶ τοῦ πρασίνου, λέγει καὶ τῆς τούτου φαντασίας τὴν αἰτίαν. οὐ γὰρ κατὰ ἀνάκλασιν τῆς ὄψεως πρὸς τὸν ἥλιον τὸ τοιοῦτον φαίνεται χρῶμα ἐν αὐτῇ (οὐκέτι γὰρ ἂν ἦν ἡ ἶρις τρίχρως γινομένη οὐδὲ μόνα ἔχουσα τὰ προειρημένα τρία χρώματα), ἀλλὰ διὰ τὴν παρ' ἄλληλα φαντασίαν τοῦ τε φοινικοῦ καὶ τοῦ πρασίνου ἀπογεννᾶται ἡ τοῦ ξανθοῦ φαντασία χρώματος· τὸ γὰρ φοινικοῦν χρῶμα παρὰ τὸ πράσινον ὁρώμενον λευκὸν φαίνεται. τοῦ δὲ τὴν παράθεσιν τῶν προ-

---

1 φοινικήν IW   2 φοινικὰ libri   3 φοινικίαν libri, ut Arist. F   5. 6 προτίθησι I   6 ὥστ' εἰ — καλῶς (7) om. a   περὶ] παρὰ I   7 post ὑπομιμνήσκει add. δὲ a   8 τὸ] τί I   11 καὶ om. I   δῆλον a   12 ἐκλιπεῖν BWa   13 τρίχρωτον B[1]: τρίχροτον W: τρίχρων τε B[2]   16 ἀφ' οὗ I   17 μεταβάλλει a   22 ἁλουργίς a   post μελάντερον add. τε BWa   23 ἁλουργὸν a   ἡ ante ἀπὸ om. I   24 ἐλάττων] ἀνακλᾶται BW: καὶ ἀσθενεστέραν ἀποτελεῖ φαντασίαν in marg. add. B[1], ut vid.: ἀσθενεστέρα τῆς ἀνακλάσεως a   25 post ἀσθενεστέρα add. κὰὶ BWa   γὰρ — αὐτῆς om. BWa   29 ἦν om. I   29. 30 τρίχρως B[2]: τριχῶς B[1]IW: τρίχροος a   33 τοῦ δὲ τὴν — χρώματα (158,19) in marg. B[2]

ειρημένων χρωμάτων αἰτίαν εἶναι τῆς τοιαύτης φαντασίας σημεῖον παρατίθεται τὸ ὅταν ᾖ τὸ νέφος μέλαν σφόδρα, τότε μάλιστα ἄκρατον ἶριν γίνεσθαι, τουτέστι μὴ παρεμφαίνουσαν ἄλλο τι χρῶμα, ἀλλ' ἐπὶ τῶν τριῶν μένουσαν· συμβαίνειν δὲ τότε τὴν ἐξωτάτω περιφέρειαν τὴν φοινικῆν διὰ τὴν τοῦ νέφους μελανίαν ξανθὴν φαίνεσθαι. διὰ γὰρ τὴν μελανίαν τοῦ κύκλῳ νέφους ἡ φοινικῆ αὐτοῦ περιφέρεια λευκὴ φαίνεται· παρὰ γὰρ τὸ μέλαν τὸ φοινικοῦν λευκὸν φαίνεται. ἀλλὰ μὴν [καὶ] τὸ πράσινον χρῶμα μιγνύμενον τῷ λευκῷ φαντασίαν ποιεῖ ξανθοῦ χρώματος· διὸ καὶ ἐν τῷ μέλανι νέφει κατὰ τὸ παρ' ἄλληλα κεῖσθαι τοῦ μὲν φοινικοῦ χρώματος λευκοῦ φαινομένου, τοῦ δὲ λευκοῦ μετὰ τοῦ πρασίνου ξανθοῦ γινομένου, ἡ ἐξωτάτω περιφέρεια τῆς ἴριδος ἐν τῷ σφόδρα μέλανι νέφει ξανθὴ φαίνεται. ἔστι δὲ τὸ ξανθὸν ἐγγυτέρω τῷ μέλανι τοῦ φοινικοῦ χρώματος καὶ μεταξὺ τοῦ τε πρασίνου καὶ τοῦ φοινικοῦ. ἀλλὰ καὶ ἀπομαραινομένης τῆς ἴριδος λυόμενον μὲν τὸ φοινικοῦν λευκὸν φαίνεται, εἰς τὸ τοῦ νέφους χρῶμα ἐπανιόν, ὃ ἦν λευκὸν πρὸ τῆς συστάσεως, ἧς λυομένης εἰς ἐκεῖνο ἐπάνεισι τὸ χρῶμα· τότε δὲ φαίνεται τὸ χρῶμα ξανθὸν τὸ τῆς ἐξωτάτω περιφερείας, διότι τὸ τῆς νεφέλης λευκὸν μιγνύμενον τῷ πρασίνῳ καὶ τιθέμενον παρ' αὐτῷ ξανθὸν φαίνεται. δύναται δὲ ἄκρατον ἶριν λέγειν τὴν μάλιστα ἔχουσαν τρανὰ καὶ διηκριβωμένα τὰ προειρημένα χρώματα. τοῦ δὲ παρὰ τὸ μέλαν τὰ ἄλλα λευκὰ φαίνεσθαι χρώματα ἢ λευκότερα μέγιστόν φησιν εἶναι σημεῖον τὸ τὴν ἀπὸ τῆς σελήνης ἶριν γινομένην λευκότερα πάντα δοκεῖν ἔχειν τὰ χρώματα τῆς ἀπὸ τοῦ ἡλίου. αἴτιον γὰρ τούτου ὅτι ἔν τε τῷ νέφει ὄντι μέλανι ἡ ἔμφασις αὐτῆς καὶ ἐν νυκτί· διπλασιαζομένου οὖν τοῦ περὶ τὴν ἔμφασιν μέλανος τὸ ἠρέμα λευκὸν μᾶλλον φαίνεται λευκόν. ἦν δὲ τὸ φοινικοῦν ἠρέμα λευκόν· λευκότερον οὖν φαίνεται. ὁμοίως δὲ καὶ τῶν ἄλλων ἕκαστον τῆς ἴριδος χρωμάτων λευκότερον φαίνεται· διὸ καὶ ἡ ὅλη. ὅτι δὲ ἡ τῶν χρωμάτων τῶν διαφερόντων παράθεσις πολλάκις φαντασίαν ἄλλου ποιεῖ χρώματος, δῆλόν φησιν εἶναι ἐπὶ τῶν ἀνθῶν· ἐν γὰρ τοῖς ὑφάσμασιν ἡ τῶν διαφερόντων ἀνθῶν παράθεσις πλείστην ποιεῖ διαφοράν. οὐ γὰρ ταὐτὸν τὸ πορφυροῦν φαίνεται λευκῷ τε καὶ μέλανι παρατιθέμενον ἢ ἄλλῳ τινὶ χρώματι· διὸ καὶ αἱ πορφύραι οὐχ αἱ αὐταὶ πᾶσιν ἁρμόζουσι τοῖς χρώμασιν. ἀλλὰ καὶ ἐν αὐγῇ τοιᾳδὶ ἢ τοιᾳδὶ τιθέμενα οὐχ ὅμοια φαίνεται· τὰ γοῦν ταωνικὰ καλούμενα ἀπὸ τοῦ χρώματος ἱμάτια ἐν ταῖς πρὸς τὴν αὐγὴν περιστροφαῖς παντοδαπῶν χρωμάτων φαντα-

---

2 τὸ ante νέφος om. a 4 συμβαίνειν δὲ τότε scripsi coll. Arist.: αἴτιον δὲ τοῦ BIW: αἴτιον δὲ τὸ a 5 ξανθὴν] λευκὴν Ba 6 φοινικὴ BIW: φοινικὴν a 7 καὶ delevi 9 κατὰ — κεῖσθαι om. BWa 11 post ἴριδος add. τῆς a 11. 12 φαίνεται] γίνεται I 12 τοῦ — χρώματος post ξανθὸν exh. BWa 12. 13 καὶ τὸ μεταξὺ B 13 τοῦ post καὶ om. Ba 14 μὲν om. BWa 15 ἐπανιόν] σπάνιον W 16 δὲ] δὴ Wa: om. B 18 αὐτό B: αὐτῇ a 19 τρανοὺς Ia τὰ προειρημένα om. I 21 τῶ τὴν I 23 τε om. I αὐτῆς] αὕτη BWa 27 ὅτι] τί I τῶν post χρωμάτων om. B 30 τὸ ex τω corr. I: om. B¹W ἐμφαίνεται B¹ (ἐμ supr. vers.) a 32 ἢ τοιᾳδὶ om. B¹W 33 παονικὰ B¹IW

σίας ἀποπέμπει· διὰ γὰρ τὴν αὐγὴν τὴν ποιὰν ἀλλοιοτέρας ποιεῖ τὰς φαντασίας τῶν χρωμάτων. καὶ οἱ ποικιλταί φασι πολλάκις ἐργαζόμενοι πρὸς τὸν λύχνον διαμαρτάνειν καὶ λαμβάνειν ἄλλα ἀντ' ἄλλων. |

Εἰπὼν δὲ περὶ τῆς ἴριδος πῶς τε γίνεται καὶ τίνα καὶ πόσα τὰ 120v χρώματα αὐτῆς καὶ διὰ τί τοιαῦτά τε καὶ τοσαῦτα, λέγει καὶ περὶ τῆς διπλῆς ἴριδος· γίνεται γάρ ποτε καὶ διπλῆ, ὡς προειρήκαμεν ἤδη, τινὲς δέ φασιν ὦφθαι καὶ τριπλῆν. λέγει δὲ περὶ τῆς διπλῆς τε καὶ ἐξωτέρας ὁρωμένης καὶ περιεχούσης ὅτι καὶ τοῖς χρώμασιν ἔστιν ἀμαυροτέρα, καὶ τῇ θέσει τὰς χρόας ἐξ ἐναντίας ἔχει κειμένας τῇ πρώτῃ, ὡς εἰρήκαμεν. τινὲς μὲν οὖν φασι τὴν δευτέραν ἶριν οὐ κατὰ τὴν πρὸς τὸν ἥλιον ἀνάκλασιν ἔτι γίνεσθαι, ἀλλὰ κατὰ τὴν προϋπάρχουσαν ἶριν, ὡς τῆς ὄψεως ἀπὸ τοῦ ἐξωτέρου νέφους ὁμοίως ἔχοντος, ὡς εἶχε καὶ τὸ πρῶτον, ἐφ' οἷς ἡ ἶρις, ἀνακλωμένης ἐπὶ τὴν προϋπάρχουσαν ἶριν, καὶ διὰ τῆς ἀνακλάσεως ἐκείνην ὁρώσης· διὸ καὶ ἀμαυρότερα τὰ χρώματα τὰ τῆς δευτέρας, ἅτε ἀπὸ ἀνακλάσεως γινόμενα δευτέρας. ὁ δὲ Ἀριστοτέλης καὶ ταύτην λέγει τὴν ἀνάκλασιν πρὸς τὸν ἥλιον γίνεσθαι ὁμοίως τῇ ἐπὶ τῆς πρώτης ἴριδος, διὰ δὲ τὴν αὐτὴν αἰτίαν φησὶν ἀμαυρότερά τε ἔχειν τὰ χρώματα τῆς πρώτης καὶ τῇ τάξει καὶ θέσει ἐναντίως ἐκείνης κείμενα· ἀμφοτέρων γὰρ αὐτῶν ἡ τῆς ὄψεως ἀσθένεια αἰτία. ἡ γὰρ ἀπὸ τοῦ ἐξωτέρου νέφους πρὸς τὸν ἥλιον τῆς ὄψεως ἀνάκλασις πόρρωθεν γίνεται· πορρωτέρω γὰρ τοῦτο τὸ νέφος τῆς ἡμετέρας ὄψεως. ὡς οὖν ἡ ὄψις τὰ πόρρωθεν ἐπ' εὐθείας ὁρώμενα οὐχ ὁμοίως ἐναργῶς ὁρᾷ δι' ἀσθένειαν, οὕτως καὶ τὰ διὰ μακρᾶς ἀνακλάσεως ὁρώμενα ἐλάττω ἤδη καὶ ἀσθενέστερα· διὰ μακροῦ γὰρ ἡ ὄψις προσπίπτουσα τῷ ἡλίῳ τὰ χρώματα τὰ διὰ τὴν ἀνάκλασιν ὁρώμενα ἀμαυρότερα ὁρᾷ. ἡ δ' αὐτὴ αἰτία καὶ τῆς ἀνάπαλιν τάξεως τῶν χρωμάτων· ἀφ' ἧς μὲν γὰρ ἰσχυροτέρα περιφερείας ἡ ὄψις προσπίπτει τῷ ἡλίῳ, ταύτης φοινικοῦν τὸ χρῶμα φαίνεται, ὥσπερ καὶ ἐπὶ τῆς πρώτης, ἀφ' ἧς δὲ δευτέρως καὶ ἔλαττον, πράσινον, ἀφ' ἧς δὲ τρίτως καὶ ἔτι ἧττον, ἁλουργές. ἀλλὰ μὴν ἐπὶ τῆς ἴριδος τῆς δευτέρας πλείστη καὶ ἰσχυροτάτη ἀνάκλασις ἀπὸ τῆς ἐντὸς γίνεται περιφερείας· αὕτη γὰρ ἐγγυτέρω τῆς ὄψεως, καὶ οὐ μακρὰν αὐτὴν πάνυ ἀποταθεῖσαν ἀνακλασθῆναι δεῖ. πᾶσαι μὲν γὰρ αἱ ἀπὸ τούτου τοῦ νέφους ἐπὶ τὸν ἥλιον ἀνακλάσεις ἀσθενέστεραι τῶν ἀπὸ τοῦ πρώτου τῷ διὰ μακροῦ γίνεσθαι· εἰ δὲ τοῦτο τῆς ἀσθενείας αἴτιον, δῆλον

---

1 ποιεῖν B¹W 3 πρὸς τὸ BW λύχνων W 4 δὲ om. a τε om. I 5 τε om. a καὶ τοσαῦτα om. B¹ λέγει δὴ περὶ a 6 ἴριδος — διπλῆς (7) om. a τινὲς om. B¹W 7 φασιν] τισιν B¹W τε] τῆς I 9 post εἰρήκαμεν add. ἤδη a 13 ἀνακλωμένη I 14 τὰ post χρώματα om. I 16 τῇ om. B¹W: ὡς a 17 post φησὶν add. αὐτὴν BWa ἀμαυροτέραν I τὰ exp. B χρώματα om. BIW 18 ἐκείνοις BW ἡ post ὄψεως (19) coll. I 20 τὸ νέφος τοῦτο coll. W τοῦτο om. I 23 ἐλάττων BWa ἀσθενεστέρα libri διὰ — ὄψις om. B¹Wa 26 ἰσχυροτέρας I 27 δευτέρως — ἧττον (28)] ἧττον, πράσινον, καὶ ἔτι ἀφ' ἧς ἧττον a: δευτέρως — ἀφ' ἧς δὲ om. W 28 ἁλουργόν Ba 31. 32 ἀπὸ (om. τούτου) τοῦ νέφους αἱ ἀνακλάσεις ἐπὶ τὸν ἥλιον I

ὅτι ὅσαι αὐτῶν ἀπὸ τοῦ ἐγγυτέρου μέρους τῇ ὄψει τοῦ νέφους γίνονται, αὗται τῶν ἄλλων εἶεν ἂν ἰσχυρότεραι. ἀλλὰ μὴν ἐγγυτέρω τῆς ὄψεως ἡ ἐντὸς περιφέρεια τῆς δευτέρας ἴριδος· ἀπὸ ταύτης ἄρα ἰσχυρότεραι καὶ πλείους αἱ ἀνακλάσεις, τῷ διὰ τὸ μὴ πάνυ ἀπέχειν πολὺ διάστημα τὰς ὄψεις ἐν τῇ ἀνακλάσει σώζεσθαι. πᾶσαι γὰρ αἱ ἀπὸ τῶν μειζόνων περιφερειῶν πλείους γίνονται τότε, ὅταν διὰ τὸ μὴ μακρὰν ἀφεστάναι πᾶσαι ἀπ' αὐτῶν αἱ ὄψεις σωζόμεναι ἀνακλᾶσθαι δύνωνται. ἡ μὲν οὖν ἐνδοτέρω περιφέρεια τῆς δευτέρας ἴριδος διὰ τοῦτο φοινικοῦν μὲν ἔχει τὸ χρῶμα καὶ ὅμοιον τῆς πρώτης ἴριδος τῇ ἐξωτέρᾳ περιφερείᾳ, ἀμαυρότερον δὲ διὰ τὴν διὰ πλείονος ἀνάκλασιν· καὶ γειτνιᾷ πως ἀλλήλοις τὰ ἐν ἀμφοτέραις ταῖς ἴρισι φοινικᾶ χρώματα. ἡ δὲ δευτέρα περιφέρεια, πλέον ἀφεστῶσα τῆς ὄψεως, ἀσθενεστέραν τὴν ἀνάκλασιν τὴν ἀπ' αὐτῆς ποιουμένη πρὸς τὸν ἥλιον τὸ πράσινον χρῶμα λαμβάνει. ἔτι δὲ μᾶλλον ἡ ἐξωτάτω διὰ τὸ πλεῖον ἔτι τῆς δευτέρας ἀφεστάναι ἀσθενεῖς τὰς ἀνακλάσεις ἔχουσα τὸ ἁλουργὲς ἐπιφαίνει χρῶμα. ἐγγυτέρω γὰρ τῆς ὄψεως οὖσα ἀνακλᾶται ἀπὸ τῆς ἐγγυτάτω περιφερείας τῆς πρώτης ἴριδος· τουτέστιν ἐγγυτέρω γὰρ τῆς ὄψεως οὖσα τὰς ἀνακλάσεις ποιεῖται· γίνονται γὰρ αἱ ἀπὸ ταύτης ἀνακλάσεις ἀπὸ τῆς ἐγγὺς οὔσης περιφερείας τῇ πρώτῃ περιφερείᾳ τῆς πρώτης ἴριδος. ἐγγυτάτω γὰρ τῇ ὄψει τῆς ἔξωθεν ἴριδος ἡ ἐλαχίστη περιφέρεια· διὸ αὕτη μέν, ὡς εἶπον, φοινικοῦν ἔχει τὸ χρῶμα, αἱ δ' ἄλλαι κατὰ λόγον, ὡς προείρηται. ἐπιζητήσαι τις ἄν, εἰ ἡ ἐλάττων περιφέρεια τῆς ἐξωτέρας ἴριδος φοινικοῦν ἔχει τὸ χρῶμα, οὖσα πλησίον τῆς μείζονος περιφερείας τῆς πρώτης ἴριδος, ἣ καὶ αὐτὴ τοιοῦτον ἔχει τὸ χρῶμα τῷ πλείους ὄψεις ἀπὸ τούτων ἀνακλᾶσθαι πρὸς τὸν ἥλιον, τί δήποτε οὐχὶ καὶ τὸ μεταξὺ τῶν περιφερειῶν τῶν εἰρημένων πᾶν φοινικοῦν ἔχει τὸ χρῶμα· ἐγγυτέρω γὰρ τοῦτο τὸ μέρος τοῦ νέφους τῇ μείζονι περιφερείᾳ τῆς πρώτης ἴριδος τῇ φοινικῇ τῆς ἐλάττονος περιφερείας τῆς δευτέρας ἴριδος. ἢ οὔτε ἀπὸ παντὸς μορίου ἡ ὄψις ἀνακλᾶται καθ' οὓς οὕτως τὰ τοιαῦτα ὁρᾶται, οὔτε ἐπὶ τὴν ὄψιν ἀνακλᾶται τὸ φῶς ἀπὸ παντὸς μορίου καθ' οὓς οὕτω τὸ ὁρᾶν, ἀλλ' ὡρισμένοι οἱ τόποι τῶν ἀνακλάσεων καὶ δεδομένην χρὴ τὴν ἀπόστασιν εἶναι τοῦ τὸ φῶς ποιοῦντος σώματος ἀπὸ τῶν δεχομένων αὐτὸ κατόπτρων· ἀπὸ τούτων οὖν γίνεται, ἃ ταύτην τὴν θέσιν ἔχει. ὑπογράφει δὲ καὶ τὸ διάγραμμα, καὶ ἔστι γνώριμον. τρίτην δὲ οὐκέτι | 121r φησὶν ἶριν γίνεσθαι, διὰ τὸ καὶ τὴν δευτέραν ἀμαυροτέραν γίνεσθαι διὰ τὴν διὰ μακροῦ ἀνάκλασιν· ἔτι γὰρ ἂν διὰ μακροτέρου γένοιντο αἱ μετὰ τὴν δευτέραν.

1 ἐγγυτέρω Wa   3 ἴριδος] εἶδος B^1W   4 τῷ om. I   4. 5 τὰς ὄψεις a: τῆς ὄψεως BIW   5 exspectas σώζεσθαι πάσας. καὶ γὰρ ἀπὸ   αἱ om. BIW   5. 6 περιφέρεια B^1 6 διὰ τὸ μὴ B^2: μὴ διὰ τὸ B^1IWa   μακροὺς B^1 7 σωζόμενα a   8 διὰ τοῦτο om. I   9 ἐξωτέρω B: ὀξυτέρα I   10 διὰ om. I   11 ἡ δὲ δευτέρα — ἔτι δὲ μᾶλλον (13) in ras. B^2 13 ἔτι δὲ] δὲ om. W: καὶ ἔτι a   15 ἁλουργὸν a   16 ἐγγυτέρω I   17 τουτέστιν — ἴριδος (19) om. I   20 αὐτὴ I   26 ἐγγύτερον a   τὸ μέρος τοῦτο coll. a   29 φῶς ex νέφος corr. I   32 αὐτὰ BIW   οὖν] οὗ I   34 δεύτερον I   35. 36 μακροτέρου scripsi: μακροῦ libri

Ὅτι δὲ τὰ τρία τὰ προειρημένα τῆς ἴριδος χρώματα οἱ γραφεῖς μάλιστα μιμεῖσθαί τε καὶ σκευάζειν οὐ δύνανται, καὶ ὅτι τὸ φοινικοῦν

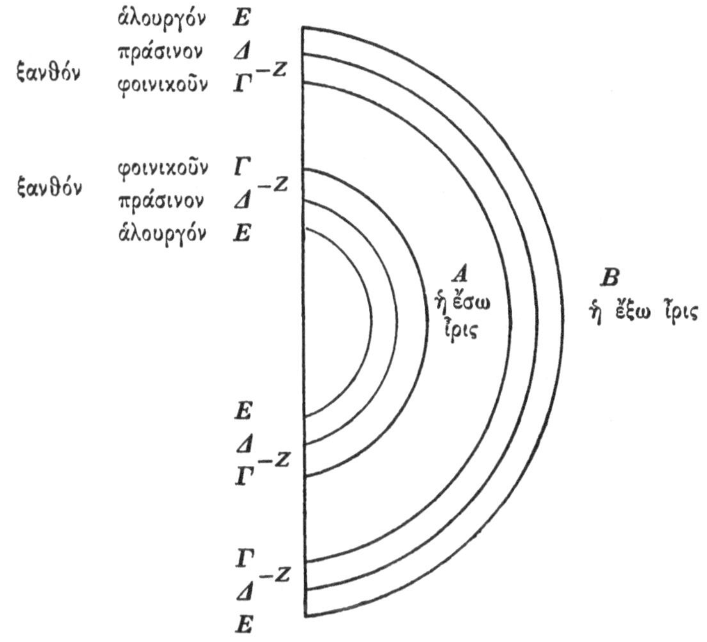

χρῶμα ἐγγυτέρω ἐστὶ τῷ λευκῷ τοῦ τε πρασίνου καὶ τοῦ ἁλουργοῦ, καὶ ἐκ τούτων γνώριμον. αὐτοφυὲς μὲν γὰρ φοινικοῦν χρῶμα τό τε κιννάβαρι καὶ τὸ δρακόντιον, ὃ τοῦ αἵματος τοῦ ζῴου· ἐκ μίξεως δὲ φοινικοῦν χρῶμα ἔκ τε τοῦ κουφολίθου καὶ ἐκ πορφυροῦ μιγνυμένων, ὃ πολὺ ἀπολείπεται τῶν αὐτοφυῶν. πράσινον δὲ καὶ ἁλουργὸν αὐτοφυῆ μὲν ἥ τε χρυσοκόλλα καὶ τὸ ὄστρειον, αἷμα ὂν καὶ τοῦτο πορφύρας τῆς θαλασσίας, σκευαστὰ δὲ πράσινον μὲν ἐκ κυανοῦ τε καὶ ὠχροῦ, ἁλουργὸν δὲ ἔκ τε κυανοῦ καὶ φοινικοῦ· ἀντιλάμψαντος γοῦν κυανῷ ὠχροῦ μὲν τὸ πράσινον ἀποτελεῖται, φοινικοῦ δὲ τὸ ἁλουργόν. καὶ ἐν τούτοις δὲ πάμπολυ τὰ σκευαστὰ τῶν αὐτοφυῶν ἀπολείπεται. καὶ ὅτι μὲν οἱ γραφεῖς μάλιστα ταῦτα οὐ δύνανται μιμεῖσθαι τὰ χρώματα, γνώριμον ἐκ τούτων· ὅτι δὲ τὸ φοινικοῦν ἐγγυτέρω τῷ λευκῷ τοῦ πρασίνου τε καὶ ἁλουργοῦ, ἐκ τῆς σκευασίας αὐτῶν δῆλον. τὸ μὲν γὰρ φοινικοῦν ἐκ κουφολίθου σκευάζεται, ὅ ἐστι λευκόν, τὸ δὲ πράσινον ἐξ ὠχροῦ, ὅ ἐστιν ἀσθενὲς λευκόν· ἀμαυρούμενον γὰρ τὸ φῶς εἰς τοῦτο πρῶτον μεταβάλλει τὸ χρῶμα· ὥστε μᾶλλον ἐγγὺς τῷ λευκῷ τὸ φοινικοῦν τοῦ πρασίνου. διὸ εἰκότως, ἔνθα πλεῖον

1 τρία τὰ om. BWa 4 κινάβαρι libri 5 δρακόντεον W ὃ] τὸ ἐκ a ἐκ μίξεως] γίνεται Wa: om. B¹ δὲ om. B¹ 6 τοῦ om. BWa μεμιγμένου a 8 ὄστριον I καὶ αὐτὸ a θαλάσσης a 9 ἁλουργὸν τὲ I 10 φοινικίου BW 12 κἀτασκευαστὰ B 15 κατασκευάζεται a 18 ἐνθάδε I

ἐμφαίνεται τὸ φῶς τὸ ἀπὸ τοῦ ἡλίου τῷ νέφει μέλανι ὄντι, ἐκεῖνο φοινικοῦν φαίνεται, πράσινον δὲ ἐν ᾧ ἧττον. πάλιν δ' αὖ τὸ πράσινον τοῦ ἁλουργοῦ ἐγγυτέρω τοῦ λευκοῦ, εἴ γε τῷ μὲν ἐξ ὠχροῦ ἡ γένεσις, τῷ δὲ ἁλουργῷ ἐκ φοινικοῦ (κοινὸν γὰρ ἡ κυανὸς αὐτοῖς), μᾶλλον δὲ λευκὸν τὸ ὠχρὸν ἢ τὸ φοινικοῦν. δηλοῖ δέ, ὡς εἶπον, τοῦτο ἀμβλυνόμενον τὸ φῶς καὶ εἰς οὐδὲν πρὸ τοῦ ὠχροῦ μεταβάλλον· ὥστε εἰκότως πάλιν ἐπὶ τῆς ἴριδος δευτέραν τάξιν ἔχει τὸ πράσινον χρῶμα. τελευταῖον δὲ τὸ ἁλουργὸν ὡς ἤδη γειτνιῶν τῷ μέλανι, ὅ ἐστιν ἀπόφασις τοῦ λευκοῦ, τοῦ μάλιστα ὁρατοῦ, καὶ στέρησις. μαρτυρῆσαι δ' ἂν τοῖς προειρημένοις καὶ τόδε· ὅταν γὰρ πρὸς τὸν ἥλιον ἢ ἄλλο τι λαμπρὸν βλέψαντες μύσωμεν, παραφυλάσσουσιν ἡμῖν φαίνεται κατ' εὐθυωρίαν, καθ' ἣν συμβαίνει τὴν ὄψιν ὁρᾶν, πρῶτον μὲν λαμπρὸν τὴν χρόαν, εἶτα μεταβάλλον εἰς φοινικοῦν, εἶτα πράσινον, εἶτα πορφυροῦν, μεθ' ἣν εἰς τὴν μέλαιναν χρόαν μεταπεσὸν ἀφανίζεται. τῆς γὰρ κινήσεως τῆς ἀπὸ τοῦ λευκοῦ μεινάσης ἐν τῇ ὄψει κατ' ὀλίγον ἀφανιζομένης ἀεὶ εἰς τὸ ἐγγυτέρω ἡ ἔκλυσις γίνεται· ὥστε εἰς τὸ φοινικοῦν πρῶτον ἢ εἰς τὸ πράσινον· ἐγγυτέρω γὰρ τοῦτο τοῦ λευκοῦ· ὁμοίως καὶ ἐπὶ τοῦ πρασίνου καὶ ἁλουργοῦ.

p. 375b 16 Ὅτι δ' οὔτε κύκλον οἷόν τε γίνεσθαι τῆς ἴριδος. |

Εἰπὼν τί τέ ἐστιν ἡ ἶρις καὶ πῶς γίνεται, καὶ περὶ τῶν ἐμφαινο- 121v μένων αὐτῇ χρωμάτων ἀποδοὺς τὰς αἰτίας τῆς τε ποσότητος αὐτῶν καὶ τῆς τάξεως, μέτεισιν ἐπὶ τὸν περὶ τοῦ μεγέθους αὐτῆς καὶ τοῦ σχήματος λόγον, καὶ φησὶ μήτε κύκλον ποτὲ ὁλόκληρον οἷόν τε εἶναι γενέσθαι τῆς ἴριδος μήτε τμῆμα μεῖζον ἡμικυκλίου. ἅμα δὲ ταῦτά τε καὶ τὰ ἄλλα τὰ συμβαίνοντα αὐτῇ δῆλα δή φησιν ἔσεσθαι ἐκ τοῦ διαγράμματος, ὃ παρατίθεται. ἔστι δὲ τὰ ἄλλα τὸ καὶ ἡμικύκλιόν ποτε γίνεσθαι τὴν ἶριν καὶ ἐλάττονα ἡμικυκλίου, καὶ πότε ἑκάτερον τούτων. πρῶτον δὲ διὰ τί ἐπὶ κυκλικῆς περιφερείας φαίνεται λέγει. ἡμισφαιρίου γὰρ ὄντος ἐπὶ τοῦ ὁρίζοντος κύκλου τοῦ ἐφ' ᾧ τὸ Α. πρῶτον ἐκτίθεται τὸ πρόβλημα καὶ τὰ γινόμενα λέγει, εἶτα αὐτῶν τὰς δείξεις παρατίθεται. φησὶ δὴ διὰ τῆς προτάσεως ὅτι ἂν ἐπὶ τοῦ ὁρίζοντος κύκλου ἡμισφαίριον ᾖ τὸ ἐφ' οὗ τὸ Α (δεῖ δὲ τὸ ἡμισφαίριον οὕτως ἐπὶ τοῦ ὁρίζοντος κύκλου λαμβάνειν, ὡς ἐπικείμενον αὐτῷ καὶ ἔχον αὐτὸν πέρας), κέντρον δὲ αὐτοῦ, τοῦ τε ὁρίζοντος καὶ τοῦ ἡμισφαιρίου, ᾖ τὸ Κ (τὸ γὰρ αὐτὸ κέντρον ἀμφοτέρων), ἄλλου δέ τινος σημείου ἀνατέλλοντος καὶ ὄντος ἐπὶ τοῦ ὁρίζοντος τοῦ Η

1 ὄντι] ὅτι B¹ 2 ἐν τῷ ἧττον a 3 ἡ γε I 4 ἡ κύανος BW: τὸ κυανὸν a δὲ om. I 7. 8 ἁλουργοῦν BW 8 τοῦ — ὁρατοῦ (9) om. a 10 βλέψαντος B¹ 11 τὴν] τῇ I 15 post ὥστε add. ἢ BIW 16 εἰς alterum om. BW 22 μήτε — ἐκ τοῦ δια (24) in ras. B² γίνεσθαι BW 24 δή om. BWa 25 ἡμικυκλίου BW: ἡμικλίου a 26 ἐλάττονος BWa ποτὲ Wa: τοτὲ B 27 ἡμισφαιρίου — τὸ Α (28) om. a 28 post πρῶτον add. οὖν a 29 δὲ a 31 τὸ ante Α et post δὲ om. a 32 αὐτὸ καὶ ἔχον αὐτὸ I 33 τὸ γὰρ] καὶ τοῦτο γὰρ I 33. 34 ἄλλο δέ τι σημεῖον ἀνατέλλον καὶ ὂν a τὸ η̅ a

(λαμβάνει δὲ κέντρον μὲν τὴν ὄψιν, ἐπεί ἐστιν ἐπὶ τῆς γῆς, ἥτις πᾶσα κέντρου δοκεῖ λόγον ἔχειν πρὸς τὸν οὐρανόν, τὸ δὲ ἀνατέλλον σημεῖον τὸν ἥλιον, πρὸς ὃν ἡ ἀνάκλασις τῆς ὄψεως), τούτων δὴ ὄντων, ἐάν, φησίν, αἱ ἀπὸ τοῦ Κ, τουτέστι τῆς ὄψεως, γραμμαὶ κατὰ κῶνον ἐκπίπτουσαι, τουτέστιν οὕτως ἐκπίπτουσαι, ὡς κῶνον ποιεῖν, ὅπερ ἔστι μὴ ἐν τῷ αὐτῷ ἐπιπέδῳ, ἀλλ' εἰ ἐν ἄλλῳ καὶ ἄλλῳ, ὡς γίνεσθαι ὑπ' αὐτῶν κῶνον κορυφὴν ἔχοντα τὸ Η, ἄξονα δὲ τοῦ γινομένου κώνου τὸ ΗΚ. κατὰ κῶνον δὲ εἶπεν, ἵνα τὴν ἑτέραν γωνίαν, καθ' ἣν ἡ βάσις τοῦ κώνου, ὀξεῖαν ποιῶσιν· οὕτως γὰρ γίνεται κῶνος ὑπὸ τῶν ἀπὸ τοῦ Κ ἐκβαλλομένων. ἀνακλᾶσθαι δὲ εἶπεν αὐτὰς ἐν τῷ ἡμισφαιρίῳ ἐπὶ τὴν μείζω γωνίαν, δεικνὺς ὅτι δεῖ μὲν αὐτὰς ἀπὸ τοῦ Κ οὕτως ἐκβάλλεσθαι μὴ πρὸς ὀρθὰς γωνίας, ἀλλ' ὥστε κῶνον ποιεῖν, καὶ ἐπὶ τὰ Μ τὰ ἐν κύκλῳ λαμβανόμενα ἐπιζεύγνυσθαι, ὡς ποιεῖν ἀμβλεῖαν γωνίαν τὴν ὑπὸ τῶν ΗΚΜ περιεχομένην, γίνεσθαι δὲ δεῖ τὴν ἀνάκλασιν ἐπὶ τὴν ἀμβλεῖαν γωνίαν· οὕτως γὰρ ἔσται ἡ ὄψις, ἥτις ἐστὶ τὸ Κ, μεταξὺ τοῦ τε νέφους, ἀφ' οὗ ἡ ἀνάκλασις ἐπὶ τὸν ἥλιον, ἐφ' οὗ εἴληπται τὸ Μ σημεῖον, καὶ τοῦ ἡλίου, ὅπερ ἐστὶ τὸ Η. τοιαύτης γὰρ τῆς θέσεως οὔσης τοῦ νέφους πρός τε τὸν ἥλιον καὶ τὴν ὄψιν, ἶρις γίνεται, ὡς εἶπεν ἐν τοῖς πρώτοις. αὗται δή, φησίν, αἱ ἐκβαλλόμεναι μὲν ἐπὶ τὰ Μ, ἀνακλώμεναι δὲ ἀπ' αὐτῶν ἐπὶ τὸ Η καὶ ἔχουσαι καθ' ὃ ἀνακλῶνται τὴν μείζονα γωνίαν τὴν γινομένην ὑπὸ τῶν ἀπὸ τοῦ Κ κατὰ κῶνον ἐκπιπτουσῶν εὐθειῶν, πρὸς κύκλου περιφέρειαν προσπεσοῦνται, ὡς τὰ Μ, καθ' ἃ ἐν κύκλῳ αἱ ἐκπίπτουσαι ἀπὸ τοῦ Κ κατὰ κῶνον ἀνακλῶνται ἐπὶ τὸ Η, εἶναι ἐπὶ κυκλικῆς περιφερείας, ἥτις βάσις ἔσται τοῦ κώνου τοῦ γινομένου ὑπὸ τῶν ἀπὸ τοῦ Κ ἐκπιπτουσῶν εὐθειῶν. καὶ ἐὰν μὲν ἐπὶ ἀνατολῆς ὄντος τοῦ ἄστρου ἢ δύσεως ἡ ἐπ' αὐτὸ ἀνάκλασις ἀπὸ τοῦ Μ γένηται (ἄστρον νῦν λέγων τὸ Η, ὃ πρότερον σημεῖον εἶπεν) ἂν δὴ ὄντος τοῦ ἄστρου, τουτέστι τοῦ ἡλίου ἢ καὶ τῆς σελήνης (εἶπε γὰρ γίνεσθαι καὶ ἀπ' αὐτῆς ἶριν), ἐπὶ τῆς ἀνατολῆς ἢ ἐπὶ τῆς δύσεως, τουτέστιν ἐπὶ τοῦ ὁρίζοντος, ἡ ἐπ' αὐτὸ ἀνάκλασις γίνηται ὑπὲρ γῆς, ἡμικύκλιόν φησιν

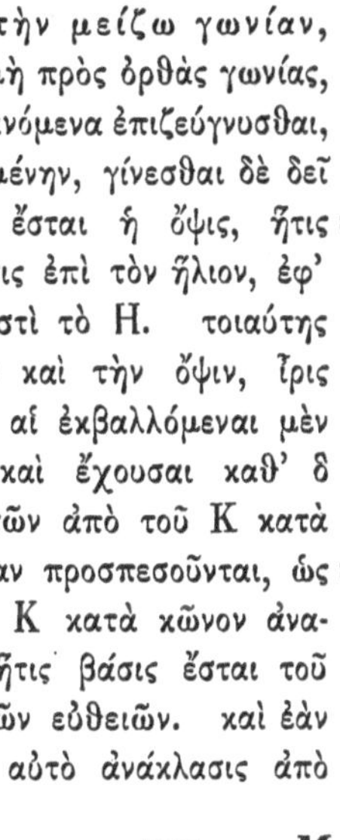

ὑπὸ τοῦ ὁρίζοντος ἀποληφθήσεσθαι τοῦ κύκλου τοῦ ἐν τῷ νέφει, καθ' ὃ ἡ ἶρις φαίνεται. ἐὰν δὲ μὴ ἐπὶ τοῦ ὁρίζοντος μηδὲ ἐπὶ τῆς ἀνατολῆς ἢ δύσεως τὸ ἄστρον ᾖ, ἐφ' ὃ ἡ ἀνάκλασις, ἀλλὰ ἐπάνω, ἔλαττον ἡμικυκλίου φησὶν ἔσεσθαι τὸ ὑπὲρ γῆς ὑπὸ τοῦ ὁρίζοντος ἀπὸ τοῦ κύκλου ἀποτεμνό-

---

3 φησίν om. a   5 τουτέστιν — ἐκπίπτουσαι om. I   6 εἰ] ἢ B: om. a   post alterum ἄλλῳ add. ποιῶσιν a   7 τὸ H] τὸ $\overline{\eta\kappa}$ B   δὴ I   τὴν $\overline{\eta\kappa}$ BWa   12 M] $\overline{\mu}$ I   13 τῶν] τοῦ I: om. a   15 ἀφ' οὗ — νέφους (17) om. I   17 τε om. I   19 ἐπὶ τὰ $\overline{\nu\mu}$ I   19 et 23 ἀπὸ τοῦ $\overline{\eta}$ I   21 πεσοῦνται a   22 ἐν κύκλῳ om. Wa   26 τῶν M BWa   28 ἢ om. I   29 post ἶριν add. ἢ BWa   31 αὐτὸ scripsi: αὐτὸν BIW: αὐτὰ a   32 ἀπολειφθήσεσθαι B (in ras.) I   κύκλω I   34 ὃ om. B[1]: $\overline{\omega}$ W   ἐλάττων I

μενον, καὶ κατὰ ἀναλογίαν τῆς ἀπὸ τοῦ ὁρίζοντος ἀποστάσεως ἀεὶ ἔλαττον, ἐλάχιστον δὲ τμῆμα κύκλου ἔσεσθαι τὸ ὑπὸ τοῦ ὁρίζοντος [τὸ] ἀποτεμνόμενον, ὅταν ᾖ τὸ ἄστρον, ἐφ' ὃ ἡ ἀνάκλασις, ἐπὶ τοῦ μεσημβρινοῦ κύκλου. ταῦτα διὰ τῆς προτάσεως προειπὼν ἑξῆς μέτεισιν ἐπὶ τὸ δεικνύναι τὰ προειρημένα.

p. 375b 30 Ἔστω γάρ, φησίν, ἐπ' ἀνατολῆς πρῶτον, οὗ τὸ Η. |

Εἰπὼν ὅτι ἂν μὲν τὸ ἄστρον, ἐφ' ὃ ἡ ἀνάκλασις γίνεται, οὗ τὸ 122r
χρῶμα ἐμφαινόμενον τῷ νέφει ἶριν ποιεῖ, ἐπ' ἀνατολῆς ἢ δύσεως ᾖ, ἡμικύκλιον ἀποληφθήσεσθαι ὑπὲρ γῆς ὑπὸ τοῦ ὁρίζοντος τοῦ κύκλου τοῦ γινομένου ὑπὸ τῶν Μ, καθ' ἃ ἡ ἀνάκλασις, ἐὰν δὲ ἀνωτέρω ᾖ τοῦ ὁρίζοντος τὸ ἄστρον, ἔλαττον ἡμικυκλίου, πρῶτον λαμβάνει ἐπὶ τῆς ἀνατολῆς αὐτὸ ὄν, τουτέστιν ἐπὶ τοῦ ὁρίζοντος, καὶ δείκνυσιν ἅμα μὲν ὅτι κατὰ κυκλικῆς περιφερείας αἱ κλάσεις γίνονται τῶν ἀπὸ τῆς ὄψεως, ᾗπέρ ἐστι τὸ Κ, ἐκβαλλομένων ἐπὶ τὰ Μ, ἅπερ ἐστὶν ἐν τῷ νέφει, καὶ κλωμένων ἐπὶ τὸ ἀνατέλλον ἄστρον, ἅμα δὲ ὅτι καὶ ἡμικύκλιόν ἐστι τὸ τοῦ ὑπὸ τῶν ἀνακλάσεων γινομένου κύκλου ὑπὲρ γῆς ἀποτεμνόμενον ὑπὸ τοῦ ὁρίζοντος μέρος αὐτοῦ καὶ οὐ μεῖζον. λαμβάνει δὲ σφαῖραν, καὶ ἐπ' ἀνατολῆς μὲν αὐτῆς ὂν ἐπὶ τοῦ ὁρίζοντος τὸ ἄστρον, ἐφ' οὗ τὸ Η, ἐκβεβλημένην δὲ ἀπὸ τοῦ Κ, ὅ ἐστι κέντρον αὐτῆς, ἐπὶ τὸ Μ τὴν ΚΜ καὶ ἀνακεκλασμένην ἐπὶ τὸ Η δηλονότι, ὡς προεῖπε, κατὰ τὴν μείζω γωνίαν τῆς ἀνακλάσεως τῆς ἐπὶ τὸ Η γινομένης· λαμβάνει δὲ καὶ τὸ Μ, ἐφ' ὃ ἐπιζεύγνυσι τὴν ἀπὸ τοῦ Κ ἐκβαλλομένην ἐπὶ τοῦ ὁρίζοντος. γίνεται δὴ τρίγωνον τὸ ΗΚΜ, καὶ ἐκβάλλει τὸ διὰ τούτου τοῦ τριγώνου ἐπίπεδον καὶ φησὶν ὅτι ἔσται ἡ τομὴ ἡ γινομένη τῆς σφαίρας ὑπὸ τοῦ διὰ τοῦ τριγώνου ἐκβαλλομένου ἐπιπέδου ὁ μέγιστος κύκλος. τὸ γὰρ ἐν τῇ σφαίρᾳ διὰ τοῦ κέντρου ἐκβαλλόμενον ἐπίπεδον εἰς ἴσα τέμνει τὴν σφαῖραν· ἡ δὲ τοιαύτη τῆς σφαίρας τομὴ κατὰ τὸν μέγιστον γίνεται κύκλον· μέγιστος γὰρ ὁ διὰ τοῦ τῆς σφαίρας κέντρου, ὃν ὑποτίθεται εἶναι Α. εἰπὼν δὲ τοῦτο προσέθηκε διοίσει γὰρ οὐδέν, ἐὰν ὁποιονοῦν τῶν ἐπὶ τῆς ΗΚ κατὰ τὸ τρίγωνον ἐκβληθῇ τὸ ἐπίπεδον. ἔστι δὲ τὸ λεγόμενον· ἐπεὶ

---

1 ἀποστάσεως—ὁρίζοντος (2) om. B[1]W: in marg. add. ἀποστάσεως—δὲ B[2]   2 τμῆμα—ἀποτεμνόμενον (2. 3) om. a   τὸ delevi   8 post νέφει add. τὴν BWa   ᾖ] ἢ I   9 ἀπολειφθήσεσθαι I   τοῦ ante κύκλου om. I, exp. B   9. 10 κύκλον τὸν γινόμενον B[2]   10 τὸ $\bar{μ}$ καθ' ὃ I   13. 14 ᾗπέρ ἐστι τὸ Κ scripsi: εἴπερ ἐστὶ τὸ $\bar{η}$ I: ἤτοι τοῦ Κ a: om. haec et quae sequuntur ἐκβαλλομένων—τὰ Μ B[1]W, sed in marg. add. ἤπερ τὸ κ ἐκβαλλομένων ἐπὶ τὰ μῦ B[2]   14 τὸ $\bar{μ}$ I   ὅπερ B[1]W   14. 15 νέφει κεκλασμένων I   15 ἐπὶ τῷ a   ante τοῦ add. ἀπὸ B[2]a   16 ante τῶν add. τοῦ I   17 δὲ] δὴ BWa   18 τοῦ ἄστρου I   19 Κ] $\bar{η}$ I   ἥ ἐστι τὸ κέντρον BWa   τὴν $\bar{η}\bar{μ}$ I   20 δῆλον a   21 ἐφ' ὧ I   22 ἀπὸ τοῦ $\bar{η}$ I   ἐπὶ] ὑπὸ Ia   δὴ] δὲ W   24 τοῦ post διὰ om. I   25 post σφαίρᾳ supr. vers. add. τὸ I   26 ἴσας I   τέμνει ex τέμνεσθαι corr. B   29 ὁποιανοῦν Arist.   30 ἐκβληθῇ post ΗΚ (29) coll. a   τὸ ante ἐπίπεδον om. BWa, ut Arist. H

πλείω δύναται τρίγωνα γίνεσθαι ὅμοια ἐν τῇ σφαίρᾳ τὰ ΗΚΜ οὐκ ἐν τῷ αὐτῷ ἐπιπέδῳ (τοῦτο γὰρ ἀδύνατον, ὡς δείξει) ἀλλ' ἐν ἄλλῳ καὶ ἄλλῳ,

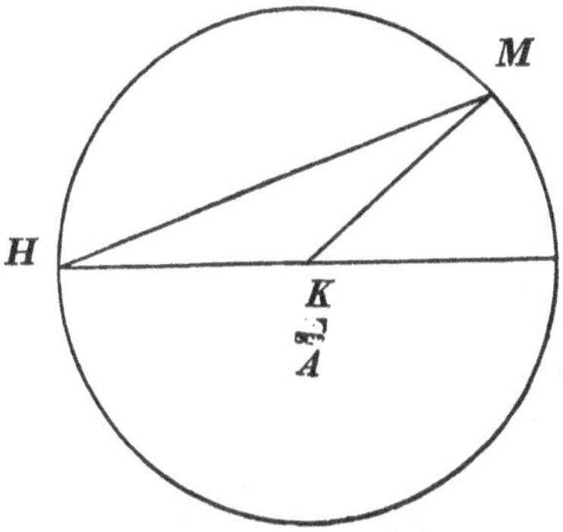

καὶ δύναται αὐτῶν καθ' ἕκαστον ἐκβαλλομένου τοῦ δι' αὐτῶν ἐπιπέδου τέμνεσθαι ἡ σφαῖρα, οὐδέν, φησί, διοίσει, δι' οὗ ἂν ληφθῇ τεμνομένη· δι' οὗ γὰρ ἂν τμηθῇ, ἔσται ἡ τομὴ τῆς σφαίρας ὁ μέγιστος κύκλος, τῷ πᾶν τὸ διὰ τῶν τοιούτων τριγώνων ἐκβαλλόμενον ἐπίπεδον διὰ τοῦ κέντρου ἐκβάλλεσθαι. ταῦτα εἰπών φησιν αἱ οὖν ἀπὸ τῶν ΗΚ ἀναγόμεναι γραμμαὶ ἐν τούτῳ τῷ λόγῳ οὐ συσταθήσονται τοῦ ἐφ' ᾧ Α ἡμικυκλίου πρὸς ἄλλο καὶ ἄλλο σημεῖον. ἔστι δὲ ὃ λέγει ὅτι ἐν τῷ ἡμικυκλίῳ τοῦ κύκλου τοῦ ὑπὸ τοῦ διὰ τοῦ προειρημένου τριγώνου ἐπιπέδου ἐκβεβλημένου γεγονότος αἱ ἀπὸ τῶν Η καὶ Κ εὐθεῖαι ἠγμέναι ἐπὶ τὸ Μ οὐ συσταθήσονται πρὸς ἄλλῳ τινὶ σημείῳ, ὡς εἶναι ἐν τῷ αὐτῷ ἐπιπέδῳ τε καὶ τῷ αὐτῷ ἡμικυκλίῳ ἄλλας τινὰς πρὸς ἀλλήλας οὕτως ἐχούσας, ὡς ἔχει ἡ ΗΜ πρὸς τὴν ΚΜ· ἐν μὲν γὰρ τῷ ἑτέρῳ ἡμικυκλίῳ τοῦ αὐτοῦ κύκλου δύνανται ληφθῆναι ἄλλαι ἐν τῷ αὐτῷ λόγῳ οὖσαι ταύταις αἱ ἴσαι ταύταις, καὶ οὕτως ἐν ἐκείνῳ κείμεναι πρὸς ἀλλήλας, ὡς αὗται ἐν τούτῳ· ἐν δὲ τούτῳ, ἐν ᾧ αὗταί εἰσιν, ἀδύνατον. ἐν ἄλλῳ μὲν γὰρ καὶ ἄλλῳ ἐπιπέδῳ τὸν αὐτὸν ἐχούσας πρὸς ἀλλήλας λόγον, ὃν ἔχουσιν αὗται, οἷόν τε εἶναι, ὡς δείξει, ἐν δὲ τούτῳ οὐχ οἷόν τε. τὴν δὲ τούτου δεῖξιν αὐτὸς μὲν ὡς φανερὰν παρῆκεν, εἴη δ' ἂν δεικνύμενον οὕτως. ἔστω γάρ, εἰ δυνατόν, ἐν τῷ αὐτῷ ἡμικυκλίῳ ἔχουσα ὡς ἡ ΗΜ πρὸς τὴν ΜΚ, οὕτως ἡ ΗΝ πρὸς τὴν ΝΚ. ἐπεὶ οὖν ἐστιν, ὡς ἡ ΗΜ πρὸς τὴν ΜΚ, ἡ ΗΝ πρὸς τὴν ΝΚ, καὶ ἐναλλὰξ ἔχουσιν, ὡς ἡ ΗΜ πρὸς τὴν ΗΝ, ἡ ΜΚ πρὸς τὴν ΝΚ. καὶ ἔστιν ἡ ΜΚ τῇ ΝΚ ἴσῃ· ἐκ γὰρ

3 καὶ om. B[1] καθ' ἕκαστον αὐτῶν coll. a διὰ τῶν B[1]W ἐπιπέδων I 4 ἂν — ἔσται (5)] καὶ τμηθήσεται I 5 post κύκλος add. ἐστὶ I τῷ] τὸ I 7 τῶν] τοῦ B[1]: τῆς a 10 κύκλου τὸ I 11 ἐκβαλλομένου I ἀπὸ τοῦ a 20 δεδειγμένον a 21. 22 πρὸς $\overline{\mu\kappa}$ I 22 ΗΝ] $\overline{\kappa}\mu$ B[1]W: $\overline{\eta\rho}$ B[2]a ΝΚ] $\overline{\rho\kappa}$ B[2]a 23 ΗΝ] $\overline{\eta\rho}$ B[2]a ΝΚ] $\overline{\mu\kappa}$ I: $\overline{\rho\kappa}$ B[2]a ὡς ἡ κη$\overline{\mu}$ I 23. 24 πρὸς τὴν ΗΝ — ἔστιν ἡ ΜΚ om. BW 24 ΗΝ scripsi: ηκ$\overline{\nu}$ I: η$\overline{\rho}$ a οὕτως ἡ $\overline{\mu\kappa}$ πρὸς a τὴν ΝΚ] τὴν ρ$\overline{\kappa}$ a καὶ ἔστιν ἡ] ἡ δὲ a

τοῦ κέντρου ἀμφότεραι· ἴση ἄρα καὶ ἡ ΝΗ τῇ ΜΗ. ἀλλὰ καὶ μείζων· ὑπὸ γὰρ τὴν μείζω γωνίαν ὑποτείνει καὶ ἔστιν ἐγγυτέρω τῇ διαμέτρῳ·

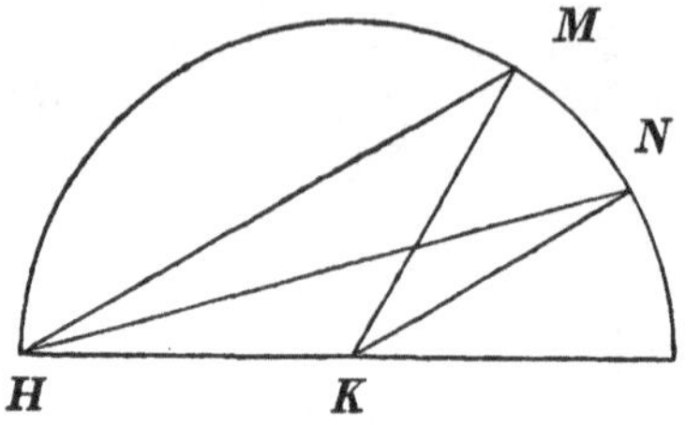

ὅπερ ἀδύνατον. ὅμοιος ὁ λόγος, κἂν ἄλλαι τινὲς ληφθῶσιν ἐν τῷ αὐτῷ ἡμικυκλίῳ ὡς τὸν αὐτὸν λόγον ἔχουσαι πρὸς ἀλλήλας τῷ τῆς ΗΜ πρὸς τὴν ΜΚ. τοῦτο μὲν οὖν, ὡς εἶπον, ὡς γνώριμον παρείασε. δείκνυσι δὲ ἑξῆς, πῶς ἐπὶ κύκλου περιφερείας ἡ ἀνάκλασις γίνεται τῶν ἀπὸ τῶν ΗΚ ἀνακλωμένων ἐν τῷ αὐτῷ λόγῳ, ὃν ἔχει ἡ ΗΜ πρὸς τὴν ΜΚ, καί φησιν ἐπεὶ γὰρ τά τε ΚΗ σημεῖα δέδοται, καὶ ἡ ΗΚ δεδομένη ἂν εἴη καὶ ἡ ΜΗ. |

Ἔστι δὲ τὸ λεγόμενον· ἦν τὸ Η δεδομένον τῇ θέσει· τοῦτο γὰρ ἦν 122v
τὸ ἐπὶ τῆς ἀνατολῆς εἰλημμένον σημεῖον· ἀλλὰ καὶ τὸ Κ, τὸ κέντρον τοῦ κύκλου. τούτων δὲ ὄντων δεδομένων τῇ θέσει δεδομένη γίνεται τῷ τε μεγέθει καὶ τῇ θέσει ἡ ΚΗ γραμμή. καὶ ἐπεὶ ἴση ἐστὶ τῇ ΚΗ ἡ ΚΜ (ἐκ γὰρ τοῦ κέντρου ἀμφότεραι), δεδομένη γίνεται καὶ αὐτὴ τῷ μεγέθει· ἡ γὰρ ἴση τῇ δεδομένῃ δεδομένη τῷ μεγέθει καὶ αὐτή. αὐτὸς δὲ τὸ μὲν καὶ ταύτην δεδόσθαι ὡς ἐναργὲς ὂν παρείασεν, ἔλαβε δὲ δεδόσθαι καὶ τὴν ΗΜ διὰ τὸ δεδομένην εἶναι τὴν ΚΗ. γίνεται δὲ ἡ ΗΜ καὶ αὐτὴ δεδομένη τῷ μεγέθει διὰ τὸ γενέσθαι καὶ τὴν ὑπὸ τῶν ΗΚΜ περιεχομένην γωνίαν δεδομένην διὰ τὸ τὰς ἀπὸ τοῦ Κ κατὰ κῶνον ὡς περὶ ἄξονα τὴν ΗΚ ἐκπιπτούσας ἐν κύκλῳ οὕτως, ὡς ἕνα κῶνον ποιεῖν, ἀεὶ τὴν ἴσην φυλάττειν ἐν τῇ περιφορᾷ τε καὶ τῇ τοῦ κώνου συστάσει γωνίαν· τὸ γὰρ κατὰ κῶνον ἐκπίπτειν τοῦτο ἦν. εἰ δὲ δεδομένη ἡ ΗΜ καὶ δεδομένον τὸ Η σημεῖον, ἡ ΗΜ κύκλου περιφερείας ἐφάψεται, οὗ κέντρον μὲν τὸ Κ, διάστημα δὲ ἡ ΚΜ. ἔστω οὖν ὁ κύκλος ὁ ΜΝ. ἐφάπτεται δέ γε καὶ ἡ ΜΚ κατὰ τὸ Μ κύκλου περιφερείας, οὗ κέντρον μὲν τὸ Κ, κορυφὴ δὲ τὸ Μ, ὅς ἐστιν ὁ κείμενος ἀπ' ἀρχῆς, ὁ ὁρίζων, διὰ τὸ δεδομένον τε εἶναι τὸ Κ σημεῖον καὶ τὴν ΜΚ καὶ αὐτὴν δεδομένην. ἐπεὶ τοίνυν δύο κύκλων ἐφάπτονται αἱ ΜΚ ΗΜ κατὰ τὸ Μ σημεῖον, κατὰ κοινὴν τομὴν αὐτῶν ἐφάψον-

1 ΝΗ] ηρ̄ a μείζω I 2 καὶ ἔστιν] τὴν ὑπὸ ηκρ̄ δηλονότι. ἡ γὰρ ημ̄ ὑπὸ τὴν ηκμ̄ ὑποτείνει. ἔστι δὲ καὶ a 4 ΗΜ] κμ I 11 σημεῖον εἰλημμένον coll. BWa 13 ἐπεὶ] ἐπὶ a ἐκ] ἐν I 14 ἀμφότερα IW 16. 17 τὴν κμ̄ I 17. 18 διδομένη a 18 τῷ μεγέθει post καὶ αὐτὴ (17) coll. BWa γενέσθαι] γίνεσθαι BWa τῶν om. I 22 εἰ] ἡ I δὲ om. B ἡ ΗΜ] ἦν B: om. I: ἡ om. W 23 τὸ Κ et ΚΜ (24)] littera Κ falsa est: τὸ ο̄ et ο̄μ̄ corr. B[2] 24 ΚΜ] μκν̄ I οὖν ex νῦν corr. I: om. BWa 26 ὅς] ὃ I ὁ ante ὁρίζων om. a: del. B[2] 27 καὶ αὐτὴν — ΜΚ (28) om. a 28 post Μ add. οὖν a

ται. καὶ ἐπεὶ δύο κύκλων τεμνόντων ἀλλήλους δεδομένων τῇ θέσει ἡ κοινὴ τομὴ γίνεται δεδομένη, δεδομένον ἐστὶ καὶ τὸ Μ σημεῖον. καὶ ἐπεὶ ἡ ΗΜ δεδομένη, δεδομένη δὲ καὶ ἡ ΜΚ, λόγος ἔσται αὐτῶν πρὸς ἀλλήλας δεδομένος. δεδομένος δέ ἐστιν ὁ λόγος, ᾧ δυνάμεθα τὸν αὐτὸν 20 πορίσασθαι. δείξας δὲ ὅτι δεδομένον τε τὸ Μ, καὶ δεδομένος ὁ τῆς ΗΜ πρὸς τὴν ΜΚ λόγος, πάλιν ὑπομιμνήσκει τοῦ κειμένου τοῦ ὅτι πρὸς ἄλλῳ σημείῳ τῆς ΜΝ περιφερείας τῶν ἀπὸ τῶν ΚΗ σημείων ἀγομένων εὐθειῶν ὁ αὐτὸς λόγος οὐ συνίσταται ἐν τῷ αὐτῷ ἐπιπέδῳ.

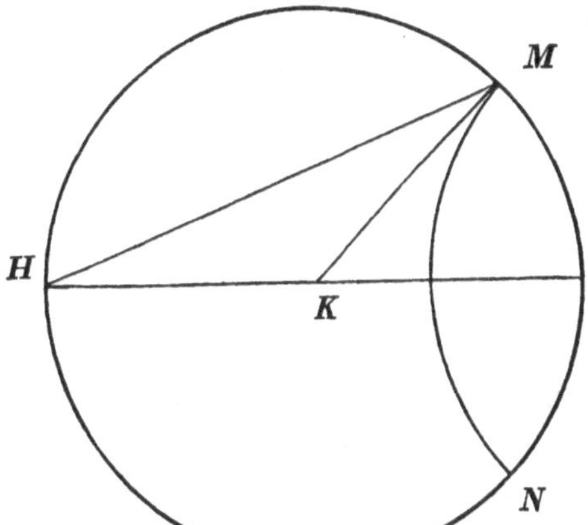

p. 376a10 Ἐκκείσθω οὖν γραμμή τις ἡ ΔΒ.

Ἔχων δεδομένον τὸν τῆς ΗΜ πρὸς τὴν ΜΚ λόγον τὸν αὐτὸν λαμβάνει ἐκθέμενος γραμμήν τινα τὴν ΔΒ καὶ τέμνων αὐτὴν ἐν λόγῳ, ὃν ἔχει ἡ ΗΜ πρὸς τὴν ΜΚ, ἵνα ὡς ἡ ΜΗ ἔχει πρὸς τὴν ΜΚ, ἡ Δ ἔχῃ 50 πρὸς τὴν Β. καὶ ἐπεὶ μείζων ἡ ΜΗ τῆς ΜΚ (ἔκειτο γὰρ ἐπὶ τὴν μείζω γωνίαν ἀνακεκλασμένη τὴν γινομένην ὑπὸ τῆς ΚΜ πρὸς τῇ διαμέτρῳ τοῦ κύκλου, ὥστε ὑπὸ τὴν ἀμβλεῖαν γωνίαν ὑποτείνουσα ἐν τῷ ΚΜΗ τριγώνῳ μείζων ἐστὶν ἑκατέρας τῶν λοιπῶν τοῦ τριγώνου πλευρῶν), μείζων δὴ καὶ ἡ Δ τῆς Β ἔσται. τοῦτο λαβὼν προσπορίζει τινὰ τῇ Β εὐθεῖαν, τουτέστιν ἐκβάλλων τὴν ΔΒ ἐπὶ τὸ Β ἀφαιρεῖ ἀπ' αὐτῆς τὴν Ζ, ἵνα οὕτως ἔχῃ, ὡς ἡ Δ πρὸς τὴν Β, οὕτως ἡ ΒΖ συναμφότεραι πρὸς | τὴν 123r Δ. ἐν τῷ αὐτῷ ἄρα λόγῳ, ὡς ἡ ΜΗ πρὸς τὴν ΜΚ, ἔστιν ἥ τε Δ πρὸς

1 δεδομένων om. BWa 3. 4 ἀλλήλους a 4 ὁ om. BWa 6 πρὸς τῆς B^1: πρὸς τῇ W ΜΚ] μη̄ I 10 ἔχουσα W post αὐτὸν add. αὐτῇ B, αὐτή W, αὐτῷ a 11 τεμὼν BWa 14 τῶν γινομένων BW διαμέτρῃ a 15 ὑπὸ τὴν om. BW ὑποτείνουσαι B^1 17 δὴ] δὲ B ἔσται] εὐθείας BWa τοῦτο — εὐθεῖαν om. BW εὐθείᾳ a 18 τουτέστιν] καὶ B^1W ἐπὶ τὸ ζ̄ B^2a ἵνα — ἔχῃ (19)] οὕτως ὡς ἔχειν BWa 19 σὺν ἀμφοτέρω I 20 ὡς] ᾧ BWa ΜΗ] μ κ I post ΜΚ add. ἐστὶν BWa ἔστι τε ἡ I

τὴν Β καὶ ἡ ΒΖ πρὸς τὴν Δ. μεθ' ἃ λαμβάνει πάλιν, ὡς ἡ Ζ ἡ προσπορισθεῖσα τῇ Β, ἔχει πρὸς τὴν ΗΚ, οὕτως ἔχειν τὴν Β πρός τινα ἀπὸ τοῦ Κ ἐπ' εὐθείας ἐκβεβλημένην τῇ ΗΚ, ἣν λαμβάνει εἶναι τὴν ΚΠ. καὶ ἀπὸ τοῦ Π, ὅ ἐστι πέρας τῆς ΚΠ εὐθείας, ἐπὶ τὸ Μ ἐπιζευγνύει εὐθεῖαν τὴν ΠΜ. ταῦτα λαβών φησι πόλον γίνεσθαι τὸ Π τοῦ κύκλου, πρὸς ὃν αἱ ἀπὸ τοῦ Κ γραμμαὶ κατὰ κῶνον ὡς περὶ ἄξονα τὴν ΗΚ ἐκβαλλόμεναι προσπίπτουσι. καὶ διὰ τί πόλος ἔσται τὸ Π τοῦ προειρημένου κύκλου, λέγει· ἔσται γάρ, φησίν, ὡς ἡ Ζ πρὸς τὴν ΗΚ καὶ ἡ Β πρὸς τὴν ΚΠ, οὕτως καὶ ἡ Δ πρὸς τὴν ΠΜ. ὅτι μὲν οὖν τούτων οὕτως ἐχόντων πόλος ἐστὶ τὸ Π σημεῖον τοῦ προειρημένου κύκλου, μετ' ὀλίγον δείξει. πρῶτον δὲ δείκνυσι δι' ἀδυνάτου ὅτι ὡς ἡ Ζ ἔχει πρὸς τὴν ΗΚ καὶ ἡ Β πρὸς τὴν ΚΠ, οὕτως ἔχει καὶ ἡ Δ πρὸς τὴν ΠΜ. μὴ γὰρ ἐχέτω ὡς αἱ προειρημέναι πρὸς τὰς προειρημένας, οὕτως ἡ Δ πρὸς τὴν ΠΜ. ἕξει ἄρα τὸν αὐτὸν λόγον ἐκείναις ἡ Δ ἢ πρὸς μείζονά τινα τῆς ΠΜ ἢ πρὸς ἐλάττονα. ἐχέτω πρὸς ἐλάττονα τὴν ΠΡ. ἡ αὐτὴ δὲ δεῖξις ἁρμόσει κἂν πρὸς μείζονα ληφθῇ. διὰ τοῦτο γὰρ προσέθηκε τὸ οὐδὲν γὰρ διοίσει· ἄν τε γὰρ μείζων ἡ ΠΡ τῆς ΠΜ ληφθῇ ἄν τε ἐλάττων, τὸ αὐτὸ ἀδύνατον ἀκολουθήσει. ὃν ἄρα λόγον ἔχουσιν αἱ Ζ Β Δ πρὸς ἀλλήλας, τοῦτον ἕξουσιν καὶ αἱ ΗΚ ΚΠ ΠΡ πρὸς ἀλλήλας. αἱ δὲ Ζ Β Δ ἀνάλογον εἶχον πρὸς ἀλλήλας, ὡς ἡ Δ πρὸς Β, οὕτως ἡ ΖΒ πρὸς τὴν Δ. καὶ ἐπὶ τῶν λοιπῶν ἄρα, ὡς ἡ ΡΠ πρὸς τὴν ΠΚ ἔχει, οὕτως ὅλη ἡ ΗΠ ἕξει πρὸς τὴν ΠΡ. αὐτὸς δὲ ἀναστρέψας εἶπεν ὅπερ ἡ ΗΠ πρὸς τὴν ΠΡ, τοῦτο ἡ ΡΠ, πρὸς ΠΚ.

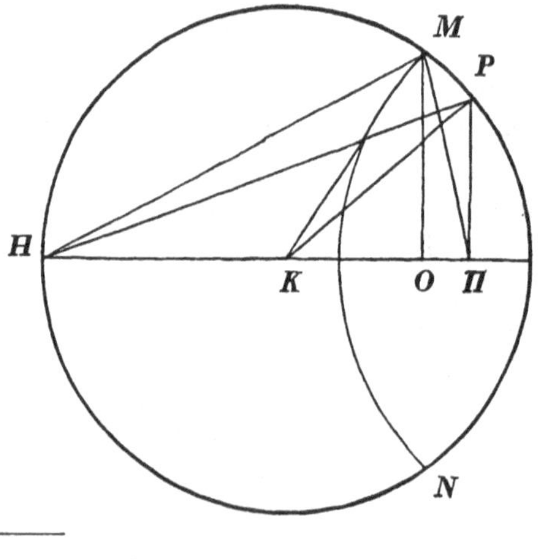

2 τῇ scripsi: τῷ libri   τινα] τὴν a I   3 εἶναι τῇ κπ B[1]W   4 καὶ ōm. I   ΚΠ] ηπ BWa   εὐθείας] ἐπ' εὐθείας I   5 τοῦ om. B[1]IW   7 post τί add. τοῦτο BWa   τὸ Π om. a   8 Ζ] κζ I   Β] ηκ I   9 οὕτως ante καὶ om. BWa   τούτων om. I   10 ἐστὶ] γίνεται BWa   12 ἡ Β] ἡ η I   ΠΜ] ταυ B   μὴ γὰρ — ΠΜ (14) om. I   19 καὶ αἱ] καὶ ἡ BWa   ΗΚ] ηδ I   αἱ δὲ — ἀλλήλας (20) om. W   21. 22 ὅλη ἡ πκ I   23 τὴν om. BI

Ταῦτα δείξας ἑξῆς ἐπὶ τὸ Ρ ἀπό τε τοῦ Κ καὶ ἀπὸ τοῦ Η εὐθείας ἐπιζεύξας τὰς ΗΡ καὶ ΚΡ, ταύτας φησὶ τὸν αὐτὸν ἕξειν λόγον πρὸς ἀλλήλας, ὃν ἔχουσι πρὸς ἀλλήλας ἡ ΗΠ πρὸς ΠΡ. οὗ αἰτίαν ἀπέδωκε τὸ περὶ τὴν αὐτὴν γωνίαν τὴν Π, οὖσαν κοινὴν δύο τριγώνων, τοῦ τε ΠΡΗ τοῦ μείζονος καὶ τοῦ ΚΠΡ τοῦ ἐλάττονος, ἀνάλογον εἶναι τὰς ὁμολόγους πλευρὰς ἀλλήλαις. εἰσὶ γὰρ πλευραὶ περὶ τὴν Π γωνίαν τοῦ μὲν μείζονος αἱ ΗΠ ΠΡ, τοῦ δὲ ἐλάττονος αἱ ΚΠ ΠΡ, ὁμόλογοι δὲ ἡ μὲν ΗΠ, οὖσα τοῦ μείζονος τριγώνου πλευρά, τῇ ΠΡ, οὔσῃ τοῦ ἐλάττονος πλευρᾷ· ἐν γὰρ τοῖς λόγοις ἡγούμεναι αὗται τῶν τριγώνων λαμβάνονται· πάλιν δ' ὁμόλογοι τοῦ μὲν μείζονος ἡ ΠΡ, τοῦ δ' ἐλάττονος ἡ ΠΚ· ἑπόμεναι γὰρ αὗται πάλιν ἐν τοῖς προειρημένοις λόγοις, ἐν μὲν τῷ πρώτῳ ἡ ΠΡ, ὡς τοῦ ἐλάττονος τριγώνου πλευρὰ λαμβανομένη, ἐν δὲ τῷ δευτέρῳ ἡ ΠΚ, καὶ αὐτὴ οὖσα τοῦ ἐλάττονος τριγώνου. τούτων δὲ οὕτως ἐχουσῶν καὶ αἱ λοιπαὶ τῶν τριγώνων πλευραὶ τὸν αὐτὸν ἕξουσι λόγον πρὸς ἀλλήλας, ὁμολόγως λαμβανόμεναι. εἰσὶ δὲ λοιπαὶ τοῦ μὲν μείζονος ἡ ΗΡ, τοῦ δὲ ἐλάττονος ἡ ΚΡ. ἕξει ἄρα καὶ ἡ ΗΡ πρὸς τὴν ΡΚ τὸν αὐτὸν λόγον, ὃν ἡ μὲν ΗΠ πρὸς ΠΡ, ἡ δὲ ΡΠ πρὸς ΠΚ· οὕτως γὰρ ληφθεῖσαι γίνονται ὁμόλογοι· ἡγούμεναι γὰρ ἀπὸ τοῦ μείζονος τριγώνου. ἀλλὰ μὴν ὃν ἔχει λόγον ἡ ΗΠ πρὸς ΠΡ καὶ ἡ ΠΡ πρὸς ΠΚ, τοῦτον ἔχει τὸν λόγον καὶ ἡ ΗΜ πρὸς τὴν ΜΚ. ἦν γὰρ ὡς ἡ ΗΜ πρὸς ΜΚ ἥ τε Δ πρὸς τὴν Β καὶ ἡ ΒΖ πρὸς τὴν Δ· ὡς δὲ εἶχεν ἡ ΖΒ πρὸς Δ, οὕτως ἐδείχθη ἔχουσα καὶ ἡ ΠΗ πρὸς ΠΡ καὶ ἡ ΠΡ πρὸς τὴν ΠΚ. ὡς ἄρα ἔχει ἡ ΗΜ πρὸς τὴν ΜΚ, οὕτως ἕξει καὶ ἡ ΗΡ πρὸς τὴν ΡΚ. ἔσονται ἄρα πρὸς ἄλλῳ καὶ ἄλλῳ σημείῳ ἐν τῷ αὐτῷ ἡμικυκλίῳ ἀπὸ τῶν ΗΚ κεκλασμέναι εὐθεῖαι ἐν τῷ αὐτῷ λόγῳ, ὅπερ ἐδείχθη ἀδύνατον. ἀδύνατον ἄρα τὴν Δ πρὸς ἐλάττονα τῆς ΠΜ τὸν αὐτὸν λόγον ἔχειν, | 123v ὃν λόγον ἔχει ἡ μὲν Ζ πρὸς τὴν ΗΚ, ἡ δὲ Β πρὸς τὴν ΚΠ. ἀλλ' οὐδὲ πρὸς μείζονα· ὁμοίως γὰρ ἀδύνατον ὃν δειχθήσεται. πρὸς ταύτην ἄρα τὴν ΠΜ τὸν αὐτὸν λόγον ἕξει ταῖς προειρημέναις. ἔσται ἄρα ὡς ἡ ΗΠ πρὸς τὴν ΠΜ ἡ ΠΜ πρὸς τὴν ΠΚ ἐν τοῖς τριγώνοις τοῖς ΗΜΠ ΚΠΜ, καὶ εἰσὶν αὗται ἀνάλογον ἀλλήλαις περὶ τὴν Π, τὴν κοινὴν αὐτῶν γωνίαν. καὶ αἱ καταλειπόμεναι ἄρα αὐτῶν πλευραὶ τὸν αὐτὸν ἕξουσι λόγον πρὸς ἀλλήλας ὁμολόγως λαμβανόμεναι· εἰσὶ δὲ καταλειπόμεναι ἥ τε ΗΜ, τοῦ μείζονος οὖσα τριγώνου πλευρά, διὸ καὶ ἡγουμένη, καὶ ἡ ΚΜ, οὖσα τοῦ ἐλάττονος τριγώνου καὶ ἑπομένη. ἔσται ἄρα ὡς ἡ ΗΠ πρὸς ΠΜ ἥ τε ΠΜ πρὸς ΠΚ καὶ ἡ ΗΜ πρὸς ΜΚ. ὧν οὕτως ἐχόντων ὁ πόλῳ μὲν τῷ Π, διαστήματι δὲ τῇ ΠΜ

2 ΗΡ καὶ ΚΡ Arist.: ΚΡ καὶ ΗΡ libri 3 ἡ $\overline{\chi\pi}$ IW 4 τὸ π I 6 εἰσὶ γάρ] ὁμόλογοι δὲ I Π om. B 7 αἱ ΗΠ] αἱ κπ I οὖσαι W 11 πάλιν αὗται coll. BWa 13 ἐχόντων a 15 λαμβανόμενα a μὲν om. BW 16 ΗΡ] $\overline{\chi\rho}$ I 17 ΗΠ] $\overline{\chi\pi}$ I ΠΚ] $\overline{\eta\chi}$ I ληφθεῖσα a 18 γὰρ om. a 19 καὶ $\overline{\pi\rho}$ a 20 τὴν ante ΜΚ om. Wa ὡς ἡ $\overline{\chi\mu}$ I 21 ἐλήφθη BWa 22 ΗΜ] $\overline{\chi\mu}$ I 25 τὴν Δ] τὴν $\overline{\chi\eta}$ I 26 λόγον post ὃν om. BWa 29 ἡ ΠΜ — τὴν ΠΚ (30) in marg. add. B² 31 κοινὴν] κειμένην I 32 λόγον ἕξουσι coll. a 33 ΗΜ] χμ I 34 post τριγώνου add. διὸ a 35 ΗΠ] κπ I 36 πόλος B: ex πόλῳ corr. I²

γραφόμενος κύκλος ἁπάντων ἐφάψεται τῶν σημείων τῶν καθ' ἃ ἡ ἀνάκλασις τῶν ἀπὸ τοῦ Κ καὶ Η κλωμένων ἐν τῷ αὐτῷ λόγῳ γίνεται, ἃς κλάσεις γωνίας εἶπεν. εἰ γὰρ μὴ ἐφάψεται, συμβήσεται τὸν αὐτὸν ἔχειν λόγον πρὸς ἀλλήλας τὰς πρὸς ἄλλῳ καὶ ἄλλῳ σημείῳ ἐν τῷ αὐτῷ ἐπιπέδῳ κλωμένας ἀπὸ τῶν αὐτῶν σημείων εὐθείας, ὅπερ ἀδύνατον. ἔσονται γὰρ ἐν ἐκείνῳ τῷ ἐπιπέδῳ, ἐν ᾧ ἂν μὴ ἅπτηται ἡ τοῦ κύκλου περιφέρεια τῶν ἐν τῷ αὐτῷ λόγῳ κειμένων ἀνακλᾶσθαι ἀπὸ τῶν ΚΗ σημείων, ἄλλαι τινὲς ἐφαπτόμεναι τῆς περιφερείας τὸν αὐτὸν ἔχουσαι λόγον πρὸς ἀλλήλας, ὃν καὶ πᾶσαι αἱ πρὸς τὸ Μ ἀπὸ τῶν ΚΗ ἀνακλώμεναι· ἐν ᾧ λόγῳ εἰ ἀνακλῶνται καὶ αἱ μὴ ἐφαπτόμεναι, ἔσται τὸ προειρημένον ἀδύνατον. οὕτως δὲ ἔχοντος τούτου, ἂν τὸ ἡμικύκλιον τὸ τοῦ ὁρίζοντος, ἐν ᾧ ἡ κλάσις γέγονε τῶν ἀπὸ τῶν ΚΗ σημείων πρὸς τῷ Μ, περιάγηται περὶ τὴν ΗΚΠ διάμετρον, συμπεριαγόμενον τὸ ΚΗΜ τρίγωνον κατὰ τὸ Μ σημεῖον τὸν κύκλον ποιήσει τὸν γραφόμενον πόλῳ μὲν τῷ Π, διαστήματι δὲ τῇ ΠΜ· οὐδὲν γὰρ διαφέρει ἢ ἐκεῖνον γραφόμενον ἐφάπτεσθαι τοῦ Μ ἢ τὸ Μ περιαγόμενον γράφειν ἐκεῖνον. περιαγομένου δὴ τοῦ ἡμικυκλίου φησὶ πάσας τὰς ἀπὸ τῶν ΗΚ κλωμένας πρὸς τῷ Μ ἐν πᾶσι τοῖς ἐπιπέδοις ὁμοίως ἕξειν καὶ ἴσην ποιήσειν γωνίαν τὴν ὑπὸ τῶν ΚΜΗ· ὅμοιον γὰρ ἐν τῇ περιαγωγῇ τὸ τρίγωνον μένει. ἀλλὰ μὴν καὶ ἣν ποιοῦσιν ἐν τῇ περιαγωγῇ αἱ ΚΠ ΠΜ περὶ μένουσαν τὴν ΗΠ, ἀεὶ ἴση ἔσται. ἔσται οὖν ἐν τῇ περιαγωγῇ τοῦ ἡμικυκλίου τρίγωνα ἐπὶ τῆς ΗΠ καὶ ΠΚ ἴσα τῷ ΗΜΠ ΚΜΠ συνιστάμενα, ὧν αἱ ἀπὸ τῶν Μ κάθετοι ἐπὶ τὸ αὐτὸ σημεῖον πεσοῦνται τῆς ΗΠ διαμέτρου· καὶ δῆλον ὅτι ἴσαι ἔσονται. πιπτέτωσαν ἐπὶ τὸ Ο, μεταξὺ δὲ πάντως πεσοῦνται τοῦ τε Κ καὶ τοῦ Π· τὸ Ο ἄρα κέντρον ἔσται τοῦ κύκλου τοῦ γινομένου κατὰ τὰς ἐν τῷ αὐτῷ λόγῳ γινομένας ἀπὸ τοῦ Κ πρὸς τὸ Η ἀνακλάσεις, οὗ ἡμικύκλιον ἔσται ἀφῃρημένον ὑπὸ τοῦ ὁρίζοντος ὑπὲρ γῆς· ἡμικύκλιον γὰρ διὰ τὸ εἶναι τὸ Ο, τὸ κέντρον αὐτοῦ, ἐπὶ τῆς τοῦ ὁρίζοντος διαμέτρου, ἥτις ἐστὶν ἡ ΗΚΠ.

p. 376b28 Πάλιν ἔστω ὁρίζων μὲν ἐφ' οὗ τὸ ΑΓ, ἐπανατεταλκέτω δὲ τὸ Η.

Δείξας ἡμικύκλιον γινόμενον τῆς ἴριδος καὶ οὐ μεῖζον ὄντος τοῦ ἄστρου, πρὸς ὃ ἡ ἀνάκλασις, ἐπὶ τοῦ ὁρίζοντος, νῦν δείκνυσι προσχρώμενος

---

1 καθ' ἃ scripsi: καθ' ἃς libri 3 εἰ μὴ γὰρ coll. a 6 ἡ om. I 9 ὃν] ὧν a αἱ ἐπὶ τὸ Μ BWa 12 πρὸς τὸ BWa 13 ΗΚΠ] $\overline{\kappa\pi}$ B: $\overline{\eta\kappa}$ a 15 τῶν $\overline{\mu}$ BWa 16 δὴ] δὲ Ba 18 ὁμοίας ἕξειν a τῶν om. a ΚΜΗ Arist.: κπμ I: ηπμ B[1]W, $\overline{\eta\mu\pi}$ B[2]a 19 τρίγωνον] κέντρον I τὸ τρίγωνον — περιαγωγῇ (20) repetit B ἣν] ἓν I 20 ΚΠ] $\overline{\eta\pi}$ BWa τὴν ΗΠ] τῇ $\overline{\kappa\pi}$ I post prius ἔσται add. οὖν I 21 καὶ ΠΚ — ΚΜΠ (22) a Arist.: κάτω ἡ $\overline{\pi\mu}$ I: κάτω ἡ $\overline{\pi}\overline{\eta}\overline{\pi}\overline{\mu}$ W: καὶ $\overline{\pi}\overline{\kappa}$ περὶ $\overline{\mu}$ B 22 κάθετα a 23 ΗΠ] $\overline{\kappa}\overline{\pi}$ I 27 γῆν Ba τὸ ante κέντρον om. Wa 29 ὁ ὁρίζων a, ut Arist. vulg. μὲν om. IW τὸ om. W ΑΓ] αβγ Ba 31 τὴν ἶριν a

τοῖς προδεδειγμένοις ὅτι τοῦ ἄστρου ὄντος ὑπὲρ τὸν ὁρίζοντα, ἀεὶ ἐλάττων ἡμικυκλίου γίνεται ἡ ἶρις. ὄντος γὰρ πάλιν τοῦ ὁρίζοντος κύκλου, καὶ οὔσης διαμέτρου αὐτοῦ τῆς ΑΓ, ἂν τὸ ἄστρον, πρὸς ὃ ἡ ἀνάκλασις, μὴ ἐπὶ τοῦ ὁρίζοντος ᾖ, ἀλλὰ ὑψηλότερον, ὡς ἐπὶ τοῦ Η, ὄντος τοῦ Κ κέντρου τοῦ ὁρίζοντος, ἔσται ὁ ἄξων τοῦ κώνου τοῦ γινομένου ἀπὸ τῶν ἐκπιπτουσῶν ἀπὸ τοῦ Κ κατὰ κῶνον ἐπὶ τὸ Μ καὶ ἀνακλωμένων ἐπὶ τὸ Η οὐκέτι ἐπὶ τῆς τοῦ ὁρίζοντος διαμέτρου, πόλος δὲ οὐκέτ' ἔσται τοῦ κύκλου, ὃς βάσις γίνεται τοῦ κώνου, ἐφ' οὗ ἡ ἶρις ἐμφαίνεται, ἐπὶ τῆς | τοῦ ὁρίζοντος δια- 124r μέτρου, ἀλλὰ κατωτέρω· κατωτέρω δὲ καὶ ὑπὸ γῆν ὄντος τοῦ πόλου ἔσται καὶ τὸ κέντρον τοῦ κύκλου, οὗ πόλος τὸ Π, κατωτέρω. δεῖ γὰρ εἶναι ἐπ' εὐθείας τό τε Η, ὅ ἐστι τὸ ἄστρον, πρὸς ὃ ἡ ἀνάκλασις, καὶ τὸ Κ, ὅ ἐστι κέντρον τοῦ ὁρίζοντος, ἐφ' οὗ ἡ ὄψις, καὶ τὸ κέντρον τοῦ κύκλου, ἐφ' οὗ ἡ ἔμφασις τῆς ἴριδος, καὶ τὸν πόλον. τοσοῦτον δὲ ἔσται κατωτέρω τὸ Π τοῦ Γ, ὅσῳ ἀνωτέρω ἐστὶ τὸ Η τοῦ Α. ἐπεὶ οὖν ἐπὶ τῆς αὐτῆς εὐθείας ἐστὶν ὅ τε πόλος τοῦ κύκλου καὶ τὸ κέντρον τοῦ κύκλου, οὗ πόλος ἐστὶ τὸ Π, καὶ ἡ ὄψις, ἥτις ἐστὶν ἐπὶ τοῦ Κ, ὅ ἐστι κέντρον τοῦ ὁρίζοντος, ἔσται τὸ κέντρον τοῦ κύκλου, ἐφ' οὗ ἡ ἶρις, τότε ἐπὶ τῆς ΚΠ εὐθείας μεταξὺ τοῦ τε Κ καὶ τοῦ Π· ὂν δὲ ἐπὶ ταύτης κατωτέρω ἔσται τῆς τοῦ ὁρίζοντος διαμέτρου. εἰ δὲ κατωτέρω, ἔλαττον ἡμικυκλίου ἔσται τὸ ὑπὲρ τὸν ὁρίζοντα τμῆμα τοῦ κύκλου· ἡμικύκλιον γὰρ ἐγίνετο, ὅτε ἐπὶ τοῦ ὁρίζοντος ἦν τὸ

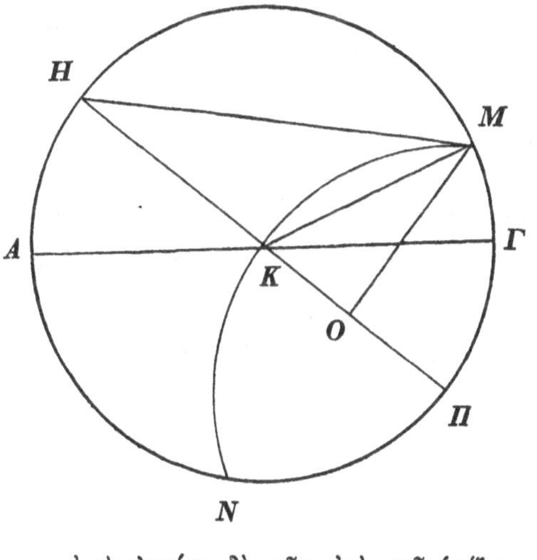

κέντρον αὐτοῦ. κατ' ἀναλογίαν δὲ τῆς ἀπὸ τοῦ ὁρίζοντος ἀποστάσεως τοῦ ἄστρου, πρὸς ὃ ἡ ἀνάκλασις, καὶ τὸ τμῆμα τοῦ κύκλου τῆς ἴριδος

1 ἀεὶ] ἢ B¹: om. I 2 ἡ om. a 4 τοῦ Η scripsi: τὸ η̅ libri 6 ἀπὸ τοῦ η̅ κατὰ I 7 τοῦ ὁρίζοντος] προτέρας BWa πόλος] ὅλος I post οὐκέτ' add. ὃς ἦν τὸ π̅ BWa 8 ἐφ' ᾧ I 9 κατωτέρω semel habet a 10 et 13 τῷ π̅ I 13 ἡ om. a 15 ὅ τε πόλεμος I 17 τῆς η̅π̅ I 18 τῆς om. W 19 ἡ δὲ I ἐλάττων I τὸ] γὰρ I 20 τμῆμα τοῦ] τμήματα I

μειωθήσεται. ὅσῳ γὰρ ἂν ὑψηλότερον ἐκεῖνο ᾖ, τοσούτῳ κοιλότερος καὶ ὑπογειότερος ὁ πόλος τοῦ κύκλου, ἐφ' οὗ ἡ ἶρις ἐμφαίνεται, τούτου δὲ κοιλοτέρου γινομένου κοιλότερον καὶ τὸ κέντρον γίνεται τοῦ κύκλου· ὅσῳ δ' ἂν πλεῖον ἀπέχῃ τοῦτο τῆς τοῦ ὁρίζοντος διαμέτρου, τοσούτῳ ἔλαττον γίνεται τοῦ κύκλου, οὗ ἐστι κέντρον τοῦτο, τὸ ὑπὲρ γῆς ἀπολαμβανόμενον ὑπὸ τοῦ ὁρίζοντος τμῆμα, ἐφ' οὗ ἡ τῆς ἴριδος ἔμφασις. καὶ τοῦτο ἔσται οὕτως, ἕως ἂν ἐπὶ τῇ μεσημβρίᾳ ληφθῇ ὂν τὸ ἄστρον, πρὸς ὃ ἡ ἀνάκλασις· τότε γὰρ ἐλάχιστον τμῆμα τοῦ κύκλου τὸ ὑπὲρ γῆς ἔσται. τοῦτο δὲ ἐδήλωσεν αὐτὸς εἰπὼν ὅσῳ γὰρ ἀνώτερον τὸ Η, κατωτέρω ὅ τε πόλος καὶ τὸ κέντρον τοῦ κύκλου ἔσται. ὅσῳ δ' ἂν κατωτέρω τὸ κέντρον γίνηται τοῦ κύκλου, δῆλον ὅτι τοσούτῳ ἔλαττον ἡμικυκλίου τμῆμα ἔσται τὸ ὑπὲρ γῆν τοῦ κύκλου.

p. 377a11 Ὅτι δ' ἐν μὲν ταῖς ἐλάττοσιν ἡμέραις.

Οὐ τῶν νυκτῶν λέγει * * * τῶν ἡμερῶν· ἐν γὰρ τῷ ἔτει παντὶ ἐλάττους μέν εἰσιν αἱ ἡμέραι αἱ μετὰ ἰσημερίαν μετοπωρινὴν τῷ τὰ νοτιώτερά τε καὶ μεσημβρινώτερα μέρη τότε κινεῖσθαι τὸν ἥλιον, ἃ διὰ τὴν ἔγκλισιν τοῦ νοτίου πόλου ἐλάττω μὲν ἔχει τὰ ὑπὲρ γῆν τμήματα τῶν κύκλων, καθ' ὧν ὁ ἥλιος κινεῖται, μείζω δὲ τὰ ὑπὸ γῆν· μείζους δὲ πάλιν αἱ μετὰ ἰσημερίαν ἐαρινήν, τῷ κινεῖσθαι μὲν τότε τὸν ἥλιον τὰ βόρεια μέρη τοῦ ἰσημερινοῦ, ἐν δὲ τούτοις διὰ τὸ ἔξαρμα τοῦ βορείου πόλου μείζω μὲν εἶναι τὰ τμήματα τῶν κύκλων καθ' ὧν ὁ ἥλιος κινεῖται τὰ ὑπὲρ γῆν, ἐλάττω δὲ τὰ ὑπὸ γῆν. ἀποδίδωσι δὲ διὰ τούτων τὴν αἰτίαν τοῦ κατ' ἀρχὰς τοῦ βιβλίου περὶ τῆς ἴριδος εἰρημένου· εἶπε γὰρ λέγων περὶ αὐτῆς "καὶ μετὰ μὲν τὴν μετοπωρινὴν ἰσημερίαν ἐν ταῖς βραχυτέραις ἡμέραις πᾶσαν ὥραν γίνεται τῆς ἡμέρας, ἐν δὲ ταῖς θεριναῖς οὐ γίνεται περὶ μεσημβρίαν." λέγει δὴ αἰτίαν τούτου ταύτην, τὸ τὰ μὲν πρὸς ἄρκτον μέρη τοῦ ἰσημερινοῦ τῶν κύκλων, καθ' ὧν ὁ ἥλιος κινεῖται μετὰ τὴν ἐαρινὴν ἰσημερίαν, μείζω τὰ ὑπὲρ γῆς ἔχειν τμήματα· διὰ τοῦτο γὰρ καὶ ἡμέραι μείζους. τὸ δὲ ἐπὶ μείζω δηλωτικὸν ἂν εἴη ἤτοι τοῦ καὶ τὸν ἥλιον διὰ τοῦτο τότε ἐπὶ μεῖζόν τε καὶ ὑψηλότερον αἴρεσθαι, ἢ τοῦ ἀεὶ κατὰ τὴν ἀπὸ τοῦ ἰσημερινοῦ ἀπόστασιν μεῖζον τῶν κύκλων τὸ ὑπὲρ γῆς τμῆμα γίνεσθαι.

---

1 ἂν om. a ᾖ] ἐστὶ a τοσοῦτο B[1]I[1] κοιλότερος] ταπεινότερος a 2 ἡ — ἐμφαίνεται in marg. B[2] τούτου δὲ — τοῦ κύκλου (3) om. B[1]Wa: in marg. add. B[2] 3 ὅσον a 4 τοσοῦτον a 5 post γίνεται add. τμῆμα a τοῦτο om. I ὑπὲρ γῆν a 6 τμήματος I 9 κατώτερος Arist.: κατώτερον a 11 γίνεται a τοσοῦτον I 14 τῶν ἡμερῶν] exspectas tale quid ἀλλ' ὡς πρὸς ἀλλήλας μειζόνων ἢ ἐλαττόνων οὐσῶν τῶν ἡμερῶν 15 αἱ ante ἡμέραι om. BWa νοτιώτερά τε] νότια ἀνώτερά τε I 17. 18 καθ' ἃ fort. B[1]: καθ' ὧ W 21 τῶν ὑπὲρ I 23 εἶπε γὰρ] p. 371b30 24 μὲν om. BWa μετοπωρινὴν libri, ut Arist. F: ὀπωρινὴν Arist. vulg. βραχυτάταις a, ut Arist. H 25 ὥραν γίνεσθαι I 26 δὴ] δὲ I, ex δὴ corr. B[1] 29. 30 διὰ τοῦ τότε I 30 τότε] τί τε B, sed corr., ut vid., B[1] ἐπὶ τὸ μεῖζον B 31 τὸν κύκλον I

τὰ δὲ πρὸς μεσημβρίαν τοῦ ἰσημερινοῦ μέρη τῶν κύκλων, καθ' ὧν πάλιν ὁ ἥλιος μετὰ ἰσημερίαν μετοπωρινὴν κινεῖται, τὸ μὲν ὑπὲρ γῆς τμῆμα ἔλαττον ἔχει, τὸ δ' ὑπὸ γῆν μεῖζον, καὶ ὅσῳ ἂν πορρώτερον ἀφιστῆται τοῦ ἰσημερινοῦ, μεῖζον τὸ ὑπὸ γῆς, ἔλαττον δὲ τὸ ὑπὲρ γῆς, ἔμπαλιν τῶν ἐν τοῖς βορείοις μέρεσι. τούτων δ' οὕτως ἐχόντων ἐν μὲν ταῖς πρὸς θερινὰς τροπὰς ἡμέραις, αἳ γίνονται προσιόντος τε τοῦ | ἡλίου τῷ ἀρκτικῷ 124v
κύκλῳ ἀπὸ τοῦ ἰσημερινοῦ καὶ πάλιν ἀποχωροῦντος αὐτοῦ ἀπὸ τοῦ εἰρημένου κύκλου ἐπὶ τὸν ἰσημερινόν, τῷ τότε μεγίστας εἶναι τὰς ἡμέρας καὶ μέγιστα τὰ ὑπὲρ γῆς τμήματα τῶν κύκλων, καθ' ὧν ὁ ἥλιος κινεῖται, πρὶν τὸν ἥλιον ἐπὶ τὸ μέσον ἐλθεῖν τοῦ κύκλου καὶ μεσημβρίαν ποιῆσαι, παντελῶς κάτω γίνεται τὸ Π, ὃς πόλος ἦν τοῦ κύκλου, καθ' οὗ ἡ ἶρις φαίνεται· τούτου δὲ κάτω γινομένου γίνεται κάτω καὶ τὸ κέντρον αὐτοῦ τοῦ κύκλου, ὃ εἶπεν εἶναι Ο. ἐπεὶ γὰρ ἐπὶ τῆς αὐτῆς εὐθείας ὅ τε πόλος ἐστὶ τοῦ κύκλου, καθ' ὃν ἡ ἶρις γίνεται, καὶ τὸ κέντρον αὐτοῦ καὶ ὁ ἥλιος, ὥσπερ καὶ ἡ ὄψις, δῆλον ὅτι ὅσῳ ἂν ὁ ἥλιος ὑψηλότερος αἴρηται, τοσούτῳ κοιλότερος ὁ πόλος καὶ τὸ κέντρον τοῦ κύκλου γίνεται. γινομένων δὲ ἐκείνων κοιλοτέρων καὶ ὁ κύκλος ὁ περὶ αὐτὰ ἀεὶ ἔλαττον τὸ ὑπὲρ γῆς ἔχων γίνεται τμῆμα, ὥστε περὶ τὰς μεσημβρινὰς μηδὲ ὑπερέχειν τῆς γῆς ἔτι τὸν κύκλον διὰ τὴν τοῦ κέντρου αὐτοῦ εἰς τὸ κάτω πλείω μετάστασιν. διὸ περὶ τὰς ὥρας ταύτας ἐν ἐκείναις ταῖς ἡμέραις οὐχ οἷόν τε ἶριν γίνεσθαι. οὐ γὰρ τοῦτο λέγει, ὅτι μηδ' ὅλως γίνεται ἶρις ἐν ἐκείναις ταῖς ἡμέραις, ἀλλ' ὅτι μὴ περὶ μεσημβρίαν. διὰ μὲν οὖν τοῦτο μετὰ τὴν ἐαρινὴν ἰσημερίαν περὶ τὰς μεσημβρίας ἶρις οὐ γίνεται· μετὰ μέντοι τὴν μετοπωρινὴν ἰσημερίαν ἀεὶ καὶ πάσης ὥρας οἷόν τε ἶριν γίνεσθαι, ὅτι καὶ τοῦ κύκλου τοῦ περὶ τὸ Π ὡς πόλον γραφομένου, ἐν ᾧ ἡ ἶρις γίνεται, ἀεὶ ἔστι τμῆμά τι ὑπὲρ γῆς, τῷ τὸν ἥλιον μὴ πολὺ εἰς ὕψος αἴρεσθαι· ὀλίγον γὰρ ὑψωθεὶς ἐν ἐκείνῳ τῷ καιρῷ κατὰ τὴν μεσημβρίαν γίνεται. καὶ ἔστιν ἡ αὐτὴ αἰτία τοῦ τε ἐλάττονα ἡμικυκλίου ἶριν γίνεσθαι ὑπὲρ τὸν ὁρίζοντα τοῦ ἡλίου ὄντος, καὶ τοῦ μηδ' ὅλως γίνεσθαι περὶ τὰς μεσημβρίας ἐν ταῖς μακροτέραις ἡμέραις· ἡ γὰρ εἰς ὕψος πρόοδος τοῦ ἡλίου ἀμφοτέρων αἰτία.

p. 377a 29 Τὰς δ' αὐτὰς αἰτίας ὑποληπτέον καὶ περὶ παρηλίου καὶ ῥάβδων ταῖς εἰρημέναις.

Εἰπὼν περὶ ἅλω καὶ ἴριδος ἐπὶ τὸν περὶ παρηλίων καὶ ῥάβδων μέτεισι λόγον, καὶ λέγει ταὐτὰ δεῖν αἴτια ἡγεῖσθαι καὶ τούτων ἃ καὶ τῶν προ-

3 ἀφίσταται BI 4 γῆν utrobique a 7 post ἀποχωροῦντος add. τοῦ I 7. 8 προειρημένου BWa 8. 9 καὶ μέγισται a 9 ὑπὲρ γῆν a 11 γίνεται scripsi: γίνεσθαι libri τὸ Π, ὃς πόλος] τὸν πόλον ὃς Wa καθ' ὃν a 12 φαίνεται om. I 12. 13 αὐτοῦ τοῦ κύκλου om. Ba 13 Ο] κύκλον B, sed corr. B[1] 17 ὑπὲρ γῆν a 18 ἔχον I ὥστε] ὥσπερ BIW 21 ἡ ἶρις B, sed ἡ del. B[1] 22 εἰαρινὴν BW 23 et 29 μεσημβρινὰς I 23 οὐ om. B[1]Wa 24 ὅτε W 25 τὸ — γραφομένου] τὸν π̄ γραφομένου πόλον BW: τὸν π̄ γραφομένου πόλου a 26 τῷ] τὸ I 30 μακροτάταις Wa ἡ] εἰ W: ex ἡ corr. B 31 δ' om. IW 34 ταῦτα I δεῖν post ἡγεῖσθαι exh. BWa καὶ alterum om. BWa τούτων τε καὶ BWa

ειρημένων, λέγων τῆς ἅλω τε καὶ τῆς ἴριδος· καὶ γὰρ ταῦτα ἀμφότερά φησιν ἀνακλωμένης γίνεσθαι τῆς ὄψεως πρὸς τὸν ἥλιον ἀπό τινος συστάσεως πυκνῆς τε καὶ νεφώδους. γίνεσθαι δὲ τὰς ῥάβδους φησὶν οὕτω διὰ τὸ τὴν ὄψιν τοιαύτην ἀπὸ τοῦ νέφους ἀνακλᾶσθαι πρὸς τὸν ἥλιον, ὁποίαν ἔμπροσθεν εἰρήκαμεν αὐτὴν ἐπὶ τῶν νεφῶν τῶν πλησίον τοῦ ἡλίου ἀνακλᾶσθαι ἀπὸ ὕδατος. εἶπε δὲ ὅτι πολλάκις τὰ νέφη, αὐτὰ καθ' αὑτὰ ἀχρωμάτιστα φαινόμενα καὶ λευκὰ διὰ τὸ πλησίον ὄντα τοῦ ἡλίου καταλάμπεσθαι, δι' ὕδατος ὁρώμενα κεχρωματισμένα κατά τινας εὐθείας φαίνεται τοῖς τῆς ἴριδος χρώμασι τῷ ἔχειν παχυτέραν τινὰ σύστασιν ἐν αὐτοῖς, ἢ μιγνύμενον τὸ τοῦ ἡλίου φῶς χρώματος φαντασίαν ἐν αὐτῷ ποιεῖ, ὃ ἐξ εὐθέος μὲν εἰς τὸ νέφος ὁρώντων οὐ φαίνεται διὰ τὸ ὑπὸ τῶν πλαγίων αὐτοῦ λαμπρῶν φαινομένων ἀποκρύπτεσθαι, διὰ δὲ τοῦ ὕδατος ὁρώντων αὐτὸ φανερὸν γίνεται. ἐκεῖ μὲν οὖν εἰς αὐτὸ τὸ νέφος ὁρώντων οὐ φαίνεται τὸ χρῶμα τῷ πλησίον εἶναι τὸ νέφος τοῦ ἡλίου· αἱ δὲ ῥάβδοι ἐπ' αὐτοῦ τοῦ νέφους ἔχουσιν ὁρώμενον τὸ χρῶμα κατ' εὐθείας τινάς, ἐκ πλαγίων ὄντος τοῦ νέφους τῷ ἡλίῳ. γίνεσθαι δὲ τὴν τοιαύτην φαντασίαν ἐν τοῖς νέφεσι λέγει, ὅταν ἡ τοῦ νέφους σύστασις ἀνώμαλος ᾖ, ὡς τῇ μὲν εἶναι πυκνὸν τῇ δὲ μανόν, καὶ κατὰ μέν τι ὑδατῶδες ἤδη κατὰ δέ τι ἧττον τοιοῦτον. ἀπὸ γὰρ τοιούτου νέφους τὴν σύστασιν ὄντος ἀνακλωμένη ἡ ὄψις πρὸς τὸν ἥλιον διὰ μὲν μικρότητα τῶν κατόπτρων οὐχ ὁρᾷ τὸ σχῆμα τοῦ ἡλίου, τὸ δὲ χρῶμα αὐτοῦ διὰ τὸ λαμπρὸν καὶ λευκὸν ὄντα τὸν ἥλιον διὰ τοιούτων ἐνόπτρων ὁρᾶσθαι κατὰ μέν τι φοινικοῦν φαίνεται, κατὰ δέ τι πράσινον ἢ ξανθόν. ὡς γὰρ ὁρώμενος ὁ ἥλιος διὰ συστάσεως παχυτέρας καὶ ἀχλυώδους ἢ φοινικοῦς ἢ ξανθὸς ἢ ὅλως χρῶμά τι ἄλλο ἔχων φαίνεται, οὕτως καὶ ὅταν ἀπὸ τοιούτων ἡ ἐπ' αὐτὸν ἀνάκλασις γίνηται τῆς ὄψεως, ἢ ὅπερ ἀληθέστερον, ὅταν τὸ ἀπ' αὐτοῦ φῶς ἀπὸ τοιούτου νέφους ἀνακλώμενον ἐπὶ τὴν ὄψιν ᾖ. τὰς μὲν οὖν ῥάβδους λέγει γίνεσθαι διὰ τὴν προειρημένην ἀνωμαλίαν τῶν κατόπτρων, οὐ σχήματος ἀνωμαλίαν δεικνύντων· ἔστι γάρ τινα κάτοπτρα, ἃ δι' ἀνωμαλίαν τὰ σχήματα ἀνώμαλα καὶ | παρηλλαγμένα δείκνυσι τῶν δι' αὐτῶν ὁρωμένων, ταῦτα 125r δὲ οὐ τοῦ σχήματος τοῦ ἡλίου ἀνωμαλίαν δείκνυσιν, ὅτι μηδὲ τὴν ἀρχήν ἐστι σχῆμα δεικνύντα διὰ μικρότητα, ἀλλὰ χρώματος, οὗ μόνου ἐστὶ κάτοπτρα.

Εἰπὼν δὲ περὶ τῶν ῥάβδων τοὺς δὲ παρηλίους φησὶ γίνεσθαι τότε, ὅταν ὡς ὅτι μάλιστα ὁμαλὴ ᾖ ἡ τοῦ ἀέρος σύστασις καὶ πυκνὴ ὁμοίως. διὰ

---

3 post δὲ add. καὶ BWa 5 post ἐπὶ add. τι BW, τε a 6 ἀπὸ τοῦ ὕδατος BWa εἶπε] p. 374b24 9 αὐτοῖς libri 10 αὐτῷ] immo αὐτοῖς 11 εὐθέως B[1]W post πλαγίων add. πλευρῶν BWa 13 αὐτὸ — γίνεται] ἀπογίνεσθαι φανερὸν B[1]W: αὐτὸ γίνεσθαι corr. B[2]: αὐτὸ φ. γίνεσθαι I: αὐτὸ γίνεται φ. a 17 ᾖ post ὅταν coll. BWa 22 post ὁρᾶσθαι add. καὶ I φοινικὸς I 25 γίνεται BW 26 ὄψεως] ὑψώσεως W ὅταν om. B[1]W 28 post σχήματος fort. addendum ἀλλὰ χρώματος 29 δεικνύντα IW κάτοπτρά τινὰ coll. a 32 μακρότητα W 34 δὲ prius om. a τῶν om. a alterum δὲ om. Ba 35 ὁμαλὴς BWa ᾖ om. I post σύστασις add. ἢ I

τοῦτο γὰρ λέγει τοὺς παρηλίους λευκοὺς φαίνεσθαι· διὰ γὰρ τὴν ὁμοιότητα καὶ ὁμαλότητα τῶν ἐνόπτρων ἑνὸς χρώματος φαντασία γίνεται, λευκοῦ δὲ τῷ διὰ τὴν πυκνότητα τῆς συστάσεως καὶ ὁμαλότητα ἅμα τὰς ὄψεις πρὸς αὐτήν τε προσπιπτούσας καὶ ἀπ᾽ αὐτῆς ἀνακλωμένας πρὸς τὸν ἥλιον, καὶ οὔπω μὲν οὔσης ὑδατώδους οὐδὲ μελαίνης, ἐγγὺς μέντοι ὕδατι τὸ ὑπάρχον τῷ ἡλίῳ χρῶμα τοῦτ᾽ ἐν τῇ συστάσει ἐμφαίνεσθαι ποιεῖν. ὡς γὰρ ἀπὸ χαλκοῦ λείου κλᾶται ἀθρόα ἡ ὄψις διὰ τὴν πυκνότητα τῆς συστάσεως· διὸ διὰ τὴν ἀθρόαν ἀνάκλασιν τὸ ἀληθινὸν τοῦ ὁρωμένου χρῶμα ἐμφαίνεσθαι ποιεῖ. λευκὸν δὲ τὸ τοῦ ἡλίου χρῶμα· καὶ ὁ παρήλιος ἄρα διὰ τοῦτο λευκός. διὰ δὲ τὸ αὐτὸ τοῦτό φησι καὶ μᾶλλον ὕδατος σημεῖον εἶναι τὸν παρήλιον τῶν ῥάβδων, τὸ αὐτὸ τοῦτο λέγων τὴν πυκνότητα καὶ ὁμαλότητα τῆς συστάσεως· σημεῖον γὰρ ἡ τοιαύτη σύστασις τοῦ τὸν ἀέρα ἐπιτηδείως ἔχειν πρὸς μεταβολήν τε καὶ γένεσιν ὕδατος. μᾶλλον δέ φησι τὸν πρὸς τοῖς νοτίοις μέρεσι τοῦ ἡλίου γινόμενον παρήλιον ὕδατος σημεῖον εἶναι τοῦ πρὸς τοῖς βορείοις γινομένου (κατὰ γὰρ τὰ πλάγια τοῦ ἡλίου οἱ παρήλιοι), ὅτι μᾶλλον ὁ νότιος ἀὴρ καὶ πρὸς ἐκείνοις τοῖς μέρεσιν εἰς ὕδωρ μεταβάλλει τοῦ πρὸς ἄρκτον. γίνεσθαι δὲ λέγει τοὺς παρηλίους καὶ τὰς ῥάβδους πρὸς ταῖς ἀνατολαῖς ὄντος τοῦ ἡλίου ἢ πρὸς ταῖς δυσμαῖς (μεσουρανῶν γὰρ λύει τὰς τοιαύτας συστάσεις ὡς ἐπὶ τὸ πλεῖστον καὶ διακρίνει), καὶ οὔτε πρὸ αὐτοῦ οὔτε μετ᾽ αὐτόν (τοῦτο γὰρ ἂν εἴη τὸ οὔτε ἄνωθεν οὔτε κάτωθεν, ⟨ἢ⟩ δύναται τὸ κάτωθεν σημαίνειν τὸ ὑπ᾽ αὐτόν, ὡς αἱ ἅλως), ἀλλὰ ἐκ πλαγίων· ἐκ πλαγίων δὲ τοῦ ἡλίου τὰ κατὰ τοὺς πόλους ἐστὶ μέρη· καὶ οὔτε ἐγγὺς λίαν οὔτε πόρρω πάνυ· αἱ μὲν γὰρ ἐγγὺς τοῦ ἡλίου συστάσεις διαλύονται ἀπ᾽ αὐτοῦ, ἀπὸ δὲ τῶν πάνυ πόρρω τοῦ ἡλίου οὐχ οἷόν τε ἀνάκλασιν τῆς ὄψεως γίνεσθαι· τῷ γὰρ ἀπὸ μικροῦ ἐνόπτρου γίνεσθαι λεπτὴ οὖσα, πόρρω ἀποτεινομένη ἐξασθενεῖ. ταύτην φησὶν αἰτίαν εἶναι τοῦ καὶ ἅλως μὴ γίνεσθαι ἐξ ἐναντίας τοῦ ἡλίου, ἀλλὰ ὑπ᾽ αὐτόν· αἱ μὲν γὰρ ἐγγὺς διακρίνονται (εὐδιακριτώτεραι γὰρ αἱ τὴν ἅλω ποιοῦσαι συστάσεις), αἱ δὲ πόρρω οὐ δέχονται τὰς ἀνακλάσεις.

p. 377b34 Ἄνω μὲν οὖν ἐὰν γίνηται καὶ ἐγγύς.

Τὸ ἄνω λέγοι ἂν τὸ ἐπ᾽ εὐθείας τῷ ἡλίῳ, καθ᾽ ἃ τὴν κίνησιν ποιεῖται· κατὰ τοῦτο δὴ οὐ γίνονται αἱ συστάσεις αἱ τοὺς παρηλίους ἢ τὰς ῥάβδους ἢ τὰς ἅλως δεχόμεναι, ὅτι ἢ ἐγγὺς οὖσαι τοῦ ἡλίου διαλύονται, ἢ πόρρω οὖσαι οὐ σώζουσι τὴν ἀνάκλασιν· καὶ γὰρ ἀεὶ τὴν ἀρχὴν σύμ-

1 γίνεσθαι BWa 2 λευκὸν I 4 πιπτούσας a 5 καὶ om. BWa οὔπω μενούσης B οὐδὲ] ἀλλὰ I ὕδατος B²a 6 φαίνεσθαι I ποιεῖ IB 8 χρώματος I 9 post ἐμφαίνεσθαι add. ὃ B¹W post δὲ add. καὶ a 9. 10 τὸ τοῦ — ἄρα διὰ om. BW 10 post λευκός add. supr. v. καὶ ἀπαρήλιος B² 17 μεταβάλλειν I 20 μετ᾽ αὐτοῦ B¹ 21 ἢ addidi 22 ἐκ τῶν πλαγίων Arist. 24 ὑπ᾽ αὐτοῦ a 27 καὶ om. I 29 γὰρ om. B¹W αἱ τὴν] αὐτὴν a 32. 33 τοὺς ῥάβδους I 33 et 34 οὖσα a 34 ἀεὶ] δεῖ BWa

μετρον ἀφεστάνει δεῖ. προσιὼν γὰρ ὁ ἥλιος ἢ ἀπιὼν ἀπ' αὐτῶν τῷ ἐπὶ ταῦτα κινεῖσθαι ἢ ἐγγυτέρω ἔσται τῆς συμμετρίας ἢ πορρωτέρω· ἐν δὲ τῷ πλαγίῳ ἔστιν εὑρεῖν σύμμετρον ἀπόστασιν, ἥτις πρὸς τῷ εἶναι σύμμετρος καὶ μένει ἐν τῇ αὐτῇ συμμετρίᾳ, μήτε προσιόντος αὐτῇ τοῦ ἡλίου μήτε ἀποχωροῦντος ἀπ' αὐτῆς διὰ τὸ ἐπὶ ταῦτα μὴ κινεῖσθαι. εἰπὼν δὲ ὥστε μήτε τὸν ἥλιον διαλῦσαι τήν τε ὄψιν ἀθρόαν ἐλθεῖν, προσέθηκε διὰ τὸ πρὸς τὴν γῆν φερομένην μὴ δύνασθαι διικνεῖσθαι, ὥσπερ δι' ἀχανοῦς φερομένην, ὃ εἴη ἂν ἴσον τῷ εἰ γὰρ μὴ ἦν ἡ προειρημένη σύστασις σύμμετρον ἀφεστῶσα τοῦ ἡλίου καὶ ἐκ πλαγίων αὐτοῦ, ἀλλὰ πρὸς τῇ γῇ ἐφέρετο, μὴ δύνασθαι τὴν ἀνάκλασιν ἀπ' αὐτῆς διικνεῖσθαι πρὸς τὸν ἥλιον, ὥσπερ δι' ἀχανοῦς φερομένην διὰ τὸ τῆς ἀποστάσεως μέγεθος. ἢ δύναται καὶ ἐν ὑπερβατῷ ἡ λέξις εἰρῆσθαι, ὡς εἶναι τὸ ἑξῆς καὶ τὸ ἀκόλουθον οὕτως ἔχον· ἐὰν δὲ πόρρω, ἐλάττων ἡ ὄψις οὖσα ἢ ὥστε | ποιεῖν ἀνάκλασιν οὐ προσπεσεῖται διὰ τὸ πρὸς τὴν γῆν 125v
φερομένην μὴ δύνασθαι διικνεῖσθαι, ὥσπερ δι' ἀχανοῦς φερομένην. τότε γὰρ δῆλον ὅτι πόρρω ἔσται τοῦ ἡλίου ἡ σύστασις, ὡς μὴ δύνασθαι ἀπ' αὐτῆς πρὸς τὸν ἥλιον τὴν ὄψιν ἀνακλᾶσθαι, ὅταν ᾐ πρὸς τῇ γῇ· ἀπὸ γὰρ τῆς πρὸς τῇ γῇ φερομένης συστάσεως ὡς δι' ἀχανοῦς αἱ πρὸς τὸν ἥλιον ἀνακλάσεις. εἶτα μετὰ τὴν λέξιν ταύτην τακτέον τὴν ἐν δὲ τῷ πλαγίῳ τοσοῦτον ἔστιν ἀποστῆναι τὸ ἔνοπτρον, ὡς μήτε τὸν ἥλιον διαλῦσαι τήν τε ὄψιν ἀθρόαν διελθεῖν.

p. 378a6 Ὑπὸ δὲ τὸν ἥλιον οὐ γίνεται.

Εἰπὼν ὅτι ἂν πλησίον τῆς γῆς ᾖ ἡ σύστασις, πόρρω ἔσται τοῦ ἡλίου καὶ οὐκ ἔσται ἀνάκλασις ἐπ' αὐτόν, νῦν λέγει, διὰ τί καθόλου οὐ γίνεται τοιαύτη σύστασις ὑπὸ τὸν ἥλιον, ὡς γίνεσθαι ἐν αὐτῇ παρήλιον ἢ ῥάβδον, τοῦ ἐκ πλαγίων αὐτοῦ μόνον αὐτὰ γίνεσθαι τὰς αἰτίας ἀποδιδούς. εἰ δὴ ὑπὸ τὸν ἥλιον, φησίν, ἡ σύστασις ἡ τοιαύτη γίνοιτο, εἰ μὲν πλησίον γίνοιτο τῆς γῆς, διαλύοιτ' ἂν ὑπὸ τοῦ ἡλίου δηλονότι διὰ τὰς ἀνακλάσεις· ὑψηλοτέρας δὲ καὶ μεσουρανίου γινομένης τὴν ὄψιν πάλιν διασπωμένην καὶ ἀσθενῆ προσβάλλειν αὐτῇ διὰ τὸ μῆκος τοῦ διαστήματος, τοιαύτην δ' οὖσαν μηκέτι δύνασθαι ἀνακλᾶσθαι ἀπ' αὐτῆς μέχρι τοῦ ἡλίου. οὐ γὰρ μόνον ὑποκάτω τοῦ ἡλίου μεσουρανίου γινομένης τῆς συστάσεως οὐχ οἷόν τε ἀνάκλασιν ἀπ' αὐτῆς ἐπὶ τὸν ἥλιον γενέσθαι, ἀλλ' οὐδ' ἂν ἐκ πλαγίων οὖσα μεσουράνιος ᾖ· οὕτως γὰρ ἐχούσης αὐτῆς καὶ πόρρω τῆς γῆς

1 δεῖ om. BWa   προσιὼν γὰρ] ἵνα μὴ προσιὼν BWa   2 ἔσται] ᾖ a
3 post πλαγίῳ add. φησὶν BWa   ἔστιν om. B[1]   πρὸς τὸ B[1]I
7 δύνασθαι διϊκνεῖσθαι libri, ut Arist. rc. FH: δύνασθαι ἀφικνεῖσθαι Arist. N et pr. H: διασπᾶσθαι Arist. E   8 εἴη] ἦν B   9 σύμμετρος I   10 τὴν] αὐτὴν B[1]W ὑπ' αὐτῆς B[1]IW   13. 14 ἢ ὥστε W   15 φερομένης IW   16 ὅτι om. a
18 φερομένῃ a   21 διελθεῖν libri, ut Arist. E: ἐλθεῖν Arist. vulg.   23 ὅτι ἂν] ὅταν B   26 τοῦ] τῶ I   27 ἡ post φησίν om. BWa   28 δῆλον a
31 ὑπ' αὐτῆς I   33 γίνεσθαι BWa   34 post οὖσα add. ἂν I

οὔσης προσβάλλουσα αὐτῇ ἡ ὄψις οὐκ ἐγγὺς οὐδὲ πρὸς τῇ γῇ φέρεται, ἀλλὰ πλεῖον διάστημα· διὸ ὀλίγη καὶ ἀσθενὴς ἐπ' αὐτὴν ἔρχεται. διὸ καὶ ἀπὸ τῆς συστάσεως καὶ τοῦ ἐνόπτρου ἀνάκλασις αὐτῆς λίαν ἀσθενὴς γίνεται.

p. 378a12 Ὅσα μὲν οὖν ἔργα συμβαίνει παρέχεσθαι τὴν ἔκκρισιν.

Ὅσα, φησίν, ἡ ἀναθυμίασις ἡ ἐκ τῆς γῆς γινομένη καὶ ἡ ἔκκρισις ἔργα ποιεῖ ἐν τῷ ὑπὲρ τὴν γῆν τόπῳ, τοσαῦτα σχεδόν ἐστι καὶ τοιαῦτα. καὶ γὰρ εἴ τι παραλέλειπται, ἐκ τῶν εἰρημένων γνώριμος ἂν εἴη καὶ ὁ περὶ ἐκείνου λόγος. ὅσα δὲ ἡ ἔκκρισις αὐτὴ καὶ ἀναθυμίασις ἐγκατακλειομένη ἐν τῇ γῇ καὶ τοῖς μέρεσιν αὐτῆς ἀπεργάζεται, ἑξῆς φησι λεκτέον εἶναι. διὰ γὰρ τὸ διπλῆ εἶναι, ὡς προείρηται, ἡ μὲν ξηρά τε καὶ καπνώδης, ἡ δὲ ὑγρά, ἣν ἀτμίδα ὀνομάζει, δύο διαφορὰς σωμάτων ποιεῖ ἐν τῇ γῇ, ὥσπερ ἐδείχθη καὶ ὑπὲρ γῆν ποιοῦσα. λέγει δὲ τῶν ὑπὸ γῆν γινομένων ἐκ τῆς ἐναπολαμβανομένης ἀναθυμιάσεως σωμάτων δύο εἴδη εἶναι· τὰ μὲν γὰρ αὐτῶν ὀρυκτὰ εἶναι, ἃ ποιεῖν τὴν ξηράν τε καὶ καπνώδη ἀναθυμίασιν συνισταμένην, ὅταν πλεονάσῃ· εἶναι δὲ ταῦτα λίθων τε γένη τὰ ἄτηκτα καὶ σανδαράκην καὶ θεῖον καὶ μίλτον καὶ ὤχραν καὶ ἀρρενικὸν καὶ χρυσοκόλλαν, καὶ τἆλλα τὰ τοιαῦτα. ἔστι δὲ τὰ πλεῖστα, φησί, τῶν ὀρυκτῶν τὰ μὲν κονία κεχρωματισμένη, τὰ δὲ λίθος ἐκ ξηρᾶς καὶ θερμῆς συστάσεως πεπηγώς τε καὶ γεγονώς. τὰ δὲ μεταλλευτὰ γίνεσθαι πάλιν ἐκ τῆς ἀτμιδώδους ἀναθυμιάσεως· ταῦτα δ' ἐστὶν ὅσα ἐστὶν ἢ χυτὰ ἢ ἐλατὰ ὡς σίδηρος, χρυσός, χαλκὸς καὶ ὅσα τούτοις ὅμοια. ποιεῖν δέ φησι πάντα τὰ προειρημένα τὴν ἀτμιδώδη ἀναθυμίασιν ἐγκατακλειομένην ἐν τῇ γῇ, καὶ μάλιστα μὲν ἐν τοῖς λίθοις· διὰ γὰρ τὴν ἐκείνων ξηρότητα εἰς ἓν συνθλίβεται καὶ πήγνυται. ὡς γὰρ ἡ δρόσος καὶ ἡ πάχνη εἰς ἓν συνίστανται ἀποκριθεῖσαι ἀπὸ τῆς ἀναγούσης αὐτὰς ξηρᾶς τε καὶ θερμῆς ἀναθυμιάσεως, οὕτως δὴ γίνεται καὶ ἐπὶ τῆς ὑπὸ γῆν ἐγκατακλειομένης ἀτμί|δος. δια- 126r φέρει δὲ τῶν ὑπὲρ τὴν γῆν συνισταμένων ἐκ τῆς ἀτμίδος τὰ ὑπὸ γῆν, ὅτι ἐπὶ μὲν τῶν ὑπὲρ γῆς μετὰ τὸ ἐκκριθῆναι τὴν ὑγρὰν ἀναθυμίασιν καὶ ὕδωρ γενέσθαι τότε γίνεται ἐξ αὐτοῦ ἢ δρόσος ἢ πάχνη, ἐπὶ δὲ τῶν ὑπὸ γῆν τῶν μεταλλευομένων ἡ γένεσις ἐκ τῆς ἀτμίδος οὐκ ἀποκριθείσης πρῶτον καὶ ὕδατος γενομένης, ἔπειτα παγείσης, ἀλλὰ πρὸ τοῦ διακριθῆναι καὶ ἐνεργείᾳ ὕδωρ γενέσθαι πηγνυμένης. διὸ καὶ ἐξ αὐτῆς οὕτως πηγνύμενά τε καὶ γινόμενα, ἅπερ ἐστὶ τὰ μεταλλευτά, ἔστι μὲν ὡς ὕδατος εἶναι, ἔστι δὲ

2. 3 καὶ ἡ ἀπὸ a 6 τῆς om. W 7 τὴν om. a 9. 10 ἐγκατακλειομένη] εἰς ἓν κατακεκλεισμένη I 13 ὑπὸ γῆς BWa 15 ὀρεκτὰ W 18 τἆλλα] πολλὰ B¹W τὰ ante τοιαῦτα om. I ἔστι scripsi: εἶναι libri 19 ὀρεκτῶν B¹W κώνια W κεχρωματισμένα IW, ut Arist. N 20 μεταλλατὰ a 24. 25 συνθλίβεται] συλλείβεται BW: συλλάβεται a 25 συνίσταται BI 26 αὐτὰς om. Ba 27 δὴ] δὲ BW: om. a ἐπὶ τοῖς B 28 τὴν om. BWa 29 ὑγρὰν] ξηρὰν I 30 γίνεσθαι I 33 γίνεσθαι W 34 μεταλλεύοντα BWa

ὡς οὔ· τῷ μὲν γὰρ ἐκ τῆς ἀτμίδος γεγονέναι, δυνάμει ὕδατος οὔσης καὶ ὕλης ὕδατος, κατὰ μὲν τοῦτο ὕδατος ἂν εἴη, τῷ δὲ μὴ ἐξ ἐνεργείᾳ ὕδατος γενομένης αὐτῆς καὶ διακριθείσης πρῶτον γεγονέναι, ὡς οἱ χυμοὶ γίνονται (ἐκ γὰρ ὕδατος οὗτοι διά τι πάθος μεταβάλλοντος) ταύτῃ δὲ πάλιν οὐχ ὕδατος. τῷ γὰρ πρὸ τῆς εἰς ὕδωρ διακρίσεως τὴν πῆξιν αὐτῶν γενέσθαι ἔχει τι καὶ γῆς ἐν αὐτοῖς· οὐ γὰρ τέλεον ἀπελύθη τῆς ξηρᾶς ἀναθυμιάσεως. διὰ τοῦτο δέ φησιν αὐτὰ καὶ πυροῦσθαι, τουτέστιν ἐξάπτεσθαι καιόμενα καὶ χωνευόμενα, καὶ ἀπουσίαν τινὰ ποιεῖν. μόνον γὰρ τὸν χρυσὸν τῶν μεταλλευτῶν μὴ πυροῦσθαι· ὅταν γὰρ ᾖ κεκαθαρμένος, οὐδ' ἀπουσία τις ἔτι ἐν τῇ χωνεύσει αὐτοῦ γίνεται. εἰπὼν δὲ ταῦτα καθόλου μέν φησι καὶ κοινῶς εἰρῆσθαι περὶ αὐτῶν τῶν τε ὀρυκτῶν καὶ τῶν μεταλλευτῶν, τίς τε αὐτῶν ἡ διαφορὰ καὶ πόθεν ἡ γένεσις καὶ ποῦ· ἰδίᾳ δὲ δεῖν φησιν ἕκαστον τῶν εἰρημένων γενῶν προχειριζομένους τὰ οἰκεῖα αὐτοῖς ἐπισκοπεῖν. περὶ ὧν Θεόφραστος πεπραγμάτευται ἔν τε τῷ Περὶ τῶν μεταλλευομένων καὶ ἐν ἄλλοις τισίν.

---

1 μὲν] γοῦν I 2 τὸ δὲ I ἐνεργείας IW 3 γενομένης—πρῶτον om. I γινομένης BW 6 γῆς] lac. III litt. I αὐτοῖς libri 9 κεκαθαρμένοις a 11 τῶν τε] τῶν δὲ I ὀρεκτῶν BW 12 ἰδίᾳ] διὰ B[1] 14 Θεόφραστος] cf. fragm. II (III p. 34 sqq. Wimmer) τῷ] τοῖς B

ΑΛΕΞΑΝΔΡΟΥ ΑΦΡΟΔΙΣΙΕΩΣ ΕΙΣ ΤΟ ΤΕΤΑΡΤΟΝ ΤΩΝ ΑΡΙΣΤΟΤΕΛΟΥΣ ΜΕΤΕΩΡΟΛΟΓΙΚΩΝ

Τὸ τέταρτον ἐπιγραφόμενον τῶν Ἀριστοτέλους Μετεωρολογικῶν ἔστι μὲν Ἀριστοτέλους, οὐ μὴν τῆς μετεωρολογικῆς πραγματείας· οὐ γὰρ ἐκείνης οἰκεῖα τὰ ἐν αὐτῷ λεγόμενα· μᾶλλον δὲ ὅσον ἐπὶ τοῖς λεγομένοις εἴη ἂν ἑπόμενον τοῖς Περὶ γενέσεως καὶ φθορᾶς. εἰπὼν γὰρ ἐν ἐκείνοις περὶ τῶν τεσσάρων δυνάμεων τῶν ἁπτῶν, θερμότητος, ψυχρότητος, ξηρότητος, ὑγρότητος, καὶ δείξας ἐκ τοῦ συνδυασμοῦ τούτων τῶν δυνάμεων τὰ στοιχεῖα γινόμενα, καὶ εἰπὼν τὰς μὲν ποιητικὰς τῶν δυνάμεων εἶναι, τὰς δὲ παθητικάς, ἐν τούτῳ τίνα ἐστὶν ἃ ἑκάστη αὐτῶν δύναμις ποιεῖ ἢ πάσχει, λέγει, καὶ τίνα τὰ γινόμενα ὑπ' αὐτῶν.

p. 378b10 Ἐπεὶ δὲ τέτταρα τὰ αἴτια διώρισται τῶν στοιχείων.

Ὑπομιμνήσκει ἡμᾶς τῶν ἐν τῷ δευτέρῳ τῶν Περὶ γενέσεως καὶ φθορᾶς δεδειγμένων· δέδειχε γὰρ ἐκεῖ τέσσαρα αἴτια εἶναι, καθ' ἃ εἰδοποιεῖται τὰ πρῶτα σώματα, τουτέστι τὰ στοιχεῖα· θερμότης γὰρ καὶ ψυχρότης, ξηρότης τε καὶ ὑγρότης. αὗται γὰρ ἐδείχθησαν πρῶται οὖσαι τῶν ἁπτῶν ἐναντιώσεων, κατὰ δὲ τὰς πρώτας ἁπτὰς ἐναντιώσεις εἰδοποιεῖται τὰ στοιχεῖα· τῷ γὰρ ἁπτὰ εἶναι ἐν ὑποστάσει τέ ἐστι καὶ τοῦ μαθηματικοῦ σώματος διαφέρει. διὰ τοῦτο γὰρ καὶ τὰ στοιχεῖα τέσσαρα, ὅτι τέσσαρα καὶ τὰ οἷς εἰδοποιεῖται. τῶν γὰρ τεσσάρων αἱ μὲν πᾶσαι συμπλοκαὶ κατὰ δύο συντιθεμένων ἕξ εἰσιν, ὧν ἐπεὶ αἱ δύο ἐξ ἀντικειμένων οὖσαι ἀνύπ-

1 Adhibiti codices BIW et a   1. 2 Tit. Ἀλεξάνδρου — μετεωρολογικῶν B²: Ἀριστοτέλους om. W: εἰς τὸ τέταρτον inscr. I: Ἀλεξάνδρου Ἀφροδισιέως ὑπόμνημα εἰς τὰ μετεωρολογικά. εἰς τὸ τέταρτον a   4 post τῆς add. γε a   5 ἐν αὐτῇ I   6 ἦν ἂν B¹Wa   ἑπομένη BW   ἐκείνω BW: ἐκείνης a   7 ἁπτῶν] αὐτῶν B¹W   7. 8 ὑγρότητος ξηρότητος coll. BWa   10 ἐστὶν ἃ ἑκάστη om. B¹   δυνάμεις B¹   11 τὰ om. I   12 τέτταρα διώρισται αἴτια a Arist. vulg.   13 ἐν τῷ δευτέρῳ τῶν Περὶ γενέσεως καὶ φθορᾶς] B 2. 3   τῶν post δευτέρῳ om. BWa   17 ποιεῖται B   19 τέσσαρα] δεύτερα bis a   20 δευτέρων a   21 ἕξ εἰσιν] ἐξ I   αἱ om. B¹: δὴ αἱ supr. v. add. B²

αρκτοί εἰσιν, αἱ καταλειπόμεναι τέτταρές εἰσιν, αἷς εἰδοποιεῖται τὰ στοιχεῖα· τὸ μὲν γὰρ πῦρ θερμότητι καὶ ξηρότητι, ἀὴρ δὲ θερμότητι καὶ ὑγρότητι, τὸ δὲ ὕδωρ ὑγρότητι καὶ ψυχρότητι, γῆ δὲ ψυχρότητι καὶ ξηρότητι. οὐδὲν γὰρ τοῖς ἐναντίοις οἷόν τε εἰδοποιεῖσθαι, ὡς ἅμα ἢ θερμὸν καὶ ψυχρὸν εἶναι ἢ ξηρόν τε καὶ ὑγρόν. τῶν δὲ τεσσάρων τὰ μὲν δύο φησὶν εἶναι ποιητικά, τὴν θερμότητα καὶ ψυχρότητα, τὰ δὲ δύο παθητικά, τὴν ξηρότητα καὶ ὑγρότητα· εἶπε δὲ καὶ τοῦτο ἐν τοῖς Περὶ γενέσεως. ὅτι δὲ τῶν προειρημένων τὰ μέν ἐστι ποιητικά, τὰ δὲ παθητικά, πίστεις παρέχεται, τὴν μὲν διὰ τῆς ἐπαγωγῆς, τὴν δὲ ἐκ τοῦ λόγου τοῦ ὁριστικοῦ. διὰ μὲν τῆς ἐπαγωγῆς, ὅτι φαίνεται ἐν πᾶσιν ἡ μὲν θερμότης καὶ ψυχρότης ὁρίζουσαι καὶ συμφύουσαι καὶ μεταβάλλουσαι. ὁρίζειν μὲν οὖν λέγει τὸ συνάγειν καὶ παχύνειν ἢ πηγνύναι οὕτως, | ὥστε τὰ πρότερον μὴ ἔχοντα ἴδιον σχῆμα δι' ὑγρότητα, ἀλλ' ἀεὶ ὑπὸ 126v
τοῦ περιέχοντος σχηματιζόμενα ἴδιον λαμβάνειν σχῆμα καὶ ἴδιον ὅρον ἔχειν. καλεῖται γὰρ ἀόριστα μὲν τὰ ὑγρά, ὅσα δι' ὑγρότητα οὐκ ἔχει σχῆμα οἰκεῖον, ὡς ἀήρ, ὕδωρ, ὡρισμένα δὲ τὰ οἰκεῖον ἔχοντα σχῆμα καὶ μὴ συσχηματιζόμενα τῷ περιέχοντι. τὸ γοῦν ὕδωρ ὑπὸ τοῦ ψυχροῦ παγὲν ἀόριστον ὂν ὁρίζεται καὶ οἰκεῖόν τι σχῆμα λαμβάνει. καὶ ὑπὸ τοῦ θερμοῦ δὲ τὰ ὑγρὰ παχυνόμενα ὁρίζεται, ὡς τὸ μέλι ὑπὸ τοῦ πυρὸς καὶ ὅλως ὅσα δι' ἑψήσεως παχύτερα γινόμενα σχῆμα οἰκεῖον λαμβάνει, ὡς μηκέτι τῷ περιέχοντι αὐτὰ σχηματίζεσθαι. ἀλλὰ μὴν καὶ ὅτι συμφύουσι καὶ ἑνοῦσι τὰ διωρισμένα, φανερόν. τὸ μὲν γὰρ πῦρ τὰ ὁμογενῆ ἀλλήλοις συγκρίνει τε καὶ συμφύει, ἐξαιροῦν ἐξ αὐτῶν καὶ διακρῖνον πᾶν τὸ ἀλλότριον· ἴδιον γὰρ τοῦ πυρὸς τοῦτο· οἷον χρυσοῦ τὸ μὲν ἀλλότριον ἐξαιρεῖ, ἄν τε ἄργυρος ἄν τε χαλκὸς ᾖ, συμφύει δὲ τὰ μόρια αὐτοῦ ἀλλήλοις· τὸ δέ γε ψυχρὸν οὐ τὰ ὁμογενῆ μόνον, ἀλλὰ καὶ τὰ ἀνομοιογενῆ συμφύει· τῇ γὰρ πήξει πάντα τὰ ἅμα ὄντα καὶ παρακείμενα ἑνοῖ. ὅτι δὲ καὶ μεταβλητικά ἐστι τὸ θερμὸν καὶ ψυχρόν, δῆλον· καὶ γὰρ ὑγραίνουσι καὶ ξηραίνουσι καὶ σκληρύνουσι καὶ λύουσι. τὰ μὲν γὰρ ὑπὸ θερμοῦ σκληρότερα γίνεται, τὰ δ' ὑπὸ ψυχροῦ, καὶ πάλιν ὑγραίνεται ὑφ' ἑκατέρου τινά· ἀλλὰ καὶ μαλάττεταί τινα πρὸς τὸ πῦρ δηλονότι διὰ τὴν ἀπ' αὐτοῦ θερμότητα. ὡς δὲ φαίνεται τὸ θερμὸν καὶ τὸ ψυχρὸν ὁρίζοντά τε καὶ συμφύοντα καὶ μεταβάλλοντα, οὕτω πάλιν φαίνεται τὸ ὑγρὸν καὶ τὸ ξηρὸν ταῦτα πάσχοντα· ταῦτα γὰρ ὑπ' ἐκείνων πάσχοντα τὰ προειρημένα πάθη ὁρίζεται. ὁρίζεται μὲν γὰρ τὸ ὑγρὸν παχυνόμενον καὶ πηγνύμενον, μαλάσσεται δὲ ἀνιέμενον

1 τέσσαρές εἰσιν versu vacuo relicto om. B[1]: add. B[2] εἰσὶν ἐν αἷς B
2 γὰρ om. BWa 3 δὲ post τὸ om. I γῆ δὲ] καὶ ἡ γῆ BWa 5 τε om. a 7 τὴν ὑγρότητα καὶ τὴν ξηρότητα I ἐν τοῖς Περὶ γενέσεως] B 2 p. 329b 24 sqq. 9 τοῦ ὁριστικοῦ om. I 15 γὰρ] δὲ I 15. 16 οἰκεῖον —σχῆμα om. B 16 ὡς—ὕδωρ om. Wa ὡρισμένα—οἰκεῖον om. W
18 τι] τὸ I 21 συσχηματίζεσθαι BWa 25 ᾖ] εἴη I post ᾖ add. ἑνοῖ W, ἑνοῖ δὲ καὶ a δὲ post συμφύει om. a 26 ἀνομογενῆ Wa: ὁμογενῆ B
30 ἀλλὰ] ἅμα BWa 31 δῆλον a ὑπ' αὐτοῦ I 35 καὶ] τε καὶ BWa

τὸ ξηρόν τε καὶ σκληρόν, πήγνυται δὲ τὸ ὑγρόν· αὐτά τε γὰρ καθ' αὑτὰ ὄντα τό τε ὑγρὸν καὶ τὸ ξηρὸν τὰ προειρημένα πάθη πάσχοντα ὁρᾶται ὑπό τε τοῦ θερμοῦ καὶ τοῦ ψυχροῦ καὶ ὅσα ἐξ ἀμφοτέρων αὐτῶν μέμικται. δείξας δὲ τῇ ἐπαγωγῇ καὶ διὰ τῆς ἐναργείας τὰ μὲν ὄντα αὐτῶν ποιητικά, τὰ δὲ παθητικά, δῆλόν φησι τὸ αὐτὸ τοῦτο καὶ ἐκ τῶν λόγων, οὓς ἀποδίδομεν ὁριζόμενοι τὰς φύσεις αὐτῶν. τὸ μὲν γὰρ θερμόν τε καὶ ψυχρὸν ὁριζόμενοι συγκριτικὰ λέγομεν· τὸ μὲν γὰρ θερμὸν συγκριτικὸν μὲν τῶν ὁμογενῶν φαμεν, διακριτικὸν δὲ τῶν διαφερόντων τε καὶ ἀλλοτρίων, τὸ δὲ ψυχρὸν πάντων λέγομεν συγκριτικὸν εἶναι τῶν τε ὁμογενῶν ἀλλήλοις καὶ τῶν ἀλλοτρίων· τὸ δὲ συγκρίνειν καὶ διακρίνειν ποιεῖν ἐστιν, ὥστε ἐν τῷ λόγῳ αὐτῶν καὶ τῇ οὐσίᾳ τὸ ποιεῖν. τὸ δέ γε ξηρὸν καὶ ὑγρὸν ὁριζόμεθα τῷ εὐορίστῳ τε καὶ δυσορίστῳ, ἅ ἐστι τοῦ πάσχειν.

Δείξας δὲ ὅτι τὰ μὲν τῶν τεσσάρων, οἷς εἰδοποιεῖται τὰ πρῶτα σώματα, ποιητικά ἐστι (τὸ γὰρ θερμὸν καὶ τὸ ψυχρόν), τὰ δὲ παθητικὰ (τὸ γὰρ ὑγρόν τε καὶ ξηρόν), μετὰ ταῦτά φησι δεῖν λαβεῖν τὰς ἐργασίας αὐτῶν, ἃς ἐργάζονται τὰ ποιητικά, καὶ τῶν παθητικῶν τὰ εἴδη, τουτέστι τίνα ἔργα ἐστὶ τὰ γινόμενα ὑπὸ τῶν ποιητικῶν, καὶ τίνες αὐτῶν αἱ κατ' εἶδος διαφοραί, καὶ τίνα πάθη ἃ πάσχει τὰ παθητικά, καὶ τίνες αἱ τούτων κατ' εἶδος πάλιν διαφοραί. πρῶτον μὲν οὖν καθόλου ἡ ἁπλῆ γένεσις καὶ ἡ φυσικὴ μεταβολὴ τούτων τῶν δυνάμεών ἐστιν ἔργον. τὴν γένεσίν φησι τὴν καθόλου καὶ τὴν φυσικὴν μεταβολὴν ὑπὸ τούτων γίνεσθαι τῶν δυνάμεων καὶ κατὰ ταύτας. ἁπλῆν δὲ γένεσιν εἶπεν ἀντὶ τοῦ τὴν κυρίως γένεσιν, ἀλλ' οὐ τὴν μετὰ προσθήκης· τὶς γὰρ γένεσις καὶ ἡ ἀλλοίωσις. προσέθηκε δὲ καὶ τὸ τὴν φυσικὴν μεταβολήν, ὅτι μὴ μόνη ἡ ἁπλῆ γένεσίς ἐστι φυσικὴ μεταβολή, ἀλλὰ καὶ ἄλλαι τινές, αἵτινες καὶ αὗται ὑπὸ τούτων γίνονται τῶν δυνάμεων, ὡς αὐξήσεις καρπῶν μεταβολαί τε καὶ πέψεις καὶ τἆλλα τὰ τοιαῦτα. οὐ μόνον δὲ ἡ γένεσις, ἀλλὰ καὶ ἡ ἀντικειμένη φθορὰ αὐτῇ ἡ κατὰ φύσιν γινομένη ὑπὸ τούτων γίνεται τῶν δυνάμεων. κατὰ φύσιν γὰρ παντὶ τῷ γινομένῳ φθαρῆναι· ἡ δὲ κατὰ φύσιν γινομένη φθορά, αὕτη δέ ἐστιν ἡ διὰ γῆρας λοιπὸν καὶ ἀσθένειάν τε καὶ κατάψυξιν, οὕτως γίνεται· οὐ γὰρ δὴ καὶ ἡ βίαιος, οἷον εἴ τις ξίφει πληγεὶς διαφθαρείη. αὗται μὲν οὖν τοῖς τε φυτοῖς ὑπάρχουσι καὶ τοῖς ζῴοις καὶ τοῖς μέρεσιν αὐτῶν. τὰς δυνάμεις λέγει τὰς τέσσαρας, καθ' ἃς ἡ γένεσις καὶ ἡ φθορά· πασῶν γὰρ αὐτῶν ἕκαστον τῶν εἰρημένων μετ-

---

1 πήγνυται — ὑγρὸν delenda esse videntur   τε post αὐτά om. a   4 ἐνεργείας a   7 συγκριτικὰ] ποιητικὰ a   10 καὶ διακρίνειν et ἐστιν om. BWa   12 ὁριζόμενα B[1]W: ὁρίζομεν corr. B[3]   ἅ ἐστι] ἀντὶ B[1]Wa   13 δὲ om. a   14 γὰρ ante θερμὸν exp. B   15 ἃς I Arist. HN: αἷς BWa Arist. vulg.   18 αἱ om. Wa   20. 21 φησὶ δὴ οὖν τὴν γένεσιν καθόλου a   20 τὴν post φησι om. BW   21 καθόλου om. W   22 ἀντὶ τοῦ om. a   κυρίων a   24 δὲ supr. vers. B[2]   τὸ om. a   ἡ om. B[1]Wa   25 post ἐστιν add. ἡ BWa   26 αὔξησις B[1]W   καρπῶν] φυτῶν a   27 τὰ om. I   28 αὐτὴ B[1]   29 πάντων τῶν γινομένων B   γενομένῳ a   ἡ δὲ] ἤδη B[1]: ἡ δὴ B[2]   30 δέ om. I   ἢ διὰ B   31 πληγῇ I   31. 32 διαφθαρῇ B[1]Wa   32 ante αὗται add. ἡ BWa

ἔχει, καὶ οὐχ ὥσπερ τὰ στοιχεῖά τε καὶ ἁπλᾶ σώματα δύο μόνας αὐτῶν ἔχει ἐν αὑτοῖς, ὡς προείρηται. ἑξῆς δὲ προστίθησι, τίς ἐστιν ἡ ἁπλῆ τε καὶ φυσικὴ γένεσις. μεταβολὴν δή φησιν αὐτὴν εἶναι γινομένην ὑπὸ τῶν ποιητικῶν δυνάμεων, τῆς θερμότητος δηλονότι καὶ τῆς ψυχρότητος, μεταβαλλουσῶν τὰ πάσχειν ὑπ' αὐτῶν πεφυκότα, ἃ καὶ ὕλην ὠνόμασε διὰ τὸ δύναμιν ἔχειν καὶ ἐπιτηδειότητα τοῦ πάσχειν, ἅ ἐστιν ἥ τε ξηρότης καὶ ὑγρότης, ὅταν ἔχωσι δηλονότι λόγον πρὸς αὑτὰ τοῦτον, καθ' ὃν τὰ μὲν ποιεῖν, τὰ δὲ πάσχειν οἷά τε. οὐ γὰρ ὁποσονοῦν θερμὸν ὁποσονοῦν ξηρὸν ἢ ὑγρὸν ἢ ὑγραίνει ἢ ξηραίνει, ἀλλὰ δεῖ λόγου τινὸς καὶ συμμετρίας.

Εἰπὼν δὲ τὴν γένεσιν τὴν κατὰ φύσιν μεταβολὴν εἶναι τῶν ὑλικῶν 127r τε καὶ παθητικῶν δυνάμεων ὑπὸ τῶν ποιητικῶν, ἥτις μεταβολὴ γίνεται, ὅταν ἐν ἀναλογίᾳ τοιαύτῃ πρὸς ἄλληλα ὦσι, καθ' ἣν τὰ μὲν αὐτῶν ποιεῖν, τὰ δὲ πάσχειν ὑπ' ἐκείνων πέφυκεν (οὕτως γὰρ γίνεται τά τε φυτὰ καὶ τὰ ζῷα, τῶν ἐν τῇ ὕλῃ παθητικῶν δυνάμεων πασχουσῶν καὶ μεταβαλλομένων ὑπὸ τῶν ποιητικῶν), γένεσις μὲν οὖν, φησί, γίνεται τοῦ προκειμένου, ὅταν αἱ ποιητικαὶ δυνάμεις κρατῶσι τῶν παθητικῶν τε καὶ ὑλικῶν· ὅταν δὲ μὴ κρατῇ τὰ ποιοῦντα τῶν πασχόντων, ἀλλ' ἐξασθενῇ δι' ἀσυμμετρίαν, τῷ ἢ αὐτὰ ἀσθενέστερά τε εἶναι καὶ ἐλάττω, ἢ ἐκεῖνα ἰσχυρότερά τε καὶ πλείω, τότε κατὰ μέρος μὲν ἢ μόλυνσις ἢ ἀπεψία γίνεται. ἤτοι δὲ μόλυνσιν λέγει τὴν ἐπὶ τῶν ἑψομένων (ὅταν γὰρ μὴ κρατήσῃ τὸ πῦρ, μολύνεται καὶ οὐχ ἕψεται, ὡς μετ' ὀλίγον ἐρεῖ), τὴν δὲ ἀπεψίαν ἐπὶ τῆς τῶν ζῴων τροφῆς, ὅταν μὴ κρατηθῇ ὑπὸ τῆς ἐνούσης θερμότητος εἰς τὸ χρήσιμον, ἀλλὰ διαφθαρῇ, ἢ ἐκ παραλλήλου ἄμφω εἶπε, καὶ τὴν μόλυνσιν ὡς ἀπεψίαν οὖσαν θείς. τὸ δὲ κατὰ μέρος μὲν προσκείμενον δηλωτικόν ἐστι τοῦ εἰ κατὰ μέρος τι γένοιτο ἡ τοιαύτη τοῦ ποιοῦντος ἀσθένεια, ὡς μὴ τὸ ὅλον φθεῖραι, ἀλλά τι τῶν μορίων τῶν τῷ ὅλῳ προσκρινομένων, καθ' ἃ μεταβάλλοντα ἢ αὔξεται τὸ ὑποκείμενον ἢ τρέφεται, τότε ἡ περὶ ταῦτα τοῦ ποιοῦντος ἀσθένεια ἀπεψίαν καὶ μόλυνσιν ποιεῖ. εἰπὼν δὲ τὴν κατὰ μέρος ἀσθένειαν τοῦ ποιοῦντος τὴν ἀπεψίαν ποιεῖν, λέγει ὅτι τῇ δὲ οὔ τινι γενέσει οὐδὲ κατὰ μέρος, ἀλλ' ἁπλῇ ἐναντίον καὶ κοινὸν σῆψις. πᾶσα γὰρ ὥσπερ γένεσις ἁπλῆ τε καὶ κατὰ φύσιν τῷ ὑπὸ τῶν ποιούντων τὰ πάσχοντα πάσχειν, τῶν μὲν κρατούντων, τῶν δὲ κρατουμένων, οὕτως καὶ πᾶσα φυσικὴ φθορὰ μὴ κρατούντων τῶν ποιητικῶν τῆς ὕλης κατὰ

1 σώματα om. B^1Wa μόνον BWa 2 ἔχει ante ὡς coll. BWa αὐτοῖς libri 2. 3 ἁπλῆ τε γένεσις καὶ ἡ φυσική B 3 δή] δὲ BWa 4 δῆλον a 4. 5 pōst μεταβαλλουσῶν add. τινὰ BWa 5 ἃ ποιὰ καὶ ὕλην BW: ἃ ὑποκειμένην ὕλην a 7 δῆλον a 8 post θερμὸν add. ἢ B^1Wa 8. 9 ὑγρὸν ὁποσονοῦν ἢ ξηρὸν coll. B^2I 10 δὲ om. a post γένεσιν add. καὶ B 11 καὶ ποιητικῶν δ. B^1 15 οὖν om. a φησί om. BIW 16 τε om. BWa καὶ om. B^1W 17 ἐξασθενεῖ BIW διὰ συμμετρίαν BIW 18 τῷ ἢ] τῶν W 18. 19 ἢ ἐκείνας ἰσχυροτέρας τε καὶ πλείους εἶναι BWa 19 μὲν ἡ μόλυνσις I 20 γὰρ om. BWa 24 δὲ] γὰρ I 25 γίνεται B^1W 26 φθείρειν BWa τὸ ὅλον B^1W 28 ταῦτα] τὰ τοιαῦτα corr. B^2 31 ὥσπερ γὰρ πᾶσα coll. a post φύσιν add. γίνεται a

σῆψιν γίνεται. πᾶσαν γάρ φησι τὴν κατὰ φύσιν φθορὰν ὁδὸν εἰς σῆψιν εἶναι, ὥσπερ τὸ μὲν γῆρας ἐπὶ τῶν ζῴων, τὴν δὲ αὔανσιν ἐπὶ τῶν φυτῶν· ἄμφω γὰρ σῆψις. τέλος δὲ τὸ κατὰ φύσιν ἑκάστῳ τῶν συνθέτων τε καὶ φύσει συνεστώτων σαπρότης τε καὶ σῆψις, ἂν μὴ ᾖ βίαιος ἡ φθορά, ἥτις φθορὰ οὐκ ἔστιν ἡ κατὰ φύσιν. οὐ γὰρ σηπομένη σὰρξ φθείρεται, ὅταν καυθῇ, ὁμοίως οὐδὲ ὀστοῦν οὐδέ τι τῶν ἄλλων τοῦ ζῴου μορίων· πάντων μέντοι τούτων ἡ κατὰ φύσιν φθορὰ σῆψίς ἐστι. σημεῖον δὲ τοῦ τὴν κατὰ φύσιν αὐτῶν φθορὰν σῆψιν εἶναι ἐποιήσατο τὸ πρῶτον αὐτὰ ἐξυγραίνεσθαι. ἐκ τούτων γὰρ καὶ τὴν ἀρχὴν ἐγένετο, ὁρισθέντος τοῦ ξηροῦ τῷ ὑγρῷ καὶ τῇ τούτου μίξει οἰκεῖον ὅρον καὶ σχῆμα λαβόντος τοῦ συναμφοτέρου, ἐργαζομένων τοῦτο τῶν ποιητικῶν, ἅπερ ἦν ἡ θερμότης τε καὶ ψυχρότης. ἡ μὲν οὖν γένεσις οὕτως· ἡ δὲ φθορά, ὅταν κρατῇ τοῦ ὁρίζοντος, ὅπερ ἦν τὸ ποιητικόν (τοῦτο δ' ἦν τὸ θερμὸν προηγουμένως), τὸ ὁριζόμενον ὑπ' αὐτοῦ, τουτέστι τὸ ξηρόν (τὸ γὰρ ὁριζόμενον ἦν τοῦτο τῇ τοῦ ὑγροῦ μίξει· καὶ γὰρ τὸ ξηρὸν ἀόριστον καὶ μὴ συνημμένον ἀλλὰ διαπῖπτον, ἂν μὴ ὑγρότητος ἔχῃ τι)· ὅταν οὖν τὸ ὁριζόμενον καὶ τὸ πάσχον κρατῇ τοῦ ὁρίζοντος αὐτὸ καὶ ποιοῦντος διὰ τὸ περιέχον, τῷ τὴν ἐν τῷ περιέχοντι πλείω θερμότητα ἀναλίσκειν τὴν ἐν τῷ φθειρομένῳ ἐλάττω οὖσαν. διὸ τὰ φθειρόμενα ὑγραίνεται πρῶτον, ὅπερ ἐστὶ σῆψις· σῆψις γὰρ ἡ εἰς ὑγρὸν τοῦ ὑποκειμένου μεταβολὴ δι' ἔνδειαν τῆς οἰκείας θερμότητος γινομένη ὑπὸ τοῦ περιέχοντος, ὡς δείξει.

Εἰπὼν δὲ πάντα τὰ κατὰ φύσιν φθειρόμενα σήπεσθαι, ἰδίως φησὶ τὴν σῆψιν λέγεσθαι ἐπὶ τῶν κατὰ μέρος φθειρομένων, ὅταν χωρισθῇ καὶ ἐκστῇ τῆς οἰκείας φύσεως, τουτέστι τῆς ἐν αὐτοῖς κινητικῆς ἀρχῆς· τοιοῦτον δὲ τὸ ἐν ἑκάστῳ θερμόν. διὰ τοῦτο δέ φησι πάντα τὰ ἄλλα σήπεσθαι πλὴν πυρός, ὅτι μάλιστα ποιητικὸν τὸ θερμόν· τὸ δὴ τούτῳ εἰδοποιούμενον οὐ σήπεται, τῷ τὴν σῆψιν γίνεσθαι, ὅταν κρατῇ τὸ πάσχον τοῦ σηπομένου πράγματος τοῦ ποιητικοῦ τοῦ ἐν αὐτῷ, ἐν δὲ τῷ πυρὶ οὐχ οἷόν τε πυρὶ ὄντι κρατηθῆναι τὸ ἐν αὐτῷ θερμὸν ὑπό τινος τῶν ἐν αὐτῷ· κατὰ τοῦτο γὰρ τὸ πῦρ πῦρ. ὁ γὰρ ἀὴρ εἰ καὶ αὐτὸς τῇ αὑτοῦ φύσει θερμός, ἀλλὰ δευτέρως, καὶ μᾶλλον εἰδοποιεῖται τῷ ὑγρῷ ἢ τῷ θερμῷ. ἔτι ἡ τοῦ ἐν τῷ ὑγρῷ θερμοῦ φθορὰ σῆψις, οὐδὲν δὲ ὑγρότητος ἐν τῷ πυρί. ἡ δὲ γῆ εἰ καὶ μὴ ὑγρότητα ἔχει ἐν τῇ οἰκείᾳ φύσει, ἀλλ' ἀεί γε ὑγρότης τίς ἐστιν ἐν αὐτῇ, δι' ἣν συμμένει. ἐπὶ τούτοις τί ποτέ ἐστιν ἡ σῆψις ὁρίζεται, καὶ φησὶν εἶναι αὐτὴν φθορὰν τῆς ἐν ἑκάστῳ ὑγρῷ οἰκείας καὶ κατὰ φύσιν

3 σήψεις a 4 ᾗ — φθορά] τι βίᾳ φθαρῇ BWa 8. 9 post ἐξυγραίνεσθαι fort. addenda εἶτα ξηρὰ τέλος γίνεσθαι 10 τὸ ὑγρὸν W¹ λαβόντες B¹W 13 post ὁρίζοντος add. τὸ ὁριζόμενον τὸ ξηρὸν τῇ τοῦ ὑγροῦ μίξει I, eademque praeter τὸ ὁριζόμενον B¹Wa: om. V, exp. B² 15 συνημμένον] συμμένον B: σεσημμένον a 16 ὑγρότητα Wa οὖν — κρατῇ (17) om. B¹W: in marg. add. B² 17 κρατῇ om. a post περιέχον add. φθορὰ γίνεται B, κρατῇ a 22 δὲ om. a 26 θερμὸν ex θερμῶ corr. I τοῦτο B¹W 28 τὸ ἐν αὐτῶ B¹W 30 γὰρ τοῦτο πῦρ τὸ πῦρ coll. BWa αὐτοῦ libri 32 τοῦ supr. vers. I 33 γε] τε B¹W: sed exp. B²: om. a 34 ἐπεὶ a ἡ om. BWa

θερμότητος ὑπὸ ἀλλοτρίας θερμότητος, εἶναι δὲ τὴν ἀλλοτρίαν θερμότητα, ὑφ' ἧς πλείονος οὔσης φθείρεται ἡ ἐν τοῖς ὑγροῖς οἰκεία τε καὶ κατὰ φύσιν θερμότης, τὴν ἐν τῷ περιέχοντι. |

p. 379a19 Ὥστ' ἐπεὶ κατ' ἔνδειαν πάσχει. 127v

Εἰπὼν πᾶσαν τὴν κατὰ φύσιν φθορὰν σῆψιν εἶναι, εἰπὼν δὲ καὶ τί ἐστι σῆψις, καὶ δείξας διὰ τοῦ λόγου ὅτι τὸ θερμόν ἐστι τὸ ἐν τῷ περιέχοντι τῆς σήψεως αἴτιον, ἐπεὶ ἔκειτο αὐτῷ τὰ δύο εἶναι ποιητικά, τὸ θερμὸν καὶ τὸ ψυχρόν, πῶς καὶ τὸ ψυχρὸν τῆς σήψεώς ἐστιν αἴτιον λέγει. ἐπεὶ γὰρ τὰ σηπόμενα κατ' ἔνδειαν τοῦ οἰκείου καὶ κατὰ φύσιν αὐτοῖς θερμοῦ φθείρεται, καθὸ δὲ ἐνδεές τί ἐστι τῆς θερμῆς δυνάμεως, ψυχρόν, ἀμφότερα ἂν αἴτια εἴη τῆς σήψεως, καὶ τὸ θερμὸν καὶ τὸ ψυχρόν. ὥστε κοινὸν τὸ πάθος, ἡ σῆψις, ψυχρότητός τε οἰκείας καὶ θέρμης ἀλλοτρίας. διὰ τοῦτο γὰρ καὶ ξηρότερα γίνεται τὰ σηπόμενα πάντα. διὰ τούτων τὴν αἰτίαν ἀποδίδωσι τοῦ τὰ σηπόμενα μετὰ τὸ ὑγρότερα γενέσθαι ξηρὰ λοιπὸν γίνεσθαι· τῷ γὰρ ἐξιὸν τὸ οἰκεῖον θερμὸν καὶ διαπνεόμενον συνεξάγειν καὶ συνεξατμίζειν καὶ τὸ ἐν αὐτῷ ὑγρόν, καὶ μηκέτ' εἶναι τὸ ἄλλην ἐπισπασόμενον ὑγρότητα. τὸ γὰρ οἰκεῖον ἐν ἑκάστῳ θερμὸν ἐπακτικόν ἐστιν ὑγρότητος ἕλκον ἔξωθεν αὐτήν. δείκνυσι δὲ καὶ ὅτι ἀκολούθως τοῖς εἰρημένοις ἧττον ἐν τοῖς ψύχεσι τὰ σηπόμενα σήπεται ἢ ἐν ταῖς ἀλέαις· ἧττον γὰρ τότε τὸ θερμὸν ἐν τῷ περιέχοντι ὂν οὐ κρατεῖ τοῦ ἐν ἑκάστῳ θερμοῦ· ἐν δὲ τῷ θέρει πλεῖον. λέγει δὲ καὶ τὰς αἰτίας τοῦ μήτε τὸ πεπηγὸς μήτε τὸ θερμόν τε καὶ ζέον σήπεσθαι. τὸ μὲν γὰρ πεπηγὸς τῷ μᾶλλον εἶναι ψυχρὸν αὐτὸ ἢ θερμὸν τὸν περιέχοντα αὐτὸ ἀέρα, οὐ κρατεῖται ὑπ' αὐτοῦ, ὥστε καὶ ἐξάγεσθαι αὐτοῦ τὸ ἐν αὐτῷ θερμόν· τὸ δὲ σῆπον καὶ μεταβάλλον κρατοῦν τοῦ σηπομένου καὶ κινοῦν αὐτὸ σήπει. τὸ δὲ θερμόν τε καὶ ζέον τῷ πλείω εἶναι τὴν ἐν αὐτῷ θερμότητα τῆς ἐν τῷ περιέχοντι οὐ κρατεῖται ὑπ' αὐτῆς· τὸ γὰρ πλεῖον θερμὸν τοῦ ἐλάττονος κρατοῦν σβέννυσί τε αὐτὸ καὶ φθείρει. ἀλλὰ καὶ τὸ κινούμενον καὶ ῥέον ἧττον τοῦ ἀκινητίζοντος σήπεται. διὸ τὰ σταδαῖα ὕδατα τῶν ῥεόντων εὐσηπτότερα· τῆς γὰρ ἐν τοῖς ῥέουσί τε καὶ κινουμένοις ἐνυπαρχούσης θερμότητος ὑπὸ τῆς κινήσεως ζωπυρουμένης ἀσθενεστέρα γίνεται ἡ ἐν τῷ ἀέρι τῷ περιέχοντι θερμότης. διὰ τὴν αὐτὴν δὲ αἰτίαν καὶ τὸ πλεῖον ἧττον τοῦ ὀλίγου σήπεται. εὐσηπτότερον γὰρ τὸ ἔλαττον τῷ ἐλάττονα ἔχειν τὴν θερμότητα, τῷ μᾶλλον ὑπὸ τῆς ἐν τῷ περιέχοντι κρα-

---

4 lemma om. W 6. 7 τῷ πυρὶ ἔχοντι W: τῷ πυρὶ περιέχοντι B² 7 αὐτῷ ex αὐτὸ corr. B³ 9 οἰκείου τε καὶ BWa 10 τί om. I 12 τὸ om. Ba θέρμης] θερμότητος BWa post ἀλλοτρίας add. εἶτα φησὶ a 14 ἀποδιδοὺς a 20 τὸ om. I τὸ ἐν BW 22 θερμὸν ex θερμοῦ corr. B¹ 23 θερμὸν αὐτὸ ἢ ψυχρὸν coll. B¹ 26 καὶ om. I 28 post κινούμενον add. φησὶ BWa 29 σήπεται om. B¹W διὸ τὰ] διὰ τὸ W 30 εὐσηπότερα BW 33 σήπεσθαι Wa 34 ἔχον BWa τῷ post θερμότητα om. BW

τεῖσθαι θερμότητος. ἐν γὰρ τῷ πλείονί φησι πλεῖον καὶ τὸ θερμὸν καὶ τὸ ψυχρὸν ἐνυπάρχειν· διὸ μήτε ὑπὸ τῆς θερμότητος τῆς ἐν τῷ περιέχοντι κρατούμενον σήπεσθαι ῥᾳδίως μήτε ὑπὸ τῆς ψυχρότητος πάσχειν ταῦτα πάλιν, ὅσα διὰ τὴν τῆς ψυχρότητος ἐπικράτειαν πάσχει τὰ πάσχοντα. διὰ τοῦτό φησι τὴν θάλασσαν κατὰ μέρη μὲν διαιρουμένην σήπεσθαι ταχύ· αἱ γοῦν ἀπ' αὐτῆς ἀπολαμβανόμεναι λίμναι σήπονται· ἅπασα δὲ οὐ σήπεται. ὁμοίως καὶ τῶν ἄλλων ὑδάτων τὰ ἐλάττω εὐσηπτότερα τῶν πολλῶν. λέγει δὲ καὶ τὴν αἰτίαν τοῦ ἐν τοῖς σηπομένοις καὶ ζῷά τινα γεννᾶσθαι, ὡς σκώληκας, ἐμπίδας, κώνωπας· τῷ γὰρ τὴν ἀποκρινομένην ἐξ αὐτῶν θερμότητα φυσικὴν εἶναι συνίσταται τὰ συναποκρινόμενα αὐτῇ σώματα, ἂν ἔτ' ἔχῃ ὑγρότητός τι.

p. 379b8 Τί μὲν οὖν ἐστι γένεσις καὶ τί φθορά, εἴρηται.

Ὑπομιμνήσκει τῶν εἰρημένων· εἴρηται δὲ ἡ μὲν γένεσις εἶναι μεταβολὴ ὑπὸ τῶν ποιητικῶν δυνάμεων τῆς ὑποκειμένης ὕλης κατὰ τὰς δυνάμεις τὰς παθητικάς, ἥτις γίνεται, ὅταν ἐν ἀναλογίᾳ τοιαύτῃ ᾖ τὰ ποιοῦντα πρὸς τὰ πάσχοντα, ὡς κρατεῖν αὐτῶν. ἐν μέντοι τοῖς Περὶ γενέσεως καὶ φθορᾶς ἀπέδωκε τὴν γένεσιν μεταβολὴν ἐκ τοῦ δυνάμει ὄντος εἰς τὸ ἐνεργείᾳ ὄν, κοινότερον ἐκεῖ καὶ καθολικώτερον ἀποδοὺς αὐτῆς τὸν λόγον, ἐνταῦθα δὲ προσεχέστερον ἤδη καὶ φυσικώτερον, εἴ γε φυσικοῦ τὸ καὶ τὴν ὕλην, ἐν ᾗ γίνεται τὰ κατὰ φύσιν γινόμενα, ἐν τῷ ὁρισμῷ συμπεριλαμβάνειν. ἡ δὲ φθορὰ ἀνάπαλιν· ὅταν γὰρ κρατῇ τοῦ ποιητικοῦ τὸ παθητικὸν διὰ τὸ περιέχον· ὁδὸς γὰρ εἰς σῆψιν. σῆψις γὰρ ἡ κατὰ φύσιν φθορὰ πᾶσα, ἡ δὲ σῆψις καθόλου γίνεται τοῦτον τὸν τρόπον.

p. 379b10 Λοιπὸν δὲ εἰπεῖν τὰ ἐχόμενα εἴδη, ὅσα αἱ εἰρημέναι δυνάμεις ἐργάζονται ἐξ ὑποκειμένων τῶν φύσει συνεστώτων ἤδη.

Εἰπὼν περὶ γενέσεως καὶ φθορᾶς λοιπόν φησιν εἶναι τὸ εἰπεῖν τὰ 128r
εἴδη τὰ ἐχόμενα τῶν προειρημένων, ἅπερ ἐστὶν ἥ τε γένεσις καὶ φθορά, ἃ καὶ αὐτὰ γίνεται ὑπὸ τῶν δυνάμεων τῶν προειρημένων. ταῦτα δ' ἐστὶ τὰ δι' ὧν αἱ εἰρημέναι δυνάμεις ἕκαστον ὧν ποιοῦσι ποιοῦσιν ἐν ταῖς ἤδη συνεστώσαις φυσικαῖς οὐσίαις· αὗται δ' εἰσὶ τὰ σώματα τῶν τε ζῴων τε καὶ φυτῶν. ἔστι δὴ τούτων κοινὰ μέν, δι' ὧν ἕκαστον τῶν ἐν τοῖς προειρημένοις γίνεται, πέψις καὶ ἀπεψία, ἀνάλογον ὄντα τὸ μὲν γενέσει, τὸ

1 θερμότητος om. BW   πλείονι om. W   2 ἐνυπάρχει I   4 τὴν τῆς πικρότητος B¹   ἐπικράτειαν] ἐπικρατεῖ καὶ B¹   6 post αὐτῆς add. αἱ W   7 post ὁμοίως add. δὲ B   καὶ om. I   10 εἶναι om. Wa   συνιστάναι B¹Wa   11 ἔτ' om. B¹Wa   τι om. BWa   16 τοῖς] τῆς I: ex τῆς corr. B¹W¹   ἐν τοῖς Περὶ γενέσεως καὶ φθορᾶς] A 5 p. 320a 12sq.   20 ὁριστῷ BWa   23 πᾶσιν a   τοῦτον γίνεται BWa   26 post εἰπὼν add. καθόλου BWa   28 αὐτὰ] ταῦτα I   29 ποιοῦσιν semel BI   30. 31 ζώων καὶ τῶν φυτῶν BWa   31 δὴ] δὲ Wa   ἕκαστα BWa   32 ψέψις I

δὲ φθορᾷ, ὑπὸ μὲν τοῦ θερμοῦ ἡ πέψις, ὑπὸ δὲ τοῦ ψυχροῦ ἡ ἀπεψία, ἑκάτερον ὑφ' ἑκατέρου προηγουμένως. ὑφ' ἑκάτερον δὲ τούτων ὑπὸ μὲν τὴν πέψιν πέπανσις, ἕψησις, ὄπτησις (ταῦτα γὰρ ἀλλήλων εἴδει διαφέροντα πέψεις ἅπαντα), ὑπὸ δὲ τὴν ἀπεψίαν ὠμότης, μόλυνσις, στάτευσις· καὶ γὰρ τούτων ἕκαστον ἀπεψία τις. καὶ ἔστιν ὥσπερ ἡ πέψις τῇ ἀπεψίᾳ ἐναντίον, οὕτω καὶ τῶν ὑπ' αὐτὰ τῇ μὲν πεπάνσει ἡ ὠμότης, τῇ δὲ ἑψήσει ἡ μόλυνσις, τῇ δὲ ὀπτήσει ἡ στάτευσις. εἰπὼν δὲ εἴδη εἶναι τῆς μὲν πέψεως πέπανσιν, ἕψησιν, ὄπτησιν, τῆς δὲ ἀπεψίας ὠμότητα, μόλυνσιν, στάτευσιν, δεῖν φησιν ὑπολαμβάνειν ὅτι μὴ κύρια τὰ ὀνόματά ἐστιν ταῦτα τῶν πραγμάτων, καθ' ὧν λαμβάνεται, ἀλλ' ἐπεὶ οὐκ ἔστι κείμενον ὄνομα ἓν κοινὸν καὶ καθόλου κατὰ πάντων τῶν ὁμοίων, τὸ ἐπί τινων κείμενον ἐπὶ πᾶν τὸ ὅμοιον μεταφέρομεν, ὡς προϊόντος ἔσται τοῦ λόγου γνώριμον. ἑξῆς δὲ τί ποτέ ἐστι τῶν προειρημένων ἕκαστον λέγει, καὶ πρῶτόν γε ὅτι ποτέ ἐστιν ἡ πέψις φησί. λέγει δὴ πέψιν εἶναι τελείωσιν ὑπὸ τοῦ φυσικοῦ καὶ οἰκείου θερμοῦ ἐκ τῶν ἀντικειμένων παθητικῶν. ἐπί τε γὰρ τῶν ζῴων ἡ ὑπὸ τῆς θρεπτικῆς ψυχῆς διὰ τοῦ φυσικοῦ τε καὶ οἰκείου θερμοῦ τῆς τροφῆς τελείωσις, ὡς τὴν δυνάμει τροφὴν ἐνεργείᾳ γενέσθαι, πέψις· ἀλλὰ καὶ ἐπὶ τῶν ἄλλων πάντων ἡ πέψις ὑπὸ τοῦ ἐν αὐτοῖς θερμοῦ τελειουμένοις γίνεται. τὸ δὲ ἐκ τῶν ἀντικειμένων παθητικῶν εἶπεν ἀντὶ τοῦ ἐκ τῆς ὑποκειμένης ὕλης, ἥτις ὑπὸ τοῦ θερμοῦ καὶ εἰς τὰ ἀντικείμενα ὧν ἔχει παθῶν μεταβάλλεται. διττῆς γὰρ οὔσης τῆς τροφῆς, τῆς μὲν πρώτης τῆς πρὸ τοῦ πεφθῆναι, τῆς δὲ ἐσχάτης τῆς μετὰ τὴν πέψιν, ἐναντία ἐστὶν ἡ πρώτη τῇ ἐσχάτῃ· διὸ καὶ ἐν τοῖς Περὶ γενέσεως εἶπε τὸ τρεφόμενον τρέφεσθαι πῇ μὲν ὑπ' ἐναντίου, πῇ δὲ ὑπὸ ὁμοίου. ἡ μὲν γὰρ ἄπεπτος ἔτι τροφή, ἣν προσφερόμεθα, ἐναντία τῷ τρεφομένῳ, ἡ δὲ μετὰ τὴν πέψιν, ἥτις ἤδη προσκρίνεται καὶ ἔστι κυρίως ἤδη τροφή, ὁμοία. γίνεται μὲν γὰρ κατ' ἀλλοίωσίν τε καὶ μεταβολὴν καὶ πέττεται πᾶν τὸ πεττόμενον· ἡ δὲ μεταβολὴ ἐξ ἐναντίου εἰς ἐναντίον. τὴν δὲ ὕλην τὴν πεττομένην ἀντικειμένην εἶπε τῷ ἐξ αὐτῆς πεττομένῳ καὶ τελειουμένῳ καὶ εἰς τὸ εἶδος ἀγομένῳ. λέγει δ' αὐτὴν καὶ παθητικήν· πᾶσα γὰρ τοιαύτη· διὰ γὰρ τοῦ πάσχειν ἡ τελείωσις αὐτῆς. καὶ αὐτὸς δὲ ἐξηγούμενος τὸ προειρημένον προσέθηκε· ταῦτα γάρ, φησίν, ἐστί, λέγων τὰ ἀντικείμενα καὶ παθητικά, ἡ οἰκεία ἑκάστῳ ὕλη. οὐ γὰρ ἐν πᾶσι τοῖς πεττομένοις τὸ αὐτὸ ὑποκείμενον, οὐδ' ἐν πᾶσι τὰ αὐτά ἐστι τὰ πεσσόμενα, ἀλλ' ὅταν πεφθῇ, τετελείωταί τε καὶ ὃ ἦν δυνάμει, τοῦτο ἐνεργείᾳ γέγονεν. ἀρχὴν δὲ καὶ αἰτίαν τῆς τελειώσεως

2 τούτου a 3 εἴδη (ex ἤδη corr.) B[1]: ἤδη a 4 στάθευσις B[2]a et porro ubique 6 οὕτω] οὔτε B[1]W ἡ utrumque om. I 10 κοινὸν ὄνομα ἓν κείμενον coll. a 11 ἐπὶ παντὸς ὁμοίου I 13 γε om. a 15 ἡ] ἢ a 17 πέψιν I 18 τελειουμένη B[2] 20 καὶ om. BWa 22 τῆς δὲ μετὰ B[1]Wa ἐναντίαι εἰσὶν B[1]Wa 23 ἐν τοῖς Περὶ γενέσεως] A 5 p. 321b35. 322a1sqq. 26 προσγίνεται B[1]Wa ἤδη om. BWa 28 ἐναντίου] ὁμοίου I 29 πεσσομένῳ τε καὶ BWa 30 λέγει] ἐρεῖ Ia 31 δὲ om. BWa εἰρημένον BWa 33 ἑκάστῳ] ἐν ἑκάστῳ Arist. HN: ἑκάστη Arist. vulg. 34 ἀλλ'] ἃ BWa

τὴν οἰκείαν θερμότητα τὴν ἐν τῷ τρεφομένῳ γίνεσθαι λέγει· τούτῳ γὰρ ἡ φύσις ὀργάνῳ χρῆται προηγουμένῳ πρὸς τὴν πέψιν, κἂν διά τινος τῶν ἐκτὸς βοηθείας συνεπιτελεσθῇ ἡ πέψις. πολλὰ γὰρ καὶ τῶν ἔξω δοκεῖ συνεργεῖν τῇ τῆς τροφῆς πέψει, ὡς λουτρά, γυμνάσια, ἀλλὰ ταῦτα συνεργὰ μὲν γίνεται τῇ πέψει εὐκατεργαστότερα καὶ εὐμεταβλητότερα ποιοῦντα τὰ πεσσόμενα, ἀρχὴ δὲ καὶ αἰτία ἡ ἐν τῷ τρεφομένῳ θερμότης. εἰπὼν δὲ τὴν πέψιν τελείωσιν εἶναι, τίς ἐστιν ἡ τελείωσις καὶ τὸ τέλος τοῦ ἐκ τῆς πέψεως γινομένου λέγει. ἐπί τινων μὲν οὖν φησιν εἶναι τὸ τέλος τῆς πέψεως τὴν φύσιν· ἐπεὶ δὲ διττὴ ἡ φύσις, ἡ μὲν ὡς ὕλη, ἡ δὲ ὡς εἶδος, προσέθηκε, ποία φύσις τὸ τῆς πέψεως τέλος· ἡ γὰρ ὡς εἶδος καὶ οὐσία· κατὰ γὰρ τὸ εἶδος ἡ ἑκάστου οὐσία καὶ τὸ εἶναι αὐτῷ ὅ ἐστι. τῆς πέψεως οὖν ἐπί τινων τέλος φησὶν εἶναι τὸ εἶδος τὸ κατὰ φύσιν ἀπολαβεῖν αὐτό, ὡς ἐπὶ τῶν καρπῶν. τοιαύτη γὰρ ἡ τούτων πέψις, ὡς ἐπὶ τῆς τροφῆς· καὶ γὰρ ταύτης τέλος τὸ εἰς τὸ εἶδος μεταβάλλειν τοῦ τρεφομένου φυσικὸν ὄν. ἐπεὶ δὲ οὐ μόνον ἐπὶ τῆς τροφῆς ἡ πέψις λέγεται, ἀλλὰ καὶ ἄλλα τινὰ πέσσεσθαί φαμεν, ὡς τὸ γλεῦκος, ὡς τὰ φύματα καὶ τὰ ἄλλα τὰ τοιαῦτα, ἐπὶ τῶν οὔ|τω πεσσομένων τὸ τέλος φησὶν εἶναι τῆς πέψεως 128v τὸ μεταβάλλειν εἴς τινα μορφήν, ἐν ᾗ γινόμενον χρήσιμον καὶ εὐεργέστερον ἡμῖν γίνεται. τίς δέ ἐστιν ἡ ὑποκειμένη μορφὴ ἐξηγούμενος εἶπεν· ὅταν γὰρ τοιονδὶ ἢ τοσονδὶ τὸ ὑγρὸν γένηται ἢ ὀπτώμενον ἢ ἑψόμενον ἢ σηπόμενον ἢ ἄλλως πως θερμαινόμενον, ὡς χρήσιμον εἶναι, τότε πεπέφθαί φαμεν αὐτό. οὕτως τὸ γλεῦκος πέσσεσθαι λέγομεν καὶ τὰ ἐν τοῖς φύμασι συνιστάμενα· τὸ μὲν γὰρ γλεῦκος πεπέφθαι λέγομεν, ὅταν οἶνος γένηται, τὰ δὲ ἐν τοῖς φύμασι συνιστάμενα, ὅταν πύον γένηται, τὸ δὲ ῥεῦμα τὸ ἐν τοῖς ὀφθαλμοῖς, ὅταν λήμη· ὁμοία καὶ ἡ ἐπὶ τῶν φλεγμάτων πέψις λεγομένη. συμβαίνει δέ, φησί, τοῦτο πάσχειν πᾶσι τοῖς πεσσομένοις, τὸ πέσσεσθαί τε καὶ πεπέφθαι τότε, ὅταν ἡ ὑποκειμένη ὕλη τε καὶ ὑγρότης κρατηθῇ ὑπὸ τῆς φυσικῆς θερμότητος. ἕως γὰρ ἄν, φησίν, ἐν τοῖς τοιούτοις ὑγροῖς πᾶσι τὸ θερμὸν τὸ ἐν αὐτοῖς ἐν ἀναλογίᾳ τινὶ ᾖ τοιαύτῃ πρὸς τὸ ὑγρόν, ὡς δύνασθαι κινεῖν αὐτὸ καὶ μεταβάλλειν, φύσις αὐτῶν τοῦτο· ἡ γὰρ ἐν ἑκάστῳ ἀρχὴ κινητικὴ καθ' αὑτὸ καὶ μὴ κατὰ συμβεβηκός, ὡς ἐδείχθη ἐν τῇ Φυσικῇ ἀκροάσει, φύσις ἐκείνου. ὅτι δὲ

---

1 τρεφομένῳ scripsi coll. v. 6: πεσσομένῳ libri   λέγει] ει ex corr. I   3 ἐπιτελεσθῇ B   ἔξωθεν BWa   δοκεῖ — πέψει (4)] δοκεῖ πρὸς τὴν πέψιν συνεργεῖν τῆς τροφῆς Wa   4 τῇ] ὥστε ἡ B[1]   πέψις B[1]   ὡς om. I   post λουτρά add. ὡραῖα B, ὧραι Wa   post γυμνάσια lac. V litt. I   ἄλλα τοιαῦτα B[1]   5 ἀμεταβλητότερα a   7 τίς τέ ἐστιν B[2]   ἡ om. B[1]   τοῦ et γινομένου (8) om. a   8 ἐπὶ — οὖν] καὶ a   τὸ — πέψεως (9) om. a   11 τῷ εἶναι I   12 post κατὰ add. τὴν a   ἀπολαβεῖν scripsi: ἀπολαβὼν B[1]I: ἀπολαβὸν B[2]Wa   16 καὶ τὰ om. B[1]W   17 τὰ om. B[1]W   εἶναι] ἐπὶ B[1]W   19 δέ] γάρ BWa   20 τοιόνδε ἢ τοσόνδε BWa   τὸ om. I   22 post λέγομεν add. ὅταν οἶνος γένηται I   25 λύμη B[1]Ia   ἡ om. I   26 λεγομένη] γενομένη corr. B[2]   πάσχειν τοῦτο coll. Wa   πᾶσι om. I   31 post μὴ add. οὐ W   32 ἐδείχθη post ἀκροάσει coll. a   ἐν τῇ Φυσικῇ ἀκροάσει] B 1 p. 192b21 sqq.   φάσις I

τῷ κρατεῖσθαι τὸ ὑγρὸν ὑπὸ τοῦ θερμοῦ τοῦ οἰκείου ἡ πέψις συνίσταται, λέγει. διὸ καὶ ὑγείας, φησί, σημεῖα τὰ τοιαῦτα, τουτέστι τὰ πεπέφθαι λεγόμενα, καὶ οὖρα καὶ ὑποχωρήσεις, καὶ ὅλως τὰ περιττώματα, ὅτι ἡ τούτων πέψις σημεῖόν ἐστι τοῦ κρατεῖν ἐν τῷ ζῴῳ τὴν οἰκείαν θερμότητα τοῦ ὑγροῦ· τοῦτο γὰρ τὸ αόριστον. λέγει δὲ καὶ ὁποῖα γίνεται τὰ πεττόμενα· ἀνάγκη γάρ, φησίν, αὐτὰ παχύτερα καὶ θερμότερα τῶν ἀπέπτων εἶναι· τὸ γὰρ θερμὸν θερμότερά τε καὶ παχύτερα καὶ εὐογκότερα καὶ ξηρότερα ἀποτελεῖ.

Εἰπὼν δὲ τί ποτ' ἐστὶν ἡ πέψις, ἑξῆς λέγει περὶ τοῦ ἐναντίου αὐτῇ· τοῦτο δ' ἐστὶν ἡ ἀπεψία. φησὶ δὴ τὴν ἀπεψίαν εἶναι ἀτέλειαν δι' ἔνδειαν τῆς οἰκείας θερμότητος· ἡ δὲ ἔνδεια τῆς οἰκείας θερμότητος οἰκεία ψυχρότης ἐστίν, ὥστε εἴη ἂν ἡ ἀπεψία ἀτέλεια δι' οἰκείαν ψυχρότητα. ὥσπερ δὲ τὴν πέψιν εἰπὼν τελειότητα προσέθηκε καὶ τὸ τίνων (τῶν γὰρ ἀντικειμένων παθητικῶν, ταῦτα δ' ἦν τὰ ὑποκείμενα τῇ πέψει, ὕλη ὄντα), οὕτως εἰπὼν καὶ τὴν ἀπεψίαν ἀτέλειάν τινων, τίνων προσέθηκε· τῶν γὰρ ἀντικειμένων, φησίν, παθητικῶν, ταῦτα δ' ἐστὶν ἡ ὑποκειμένη τοῖς πάθεσί τε καὶ ταῖς κατὰ τὴν πέψιν ἑκάστην μεταβολαῖς ὕλη.

Εἰπὼν δὲ περί τε πέψεως καὶ ἀπεψίας, τί ἐστιν ἑκάτερον αὐτῶν, ἐπὶ τὸ περὶ τῶν ὑφ' ἑκατέραν αὐτῶν εἰδῶν λέγειν μέτεισι, καὶ πρῶτόν γε τί ἐστι πέπανσις λέγει. φησὶ δὴ πέψιν τῷ γένει τὴν πέπανσιν εἶναι· ὅτι δ' οὕτως ἔχει, ὁρισάμενος τὴν πέπανσιν ἔδειξεν· ὡρίσατο γὰρ τὴν πέπανσιν πέψιν τῆς ἐν τοῖς περικαρπίοις τροφῆς. περικάρπια δὲ λέγει τὰ τοῖς καρποῖς περικείμενα, ἐν οἷς ἐστιν ὑγρότης τις, ἧς ἡ πέψις πέπανσις. ἐπεὶ δὲ ἡ πέψις τελείωσις. λαβὼν ὅτι ἡ πέπανσις πέψις, ἔχων δὲ καὶ ἐν τῷ τῆς πέψεως ὅρῳ κείμενον τὸ εἶναι αὐτὴν τελείωσιν, πότε ἐστὶν ἡ πέπανσις ἐπιτετελεσμένη, λέγει· ὅταν γὰρ τὰ ἐν τῷ περικαρπίῳ σπέρματα δύνηται ἀποτελεῖν τοιοῦτον ἕτερον οἷον αὐτό. καὶ γὰρ ἐπὶ τῶν ἄλλων ἕκαστον τέλειον οὕτω λέγεται, οἷον ἄνθρωπος τέλειος ἤδη ὁ γεννᾶν δυνάμενος οἷον αὐτό, καὶ ἵππος ὁμοίως καὶ τῶν ἄλλων ἕκαστον. ἡ μὲν οὖν πέπανσις ἡ ἐν τοῖς περικαρπίοις τοιαύτη, ἧς καὶ κύριον ὄνομα δοκεῖ εἶναι ἡ πέπανσις· λέγεται δὲ καὶ ἄλλα πολλὰ πεπέφθαι καὶ πέπονα εἶναι, ὁμοειδῶς μὲν γινόμενα τῇ ἐν τοῖς περικαρπίοις πέψει, οὐ μὴν οἰκεῖον ἔχοντα ὄνομα, ἀλλὰ κατὰ μεταφορὰν τὴν ἀπὸ τῆς ἐν τοῖς περικαρπίοις πεπάνσεως οὕτως ὀνομαζόμενα. ὡς γὰρ προεῖπεν, οὐ κεῖται καθ' ἕκαστον τῶν εἰδῶν

5 ἄριστον B¹W 6 παχύτερα] ξηρότερα ποιεῖ BW: ποιεῖ add. etiam a 8 ξηρότερα ἀποτελεῖ] παχύτερα BWa 9 δὲ om. a 11. 12 ψυχρότης in ras. al. m. B 12 post οἰκείαν add. γινομένη BWa 15 τινων, τίνων] πάλιν BWa post προσέθηκε add. καὶ τὸ τίνων a 15. 16 τῶν γὰρ ὑποκειμένων IWa φησίν om. a 18 δέ om. a τε om. BWa αὐτῶν ἑκάτερον coll. BWa 19 ἑκάστην BIW 20 δὴ] δὲ a 22 τοῖς περικαρπίων I λέγεται BWa 23 πέψις scripsi: σῆψις libri πέπανσις — ἐν τῷ (25) om. I 24 ἐπεὶ — τελείωσις om. a δὲ ἡ] δὴ B¹W post λαβὼν add. δὲ a δὲ post ἔχων om. a 25 ποτὲ I 29 αὐτός a 33 ἀπὸ τῆς supr. vers. I τοῖς om. BW

τῶν τοιούτων τῶν τε ὑπὸ τὴν πέψιν καὶ τῶν ὑπὸ τὴν ἀπεψίαν κοινὸν ὄνομα, ἀλλ' ἀπό τινος τῶν ὑπ' αὐτὰ οὕτως ὀνομαζομένου καὶ τὰ ἄλλα καθ' ὁμοιότητα καὶ μεταφορὰν ὁμοίως ὀνομάζεται. εἰπὼν δὲ μεταφορικῶς τινα ὀνομάζεσθαι διὰ τὸ μὴ κεῖσθαι οἰκεῖα ὀνόματα καθ' ἕκαστον εἶδος πέψεως καὶ καθ' ἑκάστην πέψεως τελείωσιν, προσέθηκε περὶ τὰ ὁριζόμενα ὑπὸ τῆς φυσικῆς θερμότητος καὶ ψυχρότητος, οὐχ ὡς πέψεώς τινος γινομένης καὶ ὑπὸ ψυχρότητος (κεῖται γὰρ ἡ πέψις ὑπὸ θερμότητος γίνεσθαι), ἀλλ' ὡς πρὸς τὴν πέψιν συντελούσης καὶ τῆς ψυχρότητος· ἡ γὰρ | θερμότης ὡς ὕλην τὸ ὑγρὸν καὶ τὸ ψυχρὸν ὁρίζει 129r
ἐν τῇ πέψει κρατοῦσα. ὅτι δὲ καὶ τὰ ἄλλα, ἐφ' ὧν δι' ὁμοιότητα μεταφορικῶς τὸ τῆς πεπάνσεως ὄνομα κατηγορεῖται, ὁμοειδῶς γίνεται καὶ πεπαίνεται τοῖς ἐν τοῖς περικαρπίοις, ἔδειξεν εἰπὼν ἔστι δὲ ἡ φυμάτων καὶ φλέγματος καὶ τῶν τοιούτων πέπανσις ἡ ὑπὸ τοῦ ἐνυπάρχοντος αὐτοῖς θερμοῦ τοῦ ὄντος ἐν αὐτοῖς ὑγροῦ πέψις· ἀδύνατον γὰρ ὁρίζεσθαι τὸ ὑγρόν, εἰ μὴ κρατοῖτο ὑπὸ τοῦ θερμοῦ· ἦν δὲ ἡ πέπανσις ἡ ἐπὶ τῶν περικαρπίων τοιοῦτον. ἐκ μὲν οὖν πνευματικῶν. λέγει τὰ πεπαινόμενα ἐκ μὲν πνευματικῶν ὑδατώδη γίνεσθαι· συνίσταται γὰρ καὶ παχύνεται τὸ πνεῦμα ἐν τῇ εἰς ὕδωρ μεταβολῇ, τὰ δὲ ὑδατώδη πάλιν εἰς τὰ γεηρά· τὰ γὰρ ὑδατώδη ὅσῳ ἂν παχύνηται καὶ γεηρότερα γίνηται, πεπέφθαι μᾶλλον λέγεται· καθόλου τε πάντα τὰ πεπαινόμενα ἐκ λεπτῶν παχύτερα γίνεται. τὸ δὲ καὶ τὰ μὲν εἰς αὐτὴν ἡ φύσις ἄγει κατὰ τοῦτο τὰ δὲ ἐκβάλλει τοιοῦτον ἂν εἴη· τῶν πεπαινομένων τὰ μὲν εἰς φυσικὸν εἶδος μεταβάλλει, καθ' ὅσον πεπαίνεται, καὶ ἔστιν αὐτοῖς τέλος τῆς πεπάνσεως κατὰ φύσιν ἡ εἰς τοῦτο μεταβολή, τὰ δὲ ἐκβάλλεται καὶ ἐκκρίνεται ἐκ τοῦ κατὰ φύσιν ἔχοντος, ὡς τὸ φλέγμα, τὸ πύον, ἡ λήμη, τὸ περίττωμα.

Εἰπὼν δὲ τί ἐστι πέπανσις, ἑξῆς λέγει περὶ ὠμότητος, ἥτις ἔστι μὲν ὑπὸ τὴν ἀπεψίαν, ἐναντία δέ ἐστι τῇ πεπάνσει. λέγει δὴ ὠμότητα εἶναι τὸ ἐναντίον τῇ πεπάνσει· ἀπεψία γάρ ἐστι τῆς ἐν τῷ περικαρπίῳ τροφῆς ἡ κυρίως ὠμότης λεγομένη, ἥτις ἐστὶν ἡ ἀόριστος ὑγρότης, τουτέστιν ἡ ἀσύστατος. διὸ καί φησιν εἶναι τὴν ὠμότητα ἢ πνευματικὴν ἢ ὑδατώδη ἢ ἐξ ἀμφοῖν μεμιγμένην, εἰ μὲν οὖν τὸ ὀφεῖλον πεφθῆναι πνεῦμα, πνευματικήν, εἰ δὲ ὕδωρ, ὑδατώδη. δύναται δὲ καὶ ἐξ ἀμφοῖν εἶναι, ὅταν ὀφεῖλον τὸ πεσσόμενον παχυνθῆναι, τὸ δὲ μείνῃ πνευματικόν τε καὶ ὑδατῶδες. καὶ ἐπεὶ ἡ πέπανσις τελείωσις, δῆλον ὅτι ἡ ὠμότης ἀτέλεια ἔσται

1 τῶν τοιούτων om. BWa   τῶν ὑπὸ om. BWa   4 οἰκεῖον ὄνομα BWa
5 πέψεως post ἑκάστην om. BWa   περὶ om. BW   6 θερμότητός τε καὶ BW
10 τὰ om. I   ἀφ' ὧν B¹W   13 ἡ om. I   14 post ὑγροῦ add. ἐν τοῖς πεττομένοις BWa   15 post ὑγρὸν add. ὅ ἐστι πέπανσις BWa   16 post οὖν add. τῶν a Arist. vulg.: om. BIW Arist. E   17 ἐκ — πνευματικῶν exp. B²: om. a post μὲν add. τῶν W   19 ὅσα B   20 τε] δὲ I   τὰ om. B¹W
21 αὑτὴν BIW Arist.: ἑαυτὴν a   κατὰ τοῦτο om. a   26 δὲ om. a   27 δὴ] δὲ a   28 ἐστι] .τις a   29 ἢ κυρίως a   30 alterum ἢ om. I   31 ἢ om. B¹ ἀμφοῖν] ἀέρος B¹Wa   31. 32 πνευματική I   32 ὑδατώδης B²Wa
33 μείνῃ B²V: μένει B¹IWa

γινομένη δι' ἔνδειαν φυσικοῦ θερμοῦ καὶ ἀσυμμετρίαν πρὸς τὸ πεπαινόμενον ὑγρόν· ὅταν γὰρ ἔλαττον ᾖ τὸ θερμὸν ἢ ὥστε κρατεῖν δύνασθαι τοῦ ὑγροῦ, ἄπεπτον τὸ ὑγρὸν μένει. ἐπεὶ δὲ εἶπε τὸ ὑγρὸν εἶναι τὸ πεπαινόμενον, τίνα ἐστὶ τῶν ὑγρῶν τὰ πεπαινόμενα λέγει· ὅσα γὰρ παχύνεσθαι θερμαινόμενα δύναται· τὸ γὰρ πεπαινόμενον συνίσταται πᾶν. οὐδὲν δὲ ὑγρὸν ἄμικτον ξηρῷ καὶ γεώδει παχύνεται, διὸ οὐδὲ πεπαίνεται. δεῖ οὖν τὸ πεπαινόμενον ὑγρὸν ἔχειν ἐν αὑτῷ καὶ ξηρόν τι μεμιγμένον. διὰ τοῦτο γὰρ ὕδωρ μόνον τῶν ὑγρῶν θερμαινόμενον οὐ παχύνεται, ὅτι μὴ ἔχει ἐν τῇ οὐσίᾳ αὐτοῦ ξηρότητός τι· θᾶττον γὰρ θερμαινόμενον διατμίζεται, καὶ φθείρεται ἢ παχύνεται. ἔλαιον δὲ καὶ οἶνος θερμαινόμενα παχύνεται, ὅτι ἔχει ἐν τῇ αὐτῶν οὐσίᾳ καὶ ξηρόν τι καὶ γεῶδες. εἰπὼν δὲ ὅτι μηδὲν ὑγρὸν ἄμικτον ξηρῷ ὂν πεπαίνεται, περὶ τῆς ὠμότητος πάλιν λέγει καὶ τῆς ἐν αὐτῇ ἀτελείας· ἔκειτο γὰρ γίνεσθαι δι' ἔνδειαν τοῦ φυσικοῦ θερμοῦ καὶ ἀσυμμετρίαν πρὸς τὸ ὑγρὸν τὸ πεπαινόμενον. ταύτην δέ φησι τὴν ἀσυμμετρίαν τοῦ θερμοῦ πρὸς τὸ πεπαινόμενον ὑγρὸν γίνεσθαι ἢ τῷ τὸ θερμὸν ὀλίγον εἶναι καὶ ἔλαττον τοῦ κατὰ φύσιν ἢ τῷ τὸ ὑγρὸν τὸ πεσσόμενον καὶ ὁριζόμενον πολὺ καὶ πλεῖον εἶναι τοῦ κατὰ φύσιν. διὰ τοῦτό φησι καὶ λεπτοὺς τοὺς χυμοὺς καὶ τὰς συστάσεις εἶναι τῶν ὠμῶν, καὶ ψυχροὺς μᾶλλον ἢ θερμούς, καὶ ἀβρώτους καὶ ἀπότους, ὡς μὴ κρατηθέντος τοῦ ὑγροῦ ὑπὸ τοῦ θερμοῦ.

Ὥσπερ δὲ ἡ πέπανσις πολλαχῶς ἐλέγετο (κύριον γὰρ ἦν ὄνομα τῆς πεπάνσεως τῶν καρπῶν, ἐλέγετο δὲ καὶ ἄλλα τινὰ πεπαίνεσθαι κατὰ μεταφορὰν τὴν ἀπὸ τούτων, τῷ ὁμοίως τούτοις γίνεσθαι καὶ εἶναι ὁμοειδὲς τὸ ἐπ' αὐτῶν γινόμενον τοῖς ἐπὶ τῶν καρπῶν), οὕτως φησὶ καὶ τὴν ὠμότητα λέγεσθαι πλεοναχῶς. οὐ γὰρ μόνον ἐπὶ τῶν καρπῶν ἡ ὠμότης λέγεται, ἀλλὰ καὶ ἐπὶ τῶν ἄλλων, ἐφ' ὧν καὶ ἡ πέπανσις· καὶ γὰρ οὖρα καὶ ὑποχωρήσεις τῆς γαστρὸς καὶ κατάρροι ὠμὰ λέγονται, ἃ πάντα τοιαῦτα εἶναι λέγεται τῷ μὴ κεκρατῆσθαι ὑπὸ τῆς οἰκείας θερμότητος μηδὲ συνεστάναι. ἤδη δὲ πορρωτέρω προϊόντες καὶ κέραμον ὠμὸν λέγομεν καὶ γάλα καὶ ἄλλα πλείω· ὅσα γὰρ ἂν δυνάμενα μεταβάλλειν καὶ συ|νίστασθαι ὑπὸ θερ- 129v
μότητος μὴ συσταθῇ μηδὲ πάθῃ τοῦτο, ὠμὰ λέγεται. τὰ γὰρ μὴ δυνάμενα συνίστασθαι ὑπὸ θερμότητος οὐ λέγεται ὠμά· τὸ γοῦν ὕδωρ οὐ λέγεται ὠμόν, ὅτι μὴ πέφυκεν ὑπὸ θερμοῦ παχύνεσθαι. καίτοι λέγεσθαί φησιν αὐτὸ ἑφθὸν δηλονότι καὶ ἀνέψητον, οὐ μὴν ὠμὸν ἢ πεπαντόν. ὅτι μὲν οὖν ὁ

3. 4 ὑγρὸν ποτὲ πεπαινόμενον εἶναι I 6 ἄμικτον] ἢ μικτὸν I 11 ὅτι — οὐσίᾳ in lit. B^2 ξηρόν — γεῶδες supr. vers. B^2 12 ὂν om. BWa 13 ἐν ταύτῃ BWa δι'] ἔτι I 17 εἶναι om. BWa 18 λεπτοὺς ex corr. I 21 δὲ om. a post κύριον vacuum sp. VIII litt., deinde ἓν γὰρ B 21. 22 τῆς πεπάνσεως] τὸ B^1 24 post οὕτως add. καὶ I 26. 27 ὑποχώρησις W 27 ἃ πάντα] ἅπαντα B^1IWa 27. 28 τοιαῦτα — λέγεται om. a 28 post λέγεται add. καὶ WB κρατεῖσθαι BWa 29 ἐμὸν a λέγωμεν I 30 δυνάμεθα I 31 συστῇ BWa μὴ δυνάμενα] λεγόμενα μὴ I 32 οὐ post θερμότητος om. B^1IWa ὕδωρ ὃ λέγεται B^1 33 post ὑπὸ add. τοῦ Wa post θερμοῦ add. καὶ B^1W 34 δῆλον a πεπανόν BWa

ὠμὸς κέραμος πορρωτέρω τῶν ἄλλων, καὶ οὐ πάντῃ ὁμοίως ἐκείνοις λέγεται, φανερόν· ἐκεῖνα μὲν γὰρ ἦν ὑπὸ τῆς οἰκείας θερμότητος πεπαινόμενα καὶ ὠμὰ ἐλέγετο, ὅτι μὴ τὸ οἰκεῖον ἐν αὐτοῖς θερμὸν ἐκράτει τοῦ ὑγροῦ, ὁ δὲ κέραμος ὠμὸς λέγεται τῷ τὸ ἔξωθεν προσαγόμενον αὐτῷ θερμὸν μὴ κεκρατηκέναι τῆς ὑγρότητος τῆς ἐν αὐτῷ. ἐπιζητήσαι δ' ἄν τις, πῶς καὶ τὸ γάλα πορρωτέρω καὶ οὐχὶ ἐκείνοις ὁμοίως λέγεται ὠμόν. ἢ εἰ μὲν λέγοιτο ὠμὸν γάλα τὸ ἐν τῷ ζῴῳ, ὁμοίως ἂν τοῖς πρώτοις λέγοιτο· ὠμὸν γὰρ τοῦτο τῷ μὴ κεκρατῆσθαι ὑπὸ τῆς ἐν τῷ ζῴῳ θερμότητος τὴν ὑγρότητα τὴν ἐν αὐτῷ· εἰ δὲ λέγοιτο τὸ ἑψόμενον γάλα ἐν πυρὶ ὠμόν, ὁμοίως ἂν λέγοιτο τῷ κεράμῳ ὠμόν· τῷ γὰρ ὑπὸ τῆς ἔξωθεν μὴ κεκρατῆσθαι θερμότητος.

Εἰπὼν δὲ περὶ πεπάνσεως καὶ ὠμότητος, ὧν τὸ μὲν ἦν τῷ γένει πέψις, τὸ δ' ἀπεψία, καὶ ὁρισάμενος ταῦτα καὶ τὰς αἰτίας δείξας, δι' ἃς γίνεται, ἑξῆς περὶ ἑψήσεως λέγει καὶ τῆς ἐναντίας αὐτῆς μολύνσεως, καὶ πρῶτόν γε περὶ ἑψήσεως. λέγει δὴ τὴν ἕψησιν εἶναι καθόλου μὲν πέψιν ὑπὸ θερμότητος ὑγρᾶς τοῦ ἐνυπάρχοντος ἀορίστου ἐν τῷ ὑγρῷ, θερμότητος μὲν ὑγρᾶς εἰπών, ὅτι τὰ ἑψόμενα ὑπὸ τοῦ θερμοῦ ὑγροῦ ἕψεται· ὑπὸ γὰρ θερμοῦ ὕδατος καὶ ἐν θερμῷ ὑγρῷ ἕψεται τὰ ἑψόμενα. τοῦ δὲ ἐνυπάρχοντος ἀορίστου, τουτέστι τοῦ ἐν τῷ ὑγρῷ τῷ ὄντι ἐν τοῖς ἑψομένοις ἀορίστου καὶ ὑδατώδους· τὸ γὰρ ἐν τούτοις ὑγρόν, ἀόριστον ὄν, πεφθὲν καὶ ὁρισθὲν ὑπὸ τῆς εἰρημένης θερμότητος ἑφθὸν γίνεται ἀπὸ τῆς ἑψήσεως. ἄν τε γὰρ σάρκες ὦσιν αἱ ἑψόμεναι ἄν τε λάχανα ἄν τε ἄλλο τι, τότε ἑφθὰ γίνεται, ὅταν τὸ ἐν αὐτοῖς ὑγρόν, ἀόριστον ὄν, ὑπὸ τῆς ἐν τῷ ὑγρῷ τῷ ἔξωθεν θερμότητος πεφθῇ τε καὶ ὁρισθῇ. λέγεσθαι δέ φησι τὸ τῆς ἑψήσεως ὄνομα κυρίως ἐπὶ μόνων τῶν ἑψομένων. τί δ' ἐστὶ τὸ ἐνυπάρχον ἀόριστον ἐν τῷ ὑγρῷ, ἐδήλωσεν εἰπὼν τοῦτο δ' ἂν εἴη, ὥσπερ εἴρηται, πνευματῶδες ἢ ὑδατῶδες. εἰπὼν δὲ τὴν ἕψησιν εἶναι ὑπὸ θερμότητος ὑγρᾶς, ἐξηγούμενος, τίς ἐστι θερμότης ὑγρά, λέγει ἡ δὲ πέψις γίνεται, δηλονότι ἡ τοῦ ἀορίστου τοῦ ἐν τῷ ὑγρῷ ὄντος πνευματώδους ἢ ὑδατώδους, ἀπὸ τοῦ ἐν τῷ ὑγρῷ πυρός, ἴσον λέγων τῷ ἀπὸ τοῦ ἐν τῷ ὑγρῷ θερμοῦ. εἰπὼν δὲ καὶ ἀποδοὺς τὸν λόγον τῆς ἑψήσεως, ἐπεὶ δοκεῖ καὶ τὰ ταγηνιζόμενα ἐν ὑγρῷ θερμῷ ταγηνίζεσθαι (θερμαινομένου γὰρ τοῦ ἐν τῷ ταγήνῳ ἐλαίου ἢ ἐν ᾧ ἂν ὑγρῷ καὶ ταγηνίζηταί τινα, ἐκεῖνα μεταβάλλει, καὶ οὐ λέγεται ἕψεσθαι, ἀλλὰ ταγηνίζεσθαι), ὅτι μὴ ταγηνιζόμενα ὑπὸ τοῦ ἐν τῷ ὑγρῷ θερμοῦ πάσχει, ὡς τὰ ἑψόμενα, ἀλλ' ὑπὸ τοῦ ἔξω πυρός, ὥσπερ καὶ τὰ ὀπτώμενα, δείκνυσι. διὸ καὶ τὰ

3 post οἰκεῖον add. καὶ BWa 4 τὸ om. I 7 ἢ εἰ] εἰ ἡ B¹ ὁμοίως ἂν ex corr. I 9 γάλα] ἀλλὰ B¹ 11 μὴ supr. vers. add. I 12 δὲ om. a ἦν] ἢ I 13 ταῦτα] τε αὐτὰ BWa 14 αὐτῇ BWa 17 τοῦ om. BWa 18 δὲ om. a 19 τοῦ ὄντος I 21 ἑφθὸν γίνεται om. B¹IW ἀπὸ om. B¹: ὑπὸ B²a τῆς] τε IW 28 τίς — λέγει] τί ἐστι τὸ θερμότητος ὑγρᾶς, εἶπεν BWa 29 δῆλον a ἡ om. BWa 29. 30 ὄντος — ὑδατώδους] δ ἢ πνευματῶδες ἐστὶν ἢ ὑδατῶδες BW eademque a, praeterquam quod pro δ ἢ habet πυρὸς 32 τηγανιζόμενα — τηγανίζεσθαι — τηγάνῳ (33) a, et porro item 33 ταγηνίζηται scripsi: ταγηνίζεται BIW: τηγανίζεται a 35 μὴ] μηδὲ τὰ BWa

ταγηνιζόμενα ὀπτᾶται μᾶλλον ἢ ἕψεται· ὑπὸ γὰρ τοῦ ἔξωθεν θερμοῦ, τουτέστιν ὑπὸ τοῦ πυρός, ταγηνιζόμενα μεταβάλλει τε καὶ πάσχει, ἀλλ' οὐχ ὑπὸ τοῦ ἐν τῷ περιέχοντι αὐτὰ ὑγρῷ θερμοῦ. ὅτι γὰρ μὴ ὑπ' ἐκείνου πάσχει, σημεῖον τὸ τὸ περιέχον αὐτὰ ὑγρὸν πάσχειν μᾶλλον ὑπὸ τῶν ταγηνιζομένων· θερμαινόμενα γὰρ ἐκεῖνα ὑπὸ τοῦ πυρὸς τοῦ πεπυρακτωμένου σιδήρου τὸ περικείμενον αὐτοῖς ὑγρὸν ξηραίνει εἰς αὐτὰ ἀναλαμβάνοντα. τὰ δέ γε ἑψόμενα τὸ ἐναντίον τούτου ποιεῖ· οὐ γὰρ μόνον οὐκ ἀναλαμβάνει εἰς αὐτὰ τὸ περικεχυμένον αὐτοῖς ὑγρὸν θερμόν, ἀλλὰ πάσχοντα ὑπ' αὐτοῦ καὶ μεταβαλλόμενα καὶ θερμαινόμενα ἐκκρίνει καὶ τὴν ἐνυπάρχουσαν αὐτοῖς ὠμοῖς οὖσιν ὑγρότητα. οὗ σημεῖόν φησιν εἶναι τὸ ξηρότερα εἶναι τὰ ἑφθὰ τῶν ὀπτῶν· τὰ μὲν γὰρ ἑψόμενα τῷ κρατεῖσθαι ὑπὸ τοῦ ἐν τῷ περιέχοντι αὐτὰ ὑγρῷ θερμοῦ οὐκ ἀνασπᾷ αὐτὸ εἰς αὐτά, ἀλλ' ἀφίησι τὸ ἐνυπάρχον αὐτοῖς, τὰ δὲ ταγηνιζόμενά τε καὶ ὅλως ὀπτώμενα τῇ ἀπὸ τοῦ πυρὸς ἐγγινομένῃ αὐτοῖς θερμότητι κρατοῦντα τοῦ ἐκτὸς ὑγροῦ σπᾷ αὐτὸ εἰς ἑαυτά. ὅτι δὲ τὰ ὀπτὰ ὑγρότερα τῶν ἑφθῶν, δῆλον ἐκ τοῦ, ὅταν τμηθῇ, πολὺ ὑγρότερα τῶν ἑφθῶν τὰ ὀπτὰ εὑρίσκεσθαι, ὀπτὰ δὲ τὰ μὴ προεψημένα. |

Εἰπὼν δὲ τὴν ἕψησιν πέψιν εἶναι τοῦ ἐνυπάρχοντος ἐν τῷ ὑγρῷ 130r ἀορίστου γινομένην ἀπὸ ὑγρᾶς θερμότητος, εὐλόγως φησὶ μὴ πᾶν σῶμα ἑψητὸν εἶναι· οὔτε γὰρ ἐν ᾧ μηδέν ἐστιν ὑγρόν (τοῦτο γὰρ τὸ ἐν τῇ ἑψήσει πεσσόμενον) οὔτε ἐν ᾧ ἔστι μέν, ἀλλὰ ἀδύνατον κρατηθῆναι καὶ ἐκκριθῆναι ὑπὸ τῆς ἐν τῷ περικεχυμένῳ αὐτῷ ὑγρῷ θερμότητος διὰ πυκνότητα. διὸ οὔτε λίθοι οὔτε ξύλα ἕψονται, οἱ μὲν διὰ τὸ μὴ ἔχειν ὑγρότητα, τὰ δὲ διὰ τὸ τοιαύτην ἔχειν, ὡς μὴ δύνασθαι ὑπὸ τοῦ ἕψοντος ὑγροῦ θερμοῦ κρατεῖσθαι αὐτὴν καὶ ἐκκρίνεσθαι, διὰ τὸ φυσικῶς ἐν τῇ συστάσει πεπυκνῶσθαι καὶ μὴ ἐξιέναι. ἕψεται δὲ ταῦτα, ὅσα τῶν σωμάτων ἔχει παθητικὴν ὑγρότητα ὑπὸ τῆς ἐν τῷ ὑγρῷ τῷ περιέχοντι αὐτὰ ὑπὸ πυρὸς ἐγγινομένης θερμότητος. λέγεσθαι δέ φησι καὶ ἄλλα τινὰ ἕψεσθαι οὐ κυρίως, ἀλλὰ μεταφορικῶς· καὶ γὰρ χρυσὸς καὶ ξύλα καὶ ἄλλα τινὰ οὐ κατὰ ταὐτὸν εἶδος λεγόμενα, ἀλλὰ μεταφορικῶς, διὰ τὸ μὴ πάσαις ταῖς διαφοραῖς οἰκεῖα ὀνόματα κεῖσθαι. οὐ γὰρ τῷ τὴν ἐν τῷ χρυσῷ ὑγρότητα κρατεῖσθαι ὑπὸ τῆς ἐν τῷ ὑγρῷ θερμότητος ὁ χρυσὸς ἕψεσθαι λέγεται, ἀλλ' οὐδὲ τὰ ξύλα· προείρηκε γὰρ ὅτι τὰ τοιαῦτα τῶν σωμάτων οὐκ ἔστιν ἑψητὰ οὐδὲ ἐν ὑγρῷ τίθεται θερμῷ, ὥστε ὑπὸ τούτου κρατηθεῖσαν τὴν ἐν αὐτοῖς ὑγρότητα ἐκκριθῆναι· μεταφορικῶς δὲ ἀπό τινος

2 post πυρός add. τὰ BWa 3 ὑγροῦ I 4 τῶ τὸ I 6 ξηραίνειν BW εἰς αὐτὰ libri 7 τὰ et ἑψόμενα B²: τὸ et ἑψόμενον B¹IWa γε om. BW: τὸ a 8 αὐτὰ BIW θερμόν om. a 13 αὐτὰ BIW 15 ἑαυτά] αὐτό I ὀπτὰ] ὀπτώτερα B¹: ὀπτότερα W ἑφθῶν corr. ex ὀπτῶν I 16 ἐκ τοῦ om. BWa τμηθῇ] τεθῇ B¹IWa ante πολὺ add. τῷ a 16. 17 εὑρίσκεται I 18 δὲ om. a εἶναι πέψιν coll. BWa 21 post οὔτε add. γὰρ I 23 ἕψεται BWa 25 διὰ τὸ scripsi: οἷα τῶ libri 26 πετηνῶσθαι I καὶ μὴ om. a ἐξιέναι scripsi: ἐξεᾶν BIW: om. a 28 τινὰ post δὲ exh. a 31 τὴν] γῆν I 32 κρατεῖσθαι post θερμότητος exh. a: om. B¹W 33 τὰ ante ξύλα om. BWa

ὁμοιότητος καὶ ταῦτα ἡψῆσθαι λέγεται, ὅταν ὑπὸ πυρὸς θερμαινομένων αὐτῶν ἐκκριθῇ τι τῶν ἐν αὐτοῖς ὑγρῶν. ὅταν γὰρ ἐπὶ τοῦ χρυσοῦ ἡ τοιαύτη ὑπὸ τοῦ πυρὸς ἔκκρισις τῆς ἀλλοτρίας ὑγρότητος ἐγκαταμεμιγμένης αὐτῷ γένηται, οἷον ἀργύρου ἢ χαλκοῦ ἤ τινος ἄλλου, τότε ἡψῆσθαι λέγεται· ὁμοίως καὶ τὰ ἄλλα τὰ μεταλλευόμενα. καὶ τὰ ξύλα δέ, ὧν διὰ τὸ πλησίον πῦρ ὁ καπνὸς ἐκκέκριται καὶ γέγονε ξηρά, ἡψῆσθαι λέγεται, ἃ καὶ ἄκαπνα καλεῖται. λέγεται δὲ καὶ ἐπὶ ὑγρῶν ἕψησις, οἷον γάλακτος καὶ γλεύκους, καὶ ὁμοιοτέρα ἡ τούτων ἕψησις τῇ κυρίως ἑψήσει λεγομένῃ τῆς τοῦ χρυσοῦ καὶ τῶν τοιούτων· λέγεται γὰρ ταῦτα τότε ἡψῆσθαι, ὅταν ὁ ἐν αὐτοῖς ὑγροῖς οὖσι χυμός, οἰκεῖος ὢν αὐτῶν καὶ οὐχὶ ἀλλότριος, πεφθῇ καὶ εἴς τι εἶδος μεταβάλλῃ ὑπὸ τοῦ κύκλῳ περικειμένου καὶ ἔξωθεν πυρὸς θερμαίνοντος αὐτά· ἐκκρινομένου γὰρ τοῦ ἀορίστου ἐν αὐτοῖς ἢ ὑδατώδους, ὡς τοῦ ὀρροῦ ἐπὶ τοῦ γάλακτος, ἢ πνευματώδους, ὡς ἐπὶ τοῦ γλεύκους, ἡ τοῦ ὑποκειμένου πέψις τε καὶ εἰς εἶδός τι μεταβολὴ γίνεται. τρόπον δέ τινα εἶπε τὸ ἐπὶ τούτων γινόμενον παραπλησίως γίνεσθαι τῇ ἑψήσει, ὅτι μηδὲ ταῦτα ἐν ὑγρῷ θερμῷ τίθεται μηδὲ ὑπὸ τούτου πέσσεται ἡ ἐν αὐτοῖς ὑγρότης, ἀλλ' ἐν ἀγγείοις ὄντα ὑπὸ τοῦ ἔξωθεν πυρὸς πάσχει τὰ προειρημένα.

p. 381a1 Τέλος δὲ οὐ τὸ αὐτὸ πᾶσιν, οὔτε ἑψομένοις οὔτε πεττομένοις.

Οὐ τὸ αὐτό φησι τέλος εἶναι πᾶσι τοῖς ἑψομένοις, οὐδὲ τοῦ αὐτοῦ χάριν ἕψεσθαι αὐτά· τὰ μὲν γὰρ ἕψεται, ὥστε πρὸς ἐδωδὴν ἐπιτήδεια γίνεσθαι, οἷς τοῦτο τῆς ἑψήσεως τέλος, τὰ δὲ ὥστε πρὸς ῥόφησιν, τὰ δὲ ἄλλου τινὸς χάριν. οὔτε δὲ ἑψομένοις εἶπεν οὔτε πεττομένοις ἤτοι ἐκ παραλλήλου, ἐπεὶ ἡ ἕψησις διὰ πέψεως, ἢ ἐπεὶ κοινότερον ἡ πέψις καὶ γενικώτερον τῆς ἑψήσεως (οὐ γὰρ ἡ ἕψησις μόνον διὰ πέψεως, ἀλλὰ καὶ ἡ πέπανσις, ὡς δέδειχε, καὶ ἡ ὄπτησις δέ, ὡς ἐρεῖ), εἰπὼν μὴ εἶναι τὸ αὐτὸ πᾶσι τοῖς ἑψομένοις τέλος, ἐπήνεγκεν ὅτι μηδὲ ὅλως τοῖς πεσσομένοις, ὡς οὐδὲ ἐπὶ τῶν ἄλλων εἰδῶν τῆς πέψεως τοῦ αὐτοῦ πᾶσιν ὄντος τέλους. εἰπὼν δὲ ὅτι μὴ τὸ αὐτὸ πᾶσι τοῖς ἑψομένοις τέλος, σημεῖον τούτου καὶ τὸ ἐπὶ τῶν φαρμάκων παρέθετο, ἃ καὶ αὐτὰ μὲν ἕψειν λέγομεν, οὐ μὴν ὡς πρὸς ἐδωδὴν ἢ πρὸς ῥόφησιν ἢ ὅλως πρὸς τροφὴν χρήσιμα αὐτὰ ἐσόμενα ἕψειν λέγομεν. οὐδ' ἡ τῶν φαρμάκων δὲ ἕψησις ἡ αὐτὴ τῇ κυρίως ἑψήσει λεγομένῃ, ἧς τὸν ὁρισμὸν ἀποδέδωκεν. εἰπὼν δὲ ταῦτα

1 ἑψῆσθαι libri 2 τί I 3 post ὑγρότητος add. καὶ B 4 et 6 ἑψῆσθαι B²a 7 post δὲ add. φησὶ BWa 8 τούτου BWa τῇ τοῦ I 10 ἀλλότρια a 11 μεταβάλλει I 13 ὄρου B¹W τοῦ ante γάλακτος om. I 14 ἢ τοῦ B¹ τι om. BWa 22 ὥστε] ὥσπερ B¹W 23 γενέσθαι B² 25 post ἕψησις add. μόνον, sed rursus exp. I ἢ ἐπὶ BWa ἡ πέψις post γενικώτερον (26) coll. BWa 27 post εἰπὼν add. δὲ BIW 28 πᾶσι om. BWa τέλος τοῖς ἑψομένοις coll. BWa ἐπήνεγκεν — τέλος (30) om. I 30. 31 καὶ τὸ] καίτοι B¹W: καὶ om. I, eras. B² 33 ἑψεῖν I οὐδ' ἡ] οὐδὲ BWa 34 ἀπέδωκεν a

συγκεφαλαιοῦται νῦν, τίνα ἐστὶ τὰ ἑψητά, καθόλου λέγων περὶ πάσης ἑψήσεως, οὐ τῆς κυρίως λεγομένης μόνον· ὅσα γὰρ παχύτερα δύναται γίνεσθαι θερμαινόμενα (πεσσομένου γὰρ τοῦ ἐν αὐτοῖς ἀορίστου ὑγροῦ ἡ πάχυνσις) ἢ ἐλάττω· διακρινομένου γὰρ καὶ ταῦτα τοῦ ἐν αὐτοῖς πνευματώδους, τὰ δ' αὐτὰ καὶ βαρύτερα γίνεται. οὐ γὰρ ἁπλῶς τὰ ἐλάττω γινόμενα ἕψεται· τὸ γοῦν ἔλαιον ἔλαττον μὲν γίνεται, οὐ μὴν ἕψεται, ὡς ἐρεῖ. ἢ τὰ μὲν αὐτῶν τοιαῦτα, τὰ δὲ ἐναντία ἀντὶ τοῦ τὰ μὲν παχύτερα, τὰ δὲ λεπτότερα διὰ τὸ ἐν τῇ ἑψήσει διακρίνεσθαι. καὶ τὰ μὲν αὐτῶν παχύνεσθαι, τὰ δὲ λεπτύνεσθαι, ὡς ἐπὶ τοῦ γάλακτος γίνεται· τὸ μὲν γὰρ αὐτοῦ λεπτύνεται, ὅσον ὀρρῶδες, τὸ δὲ λοιπὸν συνίσταται καὶ τυροῦται, ὃ πυτίαν εἶπεν, ὡς τῷ ἔχειν ἐν αὐτῷ τοιοῦτόν τι πηγνυμένου αὐτοῦ. ἕψεσθαι δ' ἂν κατὰ τοῦτο καὶ τὰ σιτία λέγοιτο· καὶ γὰρ ἐκείνων τὰ μὲν εἰς ὑγρότητα ὑπὸ | τῆς θερμότητος διακρίνεται, οἷά 130v ἐστι τὰ οὖρα, τὰ δὲ παχύνεται. τὸ δ' ἔλαιον οὔ φησιν ἕψεσθαι καθ' ἑαυτό· μετ' ἄλλων μὲν γὰρ μιγνύμενον ἕψεσθαι δοκεῖ, οὐ μὴν καθ' ἑαυτό, ὅτι θερμαινόμενον μήτε παχύνεται μήτε ἔλαττον γινόμενον βαρύτερον γίνεται μήτε τὸ μὲν αὐτοῦ ὑγρότερον γίνεται, τὸ δὲ παχύτερον· τὸ γὰρ αὐτὸ κατὰ τὸ εἶδος ἐν τῇ ἑψήσει μένει, ἔστ' ἂν σώζηται. τοιαύτην μὲν οὖν φησιν εἶναι τὴν κατὰ τὴν ἕψησιν πέψιν· ἡ γὰρ πέψις καὶ ἐν ἄλλοις, οὐχ ἐν ἑψήσει μόνῃ. οὐδὲν δὲ διαφέρειν φησίν, εἴτε διὰ τεχνικῶν ὀργάνων γίνοιτο, ὡς ἡ ὑπὸ τῶν ὀψοποιῶν, εἴτε διὰ φυσικῶν, ὡς ἐπὶ τῆς τροφῆς· ὁποτέρως γὰρ ἂν γίνηται, τὴν αὐτὴν αἰτίαν ἕξει. καὶ γὰρ ἐπὶ τῶν διὰ τεχνικῶν ὀργάνων ἑψομένων τὸ ἔξω θερμὸν τῶν ἑψομένων αἴτιον τῆς ἑψήσεώς τε καὶ πέψεως τοῦ ἐν τῷ ἑψομένῳ ἀορίστου ὑγροῦ καὶ ἐπὶ τῶν διὰ φυσικῶν. καὶ γὰρ ἡ τροφὴ ὑπὸ τοῦ ἔξωθεν ὄντος αὐτῆς θερμοῦ ἕψεται· οὐ γὰρ ἐν αὐτῇ τῇ τροφῇ τὸ ἕψον τε καὶ πέσσον αὐτὴν θερμόν, εἰ καὶ σύμφυτον τῷ τρεφομένῳ.

Εἰπὼν δὲ περὶ ἑψήσεως μέτεισιν ἐπὶ τὸν περὶ μολύνσεως λόγον, ἥτις ἐστὶν ἐναντία τῇ ἑψήσει, καί φησιν αὐτὴν εἶναι τὴν ἐναντίαν ἀπεψίαν τῇ ἑψήσει. εἴη δ' ἂν ἐναντία ἥ τε πρώτη λεχθεῖσα ἀντὶ τοῦ ἥ τε τῇ πρώτῃ λεχθείσῃ [τῇ] ἑψήσει ἐναντία· οὐ γὰρ τί ποτέ ἐστι μόλυνσις, εἴρηκεν ἤδη, ἀλλ' ἢ δυνάμει. εἰπὼν γὰρ τίς ποτέ ἐστιν ἡ πρώτη τε καὶ κυρίως λεγομένη ἕψησις, εἴρηκε δυνάμει καὶ τὴν ἐναντίαν αὐτῇ μόλυνσιν. ἐπεὶ γὰρ ἦν ἡ ἕψησις πέψις τοῦ ἐν τῷ ἑψομένῳ σώματι ἀορίστου ὑπὸ τῆς ἐν τῷ πέριξ ὑγρῷ θερμότητος, εἴη ἂν καὶ ἡ ἐναντία

4 ἤ] ἡ I γὰρ — ταῦτα om. a: καὶ ταῦτα om. B^{1}W 7 post ἐναντία add. εἶπεν BWa 10 λοιπὸν] λεπτὸν BWa 11 πυροῦται B: πυκνοῦται a πυτείαν BW ὡς τὸ B^{1}Wa: ὥστε B^2 16 post θερμαινόμενον add. μὲν BW 17 ὑγρότερον γίνεσθαι BIW 19 ἡ γὰρ πέψις om. B^{1}W post ἄλλοις add. καὶ B^{2}a 21 γίνοιτο] εἶναι B^{1}W ἡ — ὀψοποιῶν] ἐπὶ τῶν ἑψομένων B^{1}Wa 23 τῆς om. B^{1}W 24 ἑψήσεως] πήξεως B^{1}W 25 τοῦ om. B^{1}I, post αὐτῆς exh. W 27 ἔμφυτον BWa 28 δὲ om. a 29 ἐστὶν om. BWa 31 τε om. BWa λεχθεῖσα B^{1}Wa τῇ delevi post ἐστι add. ἡ a 34 ἐπειδὴ BWa 35 post ἀορίστου add. ὑγροῦ BWa ὑγρῷ om. BWa

αὐτῇ μόλυνσις ἀπεψία, ὡς ὁριζόμενος λέγει, τοῦ ἐν τῷ σώματι ἀορίστου δι' ἔνδειαν τῆς ἐν τῷ πέριξ ὑγρῷ θερμότητος. ὅτι δὲ ἡ τοῦ θερμοῦ ἔνδεια μετὰ ψυχρότητος, εἰρῆσθαί φησιν· εἶπε γὰρ κατὰ τὴν ἀρχὴν τοῦ βιβλίου, ὅτε ἔλεγε περὶ φθορᾶς καὶ σήψεως. εἰπὼν γὰρ τί ἐστι σῆψις, ἐπήνεγκεν "ὥστ' ἐπεὶ κατ' ἔνδειαν πάσχει θερμοῦ, τὸ δὲ ἐνδεὲς τοιαύτης δυνάμεως ψυχρὸν πᾶν, ἄμφω ἂν αἴτια εἴη." τούτου δὴ νῦν ὑπομιμνήσκει. γίνεται γάρ, φησί, διὰ κίνησιν ἄλλην ἡ μόλυνσις καὶ ἡ προειρημένη ἀπεψία, τῷ μὴ κινεῖν καὶ μεταβάλλειν τὸ θερμόν, ἀλλὰ τῷ ὑπὸ τῆς τοῦ ψυχροῦ γινομένης κινήσεως ἐκκρούεσθαι καὶ ἡττᾶσθαι τὴν πέττουσαν, τουτέστι τὴν θέρμην, πρὸς τὸ κινεῖν. ἐπεὶ δὲ εἶπε δι' ἔνδειαν τῆς ἐν τῷ ὑγρῷ τῷ πέριξ θερμότητος τὴν κατὰ τὴν μόλυνσιν ἀπεψίαν γίνεσθαι, προστίθησι καὶ περὶ τῆς ἐνδείας τοῦ θερμοῦ τοῦ ἐν τῷ περιέχοντι ὑγρῷ πῶς γίνεται· ἢ γὰρ διὰ τὸ πλῆθος τῆς ἐν τῷ ὑγρῷ ψυχρότητος, τουτέστιν ὅταν τὸ περιέχον ὑγρὸν τὸ ἑψόμενον μᾶλλον ψυχρὸν ἢ θερμὸν ᾖ, ἢ διὰ τὸ πλῆθος τῆς ἐν τῷ ἑψομένῳ ὑγρότητος, οὐκ ἔχοντος ἀναλογίαν πρὸς αὐτὸ τοῦ ἐν τῷ περικειμένῳ ὑγρῷ θερμοῦ τοιαύτην, ὡς κρατεῖν αὐτοῦ· ἀμφοτέρως γὰρ συμβαίνειν οἷόν τε· ὥστε τὴν ἐν τῷ ὑγρῷ τῷ περικειμένῳ τῷ ἑψομένῳ θερμότητα πλείω μὲν εἶναι ἢ ὥστε μηδ' ὅλως κινῆσαι τὸ ἐν τῷ ἑψομένῳ ὑγρόν, ἐλάττω δὲ πάλιν ἢ ὥστε συμπέψαι τε καὶ ὁμαλῦναι. ὅταν δὲ οὕτως ἔχῃ καὶ ᾖ τοιαύτη ἔνδεια τοῦ θερμοῦ, ἡ μόλυνσις γίνεται, κινηθέντος μὲν τοῦ ἐν τῷ ἑψομένῳ ὑγροῦ, οὐ μὴν πεφθέντος τε καὶ ὁμαλυνθέντος. διὰ ταύτην φησὶ τὴν ἀνωμαλίαν σκληρότερα γίνεσθαι τὰ μεμολυσμένα τῶν ἑψημένων. ὥσπερ δὲ τὰ μεμολυσμένα τῶν ἐφθῶν σκληρότερα διὰ τὴν ἀνωμαλίαν, οὕτως καὶ ἐπὶ τῶν ὑγρῶν, ἃ καὶ αὐτὰ ἕψεσθαι λέγεται, ὡς τὸ γάλα, διὰ τὴν ἀνωμαλίαν διωρισμένα γίνεται, καὶ κατ' ἄλλο μὲν συνεστῶτα, κατ' ἄλλο δὲ διαρρέοντα. εἰπὼν δὲ περὶ τῆς μολύνσεως ὅτι ἔστιν ἡ ἐναντία τῇ ἑψήσει ἀπεψία, καὶ προσθεὶς τὸ εἴη δ' ἂν ἐναντία ἥ τε πρώτη λεχθεῖσα, οὐκέτι προσέθηκε καὶ τίνες ἄλλαι, ὅτι ἡ κυρίως λεγομένη μόλυνσίς ἐστιν ἡ προειρημένη, διὰ τὸ ῥᾴδιον εἶναι τῷ προειρημένῳ τρόπῳ χρωμένους καὶ τὰς δευτέρας ἂν ῥηθείσας μολύνσεις ὁρίσασθαι· ἔσονται γὰρ αἱ ἐναντίαι ἀπεψίαι ταῖς δευτέραις καὶ κοινότερον λεγομέναις ἑψήσεσιν.

3 ψυχρότητος] σήψεως a 4 φορᾶς a 5 ὥστ' ἐπεὶ κτλ.] p. 379a19 τὸ] ἢ I: η Arist. E post ἐνδεὲς add. τῆς Ba 6 αἰτία libri δὴ] δὲ a 8 post ἀπεψία add. γίνεται BWa 9 κρούεσθαι B^1W 10 ἐπὶ δὲ a 11 τὴν post κατὰ om. BWa 12 εὐδείας a θερμοῦ τουτέστι τῆς ἐν τῷ B^3 post ὑγρῷ add. ψυχρότητος BW 13 post γίνεται add. ὅτι B^1Wa, καὶ φησὶν B^2 γὰρ om. B^1Wa post πλῆθος add. γίνεται BWa 14 ᾖ post μᾶλλον exh. BWa 16 ὥστε B^2 17 οἷόν τε] οἴονται B^1W 19 ὑγρῶ I ἔλαττον B^1IW ἢ om. B^1W 20 καὶ ἡ BW 21 τοῦ ἑψομένου ὑγροῦ a 22 τε om. B post ταύτην add. οὖν B^2 23 μεμολυμένα I ὡς B^1Wa 23. 24 τὰ ὀπτὰ τῶν ἑφθῶν BIW 26 γίνεσθαι W^1 29 post ὅτι add. τε BI, τὸ W διὰ τὸ] διότι BW: διὸ καὶ a 30 εἶναι om. BWa καὶ] κατὰ B^1W 30. 31 ἀναρηθείσας B^1W 31 ὁρίζειν BWa αἱ om. I

p. 381a23 Ὄπτησις δ' ἐστὶ πέψις ὑπὸ θερμότητος ξηρᾶς καὶ ἀλλοτρίας.

Τί ποτ' ἐστὶν ὄπτησις, καὶ τίνι διαφέρει ἑψήσεως ἔδειξεν· ἀμφό- 131r
τεραι μὲν γὰρ πέψεις τινὲς οὖσαι γίνονται ὑπ' ἀλλοτρίας θερμότητος, οὐχ ὥσπερ ἡ πέπανσις ὑπὸ οἰκείας, ἀλλήλων δὲ διαφέρουσι, καθ' ὅσον ἡ μὲν ἕψησις ὑπὸ ὑγρᾶς γίνεται θερμότητος, ἡ δ' ὄπτησις ὑπὸ ξηρᾶς. ὑπὸ γὰρ αὐτοῦ τοῦ πυρὸς πέσσεται καὶ ὁρίζεται ἡ ἐν τοῖς ὀπτωμένοις ὑγρότης, ἢ αὐτῷ τῷ πυρὶ ἐπικειμένων ἢ καὶ διά τινος ἀγγείου, ὑποκειμένου τοῦ πυρὸς τῷ ἀγγείῳ μηδὲν ἔχοντι ὑγρὸν ἢ ἔχοντι μέν, ὥσπερ ἐπὶ τῶν ταγηνιζομένων, μὴ μέντοι κρατοῦν αὐτὸ τῆς ἐν τῷ ὀπτωμένῳ ὑγρότητος, ἀλλὰ κρατούμενον ὑπ' αὐτῆς. εἶπε γὰρ ὅτι καὶ ἡ ταγήνισις εἶδος ὀπτήσεώς ἐστιν. ὁρισάμενος δὲ τὴν ὄπτησιν καὶ εἰπὼν αὐτὴν γίνεσθαι ὑπ' ἀλλοτρίου θερμοῦ ξηροῦ, διὰ τὸ τοιοῦτον εἶναι τὴν ὄπτησιν, φησί, καὶ οὕτω γίνεσθαι, κἂν ἕψων τις ποιῇ τὸ ἑψόμενον μεταβάλλειν καὶ πέττεσθαι τὸ ἐν αὐτῷ ὑγρὸν μὴ ὑπὸ τῆς τοῦ περικεχυμένου αὐτῷ ὑγροῦ θερμότητος, ἀλλ' ὑπὸ τῆς τοῦ πυρός, ὅταν [γὰρ] ἐπιτελεσθῇ ἡ πέπανσις ἐν αὐτῷ, ὀπτὸν τοῦτο γίνεται, οὐχ ἑφθόν. τοῦτο δὲ συμβαίνει, ὅταν τὸ ὕδωρ ὀλίγον ᾖ, καὶ ἡ τοῦ πυρὸς δύναμις αὐτὴ περικρατῇ τοῦ ἑψομένου ἀναξηραίνουσα αὐτό. κἂν ὑπερβάλλῃ ἐν τοῖς ἐν ὀλίγῳ ὕδατι ἑψομένοις ἡ ἀπὸ τοῦ πυρὸς θερμότης, προσκεκαῦσθαι λέγεται τὰ οὕτως ἑψόμενα, ὡς ὑπὸ τοῦ πυρὸς πάσχοντα τοῦτο· πᾶν γὰρ τὸ ξηρότερον γινόμενον μετὰ τὸ ἐπιτελεσθῆναί τε καὶ πεφθῆναι ὑπὸ ξηρᾶς θερμότητος τοῦτο πάσχει. διὰ τοῦτο γάρ φησι τῶν ὀπτῶν τὰ ἐκτὸς ξηρότερα εἶναι τῶν ἐντός, ὡς ἀναξηραινομένης αὐτῶν τῆς ἐπιφανείας ὑπὸ τοῦ πυρός, τῷ πλησίον αὐτῆς εἶναι, οὐκέτι δὲ καὶ ἐκκρινομένης τῆς ἐν τῷ βάθει ὑγρότητος, τῷ φθάνειν πυκνοῦσθαι μᾶλλον θερμαινόμενα τὰ ἐκτὸς αὐτῶν, ὄντα τοῦ πυρὸς πλησίον. ἐπὶ δὲ τῶν ἑφθῶν ἔμπαλιν ἔχει· ὑγρότερα γὰρ τὰ ἐκτὸς τῶν ἐντὸς τῷ τὰ μὲν ἐκτὸς αὐτῶν ὑπὸ τοῦ ἕψοντος αὐτὰ ὑγροῦ διυγράνθαι, τὰ δ' ἐν βάθει διὰ τὴν ἔκκρισιν τοῦ ἐν αὐτοῖς ὑγροῦ ἀνεξηράνθαι. διὸ καὶ μεῖζον ἔργον ἐπὶ τῶν κατὰ τέχνην γινομένων καὶ χαλεπώτερον τὸ ὀπτῆσαι τοῦ ἑψῆσαι· χαλεπὸν γὰρ ἐπ' αὐτῶν ὁμαλῶς καὶ ὁμοίως τὰ ἐντὸς τοῖς ἐκτὸς θερμαίνειν. ὧν γὰρ ἂν ᾖ ἐγγυτέρω, θᾶττον ταῦτα θερμαινόμενα καὶ συνιόντα καὶ πυκνούμενα κωλύει ἐκκρίνεσθαι τὸ ἐνυπάρχον ὑγρὸν ἐν τοῖς ὀπτωμένοις· ἐγκατακλείεται

6 ἕψησις] πέψις BW ἐγένετο BW 10 post μέντοι add. καὶ Ba κρατοῦντος I: κρατοῦντι B^1W αὐτὸ] αὐτῷ B^1 ex corr. IW 11 κρατουμένῳ B^1W αὐτοῦ B^1IWa 14 μεταβάλλει I μεταβάλλειν post ποιῇ exh. a 16 γὰρ delevi πέπανσις ἡ ἐν BW 18 αὐτῇ B^1 περικρατεῖ I 20 προσκεκαῦθαι B^1IWa 28 διυγραίνεσθαι I 29 ἀναξηράνθαι IWa 30 τοῦ ὀπτῆσαι τὸ I 31 αὐτὸν W τὸ ἐντὸς BIW ὧν — ἐγγυτέρω (32)] ἀεὶ γὰρ τὸ ἐγγύτερον τοῦ πυρὸς ξηραίνεται θᾶττον a γὰρ om. BW 32 εἴη I post ᾖ fort. addendum τὸ πῦρ post θᾶττον add. δὲ BWa συνιέντα B^2I 33 ἐν] ἐντὸς I

γὰρ ἐντός, ὅταν οἱ πόροι μύσωσι πυκνωθέντες. ἀντέθηκε δὲ τὰ κατὰ τέχνην γινόμενα τοῖς φύσει, ὡς καὶ ἐν τοῖς φύσει γινομένοις, ὡς ἐρεῖ, τῶν μὲν ἑψομένων, τῶν δὲ ὀπτωμένων· μιμεῖται γὰρ ἡ τέχνη τὴν φύσιν. ὅταν μὲν γὰρ ὑπὸ τῆς ἐν τῷ ὑγρῷ θερμότητος πεφθῇ ἡ τροφή, ἥτις ὑγρότης ἐστὶν ἐν οἷς ἡ πέψις μορίοις γίνεται τῇ τροφῇ μεμιγμένη αὐτῇ, ἕψησις τοῦτο φυσική· ὅταν δὲ πλεῖον τὸ θερμὸν αὐτὸ γινόμενον ἀναξηραῖνον τὴν ὑγρότητα κατισχύσῃ αὐτῆς, ὀπτήσει τι ὅμοιον γίνεται, καὶ λέγεται προσκεκαῦσθαι ἡ τροφή. διὸ οὐ μόνον αἱ κρατηθεῖσαι ὑπὸ τοῦ ψυχροῦ τροφαὶ ἄπεπτοι, ἀλλὰ καὶ αἱ ὑπὸ τοῦ θερμοῦ τὸν εἰρημένον γινόμεναι τρόπον. λέγει δὲ ἐν τῇ τῆς τροφῆς πέψει, ἥτις ἐν τῇ ἄνω κοιλίᾳ γίνεται, μηδὲ ζῷον γεννᾶσθαι, ὥς τινες ᾤοντο, ἀλλ' ἐν τοῖς περιττώμασι καὶ τῇ ἀποκρίσει καὶ τῇ κάτω κοιλίᾳ σηπομένῃ, ὡς καὶ ἐπὶ τῶν ἐκτὸς σηπομένων ὁρᾶται γεννώμενά τινα ζῷα, ὡς προείρηκεν, ὅτε ἔλεγε περὶ σήψεως· γεννώμενα δὲ οὕτως τε καὶ ἐνταῦθα ἐπάνεισι πολλάκις ἐπὶ τὴν ἄνω κοιλίαν· ἔστι δὲ ταῦτα αἵ τε λεγόμεναι τερηδόνες καὶ οἱ ἕλμινθες. διὸ πολλάκις ἐν ταῖς νόσοις καὶ ἐμοῦνται. τὴν δὲ αἰτίαν τοῦ κάτω μὲν γεννᾶσθαι αὐτά, ἐπανιέναι δὲ πολλάκις καὶ ἐπὶ τὴν ἄνω κοιλίαν ἐν ἑτέροις εἰρῆσθαί φησιν· ἐν γὰρ τοῖς Προβλήμασι. κάτω μὲν γὰρ καὶ ἐν τῇ κάτω κοιλίᾳ, ὅτι ἐκ σήψεως γίνεται, ἐνταῦθα δὲ ἡ σῆψις· ἐπάνεισι δὲ ἐν ταῖς νόσοις καὶ ἐπὶ τὴν ἄνω κοιλίαν δι' ἃς αἰτίας ἐν ἐκείνοις λέγει.

Τῇ μὲν οὖν ἑψήσει καὶ τῇ τοιαύτῃ πέψει ἡ μόλυνσις καὶ ἡ οὕτω γινομένη ἀπεψία ἐναντία, τῇ δὲ ὡς ὀπτήσει λεγομένῃ πέψει εἶναι μέν τινα καὶ αὐτῇ φησιν ἀντικειμένην ἀπεψίαν, ἀνωνυμώτερον δὲ τὸ τοιοῦτον εἶναι πάθος, εἶναι δὲ ὅμοιον τῇ ἐπὶ τῶν ὀπτωμένων στατεύσει λεγομένῃ, ἥτις ἐστίν, ἐπειδὰν γένηται δι' ἔνδειαν θερμότητος ἀτελὴς ἡ ὄπτησις. ἡ δὲ ἔνδεια τῆς θερμότητος ἢ δι' ὀλιγότητα τοῦ ὀπτῶντος πυρὸς γίνεται ἢ διὰ πλῆθος τοῦ ἐν τῷ ὀπτωμένῳ ὕδατος. ὅταν γὰρ πλείων μὲν ἡ | ἀπὸ τοῦ 131v
πυρὸς θερμότης ᾖ ἢ ὥστε μὴ κινῆσαι καὶ μεταβαλεῖν τὸ ὀπτώμενον, ἐλάττων δὲ ἢ ὥστε πέψαι, τότε γίνεται ἡ ὡς στάτευσις λεγομένη ἀπεψία ἐναντία οὖσα τῇ δι' ὀπτήσεως γινομένῃ πέψει. τί μὲν οὖν ἐστι πέψις καὶ ἀπεψία. ὑπομιμνήσκει διὰ τούτων τῶν εἰρημένων· μνημονεύσας δὲ περὶ πέψεως καὶ ἀπεψίας, τῶν κοινῶν, αἳ ἦσαν ἀλλήλαις ἐναντίαι, καὶ πεπάνσεως καὶ ὠμότητος, ἃ πάλιν ἦν ἀλλήλοις ἐναντία, καὶ ἑψήσεως καὶ

2 γενομένοις B 2. 3 τὸν μὲν I 4 πεμφθῇ W 5. 6 τοῦτο ἕψησις coll. I 6 πλεῖστον I 7. 8 προσκεκαῦθαι libri 9 αἱ om. BIW 10 ἥτις] ἧς I τῶ ἄνω Ia 12 σηπομένῃ] σηπόμενα I καὶ post ὡς om. a 13 γεννώμενά om. BWa 15 post λεγόμεναι add. αἱ I τεριδόχες I 16 γενέσθαι B¹W: γίνεσθαι a 17. 18 ἐν τοῖς Προβλήμασι] cf. fragm. 231 p. 1519b10 19 δὲ post ἐνταῦθα om. I 20 αἰτίας post ἐκείνοις exh. BWa 21 οὖν om. I post ἑψήσει add. φησὶ a 22 γενομένῃ B¹W 24 σταθεύσει libri 27 ὕδατος] ὑγροῦ BWa πλείω I 28 ᾖ om. BWa μὴ] μηδόλως BWa καὶ om. BW 29 δὲ ἢ I στάθευσις BWa 30 τί μὲν οὖν — ἀπεψία (31)] ταῦτα δὲ εἰπὼν a 31 διὰ τούτων om. a post εἰρημένων add. δι' ὧν ἐπάγει a ἐμνημόνευσε BWa 32 περὶ om. BWa

ὀπτήσεως ἐπὶ τούτοις μνημονεύσας προσέθηκε καὶ τἀναντία τούτοις,
ἃ ἦν μόλυνσίς τε καὶ στάτευσις, ἡ μὲν μόλυνσις τῇ ἑψήσει, ἡ δὲ στάτευσις
τῇ ὀπτήσει.

p. 381b23 Τῶν δὲ παθητικῶν, τοῦ ὑγροῦ καὶ τοῦ ξηροῦ, λεκτέον
τὰ εἴδη.

Εἰπὼν περὶ τῶν ἔργων τῶν ποιητικῶν δυνάμεων, αὗται δὲ ἦσαν τὸ
θερμόν τε καὶ ψυχρόν, τίνα τε καὶ πόσα ἐργάζονται ἔν τε τῇ γενέσει
τῶν οὐσιῶν καὶ ἐν ταῖς ἤδη συνεστώσαις οὐσίαις, μέτεισιν ἐπὶ τὸν περὶ
τῶν παθητικῶν πάλιν δυνάμεων λόγον, αἵτινές εἰσι ξηρότης τε καὶ
ὑγρότης, καὶ τίνα ἐστὶ τὰ τούτων εἴδη ζητεῖ. λέγει δὲ ἀρχὰς μὲν εἶναι
τῶν ἐν τοῖς σώμασι παθῶν τό τε ξηρὸν καὶ τὸ ὑγρόν· ταῦτα γὰρ ἀρχαὶ 15
καὶ αἰτίαι ὡς ὑλικαὶ τῶν ἐν αὐτοῖς παθῶν, ἢ ταῦτα πρῶτα ἐν τοῖς
σώμασι πάθη· τὰ δ' ἄλλα πάθη τὰ τῶν σωμάτων μεμῖχθαι μέν φησιν ἐκ
τούτων, ὁποτέρου δὲ μᾶλλον αὐτῶν καὶ ἐπὶ πλέον μετέχει τὰ σώματα,
τούτῳ προσνέμεται τῷ πάθει. τὰ μὲν γὰρ ξηροῦ τῶν μικτῶν πλέον
ἔχοντα ξηρὰ λέγεται, τὰ δὲ ὑγροῦ ὑγρά. πάντα δέ, φησί, τὰ πάθη τὰ
ἐν τοῖς σώμασι τὰ μὲν ἐντελεχείᾳ ἔσται ἐν αὐτοῖς, τὰ δὲ δυνάμει,
ἢ πάντα τὰ σώματα ἢ τῷ ἐντελεχείᾳ εἶναι ἐν τῷ πάθει ῥηθήσεται 20
σῶμα ἤτοι ἐνεργείᾳ τοιοῦτον εἶναι, ἢ τῷ δύνασθαι. τίνι δὲ διαφέρει τὸ
ἐντελεχείᾳ καὶ τὸ δυνάμει δεικνὺς παρέθετο, ἔχει δ' οὕτω τῆξις πρὸς
τὸ τηκτόν· τηκτὸν μὲν γὰρ καλεῖται τῷ δύνασθαι τήκεσθαι. τήκεται δὲ
ᾧ ἐνεργείᾳ ἡ τῆξις ἤδη πάρεστιν.

p. 381b29 Ἐπεὶ δ' ἐστὶ τὸ μὲν ὑγρὸν εὐόριστον.

Εἰπὼν ἀρχὰς μὲν καὶ πρῶτα πάθη τῶν ἐν τοῖς σώμασι τὸ ξηρόν τε 30
καὶ τὸ ὑγρόν, τὰ δ' ἄλλα πάντα ἐκ τούτων εἶναι μεμιγμένα, πῶς ἔχει
τὸ ξηρὸν καὶ τὸ ὑγρὸν πρὸς ἄλληλα καὶ πῶς ἡ μῖξις αὐτῶν γίνεται, λέγει.
ἐπεὶ γάρ, φησίν, ἐστὶ τὸ μὲν ὑγρὸν εὐόριστον (ἀόριστον γὰρ ὂν οἰκείῳ
ὅρῳ εὐόριστόν ἐστιν ἀεὶ ὁριζόμενον καὶ συσχηματιζόμενον τῷ περιέχοντι),
τὸ δὲ ξηρὸν δυσόριστον (ἴδιον γὰρ ὅρον ἔχον καὶ σχῆμα οὐ συσχηματίζεται
τῷ περιέχοντι) παραπλήσιόν τι πρὸς ἄλληλα πάσχουσιν, ὁποῖόν τι τὸ
ὄψον καὶ τὰ ἡδύσματα. τῶν γὰρ ἁλῶν καὶ ὅλως τῶν ἡδυσμάτων μιγνυ- 35
μένων τῷ ὄψῳ ἕν τι ἐξ ἀμφοῖν ἀποτελεῖται, τῶν ὄψων παρὰ τῶν
ἡδυσμάτων διὰ τὴν μῖξιν λαμβανόντων τὸ ἐδώδιμον. ὡς δὲ ἐπ' ἐκείνων
ἔχει, οὕτως καὶ ἐπὶ τοῦ ξηροῦ τε καὶ ὑγροῦ. καὶ γὰρ ἐν τούτοις τὸ
ξηρὸν παρὰ τῆς τοῦ ὑγροῦ μίξεως τὸ δύνασθαι ὁρίζεσθαι λαμβάνει καὶ

---

1 καὶ ἐναντία a 2 στάθευσις bis BWa μὲν] δὲ I 6 ἦσαν] εἶεν I
7 καὶ τὸ ψυχρόν a τε post τίνα om. a 9 λόγον δυνάμεων I
12 ὑλικὰ I ἢ] καὶ BWa πρῶτον BWa 15 post τούτῳ add. μᾶλλον
BWa 16 ξηρὰ] ξηροῦ B[1]W 19 ἤτοι] ἢ τῷ B[1]IW 20 ἐντελέχεια I
26 post ὑγρὸν add. καὶ B[1]W 27 ἐστὶ om. B 35 παρὰ] περὶ I

γίνεται ἐν τῇ μίξει τῇ πρὸς ἄλληλα ἑκάτερον ἑκατέρῳ οἷον κόλλα· τό τε γὰρ ὑγρὸν τῷ ξηρῷ τοῦ συνεστάναι καὶ μὴ διαπίπτειν αἴτιον καὶ τὸ ξηρὸν ὁμοίως τῷ ὑγρῷ τοῦ μὴ διαχεῖσθαι μηδὲ σκίδνασθαι, ἀλλὰ σύστασιν ἔχειν. εἰπὼν δὲ τὸ ξηρὸν καὶ τὸ ὑγρὸν ἐν τῇ μίξει ἑκάτερον ἑκατέρου γίνεσθαι οἷον κόλλαν, ἐμνημόνευσεν Ἐμπεδοκλέους ὡς τὸ αὐτό πως εἰρηκότος διὰ τοῦ "ἄλφιτον ὕδατι κολλήσας"· καὶ γὰρ ἐκεῖνος κολλήσει εἴκασε τὴν τοῦ ὑγροῦ τῷ ξηρῷ μῖξιν. καὶ διὰ τοῦτο τὸ συνεστός τε καὶ ὡρισμένον σῶμα ἅπαν ἐξ ἀμφοῖν φησιν εἶναι, ὑγροῦ τε καὶ ξηροῦ, ὡς ἐκείνων, εἰ ἄκρατα λαμβάνοιντο, ἀορίστων ὄντων. λέγει δὲ καὶ τίνα ἐστὶ τῶν ἁπλῶν σωμάτων τὰ κατὰ τὰς δυνάμεις ταύτας εἰδοποιούμενα μάλιστα· γῆ μὲν γὰρ κατὰ τὸ ξηρόν, ὕδωρ δὲ κατὰ τὸ ὑγρόν. διὸ ἐπεὶ πάντα τὰ ὡρισμένα σώματα, ὡς εἶπεν, ἐκ μίξεώς ἐστιν ὑγροῦ τε καὶ ξηροῦ, ὑγρὸν δὲ καὶ ξηρὸν ὕδωρ καὶ γῆ, πάντα τὰ ὡρισμένα σώματα ἐξ ὕδατός ἐστι καὶ γῆς. τὸ δὲ ἐνταῦθα προσέθηκε δηλωτικὸν τοῦ ἐν τοῖς ἐν γενέσει καὶ φθορᾷ σώμασιν· ἐν γὰρ τούτοις τὰ ὡρισμένα ἐξ ἀμφοτέρων τούτων ἀνάγκη εἶναι· οὐ γὰρ καὶ ἐν τοῖς θείοις. τούτων δὲ τῶν μικτῶν τε καὶ ὡρισμένων ὁποτέρου ἂν πλέον ἐν τῇ μίξει ᾖ, τοῦτο εἶναι λέγεται, καὶ ὁποτέρα ἂν δύναμις ὑπερέχῃ· γῆς μὲν γὰρ οἱ λίθοι, ὅτι πλεῖον ἐν αὐτοῖς τὸ ξηρὸν καὶ γεῶδες, ὕδατος δὲ πάλιν τὸ μέλι καὶ ὁ οἶνος καὶ οἱ τοιοῦτοι χυμοί. διὰ τοῦτο δέ φησι καὶ ἐν γῇ καὶ ὕδατι μόνοις εἶναι ζῷα καὶ γίνεσθαι, ἐν δὲ πυρὶ καὶ ἀέρι οὐκέτι, ὅτι δεῖ μὲν τοῖς ζῴοις ὕλην ὑποκεῖσθαι, ὕλη δὲ τὸ παθητικόν, παθητικὰ δὲ τὸ ὑγρόν τε καὶ ξηρόν, ἅ ἐστιν ὕδωρ τε καὶ γῆ. ὅτι δὲ καὶ τὰ πτηνὰ ἐν γῇ γίνεται, οὐ χαλεπὸν γνῶναι. |

p. 382a8 Τῶν δὲ σωματικῶν παθημάτων ταῦτα πρῶτα ἀνάγκη ὑπάρχειν. 132r

Δείξας ὅτι πᾶν ὡρισμένον σῶμα ἐκ ξηροῦ τε καὶ ὑγροῦ τὴν σύνθεσιν ἔχει, προστίθησιν ὅτι πᾶν τὸ ὡρισμένον, τουτέστιν ἐκ ξηροῦ τε καὶ ὑγροῦ συγκείμενον, ἀνάγκη πρὸ τῶν ἄλλων παθῶν ἢ σκληρότητα ἢ μαλακότητα ἔχειν· τὸ μὲν γὰρ πλεῖον ἔχον τοῦ ξηροῦ σκληρόν, τὸ δὲ τοῦ ὑγροῦ μαλακόν. εἰπὼν δὲ τῶν ὡρισμένων σωμάτων ἀναγκαῖον ἕκαστον ἢ σκληρὸν ἢ μαλακὸν εἶναι, τί τὸ σκληρὸν καὶ τί τὸ μαλακόν ἐστι λέγει. σκληρὸν μὲν οὖν φησιν εἶναι τὸ μὴ ὑπεῖκον εἰς αὑτὸ κατὰ τὸ ἐπίπεδον, τουτέστι τὸ

6 ἄλφιτον — κολλήσας] Empedocl. fr. v. 275 Mullach 7 τὸ om. B¹Wa συνεστῶς I
8 πᾶν BWa 9 λαμβάνοιτο B¹Wa 10 τὰ om. B¹W 11 γῆν B¹W
γὰρ om. I διὸ ἐπεὶ] διὰ τοῦτο I 12 ἐστιν om. I 13 post γῆ add. καὶ I
16 εἶναι ἀνάγκη Ba 17 πλεῖον BW: πλείων a τοῦτο] fort. τούτου
22 παθητικὸν δὲ I 23 τε om. a 27 τὴν σύνθεσιν — ὑγροῦ (28) om. BWa
29 prius ἢ om. BWa 30 τὸ δὲ] τοῦ δὲ B τοῦ post δὲ om. BWa
31 δὲ om. a 32 τί τὸ σκληρὸν — λέγει om. BWa τὸ σκληρὸν μὲν BW
33 οὖν om. a

μὴ εἶκον κατὰ τὴν ἐπιφάνειαν, ἀλλ' ἀντιβαῖνον καὶ ἀντιτυποῦν, μαλακὸν δὲ τὸ ὑπεῖκον τῷ μὴ ἀντιπεριίστασθαι, τουτέστι τὸ εἶκον κατὰ τὴν ἐπιφάνειαν τῇ ἁφῇ τῷ συστέλλεσθαι, ἀλλὰ μὴ τῷ διαιρούμενον ἀντιπεριίστασθαι. τὸ γὰρ ὕδωρ καὶ ὁ ἀήρ, καίτοι εἴκοντα τῇ ἁφῇ, οὐ μαλακά· εἴκει γὰρ τῷ διαιρούμενα ἀντιπεριίστασθαι, ἀλλ' οὐ τῷ τὴν ἐπιφάνειαν αὐτῶν συνεχῆ μένουσαν συστέλλεσθαι εἰς τὸ βάθος, καθ' ὃ θλίβεται. ὁρισάμενος δὲ τό τε σκληρὸν καὶ τὸ μαλακόν, ἐπεὶ τῶν συνθέτων σωμάτων τὰ μὲν ἁπλῶς ἔστι τε καὶ λέγεται σκληρὰ ἢ μαλακά, τὰ δὲ πρὸς ἄλληλα (τὸ γὰρ αὐτὸ πρὸς ἄλλο μὲν σκληρόν, πρὸς ἄλλο δὲ μαλακόν ἐστι), λέγει ὅτι τὰ μὲν ἁπλῶς μαλακὰ ἢ ἁπλῶς σκληρά, ἀλλὰ μὴ κατὰ τὴν πρὸς ἄλληλα σύγκρισιν, τὰ τοὺς εἰρημένους ἐπιδεχόμενα λόγους ἐστίν, πρὸς ἄλλα δὲ σκληρὰ ἢ πρὸς ἄλλα μαλακὰ τὰ πρὸς ἐκεῖνα τοιαῦτα, καὶ ἐκείνων μᾶλλον τοὺς λόγους ἐπιδεχόμενα· τοιαῦτα γὰρ τὰ σκληρότερα, ὡς ἐκείνων ὧν σκληρότερα ἧττον ὑπείκειν κατὰ τὴν ἐπιφάνειαν, καὶ πάλιν μαλακώτερα τὰ ὑπείκοντα μᾶλλον τῷ κατὰ τὴν ἐπιφάνειαν εἰς βάθος συστέλλεσθαι. τὰ μὲν οὖν πρὸς ἄλληλα λεγόμενα σκληρὰ καὶ μαλακὰ ἀλλὰ μὴ ἁπλῶς ἀόριστά ἐστι· κατὰ γὰρ τὸ μᾶλλον καὶ τὸ ἧττον τὸ ἀόριστον ἐν αὐτοῖς· τὰ δὲ ἁπλῶς σκληρὰ καὶ ἁπλῶς μαλακὰ οὐκέτ' ἀόριστα· οὐ γὰρ ἂν ἦν ἁπλῶς. ἐφεξῆς δὲ τὰ σκληρὰ καὶ μαλακὰ ἁπλῶς τίνι συγκρίνεται καὶ τίνι ὁρίζεται λέγει. ἐπεὶ γὰρ πάντων τῶν αἰσθητῶν ἡ οἰκεία αἴσθησις κριτήριον, δῆλον ὅτι καὶ τῶν σκληρῶν τε καὶ τῶν μαλακῶν ἡ ἁφή· αὕτη οὖν ὁρίζει τὸ ἁπλῶς σκληρόν τε καὶ μαλακόν. λέγει δὲ καὶ πῶς ὁρίζεται· ἐπεὶ γὰρ ἡ ἁφὴ ἐν μεσότητί ἐστιν ἐκείνων ὧν αἰσθάνεται, (οὐ γὰρ οὕτως αἰσθάνεται τῶν ἁπτῶν ἡ ἁφὴ ὡς ἡ ὄψις τῶν χρωμάτων· ἡ μὲν γὰρ τῷ μὴ ἔχειν οἰκεῖον χρῶμα ἀντιληπτικὴ πάντων ἐστὶ τῶν χρωμάτων, τῷ δέχεσθαι αὐτῶν τὰ εἴδη, ἡ δὲ ἁφὴ οὐ τῷ ἔξω τῶν ἁπτῶν εἶναι παθῶν οὕτως αὐτῶν τὴν ἀντίληψιν ποιεῖται· ἀδύνατον γὰρ σῶμά τι ὂν ἐνεργείᾳ μὴ μετά τινων ἁπτῶν παθῶν εἶναι· τούτοις γὰρ ὥρισται τὸ σῶμα· σῶμα δὲ καὶ δι' οὗ ἡ ἁφή, ἁπτὸν ἄρα καὶ αὐτό), οὐ τῷ μὴ ἔχειν οὖν ταῦτα τὰ πάθη, ἀλλὰ τῷ ἐν μεσότητι αὐτῶν εἶναι ἀμφοῖν τῶν ἐναντιώσεων ἐπ' ἴσης μετέχουσα καὶ ἐξ αὐτῶν κεκραμένη τῶν ὑπερβολῶν καὶ τῶν ἐλλείψεων διὰ τῆς μεσότητος ταύτης ἀντιλαμβάνεται. διὸ οὐ πάντων αἰσθάνεται τῶν ἁπτῶν ἡ ἁφή, ὥσπερ ἡ ὄψις πάντων τῶν χρωμάτων· οὔτε γὰρ τοῦ ὁμοίως θερμοῦ οὔτε τοῦ ὁμοίως αὐτῇ σκληροῦ

---

1 ἀλλ' — ἀντιτυποῦν] τῇ ἁφῇ BWa   μαλακὸν — ἁφῇ (3) om. BW   4 καὶ] οὐ μαλακὸν οὐδ' a   οὐ μαλακά om. a   8 post ἢ add. καὶ I   10 μαλακὰ — σκληρά] σκληρὰ ἢ ἁπλῶς μαλακὰ τὰ ἁπλῶς BWa   11 τὰ om. BWa   ἐστίν om. BWa   13 ταῦτα γὰρ a   τὰ om. B¹Wa   σκληρά, ὡς a   14 καὶ πάλιν — ἐπιφάνειαν (15) om. a   16 πρὸς ἄλλα BWa   17 τὸ ante ἧττον om. BWa   19 ἂν om. Ia   ἐφεξῆς — ἁπλῶς om. BWa   20 post prius τίνι add. ἂν I   λέγειν BWa   21 τῶν ante μαλακῶν (22) om. BWa   24 οὐ — αἰσθάνεται τῶν om. I   27 ἁπλῶν a   27. 28 σῶμά τι ὂν ἐνεργεία ἀδύνατον γὰρ coll. I   29 post οὐ add. δὴ BWa   30 οὖν om. BWa   ἐν om. B¹   32 διά om. B¹Wa   33 τῶν πάντων coll. I

ἢ μαλακοῦ ἢ σκληροῦ ἢ ὑγροῦ ἡ ἁφὴ ἀντιληπτική, ἀλλὰ καθ' ἕκαστον τούτων τοῦ ὑπερβάλλοντος αὐτὴν καὶ τοῦ ἐνδέοντος, καὶ ἐπὶ σκληροῦ καὶ μαλακοῦ τὸν αὐτὸν τρόπον. ἔσται οὖν σκληρὸν μὲν ἁπλῶς τὸ κατὰ τοῦτο ὑπερβάλλον τὴν τῆς ἁφῆς μεσότητα καὶ οὕτως αὐτῇ ἀντιληπτὸν ὡς μὴ ὑπεῖκον· πάλιν δ' αὖ μαλακὸν ἁπλῶς, οὗ ἡ αἴσθησις ἀντιλαμβάνεται διὰ τὸ μᾶλλον αὐτῇ ὑπείκειν. ὥστε ἔσται τὸ μὲν ἁπλῶς σκληρόν, οὗ ἡ ἁφὴ μαλακωτέρα οὖσα ἀντιλαμβάνεται, τὸ δὲ ἁπλῶς μαλακόν, οὗ ἡ ἁφὴ σκληροτέρα οὖσα ἀντιλαμβάνεται. καὶ ἡ μὲν ἁφὴ κατὰ τοῦτο μεσότης· λέγονται δὲ αἱ αἰσθήσεις μεσότητες καὶ καθ' ὅσον ἀμφοτέρων τῶν ἐναντίων ἀλλήλοις εἰδῶν εἰσι δεκτικαί· τὸ γὰρ τῶν ἐναντίων δεκτικὸν μέσον πως ἐκείνων. ἔτι καὶ κατὰ τοῦτο μεσότητες, καθ' ὅσον ὑπὸ μὲν τῶν ἐνδειῶν καὶ τῶν ὑπερβολῶν τῶν αἰσθητῶν φθείρονται, ὑπὸ δὲ τοῦ συμμέτρου τε καὶ μέσου σώζονται. τὸ δὲ λεπτὸν καὶ μαλακὸν εἶναί φαμεν. ἀντὶ τοῦ τὸ δὲ ἐνδιδὸν εἶπε τὸ δὲ λεπτόν· τὸ γὰρ λεπτὸν ἐνδοτικόν, ὥσπερ αὖ καὶ τὸ παχὺ ἀντιβατικόν. ἀποδίδωσι δὲ καὶ αἰτίαν τοῦ πᾶν ὡρισμένον σῶμα ἢ σκληρὸν ἢ μαλακὸν εἶναι· ἢ γὰρ ὑπείκειν αὐτὸ τῇ ἁφῇ ἀνάγκη ἢ μή, ὧν τὸ μὲν μαλακοῦ, τὸ δὲ σκληροῦ.

p. 382a23 Ἔτι πεπηγὸς εἶναι. |

Λαβὼν πᾶν ὡρισμένον σῶμα ἢ σκληρὸν ἢ μαλακὸν εἶναι προσ- 132v
τίθησι καὶ ἄλλο πάθος αὐτῷ· δεῖν γάρ φησι τὸ ὡρισμένον σῶμα πεπηγὸς εἶναι· πήξει γάρ τινι καὶ τὸ σκληρὸν σκληρὸν καὶ τὸ μαλακὸν μαλακόν· πᾶν γὰρ τὸ ὡρισμένον τε καὶ συνεστὸς σῶμα, ἢ μαλακὸν ἢ σκληρὸν ὄν, ἐν πήξει τινὶ ποιᾷ τοιοῦτόν ἐστιν· οὐδὲν ἄρα σῶμα σύνθετόν τε καὶ ὡρισμένον χωρὶς πήξεως. διὸ ὁ περὶ πήξεως λόγος ἀναγκαῖος τῷ περὶ τῶν σωματικῶν παθῶν λέγοντι. λέγων δὴ περὶ πήξεως περὶ τῶν αἰτίων ἀναλαβὼν λέγει. φησὶ δὴ τὰ παρὰ τὴν ὕλην αἴτια δύο εἶναι, τό τε ποιοῦν καὶ τὸ πάθος, πάθος λέγων τὸ γινόμενον εἶδος ὑπὸ τοῦ ποιοῦντος ἐν τῇ ὕλῃ, ὡς εἶναι τὰ αἴτια τρία, ὕλην, εἶδος, ποιοῦν, ὡς τῷ εἴδει συναριθμουμένου καὶ τοῦ τέλους· δοκεῖ γὰρ ἐν τοῖς γινομένοις φύσει τοῦτ' εἶναι τέλος. εἰ δὴ ἐν πᾶσι τοῖς γινομένοις τοσαῦτά τε καὶ ταῦτα τὰ αἴτια, καὶ ἡ πῆξις δὲ τῶν γινομένων, εἴη ἂν καὶ πήξεως αἴτια ταῦτα, ὁμοίως καὶ

2 post σκληροῦ add. δὲ (ex δὴ corr.) B^2Wa 5 ὑπείκειν I post ὑπεῖκον add. ὑποκείμενον B^1, κείμενον W 7 τὸ δὲ — ἀντιλαμβάνεται (8) om. I post ἁφὴ add. καὶ B^2a 10 εἰδῶν post ἐναντίων (9) exh. B 11 ἔτι] ἐστὶ I post ἔτι add. δὲ a 13 τὸ δὲ λεπτὸν — ἀντιβατικόν (15) om. a λεπτὸν καὶ BIW Arist. HN: καὶ om. Arist. E: λεῖπον Arist. F: ἐλλεῖπον Bekker 14 αὖ] οὖν B 20 αὐτῶν I φησὶ πᾶν ὡρισμένον BWa 21 γάρ om. BWa σκληρὸν et μαλακὸν semel habet a 22 post καὶ add. τὸ I συνεστὼς BIa 23 ποιῷ I: ποιεῖ a 25 αἰτιῶν B^1W 26 ἀναλαβὼν om. B^1Wa παρὰ I Arist. EN: περὶ BWa Arist. vulg. 27 πάθη λέγων B^1W 28 εἶδος ὕλην coll. I ὕλην εἰδοποιοῦν B^1 30 τέλος] εἶδος B^2

διαχύσεως, ὅπερ ἐστὶν ἐναντίον τῇ πήξει, ἀλλὰ καὶ τοῦ ξηραίνεσθαί τε καὶ ὑγραίνεσθαι, δι' ὧν τὸ πήγνυσθαί τε καὶ διαχεῖσθαι, ὡς ἐρεῖ. λέγει δὲ καὶ τίσι χρώμενον δυνάμεσι τὸ ποιοῦν ποιεῖ· ὅτι γὰρ τῷ θερμῷ τε καὶ ψυχρῷ. αὗται γὰρ ἦσαν αἱ δυνάμεις ποιητικαί, τῷ διὰ τούτων τὸ ποιοῦν ποιεῖν· θερμαῖνον γὰρ ἢ ψῦχον ποιεῖ. εἰ δ' οὕτως καὶ διὰ τούτων ποιεῖ τὸ ποιοῦν, εἴη ἂν καὶ τὸ ἐν τῷ πάσχοντι γινόμενον πάθος παρουσίᾳ θερμοῦ γινόμενον ἢ ψυχροῦ.

p. 382b1 Ἐπεὶ δὲ τὸ πήγνυσθαι ξηραίνεσθαί πώς ἐστιν· 15

Εἰπὼν περὶ σκληροῦ τε καὶ μαλακοῦ, ἃ πρῶτα πάθη εἶπεν εἶναι
τῶν συνθέτων τε καὶ ὡρισμένων σωμάτων, καὶ μετὰ ταῦτα περὶ πήξεως
εἰπεῖν προθέμενος (καὶ γὰρ τοῦτο τὸ πάθος ἐν τοῖς σώμασιν ὑπὸ τῶν
ποιητικῶν δυνάμεων γίνεται), πρὸ τοῦ τί ποτέ ἐστι πῆξις εἰπεῖν πρῶτον
περὶ τοῦ ξηραίνεσθαι λέγει, ἐπεὶ καὶ τὸ πήγνυσθαι ὑπὸ τὸ ξηραίνεσθαι·
τὸ γὰρ πηγνύμενον ξηραίνεταί πως. λέγει δὴ τὸ πάσχον ἢ ὑγρὸν εἶναι ἢ 25
ξηρὸν ἢ ἐκ τούτων· αὗται γὰρ ἦσαν αἱ δυνάμεις αἱ παθητικαί. ἔκειτο δὲ
εἶναι τοῦ μὲν ὑγροῦ τὸ ὕδωρ, τοῦ δὲ ξηροῦ τὴν γῆν, τουτέστι τῷ μὲν
ὑγρῷ εἰδοποιεῖσθαι τὸ ὕδωρ, τῷ δὲ ξηρῷ τὴν γῆν. διὰ γὰρ τοῦτο τῶν
σωμάτων τῶν ἐχόντων ἐν αὑτοῖς ὑγρότητα ἢ ξηρότητα ταῦτά ἐστι τὰ
παθητικά· ἔχει μὲν γὰρ καὶ τὸ πῦρ ξηρότητα καὶ ὁ ἀὴρ ὑγρότητα, ἀλλὰ
τῷ μὴ κατὰ ταύτας τὰς δυνάμεις εἰδοποιεῖσθαι οὐ παθητικὰ ταῦτα. ἐπεὶ
δὲ παθητικὰ μὲν ὕδωρ τε καὶ γῆ, ἔστι δ' ἐν ἀμφοτέροις ἡ ψυχρότης (ἥ 30
τε γὰρ γῆ πρὸς τῷ ξηρῷ καὶ τὸ ψυχρὸν ἔχει τό τε ὕδωρ πρὸς τῷ ὑγρῷ
καὶ ψυχρόν ἐστι), διὰ τοῦτο καὶ τὸ ψυχρὸν μᾶλλον δοκεῖ τῶν παθητικῶν
ἢ τῶν ποιητικῶν εἶναι. ἐπεὶ δὲ ἔκειτο τὸ μὲν ψυχρὸν ποιητικὸν εἶναι,
εἶπε δὲ αὐτὸ παθητικὸν νῦν μᾶλλον τῷ εἶναι ἐν τοῖς πάσχουσι σώμασι,
λέγει πῶς ἐστι ποιητικόν· ὡς γὰρ φθαρτικόν· ἐπεὶ γὰρ καὶ τὸ φθείρειν
ποιεῖν, τὰ δὲ φθειρόμενα δι' ὑπερβολὴν ψυχρότητος καὶ κατ' ἐπικράτειαν
φθείρεται, οὕτως ποιητικὸν τὸ ψυχρόν· ἢ ὡς κατὰ συμβεβηκός· ὅταν 35
γάρ τι ὑπὸ τοῦ θερμοῦ γένηται ἢ τῷ συνάγοντος καὶ πυκνοῦντος τοῦ
ψυχροῦ εἰς ἓν ἀθροίζεσθαι τὸ ἐν τῷ ψυχομένῳ ἐνυπάρχον θερμόν, ὡς
ἐπὶ τῶν βροντῶν ἐγίνετο καὶ τῶν ἀστραπῶν, ἀλλὰ καὶ αἱ πέψεις οὕτως,
ἢ τῷ ἀντιπεριίστασθαι τὸ θερμὸν μεταχωροῦν καὶ ὑποχωροῦν τῷ ψυχρῷ,
ὡς γίνεται τοῦ χειμῶνος τὰ κατὰ γῆν τε καὶ ὑπὸ γῆν θερμότερα· διὸ καὶ
αἱ πηγαὶ τοῦ χειμῶνος θερμότεραι. δοκεῖ γὰρ τούτων τὸ ψυχρὸν αἴτιον

1. 2 τε καὶ ὑγραίνεσθαι om. B¹W τε καὶ] καὶ τοῦ a 2 τε om. I ὡς ἐρεῖ om. BWa 3 γὰρ om. a τε om. a 9 τε om. BWa 13 τὸ post καὶ om. a ὑπὸ τοῦ BWa 21 παθητικὰ] πάθη τινὰ I ἐν om. BWa ἀμφοτέροις αὐτοῖς ἡ BWa 25 σῶμα B¹ 27 post φθειρόμενα add. ἤτοι I κατ' om. I 29 γίνηται B²a 31 τῶν utrumque om. a 32 ἢ τὸ B¹ 34 γὰρ del. B²

εἶναι, οὐ προσεχῶς αὐτὸ ποιοῦν, ἀλλὰ τῷ τὸ θερμὸν ἠθροῖσθαι καὶ γεγονέναι τοσοῦτον ὥστε ποιεῖν, ἢ τοῦ ἐν τοῖσδε τοῖς τόποις εἶναι παρὰ τοῦ ψυχροῦ τὴν αἰτίαν ἔχειν.

p. 382b10 Ξηραίνεται δὲ ὅσα ἐστὶν ὕδωρ καὶ ὕδατος εἴδη.

Προθέμενος εἰπεῖν περὶ τοῦ ξηραίνεσθαι πρῶτον ὑπομνήσας ἡμᾶς, τίνα ἐστὶ παθητικὰ τῶν σωμάτων (ὅτι γὰρ τὰ ὑγρὰ ἢ ξηρὰ ἢ μικτὰ ἐκ τούτων) νῦν λέγει τίνα ἐστὶ τὰ ξηραινόμενα. ξηραίνεσθαι δέ φησι | ταῦτα ὅσα ὕδωρ ἐστὶν ἢ ὕδατος εἴδη. τίνα δέ ἐστιν ὕδατος εἴδη, αὐτὸς 133r
ἐρεῖ μετ' ὀλίγον· ὅσα γὰρ μηδεμίαν ἢ βραχεῖαν ὑπόστασιν ἔχει ὄντα ὑδατώδη, ὡς οἶνος, οὖρον, ὀρρός. ξηραίνεται δὲ ταῦτα καὶ τὰ ὕδωρ ἐν αὐτοῖς ἔχοντα, εἴτε ἔξωθεν καὶ ἐπακτὸν τοῦτο ἔχει καὶ μὴ ἐν τῇ οἰκείᾳ φύσει, ὡς τὰ ἔρια τὰ βεβρεγμένα καὶ τὰ ἱμάτια (οὐ γὰρ τῷ ἐρίῳ ἐν τῷ βρέχεσθαι τὸ ἐρίῳ εἶναι, ἀλλ' ἔξωθεν αὐτοῦ τῆς οὐσίας ὂν τὸ ὕδωρ ἐστὶν ἐν αὐτῷ, ὅταν ᾖ βεβρεγμένον), εἴτε καὶ ἐν τῇ οἰκείᾳ φύσει ἔχει αὐτό· καὶ γὰρ τὰ οὕτως ἔχοντα ἐν αὐτοῖς ὕδωρ ξηραίνεται. τοιοῦτόν ἐστι τὸ γάλα· τοῦτο γὰρ ἐν τῇ αὐτοῦ οὐσίᾳ τε καὶ φύσει τὸ ὑγρὸν ἔχει· ἐν γὰρ τούτῳ τὸ γάλακτι αὐτῷ εἶναι. λέγων δὲ τίνα ἐστὶν ὕδατος εἴδη, ὅσα, φησί, μηδεμίαν ἢ βραχεῖαν ἔχει ὑπόστασιν, μὴ διὰ γλισχρότητα, ὡς τῶν γλίσχρων οὐ τῷ μὴ ἔχειν ἐν αὐτοῖς πολὺ τὸ ὑποστησόμενον οὐ πασχόντων τοῦτο, ἀλλὰ διὰ τὴν γλισχρότητα ἀναμεμιγμένων ἐν αὐτοῖς τῶν ὑφισταμένων οὕτως, ὡς μὴ δύνασθαι διαλύεσθαι καὶ χωρίζεσθαι τοῦ ἐν αὐτοῖς ὑγροῦ. εἰπὼν δὲ τίνα ἐστὶ τὰ ξηραινόμενα ἐφεξῆς λέγει πῶς ξηραίνεται καὶ ὑπὸ τίνος· ἢ γὰρ θερμαινόμενα τὰ ξηραινόμενα πάντα ξηραίνεσθαι ἢ ψυχόμενα. λέγει δὲ καὶ τὰ διὰ τὸ ψύχεσθαι ξηραινόμενα ὑπὸ θερμοῦ ξηραίνεσθαι· τῶν γὰρ ψυχομένων ὑπὸ τοῦ ψύχους ἐξατμιζόμενον τὸ ἐν αὐτοῖς θερμὸν συνεξάγει τὸ ὂν ὑγρὸν ἐν αὐτοῖς, ἂν ὀλίγον ᾖ, καὶ οὕτως ξηραίνεται. εἰπὼν δὲ ὑπὸ τῆς ἐντὸς θερμότητος ἢ τῆς ἔξω, πῶς ὑπὸ τῆς ἐντὸς θερμότητος ξηραίνεταί τινα, ἔδειξεν ἐπὶ τῶν ἱματίων τῶν ἐν ψύχει ξηραινομένων, ὅταν ᾖ βεβρεγμένα καὶ ἔχῃ ἐν αὐτοῖς ὑγρὸν αὐτὸ καθ' αὑτὸ καὶ κεχωρισμένον. ἔστι γάρ τινα, ἃ σύμφυτον ἔχει τὸ ὑγρόν, οἷον ἦν τὸ γάλα, ἃ οὐκέθ' οὕτως ξηραίνεται, ὡς ὑπὸ τῆς ἐν αὐτοῖς θερμότητος διὰ τὸ ψῦχος ἐξατμιζομένης συνεξατμίζεσθαι καὶ τὸ ὑγρὸν αὐτῶν. οὐ γὰρ οὕτως τὰ τοιαῦτα ξηραίνεται, ἀλλ' ὑπὸ τοῦ ἔξωθεν

---

3 τοῦ] τοῦτο I: τῷ W ἔχειν scripsi: ἔχων B[1]: ἔχον B[2]IWa 6 γὰρ om. a ἢ τὰ μικτὰ BWa 8 εἴδη — ὕδατος in marg. B[2] post prius εἴδη add. ἐστί Wa 9 post γὰρ add. ἢ BWa 10 δὲ ταῦτα om. BWa 11 αὑτοῖς libri ἐπαντὸν a ἔχοι BWa 11 et 14 οἰκίᾳ a 14 ἤτε a καὶ om. B ἔχοι B[1]IWa 15 αὑτοῖς libri 16 αὑτοῦ BIW 17 αὑτὸ I 18 μὴ del. B[1] 20 ἀλλ' ὡς διὰ BWa 21 ὡς] καὶ I 23 γὰρ om. BWa post θερμαινόμενα add. δὴ BWa ἅπαντα BWa 24 ξηραίνεται BWa 30 καὶ om. a 31 ἦν] ἢ I ἃ om. B[1]W: ὃ B[2] I ὑπὸ om. a τῆς ex τοῖς corr. I

θερμοῦ ἐξατμίζοντος τὸ ἐν αὐτοῖς ὑγρόν. ξηραίνεται μὲν οὖν πάντα τὰ ξηραινόμενα ἢ ψυχόμενα ἢ θερμαινόμενα, καὶ πάντα, ὡς ἐδείχθη, θερμῷ, ἢ τῷ ἐκτὸς θερμαίνοντι καὶ ἐξατμίζοντι τὸ ἐν τοῖς ξηραινομένοις ὑγρὸν ἢ τῷ ἐντός, ὃ διὰ τὴν ψῦξιν ἐξατμιζόμενον ἐκ τοῦ ξηραινομένου συνεξατμίζει καὶ συνεξάγει καὶ τὸ ὑγρὸν τὸ ἐν αὐτῷ. ὑπὸ μὲν οὖν τῆς ἐκτὸς θερμότητος ξηραίνεται τὰ ξηραινόμενα οὕτως ὡς τὰ ἑψόμενα, ὑπὸ δὲ τῆς ἐντὸς πάλιν οὕτως, ὡς ὅταν τῶν ἑψομένων ἀφαιρεθέντος τοῦ ἐκτὸς πυρὸς τὸ ὑγρὸν τὸ ἐν αὐτοῖς ἀναλωθῇ ὑπὸ τῆς ἐν αὐτοῖς θερμότητος ἀποπνεούσης καὶ συνεξαγούσης καὶ τὸ ὑγρόν· ψυχομένων γὰρ αὐτῶν ἀποπνέον τὸ θερμὸν συνεξάγει καὶ τὸ ὑγρόν.

Εἰπὼν δὲ τίνα ἐστὶ τὰ ξηραινόμενα καὶ πῶς καὶ ὑπὸ τίνος (ξηραίνεται γὰρ τὰ ὑγρά, ὡς εἶπε, τῷ θερμαίνεσθαι ἢ ψύχεσθαι ἀναλισκομένου καὶ φθειρομένου τοῦ ὑγροῦ ὑπὸ τῆς ἔξω θερμότητος ἢ ὑπὸ τῆς ἐν αὐτοῖς), μέτεισιν ἐπὶ τὸν περὶ τῶν ὑγραινομένων λόγον· ἐναντίον γὰρ τοῦτο τὸ πάθος τῷ ξηραίνεσθαι. λέγει δὴ τὸ ὑγραίνεσθαι διχῶς γίνεσθαι, ἢ γὰρ ὅταν μεταβολὴ γένηται εἰς ὕδωρ ἐκ συνισταμένης τε καὶ πυκνουμένης τῆς ἀναθυμιάσεως (ὑγραίνεται γὰρ τότε αὕτη μεταβάλλουσα εἰς ὕδωρ) ἢ ὅταν τὸ πεπηγὸς καὶ διὰ τοῦτο στερεὸν ὂν τήκηται· καὶ γὰρ τοῦτο ὑγραίνεται. τὸ μὲν οὖν συνιστάμενον καὶ οὕτως ὑγραινόμενον πνεῦμά φησιν εἶναι, λέγων πνεῦμα τὴν ἀναθυμίασιν, ἥτις οὖσα ἀτμιδώδης ἔχει τι καὶ τῆς καπνώδους τε καὶ ξηρᾶς ἀναθυμιάσεως· ἐν ᾗ γὰρ τὸ ἀτμιδῶδες πλέον, αὕτη συνίσταται. περὶ δὲ τῆς τήξεως καὶ τῶν διὰ τῆξιν ὑγραινομένων ἅμα, φησίν, ἔσται δῆλον λεγόντων ἡμῶν περὶ πήξεως. |

Καὶ λέγει περὶ πήξεως, καὶ πρῶτον καὶ ἐπὶ ταύτης τίνα ἐστὶ τὰ 133v
πηγνύμενα λαμβάνει. πήγνυσθαι δέ φησιν ἢ ὅσα ὕδατός ἐστιν ἢ ὅσα γῆς καὶ ὕδατος. τοιοῦτο γὰρ ὁ πηλός, ὁ κηρός, τὰ τούτοις ὅμοια. εἰπὼν δὲ τίνα πήγνυται, ἐφεξῆς λέγει ὑπὸ τίνος τε καὶ πῶς. πήγνυσθαι οὖν φησι τὰ πηγνύμενα ἢ θερμῷ ἢ ψυχρῷ ξηρῷ· οὗ σημεῖον τὸ λύεσθαι μὲν τὰ πεπηγότα ὑπὸ τῶν ἐναντίων τοῖς τῆς πήξεως αὐτῶν αἰτίοις, ὅσα γε τῶν παγέντων ἐστὶ λυτά, λύεσθαι δὲ τῶν πεπηγότων τὰ μὲν ὑπὸ ὕδατος, ὅ ἐστι ψυχρόν τε καὶ ὑγρόν, ὡς πεπηγότα ὑπὸ θερμοῦ τε καὶ ξηροῦ· ὅτι γὰρ τὰ ὑπὸ πυρὸς πηγνύμενα οὐ καθὸ θερμόν ἐστι τὸ πῦρ, κατὰ τοῦτο μόνον ὑπ' αὐτοῦ πήγνυται, ἀλλὰ καὶ καθὸ ξηρόν, δῆλον ἐκ τοῦ μὴ πήγνυσθαι αὐτὰ ὑπὸ ὕδατος θερμοῦ, ὅτι μὴ ἔστι πρὸς τῷ θερμῷ καὶ ξηρόν. τὰ δὲ ὑπὸ πυρὸς λυόμενα δῆλον ὡς ὑπὸ ψυχροῦ ἐπάγη· οὐκέτι δὲ τὰ ὑπὸ

---

2 post alterum ἢ add. γὰρ sed rursus exp. B 3 ἐκτὸς θερμῷ ὄντι I ἐξατμίζει I 7 ἑψομένων] supr. vers. add. litt. μ ψ υ I 11 δὲ om. a ξηραίνεται iterat a 13 ἔξωθεν BWa 15 λέγεται δὲ I 16 τῆς om. a 18 τήκεται I 19 ἱστάμενον B1W 21 τε om. a 22 αὕτη] αὐτῆς BWa τῆς om. B1Wa inter διὰ et τῆξιν supr. vers. add. κτ̀ I 25 δή Ba 27 τε om. a οὖν] δὴ BWa 28 ἢ θερμῷ — ξηρῷ] ἢ θερμῷ ἢ ψυχρῷ ἢ ξηρῷ I: ἢ ψυχρῷ ἢ θερμῷ ἢ ξηρῷ Wa: tertium ἢ eras., cetera eadem B 29 αὐτοῖς B1Wa αἰτίων B1W 30 post ὑπὸ add. τοῦ BWa 35 δῆλον — λυόμενα (205, 1) om. BWa: in marg. add. B3

πυρὸς λυόμενα, ἐπεὶ τὸ πῦρ ἐστι πρὸς τῷ ξηρῷ καὶ θερμόν, εἴη ἂν πεπηγότα πρὸς τῷ ψυχρῷ ὑπὸ ὑγροῦ· οὐδενὶ γὰρ τὸ ὑγρὸν πήξεως αἴτιον ὡς ποιητικόν, ἐπεὶ ὡς ὕλη γε αὐτὸ τῶν πηγνυμένων ἐστίν. ὅτι γὰρ μὴ τὸ ὑγρὸν πήξεως ποιητικόν, δείκνυσι διὰ τοῦ δεικνύναι ὅτι μηδὲ τῷ μέλιτι τῷ ἑφθῷ τὸ ὕδωρ τὸ ψυχρὸν αἴτιον πήξεως γίνεται, καθὸ ὑγρόν ἐστιν, ἀλλὰ καθὸ ψυχρὸν μόνον· ὑπὸ μὲν γὰρ τοῦ ψυχροῦ καὶ μὴ ὑγροῦ πήσσεται, ὑπὸ δὲ ὑγροῦ καὶ μὴ ψυχροῦ οὐκέτι, ὡς πηγνύμενον καὶ ὑπὸ τοῦ ὑγροῦ ψυχροῦ, τουτέστιν ὕδατος, οὐ καθὸ ὑγρόν, ἀλλὰ καθὸ ψυχρόν. ὅσα μὲν οὖν ἐστιν ὕδατος. ἐπειδὴ τὰ μὲν ὑπὸ θερμοῦ ξηροῦ εἶπε τὰ δὲ ὑπὸ ψυχροῦ πήγνυσθαι, τίνα ὑπὸ τίνος τούτων πήγνυται λέγει. τὰ μὲν οὖν ὕδατος ὄντα οὐ πήγνυται ὑπὸ πυρός· λύεται γὰρ ὑπὸ τούτου, ὅσα ἐξ ὕδατος ὄντα πεπηγμένα ἐστίν, ἀδύνατον δὲ τὸ αὐτὸ τῷ αὐτῷ κατὰ τὸ αὐτό, τουτέστι κατὰ τὴν αὐτὴν δύναμιν τῶν ἐναντίων εἶναι αἴτιον. ὥστ' εἰ τὸ πῦρ διὰ τὴν θερμότητα λύει τὰ ἐξ ὕδατος πεπηγότα, οἷον τὸν κρύσταλλον, οὐκ ἂν αὐτὸ ἅμα καὶ πηγνύοι διὰ θερμότητα. ἀλλ' οὐδὲ τὴν ἐν τῷ πυρὶ ξηρότητα ἔνεστιν αἰτιάσασθαι τῆς τῶν τοιούτων πήξεως· ὑπὸ ὑγροῦ γὰρ ἂν ἐλύετο, νῦν δὲ οὐδὲν τῶν τοιούτων λυτικόν ἐστιν, εἰ μὴ μετὰ θερμότητος εἴη, ὡς ὑπὸ τοῦ θερμοῦ τῆς λύσεως αὐτοῖς γινομένης. ἔτι τὰ ὑδατώδη τῷ ἀπιέναι τὸ ἐν αὐτοῖς θερμὸν πήγνυται· τῷ εἰσιέναι ἄρα λυθήσεται. διὰ μὲν οὖν τῆς πρώτης ἐπιχειρήσεως λαβὼν ὡς ἐναργὲς ὂν τὸ ὑπὸ τοῦ πυρὸς λύεσθαι τὰ τοιαῦτα τῶν πεπηγότων, ἔδειξεν ὅτι μὴ πήγνυται ὑπὸ πυρός· διὰ δὲ τοῦ δευτέρου λαβών, πῶς τὰ τοιαῦτα πήγνυται, ὅτι μὴ ὑπὸ πυρὸς δύναται πήγνυσθαι (τοὐναντίον γὰρ ὑπὸ τούτου λύεται) κατεσκεύασε. δείξας δὲ ὅτι μὴ ὑπὸ πυρὸς ὅσα ἐξ ὕδατός ἐστι πέπηγε, λέγει ὑπὸ τίνος πήγνυται ταῦτα· ὑπὸ γὰρ ψυχροῦ. διὰ τοῦτό φησι μηδὲ παχύνεσθαι πηγνύμενα τὰ ἐξ ὕδατος· ἡ μὲν γὰρ πάχυνσις γίνεται τοῖς πηγνυμένοις τοῦ μὲν ὑγροῦ ἀπιόντος ἐξ αὐτῶν, τοῦ δὲ ξηροῦ τοῦ ἐν αὐτοῖς συνισταμένου, ἀδύνατον δὲ τὸ ὕδωρ καὶ ὅσα ὕδατος εἴδη παχυνθῆναι, τῷ ἢ μηδὲν ἢ ὀλίγον παντελῶς ἔχειν ἐν τῇ οἰκείᾳ φύσει τὸ γεῶδες. εἰπὼν δὲ τὸ ὅσα ὕδατός ἐστι τῶν πηγνυμένων, μὴ πήγνυσθαι ταῦτα ὑπὸ πυρός, ἀλλὰ ὑπὸ ψυχροῦ, τίνα ἐστὶ τὰ ὑπὸ πυρὸς πηγνύμενα λέγει· ὅσα γὰρ μικτὰ ἐκ γῆς τε καὶ ὕδατος, ταῦτά φησι πήγνυσθαι καὶ ὑπὸ πυρὸς καὶ

---

1 exspectas πρὸς τῷ θερμῷ καὶ ξηρόν 2 πρὸς τῷ ψυχρῷ om. a ὑγροῦ] ψυχροῦ a 3 τὸ πηγνύμενον BWa ὅτι μὲν γὰρ B μὴ om. B[1] 5 μέλιτι] μέλλη τι a 6 τοῦ om. BWa 7 πήσσεται] πήγνυται a καὶ post ὑγροῦ om. BWa post ὡς add. μὴ IWa: eras. B 8 οὐ] οὐδὲ I post ἀλλὰ καθὸ add. ὑγρὸν W 9 ὅσα—ὕδατος] lemma h. l. om. Ba 10 πήγνυσθαι post εἶπε (9) exh. BWa τίνος om. I 11 οὐ πήγνυται — ὄντα (12) om. a 12 πέπηγεν BWa 13 εἶναι om. I 14 τὴν om. a οἷον τὸν] ὡς τὸ Wa 15 post ἂν add. τὸ a 16 τὴν] μὴν Wa: ex μὴν corr. I ἐν — πυρὶ] πέριξ W: om. a 18 τῆς λύσεως — γινομένης om. B[1]Wa 19 ἔτι τὰ ὑδατώδη] ὕδατος ἔτι a ἔτι τὰ om. B[1]: ἐπεὶ οὖν B[2] 22 πήγνυνται ὑπὸ I 23 γὰρ] ὅτι a: τὸ ὅτι B[2] 24 ἐστι] ὄντα λύεται BWa πέπηγε post πυρὸς exh. BWa 29 ἢ ante μηδὲν om. BWa 30 τὸ scripsi: τὰ libri 32 ἐκ om. BWa τε om. B

ὑπὸ ψυχροῦ. παχύνεσθαι δέ φησι τὰ τοιαῦτα τὰ ἐκ γῆς τε καὶ ὕδατος μεμιγμένα· τούτων γὰρ ἡ πῆξις διὰ τοῦ παχύνεσθαι, οὐ πάντων μέν, ὡς ἐρεῖ, οὐ μὴν ἀλλ' ἐν τούτοις. φησὶ δὴ αὐτὰ παχύνεσθαι ὑπ' ἀμφοτέρων πῇ μὲν τὸν αὐτὸν τρόπον, πῇ δὲ οὐχ ὁμοίως· τὸν μὲν αὐτὸν τρόπον, καθ' ὅσον ἀμφότερα ἡ τοῦ ὑγροῦ ἀπ' αὐτῶν ἐξαγωγὴ ὑπὸ τοῦ θερμοῦ γενομένη παχύνει αὐτά, οὐχ ὁμοίως δέ, ὅτι ὁ τρόπος διαφέρων, δι' οὗ τὸ ὑγρὸν χωρίζεται ἀπ' αὐτῶν. τὸ μὲν γὰρ θερμὸν αὐτόθεν τῷ θερμαίνειν ἔξωθεν τὸ πηγνύμενον ἐξατμίζον ἐξ αὐτοῦ τὸ ὑγρὸν παχύνει αὐτό, τὸ δὲ ψυχρὸν οὐχ ὡς τὸ ὑγρὸν χωρίζον, ἀλλ' αὐτὸ μὲν τὸ θερμὸν τὸ ἐν τῷ πηγνυμένῳ ἐκθλίβει, τῷ δὲ θερμῷ ἐκθλιβομένῳ συνεξατμίζεται τὸ ὑγρόν, ὥστε καὶ τοῦτο διὰ τοῦ θερμοῦ χωρίζεται. ἑξῆς δὲ λέγει, τίνα τῶν πηγνυμένων πρῶτον παχύνεται. τῶν δὴ μικτῶν ἐξ ὕδατος καὶ γῆς τὰ μὲν μαλακά φησιν εἶναι, τὰ δὲ ὑγρά, μαλακὰ λέγων ἃ προελθὼν καὶ μαλακτὰ λέγει· (τοιοῦτόν ἐστιν ὁ πηλός), ὑγρὰ δὲ ὡς τὸ γάλα· τούτων δὴ τὰ μὲν μαλακά φησι μὴ παχύνεσθαι ὀπτώμενα, τὰ δὲ ὑγρὰ πρῶτον παχύνεσθαι. ὁ μὲν γὰρ ὀπτώμενος κέραμος οὐ παχύνεται πρῶτον ξηραινόμενος· ὅσα δ' ὑγρά ἐστι καὶ μικτά, ταῦτα πρῶτον παχύνεται, ὡς τὸ γάλα χωριζομένου τοῦ ὀρροῦ. εὐλόγως δ' εἶπεν ὅσα ὑγρὰ τῶν μικτῶν· τὸ γὰρ ὕδωρ ὑγρὸν μέν, ἀλλὰ τῷ μὴ εἶναι μικτὸν οὐ παχύνεται· εἶπε γὰρ πρὸ ὀλίγου ὕδωρ δὲ τῶν ὑγρῶν οὐ παχύνεται μόνον. πολλὰ δέ φησι τῶν μαλακῶν τῶν ὀπτωμένων πρὸς τῷ μὴ παχύνεσθαι καὶ ὑγραίνεσθαι πρῶτον, ὅσα ἢ παχύτερα ἢ σκληρότερα προϋπῆρχεν ὄντα διὰ τὴν ἀπὸ ψυχροῦ πῆξιν· ταῦτα γὰρ θερμαινόμενα πρῶτον λύεται καὶ ἀνυγραίνεται, εἶθ' οὕτως ξηραίνεται, ὧν καὶ τὸν κέραμόν φησιν εἶναι· καὶ γὰρ οὗτος ὀπτώμενος πρῶτον ἀτμίζει λυομένης τῆς πεπηγυίας ὑγρότητος ἐν αὐτῷ καὶ γίνεται μαλακώτερος. ὃ καὶ αἴτιον αὐτῷ τοῦ διαστρέφεσθαι γίνεται· μαλακώτερος γὰρ γενόμενος διαστρέφεται· εὐπαθέστερον γὰρ τὸ μαλακώτερον. διαστρέφει δὲ αὐτὸν ἡ ἀνωμαλία τῆς ὀπτώσης θερμότητος. |

Ὅσα μὲν οὖν, φησί, τῶν ἐκ γῆς καὶ ὕδατος συγκειμένων καὶ πλεῖον 134r γῆς ἐχόντων ὑπὸ ψυχροῦ πήγνυται ἐξατμιζομένου τοῦ θερμοῦ ἐξ αὐτῶν μόνου, μηκέτι δὲ συνεκκρίνοντος καὶ τὸ ὑγρὸν τὸ ἐν αὐτοῖς διὰ τὸ μὴ ἀθρόον ἐξιὸν συνεξάγειν καὶ τὸ ὑγρόν, ὃ γίνεται ἐν τοῖς ὀλίγον ἔχουσι θερμὸν καὶ μὴ τοσοῦτον, ὡς ἐπισπᾶσθαι καὶ βιάσασθαι καὶ τὸ ὑγρόν,

---

1 τε om. BWa   καὶ ἐξ ὕδατος ex corr. I   2 τοῦ παχύνεται a   3 δὴ om. a   4 αὐτὸν μὲν coll. BWa   5 ἡ] τῇ B[1]Wa   ἐξαγωγῇ B[1]Wa   5. 6 γινομένη BW   6 παχύνει ex παχύνεται corr. B[1]   αὐτά] αὐτό B   ὅτι om. B[1]Wa   9 post ὡς add. αὐτόθεν a   χωρίζει B[1]W   μὲν om. a   10 ἐκθλίβει — ἐκθλιβομένῳ] ἐκθλίβον μεθ' οὗ B[1]Wa   post συνεξατμίζεται add. καὶ BWa   11 post τοῦτο add. μὲν BW   χωρίζεται om. I   14 δὴ] δὲ B   15 φησι μὴ] οὔ φησι BWa   δὲ om. I   16 ὅσα δέ φησιν ὑγρά ἐστι BWa   20 μαλακτῶν BWa   25 ψυχρότητος BW: θερμότητος a   26 post αὐτῷ add. καὶ I   διατρέφεσθαι B[1]   28 ὀπτωμένης BWa   29 τῶν om. I   31 μόνου om. BWa   συνεκκρίνοντα a   ἐν αὐτῷ BIW   32 συνεξάγειν] οὖν ἐξάγειν B[1]W: ἐξάγειν a   33 καὶ post βιάσασθαι om. a

ταῦτα πάλιν φησὶ λύεσθαι ὑπὸ θερμοῦ καὶ τήκεσθαι· εἰσελθόντος γὰρ πάλιν εἰς αὐτὰ τοῦ θερμοῦ, οὗ διὰ τὴν ἔξοδον ἐπάγη, πάλιν λύεται καὶ ἐπάνεισιν εἰς τὴν πρώτην φύσιν. οὕτως ἐπὶ τοῦ πηλοῦ γίνεται τοῦ διὰ ψῦχος πεπηγότος· θερμανθεὶς γὰρ πάλιν ἀνυγραίνεταί τε καὶ λύεται καὶ πηλὸς γίνεται. ὅσα δὲ διὰ ψῦξιν πήγνυται τοῦ θερμοῦ συνεξατμίσαντος ἐξ αὐτῶν τὸ ὑγρόν, πάντα ταῦτά φησιν ἄλυτα εἶναι, εἰ μὴ ὑπερβαλλούσῃ θερμότητι· οὐ γὰρ ἡ τυχοῦσα θερμότης, οὐδ' ἡ ἀπὸ ἡλίου, οἵα τε λῦσαι τῶν μεταλλευτῶν τι· ταῦτα γὰρ οὕτω φησὶ πήγνυσθαι. ἔστι μέντοι μαλακτὰ καὶ ἐλαύνεταί τε καὶ μαλάσσεται, ὡς σίδηρος καὶ κέρας· καὶ γὰρ τὸ κέρας θερμαινόμενον ἀνίεται. τήκεται δὲ καὶ ὁ εἰργασμένος σίδηρος, ὥστε ὑγρὸς γίνεσθαι καὶ πάλιν πήγνυσθαι. εἰπὼν ἄλυτα εἶναί τινα εἰ μὴ ὑπερβαλλούσῃ θερμότητι, καὶ τὰ τοιαῦτα μέντοι φησὶν ὑπὸ τῆς ὑπερβαλλούσης θερμότητος τήκεσθαι. ὁ γοῦν ἤδη κατειργασμένος σίδηρος καὶ ὧν σίδηρος τήκεται πάλιν ὑπὸ ὑπερβαλλούσης θερμότητος, ὡς ὑγρὸς γίνεσθαι, οὐκ ἐν τούτοις τῆς προϋπαρχούσης ὑγρότητος ἐπανιούσης πάλιν διὰ τὴν τοῦ θερμοῦ παρουσίαν, ἀλλὰ τῆς δυνάμει οὔσης ἐν αὐτοῖς ὑγρότητος (ἦν γὰρ ἡ γένεσις αὐτῶν οὐκ ἐξ ὕδατος πήξεως, ἀλλ' ἐξ ἀναθυμιάσεως, ᾗ ἦν δυνάμει ὕδωρ, οὐκ ἐνεργείᾳ) ταύτης δὴ ὑπὸ τοῦ πυρὸς μεταβαλλομένης εἰς ἐνέργειαν. λέγει δὲ ἐκ τῆς ὑπὸ τοῦ πυρὸς γινομένης τοῦ σιδήρου εἰς ὑγρὸν μεταβολῆς καὶ ἀποκάθαρσιν ἑκάστοτε γίνεσθαι τοῦ γεώδους χωριζομένου, ὅ ἐστιν ἡ σκωρία, τοῦ δ' ἀποκαθαιρομένου, ὅταν πολλάκις γένηται τοῦτο, γινομένου στομώματος. εἶναι μὲν οὖν τὸν μάλιστα ἀποκεκαθαρμένον ἄριστον σίδηρον, οὐ μὴν ἀποκαθαίρειν αὐτὸν τοὺς ἐργαζομένους διὰ τὸ πολλὴν γίνεσθαι τὴν ἀπουσίαν. τήκεσθαι δὲ λέγει καὶ τὸν πυρίμαχον λίθον ἐν πολλῷ τῷ πυρί, τὸ δ' ἀπορρέον αὐτοῦ καὶ τὸ ἀποστάζον πηγνύμενον γίνεσθαι σκληρὸν πάλιν. λέγει δὲ τήκεσθαι καὶ τὰς μύλας. ζητητέον δέ, τίνας λέγει καὶ τὰς μύλας· οὐ γὰρ λέγει τοὺς μυλίας καλουμένους λίθους· λέγει γὰρ περὶ τούτων μετ' ὀλίγον ὅτι οὐ λύονται. γίνεσθαι δέ φησι τὸ ἀπορρέον ἀπ' αὐτῶν πηγνύμενον τὸ μὲν χρῶμα μέλαν, ὅμοιον δὲ τῇ τιτάνῳ, τουτέστι τῇ ἀσβέστῳ. τήκεσθαι δέ φησι καὶ πηλὸν καὶ γῆν δηλονότι τὴν ἔχουσαν ἐν αὐτῇ ὑγρότητα, ὁποία ἐστὶ καὶ ἐξ ἧς ἡ ὕελος γίνεται. εἰπὼν δὲ περὶ τῶν ὑπὸ ψυχροῦ πηγνυμένων λέγει μετὰ ταῦτα περὶ τῶν ὑπὸ θερμοῦ ξηροῦ πηγνυμένων. τούτων

2 ἐπάγη ex ἐπάγει B[1] 6 ἐξ αὐτοῦ B[1] ταῦτα πάντα ἄλυτά φησιν coll. BWa 7 οἷόν τε BWa 8. 9 μαλακὰ I 9 τε om. BWa ὡς] ὁ BW: οἷον a καὶ τὸ κέρας B[2] κέραμος B[1]W post κέρας add. ὑγραίνεται γὰρ μετὰ τὸ πεφθῆναι εἰς τὴν κάμινον καὶ γίνεται μαλακτός BWa γὰρ τὸ om. BWa 10 τήκεται — πήγνυσθαι (11) om. a 11 post εἰπὼν add. δὲ a 13 οὖν I 18 δὴ] δὲ I 19 ἐνέργειαν] εὔροιαν a 20 εἰς ὑγρὸν om. a 21 ὅ] ὅπερ BWa 22 οὖν del. B[2] 24 ἀποῦσαν B[1]W 25 περίμαχον BWa 26 τὸ om. BWa δὲ om. I 28 μυλαίους BWa 29 οὐ om. B[1]IW post αὐτῶν add. τῶν πυριμάχων BW, τῶν πυρωμάχων a πηγνυμένων B et (sine accentu) W 30 post μὲν add. γὰρ BW 31 δῆλον a 32 καὶ om. a ἡ om. B[1]Wa ὕελος] πηλὸς W 32. 33 γινομένων B[1]

δή φησι τὰ μὲν ἄλυτα παντάπασι γίνεσθαι, τὰ δὲ λυτὰ ὑγρῷ, ὡς κεράμων μὲν καὶ λίθων γένη τινά, ἃ γίνονται συγκαυθείσης τῆς γῆς, ἄλυτα (λέγει δὲ καὶ τοὺς μυλίας λίθους τοιούτους εἶναι· εἶπε δὲ πρὸ ὀλίγου τὰς μύλας ὑπὸ πυρὸς τήκεσθαι, ἴσως οὐ τοὺς μυλίας λίθους, ἀλλὰ ἄλλο τι τὰς μύλας ἐν ἐκείνοις λέγων), τὸ δὲ νίτρον καὶ τοὺς ἅλας λυτὰ ὑγρῷ ψυχρῷ. τοιοῦτον δὲ τὸ ὕδωρ· διὸ ὑπὸ ὕδατος καὶ τῶν τοῦ ὕδατος εἰδῶν ταῦτα τήκεται. ὕδατος δὲ εἴδη εἶπε πρὸ ὀλίγου οἶνον, οὖρον, ὀρρόν· εἴη δ' ἂν καὶ τὸ ὄξος ἐν τούτοις· ὑπὸ δὲ ἐλαίου ταῦτα οὐ τήκεται, ὅτι τῷ θερμῷ ξηρῷ, ὑφ' οὗ ἐπάγη, ἐναντίον τὸ ψυχρὸν ὑγρόν, ὃ λυτικόν ἐστι τῶν ἐκείνως παγέντων, τὸ δ' ἔλαιον οὐ ψυχρόν, ἀλλὰ καὶ ἡ ὑγρότης αὐτοῦ οὐ τμητική, ἀλλὰ μετὰ γλισχρότητος. τῶν δὲ μικτῶν ἐξ ὕδατός τε καὶ γῆς, ὅσα μὲν ὕδατος πλέον ἢ γῆς ἔχει, ταῦτα μόνον παχύνεται ὑπὸ πυρός, οὐκέτι δὲ καὶ πήγνυται, ὡς τὸ γάλα· ὅσα δὲ γῆς πλέον ἔχει ἢ ὕδατος, ταῦτα πήγνυται. διὸ καὶ τὸ νίτρον καὶ οἱ ἅλες μᾶλλόν εἰσι γῆς· πλέον γὰρ ταύτης ἔχουσι, διὸ καὶ πήγνυνται ὑπὸ πυρός· ὁμοίως καὶ ὁ κέραμος καὶ λίθοι ὅσοι ὑπὸ πυρός, ὡς εἶπε, τῆς γῆς συγ|καυθείσης γίνονται. 134v

Ἀπορώτατα δὲ ἔχειν φησὶ τὴν τοῦ ἐλαίου φύσιν, πότερον ὕδατος ἢ γῆς ἔχει πλέον. εἰ μὲν γὰρ ὕδατος εἶχε πλέον ἢ γῆς, ἔδει αὐτὸ ὑπὸ ψυχροῦ πήγνυσθαι, εἰ δὲ γῆς, ὑπὸ θερμοῦ· νῦν δὲ ὑπ' οὐδετέρου μὲν πήγνυται, παχύνεται δὲ καὶ ὑπὸ τοῦ ψυχροῦ καὶ ὑπὸ τοῦ θερμοῦ. αἰτίαν δέ φησιν τούτου εἶναι τὸ ἀέρος εἶναι τὸ ἔλαιον πλῆρες· τοῦ δὲ ἀέρος αὐτὸ πλῆρες εἶναι σημείῳ ἐχρήσατο τῷ ἐπιπολάζειν αὐτὸ τῷ ὕδατι· αἴτιος γὰρ αὐτῷ τούτου ὁ ἀήρ, ἐπιπολαστικὸς ὢν τῷ ὕδατι καὶ ἄνω φερόμενος, εἰ καὶ ἐναποληφθείη ποτὲ ἐν τῷ ὕδατι. ὅτι δὲ ὁ ἀὴρ ὁ ἐν τῷ ἐλαίῳ αἴτιος αὐτῷ τοῦ ὑφ' ἑκατέρου καὶ τοῦ ψυχροῦ καὶ τοῦ θερμοῦ παχύνεσθαι, ἐφεξῆς λέγει. τὸ μὲν γὰρ ψυχρὸν τὸ πνεῦμα καὶ τὸν ἀέρα ψῦχον καὶ εἰς ὕδωρ μεταβάλλον παχύνει, ὥστε καὶ ὁ ἐν τῷ ἐλαίῳ ἀὴρ ἐν τῇ ψύξει συνιστάμενός τε καὶ παχυνόμενος καὶ εἰς ὕδωρ μεταβάλλων αἴτιος καὶ τῷ ἐλαίῳ τοῦ παχύνεσθαι· ἀεὶ γὰρ ὅταν μιχθῇ ὕδωρ καὶ ἔλαιον, ἀμφοτέρων γίνεται τὸ μῖγμα παχύτερον, καὶ τοῦ ὕδατος καὶ τοῦ ἀμίκτου ὕδατος ἐλαίου. οὐ πάντα δὲ ἡγητέον ἐξυδατοῦσθαι τὸν ἐν τῷ ἐλαίῳ ἀέρα ὑπὸ τοῦ ψύχους, ἀλλά τι μέρος αὐτοῦ· εἰ γὰρ πᾶς, οὐκέτ' ἂν ἦν τὸ ὑπολειπόμενον αὐτοῦ ἔλαιον, εἴ γε τῷ ἐλαίῳ τὸ εἶναι ἐν τῷ πλήρει ἀέρος εἶναι. πάλιν δὲ ὑπὸ πυρὸς ἅμα καὶ τοῦ χρόνου παχύνεσθαι αὐτὸ καὶ λευκαίνεσθαι λέγει, λευκαίνεσθαι μὲν ὑπὸ τοῦ θερμοῦ ἐξατμίζοντος εἴ τι ἐνῆν ὕδωρ ἐν αὐτῷ, οὗ ἡ μῖξις μελάντερον αὐτοῦ ποιεῖ τὸ χρῶμα, ἐξατμιζομένου δὲ ἅμα καὶ

1 ὑγρὰ B[1]W 2 ἃ] οἷον B[1]: οἵ Wa 3 δὲ ante καὶ om. BWa εἰπὼν I 4 ἀπὸ I 6 γίνεται B 8 οὐ ταῦτα coll. BW 13 πήγνυνται ὡς I πλείονα B 14 καὶ post διὸ om. I 21 τούτου φησὶν coll. BW 22 τῷ ἐπιπολάζειν σημείῳ ἐχρήσατο coll. I 24 ἐναπολειφθείη I ὅτι—ἀὴρ] ὁ δ' ἀὴρ I 25 θερμοῦ καὶ τοῦ ψυχροῦ coll. a 26 post ἐφεξῆς add. δὲ I 30 ἀμίκτου ὕδατι a 31 ante ἐλαίου add. καὶ I πάντη I 32 post μέρος add. ὑπ' BW, sed rursus exp. B 33 εἶτε B[1] 34 ἅμα] ἀλλὰ BWa 35 ὑπὸ τοῦ ὑγροῦ B[1]W post εἴ τι add. ἔτι I 36 τὸ χρῶμα ποιεῖ coll. BWa post χρῶμα add. οὗ BWa δὲ om. BWa

παχύνεται τὸ ἔλαιον. καὶ τὸ μὲν πῦρ οὕτως αὐτῷ καὶ τοῦ παχύνεσθαι καὶ τοῦ λευκαίνεσθαι αἴτιον. ὁ δὲ χρόνος τοῦ παχύνεσθαι αἴτιος αὐτῷ γίνεται, οὐκέτι δὲ καὶ τοῦ λευκαίνεσθαι· μαραινομένου γὰρ τοῦ ἐν τῷ ἐλαίῳ ἀέρος καὶ τοῦ ἐν αὐτῷ θερμοῦ ψυχόμενος ὁ ἀὴρ εἰς ὕδωρ μεταβάλλων παχύτερον τὸ ἔλαιον ποιεῖ. ἀμφοτέρως μὲν οὖν τὸ αὐτὸ γίνεται πάθος, καὶ ὑπὸ τοῦ πυρὸς καὶ ὑπὸ τοῦ χρόνου, ἢ ἀμφοτέρως καὶ ὑπὸ τοῦ ἐξατμίζεσθαι τὸ ὕδωρ καὶ ὑπὸ τοῦ μεταβάλλειν τὸν ἐν αὐτῷ ἀέρα εἰς ὕδωρ. ὑπ' ἀμφοτέρων γὰρ τούτων τὸ αὐτὸ γίνεται πάθος ἐν τῷ ἐλαίῳ, τὸ παχύνεσθαι αὐτό, καὶ διὰ τὸ αὐτό· διὰ γὰρ τὸ ὕδωρ· ἀλλ' οὐχ ὡσαύτως, ἀλλ' ὅπου μὲν διὰ τὸ ἐξατμίζεσθαι αὐτό, ὅπου δὲ διὰ τὸ γεννᾶσθαι. δύναται τὸ ἀμφοτέρως καὶ διὰ τὸ αὐτὸ εἰρῆσθαι καὶ ἐπὶ τοῦ ψυχροῦ καὶ ἐπὶ τοῦ χρόνου· ὑπὸ γὰρ ἀμφοτέρων παχύνεται τὸ ἔλαιον, τῷ γίνεσθαι ἐν αὐτῷ ὕδωρ ἐκ τῆς τοῦ ἀέρος μεταβολῆς, ἀλλὰ τοῦ μὲν ψυχροῦ ψύχοντος αὐτὸν αὐτόθεν, τοῦ δὲ χρόνου καταμαραίνοντος τὸ ἐν αὐτῷ θερμόν. παχύνεται μὲν οὖν ὑπ' ἀμφοτέρων, οὐ ξηραίνεται δὲ ὑπ' οὐδετέρου, ὅτι οὔτε ὁ ἀὴρ οὔτε τὰ γλίσχρα τῶν ὑγρῶν οὔθ' ὑπὸ ἡλίου οὔθ' ὑπὸ ψύχους ξηραίνεται· ἥ τε γὰρ γλισχρότης κωλυτικὸν ξηρότητος ὅ τε ἀὴρ οὐκ ἔστι τῶν ξηραινομένων, ἀλλ' ὡς εἶπεν, ὕδωρ καὶ ὅσα ὕδατος εἴδη· ταῦτα γὰρ ἢ ἐξατμιζόμενα ξηραίνεται ἢ πηγνύμενα. ἀλλ' οὐδὲ τὸ ἐν τῷ ἐλαίῳ ὕδωρ ἐξέψεται ὑπὸ πυρὸς οὐδὲ ξηραίνεται, ὅτι τὸ μὲν ὑπὸ πυρὸς ξηραινόμενον ὕδωρ τῷ ἀτμίζειν τε καὶ μεταβάλλειν εἰς ἀέρα ξηραίνεται, τὸ δὲ ἐν τῷ ἐλαίῳ ὕδωρ οὐκ ἀτμίζει οὐδ' ἐξέψεται διὰ τὴν τοῦ ἐλαίου γλισχρότητα. |

Ὅσα δέ, φησίν, ἐκ γῆς καὶ ὕδατος μέμικται, ταῦτα δεῖν προσνέμειν 135r ἐκείνοις, ὧν πλεῖον ἔχει, ὕδατι μὲν οἷς τὸ ὕδωρ πλέον, γῇ δὲ τὰ γῆς πλέον ἔχοντα. λέγει δέ τινα οἶνον καὶ πήγνυσθαι καὶ ἕψεσθαι, τουτέστι παχύνεσθαι. ἦν δὲ τὸ μὲν πήγνυσθαι τῶν τὸ ξηρὸν πλέον ἐχόντων, τὸ δὲ παχύνεσθαι τῶν τὸ ὑγρόν. δόξει δὲ διὰ τούτων λέγειν τινὰ οἶνον πλέον γῆς ἔχειν ἢ ὕδατος· τὸν γὰρ πηγνύμενον· καίτοι εἶπε τὸν οἶνον ὕδατος εἶδος εἶναι. ἢ οὐ τὸ ἁπλῶς πήγνυσθαι σημεῖόν ἐστι τοῦ γῆς πλεῖον ἔχειν ἢ ὕδατος, ἀλλὰ τὸ ὑπὸ πυρὸς πήγνυσθαι, ἐπεὶ ὑπὸ ψυχροῦ καὶ τὸ ὕδωρ πήγνυται· οὕτως δὲ καὶ ὁ πηγνύμενος οἶνος πήγνυται ὑπὸ ψυχροῦ. τὸ δὲ γλεῦκος ἑψόμενον παχύνεται τοῦ ὕδατος μὴ παχυνομένου, ὅτι μηδέπω καθαρὸς καὶ ἀποκεκριμένος οἶνός ἐστιν, ἀλλ' ἔτι ἄπεπτος· ἀπὸ πάντων δὲ

1 post παχύνεται add. καὶ λευκαίνεται I: eadem post ἔλαιον B[2] 2 τοῦ prius om. BWa λευκαίνεσθαι] λεπτύνεσθαι B[1]W αἴτιος αὐτῷ] αὐτὸ αἴτιος a 3 post μαραινομένου add. μὲν I 4 post ἐλαίῳ add. τε BWa καὶ — αὐτῷ om. I ψυχομένου BWa 5 μὲν om. a 6 post πάθος add. ἀμφοτέρως BWa ἢ] καὶ BWa 11 ante διὰ add. τὸ B[2] 12 ἐπὶ om. BWa 14 αὐτὸν] αὐτὸ a 17 ὅ τε] οὔτε I 19 πυκνούμενα Wa 19 et 22 τῷ om. a 20 πυρὸς — ὑπὸ] τοῦ B[1] 25 οἷς] οἷον I: εἰς a τὸ ὕδωρ] τοῦτο BWa γῆς δὲ a 26 οἶνον] οἷόν τε BWa 27 ἦν — πήγνυσθαι om. I 28 δόξειε δ' ἂν a 32 οὕτως ex οὗτος corr. I 34 καθαρὸς om. I

λέγει τῶν τοιούτων ξηραινομένων τὸ ὕδωρ ἀπέρχεσθαι, τῶν μεμιγμένων ἐξ ὕδατός τε καὶ γῆς, καὶ πλέον γῆς ἐχόντων, ἃ ὑπὸ θερμοῦ ξηραίνεται· ξηραινομένων γὰρ τούτων τὸ ὕδωρ ἀπέρχεται· ἡ γὰρ ἀτμὶς ἡ ἀναφερομένη ξηραινομένων αὐτῶν ὕδωρ ἐστίν, οὗ σημεῖον παρέθετο τὸ εἰς ὕδωρ αὐτὴν ἀθροισθεῖσαν συνίστασθαι· ἡ γοῦν ἐπὶ τοῖς τῶν χαλκείων πώμασιν ἀθροιζομένη ὕδωρ ἐστίν. ὅσοις δὴ τῶν ἐξατμιζομένων ὑπὸ πυρὸς ὑπολείπεταί τι μηκέτι ἐξατμίζεσθαι δυνάμενον, τοῦτο γῆς ἡγητέον εἶναι· ἐν γὰρ τῷ ὕδατι, ὅταν καθ' αὑτὸ ὂν ἀτμίζηται καὶ ξηραίνηται, οὐδὲν ὑπολείπεται, ὃ μὴ δύναται ἐξατμισθῆναι. ἔνια δέ φησι τῶν μεμιγμένων ἐκ γῆς τε καὶ ὕδατος καὶ ὑπὸ ψυχροῦ πήγνυσθαι παχυνόμενά τε καὶ ξηραινόμενα. τὸ γὰρ ψυχρὸν οὐ μόνον πήγνυσι καὶ ξηραίνει, ἀλλὰ καὶ παχύνει. πήγνυσι μὲν καὶ ξηραίνει τὸ ὕδωρ· τὸ γὰρ πηγνύμενον ξηραίνεται καὶ αὐτό· εἶπε γὰρ ὑπὸ τὸ ξηραίνεσθαι καὶ τὸ πήγνυσθαι εἶναι· παχύνει δὲ τὸ ἔλαιον τὸν ἀέρα τῷ ψύχειν εἰς ὕδωρ μεταβάλλον. ἀλλὰ καὶ αὐτὸν τὸν ἀέρα παχύνει ἐν τῇ εἰς ὕδωρ μεταβολῇ καὶ τῇ τῶν νεφῶν συστάσει. εἰπὼν δὲ ξηραίνει μὲν ὕδωρ, διὰ τοῦτο ἐπήνεγκε τὸ ἡ δὲ πῆξις εἴρηται ξηρασία τις οὖσα· οὕτως γὰρ τὸ ψυχρὸν ξηραίνει τὸ ὕδωρ τῇ πήξει. εἰπὼν δὲ ὑπὸ τοῦ ψυχροῦ τὰ μὲν πήγνυσθαί τε καὶ ξηραίνεσθαι, τὰ δὲ καὶ παχύνεσθαι, λέγει ὅτι ὅσα μὴ παχύνεται ὑπὸ τοῦ ψυχροῦ ἀλλὰ πήγνυται, ὕδατός ἐστιν, ὡς οἶνος, οὖρον, ὄξος, κονία, ὀρρός, ὅσα δὲ παχύνεται ὑπὸ ψυχροῦ, ἀλλὰ μὴ ὑπὸ πυρὸς τῷ ἀτμίζειν, ὡς τὸ γάλα παχύνεται, ὅσα δὲ μὴ οὕτως, τὰ μὲν γῆς μᾶλλόν φησιν εἶναι, τὰ δὲ κοινὰ ὕδατός τε καὶ ἀέρος, μέλι μὲν γῆς μᾶλλον· παχύνεται γὰρ ὑπὸ ψύχους τὸ μέλι, οὐ μόνον πήγνυται· ἔλαιον δὲ ἀέρος δηλονότι καὶ ὕδατος· τοῦτο γὰρ προσθεῖναι παρέλιπε. λέγει δὲ καὶ τὸ γάλα καὶ τὸ αἷμα εἶναι μὲν ἐξ ἀμφοῖν, ὕδατός τε καὶ γῆς, μᾶλλον δὲ καὶ τὸ πλεῖστον γῆς. ἢ τὸ πλεῖστον αἷμα καὶ τὸ πλεῖστον γάλα· δύναται γάρ τι καὶ ὑδαρὲς ἢ γάλα ἢ αἷμα γενέσθαι, τῷ πλεῖον ὕδατος ἔχειν. καὶ τὰ ὑγρὰ δέ, ἐξ ὅσων οἱ ἅλες καὶ τὸ νίτρον πήγνυται, γῆς πλέον ἔχειν φησίν· ὁμοίως γὰρ τούτοις ἔχειν λέγει καὶ τὸ αἷμα καὶ τὸ γάλα· καὶ γὰρ ἐξ ἐκείνων στερεά τινα γίνεται, οἷον ὀστᾶ, νεῦρα, σάρκες, ὡς καὶ ἐκ τούτων ἅλες καὶ νίτρον. καὶ λίθους δέ φησί τινας ἐξ ὑγρῶν τινων συνισταμένων γίνεσθαι, ὥσπερ καὶ τοὺς ἅλας· τοιαῦτα δέ ἐστι τὰ τῶν ὑδάτων ἐν τῇ ῥύσει πώρους τινὰς καὶ λίθους ἐπιγεννῶντα ὕδατα, ἃ εἴη ἂν καὶ αὐτὰ γῆς ἔχοντα πλεῖον. ὅτι δὲ ὁ μὲν ὀρρὸς ὕδατός ἐστι, τὸ δὲ γάλα γῆς ἔχει πλέον, ἔδειξεν εἰπὼν τὸν ὀρρὸν ἑψομένου τοῦ γάλακτος, εἰ μὴ εἴη κεχωρισμένος αὐτοῦ, ἐκκαίεσθαι, ὃ

1 post ἀπέρχεσθαι add. τῶν τοιούτων BWa 2 τε om. B 3 ξηραινομένων δὲ I 4 εἰς τὸ ὕδωρ I 6 δὴ] δὲ I 13 ὑπὸ τοῦ B[1] 15 ἐν om. B 19 καὶ om. Ba ὑπὸ τοῦ ψυχροῦ post πήγνυται (20) coll. B 23 ante παχύνεται add. καὶ BWa 24 δῆλον a 25 παρέλιπον B[1]W 26 τὰ πλεῖστα BWa 27 ἡ αἷμα ἢ γάλα coll. BWa 28 γίνεσθαι Ba τῷ — ἔχειν] ὃ πλεῖον ἂν ὕδατος ἔχοι BWa ἐξ οἵων I 33 πόρους I 34 ἃ om. B[1]W: μὲν B[3]: δ' a 35 ὕδωρ BWa 36 ἐκκάεσθαι BWa Arist. vulg.

πάσχει τὸ ὕδωρ, τὸ δὲ γεῶδες συνίστασθαί τε καὶ παχύνεσθαι καὶ πήγνυσθαι· οὕτως γὰρ οἱ τυροὶ ἐκ τοῦ γάλακτος πήγνυνται. ὅτι δὲ ἔχει γῆς τὸ γάλα, συνίστασθαί φησιν αὐτὸ καὶ ὑπὸ τοῦ ὀποῦ, καὶ ἑψήσεώς τινος μνημονεύει γινομένης ὑπὸ τῶν ἰατρῶν, ἐν ᾗ, φησί, τῷ γάλακτι προσμιγνύντες ὀπὸν χωρίζουσι τὸν ὀρρὸν καὶ τὸν τυρὸν ἀπ' ἀλλήλων. ὁ δὲ 40 χωρισθεὶς ὀρρὸς οὐκέτι παχύνεται ὡς ὕδατος ὤν, ἀλλὰ καὶ ἐκκαίεται, ἂν ἕψηται, ὡς τὸ ὕδωρ.

Εἰπὼν δὲ πρὸ ὀλίγου τὰ πολλὰ καὶ ἐν τῷ γάλακτι καὶ ἐν τῷ αἵματι γῆς πλεῖον ἢ ὕδατος ἔχειν, λέγει νῦν περὶ τοῦ γάλακτος ὅτι τὸ μὴ ἔχον τυρὸν ἢ ὀλίγον ὕδατος μᾶλλόν ἐστι καὶ ἄτροφον. δείκνυσι δὲ καὶ τὸ αἷμα γῆς πλέον ἔχον διὰ τοῦ πήγνυσθαι αὐτὸ τῷ ξηραίνεσθαι ψυχόμενον· οὐ γὰρ ὁμοίως τῷ ὕδατι πήγνυται ὑπὸ τοῦ ψυχροῦ, ἀλλὰ τῷ ξηραίνεσθαι, ὃ γίνεται τῆς θερμότητος τῆς ἐν αὐτῷ ὑπὸ τοῦ ψυχροῦ χωριζομένης καὶ ὑπο- 50 χωρούσης καὶ συνεξαγούσης καὶ τὴν ὑγρότητα τὴν ἐν τῷ αἵματι. τὸ δὲ μὴ πηγνύμενον μηδὲ ξηραινόμενον αἷμα, ὁποῖόν ἐστι καὶ τὸ τῆς ἐλάφου, ὕδατός φησι μᾶλλον εἶναι καὶ ψυχρόν. τοῦ δὲ ὕδατος μᾶλλον εἶναι τὸ τοιοῦτον αἷμα σημεῖον ἐποιήσατο τὸ μηδὲ ἶνας ἔχειν αὐτό· αὗται γὰρ γῆς τε καὶ στερεαί. καὶ ἐκ τοῦ ἔχοντος γοῦν αἵματος ἶνας καὶ πηγνυμένου ἂν αἱ ἶνες ἐξαιρεθῶσιν, οὐκέτι πήγνυται οὐδὲ ξηραίνεται τὸ καταλειπόμενον· ὕ|δωρ γὰρ λοιπόν, ὡς καὶ τὸ γάλακτος ὅταν ὁ τυρὸς χωρισθῇ· ὁ γὰρ 135v ὀρρὸς ὕδωρ. σημεῖον δὲ τοῦ ὑδαρὲς εἶναι τὸ μὴ πηγνύμενόν τε καὶ συνιστάμενον αἷμα τὸ μηδὲ τὰ νοσώδη πήγνυσθαι, τῷ ἰχῶρι ἐοικέναι καὶ διεφθαρμένῳ καὶ διερρυηκότι αἵματι. εἰπὼν δὲ τὰ νοσώδη αἵματα ἰχωροειδῆ ὄντα μὴ πήγνυσθαι τὸν δὲ ἰχῶρά φησιν εἶναι φλέγμα τι καὶ ὕδωρ. τοιοῦτον δὲ γίνεται τὸ αἷμα διὰ τὸ μὴ πεπέφθαι μηδὲ κεκρατῆσθαι ὑπὸ 5 τῆς φύσεως τῆς πεσσούσης.

Ἐπὶ τούτοις ἀποδίδωσι τὴν αἰτίαν τοῦ τῶν πεπηγότων τὰ μὲν λυτὰ 20 εἶναι, ὡς τὸ νίτρον καὶ τοὺς ἅλας, τὰ δὲ ἄλυτα, ὡς τὸν κέραμον, καὶ τῶν ἀλύτων τὰ μὲν μαλακτὰ εἶναι, ὡς τὸ κέρας, τὰ δὲ ἀμάλακτα, ὡς τόν τε κέραμον καὶ τὸν λίθον. καὶ λέγει ὅτι ἐπεὶ ἕκαστον τῶν λυομένων ὑπὸ τοῦ ἐναντίου τῷ πήξαντι λύεται (ὅσα μὲν γὰρ τὸ ψυχρὸν πήγνυσι, ταῦτα λύει τὸ θερμόν, ὅσα δὲ τὸ θερμόν, ταῦτα ὑπὸ ψυχροῦ λύεται), ὧν τῆς πήξεως αἴτια ἀμφότερα, καὶ τὸ θερμὸν καὶ τὸ ψυχρόν, ταῦτα εὐλόγως μάλιστα 25 ἄλυτα, οὐκ ἔχοντα ἐναντίαν δύναμιν τὴν λύουσαν αὐτὰ τῇ πεπηγυίᾳ. ὑπ' ἀμφοτέρων δὲ πήγνυται ὅσα προθερμανθέντα τῷ ψυχρῷ πήγνυται· συμβαίνει γὰρ ἐπὶ τούτων, ὅταν τὸ θερμὸν ἐξικμάσῃ τὸ ὑγρὸν ἐξ αὐτῶν ἐξιόν, ψυχόμενον συνθλίβεσθαι πάλιν καὶ πυκνοῦσθαι οὕτως, ὡς μηδὲ ὑγρῷ τινι

2 πυροὶ a 3 ὀπτοῦ B¹W 5 ὀπτὸν B¹W 6 ὤν om. I ἐκκαίηται I
8 δὲ om. BWa 11 ἔχειν Ba ψυχόμενον — ξηραίνεσθαι (12) om. BWa
17 μηδὲ] μὴ B 20 γὰρ prius om. B¹ 21 post δὲ add. φησὶ BWa 23 εἰπὼν — λύεται (212,10) om. B 24 δὲ om. a τι φλέγμα a 29 τὰ μὲν om. I post κέρας add. καὶ τὰ ἄλλα I 31 πύξαντι a λέγεται I
32 post ὧν add. δὲ I 33 ψυχρὸν καὶ τὸ θερμὸν coll. Wa 35 πήγνυσθαι ὅσα I προσθερμανθέντα W: θερμανθέντα ἔπειτα a 36 ὅταν] ὅτι I

ἔτι δίοδον διδόναι· διὸ οὔτε ὑπὸ θερμοῦ ταῦτα λύεται (τὰ γὰρ ὑπὸ ψυχροῦ πηγνύμενα μόνου λύει τὸ θερμόν) οὔτε ὑπὸ ὕδατος· τὰ γὰρ ὑπὸ ψυχροῦ πηγνύμενα οὐ λύεται ὑπὸ ὕδατος. ὑπὸ γὰρ ὕδατος λύεται ταῦτα, ὡς προείρηται, ὅσα ὑπὸ ξηροῦ θερμοῦ μόνου πήγνυται. ὁ δέ γε σίδηρος πρῶτον ὑπὸ τοῦ θερμοῦ τακεὶς ὑπὸ τοῦ ψυχροῦ πήγνυται, ὥστε πρὸς τὴν πῆξιν ἀμφοτέρων αὐτῷ δεῖ· διὸ οὐκ ἔστι λυτός, ἂν μὴ ὑπὸ ὑπερβάλλοντος θερμοῦ, ὡς ἤδη προεῖπεν. ἢ λέγει τὸν σίδηρον μὴ ὑπὸ θερμοῦ πεπηγέναι· ὑγρότερος γὰρ ὑπὸ τοῦ πυρὸς τηκόμενος γίνεται· πήγνυται δὲ ὑπὸ τοῦ ψυχροῦ· ὥστε εἰ ὑπὸ ψυχροῦ μόνου πήγνυται, εἰκότως ὑπὸ θερμοῦ λύεται. λέγει δὲ καὶ περὶ τῶν ξύλων ὅτι ἔστι μικτὰ ἐκ γῆς καὶ ἀέρος· διὸ καυστά, φησίν, ἐστίν, οὐ τηκτὰ οὐδὲ μαλακτά· τὰ γὰρ ὕδατος ἔχοντα τοιαῦτα. διὰ τοῦτο δὲ καὶ ἐπιπλεῖν αὐτὰ τῷ ὕδατί φησι, πλὴν τῆς ἐβένου τῆς μελαίνης· ταύτην γὰρ πλεῖστον γῆς ἔχειν τῷ τὸν ἀέρα διαπεπνευκέναι ἐξ αὐτῆς, τῶν ἄλλων ξύλων πλεῖον ἀέρος ἢ γῆς ἐχόντων. τὸν δὲ κέραμον γῆς μόνης ἔχειν λέγει, τουτέστιν ἄτηκτον εἶναι· ἡ γὰρ γῆ ἢ μηδ' ὅλως ἔχουσα ὑγρὸν ἐν αὐτῇ ἢ ὀλίγον ἄτηκτος· τοιοῦτος δὲ ὁ κέραμος διὰ τὸ ξηραινόμενος ὑπὸ τοῦ πυρὸς κατ' ὀλίγον οὕτως παγῆναι. τῷ γὰρ κατ' ὀλίγον καὶ μὴ ἀθρόαν τὴν πῆξιν αὐτοῦ γενέσθαι ἐξατμιζόμενον τὸ ὕδωρ καὶ ὥσπερ εἰς ἀέρα μεταβάλλον χωρίζεται αὐτοῦ. διὸ οὔτε ὕδωρ εἰς αὐτὸν παραδέχεται, ὡς ὑπ' αὐτοῦ λύεσθαι, διὰ τὸ εἶναι πυκνότερος· δι' ὧν γὰρ ἀὴρ ἐξεκρίθη, οὐκ ἔστι πάροδος ὕδατι· λεπτότερος γὰρ ὁ ἀὴρ τοῦ ὕδατος. καὶ διὰ τοῦτο μὲν οὐ λύεται ὑπὸ ὕδατος· ὑπὸ δὲ πυρὸς οὐ λύεται τῷ τὴν ἀρχὴν ὑπὸ τούτου πήγνυσθαι.

p. 384b22 Τί μὲν οὖν ἐστι πῆξις καὶ τῆξις, καὶ διὰ πόσα καὶ ἐν πόσοις ἐστίν, εἴρηται.

Ὑπομιμνήσκει πάλιν ἡμᾶς τῶν εἰρημένων. ὁρισμὸν μὲν οὖν οὔτε πήξεως οὔτε τήξεως ἀποδέδωκεν, ἐκ μέντοι τῶν εἰρημένων ὑπ' αὐτοῦ ἔστιν ὁρίσασθαι ἑκάτερον αὐτῶν· πῆξις μὲν γὰρ εἴη ἂν σύστασις ὕδατος ἢ γῆς καὶ ὕδατος γινομένη ὑπὸ ψυχροῦ ἢ ὑπὸ θερμοῦ ξηροῦ, τῆξις δὲ λύσις τοῦ πεπηγότος γινο|μένη ὑπὸ τοῦ τῷ πήξαντι ἐναντίου. διὰ πόσα δὲ καὶ 136r
ἐν πόσοις ἐστίν· εἴρηται γὰρ ὅτι διὰ τὸ ψυχρὸν ἢ διὰ τὸ θερμὸν καὶ ξηρὸν ἡ πῆξίς τε καὶ ἡ τῆξις γίνεται, καὶ ὅτι ἐστὶν ἐν ὕδατι ἢ ἐν τῷ μικτῷ ἐξ ὕδατός τε καὶ γῆς· ἐν γὰρ τούτοις ἡ πῆξις. εἶναι δέ φησιν ἐκ τῶν εἰρημένων φανερὸν ὅτι ἡ σύστασις τοῖς σώμασι γίνεται ὑπὸ θερμοῦ τε καὶ ψυχροῦ· ταῦτα γάρ, ὡς προείρηται, ἢ ξηραίνοντα ἢ παχύνοντα καὶ

---

4 μόνου om. Wa 9 εἰ om. a post θερμοῦ add. δὲ Wa 10 δὲ om. B 11 ἐστίν] εἶναι BWa 12 ἐβένου] ἐρίου, ut vid., I 13 post γὰρ add. τὸ BWa 14 πλείονα I 15 ἡ γὰρ γῆ ἢ] ἢ γὰρ ἡ B[1]W: del. B[2] 18 αὐτοῦ om. B[1]Wa 19 αὐτὸν BIW 21 ὕδατος] πυρὸς BW 22 μὲν om. BWa λύεται prius in lac. IV litt. om. I post λύεται prius add. μὲν B 23 παγῆναι BWa 29 post θερμοῦ add. καὶ BWa 35 καὶ post παχύνοντα om. B[1]: ἢ a

πηγνύντα ἐργάζεται τὴν σύστασιν τὴν τῶν σωμάτων. διὰ δὲ τὸ ταῦτα εἶναι τὰ ποιητικὰ τῆς συστάσεως αὐτῶν ἐν πᾶσι τοῖς μικτοῖς τε καὶ σύστασιν ἔχουσι σώμασι, τουτέστιν ὡρισμένοις, θερμότης ἐστί, τισὶ δὲ καὶ ψυχρότης, καθ' ὅσον ἐκλείπει τὸ ἐν αὐτοῖς θερμόν. δοκεῖ γὰρ ἡ ψυχρότης κατὰ ἔνδειαν τοῦ θερμοῦ γίνεσθαι ἐν τοῖς σώμασι, φθορᾶς οὖσα ποιητική. ἐπεὶ τοίνυν ἐν τοῖς ὡρισμένοις σώμασι τὸ μὲν θερμὸν καὶ τὸ ψυχρὸν ἐνυπάρχει διὰ τὸ ταῦτα εἶναι τὰ ποιητικὰ ἐν αὐτοῖς, ὑγρὸν δ' αὖ καὶ ξηρὸν διὰ τὸ ταῦτα εἶναι τὰ πάσχοντα, τὰ μικτὰ σώματα καὶ ὡρισμένα μετέχοι ἂν πάντων. ἐκ μὲν οὖν ὕδατος καὶ γῆς τὰ ὁμοιομερῆ φησι συνίστασθαι σώματα καὶ ἐν ζῴοις καὶ ἐν φυτοῖς (ἔστι δὲ τὰ τοιαῦτα ὀστοῦν, νεῦρον, σάρξ, ξύλον, φλοιός), οὐχ ὡς ἐκ μόνων δὲ τούτων συνεστώτων τῶν ὁμοιομερῶν, ἀλλ' ὡς τὸ πλεῖστον ἐκ τούτων ἐχόντων. λέγει δὲ καὶ τὰ μεταλλευόμενα ἐκ τούτων συνεστάναι· ἔστι δὲ ταῦτα χρυσός, ἄργυρος, χαλκός, σίδηρος, μόλιβδος, κασσίτερος καὶ εἴ τινα τοιαῦτα· τούτοις γὰρ ἡ σύστασις ἐξ ὕδατός τε καὶ γῆς γίνεται ἅμα καὶ ἐκ τῆς ἀναθυμιάσεως τῆς ἑκατέρου, λέγων ἑκατέρου ἀναθυμίασιν τήν τε ἀπὸ τοῦ ὕδατος, ἥτις ἐστὶν ἡ ἀτμιδώδης, καὶ τὴν ἀπὸ τῆς γῆς, ἥτις ἐστὶν ἡ ξηρά τε καὶ καπνώδης. ἐκ γὰρ τῆς διπλῆς ταύτης ἀναθυμιάσεως, οὔσης ἀπὸ ἑκατέρου ἐκείνων, ἐγκατακλειομένης ἐν τῇ γῇ καὶ πηγνυμένης γίνεται τά τε μεταλλευτὰ καὶ τὰ ὀρυκτά, τὰ μὲν ὀρυκτὰ ἐκ τῆς τὸ ξηρὸν πλέον ἐχούσης ἀναθυμιάσεως, τὰ δὲ μεταλλευτὰ ἐκ τῆς τὸ ὑγρόν. εἴρηκε δὲ περὶ τούτων ἐπὶ τέλει τοῦ τρίτου τῶν Μετεωρολογικῶν.

Ταῦτα δέ φησι τὰ συνιστάμενα ἐκ τῶν προειρημένων τοῖς τε ἰδίοις τῶν αἰσθήσεων διαφέρειν ἀλλήλων, ἅπερ ἐστὶ ποιητικά, καὶ τῷ παθητικά τινων εἶναι. οἷς τε γὰρ διατίθησι τὰς αἰσθήσεις, διαφορὰ ἐν αὐτοῖς ἐστι (ἔστι δὲ ταῦτα χρώματα, χυμοί, εὐωδίαι, δυσωδίαι, ψόφων διαφοραί· τὰ μὲν γὰρ αὐτῶν ψοφητικά, τὰ δ' ἧττον· ἔτι τε αἱ ἁπταὶ ἐναντιώσεις), τούτοις τε οὖν διαφέρει ἀλλήλων οὖσι ποιητικοῖς καὶ ἔτι ἄλλοις, φησίν, οἰκείοις πάθεσι· κατὰ γὰρ ταῦτα μᾶλλον εἰδοποιεῖται. ταῦτα δ' ἐστίν, ἀφ' ὧν λέγεται διὰ τὸ πάσχειν αὐτὸ δύνασθαι· λέγεται γὰρ τὰ μὲν πηκτά, ἃ τοῦτο τὸ πάθος οἷά τε πάσχειν ἐστί, τὰ δὲ τηκτὰ πάλιν, ἃ τοῦτο, ὁμοίως καὶ καμπτόν, καὶ τὰ τοιαῦτα. τὰ γὰρ σώματα τὰ προειρημένα, τουτέστι τὰ ὁμοιομερῆ, κατὰ ταῦτα τὰ πάθη διαφέρει ἀλλήλων μάλιστα· παθητικὰ γάρ, ὥσπερ καὶ τὸ ξηρὸν καὶ τὸ ὑγρόν. ὡς γὰρ αὗται αἱ δυνάμεις παθητικαί, οὕτως καὶ τὰ ἐκ τούτων συνεστῶτα σώματα, ἅπερ ἐστὶ τὰ ὁμοιομερῆ· ταῦτα γὰρ συνέστηκεν ἐξ ὕδατός τε καὶ γῆς, ὧν τὸ μὲν ὕδωρ ὑγρόν, ἡ δὲ γῆ ξηρόν, καὶ ἔστι φυσικὰ ταῦτα τὰ σώματα καὶ πρῶτα τῶν συνθέτων· ἐκ γὰρ τῆς τῶν ὁμοιομερῶν συνθέσεως τὰ ἀνομοιομερῆ.

3 σῶμα B¹W ἔσται B 5 θερμοῦ] ψυχροῦ B¹ 10 τὰ om. BWa 13 χρυσὸς ἄργυρος post σίδηρος exh. BWa 17 ἡ om. B 18 ἑκατέρων I 19 τε om. I 20 ὀρεκτὰ bis B¹W 21 ἐπὶ τέλει — Μετεωρολογικῶν (22)] Γ 6 p. 378a18sqq. 23 προειρημένοις I 24 post ἐστὶ add. τῷ I τῷ] τὰ a 25 ἐστι om. BWa 27 τε post ἔτι om. I: τῷ a 32 καπτόν I: καμπόν W: καμπτὰ a 34 ὑγρὸν καὶ τὸ ξηρὸν coll. BWa 36 ὧν] ὡς B¹W 37 ξηρά B

Μέλλων δὲ λέγειν περὶ τῶν παθῶν, καθ' ἃ εἰδοποιεῖται τὰ σύνθετα 50 τῶν ὁμοιομερῶν σωμάτων καὶ τῶν κατὰ ταῦτα εἰδοποιουμένων, πρῶτον ἐκτίθεται, τίνα ἐστὶ καὶ πόσα ταῦτα κατ' ἀριθμὸν τὰ εἰδοποιούμενα δυνάμει ἢ ἀδυναμίᾳ τοῦ πάσχειν τι τούτων, καθ' ἃ πάθη αἱ τῶν συνθέτων τε καὶ ὁμοιομερῶν σωμάτων εἰσὶ πρὸς ἄλληλα διαφοραί. ἐκθέμενος δὲ ὀκτωκαίδεκα ἀντιθέσεις, αἷς τὰ πλεῖστα τῶν σωμάτων διαφέρειν φησὶν ἀλλήλων, ἑξῆς περὶ ἑκάστου τῶν ἐν ταῖς ἐκκειμέναις ἀντιθέσεσι λέγει τί ἐστι, καὶ τίνα δύναμιν ἔχει. | καὶ ἐπεὶ πρῶται ἦσαν τῶν ἀντιθέσεων πηκτὸν ἄπηκτον, 136v τηκτὸν ἄτηκτον, φθάνει δὲ περὶ αὐτῶν ἤδη πεποιῆσθαι λόγον, εἰρῆσθαι μέν φησιν ἤδη περὶ αὐτῶν καθόλου τε καὶ κοινῶς, οὐ μὴν ἀλλὰ καὶ νῦν ἐπαναλαβὼν ἐρεῖν φησι περὶ αὐτῶν. καὶ λέγει· τῶν γὰρ πηγνυμένων σωμάτων τὰ μὲν ὑπὸ θερμοῦ πήγνυται, τὰ δὲ ὑπὸ ψυχροῦ, ὡς προείρηται, τὰ μὲν ὑπὸ τοῦ θερμοῦ τῷ ξηραίνεσθαι ὑπ' αὐτοῦ τὸ ἐν αὐτοῖς ὑγρὸν καὶ 5 ἐξατμίζεσθαι· οὕτως τὸ νίτρον καὶ οἱ ἅλες πήγνυνται· ὑπὸ δὲ τοῦ ψυχροῦ τῷ ἐκθλίβεσθαι τὸ ἐν τοῖς πηγνυμένοις θερμόν· οὕτως ἐκ τοῦ ὕδατος ὁ κρύσταλλος πηγνυμένου γίνεται τῷ τὸ θερμὸν τὸ ἐν αὐτῷ ἐπικρατούμενον ὑπὸ τοῦ ψυχροῦ ἐκκρίνεσθαι. ὥστε τῶν πηγνυμένων τὰ μὲν ὑγροῦ ἀπουσίᾳ, τὰ δὲ θερμοῦ πήγνυται. οὗ δὲ τῇ ἀπουσίᾳ πήγνυται, τῇ τούτου παρουσίᾳ λύεται. διὸ ἅλες μὲν καὶ νίτρον ὑπὸ ὑγροῦ λύονται· ὅσα γὰρ τῇ τοῦ ὑγροῦ ἀπουσίᾳ πήγνυται, ταῦτα λύει καὶ τήκει τὸ ὑγρόν, ἂν μὴ οὕτως 10 πηγνύμενα συνέλθῃ τε καὶ πυκνωθῇ, ὡς μὴ δέχεσθαι διὰ τῶν πόρων ὕδωρ, τῷ στενωτέρους εἶναι αὐτοὺς τῶν τοῦ ὕδατος ὄγκων. διὰ τοῦτο γάρ, ὡς εἶπε πρὸ ὀλίγου, οὐδὲ ὁ κέραμος ὑπὸ τοῦ ὑγροῦ τήκεται. ἔδει μὲν γὰρ αὐτὸν ὑπὸ ὕδατος λύεσθαι· πήγνυται γὰρ ὑπὸ πυρός· οὐ λύεται δὲ ὑπ' αὐτοῦ διὰ τὴν πυκνότητα· κατ' ὀλίγον γὰρ ξηραινόμενος ὑπὸ τοῦ θερμοῦ τὴν ἔκκρισιν τοῦ ὕδατος εἰς ἀέρα μεταβάλλοντος ποιεῖται· δι' ὧν δὴ ὁ ἀὴρ πόρων ἐξελήλυθε λεπτότερος ὤν, διὰ τούτων οὐχ οἷόν τε τὸ ὕδωρ διελθεῖν. 15 ὅσα δὲ μὴ οὕτως ὑπὸ τοῦ θερμοῦ πέπηγεν ὡς ὁ κέραμος, πάντα ὑπὸ τοῦ ὑγροῦ λύεται, ὡς νίτρον, ἅλες, γῆ ἡ ἐκ πηλοῦ· οὐ γὰρ ἡ ἐκ τοῦ κεράμου. κρύσταλλος δὲ καὶ ὅσα ἄλλα θερμοῦ στερήσει πήγνυται, ὡς τὰ μεταλλευόμενα, ὑπὸ θερμοῦ τήκεταί τε καὶ λύεται. τίνα μὲν οὖν πηκτὰ τῶν σωμάτων ἐστὶ καὶ λυτά, εἴρηται, ἀλλὰ καὶ τὰ πηκτὰ μὲν ἄτηκτα δέ· ὁ γὰρ κέραμος καὶ λίθοι τινὲς τοιοῦτοι.

Τίνα δὲ ἄπηκτα, ἐφεξῆς λέγει. φησὶ δὴ ἄπηκτα εἶναι ὅσα μὴ ἔχει 35 ἐν αὐτοῖς ὑγρότητα ὑδατώδη μηδὲ ὕδατός ἐστιν, ἀλλὰ τὸ πλεῖον ἐν αὐτοῖς γῆς ἔχει καὶ θερμοῦ, ὁποῖόν ἐστι τό τε μέλι καὶ ὁ γλυκύς. ταῦτα γὰρ πολὺ

1 δὲ om. a 2 καθ' αὑτὰ BWa 3 ἐστὶ om. a ἀριθμῶν I 5 ἀνομοιομερῶν a 10 καθόλου — περὶ αὐτῶν (11) om. I 13 τοῦ om. a 14 post οὕτως add. καὶ a 15 θερμόν] ὑγρόν a 16 τῷ om. W 19 διὸ] οἷον BWa μὲν om. a 20 ταῦτα λύει καὶ] τῇ τούτου παρουσίᾳ λύεται I 23 οὐδὲ ὁ] ὁ δὲ B[1] ὑπὸ — τήκεται] ὑγροῦ παρουσίᾳ λύεται I 24 αὐτὸ a post πήγνυται add. μὲν I 26 τὴν om. I δὴ] δὲ B[3] 28 δὲ om. I 30 πήγνυνται B 32 post λυτά add. τίνα δὲ πηκτά I τὰ] τίνα a ἄτηκτα] ἄπηκτα I: τηκτὰ B[1]W 36 ὁ γλυκύς] sic B[1]IW: supr. vers. add. οἶνος B[3]: τὸ γλεῦκος a: γλεῦκος Arist. αὑτὰ B[1]Wa

τὸ θερμὸν ἐν αὐτοῖς ἔχει καὶ ἔστιν ὥσπερ ζέοντα· διὸ παχύνεται μὲν ὑπὸ τοῦ θερμοῦ, οὐ μὴν καὶ πήγνυται. ἄπηκτά φησιν εἶναι καὶ τὰ ἔχοντα μὲν ὕδατος, τὸ δὲ πλεῖον ἀέρος· διὰ τοῦτο γὰρ οὔτε τὸ ἔλαιον πήγνυται οὔτε ὁ χυτὸς ἄργυρος· λέγοι δ' ἂν τὸν ὑδράργυρον. ἀλλ' οὐδὲ τὰ γλίσχρα πήγνυται· διὸ οὔτε πίσσα οὔτε ἰξός. ἑξῆς δὲ τίνα ἐστὶ μαλακτὰ τῶν πεπηγότων λέγει· φησὶ δὴ ταῦτα εἶναι μαλακτά, ὅσα πέπηγεν οὐκ ὄντα ἐξ ὕδατος, ἀλλὰ γῆς μᾶλλον. ὁ μὲν γὰρ κρύσταλλος, ἐξ ὕδατος ὢν καὶ πεπηγώς, οὐκ ἔστι μαλακτός· ὅσα δὲ γῆς μᾶλλόν ἐστι καὶ οὕτως πέπηγεν, ὡς μήτε ἐξικμάσθαι πᾶν τὸ ὑγρὸν ἐξ αὐτῶν, ὥσπερ ἐπὶ τοῦ νίτρου καὶ τῶν ἁλῶν (τούτων γὰρ πᾶν τὸ ὑγρὸν ἐξίκμασται), μηδὲ ἀνωμάλως ἔχειν, ὥσπερ ὁ κέραμος (λέγοι δ' ἂν τὸν κέραμον ἀνωμάλως ἔχειν ἤτοι ὑγρότητι, ὡς ἔχοντος μέν τινα αὐτοῦ ὑγρότητα, ἀνώμαλον δέ, ἢ ἀνωμάλους τοὺς πόρους ἔχειν τὸν κέραμον λέγει, ὅτι μὴ ἐπ' εὐθείας), ὅσα δὴ γῆς πλέον ἔχοντα πέπηγεν οὕτως, ὡς μὴ τέλεον ἐξ αὐτῶν τὸ ὑγρὸν ἐξικμάσθαι, μηδὲ ἀνωμάλως ἔχειν τοὺς πόρους κειμένους, ἀλλ' ἔστιν ἑλκτά, ὡς ἑλκόμενα ἐπίδοσιν ἔχειν ἄνευ τοῦ βραχῆναι, οἷά ἐστι νεῦρον, ἱμάς, ταῦτα μαλακτά. ἀλλὰ καὶ ὅσα τῶν πεπηγότων ἐλατά ἐστιν οὐκ ὄντα ὕδατος, καὶ ταῦτα μαλακτά ἐστι, μαλακτὰ δὲ πυρί, ὡς σίδηρος (θερμανθεὶς γὰρ μαλάσσεται), ἀλλὰ καὶ κέρας. ἀλλὰ καὶ ξύλα τινὰ θερμαινόμενα πέφυκε κάμπτεσθαί τε καὶ μαλάσσεσθαι. ἐπιζητήσειε δ' ἄν τις, εἰ ἔστι τινὰ τῶν ἐξ ὕδατος πεπηγότων ἐλατά. λέγει δὲ καὶ τῶν τηκτῶν τε καὶ λυτῶν καὶ τῶν ἀτήκτων τὰ μὲν τεγκτὰ εἶναι, τὰ δὲ ἄτεγκτα, τεγκτὰ μὲν ὅσα δέχεται ἐν αὐτοῖς ὕδωρ βραχέντα, ὡς ὑγρότερα γίνεσθαι καὶ μαλακώτερα, ἄτεγκτα δὲ τὰ μὴ τοιαῦτα. τεγκτὸν μὲν ἔριον καὶ γῆ, ἄτηκτα ὄντα, χαλκὸς δέ, τηκτὸς ὤν, ἄτεγκτός ἐστιν· ἔστι δὲ ὁ χαλκὸς τηκτὸς ὢν οὐχ | ὑπὸ ὕδατος τηκτός, 137r ἀλλ' ὑπὸ πυρός. λέγει δὲ καὶ τῶν ὑπὸ ὕδατος τηκτῶν ἔνια ἄτεγκτα εἶναι, ὥσπερ νίτρον καὶ ἅλας· οὐ γὰρ διαμένοντες ἐν τῷ βρέχεσθαι γίνονται μαλακώτεροι, ὅπερ ἴδιον τῶν τεγκτῶν. λέγει δὲ καθόλου τεγκτὰ εἶναι ὅσα γῆς ὄντα ἔχει τοὺς πόρους μείζους τε τῶν τοῦ ὕδατος ὄγκων καὶ σκληροτέρους, μείζους μέν, ὡς δέχεσθαι δι' αὐτῶν τὸ ὕδωρ, σκληροτέρους δέ, ὡς μὴ λύεσθαι ὑπ' αὐτοῦ. τηκτὰ δὲ ὕδατί φησιν εἶναι ὅσα δι' ὅλων αὐτῶν δέχεται τὸ ὕδωρ, οὐ διὰ πόρων μόνων σωζομένων καὶ μενόντων μετὰ τὸ δέξασθαι τὸ ὕδωρ. λέγει δὲ καὶ τοῦ τὴν μὲν γῆν καὶ τέγγεσθαι καὶ τήκεσθαι ὑπὸ τοῦ ὕδατος, τὸ δὲ νίτρον τήκεσθαι μέν, τέγγεσθαι δὲ μὴ

4 ἀλλ' οὔτε I 6 post φησὶ add. γὰρ I 9 ἐξικμάζεσθαι I ἐξ αὐτῶν] ἀπ' αὐτοῦ I 10 ἁλῶν] ἄλλων B¹Wa ἐξικμᾶται BWa ἔχει BIW 11 ὑγρότητι exp. B 12 ἔχοντος in ἔχοντα corr. B¹ αὐτοῦ in αὐτὸν corr. B³ ἢ ἀνωμάλως BWa 13 δὴ] δὲ BIW 15 κειμένη, ut vid., I 16 post ταῦτα add. τὲ οὖν B¹Wa 17 ἀλλὰ om. B¹Wa καὶ ἄλλα ὅσα B¹ 21 post τηκτῶν add. τινὰ τεγκτὰ I λυτῶν καὶ] αὐτῶν a: om. BW 22 εἶναι om. a: εἶναι — ἄτεγκτα om. BW ante τεγκτὰ μὲν add. ἔστι δὲ BWa 24 ἄτηκτα] ἄτεγκτα I 26 εἶναι om. BWa 27 post ὥσπερ add. καὶ BWa ἅλας scripsi: ἅλες libri 30 δι' αὐτῶν] δι' om. BW: αὐτὰ a 32 οὐ διὰ] οὐ om. I: οὐδαμῶς τῶν Wa μόνων om. Wa 33 et 34 τέγκεσθαι I

αἰτίαν, ὅτι τὸ μὲν νίτρον δι' ὅλου αὐτοῦ τοὺς πόρους ἔχει, καὶ πανταχοῦ συντετρημένοι ἀλλήλοις εἰσὶν οἱ ἐν αὐτῷ, διὸ εὐθὺ τῷ δέξασθαι τὸ ὕδωρ διαιρεῖται ὑπ' αὐτοῦ τὰ μόρια αὐτοῦ· ἐν δὲ τῇ γῇ οἱ μὲν οὕτως ἔχουσι πόροι, ὡς δι' ὅλης αὐτῆς εἶναι, οἱ δὲ οὕτως, ὡς παραλλὰξ κεῖσθαι καὶ μὴ συντετρῆσθαι εἰς ἀλλήλους. ὅταν μὲν οὖν κατὰ τοὺς συντετρημένους εἰς ἀλλήλους πόρους καὶ δι' ὅλης ὄντας αὐτῆς δέξηται τὸ ὕδωρ, τήκεται· ὅταν δὲ κατὰ τοὺς παραλλὰξ κειμένους, τέγγεται μέν, οὐ τήκεται δέ. εἴη δ' ἂν κἀκεῖνο λέγειν ἑπομένως τῷ προειρημένῳ, ὅτι ἧς μὲν γῆς οἱ πόροι σκληρότεροί εἰσιν, αὕτη τέγγεται μέν, οὐ τήκεται δέ, ἧς δὲ μαλακώτεροι, αὕτη τήκεται· οἱ δὲ τοῦ νίτρου μαλακώτεροι ὄντες ἀεὶ ἐν τῷ δέχεσθαι τὸ ὕδωρ λύονται. |

Λέγει δὲ ἑξῆς καὶ τίνα ἐστὶ τῶν σωμάτων καμπτά τε καὶ εὐθυντά, 137v τίνα δὲ καὶ ἄκαμπτα, καὶ ὅλως τί ἐστι τὸ καμπτόν τε καὶ εὐθυντόν, καὶ τί τὸ κάμπτεσθαι καὶ εὐθύνεσθαι, καὶ ὅτι τὸ ἀνακαμπτόμενον κάμπτεται καὶ τὸ κατακαμπτόμενον. λέγει δὲ καὶ περὶ κατακτῶν καὶ θραυστῶν, καὶ ὅτι ἔνια μὲν τὸ ἕτερον τούτων ἐπιδέχεται, ἔστι δ' ἃ ἀμφότερα, ὡς καὶ κατάσσεσθαι καὶ θραύεσθαι. λέγει δὲ καὶ τί ἑκάτερον τούτων, καὶ τίς αὐτῶν ἡ διαφορά, καὶ τίς ἡ αἰτία ἑκατέρου τῶν παθῶν τούτων. λέγει καὶ περὶ θλαστῶν καὶ ἀθλάστων, τίνα τέ ἐστι καὶ διὰ τί, καὶ τί ἐστι τὸ θλᾶσθαι καὶ τὸ μὴ θλᾶσθαι· ἀλλὰ καὶ ὅτι τῶν θλαστῶν τὰ μὲν καὶ μαλακτά ἐστιν, ὡς κηρός, τὰ δὲ σκληρότερα, ὡς χαλκός. ἀλλὰ καὶ τῶν ἀθλάστων τὰ μὲν σκληρά, ὡς κέραμος (ἄθλαστον γὰρ ὁ κέραμος), τὰ δὲ ὑγρά, ὡς ὕδωρ· οὐ γὰρ θλᾶται τὸ ὕδωρ ἐν τῷ ὑπείκειν, ἀλλὰ διαιρεῖται καὶ ἀντιμεθίσταται. λέγει καὶ τίνα τῶν θλαστῶν πλαστά ἐστι, τουτέστιν ὑπακούοντα πλάσει, τίνα δὲ πλαστὰ μὲν οὔ, πιεστὰ δέ, καὶ τί τὸ πιεστόν, καὶ τίνα πιέζεται σώματα καὶ διὰ τί. λέγει δὲ καὶ τί ἐστιν ὦσις καὶ τί πληγή, καὶ τίς αὐτῶν διαφορά. λέγει δὲ καὶ τίνα τῶν σωμάτων ἐστὶν ἑλκτά, καὶ τί τὸ ἕλκεσθαι. ἀλλὰ καὶ ὅτι ἔνια μὲν καὶ ἑλκτά ἐστι καὶ πιεστὰ τῶν σωμάτων, τὰ δὲ τὸ ἕτερον τούτων ἔχει μόνον. λέγει δὲ καὶ περὶ ἐλατῶν καὶ ἀνηλάτων καὶ λέγει τί ἐστι τὸ ἐλατὸν καὶ τί τὸ ἀνήλατον, καὶ ὅτι τὰ μὲν ἐλατὰ πάντα καὶ θλαστά, τὰ δὲ θλαστὰ οὐ πάντα ἐλατά. ἀλλὰ καὶ ὅτι τῶν πιεστῶν τὰ μὲν ἐλατά ἐστι, τὰ δ' οὔ. λέγει καὶ περὶ σχιστῶν καὶ ἀσχίστων, καὶ τίνα ἄσχιστα, καὶ τί τὸ σχίζεσθαι, καὶ τίνι

---

2 εὐθὺς a τῷ] τὸ I 7 τοὺς om. I οὐ τήκεται] συντήκεται, ut vid., B[1] 8 ἑπομένους BWa ἧς μὲν] τῆς μὲν B[1] 10 ἀεὶ] ὡς I ἐν τῷ ἐνδέχεσθαι BW 12 δὲ om. a τε om. Wa 13 τίνα δὲ καὶ] καὶ τίνα Ba: καὶ τίνα δὲ καὶ W post ἄκαμπτα add. καὶ ἀνεύθυντα a 14 κάμπτεται] κάμπτεσθαι δύναται B[3] 15 καὶ τὸ κατακαμπτόμενον om. BIW τακτῶν W 16 δ' ἃ corr. B[3]: δὲ B[1]IWa 17 κατάγεσθαι a 18 post λέγει add. δὲ Ba 20 καὶ τὸ] ἢ BWa καὶ post μὲν om. BWa 21 ὡς ὁ κηρός B σκληρὰ BWa ὡς ὁ χαλκός a 22 ὁ] ὡς B[1]W 23 ὕδωρ ἐν τῷ supr. vers. add. B[3] 24 post λέγει add. δὲ BWa 28 ἐστὶ post πιεστὰ (29) coll. BWa 29 μόνον τούτων ἔχει coll. BW 30 λέγει om. BWa τί post καὶ om. BWa 32. 33 περὶ τῶν σχιστῶν B

διαφέρει σχίσις τομῆς· καὶ τίνα ἐστὶ τμητά, καὶ ὅτι ἔνια καὶ σχιστά ἐστι καὶ τμητά, σχιστὰ μὲν ὡς ἐπὶ τὸ πολὺ κατὰ μῆκος, τμητὰ δὲ κατὰ πλάτος. λέγει δὲ καὶ περὶ τῶν ἄλλων, ὧν πρὸ ὀλίγου τὸν ἀριθμὸν ἐξέθετο ὡς κατὰ δύναμιν καὶ ἀδυναμίαν λεγομένων. γλίσχρον τε γάρ φησιν εἶναι, ἂν ἑλκτὸν ᾖ ὑγρὸν ὂν μαλακὸν ᾖ· γίνεσθαι δὲ τὰ τοιαῦτα τῶν σωμάτων, ὅσα οὕτως κατασκευῆς ἔχει, ὡς ἐπαλλάσσειν αὐτῶν τὰ μόρια ἀλλήλοις καὶ τὸ ἕτερον τῷ ἑτέρῳ συνηρτῆσθαι, ὡς αἱ ἁλύσεις, καὶ μὴ εὐαπόλυτον εἶναι. τὰ γὰρ τοιαῦτα ἑλκτά ἐστιν, ἐπὶ πολὺ δυνάμενα ἐκτείνεσθαι μὴ διασπώμενα καὶ πάλιν συνιέναι· τὰ δὲ μὴ τοιαῦτα ψαθυρὰ καὶ εὔθραυστα. λέγει δὲ καὶ τίνα μὲν πιλητά, τίνα δὲ ἀπίλητά ἐστι, καὶ τίνα καυστὰ καὶ τίνα ἄκαυστα, καὶ διὰ τί τὰ καυστὰ τοιαῦτά ἐστι· διὰ γὰρ τὸ ἔχειν πόρους πυρὸς δεκτικοὺς καὶ ὑγρότητα ἐν τοῖς πόροις τοῖς κατ' εὐθυωρίαν ἀσθενεστέραν πυρός, τουτέστιν καυστήν.

Ἐφ' οἷς λέγει περὶ τῶν θυμιατῶν καὶ ἀθυμιάτων, καὶ λέγει θυμιατὰ εἶναι ὅσα ἔχει μὲν ὑγρότητα, οὐ μὴν τοιαύτην, ὥστε πυρουμένων αὐτῶν καὶ θερμαινομένων αὐτὴν καθ' ἑαυτὴν ἐξατμίζειν ἄνευ τοῦ σώματος τοῦ τὴν ὑγρότητα ἔχοντος. εἰπὼν δὲ μὴ ἐξατμίζειν καθ' αὐτὴν τὴν ἐν τοῖς |
θυμιατοῖς ὑγρότητα πυρουμένων αὐτῶν, περὶ ἀτμίδος εἶπε, τί ἐστιν ἡ 138r
ἀτμίς· ἡ γὰρ ὑπὸ θερμοῦ καυστικοῦ ἐξ ὑγροῦ εἰς ἀέρα καὶ πνεῦμα ἔκκρισις ὑγραντική. τῶν δὲ θυμιατῶν ἡ ὑγρότης οὐχ ὑπὸ πυρὸς εἰς ἀέρα θερμαινομένων ἐκκρίνεται, ὡς αὐτὰ ὑπομένειν (συναναλίσκεται γὰρ καὶ αὐτὰ ἐν τῇ θυμιάσει) ἀλλὰ ὑπὸ χρόνου· παλαιουμένων γὰρ ἡ μὲν ὑγρότης ἐξατμίζεται, αὐτὰ δὲ τὰ μὲν ξηρὰ γίνεται, τὰ δὲ καὶ τέλεον εἰς γῆν μεταβάλλει. ἡ δὲ ἔκκρισις ἡ ἀπὸ τῶν θυμιατῶν τοῦ ὑγροῦ ἡ ὑπὸ χρόνου ἀλλ' οὐχ ὑπὸ πυρὸς γινομένη διαφέρει τῆς ὑπὸ πυρὸς γινομένης, ὅτι αὕτη οὔτε ὑγραντική ἐστιν οὔτε πνεῦμα γίνεται ἡ ἀπ' αὐτῶν ἔκκρισις τοῦ ὑγροῦ. ὡρίσατο δὲ καὶ τὸ πνεῦμα ῥύσιν συνεχῆ ἀέρος ἐπὶ μῆκος, ὃ προσλαβὸν τὸ ἀπὸ τοιᾶσδέ τινος ἀρχῆς ῥεῖν εἴη ἂν ἄνεμος. αὐτὸ μὲν οὖν καθ' αὑτὸ τὸ ὑγρὸν πυρουμένων τῶν θυμιατῶν οὐκ ἐκκρίνεται, κοινὴ δ' ἡ ἔκκρισις γίνεται ἅμα ὑγροῦ τε καὶ ξηροῦ ἀέρος. διὸ οὔτε ὑγραίνει ἡ ἔκκρισις αὕτη, ἀλλὰ μᾶλλον χρωματίζει· μολύνεται γὰρ τὰ πλησίον ὑπὸ τῆς τοιαύτης ἐκκρίσεως. λέγει δὲ καὶ τὴν μὲν τῶν ξυλωδῶν θυμίασιν λέγεσθαι καπνόν, τοιαῦτα δὲ καὶ τὰ ὀστᾶ καὶ αἱ τρίχες καὶ τὰ φύλλα· ἡ δὲ τῶν πιόνων θυμίασις λιγνύς,

---

1 τμητά] τμήματα B¹IW 4 post εἶναι add. ὃ BWa 5 ὂν] ᾖ W, ex ὂν corr. B¹: ἣ a μαλακτὸν B¹IW ᾖ om. B: ὂν W 6 αὐτοῦ BWa 8 ἐλατά B¹ 9 ψαθυρὰ — τίνα μὲν (10)] ἑλκτά ἐστιν ἐπὶ πολὺ δυνάμενα ἐκτείνεσθαι iterat B¹, corr. B² ψαθυρὰ in lacuna VI litt. om. I εὔθραστα Wa 10. 11 καὶ τίνα ἄκαυστα — καυστὰ om. B¹W 11 τὰ καυστὰ om. a 12 ὑγρότητος B¹W 14 Ἐφ' οἷς om. B: Ἐπὶ τούτοις a post λέγει prius add. καὶ BWa θυμιατῶν τε καὶ BWa 15 εἶχε B¹W 17 μὴ] μηδὲ I 18 τίς I 20. 21 θερμαινομένη I 21 συναλίσκεται BW 23 γίνεται ξηρὰ coll. B¹Wa 24 ἡ post ἔκκρισις om. B¹W 24 et 29 θυμιαμάτων I 25 αὐτὴ BWa 27 προσλαβὼν W 28 οὖν ex οὗ corr. B³ 30 ἀέρος] ἀθρόως Arist. F Bekk. 33 ἡ δὲ] αὕτη δὲ ἡ B¹I: ἡ δὲ ἡ W

ἡ δὲ λιπαροῦ κνίσσα. διὰ ταύτην δὴ τὴν αἰτίαν οὐδὲ ἕψεσθαι τὸ ἔλαιον
λέγει οὐδὲ παχύνεσθαι· ἔστι γὰρ θυμιατὸν λιπαρόν γε ὄν, ἀλλ' οὐκ ἀτμι-
στόν· ἣν δὲ τῶν μὲν ἀτμιστῶν τὸ ὑγρὸν ἐκκρινόμενον καθ' αὑτό, τὰ δὲ 15
θυμιατὰ καὶ αὐτὰ σὺν τῷ ὑγρῷ τῷ ἐν αὐτοῖς ἀναλίσκεται θυμιώ-
μενα. τὸ δὲ ὕδωρ οὔ φησιν εἶναι θυμιατόν, ἀλλ' ἀτμιστόν, ὅτι ὑγρὰ ἀλλ'
οὐ μετὰ ξηρότητος ἡ ἀπ' αὐτοῦ ἔκκρισις θερμαινομένου γίνεται. λέγει δὲ
καὶ τῶν οἴνων τὸν μὲν γλυκὺν θυμιᾶσθαι· εἶναι γὰρ πίονα καὶ παραπλή-
σιον τῷ ἐλαίῳ ποιεῖν· μήτε γὰρ ὑπὸ ψύχους πήγνυσθαι καίεσθαί τε ὥσπερ
καὶ τὸ ἔλαιον μήτε εἶναι κυρίως οἶνον ἢ τῷ ὀνόματι, μὴ ποιοῦντά γε τὰ
τοῦ οἴνου· τῷ γὰρ μὴ ἔχειν τὸν χυμὸν οἰνώδη οὐδὲ μεθύσκει, τοῦ δὲ
τυχόντος οἴνου τὸ μεθύσκειν. μικρὰν δέ φησι γίνεσθαι τὴν ἀπ' αὐτοῦ 20
θυμίασιν, τουτέστιν οὐκ ἐπὶ πολὺ χεομένην· διὸ καὶ φλόγα γίνεσθαι αὐτὸν
θυμιώμενον, ἐκπυρουμένης καὶ φλογουμένης τῆς ἀναθυμιάσεως διὰ
παχύτητα.

Λέγει δὲ καὶ τίνα ἐστὶ καυστὰ τῶν σωμάτων καὶ τίνα ἄκαυστα, καὶ
πάλιν τῶν καυστῶν τίνα μὲν καὶ φλόγα ποιεῖ, τίνα δὲ καίεται μέν, οὐ μὴν 40
καὶ φλόγα ποιεῖ· ἔνια δέ φησι καὶ ἄνθρακας ποιεῖν τῶν φλογιστῶν. λέγει
δὲ φλόγα ποιεῖν καιόμενα ὅσα θυμιατὰ ὄντα μὴ ἔστιν ὑγρά. τὸ γὰρ ἔλαιον
καὶ ἡ πίσσα καὶ τὰ ἄλλα ὑγρά· διὸ οὐ φλογιστὰ καθ' αὑτά, μετ' ἄλλων
δὲ μιγνύμενα καὶ ἐπιχεόμενα. μάλιστα δὲ φλογιστὰ ὅσα καπνὸν ἀνίησι·
φλὸξ γὰρ καπνὸς καιόμενος. ἀνθρακευτὰ δὲ τῶν φλόγα ποιούντων λέγει
εἶναι ὅσα γῆς πλέον ἔχει ἢ καπνοῦ. λέγει δὲ καὶ τὴν αἰτίαν τοῦ ἔνια μὲν
τῶν σωμάτων τηκτὰ ὄντα μὴ εἶναι φλογιστά, ἔνια δὲ φλογιστὰ μέν, τηκτὰ 45
δ' οὔ, τὰ δὲ καὶ φλογιστὰ καὶ τηκτά. λέγει καὶ τίνα τῶν θυμιατῶν καὶ
φλόγα ποιεῖ καὶ τίνα οὔ, καὶ διὰ τίνα αἰτίαν. τὰ γὰρ μὴ τηκτὰ τῶν
θυμιατῶν φλογιστά, οὐ τηκτὰ δὲ τὰ πλεῖον γῆς ἔχοντα· ὥστε τῶν θυμια-
τῶν τὰ πλεῖον γῆς ἔχοντα ἢ ὑγροῦ φλογιστά. ἡ γὰρ ἐν αὐτοῖς γῆ τὸ
ξηρὸν ὅμοιον ἔχει τῷ πυρί· ὅταν οὖν προσλάβῃ καὶ τὸ θερμόν, πῦρ γίνε-
ται. διὰ τοῦτο γὰρ καὶ ἡ φλὸξ πνεῦμα ἢ καπνὸς καιόμενός ἐστιν, ἃ ἀμφό-
τερα ξηρά. τῶν μὲν οὖν ξύλων καὶ ξυλωδῶν, ὥσπερ προεῖπεν ἤδη, ἡ
ἀναθυμίασις καπνός ἐστι, κηροῦ δὲ καὶ λιβανωτοῦ καὶ πίσσης καὶ ὅσα 50
πίσσης ἔχει, καθ' ὅσον ἔχει ταύτης, ἡ ἀναθυμίασις λιγνύς, ἐλαίου δὲ καὶ
τῶν ἐλαιωδῶν, τουτέστι τῶν λιπαρῶν, κνίσσα· ἃ καὶ ἐλάχιστά φησι καίε-
σθαι καθ' αὑτά, ὅτι ὀλίγον ἐν αὐτοῖς ἔχει ξηροῦ, ἡ δὲ μετάβασις καὶ
μεταβολὴ εἰς τὸ πῦρ διὰ τοῦ ξηροῦ· τοῦτο γὰρ θερμὸν γενόμενον ἐκπυροῦ-

---

2 γε] τε BWa 7. 8 παραπλήσια BWa 8 ψύχους] ψυχροῦ I post πήγνυσθαι add. καὶ BWa τε om. BWa 9 μήτε] μὴ δὲ BWa 10 τὸ γὰρ a 11 γίνεσθαι post αὐτοῦ coll. BWa 12 χεομένη I: χεομένῳ a 13 φλογουμένης I: φλεγομένης B³a θυμιάσεως BWa 15 δὲ om. Ba 16 τίνα δὲ — ποιεῖ (17) om. I 17 λέγεταί Ba 20 ἐπικαιόμενα IB³ 23. 24 ἔνια δὲ τηκτὰ μὲν φλογιστὰ δ' οὒ B¹W 24 τὰ δὲ καὶ — τίνα οὔ (25) om. Ba post λέγει add. δὲ W καὶ post θυμιατῶν om. W 26 post γῆς add. ἢ ὑγροῦ Ba 29. 30 ἔστι δ' ἀμφότερα I 31 θυμίασις BW 35 τοῦτο] τὸ B¹Wa

ται· μετὰ δ' ἄλλου φησὶ τάχιστα καίεσθαι δηλονότι τῶν τοιούτων τό τε ἔλαιον καὶ τὸ λιπαρόν, μίγνυσθαί τε τὸ συναμφότερον· τὸ γὰρ ξηρὸν μετὰ τοῦ λιπαροῦ μιχθὲν πῖον γίνεται. δῆλον οὖν ὅτι | μετ' ἄλλου εἶπε τῶν 138v
ξηρῶν τινος. λέγει δὲ καὶ τὰ μὲν ἐχθυμιώμενα τῶν ὑγρῶν ὑγροῦ μᾶλλον εἶναι, τὰ δὲ ἐξαπτόμενα καὶ καιόμενα ξηροῦ τε καὶ γῆς.

Εἰπὼν δὲ περὶ πασῶν τῶν ἀντιθέσεων τῶν κατὰ δύναμιν ἢ ἀδυναμίαν λεγομένων, καθ' ἃ τὰ ὁμοιομερῆ σώματα διαφέρειν εἶπεν ἀλλήλων, τούτοις τέ φησι τοῖς πάθεσι διαφέρειν ἀλλήλων τὰ ὁμοιομερῆ σώματα καὶ ταύταις ταῖς ἁπταῖς διαφοραῖς· πᾶσαι γὰρ αἱ εἰρημέναι ἀντιθέσεις ἁπταί. καὶ πρὸς τούτοις εἰπὼν χυμοῖς τε καὶ ὀσμαῖς καὶ χρώμασιν οὐκέτι προσέθηκε καὶ τὸ τὰ μὲν ψοφητικὰ αὐτῶν εἶναι, τὰ δὲ ἄψοφα, ἃ τῆς ἀκοῆς κρίνειν· τοῦτο δὲ ἢ ὅτι μὴ προηγουμένως ἐστὶν αὐτῷ ὁ λόγος τὴν διαφορὰν τῶν αἰσθητῶν εἰπεῖν, ἢ ὅτι ἐναργές ἐστι καὶ τὸ τῶν ψόφων αἰσθητικὸν κριτήριον. εἶπε δὲ καὶ περὶ τούτων πρὸ ὀλίγου. καταριθμεῖται δὲ καὶ τίνα ἐστὶν ὁμοιομερῆ τῶν σωμάτων· τά τε γὰρ μεταλλευόμενα καὶ ὅσα ἐκ τούτων τῇ ἐκκρίσει γίνεται· τὰ μὲν γὰρ ἐκ μολίβδου γίνεται, τὰ δὲ ἐξ ἄλλων τῶν ὀρυκτῶν· ἔτι δὲ τὰ ἐν τοῖς φυτοῖς τε καὶ ζῴοις, ἐξ ὧν ἡ σύστασις τῶν ἀνομοιομερῶν. καὶ τὰς ἶνας δὲ τὰς ἐν τοῖς φυτοῖς ἐν τοῖς ἀνομοιομερέσιν ἔθηκεν.

Ἐπεὶ δὲ τὰ μὲν ἀνομοιομερῆ, φησίν, ἄλλας αἰτίας ἔχει (ὕλη μὲν γὰρ ἐν τούτοις προσεχὴς τὰ ὁμοιομερῆ, ποιητικὸν δὲ τὸ σπέρμα) ἐξ ὧν δὲ τὰ ἀνομοιομερῆ (συνέστηκε δέ, ὡς εἴρηκεν, ἐκ τῶν ὁμοιομερῶν), τούτων ὕλη μέν, ὡς προείρηται, τό τε ξηρὸν καὶ τὸ ὑγρόν, ὧν τὸ μὲν ἦν ὕδωρ, τὸ δὲ γῆ (προφανέστατα γὰρ τὸ μὲν ὕδωρ τῆς ὑγρᾶς δυνάμεως, ἡ δὲ γῆ τῆς ξηρᾶς) ποιητικὰ δὲ τὸ θερμόν τε καὶ ψυχρόν (ταῦτα γὰρ τὴν σύστασιν τῶν ὁμοιομερῶν ποιεῖ ἐξ ἐκείνων, τουτέστιν ἐκ γῆς τε καὶ ὕδατος), λάβωμεν, φησίν, ἐκ τῶν ὁμοιομερῶν, ἃ ἐξ ὕδατος καὶ γῆς ὡς ὕλης ἔχει τὴν σύστασιν, τίνα μὲν αὐτῶν γῆς ἐστι μᾶλλον, τίνα δὲ ὕδατος, περὶ ὧν προειρήκαμεν ἤδη, καὶ νῦν δὲ ἐπέξεισι περὶ αὐτῶν. τῶν δὴ σωμάτων τῶν ὁμοιομερῶν τῶν δεδημιουργημένων, εἴτε ἁπλῶν εἴτε καὶ μεμιγμένων ὑπό τε τοῦ θερμοῦ καὶ τοῦ ψυχροῦ, τὰ μὲν ὑγρὰ εἶναί φησι, τὰ δὲ μαλακά, τὰ δὲ σκληρά. τίνα δὲ τῷ πεπηγέναι πως ἢ μαλακὰ ἢ σκληρά ἐστι, προείρηται. τῶν μὲν οὖν ὑγρῶν (ἐν τούτοις δὲ τίθησι καὶ τὰ μαλακά) τὰ μὲν ἐξατμιζόμενα ὕδατός ἐστιν, ὅσα δὲ μὴ ἐξατ|μίζεται, ἢ γῆς ἢ κοινά ἐστι γῆς καὶ 139r
ὕδατος, εἰπὼν ἢ γῆς, οὐχ ὅτι μόνον γῆς (πῶς γὰρ [ἂν] ὑγρόν τι ὂν ἐκ γῆς εἶναι μόνον δύναται;) ἀλλ' ὅτι ἢ πλέον γῆς ἢ ἀμφοτέρων ἴσον, ὡς τὸ

1 δῆλον a 5 ξηρὰ B[1] 6 δὲ om. a ἢ] καὶ B 7 fort. καθ' ἃς 8 σώματα om. a 9 ταῖς om. B[1]W 10 εἰπὼν om. B[1]W καὶ χρώμασιν om. Wa 12 τοῦτο —κριτήριον (14) om. B[1]W δὲ om. I 13 ἐστι om. B[1]Wa τὸ om. Wa αἰσθητῶς I 16 γὰρ supr. vers. B[3] 17 ἄλλου a ὀρεκτῶν B[1] 18 ὁμοιομερῶν B[1]W τὰς ἶνας—φυτοῖς] cf. Arist. (p. 388a20) cod. N ἐν post φυτοῖς om. I 19 ὁμοιομερέσιν a, ex corr. B 20 ὁμοιομερῆ B[1]W 22 συνέστηκε repetunt BWa 28 γῆς αὐτῶν coll. B προείρηκεν B[3] 29 τῶν δὲ a 30 ἁπλῶς BWa 34 ἐστι ante γῆς om. BWa 35 γῆς μόνον coll. BWa ἂν delevi 36 μόνης BWa

γάλα· ὑγρὸν γὰρ ὂν οὐκ ἐξατμίζεται, ὡς ἀναλίσκεσθαι πᾶν εἰς ἀτμούς, ἀλλὰ συνίσταται. ἢ γῆς καὶ ἀέρος, ὡς τὰ ξύλα· λέγοι δ' ἂν περὶ τῶν χλωρῶν ξύλων· ταῦτα γὰρ καὶ ὑγρά· ἢ ὕδατος καὶ ἀέρος, ὡς ἔλαιον. ἔτι δὲ τὰ μὲν ὑπὸ θερμοῦ παχυνόμενα κοινὰ γῆς καὶ ὕδατος· ἀπορεῖ δὲ ἔτι καὶ περὶ τοῦ οἴνου, πότερον αὐτὸν ἐν τοῖς ὑγροῖς χρὴ τιθέναι ἢ ἐν τοῖς μικτοῖς. καθ' ὅσον μὲν γὰρ ἐξατμίζεται, ἣν δὲ τὰ τοιαῦτα τῶν ὑγρῶν, καὶ ὁ οἶνος ἂν τούτων εἴη· καθ' ὅσον δὲ πάλιν παχύνεται ὑπὸ τοῦ θερμοῦ, ὡς ὁ νέος (ἑψόμενος γὰρ συνίσταται, τὰ δὲ τοιαῦτα ἐξ ἀμφοῖν), δόξει πάλιν ἐκ γῆς καὶ ὕδατος εἶναι. λύει δὲ τὸ ἀπορηθὲν τῇ τῶν οἴνων διαιρέσει. τὰ δὲ ὑπὸ ψυχροῦ παχυνόμενα γῆς εἶναί φησι δηλονότι μᾶλλον· ὅσα δ' ὑπὸ ἀμφοτέρων, καὶ ὑπὸ θερμοῦ καὶ ψυχροῦ, παχύνεται, κοινά φησιν εἶναι πλειόνων· ἔλαιον μὲν γὰρ ὕδατος καὶ ἀέρος, μέλι δὲ γῆς καὶ ὕδατος· ὁμοίως καὶ ὁ γλυκὺς οἶνος. τῶν δὲ συνεστώτων, τουτέστι τῶν πεπηγότων τε καὶ σκληρῶν, ὅσα μὲν ὑπὸ ψυχροῦ πέπηγεν, ὕδατος ταῦτα, ὅσα δὲ ὑπὸ θερμοῦ, γῆς. ὅσα δὲ δοκεῖ καὶ ὑπὸ θερμοῦ καὶ ψυχροῦ πήγνυσθαι, (τοιαῦτα δ' ἐστὶν ὅσα προθερμανθέντα ψυχθέντα πήγνυται) δοκεῖ μὲν στερήσει ὑγροῦ τε καὶ θερμοῦ πήγνυσθαι· τὰ μὲν γὰρ ὑπὸ πυρὸς πηγνύμενα στερήσει ὑγροῦ πήγνυται, τὰ δ' ὑπὸ ψυχροῦ στερήσει θερμοῦ, ὅσα δ' ὑπ' ἀμφοτέρων, ἀμφοτέρων στερήσει. ὅσων μὲν οὖν ἅπαν ἐξικμάσθη. τῶν ὁμοιομερῶν, φησί, τῶν ἐξατμισθέντος τοῦ ὑγροῦ αὐτῶν παντὸς τὴν πῆξιν ἀναδεξαμένων, ἔστι κέραμος καὶ ἤλεκτρον· ἀλλ' ὁ μὲν κέραμος ὑπ' ἀμφοῖν τῶν ποιητικῶν πέπηγε, τὸ δὲ ἤλεκτρον ὥσπερ καὶ τὰ ἄλλα δάκρυα τῶν φυτῶν, κόμμι, λιβανωτός, σμύρνα, ταῦτα ψύξει μόνῃ πεπήγασιν. ὁ γὰρ Ἠριδανὸς ποταμὸς τῇ ἀπ' αὐτοῦ ψύξει ἐκθλιβῆναι ἐποίησε τῶν δακρύων τὸ θερμόν, ὃ ἐκθλιβὲν συνήγαγεν ἑαυτῷ τὸ ὑγρὸν τὸ ἐν αὐτοῖς, καὶ οὕτως ξηρανθέντα ἐπάγη, ὃν τρόπον, φησί, καὶ τὸ μέλι τὸ ἑφθὸν ἐμβαλλόμενον εἰς ὕδωρ ὑπομένει· καὶ γὰρ τούτου τὸ θερμὸν διὰ τὴν ψῦξιν τοῦ ὕδατος συνεκκρίνεται τῷ ὑγρῷ. ἤλεκτρον δὲ οὐ τὸ ἐκ χρυσοῦ καὶ ἀργύρου μῖγμα, ἀλλὰ λίθον τινά φησιν, ὃς ἐν τῷ Ἠριδανῷ ποταμῷ γίνεται, ὃς θερμαινόμενος ἕλκει τὰ ἄχυρα πρὸς ἑαυτόν. ὅσων μὲν οὖν ὑπ' ἀμφοῖν πηγνυμένων τὸ ὑγρὸν ἅπαν ἐξικμάζεται, ὡς τοῦ κεράμου τε καὶ ἠλέκτρου, ταῦτα λέγει μᾶλλον ὑπὸ τῆς ψύξεως πήγνυσθαι, εἶναι δὲ γῆς.

---

2 ἢ ἐκ γῆς BW 3 post ὑγρά add. καὶ ξηρά Wa ἢ ὕδατος om. B[1]W 4. 5 ἔτι καὶ] ἐν τούτοις BWa 7 ἂν τούτων] ἀνθ' ὅσμίας (l. ἀνθοσμίας) τοιούτων I 9 εἶναι om. I ἐκλύει I 10 δῆλον a 12 post γὰρ add. καὶ BWa 15 καὶ ὑπὸ φυχροῦ BWa 16 πήγνυσθαι] πήγνυται I ταῦτα a post προθερμανθέντα add. ἢ BW, sed rursus del. B 17 post prius μὲν add. γὰρ I 18 πήγνυται] πηγνύμενα I 19 ἅπαν ἐξικμάσθη — ὅσων μὲν οὖν (30) om. BWa 20 τῶν post φησί scripsi: τοῦ I 29 et 30 ὃς bis scripsi: ὡς I 30 ὅσωνscripsi: ὅσα I 31 πηγνύμενα I ἐξικμάζει I 32 post μᾶλλον add. μὲν BWa τῆς πήξεως BW post γῆς add. τῶν ὁμοιομερῶν φησι πεπηγότων τὰ μὲν ἄτηκτά εἰσι καὶ ἀμάλακτα διὰ δαπάνην τοῦ ὑγροῦ αὐτῶν· οὐδὲν γὰρ μαλάττεται ἢ τήκεται ἐστερημένον ὑγροῦ. τοιαῦτα δ' ἐστὶ τῶν σωμάτων ἤλεκτρον καὶ λίθοι οἱ ἐν τοῖς σπηλαίοις γινόμενοι· παραπλησίως γὰρ καὶ οὗτοι τῷ ἠλέκτρῳ πήγνυνται

τῶν δὲ τοιούτων τὰ μὲν ἄτηκτα εἶναί φησι καὶ ἀμάλακτα, ὡς τὸ ἤλεκτρον
καὶ λίθους ἐνίους, ὡς τοὺς ἐν τοῖς σπηλαίοις πώρους· οὗτοι γὰρ ὑπὸ ψυχροῦ
μᾶλλον πήγνυνται τοῦ ἐν αὐτοῖς θερμοῦ διεξιόντος, ὡς καὶ ἐπὶ τοῦ ἠλέκ- 20
τρου, καὶ τῷ ἀπολιπεῖν συντελοῦντος εἰς τὴν πῆξιν· ἐν γὰρ τοῖς ἄλλοις
τοῖς ὑπ' ἀμφοτέρων πηγνυμένοις ἢ τοῖς ὑπὸ θερμοῦ τὸ ἔξωθεν προσπῖπτον
πῦρ ἐστι τὸ πρὸς τὴν πῆξιν αὐτῶν συντελοῦν. ἐξ ὧν δὲ μὴ ὅλον τὸ ὑγρὸν
ἐξικμάζεται, γῆς μὲν καὶ ταῦτα μᾶλλον, ἔστι μέντοι μαλακτά. καὶ ὅσα μὲν
ὑπὸ πυρὸς τήκεται, ταῦτα ὑδατωδέστερα, ὅσα δὲ ὑπὸ ὕδατος, γῆς· ὅσα
δὲ μηδ' ὑφ' ἑτέρου, ἢ γῆς ἢ ἐξ ἀμφοῖν.

Ὄντων δή, φησί, πάντων τῶν ὁμοιομερῶν ἢ ὑγρῶν ἢ πεπηγότων, 139v
ταῦτα δ' ἐν τοῖς εἰρημένοις πάθεσίν ἐστι (τῶν μὲν γὰρ ὑγρῶν τὰ μὲν ἐξ-
ατμίζεται, τὰ δ' οὔ, καὶ τὰ μὲν ὑπὸ θερμοῦ παχύνεται, τὰ δ' ὑπὸ ψυχροῦ,
τὰ δ' ὑπ' ἀμφοῖν, τῶν δὲ πεπηγότων τε καὶ σκληρῶν τὰ μὲν ὑπὸ ψυχροῦ
πέπηγε, τὰ δ' ὑπὸ θερμοῦ, τὰ δ' ὑπ' ἀμφοῖν, καὶ τὰ μὲν ὑπὸ πυρὸς
αὐτῶν τήκεται, τὰ δ' ὑπὸ ὕδατος) καὶ παρὰ ταῦτα οὐδέν ἐστι πάθος ἐν
τοῖς προειρημένοις ἄλλο, ἕκαστον δὲ τούτων εἴρηται τῶν παθῶν, τίνι 5
συμβαίνει, ἔχοιμεν ἂν οἷς πᾶν τὸ λαμβανόμενον τῶν ὁμοιομερῶν δυνησό-
μεθα γνωρίζειν, πότερόν ἐστιν ὕδατος ἢ γῆς ἢ τοῦ συναμφοτέρου, καὶ
πότερον αὐτοῦ ποιητικόν τε καὶ τῆς συστάσεως αἴτιον τὸ ψυχρὸν ἢ τὸ
θερμὸν ἢ ἀμφότερα. ἑξῆς δὲ τὰ ὁμοιομερῆ προχειριζόμενος, ἀπὸ τῶν
προειρημένων παθῶν διακρίνων αὐτὰ δείκνυσι, τίνα μέν ἐστιν αὐτῶν μᾶλλον
ὕδατος, τίνα δὲ γῆς, τίνα δ' ἐπ' ἴσης ἀμφοῖν μετέχειν δοκεῖ. εἰπὼν δὲ
ποῖά τε θερμὰ ἢ ψυχρὰ τῶν πεπηγότων ἢ τῶν ὑγρῶν, ἐκ τῶν 10
εἰρημένων χρὴ μεταδιώκειν, λέγει περὶ αὐτῶν καθόλου ὅτι ὅσα μὲν
αὐτῶν ὕδατός ἐστι, ταῦτα ὡς ἐπὶ τὸ πλεῖστόν ἐστι ψυχρά, ἐὰν μὴ ἔξωθεν
καὶ ἀλλοτρίαν ἔχῃ θερμότητα, ὡς κονία, οὖρον, οἶνος. ἥ τε γὰρ κονία
ἀπὸ τοῦ διηθῆσθαι τὴν τέφραν ἔχουσαν θερμότητα θερμή, ἀλλὰ τὸ οὖρον
τῷ ἀπὸ τῆς πέψεως καὶ τῆς τῶν σιτίων κατεργασίας γεγονέναι, ἥτις ἐστὶ
γινομένη ὑπὸ θερμότητος, θερμόν· καὶ ὁ οἶνος δὲ διὰ τὴν πέπανσίν τε καὶ
τὴν ἀπὸ τοῦ ἡλίου θερμότητα θερμός. ὅσα δὲ γῆς πάλιν, ὡς ἐπὶ τὸ 15
πολὺ ταῦτα πάλιν θερμὰ διὰ τὸ ὑπὸ θερμοῦ γίνεσθαί τε καὶ δημιουργεῖ-
σθαι, ὡς ἥ τε τίτανος καὶ ἡ τέφρα· ἀμφότερα γὰρ ὑπὸ πυρὸς γίνεται, ἡ

ὑπὸ ψυχροῦ. τὸ γὰρ διηθούμενον ὑγρὸν ἐν τοῖς σπηλαίοις εἰς τὴν ἐπιφάνειαν ἐμπεσὸν ψύχεται, ψυχόμενον δὲ ἔκθλιψιν ὑπομένει τοῦ ἐν αὐτῷ θερμοῦ· καὶ τὸ θερμὸν συνεκθλῖβον ἑαυτῷ τὸ ὑγρὸν πήγνυσι τὸ ὕδωρ καὶ συνιστᾷ τοὺς πόρους (l. πώρους), οἵτινες ἄτηκτοί εἰσιν. ἐν δὲ τοῖς ἑτέροις τῶν ὁμοιομερῶν, οἷον νίτρον καὶ ἅλες, ἐκ τοῦ ἔξωθεν θερμοῦ ἡ πῆξίς ἐστι· διὸ καὶ ὕδατι τήκονται ταῦτα ὡς ἐκ τοῦ ἐναντίου παγέντα I   1 καὶ ἀμάλακτα] μαλακτὰ δὲ IW   2 ὡς τοῖς W   3 καὶ om. a   4 καὶ τῷ scripsi: μήπω libri   ἀπολείπειν BWa   7 ἐξικμᾶται libri   καὶ τἄλλα BW   9 μὴ ὑφ' a   ἐξ om. W   10 δή] δὲ a   11 ταῦτα δ'] exspectas ταῦτα εἰ   τῶν ex ὧν corr. W   12 ἀπὸ ψυχροῦ a   13 τῶν δὲ πεπηγότων — ἀμφοῖν (14) om. a   15 αὐτῶν post τὰ μὲν (14) exh. a   16 τίσι BWa   17 ἔχοι μὲν IWa   18 καὶ γῆς BW   20 ἑξῆς δὲ] ἢ I   23 τε om. BWa: δὲ Arist.   27 διηθεῖσθαι BWa   ἔχουσα I   θερμή] θερμαῖνον B[1]   post ἀλλὰ add. καὶ BWa   28. 29 ἥτις γίνεται BWa   29 θερμή I

μὲν λίθων ἡ δὲ ξύλων καυθέντων. εἰπὼν δὲ τὰ γῆς ὄντα μᾶλλον τῶν ὁμοιομερῶν θερμὰ εἶναι διὰ τὴν τοῦ θερμοῦ δημιουργίαν, ἐφεξῆς τὴν αἰτίαν ἀποδίδωσι τούτου. ἡ μὲν γὰρ ὕλη καὶ τὸ ὑποκείμενον πᾶσι τοῖς τοιούτοις σώμασι ψυχρὸν καὶ ψυχρότης τις. ἔστι μὲν γὰρ ὕλη τὸ ὑγρόν τε καὶ ξηρόν· αὗται γὰρ τῶν τεσσάρων δυνάμεων παθητικαί· τούτων δὲ τῶν δυνάμεων μάλιστά ἐστι σώματα ὕδωρ τε καὶ γῆ, ἀμφότερα δ' εἰδοποιεῖται τῷ ψυχρῷ· τὸ μὲν γὰρ ὕδωρ ὑγρόν τε καὶ ψυχρόν, ἡ δὲ γῆ ξηρά τε καὶ ψυχρά· ὥστε πάντα τὰ σώματα, ὅσα ἢ ὕδατος ἢ γῆς ἐστι, κατὰ τὸ ὑποκείμενόν ἐστι ψυχρά, ἂν μὴ ἔξωθεν καὶ ἀλλοτρίαν ᾖ προσειληφότα θερμότητα, ὡς τὸ ζέον ὕδωρ ἢ τὸ διὰ τέφρας ἠθημένον, ὡς ἡ κονία. εἰπὼν δὲ τὴν τέφραν ἔχειν θερμότητα καθόλου φησὶν ἐν ἅπασιν εἶναι θερμότητα ἢ πλείω ἢ ἐλάττω τοῖς διὰ θερμότητος καὶ πυρώσεως γεγονόσι· διὰ τοῦτο γὰρ καὶ ἐν τοῖς σεσηπόσι ζῷα ἐγγίνεσθαι, ὅτι ἔστιν ἐν αὐτοῖς θερμότης τις ἡ σήψασα αὐτά. σήψεως γὰρ αἰτία, ὡς ἐν τοῖς πρώτοις εἴρηται, ἡ ἔξωθεν καὶ ἀλλοτρία θερμότης, ὅταν διὰ τὸ πλείων εἶναι φθείρῃ τὴν ἐν τῷ σηπομένῳ οἰκείαν θερμότητα. ὅσα δὲ κοινὰ ὕδατός τε καὶ γῆς, φησὶν ἔχειν ταῦτα θερμότητα διὰ τὸ ὑπὸ θερμότητος γεγονέναι· τὰ γὰρ πλεῖστα αὐτῶν τὴν σύστασιν καὶ πῆξιν ἔχει ὑπὸ θερμότητος πεψάσης αὐτά· ἔνια δὲ αὐτῶν σήψεις εἰσίν, ὡς τὰ συντήγματα. ἕκαστον μὲν οὖν τῶν τοιούτων σωμάτων, ἃ κοινά ἐστιν ὕδατός τε καὶ γῆς, ἕως ἂν τὴν αὐτοῦ φύσιν σώζῃ, θερμόν (τοῦτο γὰρ τὸ συνέχον αὐτὰ καὶ εἰδοποιοῦν τοιαῦτα), αἷμα, γονή, μυελός, ὀπός, πάντα τὰ τοιαῦτα· φθειρόμενα δὲ καὶ ἐξιστάμενα τῆς αὐτῶν φύσεως καὶ ἀπολλύντα τὸ εἶδος οὐκ ἔστι θερμά· λείπεται γὰρ ἐν αὐτοῖς ἡ ὕλη, ἣν δὲ αὕτη γῆ τε καὶ ὕδωρ, ἄμφω ψυχρά. διὰ τοῦτο γὰρ δοκεῖ τὰ τοιαῦτα σώματα τοῖς μὲν θερμὰ εἶναι, τοῖς δὲ ψυχρά, διὰ τὸ ὅταν μὲν ἐν τῇ αὐτῶν φύσει ὦσι, θερμὰ εἶναι, ἐκστάντα δὲ ταύτης ψυχρά τε καὶ πηγνύμενα. οὕτως μὲν οὖν ἔχειν φησίν, ὡς προείρηται, ὡς ἐν πᾶσιν αὐτοῖς τὸ ὑποκείμενον ψυχρὸν εἶναι· ὅμως δέ, ὥσπερ διώρισται καὶ προείρηται, ἐν οἷς μὲν ὕλη ὕδωρ, ταῦτα ὡς ἐπὶ τὸ πλεῖστον ψυχρά (τὸ γὰρ ὕδωρ ἀντίκειται μάλιστα τῷ πυρί, ὂν κατ' ἀμφοτέρας τὰς δυνάμεις, τήν τε ὑγρότητα καὶ τὴν ψυχρότητα, ἐναντίον αὐτῷ, ὄντι ξηρῷ τε καὶ θερμῷ), ἐν οἷς δὲ ἡ ὕλη γῆς ἢ ἀέρος, ταῦτα θερμά. συμβαίνει δέ ποτε, φησί, τὰ αὐτὰ γίνεσθαι καὶ ψυχρότατα καὶ θερμότατα, ἀλλοτρίαν προσλαμβάνοντα θερμότητα. ὅσα γὰρ ἐξ ὕδατος ὄντα διὰ ψυχρότητα πέπηγε καὶ ἔστι στερεώτατα, ταῦτα ψυχρὰ μάλιστά ἐστι διὰ στέρησιν θερμότητος

1 ξύλων ἡ δὲ λίθων coll. I   καφθέντων W   7. 8 ψυχρά τε καὶ ξηρά coll. a   8 ὅσα om. I   9 προσειλειφότητα I   10 post διὰ add. τῆς a   15 πλέον I   16 post γῆς add. ἐστιν BWa   17 ἔχειν φησὶν BWa   αὐτὰ B   ὑπὸ θερμοῦ BWa   20 τε om. a   ἑαυτῶν I   φύσιν om. W   21 θερμὰ BIW   post εἰδοποιοῦν add. τὰ a   22 ὀπός — τοιαῦτα om. a   ὀπός ex ὅπως corr. B[3]   24 post γὰρ add. φησι BWa   26 ὦσι] ἧ B[1]: ᾗ B[3]Wa   28 αὐτοῖς τὸ] αὐτὸ τοῦτο I   31 τὴν post καὶ om. BWa   33 ψυχρότητα καὶ θερμότητα Ia   34 διὰ θερμότητα a   35 καὶ εἰσὶ B[3]a   στερεότητα a   ψυχρὰ τε καὶ μάλιστα BWa

πεπηγότα καὶ μάλιστα καίει, ὅταν πυρωθῇ· τὰ γὰρ παχύτερα μᾶλλον καίει πυρωθέντα, ὕδωρ μὲν καπνοῦ (τὸ γὰρ ζέον ὕδωρ μᾶλλον καίει τῆς φλογός, ἥτις ἐστὶ καπνὸς καιόμενος), καὶ πάλιν οἱ λίθοι τοῦ ὕδατος. |

140r Εἰπὼν τί ἐστι τὸ ὑποκείμενον τοῖς ὁμοιομερέσι σώμασι, καὶ τίνος ἕκαστον αὐτῶν μᾶλλόν ἐστιν, ἐφεξῆς ἐπεὶ ἐν τοῖς ὁμοιομερέσι σάρξ τε καὶ ὀστοῦν καὶ νεῦρον καὶ τῶν τοιούτων ἕκαστον (ἐκ γὰρ τούτων τὰ ἀνομοιομερῆ μέρη τοῦ ζῴου, ἐξ ὧν τὸ ζῷον), περὶ τούτων εἰπεῖν προτίθεται, τί ἕκαστον αὐτῶν, οὐ κατὰ τὸ ὑποκείμενον (τοῦτο γὰρ εἴρηται), ἀλλὰ κατὰ τὸν λόγον. ἔχομεν γὰρ ἤδη, φησίν, τὰ γένη τῶν ὁμοιομερῶν, ἐκ τίνος ἕκαστον αὐτῶν, γῆς, ὕδατος ἢ ἐξ ἀμφοῖν, λαβόντες τοῦτο διὰ τῆς γενέσεως αὐτῶν· ἐξ οὗ γὰρ ὑποκειμένου γίνεται, ἐκ τούτου καὶ ἔστι γενόμενον. ἐξ ὧν ἡ τῶν ἀνομοιομερῶν φύσις· ἐκ γὰρ τῶν ὁμοιομερῶν τὰ ἀνομοιομερῆ. ἐκ γὰρ τῶν στοιχείων πρῶτα τὰ ὁμοιομερῆ, ἐκ δὲ τούτων ὡς ὑποκειμένων τε καὶ ὕλης τὰ ὅλα ἔργα τῆς φύσεως, οἷον ζῷα, φυτά. ὡς ὕλης δὲ ἐκ τούτων εἶπε· τὸ γὰρ εἶδος αὐτῶν, καθ' ὃ μάλιστά ἐστιν ἅ ἐστιν, οὐ τοιοῦτον εἶναι. φησὶν οὖν πάντα τὰ ὁμοιομερῆ ὡς μὲν ἐξ ὕλης ἐκ τῶν προειρημένων, ὕδατός τε καὶ γῆς, ὡς δὲ κατὰ τὴν οὐσίαν καὶ τὸ εἶναι ὅ ἐστιν ἕκαστον αὐτῶν τῷ λόγῳ, τουτέστι τῷ λόγῳ καὶ τῷ εἴδει ἕκαστον αὐτῶν ἐστιν ὅ ἐστιν. ὅτι δὲ κατὰ τὸν λόγον ἐστὶν αὐτοῖς τὸ εἶναι ἅ ἐστι, δῆλον εἶναί φησιν ἐπὶ τῶν ὑστέρων μᾶλλον, ὕστερα λέγων τὰ ἀνομοιομερῆ (ὕστερα γὰρ ταῦτα τῶν ὁμοιομερῶν, εἴ γε ἐξ ἐκείνων σύγκειται), καὶ ὅλως, φησίν, ἐπὶ τούτων, ἃ οἷον ὄργανά ἐστι τῶν σωμάτων, καὶ ἕνεκά τινος χρείας ἡμῖν δοκεῖ δεδόσθαι. τούτοις γὰρ προφανῶς τὸ εἶναί ἐστιν ἐν τῷ λόγῳ· ἐν γὰρ τῷ δύνασθαι τὸ εἶναι τούτοις ἐστίν. ὅτι δὲ μᾶλλον δῆλον ὅτι κατὰ τὸν λόγον [καὶ] τοῖς ἀνομοιομερέσι τὸ εἶναι, ἔδειξε λαβὼν τὸν νεκρὸν ἄνθρωπον· γνωριμώτερον γὰρ ὅτι ὁ νεκρὸς ἄνθρωπος ὁμωνύμως ἄνθρωπος λέγεται, καὶ οὐ κυρίως ἄνθρωπος. οὗτος δ' ἐστὶν ᾧ ὁ λόγος ἐφαρμόζει, οὐκ ἐφαρμόζει δὲ ὁ λόγος ὁ τοῦ ἀνθρώπου τῷ νεκρῷ· οὐδεὶς γὰρ ὁρίζεται τὸν νεκρὸν ἄνθρωπον ζῷον λογικὸν θνητόν. ἐπὶ δὴ τούτου γνωριμώτερον ἢ ἐπὶ αἵματος καὶ ἑκάστου τῶν ὁμοιομερῶν. ἔστι μὲν γὰρ καὶ ἐπ' ἐκείνων τὰ τῶν νεκρῶν ὁμωνύμως τοῖς τῶν ζώντων λεγόμενα, πλὴν οὐ φανερὸν ὁμοίως ἐπ' ἐκεί-

6 τῶν — ἕκαστον] τὰ τοιαῦτα a: ἕκαστον om. B[1]W 7 post τί add. ἐστιν Ba 8 post τοῦτο add. μὲν BWa 9 φησὶν ἤδη coll. BWa post ὁμοιομερῶν add. οἷον BWa 10 post αὐτῶν add. ἐστιν BWa post γῆς add. ἢ a 13 ἐκ γὰρ — ὁμοιομερῆ om. Wa: τὰ om. B 14 τῆς φύσεως ἔργα coll. BWa φυτὰ ζῷα coll. BWa 16 ἅ ἐστιν om. I φησὶν οὖν] δέ φησι BWa 17 εἰρημένων BWa, ut Arist. 18 τουτέστι — καὶ in marg. B[3] 24 τὸ — λόγῳ in lac. XII fere litt. add. B[3] εἶναί ἐστιν] lac. VIII litt. et ἢ I τὸ — μᾶλλον (25)] τοῦ (lac. XV litt.) τούτοις ὅτι δὲ (lac. XII fere litt.) μᾶλλον B[1] 25 ὅτι post δῆλον om. a καὶ delevi c. B[3] 25. 26 ὁμοιομερέσι B[1]Wa 27 λέγεται ὁμωνύμως omisso altero ἄνθρωπος BWa καὶ — ἄνθρωπος (28)] ὁ παρὰ τοῦ κυρίως ἀνθρώπου B[1] 28 ᾧ ὁ] ὁ ὢν B[1] 29 ὁ om. I 30 ἐπὶ δὴ] ἐπειδὴ BI τοῦτο B[3]
32 τοῖς τῶν — ὁμωνύμως ἄνθρωπος (224,1) in marg. B[3]

νων· ὡς δ' ὁ νεκρὸς ἄνθρωπος ὁμωνύμως ἄνθρωπος, οὕτως καὶ ἡ χεὶρ τοῦ νεκροῦ ὁμωνύμως χείρ· ἤρξατο δὲ ἀπὸ τοῦ ὑστάτου (τοῦτο δ' ἦν τὸ τέλειον ζῷον), εἶτ' ἐπάνεισιν ἐπὶ τὰ πρὸ αὐτοῦ, ὧν προσεχῆ μὲν τοῖς τελείοις ἐστὶ τὰ ἀνομοιομερῆ, πρὸ δὲ τούτων τὰ ὁμοιομερῆ. ὅτι δὲ τὰ τινὸς ἕνεκεν ὄντα, ἐπὰν μηκέτι τοῦτο δύνηται ποιεῖν, μόνον δὲ φυλάσσῃ τὸ σχῆμα, ὁμωνύμως λέγεται, ἔδειξεν ἀπὸ τῶν λιθίνων αὐλῶν· ὡς γὰρ οἱ αὐλοὶ ὄργανα, οὕτω καὶ χεὶρ καὶ πάντα τὰ μόρια τοῦ ζῴου ὀργανά τινά ἐστιν ὑπὸ τῆς φύσεως χρείας τινὸς χάριν γεγονότα. ἧττον δέ φησι δῆλον εἶναι ἐπὶ σαρκὸς καὶ ὀστοῦ καὶ τῶν ὁμοιομερῶν, ὅτι καὶ ταῦτα ὄργανα καὶ ἐπί τινα χρείαν τὴν ἀναφορὰν ἔχει, ἢ ἐπὶ χειρὸς καὶ προσώπου καὶ ποδὸς καὶ τῶν ἀνομοιομερῶν. ἔτι δὲ ἧττον ἐπὶ τῶν ἁπλῶν σωμάτων, ἃ καὶ στοιχεῖα λέγομεν, οἷον πυρός, ὕδατος, τῶν λοιπῶν· ἐλάχιστα γὰρ ἐπὶ τούτων δῆλον τὸ τίνος χάριν ἐστὶν ἕκαστον αὐτῶν, ἐν οἷς πλεῖστον τὸ τῆς ὕλης ἐστί, τουτέστιν ἐν τοῖς ἐγγυτέρω τῆς ὕλης· ἐγγυτάτω δὲ τῆς ὕλης ἐστὶ τὰ πρῶτα ἐκ τῆς ὕλης γινόμενα, ἅπερ ἐστὶ τὰ στοιχεῖα· διὸ καὶ ὕλης ταῦτα λόγον ἐν τοῖς συνθέτοις ἔχει. ὥστε εἰ τὰ ἔσχατα ἐξ ὧν τὸ συναμφότερον κατ' ἰδίαν ληφθείη (ταῦτα δ' ἐστὶν ἥ τε ὕλη καὶ τὸ εἶδος), οὔτε ἡ ὕλη ἄλλο τι ἔστι παρ' αὐτήν (αὕτη γὰρ ἡ ἐσχάτη ὕλη, ἥτις ἔστι τὸ πρῶτον ὑποκείμενον τοῖς σώμασιν· ἁπλῆ γὰρ φύσις ἡ τοιαύτη), ὁμοίως δὲ καὶ τὸ εἶδός τε καὶ ἡ οὐσία· τὸ γὰρ εἶδος οὐσίαν λέγει, ἐπεὶ κατὰ τοῦτο τὸ εἶναι ἑκάστῳ τῶν συνθέτων· καὶ τοῦτο δὴ οὐδὲν ἄλλο παρὰ τὸν λόγον, καθ' ὃν ἡ ὕλη εἰδοποιεῖται. τὰ δὲ μεταξύ τε εἴδη καὶ ἐκ τούτων ἀνάλογον τούτων ἐστὶ μᾶλλον, οἷς ἐστιν ἐγγυτέρω, τὰ μὲν τῆς ὕλης ἐγγυτέρω ὑλικώτερα, τὰ δὲ τῆς οὐσίας τε καὶ τοῦ λόγου εἰδικώτερα. ἔστι δὲ τοῦ λόγου μὲν καὶ τοῦ εἴδους ἐγγυτέρω ὅσα ἐξ εἰδοπεποιημένων ἤδη σύγκειται, καθ' ὅσον εἰδοποιεῖται, οἷον τὸ πρόσωπον ἐξ ὁμοιομερῶν τινων σύγκειται, καθ' ὅσον ἐστὶν εἰδοπεποιημένα (ἐκ γὰρ ὀφθαλμῶν, καθ' ὅσον εἰσὶν ὀφθαλμοί, καὶ ὁμοίως τῶν ἄλλων), τῆς δὲ ὕλης ἃ τὴν ὑποκειμένην ὕλην ἔχει χωρὶς εἴδους· τοιοῦτον γὰρ τὸ τοῖς στοιχείοις ὑποκείμενον, ἐπεὶ καὶ τῶν ἁπλῶν τε καὶ πρώτων σωμάτων ἕκαστον, φησίν, ἐστὶν ἕνεκά του, καὶ οὐχ ὁπωσοῦν ἔχον ἕκαστον αὐτῶν τὸ μὲν ὕδωρ ἐστὶ τὸ δὲ γῆ τὸ δὲ ἄλλο τι, ὥσπερ οὐδὲ σὰρξ ἢ ἧπαρ, ἀλλ' ὡς ταῦτα, ὅταν τὸ αὐτῶν παρέχηται, οὕτως κἀκεῖνα, ὅταν ἕκαστον αὐτῶν σώζῃ τὴν οἰκείαν φύσιν καὶ τὸ ἴδιον ἔργον. τούτων δέ, φησίν, ἔτι μᾶλλον, σαρκός τε λέγων καὶ

---

2 ὑστάτου] ἐσχάτου a 3 εἴτε πᾶν ἐστιν ἐπὶ B[1] 5 ἐπὰν] ὅταν BWa φυλάσσει BW 11 post ἀνομοιομερῶν add. μερῶν BWa 13 δηλονότι τινὸς χάριν I ἕκαστόν ἐστιν coll. BWa 15 ἐστὶ καὶ στοιχεῖα BWa 18 post οὔτε add. γὰρ B[3] αὕτη] αὐτὴ B[1]a 19 post γὰρ add. τις BWa 22 μεταξύ τε εἴδη in lac. om. I 23 ἐγγυτέρω] μᾶλλον ὧν B[3]Wa: μᾶλλον I qui porro τὰ μὲν τῆς ὕλης in lac. om. 24 εἰδικώτερα in lac. om. I 25 post ἐγγυτέρω add. μὲν B εἰδοπεποιημένον B[3]W 28 post ὁμοίως add. ἐκ a ἃ om. IWa τὴν ὑποκειμένην scripsi: τὸ ὑποκείμενον libri 30 ἐστὶν om. a

ἑκάστου τῶν σπλάγχνων καὶ ὅλως τῶν ὁμοιομερῶν, τὸ ἕνεκά του ἔχειν φανερώτερον ἐπὶ προσώπου τε καὶ χειρὸς καὶ ἑκάστου τῶν ἀνομοιομερῶν. |

Εἰπὼν δὲ ἕκαστον τῶν ἀνομοιομερῶν, ὥσπερ οὖν καὶ τῶν ὁμοιομερῶν, 140v ἔτι μᾶλλον τὸ ἕνεκά του ἔχειν, καὶ κατὰ τοῦτο τὴν οὐσίαν αὐτῶν ὁρίζεσθαι, τί ἐστι τοῦτο οὗ χάριν ἕκαστον αὐτῶν γέγονέ τε καὶ ἐστὶ καὶ εἰδοποιεῖται, λέγει. πάντα γάρ φησιν ὁρίζεσθαι τὰ τοιαῦτα ἔργῳ τινί· ὧν τὰ μὲν δυνάμενα τὸ αὐτῶν ἔργον ποιεῖν ἀληθῶς εἶναι ταῦτα ἃ λέγεται (ὀφθαλμὸν γὰρ εἶναι τὸν τὸ αὐτοῦ ἔργον ποιοῦντα ἢ ποιεῖν δυνάμενον, ἔστι δὲ ὀφθαλμοῦ ἔργον τὸ ὁρᾶν), ὅσα δὲ μὴ δύναται τὸ ἴδιον ἔργον ποιεῖν τούτου, οὗ τὸ ὄνομα ἔχει, ὁμωνύμως ἐκείνοις λέγεσθαι, ὡς τὸν ὀφθαλμὸν τὸν τοῦ τεθνεῶτος ἢ τὸν λίθινον. οὐδὲ γὰρ πρίων κυρίως ὁ ξύλινος, ἀλλ' ὁμωνύμως καὶ οὕτως, ὡς ἡ Σωκράτους εἰκὼν Σωκράτης· εἰκὼν γὰρ ὁ ξύλινος πρίων πρίονος. ὡς δὲ ταῦτα, οὕτως καὶ ἐπὶ σαρκὸς ἔχει δηλονότι καὶ αἵματος καὶ τῶν τοιούτων μορίων, ἀλλὰ τῷ μὴ ὁμοίως εἶναι τὸ τούτων ἔργον γνώριμον, λανθάνει τίνα μὲν αὐτῶν ἐστι τὰ κυρίως ταῦτα ὄντα ἃ λέγεται, τίνα δὲ ὁμωνύμως τούτοις λέγεται. ἔτι δὲ μᾶλλον ἄδηλον ἐπὶ τῶν ἁπλῶν σωμάτων, τί τὸ κατὰ φύσιν ἔργον αὐτῶν, καὶ τίνι ὁρίζεται. ὁμοίως δέ, φησίν, ἔχει καὶ τὰ ἐν τοῖς φυτοῖς μόρια· καὶ γὰρ ταῦτα οἰκεῖόν τι ἔργον ἔχει, ᾧ τὸ εἶναι αὐτῶν ὁρίζεται. ἀλλὰ καὶ τὰ ἄψυχα τῶν φυσικῶν τε καὶ ὁμοιομερῶν σωμάτων ἔργῳ τινὶ ὥρισται, οἷον χαλκός, ἄργυρος, χρυσός, τῶν ἄλλων ἕκαστον. πάντα γὰρ τὰ φυσικὰ σώματα δυνάμει τινὶ ὁρίζεται ἢ ποιητικῇ ἢ παθητικῇ· τὸ μὲν γὰρ πῦρ τῷ ποιεῖν τι, ἡ δὲ γῆ τῷ πάσχειν, ὥσπερ καὶ ἡ σὰρξ καὶ τὸ νεῦρον καὶ ὅλως τὰ τῶν ζῴων μέρη· ἀλλ' οἱ λόγοι αὐτῶν, τουτέστιν αἱ δυνάμεις αὐτῶν, καθ' ἃς ὁρίζεται ἡ οὐσία αὐτῶν, οὐ πάνυ ἀκριβῶς γινώσκονται. διὸ πότε ὑπάρχει αὐτοῖς ἡ δύναμις αὕτη, καὶ ἔστι κυρίως ταῦτα ἃ λέγεται, καὶ πότε ὁμωνύμως, οὐ ῥᾴδιον διακρῖναί τε καὶ διελεῖν, ἂν μὴ παντάπασιν ἡ δύναμις, καθ' ἣν ἕκαστον αὐτῶν ἐστιν ὃ λέγεται, ἐξίτηλος ᾖ, ὡς μόνον τὰ σχήματα ἢ τὰ χρώματα σῴζειν τὰ σώματα, καὶ ταῦτα ἐπιπολῆς καὶ οὕτως, ὡς τὰ τῶν παλαιουμένων νεκρῶν σώματα τὸ σχῆμα φυλάσσειν δοκοῦντα μέχρι τινὸς ἐξαίφνης τέφρα γίνεται. ὁμοίως καὶ καρποὶ μόνον τῷ σχήματι τοιοῦτοι παλαιούμενοι, τὴν δὲ αἴσθησιν οὐκέτι κινοῦσιν ὡς τοιοῦτοι· οὕτως ἔχει καὶ τὰ ἐκ τοῦ γάλακτος πηγνύμενα.

---

1 τὸ ἐν ἑκάστῳ ἔχειν B^1 2 φανερώτατον I ἐπὶ — ἑκάστου] πρόσωπόν τε καὶ χεῖρα καὶ ἕκαστον BWa; fort. recte 3 δὲ om. a 4. 5 ὁρίζεται a 6 ἔργῳ] ἔργα B^1, huc ἕξει add. B^3 10 ἐκείνῳ a τὸν post ὀφθαλμὸν om. I 12 ὁ om. I: καὶ B 13 δῆλον a 14 εἶναι om. B^1Wa 15 ἔργων a τὰ] τῶ BW 18 ἔχειν BWa 19 ᾧ] ὧν Ia ὡρίσθαι BWa 20. 21 χαλκὸν ἄργυρον χρυσὸν B 22 post utrumque ἢ add. τῇ a 23 post πάσχειν add. τι BWa ὅπερ BW: ἅπερ a 25 post ἃς add. καὶ B γίνονται B: γινώσκεται a διόποτε I 27 διελεῖν τε καὶ διακρῖναι coll. BWa μὴ om. I 28 ἐστιν αὐτῶν coll. BWa 29 τὰ post ἢ om. B^1Wa 31 καρποὶ om. B^1W 31. 32 καρποὶ — τοιοῦτοι] μόνον τῷ σχήματι καρποὶ οἱ BWa (καρποὶ ex τοιοῦτοι corr. B^3W)

Εἰπὼν δὲ ταῦτα καὶ δείξας ὅτι ἡ οὐσία τῶν ὁμοιομερῶν σωμάτων, τῶν τε ἄλλων καὶ τῶν μορίων τῶν ἐν τοῖς ζῴοις, κατὰ τὸ εἶδος καὶ τὸν λόγον ὁρίζεται, λέγει τίς ὁ τῶν ὁμοιομερῶν μορίων τῶν ζῴων λόγος, καὶ τίνι εἰδοποιεῖται. θερμότητι δή φησιν αὐτὰ ὁρίζεσθαι καὶ ψυχρότητι καὶ ταῖς ἀπὸ τούτων κινήσεσιν· ὑπὸ γὰρ ψυχροῦ τε καὶ θερμοῦ ἕκαστον αὐτῶν τὴν πῆξίν τε καὶ σύστασιν λαμβάνει. τίνες δέ εἰσιν αἱ κινήσεις αἱ ἀπὸ τοῦ θερμοῦ καὶ ψυχροῦ, λέγει· τάσει γάρ, φησί, καὶ ἕλξει καὶ θραύσει καὶ σκληρότητι καὶ μαλακότητι καὶ τοῖς ἄλλοις, περὶ ὧν εἶπε τὰς παθητικὰς δυνάμεις τε καὶ ἀδυναμίας τίνες εἰσὶ διορίζων· κατὰ ταῦτα γὰρ τὴν διαφορὰν αὐτῶν τὴν πρὸς ἄλληλα γίνεσθαι· τὰ μὲν γὰρ ὑπὸ θερμοῦ καὶ τῆς ἀπὸ τοῦ θερμοῦ κινήσεως, τὰ δὲ ὑπὸ ψυχροῦ, τὰ δὲ ὑπ' ἀμφοτέρων. τὰ δέ γε ἐκ τούτων, λέγει δὲ τῶν ὁμοιομερῶν, συνεστῶτα, ἅπερ ἐστὶ τὰ ἀνομοιομερῆ, οὐκέτ' ἂν τούτοις ἀλλήλων διαφέρειν λέγοιτο· οὐ γὰρ ἡ κεφαλὴ τῆς χειρὸς ἢ ὁ θώραξ τοῦ ποδὸς τάσει ἂν ἢ ἕλξει ἢ θραύσει ἢ σκληρότητι ἢ μαλακότητι ἤ τινι τοιούτῳ διαφέρειν λέγοιτο, τούτων τινὶ τὸ εἶναι ἔχοντα· ἀλλ' ὡς τοῦ χρυσὸν μὲν καὶ ἄργυρον καὶ σίδηρον καὶ τῶν τοιούτων ἕκαστον γενέσθαι αἰτία ψυχρότης ἢ θερμότης καὶ ἡ ἀπό τινος τούτων κίνησις, τοῦ δὲ τὰ ἐκ τούτων ὄντα γενέσθαι τε καὶ εἶναι, οἷον φιάλην ἢ πρίονα, οὐκέτ' ἐκεῖνα αἴτια, οὕτως ἔχει καὶ ἐπὶ τῶν ἀνομοιομερῶν τοῦ ζῴου, ἃ ἐκ τῶν ὁμοιομερῶν συνέστηκε. διαφέρει δέ, ὅτι τῆς μὲν φιάλης καὶ τοῦ πρίονος καὶ ἃ γίνεται ἐκ σιδήρου καὶ ἀργύρου, τέχνη αἰτία, τῶν δὲ ἀνομοιομερῶν τούτων φύσις ἢ ἄλλη τις αἰτία· ἄνθρωπος γὰρ ἄνθρωπον γεννᾷ κατὰ φύσιν, καὶ ἵππος ἵππον. |

Εἰπὼν δὲ ταῦτα ἐπάνεισιν ἐπὶ τὸν περὶ τῶν ὁμοιομερῶν μορίων 141r λόγον. περὶ τούτων γὰρ αὐτῷ προέκειτο εἰπεῖν, τί μὲν ἕκαστον αὐτῶν ἐστι κατὰ τὴν ὕλην, τί δὲ κατὰ τὸν λόγον. φησὶ δὲ δὴ ὅτι ἐκ τῶν εἰρημένων ἔχομεν, τίνος ἕκαστον αὐτῶν γένους ἐστίν· ἢ γὰρ ὑγρόν τι αὐτῶν ἐστιν ἢ ξηρὸν ἢ ἐξ ἀμφοῖν. τὰ γὰρ ποιὰ καί πως συνεστῶτα ἢ ὑγρὰ ἢ ξηρὰ ἢ μικτὰ ἐξ ἀμφοῖν εἴρηταί τε καὶ δέδεικται. χρῆναι δέ φησιν ἕκαστον τῶν τοιούτων μορίων προχειριζομένους τὸ τί ἐστιν αὐτῶν ἀποδιδόναι, πρῶτον τὸ γένος λαμβάνοντας, οἷον φέρε εἰπεῖν ὅτι ὑγρὸν ἢ ξηρόν, ἔπειτα προστιθέντας ποιόν τι καὶ πῶς γεγονός. οὕτω γὰρ ἕκαστον ἴσμεν τί ἐστι καὶ ἑκάστου τὸν λόγον ἀποδίδομεν, ἢ πρὸς τὸ ὑποκείμενον καὶ

1 δὲ om. a   2 τῶν ante τε om. a   2. 3 τὸν λόγον καὶ τὸ εἶδος coll. a   3 τίς ὁ τῶν N: post ὁ add. ἐν τοῖς BIWa   4 δή] δεῖ I   5 τε om. BWa   7 καὶ ψυχροῦ om. a   9 post διορίζων recte, ut vid., add. πάντα διαφέρειν a   10 post αὐτῶν add. εἶναι BWa   ἀλλήλας I   γὰρ om. BWa   11 τοῦ om. BWa   12 γε] τε B   post λέγει δὲ add. καὶ B[1]W, huc add. τὰ ἐκ B[3]   13 διαφέρειν ἀλλήλων coll. B   14. 15 ἢ θραύσει om. a   15 τοιούτων I   16 τοῦ] τὸν BWa   19 ἢ om. BWa   20 post ἀνομοιομερῶν add. μορίων a   21 καὶ ἃ in marg. B[3]   22 post ἀνομοιομερῶν add. μερῶν BWa   ἤ τις ἄλλη coll. Ba   in ἤ τις deficit W   23 αἰτία om. B[1]a   24 δὲ om. a   τὸν ex τῶν corr. B[1]I   25. 26 et 28 ἐστιν αὐτῶν coll. a   26 δὲ post φησὶ om. Ba   29 χρῆναι δέ] χρὴ εἶναι B[1]: χρὴ δὲ a   31 ἢ om. a

τὴν ὕλην βλέποντες ἢ πρὸς τὸν λόγον καὶ τὸ εἶδος, μάλιστα δ' ὅταν ἄμφω εἰδῶμεν. ἀκόλουθα δὲ ταῦτα τοῖς ἐν τῷ πρώτῳ Περὶ ψυχῆς εἰρημένοις ὑπ' αὐτοῦ· καὶ γὰρ ἐν ἐκείνῳ εἶπε τοὺς μέν τινας ἀπὸ τῆς ὕλης, τοὺς δὲ ἀπὸ τοῦ εἴδους τὸν ὁρισμὸν ἀποδιδόναι· τελειοτάτους μέντοι τῶν ὁρισμῶν ἐπὶ τῶν φυσικῶν εἶναι τοὺς τὸ εἶδος λέγοντας τοῦ προκειμένου καὶ προστιθέντας ὅτι ἐν ὕλῃ τοιαύτῃ. εἰπὼν δὲ οὕτως γὰρ ἴσμεν ἕκαστον διὰ τί καὶ τί ἐστι, καὶ τῆς γενέσεώς φησι καὶ τῆς φθορᾶς δεῖν ἀμφοτέρας τὰς αἰτίας εἰδέναι, τήν τε τελικήν, ἣν εἶπε διὰ τί, καὶ τὴν ὑλικήν, ἣν ἐδήλωσε διὰ τοῦ καὶ τί ἐστι. προσέθηκε δὲ τὸ δεῖν εἰδέναι καὶ τὸ ποιητικὸν αἴτιον διὰ τοῦ καὶ πόθεν ἡ ἀρχὴ τῆς κινήσεως. ὥστε ἅπαντα ἔστιν ἐκ τῶν εἰρημένων λαμβάνειν λέγοντας ἢ ὑγρὸν ἢ ξηρὸν ἕκαστον αὐτῶν ἢ συναμφότερον εἶναι, τὴν μὲν ὕλην οὕτως, τὸ δὲ εἶδος πῆξιν ἢ σύστασιν τοιάνδε, ὁποία καὶ ἐστίν, ὃ ἔστι λαμβάνειν ἐκ τῶν εἰρημένων γνωρίζοντας ἐκ τοῦ ἐφαρμόζοντος, τὸ δὲ ποιητικὸν ὅτι ὑπὸ θερμοῦ ἢ ψυχροῦ τοιοῦτον γινόμενον ἢ γεγονὸς ἢ ὑπ' ἀμφοῖν. γνωρίμων δὲ τούτων τῶν ὁμοιομερῶν οὕτως γενομένων, δεῖν φησιν ὁμοίως μετὰ ταῦτα περὶ τῶν ἀνομοιομερῶν μορίων λέγειν, εἶθ' οὕτω περὶ τῶν ἐκ τούτων συνεστώτων, ἅπερ ἐστὶ τά τε φυτὰ καὶ τὰ ζῷα. τῷ δὲ βιβλίῳ τούτῳ ἕπεσθαι δοκεῖ τὰ Περὶ ζῴων μορίων· ἐν γὰρ τῷ δευτέρῳ Περὶ ζῴων μορίων περὶ ὧν ἐνταῦθα ἔφη δεῖν εἰπεῖν εἶπε. λέγει γὰρ ἐν αὐτῷ πρῶτον μὲν περὶ τῶν ὁμοιομερῶν μορίων, ἔπειτα καὶ περὶ τῶν ἀνομοιομερῶν, ἅ ἐστιν ἐκ τούτων.

---

2 ἐν τῷ πρώτῳ Περὶ ψυχῆς] A 1 p. 403a29sqq. 6 ὕλῃ] ἄλλη ex ὕλη, ut vid., corr. I οὕτως ex οὔπω corr. B[3] 8 τελικήν] ὑλικήν Ba 9 ὑλικήν] εἰδικήν Ba 10 τοῦ] τοῦτο B[1] τῆς] τίνος I 11 ὡς B[1]I 12 συναμφότερα Ba 13 πῆξιν] πῆ ξηρὸν B[1] ὁποῖα I 15 ἢ post γεγονὸς om. I 16 γινομένων a 18 post ζῷα add. ὥστε ἐκ τούτων δῆλον ὅτι B[3]a δὲ om. Ba 20 εἰπεῖν εἶπε] ποιεῖν εἶπε B: ποιεῖν ποιεῖ I 21 καὶ om. Ba

INDICES

I INDEX VERBORUM

Verba asterisco notata desiderantur in lexicis

II INDEX NOMINUM

III LOCI ARISTOTELICI

ADDENDA ET CORRIGENDA

p. 3 n. 35 l. ἔτι δὲ a
p. 6,21 legendum videtur cum V ἐλθοῦσα στήσεται (cf. ἐλθὼν συστήσεται I)
p. 12,19 l. σύστασίς τις καὶ c. IV
p. 13 n. 28 l. (v. Suppl. Praef.) idemque p. 226 n. 3 post N addendum
p. 182,9 ἢ post ὑγρὸν delendum: om. IW
- - n. 8. 9 legendum coll. B^2 (non I)

COMMENTARIA IN ARISTOTELEM GRAECA

* paratur ** prelo traditum † editum

† I.		Alexander in Metaphysica ed. M. Hayduck	(1891)	Mark 35.—
II.	† 1.	— in Priora Analytica ed. M. Wallies	(1883)	Mark 14.—
	† 2.	— in Topica ed. M. Wallies	(1891)	Mark 28.—
	† 3.	— (Mich. Ephes.) in Soph. elenchos ed. M. Wallies.	(1898)	Mark 10.—
III.	* 1.	— de Sensu.		
	† 2.	— in Meteora ed. M. Hayduck	(1899)	Mark 10.20
IV.	† 1.	Porphyrii Isagoge, in Categorias ed. Ad. Busse	(1887)	Mark 9.—
	† 2.	Dexippus in Categorias ed. Ad. Busse	(1888)	Mark 4.80
	† 3.	Ammonius in Porphyrii V voces ed. A. Busse	(1891)	Mark 7.—
	† 4.	Ammonius in Categorias ed. A. Busse	(1895)	Mark 6.—
	† 5.	— de Interpretatione ed. A. Busse	(1897)	Mark 14.—
	† 6.	— in Analytica Priora ed. M. Wallies	(1899)	Mark 4.40
V.	* 1.	Themistius in Analytica Posteriora.		
	** 2.	— in Physica ed. H. Schenkl.		
	** 3.	— de Anima ed. R. Heinze.		
	* 4.	— (Sophonias) in Parva Naturalia.		
	* 5.	— de Coelo (ex hebr. in lat. Ven. 1574) et l. XII (Λ) Metaph. (ex hebr. in lat. Ven. 1558).		
VI.	1.	Syrianus in Metaphysica.		
	† 2.	Asclepius in Metaphysica ed. M. Hayduck	(1888)	Mark 19.—
† VII.		Simplicius de Caelo ed. I. L. Heiberg	(1894)	Mark 30.—
* VIII.		Simplicius in Categorias.		
† IX.		— in Phys. I—IV ed. H. Diels	(1882)	Mark 27.—
† X.		— — V—VIII ed. H. Diels	(1895)	Mark 25.—
† XI.		— de Anima ed. M. Hayduck	(1882)	Mark 12.—
XII.	* 1.	Olympiodori Prolegomena in Categorias.		
	* 2.	— in Meteora.		
XIII.	† 1.	Ioannes Philoponus (olim Ammon.) in Categorias ed. A. Busse	(1898)	Mark 9.50
	* 2.	— — in Analytica Priora cum Anonymo.		
	* 3.	— — in Analytica Posteriora c. Anon.		
XIV.	* 1.	— — in Meteora.		
	† 2.	— — de Generatione et corrupt. ed. H. Vitelli	(1897)	Mark 14.—
	* 3.	— — de Generatione animantium.		
† XV.		— — de anima ed. M. Hayduck.	(1897)	Mark 27.—
† XVI.		— — in Phys. I—III ed. H. Vitelli	(1887)	Mark 20.—
† XVII.		— — in Phys. IV—VIII ed. H. Vitelli	(1888)	Mark 19.—
XVIII.	** 1.	David (Elias) in V voces.		
	** 2.	Davidis Prolegomena et in Categorias.		
	† 3.	Stephanus de Interpretatione ed. M. Hayduck	(1885)	Mark 4.—
XIX.	† 1.	Aspasius in Ethica. } ed. G. Heylbut	(1889)	Mark 19.—
	† 2.	Heliodorus in Ethica. } ed. G. Heylbut		
† XX.		Michael, Eustratius, Anonymus in Ethica ed. G. Heylbut	(1892)	Mark 25.—
XXI.	1.	Eustratius in Analytica II Post. cum Anonymo.		
	† 2.	Anonymus Neobarii et Stephanus in Rhetorica ed. H. Rabe	(1896)	Mark 17.—
XXII.	1—5.	Michael Ephesius.		
XXIII.	† 1.	Sophonias de Anima. } ed. M. Hayduck	(1883)	Mark 9.—
	† 2.	Paraphrasis in Categorias. } ed. M. Hayduck		
	† 3.	[Themistius] in Priora Analytica ed. M. Wallies	(1884)	Mark 9.—
	† 4.	Paraphrasis in Sophisticos elenchos ed. M. Hayduck		

FSC
www.fsc.org
MIX
Papier | Fördert gute Waldnutzung
FSC® C083411

Kolibri 360 GmbH
Ferdinand-Jühlke-Straße 7
99095 Erfurt, Deutschland
produktsicherheit@kolibri360.de